KB044041

# 겨울나무 쉽게 찾기

윤주복 지음

진선 books

12월의 굴참나무

# 머리말

나무는 계절에 따라 꽃이 피고, 열매를 맺고, 단풍이 들고, 또 낙엽이 진 앙상한 모습 등으로 계속해서 바뀌기 때문에 구별하기가 쉽지 않습니다. 그중에서도 낙엽이 진 겨울나무를 구별하는 것이 가장 어렵습니다. 하지만 앙상한 겨울나무도 자세히 보면 나무마다 가지가 벋는 모양이나 굵기뿐만 아니라 다가올 봄을 위해 준비해 둔 겨울눈의 모습 등이 조금씩 다르기 때문에 대부분 구별이 가능합니다.

2007년에 펴낸 《겨울나무 쉽게 찾기》가 부족한 내용에도 불구하고 겨울눈을 비교해서 낙엽이 진 겨울나무를 쉽게 찾을 수 있기 때문에 나무 애호가분들의 사랑을 받았습니다. 하지만 낙엽이 지는 갈잎나무만 다루었기 때문에 야외에 나가서 함께 만나는 늘푸른 잎을 가진 상록수는 따로 책을 준비하지 않으면 안 되었습니다. 그래서 14년 만에 개정판을 내면서 낙엽수뿐만 아니라 상록수도 함께 실어서 모든 겨울나무를 찾을 수 있도록 했습니다. 또 갈잎나무의 종도 추가하고 내용도 보완하였습니다.

이 책은 나무를 좋아하는 일반인이나 나무를 공부하는 학생들이 낙엽이 진 겨울나무를 구별하는 데 도움을 주기 위해 만든 책입니다. 그래서 겨울눈이 달린 잔가지뿐만 아니라 나무껍질, 나뭇잎, 열매 등의 사진을 함께 실었습니다. 특히 이번 개정판에서는 관찰과 구별이 쉽도록 겨울눈이 달린 잔가지 사진을 크게 확대해서 실었습니다. 이 책이 겨울 산책이나 산행의 또 다른 즐거움을 만끽하는 데 도움이 되었으면 합니다.

2021년 가을 윤주복

12월의 멀구슬나무

# 일러두기

1. 이 책에는 우리나라의 산과 들에서 자생하는 나무와 조림수나 관상수 등으로 널리 심고 있는 나무를 합쳐 550여 종을 실었다.
2. 본문은 잔가지를 비교하여 겨울나무를 손쉽게 찾을 수 있게 하였다. 구분은 '덩굴나무', '떨기나무', '키나무'로 크게 나누고 각각을 다시 가시를 가진 나무, 겨울눈이 마주나는 나무, 겨울눈이 어긋나는 나무로 나누어서 실었다. '늘푸른나무'는 덩굴나무, 떨기나무, 키나무 외에 바늘잎나무도 따로 구분해서 실었다.
3. 나무의 모습은 잔가지와 나무껍질, 열매나 잎 등 겨울에 관찰할 수 있는 기관을 골고루 실어 나무를 정확하게 찾고 특징을 관찰할 수 있게 하였다.
4. 해당 나무의 특성을 잘 나타내 주는 내용은 파란색 글자로 표기하여, 종을 구분하는 데 도움이 되도록 하였다.
5. 본문은 2016년에 발표된 최신의 분류 체계인 APG Ⅳ 분류 체계를 참고하여 작성하였다. 현재도 《대한식물도감》을 비롯해 인터넷 식물도감 등은 앵글러 분류 체계를 채택하고 있는 것이 많기 때문에 비교하며 익히는 데 도움이 되도록 본문의 현재 과명 옆에 《대한식물도감》의 예전 과명을 함께 표시해서 참고하도록 하였다.
   예) **청미래덩굴**(청미래덩굴과 | 백합과), **붓순나무**(오미자과 | 붓순나무과)
6. 내용은 누구나 쉽게 이해할 수 있도록 식물 용어는 가급적 한글로 된 용어를 사용하였으며 이해를 돕기 위해 부록의 '용어 해설'에서는 한자로 된 식물 용어도 함께 실었다.
7. 부록에는 '겨울나무를 구별하는 방법'을 실어서 겨울나무를 쉽게 알아볼 수 있게 하였다.

1월의 여러 가지 귤 열매

# 차례

4월의 신갈나무

# 가시가 있는 갈잎덩굴나무

3월의 청가시덩굴 줄기

## 청미래덩굴(청미래덩굴과 | 백합과)
*Smilax china*

덩굴나무(길이 2~5m)
산

덩굴지는 줄기는 둥글고 마디마다 굽어서 지그재그로 번으며 갈고리 같은 거친 가시가 드문드문 있다. 줄기에 둥근 껍질눈이 흩어져 난다. 잎겨드랑이에 턱잎의 끝이 변한 1쌍의 덩굴손과 굽은 가시로 다른 물체를 감거나 걸치면서 오른다. 덩굴손은 가지처럼 단단해진다. 겨울눈은 납작한 삼각형이며 눈비늘조각은 1개이고 마른 턱잎 밑부분에 싸여 있는 것이 많다. 어긋나는 잎은 둥그스름하며 3~5개의 맥이 뚜렷하고 가장자리가 밋밋하며 앞면은 광택이 있다. 잎몸은 두껍고 가죽질이다. 빨갛고 둥근 열매는 우산살 모양으로 모여 달리며 겨울에도 매달려 있다. 씨앗은 거꿀달걀형~타원형이다.

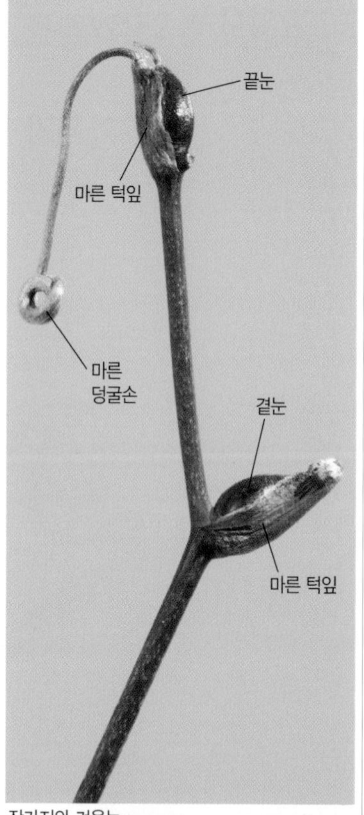

잔가지와 겨울눈

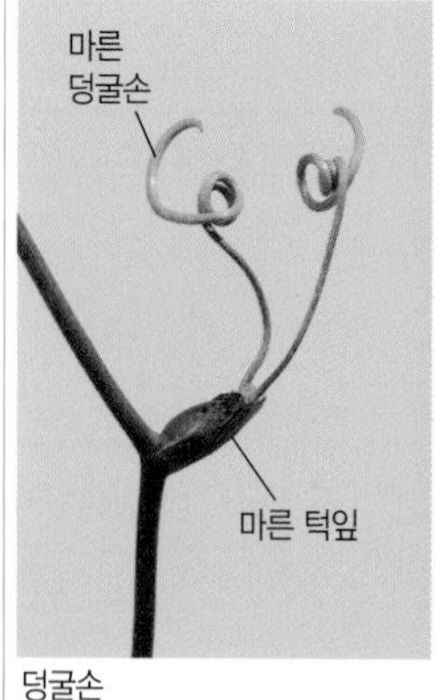

덩굴손

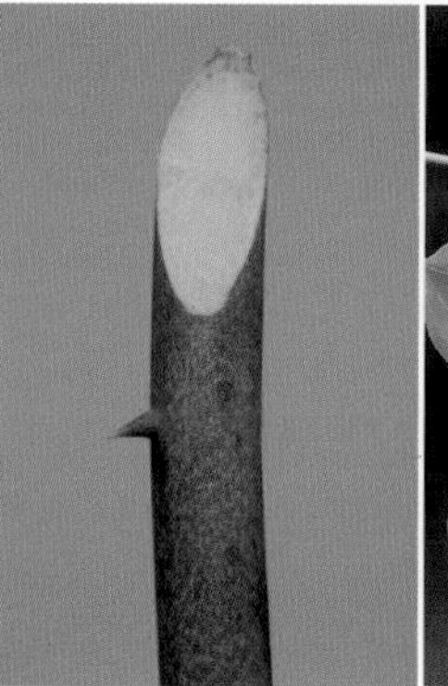
줄기 단면

10월의 열매

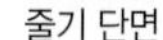

## 청가시덩굴(청미래덩굴과 | 백합과)
*Smilax sieboldii*

덩굴나무(길이 5m 정도)
산

덩굴지는 줄기는 둥글고 잎자루 중간에 나는 1쌍의 덩굴손으로 다른 물체를 감고 오른다. 턱잎 끝이 변한 기다란 덩굴손은 단단해진다. 잔가지는 녹색이며 털이 변한 가는 가시가 많다. 겨울눈은 긴 삼각형이며 눈비늘조각은 1개이고 마른 턱잎 밑부분에 싸여 있다.
어긋나는 잎은 달걀형~달걀 모양의 하트형으로 끝이 뾰족하고 심장저이며 가장자리는 물결 모양이고 밑부분에서 나온 5개의 잎맥이 뚜렷하며 다시 그물맥으로 갈라진다. 검고 둥근 열매는 우산살 모양으로 모여 달리며 겨울에도 마른 채 매달려 있다. 둥그스름한 씨앗은 적갈색이다.

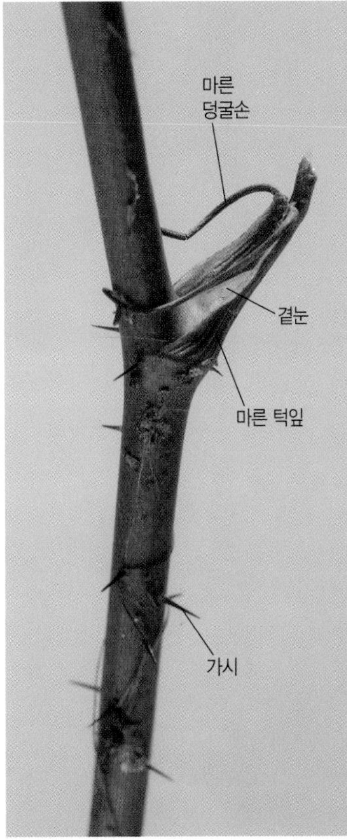

잔가지와 겨울눈

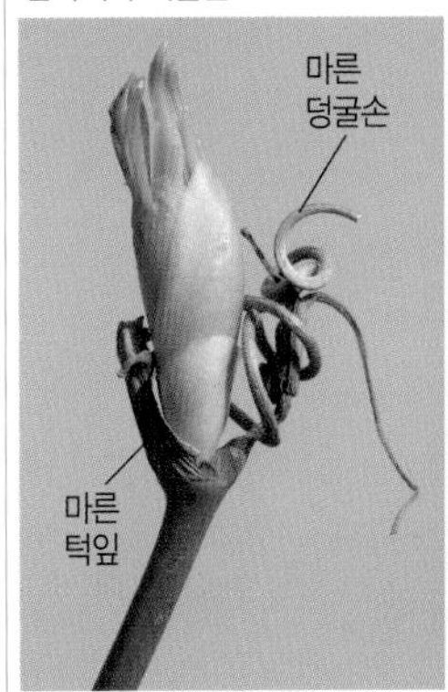

새순과 덩굴손

줄기의 가시

10월 말의 열매

## 푼지나무(노박덩굴과)
*Celastrus flagellaris*

덩굴나무(길이 5m 이상)
산과 들

햇가지는 황록색이며 점차 적갈색~회갈색으로 변하고 턱잎이 변한 1쌍의 작은 가시가 있다. 겨울눈은 구형~원뿔형이며 1㎜ 정도 길이로 작고 4~6개의 눈비늘조각에 싸여 있다. 잎자국은 삼각형~반원형이며 관다발자국은 1개이다. 줄기는 공기뿌리가 있어 다른 물체를 붙고 오른다. 나무껍질은 회갈색이고 불규칙하게 갈라져 얇은 조각으로 벗겨진다. 어긋나는 잎은 넓은 타원형~달걀형으로 가장자리에 털 같은 톱니가 있다. 둥근 열매는 껍질이 3갈래로 갈라진 채 황적색 속살이 드러난다. 암수딴그루로 5~6월에 꽃이 핀다. *같은 속의 **노박덩굴**(p.40)은 가지에 가시가 없어서 구분이 된다.

겨울눈과 가시

나무껍질

9월의 열매

10월 말의 벌어진 열매

겨울눈과 가시

## 실거리나무(콩과)

*Caesalpinia decapetala*

덩굴나무(길이 4~7m)
남해안 이남

가지는 덩굴 모양으로 벋고 밑으로 굽은 날카로운 가시가 달리며 털이 없다. 겨울눈은 맨눈이며 1~4㎜ 길이이고 털이 빽빽하며 세로덧눈이 밑으로 8개까지 달린다. 잎자국은 둥그스름하고 3개의 관다발자국은 잘 드러나지 않는다. 봄이 되면 맨 위의 눈만이 자라고 밑의 작은 눈은 예비눈이 된다. 나무껍질은 회색~적갈색이며 가로로 긴 껍질눈과 날카로운 가시가 있다. 가시는 밑부분이 혹처럼 부푼다. 어긋나는 잎은 2회짝수깃꼴겹잎이며 3~8쌍의 작은 깃꼴겹잎이 마주 달린다. 작은잎은 긴 타원형이고 가장자리가 밋밋하다. 납작한 꼬투리열매는 긴 타원형이며 딱딱하다.

어린 나무껍질

나무껍질

9월의 열매

## 돌가시나무/제주찔레(장미과)

*Rosa luciae*

떨기나무~덩굴나무(길이 3m 정도)
중부 이남의 바닷가나 산

땅 위를 길게 기며 자라는 줄기는 털이 없고 갈고리 모양의 가시가 많다. 잔가지는 녹색~적갈색이며 털이 없다. 겨울눈은 세모진 달걀형으로 혹 모양이며 1~2㎜ 길이로 작고 적갈색이며 털이 없다. 잎자국은 선 모양이며 관다발자국은 3개이다.

어긋나는 잎은 5~9장의 작은잎을 가진 깃꼴겹잎이다. 작은잎은 타원형~거꿀달걀형이며 가장자리에 굵은 톱니가 있고 앞면은 광택이 있다. 잎자루 밑부분에는 빗살 같은 턱잎이 붙어 있다. 콩알만 한 붉은색 열매가 모여 달린 열매송이가 겨울까지 남기도 한다. *같은 속의 **찔레꽃**(p.65)은 떨기나무로 자란다.

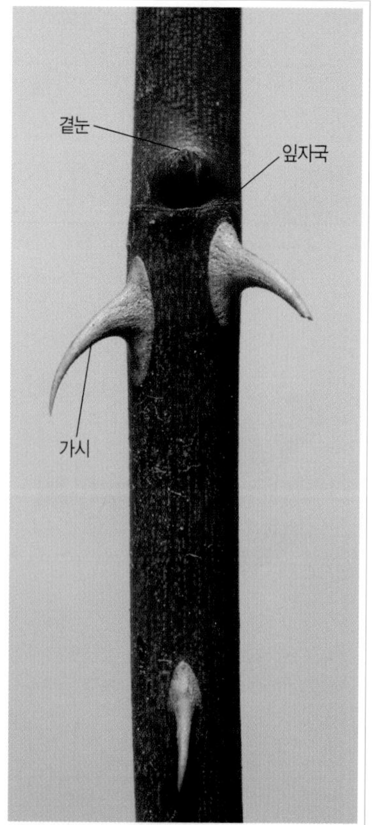

겨울눈과 가시

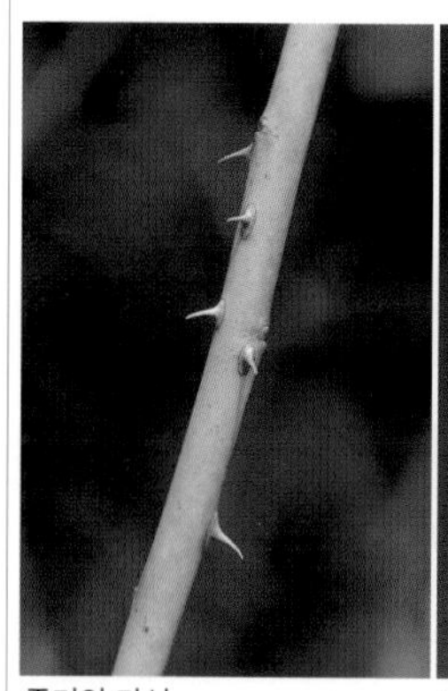
줄기의 가시

나무껍질

10월의 열매

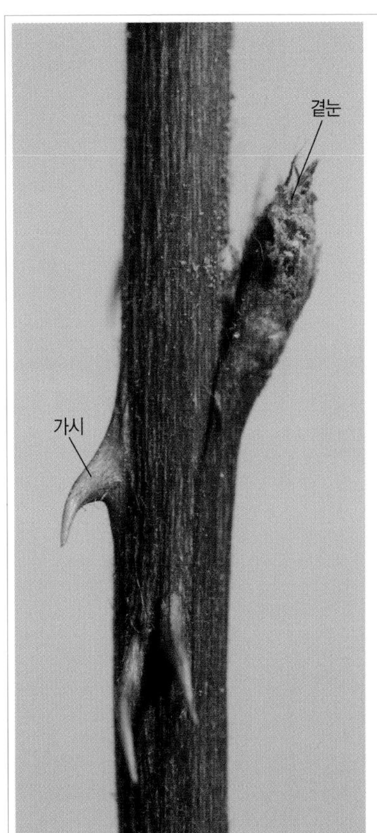

겨울눈과 가시

## 멍석딸기(장미과)
*Rubus parvifolius*

떨기나무~덩굴나무(길이 1m 정도)
산과 들

줄기는 옆으로 비스듬히 벋는다. 잔가지는 녹색~홍자색이며 부드러운 털로 덮여 있고 아래로 굽은 가시가 있다. 겨울눈은 달걀형으로 2~3㎜ 길이이고 털로 덮여 있으며 4~8개의 눈비늘조각에 싸여 있다. 잎자국은 명확하게 보이지 않으며 3개의 관다발자국도 잘 나타나지 않는다.

어긋나는 잎은 3~5장의 작은잎을 가진 홀수깃꼴겹잎이다. 작은잎 가장자리에는 겹톱니가 있으며 뒷면에는 흰색 털이 촘촘히 난다. 5~6월에 햇가지 끝이나 잎겨드랑이에 모여 피는 홍자색 꽃은 활짝 벌어지지 않는다. *같은 속의 **산딸기**(p.68)는 떨기나무로 자란다.

줄기 단면

12월의 줄기

7월의 열매

## 줄딸기(장미과)
*Rubus pungens*

덩굴나무(길이 2~3m)
산과 들

옆으로 비스듬히 벋는 줄기는 진자주색이 돌고 털이 없으며 가시가 있는데 아래로 굽기도 한다. 햇가지는 부드러운 털이 있지만 점차 없어진다. 겨울눈은 달걀형으로 끝이 뾰족하고 적갈색 눈비늘조각에 싸여 있으며 세로덧눈이 달리기도 한다. 겨울눈 밑부분에 잎자루가 조금 남아 있기도 하다.
어긋나는 잎은 5~7장의 작은잎을 가진 깃꼴겹잎이다. 작은잎은 달걀형~좁은 달걀형이며 가장자리에 큼직한 겹톱니가 있다. 4~5월에 짧은가지 끝에 1개씩 피는 붉은색 꽃은 꽃자루와 꽃받침에 털과 작은 가시가 있다. 열매송이는 구형이며 6~7월에 붉게 익고 단맛이 나며 식용한다.

겨울눈과 가시

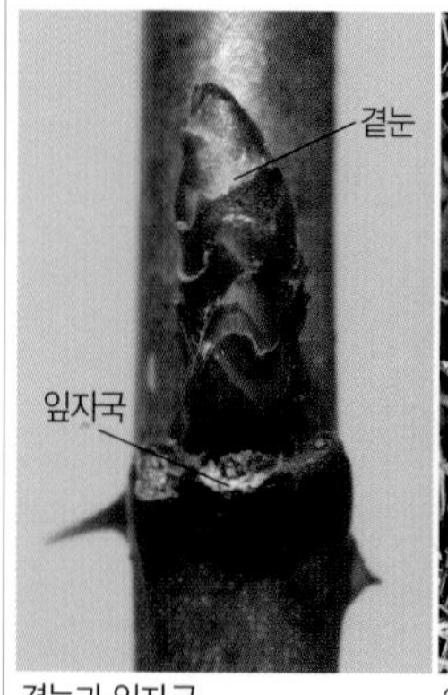

곁눈과 잎자국

3월의 줄딸기

6월의 열매

# 겨울눈이 마주나는 갈잎덩굴나무

3월의 종덩굴 열매

## 사위질빵(미나리아재비과)
*Clematis apiifolia*

덩굴나무(길이 2~8m)
숲 가장자리나 풀밭

적갈색 가지는 단단하며 짧은털이 있고 광택이 있으며 보통 6개의 모가 지고 겨울에 가지 끝은 말라 죽는다. 줄기의 마디는 굵어지고 잎자루는 가지처럼 단단해져서 다른 물체를 감고 끝까지 남아 있다. 겨울눈은 달걀형~넓은 달걀형이며 2~4㎜ 길이이고 짧은 회색 털이 있다. 잎자국과 관다발자국은 잘 보이지 않는다.
마주나는 잎은 세겹잎이며 간혹 2회 세겹잎도 있다. 작은잎은 달걀형~넓은 달걀형으로 가장자리에 큼직하고 날카로운 톱니가 드문드문 있으며 흔히 잎몸이 2~3갈래로 갈라진다. 5~10개씩 모여 달리는 열매는 털이 있는 암술대가 꼬리처럼 달려 있고 겨울에도 남아 있다.

잔가지와 겨울눈

마른 잎자루

3월의 열매

잎 모양

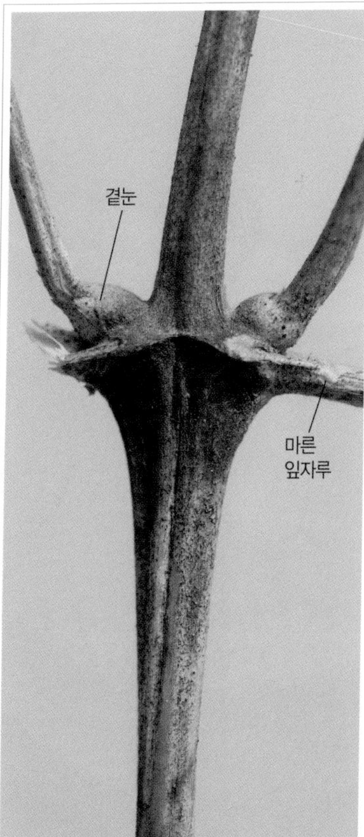

잔가지와 겨울눈

## 종덩굴(미나리아재비과)
*Clematis fusca* v. *violacea*

덩굴나무(길이 2~5m)
숲 가장자리

햇가지는 털이 있으며 약간 모가 지고 2~8개의 얕은 골이 지며 겨울에 윗부분은 대부분 말라 죽는다. 줄기의 마디는 굵어지고 잎자루는 가지처럼 단단해져서 다른 물체를 감고 끝까지 남아 있다. 겨울눈은 달걀형~넓은 달걀형이다. 잎자국과 관다발자국은 잘 보이지 않는다.
마주나는 잎은 5~7장의 작은잎을 가진 깃꼴겹잎이다. 작은잎은 달걀형~달걀 모양의 타원형이며 가장자리가 밋밋하고 잎몸이 2~3갈래로 갈라지는 것도 있다. 열매는 털이 있는 암술대가 꼬리처럼 달려 있고 겨울 바람에 날려 퍼진다. 6~7월에 종 모양의 자주색 꽃이 고개를 숙이고 핀다.

3월의 열매

나무껍질

어린잎 모양

## 참으아리(미나리아재비과)
*Clematis terniflora*

덩굴나무(길이 3~5m)
바닷가 주변의 산

줄기는 원기둥 모양이며 희미한 능선이 있고 처음에는 털이 있지만 점차 없어진다. 오래된 줄기는 연갈색이고 나무처럼 단단해지며 겨울에도 일부분이 살아남는다. 겨울눈은 달걀형이며 4~6㎜ 길이이고 짧은털이 있다. 잎자루는 가지처럼 단단해지며 일부가 남아 있다. 잎자국과 관다발자국은 잘 보이지 않는다.
마주나는 잎은 깃꼴겹잎이며 작은 잎은 3~7장이고 타원형~넓은 달걀형이며 가장자리가 밋밋하고 뒷면은 연녹색이다. 잎자루 밑부분은 합쳐져서 줄기를 둘러싼다. 납작한 열매는 달걀형이며 끝에 남아 있는 기다란 암술대는 깃털 모양으로 변한다.

잔가지와 겨울눈

7월의 겨울눈

11월의 열매

잎 모양

잔가지와 겨울눈

## 개버무리(미나리아재비과)
*Clematis serratifolia*

덩굴나무(길이 2~4m)
경북과 강원도 이북의 산골짜기

가는 줄기는 회갈색~진갈색이고 세로로 6~8개의 얕은 골이 지며 짧은털이 있고 겨울에 윗부분은 말라 죽는다. 겨울눈은 달걀형~타원형이며 여러 개의 눈비늘조각에 싸여 있고 털이 있다. 잎자루는 가지처럼 단단해지며 덩굴손처럼 감기고 겨울에도 남아 있다.
마주나는 잎은 2회세겹잎이다. 작은잎은 긴 타원형~피침형으로 끝이 뾰족하고 가장자리에 불규칙한 톱니가 있으며 양면에 털이 약간 있다. 열매는 달걀형~타원형으로 털이 있는 암술대가 꼬리처럼 달려 있고 겨울에도 남아 있으며 바람에 날려 퍼진다. 둥근 열매송이는 솜뭉치처럼 보인다.

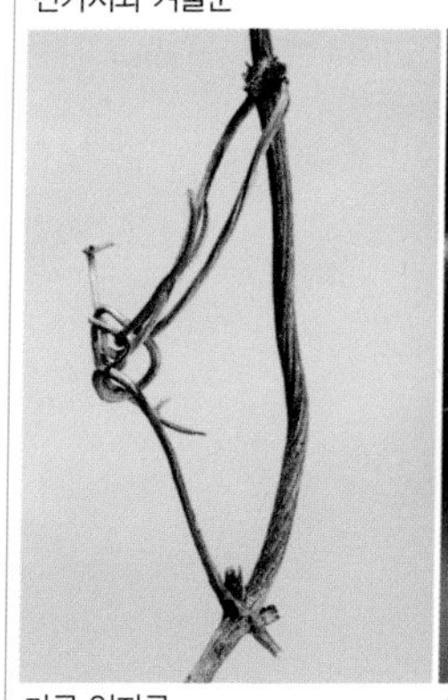
마른 잎자루

11월의 열매

잎 모양

## 바위수국(수국과 | 범의귀과)
*Schizophragma hydrangeoides*

덩굴나무(길이 10m 정도)
제주도와 울릉도의 숲속

잔가지는 연갈색~적갈색이며 털이 약간 있거나 없다. 가지에서 공기뿌리가 나와 다른 물체에 달라붙고 오른다. 끝눈은 달걀형~사각뿔 모양으로 3~4㎜ 길이이며 4~6장의 갈색 눈비늘조각에 싸여 있고 털이 빽빽하다. 곁눈은 끝눈보다 작다. 잎자국은 삼각형~V자형이며 관다발자국은 3개이다. 나무껍질은 회색이며 세로로 길라진다.
마주나는 잎은 넓은 달걀형으로 끝이 뾰족하며 밑부분은 둥글거나 심장저이고 가장자리의 날카로운 톱니는 끝으로 갈수록 점점 커진다. 열매는 거꿀원뿔형이고 10개의 능선이 있다. 장식꽃이 1개씩 달리는 열매송이는 겨울까지 매달려 있다.

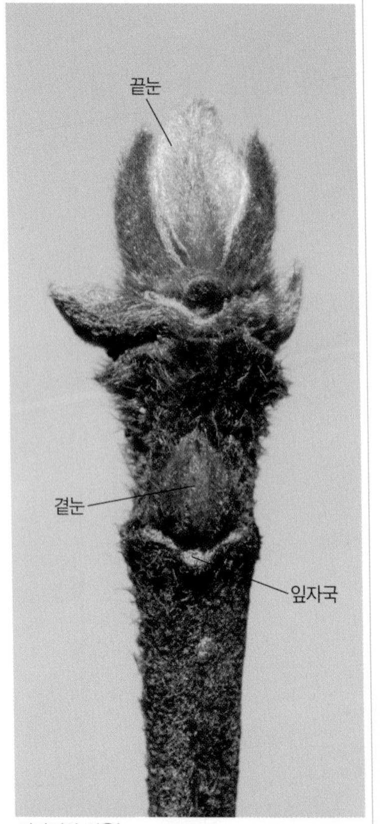

잔가지와 겨울눈

11월의 마른열매

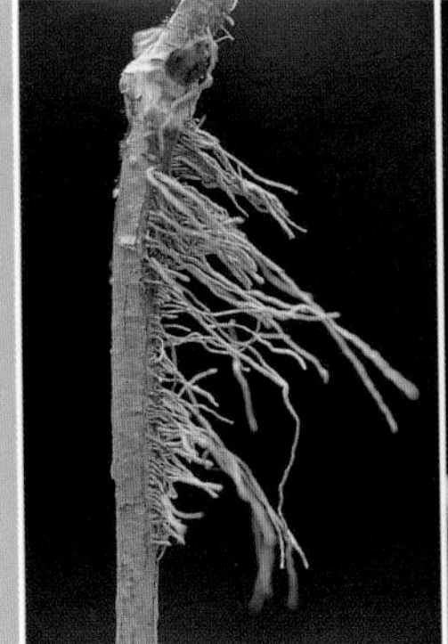
공기뿌리

잎 모양

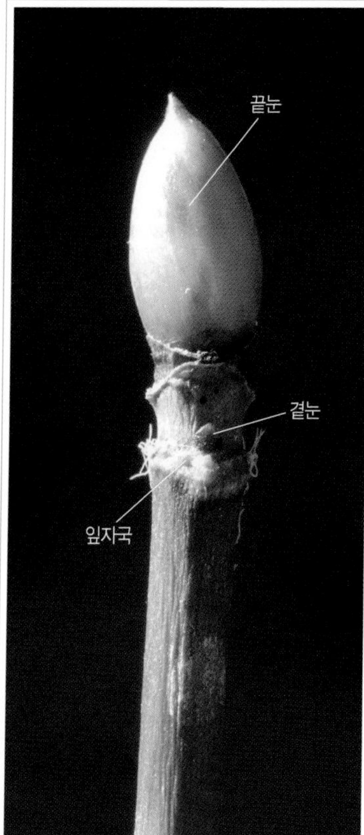

잔가지와 겨울눈

## 등수국(수국과 | 범의귀과)
*Hydrangea petiolaris*

덩굴나무(길이 10~20m)
제주도와 울릉도의 숲속

잔가지는 연갈색~갈색이며 주름이 지고 털이 있거나 없다. 2년생 가지부터는 공기뿌리가 나와 다른 물체에 달라붙고 오른다. 끝눈은 긴 달걀형~타원형으로 10~15㎜ 길이이며 끝이 뾰족하고 털이 없으며 짧은 자루가 있고 4개의 눈비늘조각에 싸여 있다. 곁눈은 끝눈보다 작다. 잎자국은 초승달형이며 관다발자국은 3개이다. 나무껍질은 갈색이며 세로로 얕게 벗겨진다.

마주나는 잎은 넓은 달걀형이고 끝이 뾰족하며 가장자리에 날카로운 톱니가 있다. 동그스름한 열매는 끝에 2개의 암술대가 남아 있다. 장식꽃이 3~4개씩 달리는 열매송이는 겨울까지 매달려 있다.

11월의 마른열매

나무껍질

잎 모양

## 계요등(꼭두서니과)
*Paederia foetida*

덩굴나무(길이 5~7m)
주로 남부 지방

줄기는 다른 물체를 왼쪽으로 감으며 올라가고 줄기 밑부분은 단단해진다. 잔가지는 황갈색~적갈색이며 털이 없고 겨울에는 윗부분이 말라 죽는다. 겨울눈은 둥근 원뿔형이며 작다. 둥그스름하거나 하트 모양인 잎자국은 가운데가 오목하게 들어가고 관다발자국은 많으며 초승달형으로 배열한다. 잎자국 양옆에 턱잎이 남아 있기도 하다. 나무껍질은 회갈색이며 세로로 얇게 갈라진다.
마주나는 잎은 달걀형~긴 달걀형이며 끝이 뾰족하고 가장자리가 밋밋하다. 둥근 황갈색 열매가 모여 달린 열매송이는 겨울에도 매달려 있다.

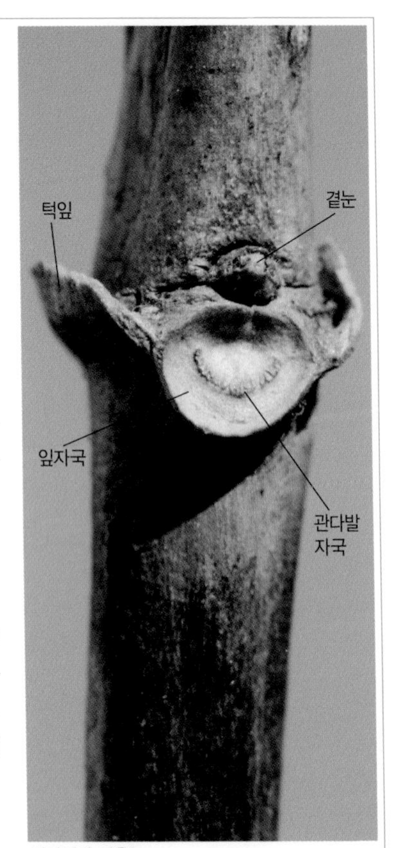

잔가지와 겨울눈

감는 줄기

나무껍질

10월의 열매

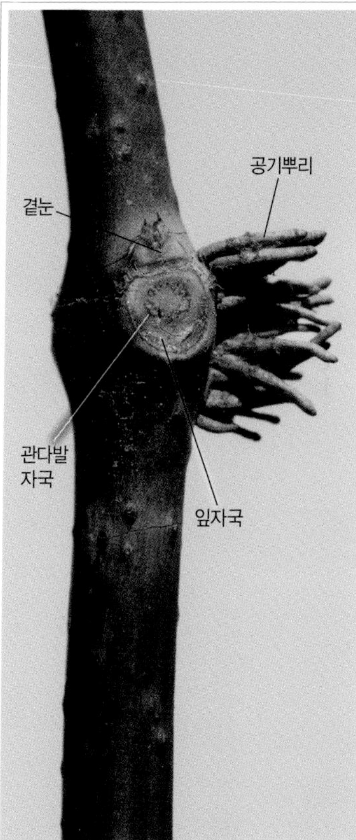

잔가지와 겨울눈

## 능소화(능소화과)
*Campsis grandiflora*

덩굴나무(길이 10m 정도)
중국 원산. 관상수

잔가지는 갈색~적갈색이며 털이 없고 자잘한 껍질눈은 도드라지며 가지 끝부분은 겨울에 말라 죽는다. 마디에서 생기는 붙음뿌리로 다른 물체에 달라붙고 오른다. 겨울눈은 작으며 반쯤 숨어 있다. 잎자국은 원형이고 크며 관다발자국은 둥글게 배열한다. 나무껍질은 회갈색이며 세로로 불규칙하게 갈라진다.

마주나는 잎은 7~11장의 작은잎을 가진 깃꼴겹잎이다. 작은잎은 달걀형~긴 달걀형이고 끝이 길게 뾰족하며 가장자리에 날카로운 톱니가 있다. 끝의 작은잎만 잎자루가 있고 옆의 작은잎들은 잎자루가 없다. 열매는 네모지고 끝이 둔하다.

1월의 능소화

나무껍질

7월에 핀 꽃

## 인동덩굴(인동과)
*Lonicera japonica*

덩굴나무(길이 4~5m)
산

줄기는 다른 물체를 오른쪽으로 감고 오른다. 잔가지는 적갈색이며 거친털이 빽빽하고 가지 단면의 골속은 비어 있다. 겨울눈은 달걀형~긴 달걀형이며 눈비늘조각은 적갈색이고 기름점이 있으며 조각 끝이 잘 벌어진다. 잎자국은 작고 튀어나오며 관다발자국은 3개이다. 나무껍질은 연한 회갈색이며 세로로 얇게 갈라져 벗겨진다.
남부 지방에서는 푸른 잎을 단 채 겨울을 나는 반상록성이다. 마주나는 잎은 달갈형~긴 타원형이며 끝이 뾰족하고 가장자리가 밋밋하다. 어린 나무의 잎은 깃꼴로 갈라지기도 한다. 겨울에 검고 둥근 열매가 시든 채 달려 있다.

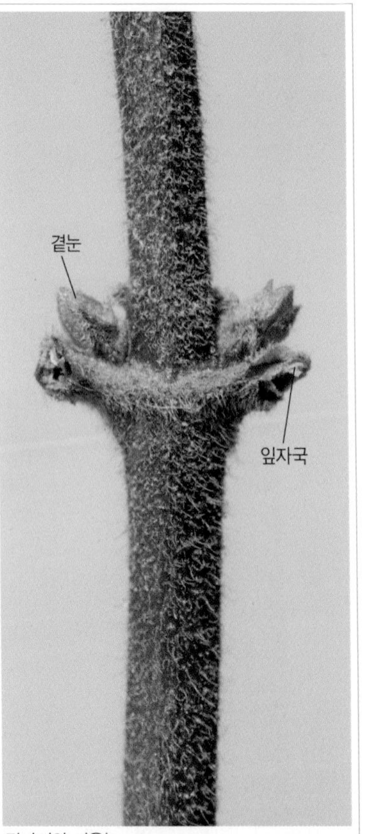

잔가지와 겨울눈

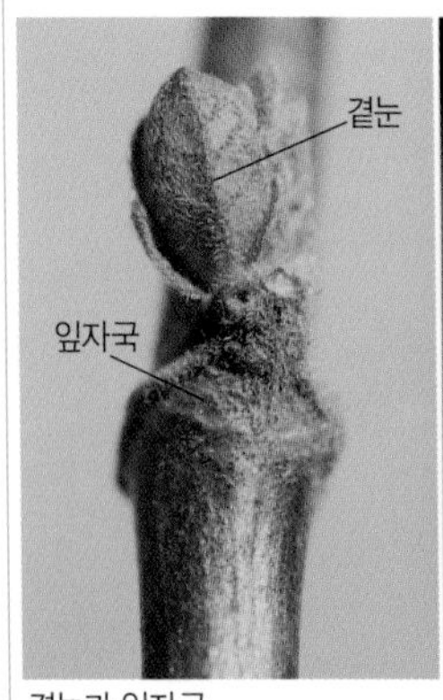

곁눈과 잎자국

나무껍질

잎 모양

# 겨울눈이 어긋나는 갈잎덩굴나무

3월의 싹 트는 양다래 겨울눈

## 오미자(오미자과 | 목련과)

*Schisandra chinensis*

덩굴나무(길이 8m 정도)
산

줄기는 다른 물체를 왼쪽으로 감고 오르며 오래된 줄기는 얇은 조각으로 벗겨진다. 적갈색 가지에는 원형~타원형 껍질눈이 많다. 겨울눈은 잎겨드랑이에 1개나 2개가 나란히 달린다. 겨울눈은 긴 달걀형으로 3~6㎜ 길이이고 끝이 뾰족하며 4~6개의 눈비늘조각에 싸여 있다. 잎자국은 원형~반원형이며 관다발자국은 3개이다. 어긋나는 잎은 타원형~달걀형이며 끝이 뾰족하고 가장자리에 물결 모양의 톱니가 있다. 포도송이 모양의 열매는 8~10월에 붉은색으로 익는데 단맛, 신맛, 매운맛, 쓴맛, 짠맛의 5가지 맛이 모두 나서 '오미자(五味子)'라고 한다.

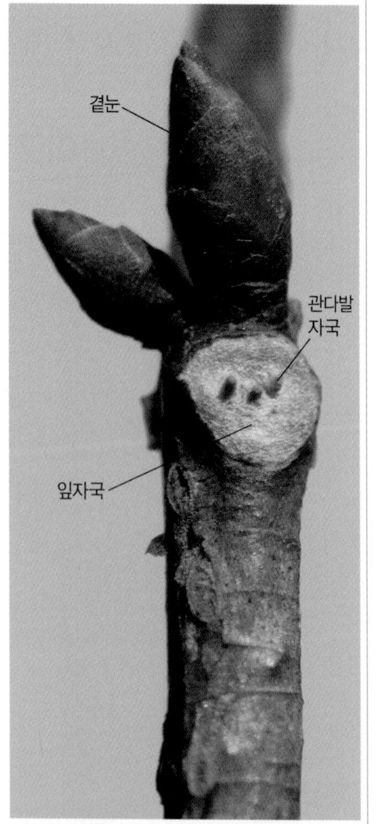

잔가지와 겨울눈

나무껍질 감는 줄기 9월의 열매

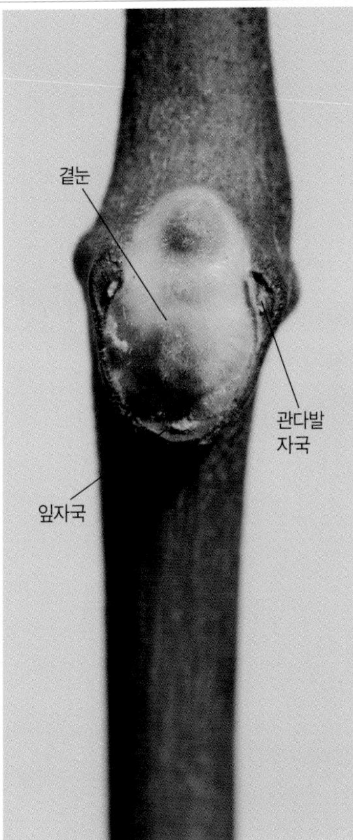

잔가지와 겨울눈

## 등칡(쥐방울덩굴과)
*Aristolochia manshuriensis*

덩굴나무(길이 10m 정도)
깊은 산

햇가지는 녹색이지만 2년생 가지는 회갈색이며 다른 물체를 감고 오른다. 겨울눈은 흰색 털로 빽빽이 덮여 있고 U자형의 가는 잎자국에 반쯤 둘러싸여 있다. 관다발자국은 3개이다. 나무껍질은 회갈색이며 코르크질이 두껍게 발달해서 누르면 폭신거리며 세로로 불규칙하게 골이 진다. 껍질이 썩은 줄기를 보면 세로로 납작한 줄기 조각들이 촘촘히 돌려 가며 겹쳐져 있는 구조라서 매우 질기다.
어긋나는 잎은 둥근 하트형이며 끝이 뾰족하고 가장자리가 밋밋하다. 원통형 열매는 6개의 모가 지고 익으면 6개로 갈라지며 속에는 납작한 세모꼴 씨앗이 가득 들어 있다.

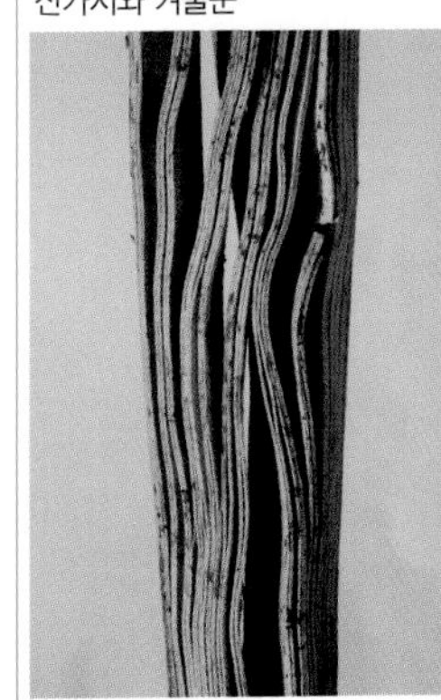
껍질이 썩은 줄기

나무껍질

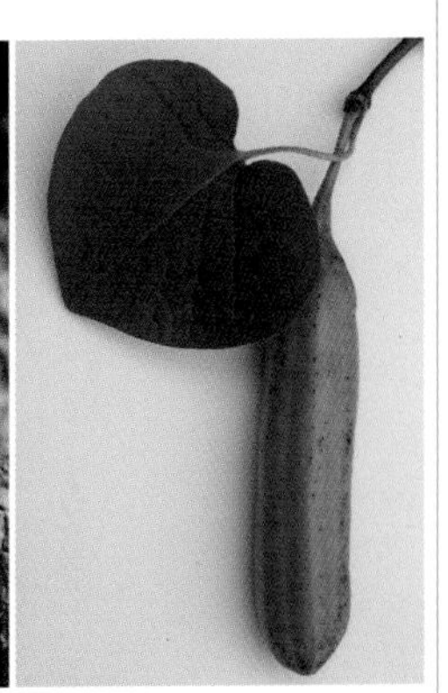
7월의 어린 열매

## 으름덩굴(으름덩굴과)
*Akebia quinata*

덩굴나무(길이 5~6m)
황해도 이남의 산

줄기는 적갈색이 돌며 다른 물체를 오른쪽으로 감고 오른다. 잔가지에 둥근 껍질눈이 있다. 겨울눈은 달걀형으로 3~4㎜ 길이이고 털이 없으며 12~16개의 눈비늘조각에 싸여 있고 가로덧눈이 달리기도 한다. 잎자국은 반원형이고 관다발자국은 7개 정도이다. 나무껍질은 암회색~회갈색이고 껍질눈이 흩어져 나며 오래되면 거칠어지고 세로로 얕게 갈라진다.
어긋나는 잎은 5~8장의 작은잎이 모여 달리는 손꼴겹잎이다. 작은잎은 타원형~거꿀달걀형이며 가장자리가 밋밋하다. 남부 지방에서는 겨울에도 잎이 남아 있는 경우가 많다. 타원형 열매는 1~8개가 모여 달리며 익으면 세로로 갈라진다.

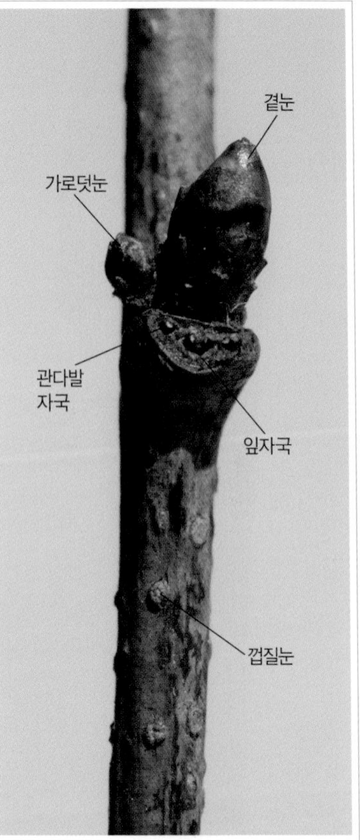

잔가지와 겨울눈

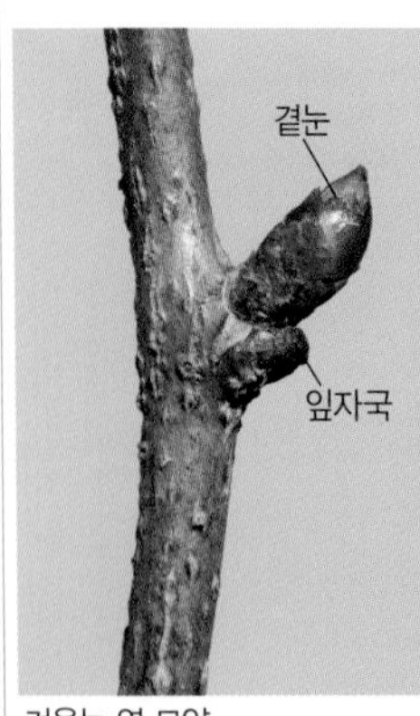

겨울눈 옆 모양

5월 초에 핀 꽃과 줄기

10월의 열매

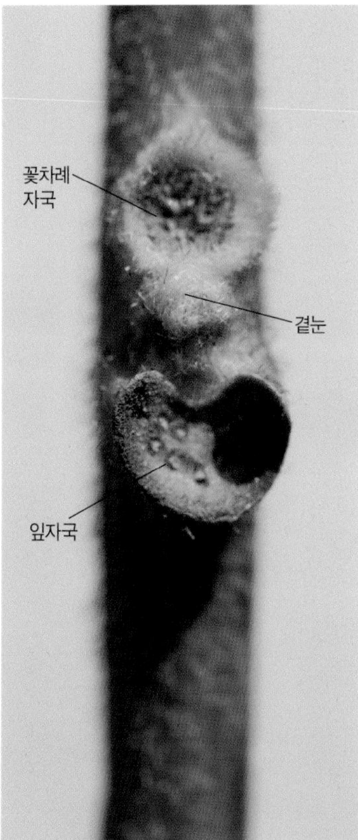

잔가지와 겨울눈

## 댕댕이덩굴(방기과)
*Cocculus orbiculatus*

덩굴나무(길이 3m 정도)
산과 들의 양지바른 풀밭

가는 줄기는 녹색~녹갈색이며 부드러운 황갈색 털이 있다. 오래 묵은 굵은 줄기는 진갈색으로 변하고 세로로 가늘게 갈라지기도 한다. 줄기는 매우 질기며 오른쪽으로 감고 오른다. 겨울눈은 달걀형이며 2㎜ 정도 길이이고 흰색 털로 덮여 있다. 겨울눈 위에는 꽃차례가 떨어진 자국이 있고 밑에는 잎이 떨어져 나간 잎자국이 있다. 잎자국은 콩팥 모양이며 관다발자국은 7개 정도이다.
어긋나는 잎은 긴 달걀형~하트형으로 잎몸이 3갈래로 얕게 갈라지기도 하고 가장자리가 밋밋하며 3~5개의 맥이 뚜렷하다. 겨울에 잎이 남아 있기도 하다. 암수딴그루이며 둥근 열매는 검게 익는다.

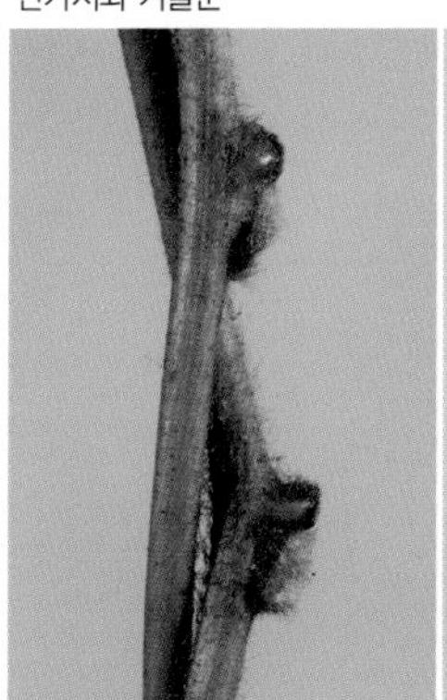
감고 오르는 줄기

나무껍질

10월의 열매

## 새모래덩굴(방기과)

*Menispermum dauricum*

덩굴나무(길이 1~3m)
산과 들의 풀밭

둥근 줄기는 녹색~녹갈색이며 끝부분의 어린 줄기를 제외하고 털이 없이 매끈하다. 줄기는 다른 물체를 오른쪽으로 감고 오른다. 줄기는 묵으면 세로로 얕은 골이 진다. 겨울눈은 매우 작고 갈색이며 털이 없고 반원형으로 살짝 튀어나온다. 잎자국은 둥그스름하며 오목하게 들어가고 관다발자국은 7개 정도이며 반달 모양으로 배열한다.

어긋나는 잎은 둥근 하트형이며 보통 3~5갈래로 얕게 갈라지고 가장자리가 밋밋하다. 기다란 잎자루는 방패처럼 잎몸의 약간 위쪽에 붙는다. 둥근 열매는 9~10월에 검은색으로 익는다.

잔가지와 겨울눈

감는 줄기

5월에 핀 수꽃

잎 뒷면

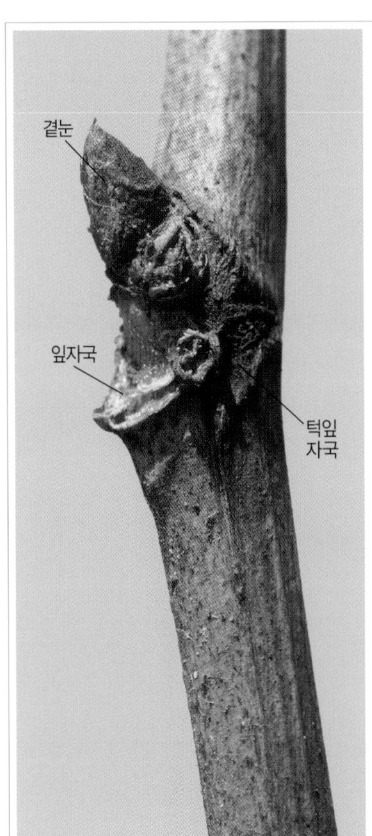

잔가지와 겨울눈

## 왕머루(포도과)
*Vitis amurensis*

덩굴나무(길이 10m 정도)
산

잔가지는 굵고 희미한 세로줄이 있으며 처음에는 별모양털로 덮여 있지만 점차 없어지고 겨울에 가지 끝은 말라 죽는다. 잎과 마주나는 덩굴손은 가지처럼 단단해진다. 겨울눈은 세모진 구형으로 암갈색이고 5~9㎜ 길이이며 2개의 눈비늘조각에 싸여 있다. 잎자국은 거의 반원형이고 관다발자국은 많으며 잘 드러나지 않는다. 나무껍질은 진갈색이며 세로로 얇게 갈라져 길게 벗겨진다.
어긋나는 잎은 모가 진 하트형으로 잎몸이 3~5갈래로 얕게 갈라지고 뒷면에는 갈색 털이 있으며 가장자리에 잔톱니가 있다. 작은 포도송이 모양의 열매는 과일로 먹는다.

덩굴손

나무껍질

5월에 핀 꽃

## 포도(포도과)
*Vitis vinifera*

덩굴나무(길이 3~7m)
서아시아 원산. 재배

잔가지는 희미한 세로줄이 있으며 털로 덮여 있는 것도 있고 없는 것도 있는 등 품종에 따라 조금씩 다르다. 겨울에 가지 끝은 말라 죽고 덩굴손은 가지처럼 단단해진다. 겨울눈은 둥그스름하거나 세모진 달걀형이다. 잎자국은 거의 반원형이고 관다발자국은 많다. 나무껍질은 회색~회갈색이며 얇게 갈라져 벗겨진다.
어긋나는 잎은 둥근 하트형으로 잎몸이 3~5갈래로 얕게 갈라지고 뒷면은 흰빛이 돌며 가장자리에 불규칙한 톱니가 있다. 늘어지는 열매송이는 8~10월에 흑자색으로 익고 새콤달콤한 맛이 나며 과일로 먹는다.

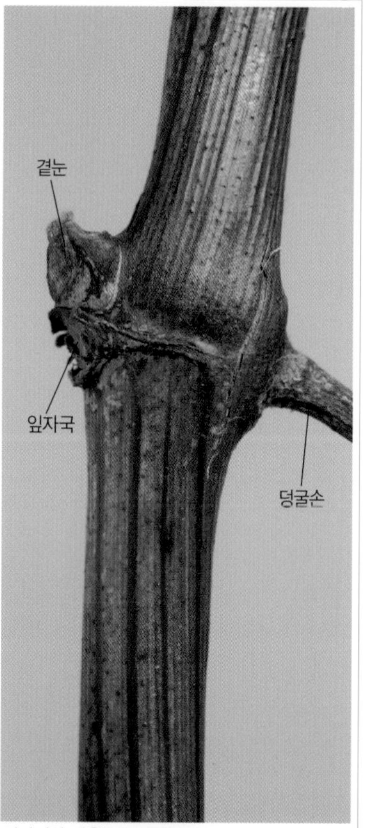

잔가지와 겨울눈

새로 돋은 잎

나무껍질

8월의 열매

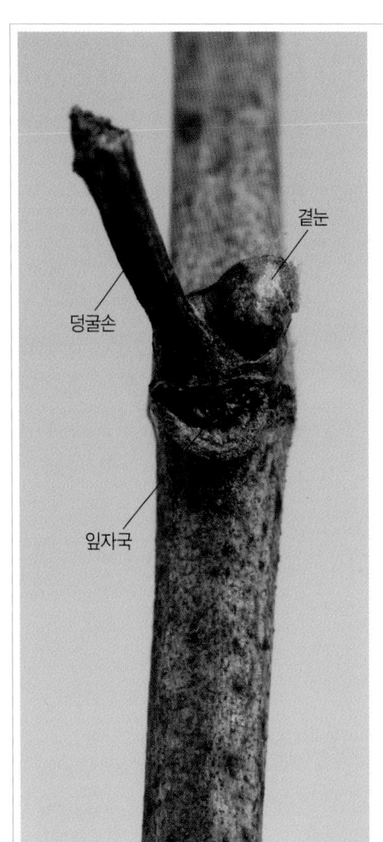


## 까마귀머루(포도과)

*Vitis thunbergi* v. *sinuata*

덩굴나무(길이 2~7m)
남부 지방의 숲 가장자리나 풀밭

잔가지는 갈색이고 희미한 세로줄이 있으며 솜털로 촘촘히 덮여 있지만 대부분 떨어져 나가고 겨울에 가지 끝은 말라 죽는다. 덩굴손은 가지처럼 단단해진다. 겨울눈은 둥근 원뿔형이며 갈색이고 지름 1~3㎜이며 2개의 눈비늘조각에 싸여 있다. 잎자국은 거의 반원형이고 관다발자국은 많다. 나무껍질은 얇게 갈라져 벗겨진다. 어긋나는 잎은 세모진 넓은 달걀형이며 잎몸이 3~5갈래로 깊게 갈라지고 밑부분이 심장저이다. 잎 뒷면은 연갈색~흰색의 거미줄 같은 털이 촘촘히 나고 가장자리에 얕은 톱니가 있다. 작은 포도송이 모양의 열매는 9~11월에 검은색으로 익으면 새콤달콤한 맛이 난다.

잔가지와 겨울눈

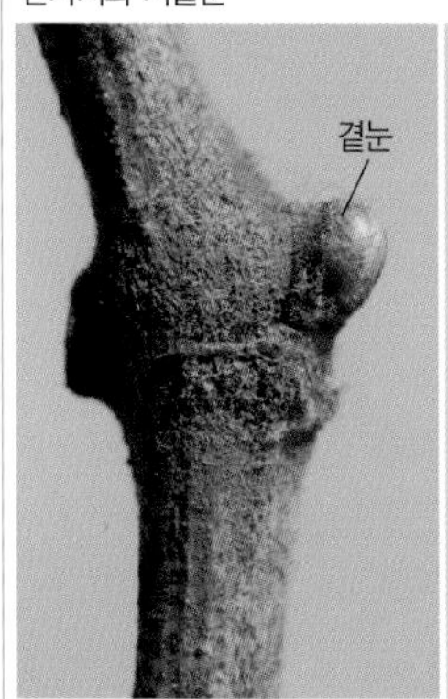


겨울눈 옆 모양

나무껍질

10월의 열매

## 새머루(포도과)
*Vitis flexuosa*

덩굴나무(길이 10m 이상)
중부 이남의 산과 들

잔가지는 갈색이고 희미한 세로줄이 있으며 처음에는 적갈색의 솜털로 덮여 있지만 점차 없어지고 겨울에 가지 끝은 말라 죽는다. 덩굴손은 가지처럼 단단해진다. 겨울눈은 세모진 달걀형이며 갈색이고 1~3㎜ 길이이며 2개의 눈비늘조각에 싸여 있다. 잎자국은 거의 반원형이고 관다발자국은 많으며 잘 드러나지 않는다. 나무껍질은 갈색이며 세로로 얇게 갈라져 벗겨진다.
어긋나는 잎은 하트형으로 끝이 뾰족하고 잎몸이 거의 갈라지지 않으며 가장자리에 치아 모양의 얕은 톱니가 있다. 작은 포도송이 모양의 열매는 9월에 검게 익는다.

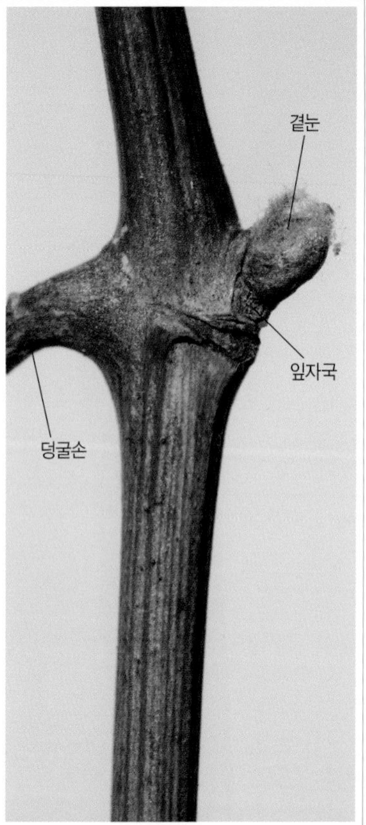

잔가지와 겨울눈

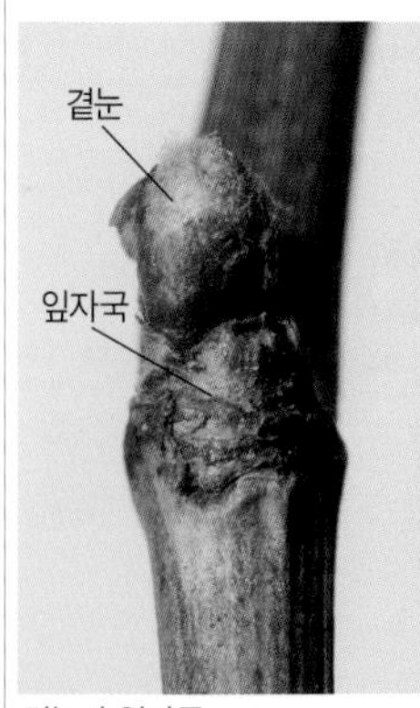

곁눈과 잎자국

나무껍질

9월에 익은 열매

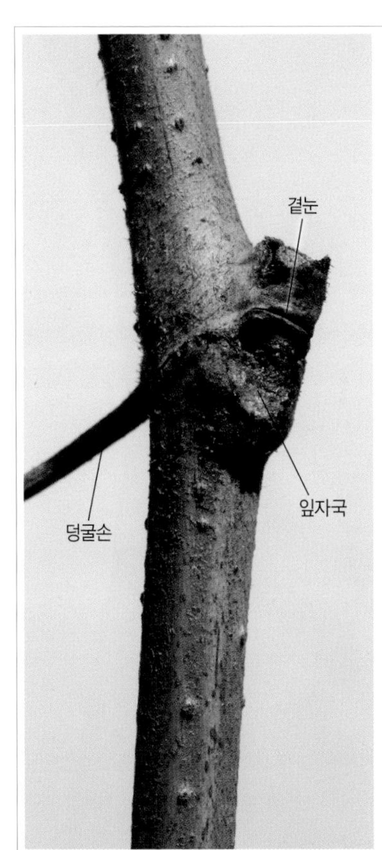

잔가지와 겨울눈

## 개머루(포도과)

*Ampelopsis glandulosa* v. *brevipedunculata*

덩굴나무(길이 5m 정도)
숲 가장자리

잔가지는 회갈색이며 처음에는 엉성한 털로 덮여 있지만 점차 떨어져 나가고 껍질눈이 흩어져 나며 겨울에 가지 끝은 말라 죽는다. 마디에서 나오는 덩굴손은 가지처럼 단단해진다. 겨울눈은 보통 잎자국 속에 숨어서 잘 보이지 않는다. 잎자국은 반원형이고 잎자루가 깔끔하게 떨어지지 않는다. 나무껍질은 어두운 회갈색이며 얇게 갈라져 벗겨진다.

어긋나는 잎은 둥근 달걀형으로 끝이 뾰족하고 심장저이며 잎몸이 3~5갈래로 얕게 갈라지기도 하고 가장자리에 치아 모양의 톱니가 있다. 둥근 열매는 9~11월에 푸른색~자주색으로 익는다.

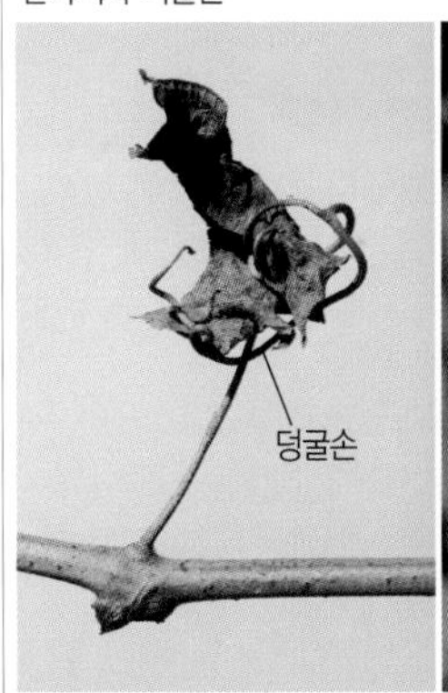

덩굴손

나무껍질

9월의 열매

## 담쟁이덩굴(포도과)

*Parthenocissus tricuspidata*

덩굴나무(길이 10m 이상)
돌담이나 바위, 나무 표면

잔가지는 적갈색~황갈색이고 털이 없으며 껍질눈이 많고 짧은가지가 발달한다. 덩굴손이 변한 붙음뿌리 끝은 빨판 모양이며 다른 물체에 달라붙는다. 겨울눈은 원뿔형으로 1~2㎜ 길이이며 털이 없고 3~5개의 눈비늘조각에 싸여 있다. 잎자국은 거의 둥글고 관다발자국은 5~6개가 둥글게 배열한다. 나무껍질은 흑갈색이며 노목은 불규칙하게 갈라진다.
어긋나는 잎은 넓은 달걀형으로 끝이 길게 뾰족하고 심장저이며 잎몸이 3갈래로 갈라지기도 하고 가장자리에 불규칙한 톱니가 있다. 햇가지 밑부분에 세겹잎이 달리기도 한다. 둥근 열매는 검게 익는다.

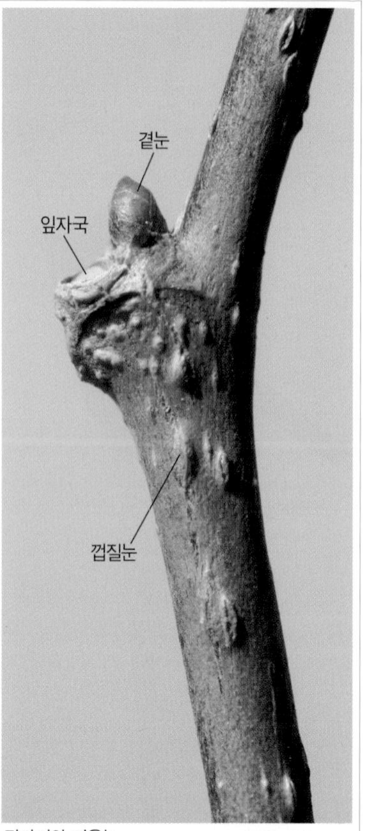

잔가지와 겨울눈

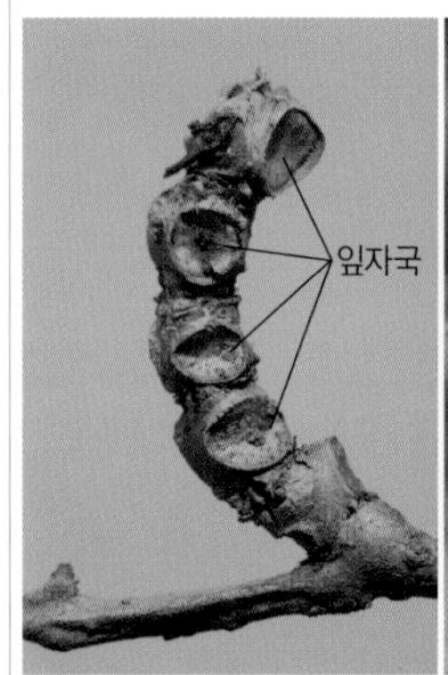

짧은가지

나무껍질

8월 말의 어린 열매

잔가지와 겨울눈

## 미국담쟁이덩굴(포도과)
*Parthenocissus quinquefolia*

덩굴나무(길이 20~30m)
북미 원산. 관상수

잔가지는 황갈색이고 털이 없으며 껍질눈이 많다. 겨울눈과 마주나는 덩굴손이 변한 붙음뿌리로 다른 물체에 달라붙는다. 겨울눈은 넓은 원뿔형이며 황갈색 눈비늘조각이 기와지붕처럼 포개진다. 잎자국은 거의 둥글다. 나무껍질은 회갈색이며 얇고 불규칙하게 터지며 말라 죽은 붙음뿌리가 많이 남아 있다.
어긋나는 잎은 5장의 작은잎을 가진 손꼴겹잎이다. 작은잎은 거꿀달걀형이며 상반부의 가장자리에 굵은 톱니가 있다. 작은 포도송이 모양의 열매는 가을에 검게 익는다. 담쟁이덩굴과 함께 시멘트나 콘크리트로 된 담장을 가리는 용도로 많이 심는다.

덩굴손

나무껍질

9월의 열매

## **노박덩굴**(노박덩굴과)
*Celastrus orbiculatus*

덩굴나무(길이 10m 정도)
숲 가장자리

덩굴지는 줄기는 왼쪽으로 감고 오른다. 가지는 갈색~회갈색이며 털이 없다. 겨울눈은 구형~원뿔형이며 털이 없고 6~10개의 눈비늘조각에 싸여 있다. 가장 바깥쪽의 눈비늘조각은 뒤로 벌어진다. 잎자국은 반원형이며 관다발자국은 1개가 활 모양으로 휘어진다. 나무껍질은 회색~회갈색이고 노목은 세로로 갈라진다.
어긋나는 잎은 넓은 타원형~둥근달걀형이며 가장자리에 안으로 굽는 톱니가 있다. 둥근 열매는 가을에 노란색으로 익으면 껍질이 3갈래로 갈라지면서 주황색 속살이 드러난 채 매달려 있다. *같은 속의 **푼지나무**(p.12)는 가지에 가시가 있어서 구분이 된다.

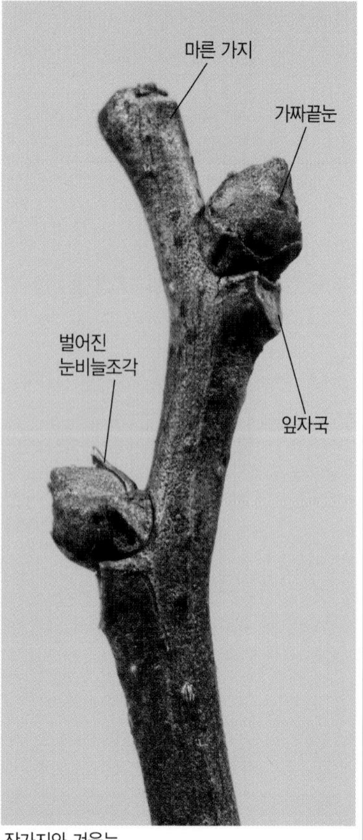

잔가지와 겨울눈

곁눈과 잎자국

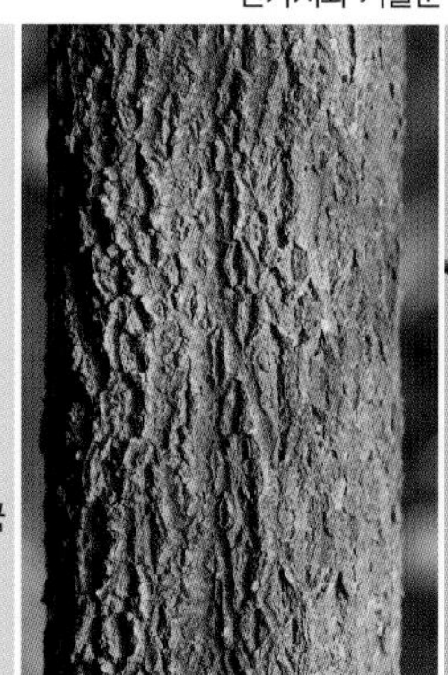
나무껍질

10월의 열매

## 미역줄나무/메역순나무(노박덩굴과)

*Tripterygium wilfordii*

덩굴나무(길이 2m 정도)
산

잔가지는 황갈색~적갈색이며 불분명한 능선이 있고 작은 돌기가 많다. 단단한 가지는 다른 물체를 감고 오르거나 제 가지끼리 엉켜서 덤불을 만든다. 겨울눈은 세모꼴이며 4~6개의 눈비늘조각에 싸여 있다. 잎자국은 반원형이며 관다발자국은 1개이다. 어린 나무껍질은 적갈색이고 작은 돌기가 빽빽하게 나며 노목의 나무껍질은 회색이고 세로로 얇은 조각으로 불규칙하게 갈라진다.

어긋나는 잎은 타원형~달걀형이며 끝이 갑자기 뾰족해지고 가장자리에 얕고 둔한 톱니가 있다. 열매는 3개의 넓은 날개가 있으며 날개 끝이 오목하고 가을에 갈색으로 익는다.

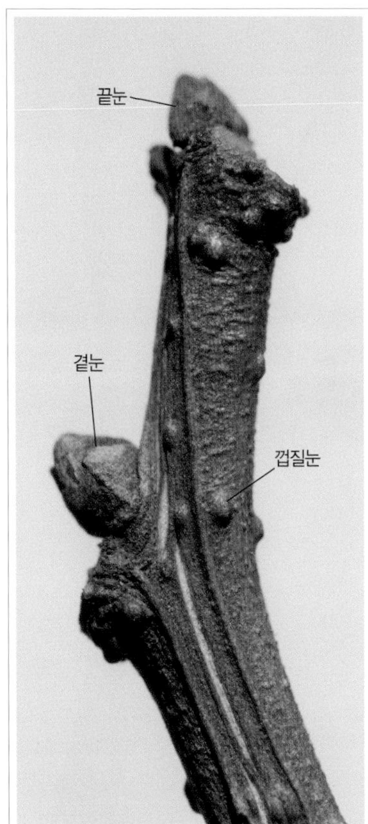

잔가지와 겨울눈

곁눈과 잎자국

어린 나무껍질

7월의 어린 열매

## 칡(콩과)
*Pueraria montana* v. *lobata*

덩굴나무(길이 10m 이상)
산과 들

줄기는 다른 물체를 감고 오르며 겨울에는 끝부분이 말라 죽는다. 햇가지에는 갈색이나 흰색의 퍼진 털과 구부러진 털이 많다. 겨울눈은 삼각형~긴 달걀형이며 털이 있고 가로덧눈이 달리기도 한다. 잎자국은 반원형~원형이며 관다발자국은 3개이다. 잎자국 옆에 턱잎이 겨울까지 남아 있기도 하다. 나무껍질은 회갈색~석갈색이며 껍질눈이 많다.
어긋나는 잎은 세겹잎이며 작은잎은 둥근 달걀형~둥근 마름모형이고 잎몸이 3갈래로 얕게 갈라지기도 한다. 길고 납작한 꼬투리열매는 갈색 털로 촘촘히 덮여 있고 겨우내 매달려 있다.

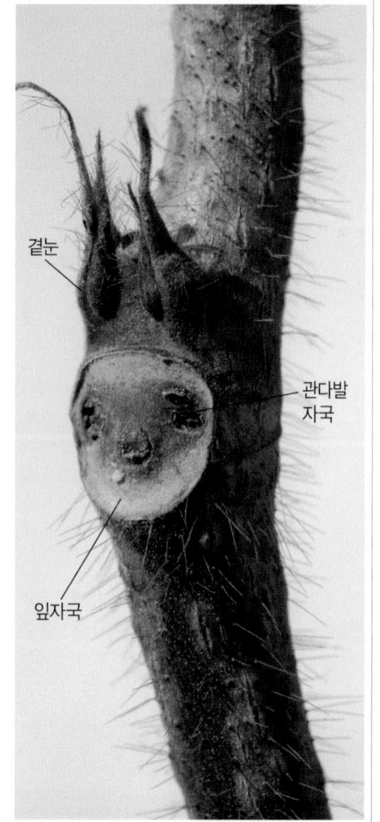

잔가지와 겨울눈

10월 말의 열매

잎 모양

나무껍질

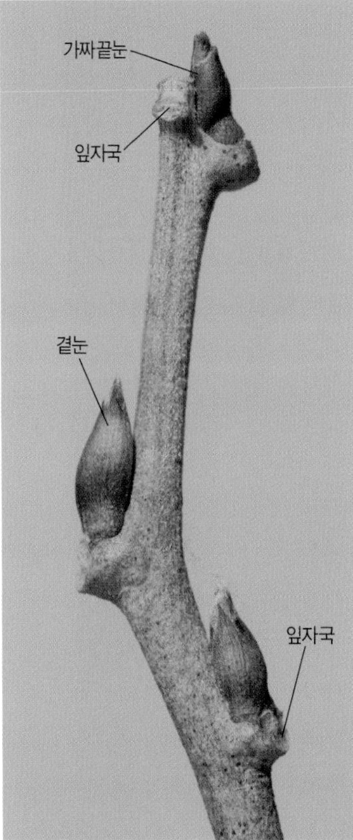

잔가지와 겨울눈

## 등/참등(콩과)
*Wisteria floribunda*

덩굴나무(길이 10m 정도)
경상도의 숲, 관상수

줄기는 다른 물체를 감고 오른다. 잔가지는 회갈색~회백색이며 털이 없고 밤색~회색의 얇은 막으로 덮여 있다. 겨울눈은 달걀형~긴 달걀형으로 자갈색이고 끝이 뾰족하며 5~8㎜ 길이이다. 겨울눈은 털이 없고 2~3개의 눈비늘조각에 싸여 있다. 잎눈과 꽃눈이 같은 모양이다. 잎자국은 반원형~타원형이며 튀어나오고 관다발자국은 3개이다. 나무껍질은 회갈색이며 껍질눈이 많다.
어긋나는 잎은 13~19장의 작은잎을 가진 깃꼴겹잎이다. 작은잎은 긴 타원형~긴 달걀형이며 끝이 뾰족하다. 긴 꼬투리열매는 부드러운 털로 촘촘히 덮여 있다.

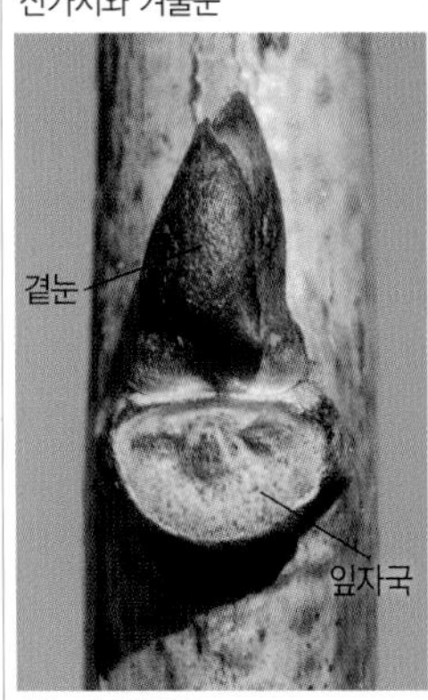

곁눈과 잎자국

줄기

8월의 열매

## 애기등(콩과)

*Millettia japonica*

덩굴나무(길이 4~7m)

남해안과 남쪽 섬

줄기는 다른 물체를 왼쪽으로 감고 오른다. 어린 가지는 털이 있지만 점차 없어진다. 잔가지는 적갈색~황갈색이고 껍질눈이 많다. 겨울눈은 삼각형~긴 달걀형이며 눈비늘조각에는 회갈색의 털이 있다. 잎자국은 타원형이며 약간 튀어나오고 관다발자국은 3개이다. 나무껍질은 회갈색이며 껍질눈이 많다. 잎자국 양쪽에 바늘 모양의 턱잎이 남아 있기도 하다.

어긋나는 잎은 9~17장의 작은잎을 가진 깃꼴겹잎이다. 작은잎은 달걀형~좁은 달걀형으로 끝이 길게 뾰족하고 가장자리는 밋밋하며 뒷면은 연녹색이다. 긴 꼬투리열매는 10~15㎝ 길이이며 털이 없고 씨앗은 동글납작하다.

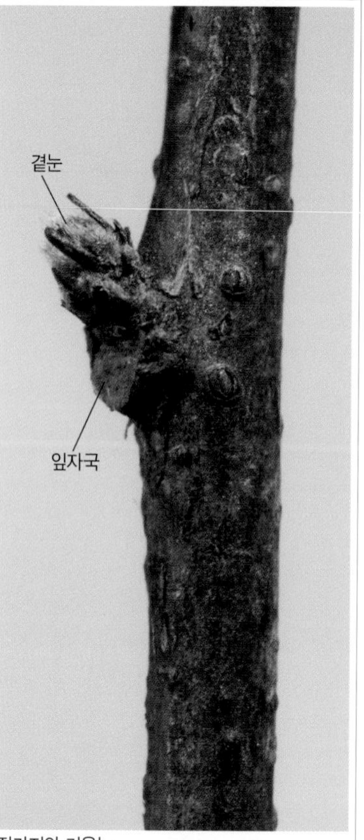

잔가지와 겨울눈

잔가지

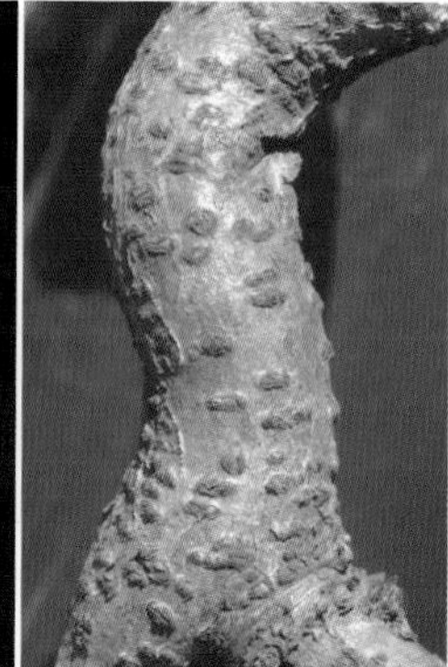
나무껍질

9월의 열매

잔가지와 겨울눈

## 청사조(갈매나무과)

*Berchemia racemosa*

덩굴나무(길이 5~7m)
전북 군산

잔가지는 진한 황갈색~적갈색이며 털이 없이 매끈하고 껍질눈은 눈에 띄지 않는다. 겨울눈은 타원형이며 1~2㎜ 길이로 작고 가지에 바짝 붙으며 3개의 눈비늘조각에 싸여 있다. 잎자국은 반원형~삼각형이고 볼록 튀어나오며 관다발자국은 3개이다. 나무껍질은 자갈색~회갈색이고 노목은 불규칙하게 갈라진다.

어긋나는 잎은 긴 타원형~달걀형으로 끝이 뾰족하고 가장자리가 밋밋하며 뒷면은 흰빛이 돈다. 잎 가장자리까지 벋는 7~9쌍의 측맥은 뚜렷하며 약간의 털이 있다. 열매는 타원형이며 다음 해 여름에 검은색으로 익는다.

줄기

나무껍질

7월의 열매

## 개다래(다래나무과)
*Actinidia polygama*

덩굴나무(길이 10m 정도)
산

잔가지는 갈색이며 털이 없고 껍질눈이 흩어져 난다. 가지는 다른 물체를 감고 오른다. 가지 단면의 골속은 흰색으로 꽉 차 있다. 겨울눈은 잎자국 바로 위에 숨어서 잘 보이지 않는다. 잎자국은 거의 원형이며 튀어나오고 관다발자국은 1개이며 반달 모양이다. 나무껍질은 흑회색이며 노목은 불규칙하게 갈라져 벗겨진다.
어긋나는 잎은 넓은 달걀형~긴 달걀형이며 끝이 길게 뾰족하고 가장자리에 잔톱니가 있다. 개화기에 가지 윗부분의 잎 앞면은 윗부분 또는 전체가 흰색으로 되는 경우가 있다. 열매는 긴 타원형이며 가을에 주황색으로 익는다.

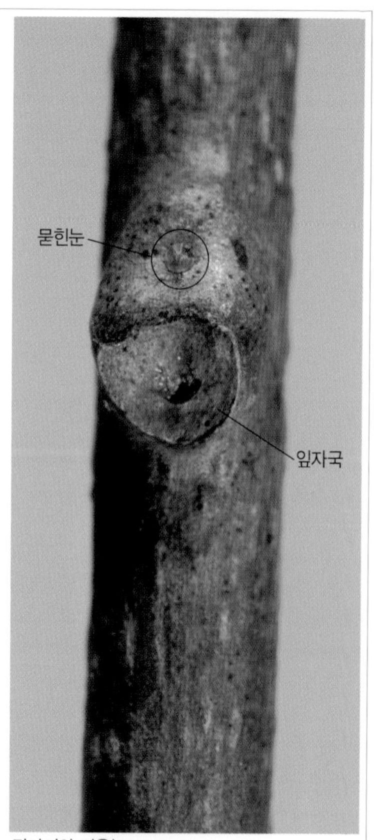

잔가지와 겨울눈

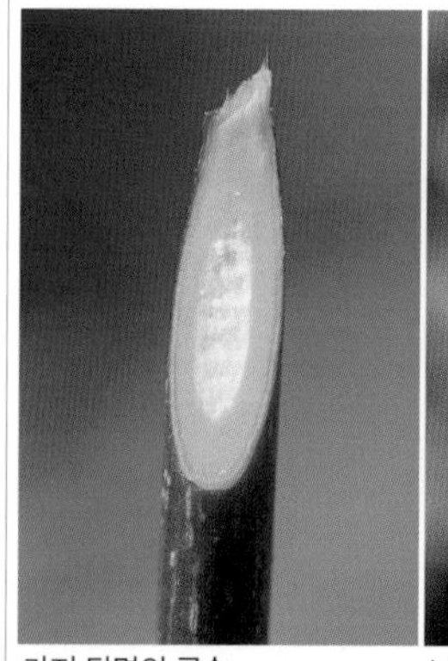
가지 단면의 골속

나무껍질

잎가지

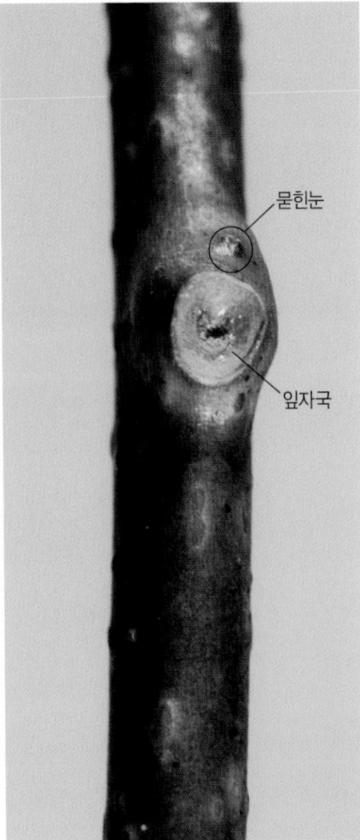

잔가지와 겨울눈

## 쥐다래(다래나무과)
*Actinidia kolomikta*

덩굴나무(길이 10m 정도)
산

잔가지는 흑자색~회갈색이며 잔털은 점차 없어지고 껍질눈이 흩어져 난다. 가지는 다른 물체를 감고 오른다. 가지 단면의 골속은 갈색이고 계단 모양으로 차 있다. 겨울눈은 잎자국 바로 위에 숨어서 잘 보이지 않는다. 잎자국은 거의 원형이며 튀어나오고 관다발자국은 1개이다. 나무껍질은 회갈색이다. 어긋나는 잎은 넓은 달걀형~거꿀달걀형이며 끝이 뾰족하고 가장자리에 잔톱니가 있다. 개화기에 가지 윗부분의 잎 앞면은 윗부분 또는 전체에 흰색 무늬가 생기며 점차 분홍색으로 변한다. 열매는 넓은 타원형이고 가을에 녹황색으로 익으며 맛이 달다.

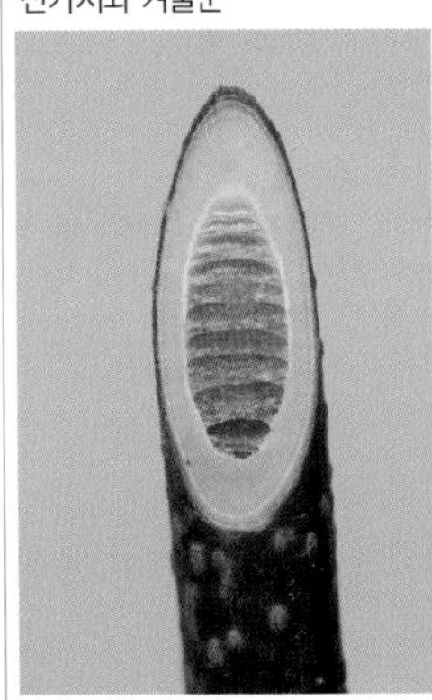
가지 단면의 골속

감는 줄기

잎가지

## 다래(다래나무과)
*Actinidia arguta*

덩굴나무(길이 10m 정도)
산

햇가지는 갈색이며 잔털이 있지만 점차 없어지고 껍질눈이 흩어져 난다. 가지는 다른 물체를 감고 오른다. 가지 단면의 골속은 갈색이며 사다리 모양으로 차 있다. 겨울눈은 잎자국 바로 위에 숨어서 잘 보이지 않는 묻힌눈이 대부분이다. 잎자국은 거의 원형이며 튀어나오고 관다발자국은 1개이다. 나무껍질은 회갈색이며 노목은 얇은 조각으로 갈라져 벗겨진다.
어긋나는 잎은 넓은 달걀형~타원형으로 두껍고 끝이 갑자기 뾰족해지며 가장자리에 바늘 모양의 잔톱니가 있고 잎자루에 누운털이 있다. 열매는 둥근 타원형이고 가을에 녹황색으로 익는다.

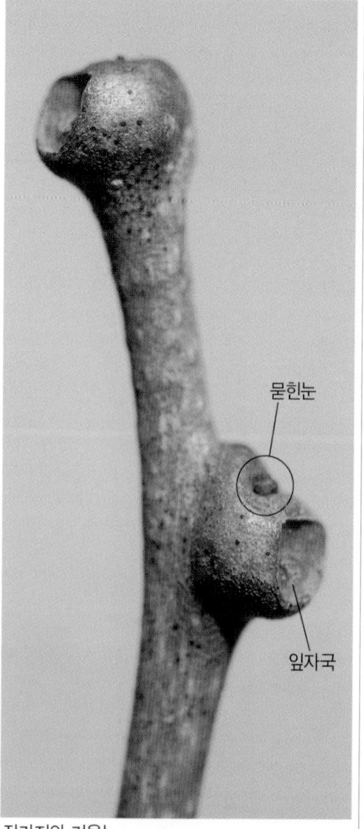

잔가지와 겨울눈

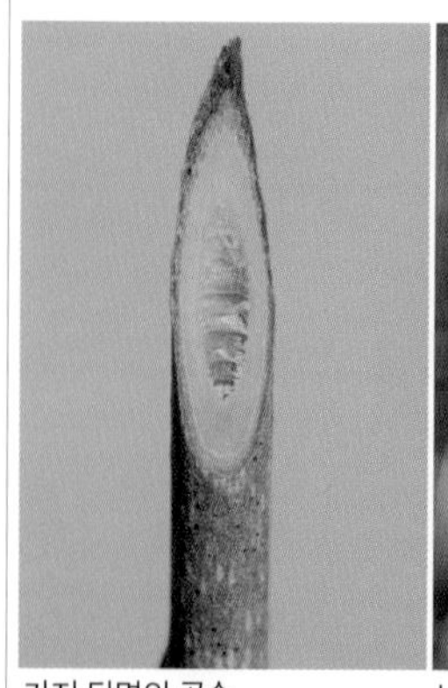
가지 단면의 골속

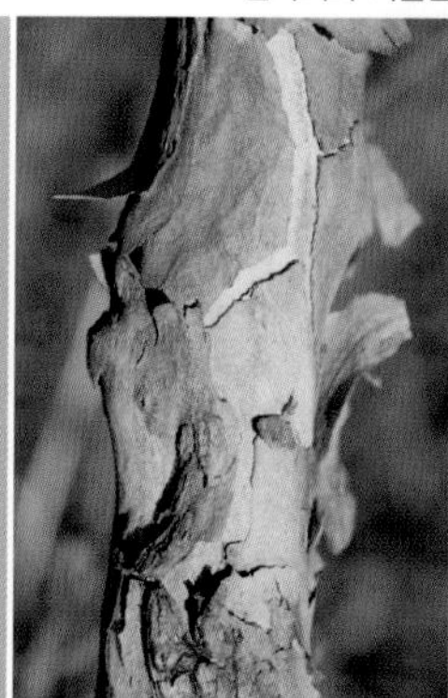
나무껍질

8월의 열매

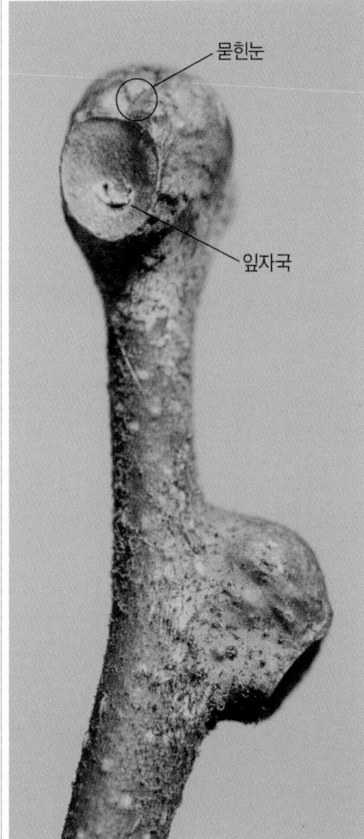

잔가지와 겨울눈

## 양다래/키위(다래나무과)
*Actinidia chinensis*

덩굴나무(길이 10m 이상)
중국 원산. 재배

잔가지는 잔털이 있지만 점차 없어지는 것도 있고 껍질눈이 흩어져 난다. 가지는 다른 물체를 감고 오른다. 가지 단면의 골속은 흰색이고 꽉 차 있다. 겨울눈은 잎자국 바로 위에 숨어서 잘 보이지 않는다. 잎자국은 거의 원형이며 튀어나오고 관다발자국은 1개이다. 나무껍질은 회갈색이며 노목은 얇은 조각으로 갈라져 벗겨진다.
어긋나는 잎은 원형에 가까운 거꿀달걀형으로 끝이 평평하거나 오목하게 들어가고 가장자리에 잔톱니가 있으며 두껍다. 흔히 '키위'라고 하는 커다란 다래 모양의 열매 표면에는 갈색 털이 빽빽이 나 있으며 과일로 먹는다.

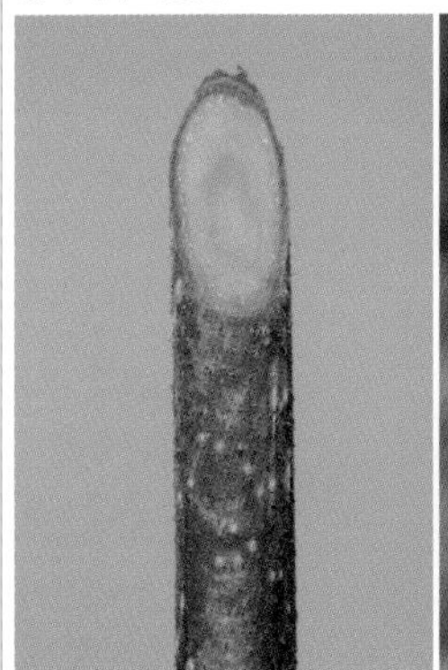
가지 단면의 골속

나무껍질

7월의 열매

## 덩굴옻나무(옻나무과)

*Toxicodendron orientale*

덩굴나무(길이 3~10m)
전남 여수 인근의 섬

줄기나 가지에 발달한 공기뿌리로 다른 물체에 달라붙는다. 햇가지는 갈색 털이 빽빽이 나지만 점차 없어진다. 잔가지는 갈색~회갈색이며 작은 껍질눈이 많다. 겨울눈은 맨눈이며 갈색의 누운털이 빽빽하게 덮여 있다. 끝눈은 원뿔형이며 4~8㎜ 길이로 크고 곁눈은 구형~달걀형이며 작다. 잎자국은 하트형~콩팥형이고 약간 튀어나오며 관다발자국은 7개이다. 나무껍질은 흑갈색이다.
어긋나는 잎은 세겹잎이며 잎자루가 길고 작은잎은 달걀형~타원형이다. 열매는 짧은 가시털이 흩어져 난다. *옻나무(p.413) 종류로 덩굴성인 것이 특징이며 옻이 오를 수 있으므로 만지지 않도록 한다.

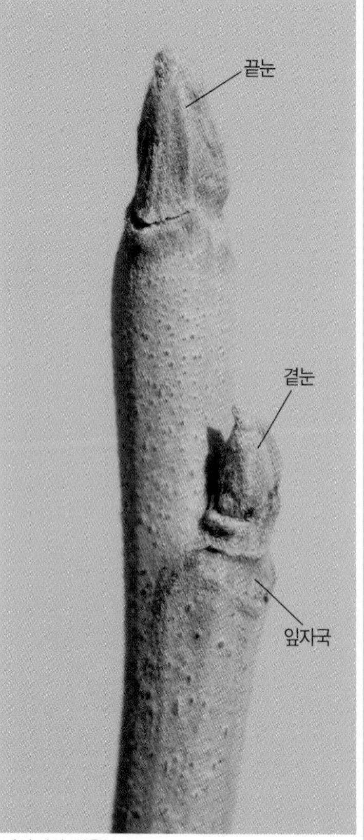

잔가지와 겨울눈

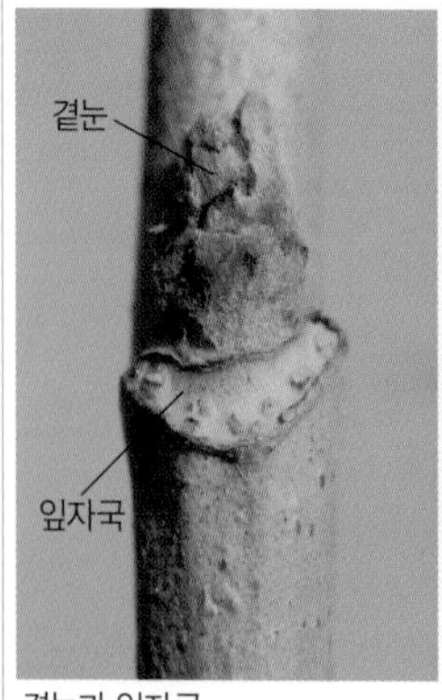

곁눈과 잎자국

나무껍질과 공기뿌리

단풍잎

# 가시가 있는 갈잎떨기나무

3월의 찔레꽃 짧은가지의 겨울눈

## 매발톱나무(매자나무과)

*Berberis amurensis*

떨기나무(높이 2m 정도)
중부 이북의 산

모여나는 줄기는 가지가 잘 갈라지며 둥근 수형을 만든다. 잔가지는 회갈색이며 세로로 얕은 골이 진다. 가지에는 턱잎이 변한 8~20㎜ 길이의 가시가 1~5개 붙는다. 겨울눈은 타원형~달걀형이며 2~4㎜ 길이이고 갈색의 눈비늘조각에 싸여 있다. 잎자국은 작고 반원형이며 짧은가지 끝에는 촘촘히 모여 있다. 나무껍질은 회갈색이며 코르크가 발달하고 세로로 갈라진다. 잎은 긴가지에서는 어긋나고 짧은가지 끝에서는 모여 달린다. 잎몸은 거꿀달걀형~타원형으로 끝이 둔하고 가장자리에 가시 모양의 톱니가 있으며 양면에 털이 없다. 타원형 열매는 포도송이처럼 매달리며 붉은색으로 익는다.

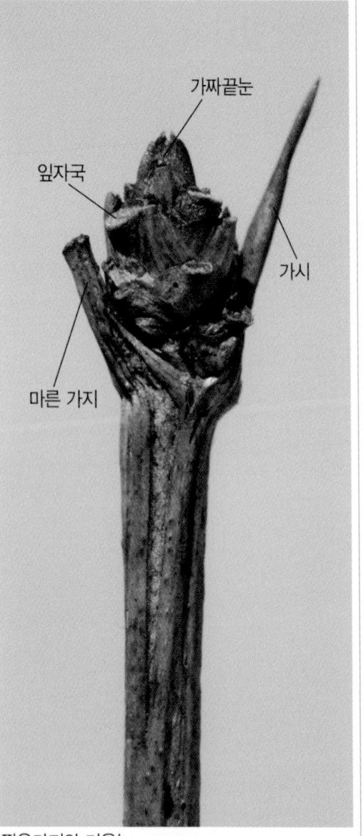

짧은가지와 겨울눈

가지의 가시

나무껍질

9월의 열매

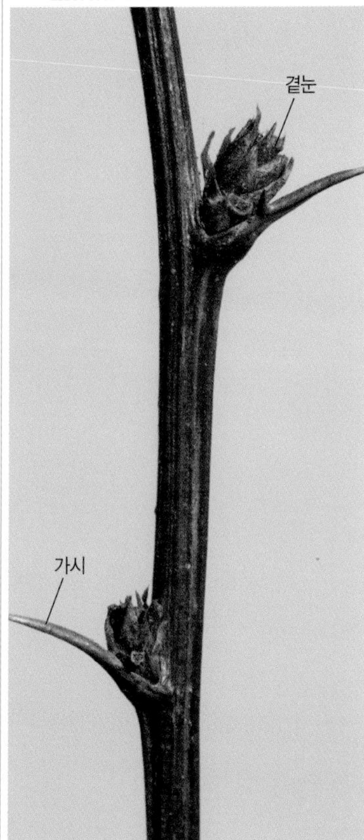

잔가지와 겨울눈

## 매자나무(매자나무과)

*Berberis koreana*

떨기나무(높이 2m 정도)
중부 이북의 산

줄기는 가지가 많이 갈라진다. 잔가지는 붉은색~진갈색이며 세로로 골이 지고 5~10㎜ 길이의 날카로운 가시가 1~5개 붙는다. 겨울눈은 타원형~달걀형이며 가시의 겨드랑이에 붙는다. 적갈색의 눈비늘조각은 조각 끝이 잘 벌어진다. 잎자국은 작고 반원형이며 짧은가지 끝에는 촘촘히 모여 있다. 나무껍질은 회갈색이며 오래되면 불규칙하게 갈라진다.

잎은 긴가지에서는 어긋나고 짧은 가지 끝에서는 모여 달린다. 잎몸은 거꿀달걀형~타원형이며 끝이 둔하고 가장자리에 고르지 않은 톱니가 있다. 동그스름한 열매는 포도송이처럼 매달리며 붉은색으로 익는다.

어린 가지의 가시

나무껍질

9월의 열매

## 일본매자나무(매자나무과)
*Berberis thunbergii*

떨기나무(높이 2m 정도)
일본 원산. 관상수

모여나는 줄기는 가지가 잘 갈라지며 둥근 수형을 만든다. 잔가지는 적갈색이며 털이 없고 세로로 골이 지며 6~9㎜ 길이의 날카로운 가시가 있다. 겨울눈은 구형~타원형으로 2㎜ 정도 길이이고 적갈색의 눈비늘조각에 싸여 있으며 가시의 겨드랑이에 붙는다. 잎자국은 작고 관다발자국은 잘 드러나지 않는다. 나무껍질은 회백색~회색이며 오래되면 세로로 불규칙하게 갈라진다.

잎은 긴가지에서는 어긋나고 짧은 가지 끝에서는 모여 달린다. 잎몸은 거꿀달걀형~타원형이며 가장자리가 밋밋하고 뒷면은 흰빛이 돈다. 타원형 열매는 7~10㎜ 길이이며 2~4개씩 모여 달린다.

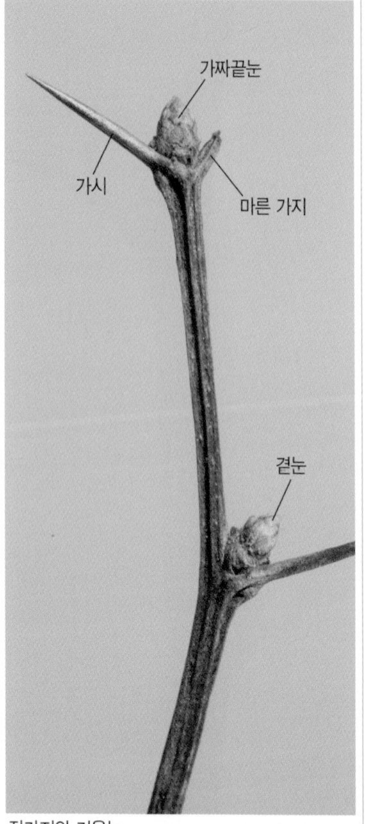

잔가지와 겨울눈

곁눈

나무껍질

7월의 어린 열매

잔가지와 겨울눈

## 서양까치밥나무/구우즈베리(까치밥나무과 | 범의귀과)

*Ribes uva-crispa*

떨기나무(높이 1m 정도)

유럽과 북아프리카 원산. 재배

잔가지는 회색~적갈색이다. 겨울눈은 긴 타원형으로 끝이 뾰족하고 4~7㎜ 길이이며 눈비늘조각에 싸여 있다. U자~V자형의 잎자국 밑에는 1~3개로 갈라진 날카로운 가시가 있다. 가시는 6~10㎜ 길이이며 곧다. 나무껍질은 갈색~회갈색이며 가로로 갈라져서 불규칙하게 터지고 벗겨진다.

어긋나는 잎은 넓은 달걀형이며 잎몸이 3~5갈래로 갈라진다. 잎 가장자리에는 엉성한 톱니가 있으며 잎 뒷면의 잎맥이나 잎자루에는 부드러운 털이 많다. 둥근 열매는 지름 1㎝ 정도이고 여름에 황록색으로 익으면 단맛이 나며 과일로 먹는다.

곁눈과 가시

나무껍질

6월의 어린 열매

# 골담초(콩과)

*Caragana sinica*

떨기나무(높이 2m 정도)
중국 원산. 관상수

잔가지는 갈색~회갈색이며 세로로 5개의 모가 지고 털이 없다. 마디마다 턱잎이 변한 길고 날카로운 가시가 있다. 짧은가지가 발달한다. 겨울눈은 타원형~달걀형이며 털로 덮여 있다. 잎자국은 작다. 나무껍질은 회갈색이며 광택이 있고 가로로 긴 껍질눈이 있다. 노목은 껍질이 얇게 벗겨진다.
어긋나는 잎은 2쌍의 작은잎을 가진 짝수깃꼴겹잎이다. 작은잎은 긴 거꿀달걀형으로 끝이 둥글고 가장자리가 밋밋하며 앞면은 광택이 있고 뒷면은 털이 없다. 꼬투리열매는 국내에서는 잘 열리지 않는다. *같은 속의 **참골담초**(p.173)는 가지에 가시가 없어서 구분이 된다.

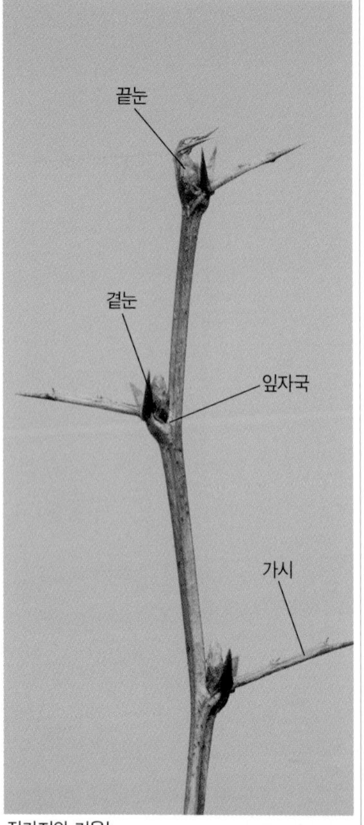

잔가지와 겨울눈

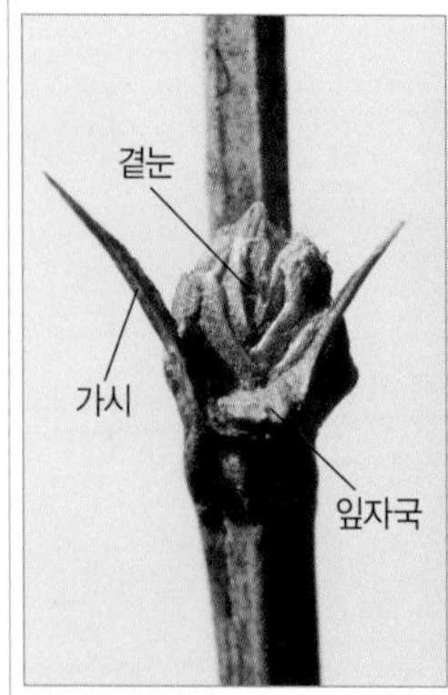

곁눈과 잎자국

나무껍질

잎 모양

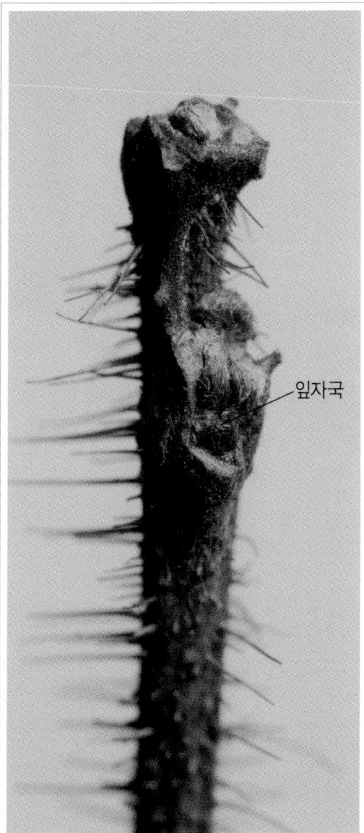

잔가지와 겨울눈

## 꽃아까시나무(콩과)

*Robinia hispida*

떨기나무(높이 1~3m)
북미 원산. 관상수

잔가지는 지그재그로 벋으며 길고 억센 붉은색 털이 많이 난다. 잎자국 양옆에 턱잎이 변한 짧은 가시가 달리기도 한다. 겨울눈은 잎자국 속에 숨어 있다. 잎자국은 둥근 삼각형이며 약간 튀어나오고 관다발자국은 3개이다. 나무껍질은 황갈색이고 세로로 불규칙하게 갈라진다.

어긋나는 잎은 7~15장의 작은잎을 가진 홀수깃꼴겹잎이다. 작은잎은 원형~넓은 타원형이고 가장자리가 밋밋하며 뒷면은 연녹색이다. 기다란 꼬투리열매 표면은 빳빳한 누운 털이 촘촘히 덮여 있다. *같은 속의 **아까시나무**(p.237)는 큰키나무이고 날카로운 가시가 있어서 구분이 된다.

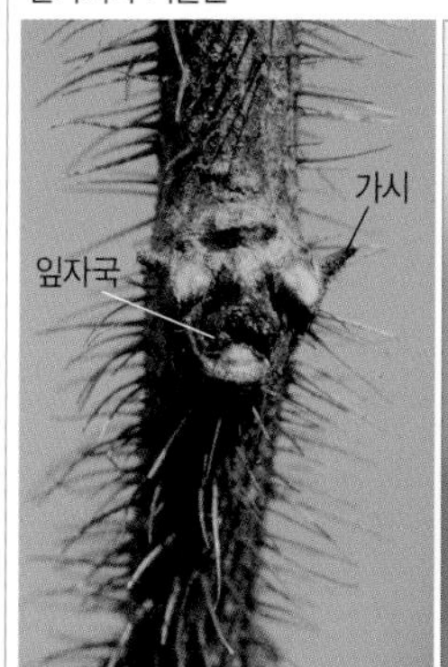

잎자국

나무껍질

잎 모양

## 보리수나무(보리수나무과)
*Elaeagnus umbellata*

떨기나무(높이 2~4m)
중부 이남의 숲 가장자리

햇가지는 은백색의 비늘털로 촘촘히 덮여 있고 가지 끝이 가시로 변하기도 한다. 겨울눈은 맨눈이고 넓은 달걀형~원뿔형이며 5㎜ 정도 길이이고 갈색과 은색의 비늘털로 덮여 있다. 곁눈은 끝눈보다 작다. 잎자국은 반원형~삼각형이며 관다발자국은 1개이다. 나무껍질은 회색~흑회색이며 세로로 얕게 갈라진다.
어긋나는 잎은 긴 타원형으로 끝이 뾰족하고 가장자리가 밋밋하며 뒷면은 은백색의 비늘털로 덮인다. 둥근 열매는 가을에 붉은색으로 익는다. *같은 속의 **뜰보리수**(p.184)는 가지에 가시가 없고 타원형 열매가 6~7월에 익어서 구분이 된다.

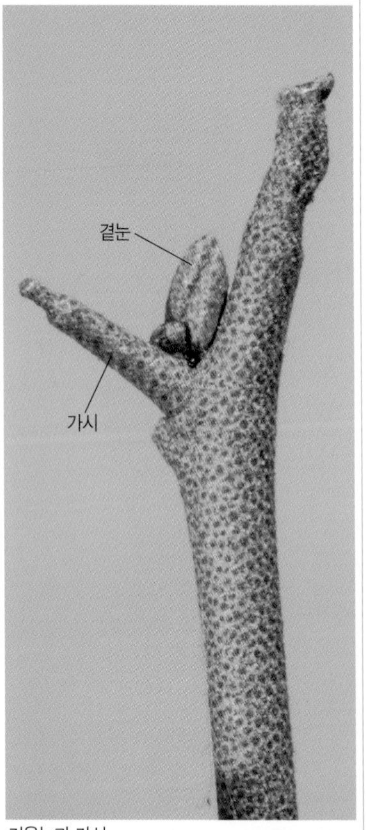

겨울눈과 가시

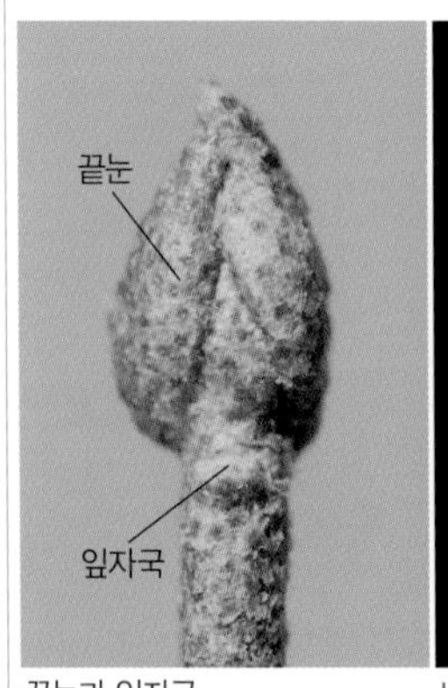

끝눈과 잎자국

나무껍질

7월 말의 열매

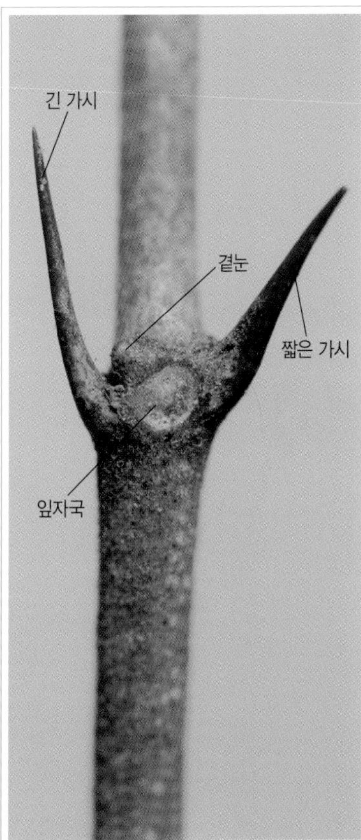

잔가지와 겨울눈

## 갯대추나무(갈매나무과)

*Paliurus ramosissimus*

떨기나무(높이 2~5m)
제주도의 바닷가

햇가지는 연갈색 털로 덮여 있지만 점차 없어지고 턱잎이 변한 날카로운 가시는 5~15㎜ 길이이며 보통 길이가 서로 다르다. 겨울눈은 작고 넓은 달걀형이며 끝이 둥그스름하고 털로 덮여 있다. 잎자국은 둥그스름하고 관다발자국은 여러 개이다. 나무껍질은 회색~회갈색이며 밋밋하다.

어긋나는 잎은 넓은 달걀형~긴 타원형이며 끝이 둔하고 가장자리에 둔한 톱니가 있다. 잎 앞면은 광택이 있고 잎몸 밑부분에서 3개의 잎맥이 발달하고 흔히 가장자리가 안쪽으로 말린다. 반구형 열매는 끝이 3갈래로 얇게 갈라져서 날개로 되고 연갈색의 누운털로 덮여 있다.

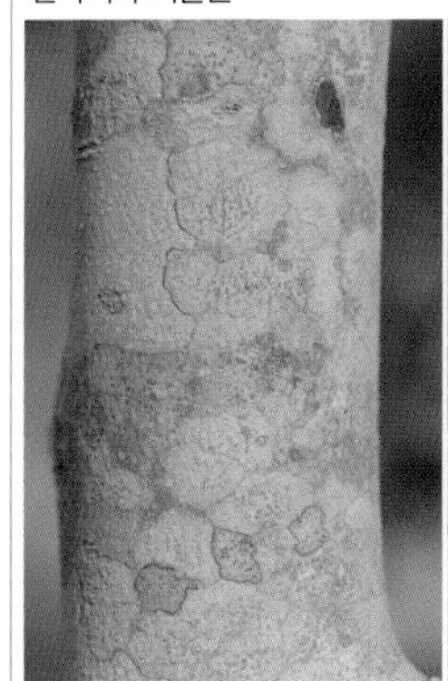
나무껍질

9월 초의 어린 열매

10월의 열매

## 상동나무(갈매나무과)
*Sagaretia thea*

떨기나무(높이 2m 정도)
남쪽 섬

가느다란 줄기는 끝이 밑으로 처지고 가지 끝이 흔히 가시로 변한다. 잔가지는 적갈색~회갈색이며 처음에는 짧은털로 덮여 있다. 겨울눈은 타원형이고 표면에 털이 있다. 잎자국은 삼각형~반원형이고 약간 튀어나오며 관다발자국은 3개이다. 나무껍질은 회갈색~회흑색이며 노목은 껍질이 얇은 조각으로 불규칙하게 벗겨진다. 어긋나는 잎은 거의 마주나는 것처럼 보이고 타원형~넓은 달걀형이며 가장자리에 잔톱니가 있고 일부는 푸른 잎으로 겨울을 난다. 10~11월에 가지 끝이나 잎겨드랑이의 이삭꽃차례에 자잘한 연노란색 꽃이 모여 피고 둥근 열매는 봄에 흑자색으로 익는다.

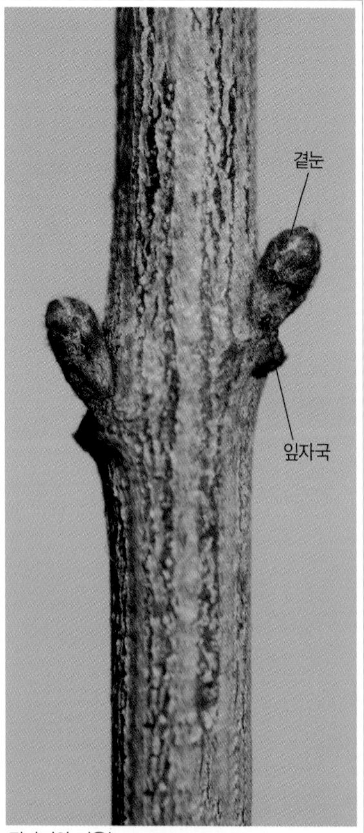

잔가지와 겨울눈

곁눈과 잎자국

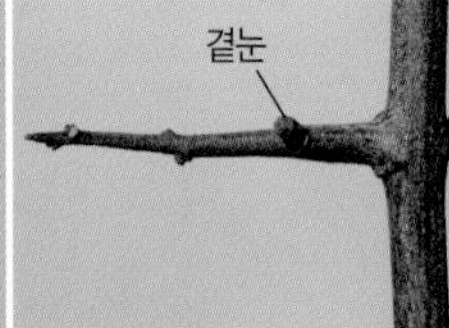

가시

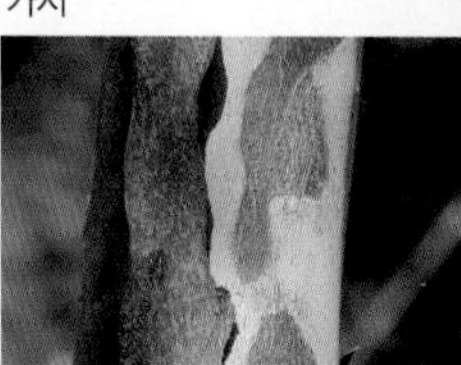
나무껍질

5월의 열매

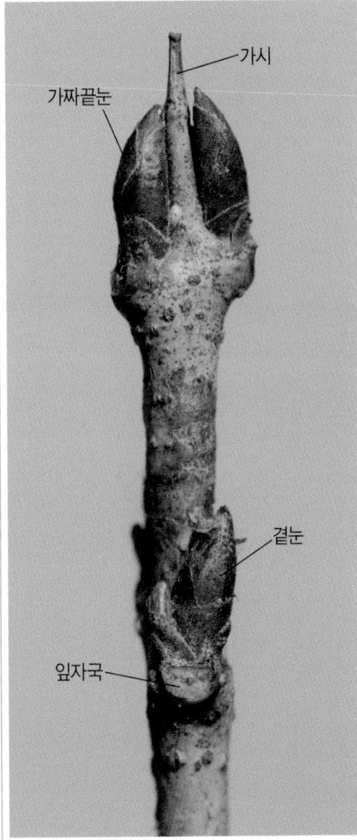

잔가지와 겨울눈

## **참갈매나무**(갈매나무과)

*Rhamnus ussuriensis*

떨기나무(높이 2~4m)
지리산 이북의 낮은 산골짜기

잔가지는 갈색이고 털이 없으며 껍질눈이 많다. 긴가지 끝은 흔히 가시로 변하며 짧은가지가 많이 발달한다. 겨울눈은 마주나거나 거의 마주난다. 겨울눈은 달걀형이며 3~5㎜ 길이이고 끝이 뾰족하며 6개의 눈비늘조각에 싸여 있다. 잎자국은 반원형~삼각형이고 약간 튀어나오며 관다발자국은 3개이다. 나무껍질은 회흑갈색이다.
거의 마주나는 잎은 짧은가지 끝에서는 모여난다. 잎몸은 좁은 타원형~넓은 피침형으로 5~12㎝ 길이이며 끝이 뾰족하고 뾰족한 잔톱니가 있다. 둥근 열매는 자루가 길며 가을에 검게 익는다. *같은 속의 **갈매나무**(p.97)는 높은 산에서 자라고 가시가 거의 없어서 구분이 된다.

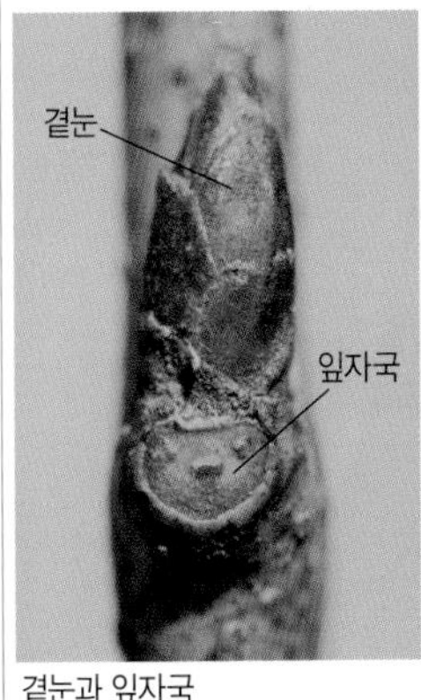

곁눈과 잎자국

나무껍질

7월의 어린 열매

## 좀갈매나무(갈매나무과)
*Rhamnus taquetii*

떨기나무(높이 1m 정도)
제주도의 높은 산

잔가지는 털이 있지만 점차 없어지며 가지 끝은 흔히 가시로 변한다. 겨울눈은 어긋나고 달갈형이며 2㎜ 정도 길이이고 황갈색이며 여러 개의 눈비늘조각에 싸여 있다. 나무껍질은 회갈색이며 밋밋하고 광택이 약간 있으며 노목은 거칠게 벗겨진다.
어긋나는 잎은 짧은가지에서는 모여난다. 잎몸은 둥근 거꿀달걀형이고 1~2㎝ 길이로 작으며 끝이 둥글고 가장자리에 둔한 톱니가 있다. 잎 뒷면은 털이 약간 있고 측맥은 2~3쌍이다. 암수딴그루로 5~6월에 짧은가지의 잎겨드랑이에 연한 황록색 꽃이 모여 핀다. 둥근 열매는 지름 5~6㎜이며 9~10월에 검은색으로 익는다.

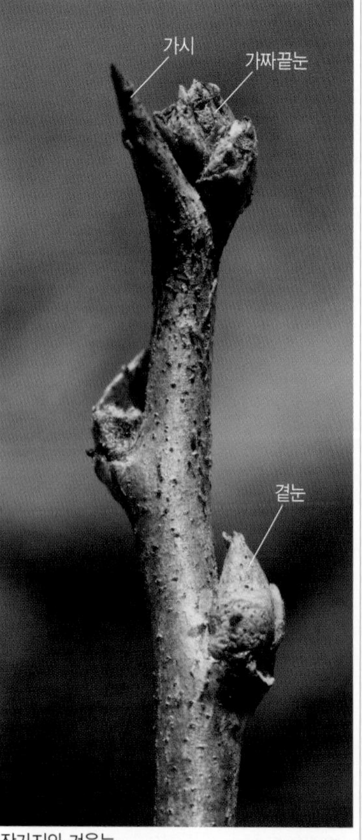

잔가지와 겨울눈

나무껍질

9월의 열매

잎 뒷면

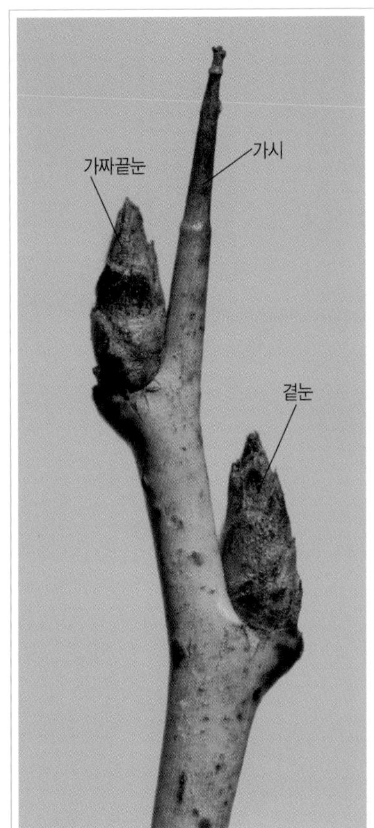

잔가지와 겨울눈

## 짝자래나무(갈매나무과)
*Rhamnus yoshinoi*

떨기나무(높이 1~3m)
산

잔가지는 회갈색~갈색이며 약간의 광택이 있고 긴가지 끝은 가시로 변하며 짧은가지가 발달한다. 겨울눈은 어긋나고 달걀형~긴 달걀형이며 끝이 뾰족하고 가지에 바짝 붙으며 6개의 눈비늘조각에 싸여 있다. 눈비늘조각 가장자리에는 털이 약간 있고 조금 벌어지기도 한다. 잎자국은 반원형~삼각형이고 튀어나오며 관다발자국은 3개이다. 나무껍질은 회갈색이다. 어긋나는 잎은 타원형~거꿀달걀형이며 3~8㎝ 길이이고 끝이 뾰족하며 가장자리에 둔한 톱니가 있다. 둥그스름한 열매는 지름 6~7㎜이며 열매자루는 7~20㎜ 길이로 길고 가을에 검게 익는다.

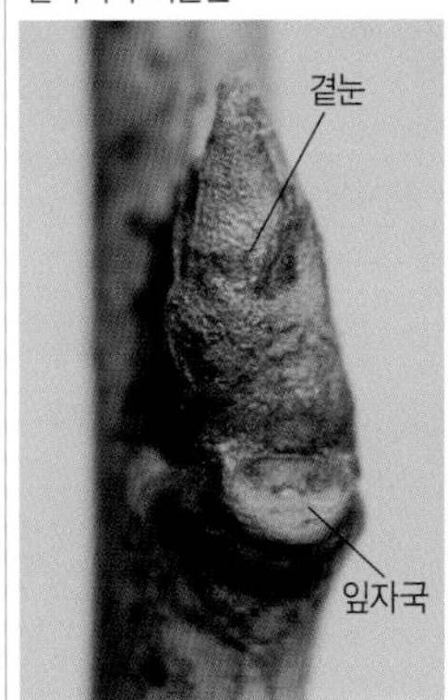

곁눈과 잎자국

짧은가지

8월의 어린 열매

## 해당화(장미과)
*Rosa rugosa*

떨기나무(높이 1~1.5m)
바닷가 모래땅

줄기와 가지에 납작한 가시와 바늘 모양의 가시가 섞여 있고 부드러운 털도 빽빽이 난다. 끝눈은 달걀형~원뿔형이며 3~4㎜ 길이이고 5~7개의 눈비늘조각에 싸여 있다. 잎자국은 U자~V자형이며 관다발자국은 3개이다. 곁눈은 끝눈보다 작다. 줄기 밑부분은 오래되면 가시가 떨어져 나간다.
어긋나는 잎은 5~9장의 작은잎을 가진 홀수깃꼴겹잎이다. 작은잎은 타원형이고 끝이 둥글며 가장자리에 잔톱니가 있다. 잎몸은 두껍고 주름이 많으며 뒷면은 흰빛이 돈다. 둥근 열매는 끝에 꽃받침조각이 남아 있으며 8~9월에 붉게 익는다. 마른열매가 겨울까지 남아 있기도 하다.

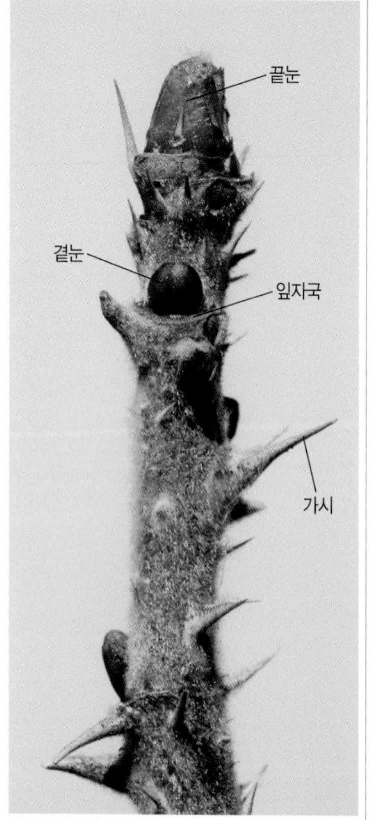

잔가지와 겨울눈

나무껍질

3월의 묵은 열매

7월의 열매

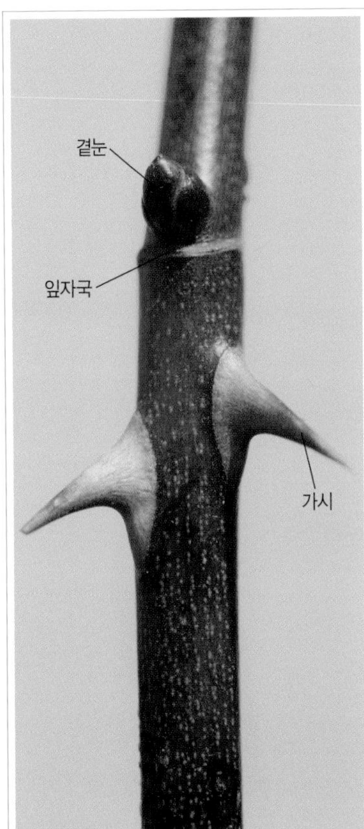

잔가지와 겨울눈

## 찔레꽃(장미과)
*Rosa multiflora*

떨기나무(높이 2~4m)
산과 들

줄기와 가지에 날카로운 가시가 많고 가지는 끝이 밑으로 처진다. 잔가지는 녹색~적갈색이며 털이 없다. 겨울눈은 세모진 달걀형이며 2㎜ 정도 길이이고 털이 없다. 잎자국은 가는 초승달형이며 관다발자국은 3개이다. 나무껍질은 어릴 때는 흑자색이지만 오래되면 불규칙하게 갈라져 벗겨진다.
어긋나는 잎은 5~9장의 작은잎을 가진 깃꼴겹잎이다. 작은잎은 긴타원형~거꿀달걀형이며 잔톱니가 있고 잎자루 밑부분에 빗살 같은 턱잎이 붙어 있다. 콩알만 한 붉은색 열매가 모여 달린 열매송이는 겨울에도 매달려 있다. *같은 속의 **돌가시나무**(p.14)는 덩굴로 바닥을 기므로 구분이 된다.

나무껍질

12월의 열매

잎 뒷면

## 생열귀나무(장미과)
*Rosa davurica*

떨기나무(높이 1~2m)
강원도 이북의 산과 들

잔가지는 적자색이고 털이 없으며 가시가 없거나 드문드문 달린다. 겨울눈은 달걀형~긴 달걀형으로 적자색이고 끝이 뾰족하며 4~6개의 눈비늘조각에 싸여 있다. 잎자국은 U자~V자형이며 관다발자국은 잘 보이지 않는다. 줄기는 흰빛을 띠는 가시가 빽빽하며 나이를 먹을수록 나무껍질은 점차 회갈색이 된다.

어긋나는 잎은 7~9장의 작은잎을 가진 홀수깃꼴겹잎이다. 작은잎은 긴 타원형으로 끝이 뾰족하고 가장자리에 뾰족한 톱니가 있으며 뒷면은 부드러운 털과 기름점이 있어서 끈적거리고 회녹색이다. 열매는 둥글며 끝에 꽃받침자국이 남아 있고 가을에 붉게 익는다.

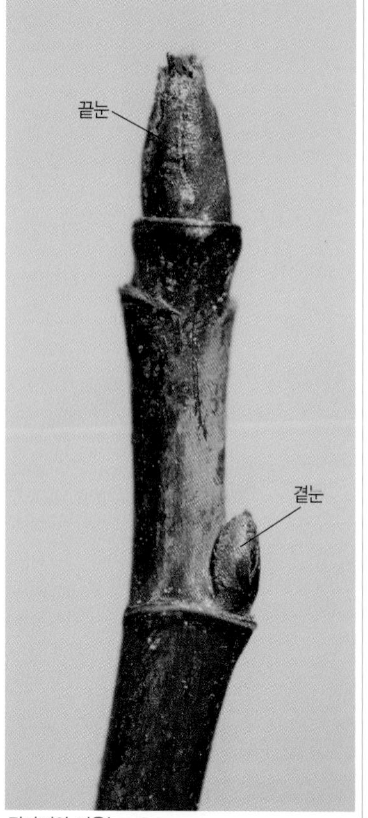

잔가지와 겨울눈

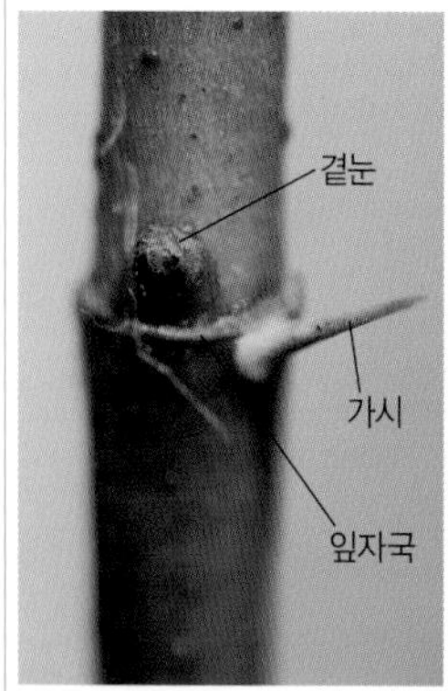

곁눈과 잎자국

나무껍질

7월 말의 열매

## 인가목/민둥인가목(장미과)

*Rosa acicularis*

떨기나무(높이 1~1.5m)
지리산 이북의 높은 산

줄기는 가지가 잘 갈라진다. 줄기 밑부분에 흰빛을 띠는 바늘 모양의 가시가 빽빽이 난다. 잔가지에는 가시가 없거나 드문드문 달리며 붉은색이지만 그늘진 부분은 녹색이 돈다. 겨울눈은 달걀형이며 적갈색이고 끝이 뾰족하다. 나무껍질은 점차 회갈색으로 변하며 가시가 빽빽하다.

어긋나는 잎은 3~7장의 작은잎을 가진 홀수깃꼴겹잎이다. 작은잎은 긴 타원형~넓은 타원형으로 가장자리에 뾰족한 톱니가 있고 턱잎은 넓은 달걀형이며 잎자루와 합쳐져 있다. 열매는 긴 타원형~거꿀달걀형이며 끝에 꽃받침자국이 남아 있고 가을에 붉은색으로 익는다.

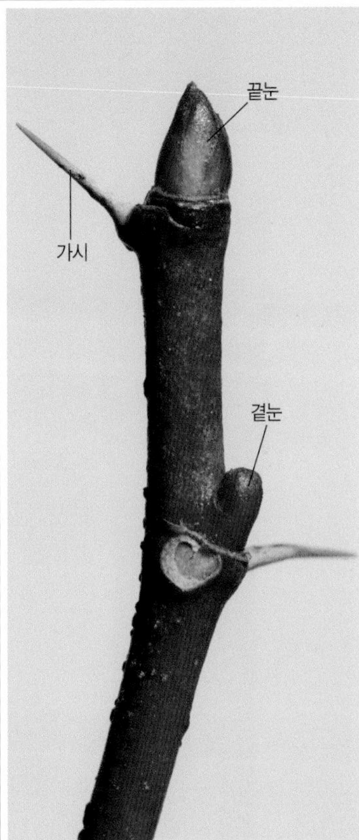

잔가지와 겨울눈

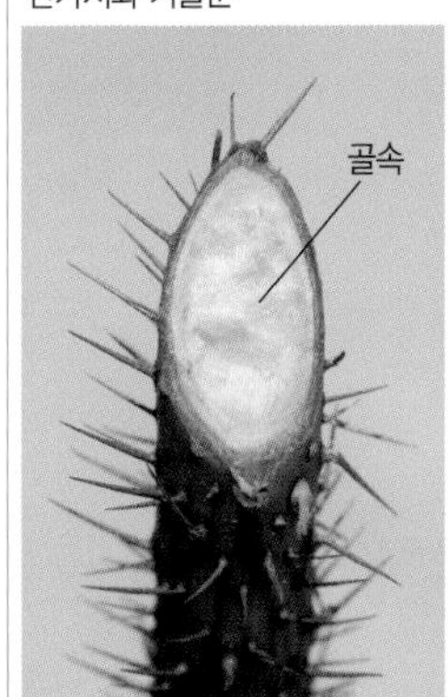

줄기 단면

줄기

8월 초의 열매

## 산딸기(장미과)

*Rubus crataegifolius*

떨기나무(높이 1~2m)

산과 들

붉은빛이 도는 줄기는 보통 윗부분이 비스듬히 휘어지며 가시는 직각으로 나온다. 잔가지는 적자색~적갈색이며 털이 없다. 겨울눈은 달걀형으로 끝이 뾰족하고 3~5㎜ 길이이며 3~5개의 어두운 홍자색 눈비늘조각에 싸여 있다. 보통 겨울눈 좌우에 가로덧눈이 달리고 잎자루의 밑부분이 남아 있다. 잎자국은 삼각형~초승달형이며 관다발자국은 3개이다.

어긋나는 잎은 넓은 달걀형으로 잎몸이 3~5갈래로 갈라지고 끝이 뾰족하며 가장자리에 불규칙한 겹톱니가 있다. 둥근 열매송이는 여름에 붉게 익고 단맛이 난다. *같은 속의 **멍석딸기**(p.15)는 덩굴지며 자라서 구분이 된다.

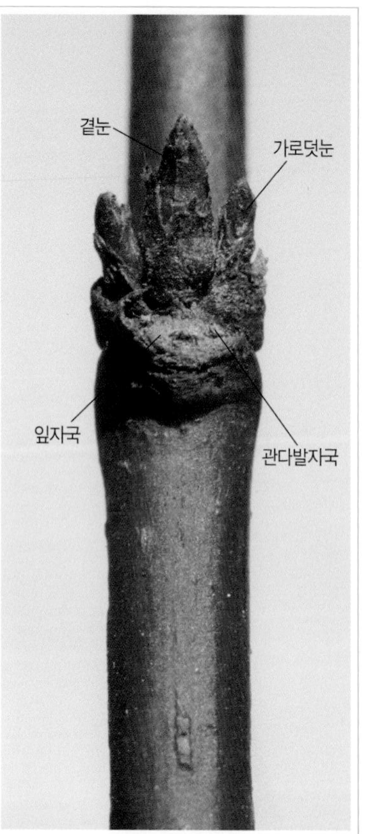

잔가지와 겨울눈

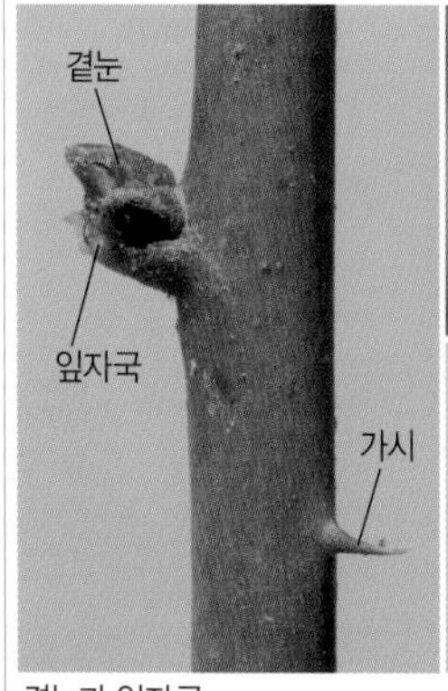

곁눈과 잎자국

나무껍질

6월 말의 열매

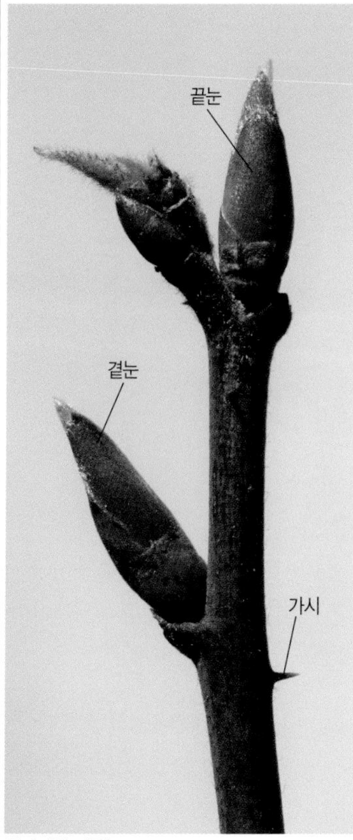


잔가지와 겨울눈

## 수리딸기(장미과)

*Rubus corchorifolius*

떨기나무(높이 1~2m)
남부 지방의 산

줄기는 곧게 서거나 비스듬히 선다. 연녹색 햇가지에는 비로드 모양의 털이 빽빽이 나지만 점차 없어지고 군데군데에 날카로운 가시가 있다. 잔가지는 적갈색~녹갈색이고 겨울눈은 달걀형~긴 달걀형이며 끝이 뾰족하고 적갈색 눈비늘조각은 털이 있다. 잎자국은 초승달형이며 튀어나오고 관다발자국은 3개이다.

어긋나는 잎은 달걀형으로 잎몸이 3갈래로 얕게 갈라지기도 하고 끝이 뾰족하며 가장자리에 둔한 톱니가 있다. 열매송이는 구형~둥근 달걀형으로 5~6월에 붉은색으로 익으며 새콤달콤한 맛이 나고 먹을 수 있다.

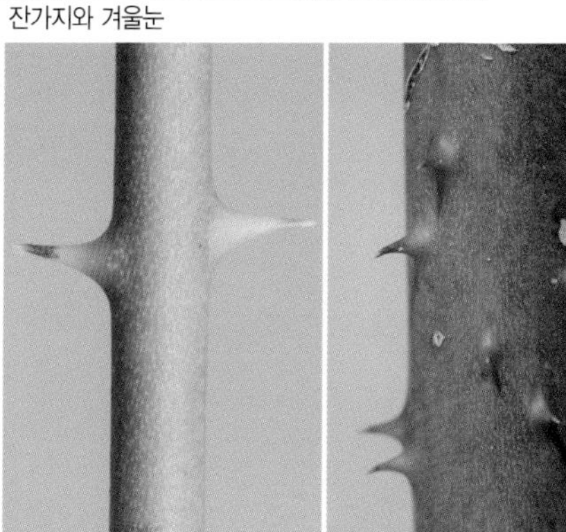

어린 가지 나무껍질

5월 말의 열매

## 멍덕딸기(장미과)

*Rubus idaeus* ssp. *melanolasius*

떨기나무(높이 1m 정도)
강원도 이북의 높은 산

줄기에 바늘 같은 황갈색 또는 붉은색 가시와 샘털이 빽빽이 난다. 줄기 윗부분은 옆으로 비스듬히 벋으며 잔가지도 가시가 많다. 겨울눈은 달걀형~긴 달걀형이며 끝이 뾰족하고 눈비늘조각에 싸여 있다. 겨울눈 밑부분의 잎자루가 깨끗이 떨어지지 않고 남기 때문에 잎자국은 잘 드러나지 않으며 튀어 나온다.

어긋나는 잎은 대부분 세겹잎이며 잎자루에 부드러운 털과 뾰족한 가시가 있다. 작은잎은 끝에 있는 잎이 가장 크며 가장자리에 뾰족한 톱니가 있고 뒷면은 흰색 털로 덮여 있으며 주맥에 가시가 있다. 둥근 열매송이는 여름에 붉게 익는다.

잔가지와 겨울눈

곁눈과 잎자국

나무껍질

잎가지

## 곰딸기/붉은가시딸기(장미과)
*Rubus phoenicolasius*

떨기나무(높이 2~3m)
산과 들

줄기는 곧게 서거나 비스듬히 선다. 줄기와 가지에 붉은색의 긴 샘털이 촘촘히 나며 군데군데에 날카로운 가시가 있다. 잔가지 끝은 점차 가늘어지고 겨울에 말라 죽는 것이 많다. 겨울눈은 달걀형으로 끝이 약간 날카롭고 3~6㎜ 길이이며 5~9개의 눈비늘조각은 부드러운 흰색 털로 덮여 있다. 보통 잎자루의 밑부분이 남기 때문에 잎자국이 잘 드러나지 않는다.
어긋나는 잎은 3~5장의 작은잎을 가진 깃꼴겹잎이다. 작은잎은 달걀형~넓은 달걀형으로 끝이 뾰족하고 가장자리에 톱니가 있으며 뒷면은 흰빛이 돈다. 둥근 열매송이는 7~8월에 붉게 익고 새콤달콤한 맛이 난다.

잔가지와 겨울눈

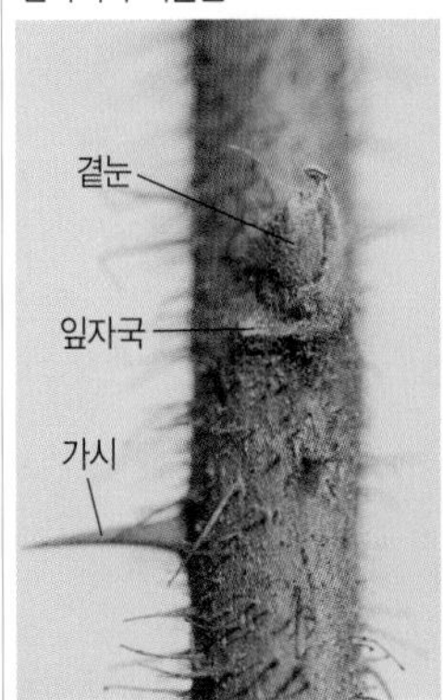

곁눈과 잎자국

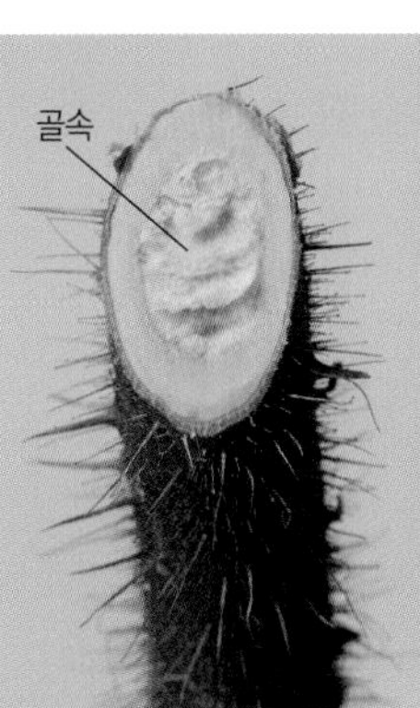

줄기 단면

7월의 열매

## 복분자딸기(장미과)
*Rubus coreanus*

떨기나무(높이 2~3m)
산과 들

가시가 있는 검붉은 줄기와 가지는 분백색 가루로 덮여 있지만 점차 벗겨지고 가지 끝은 겨울에 말라 죽는다. 겨울눈은 긴 달걀형이며 끝이 뾰족하고 표면은 흰색 가루와 털이 있지만 점차 흰색 가루가 없어지기도 한다. 잎자국은 튀어나오고 턱잎이 남아 있기도 하다. 보통 잎자루의 밑부분이 남기도 한다. 줄기는 비스듬히 휘어지며 끝이 땅에 닿으면 뿌리를 내린다. 어긋나는 잎은 5~9장의 작은잎을 가진 홀수깃꼴겹잎이다. 작은잎은 달걀형~달걀 모양의 타원형으로 끝이 뾰족하고 가장자리에 날카로운 톱니가 있으며 잎자루에 가시가 있다. 열매송이는 여름에 검게 익는다.

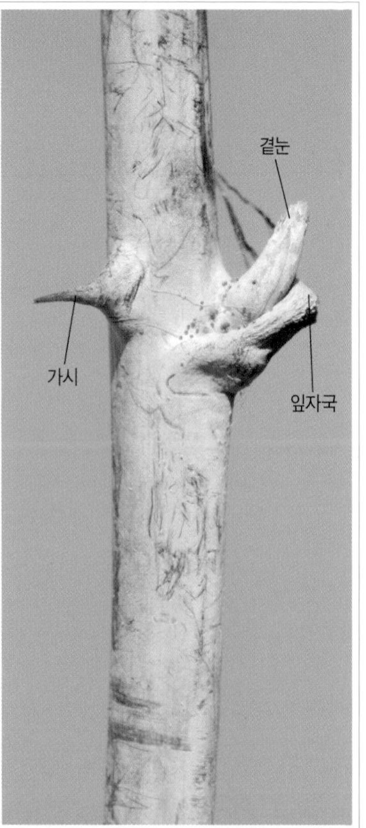

잔가지와 겨울눈

곁눈과 잎자국

나무껍질

7월의 열매

잔가지와 겨울눈

## 장딸기(장미과)

*Rubus hirsutus*

떨기나무(높이 20~60㎝)
남부 지방

줄기와 가지에 짧고 부드러운 털과 샘털이 촘촘히 나며 드문드문 돋는 가시는 끝부분이 구부러지기도 한다. 겨울눈은 긴 달걀형이며 2~3㎜ 길이이고 눈비늘조각은 적갈색~녹갈색이며 흰색 털로 덮여 있다. 남쪽 섬에서는 겨울에 새순이 돋거나 잎이 남아 있는 경우도 있다. 잎자국은 삼각형~반달 모양이며 관다발자국은 3개이다.
어긋나는 잎은 3~5장의 작은잎을 가진 홀수깃꼴겹잎이다. 작은잎은 달걀형~긴 달걀형이며 끝이 뾰족하고 가장자리에 자잘한 겹톱니가 있다. 둥근 열매송이는 지름 1~2㎝로 큼직하며 5~7월에 붉게 익고 새콤달콤한 맛이 난다.

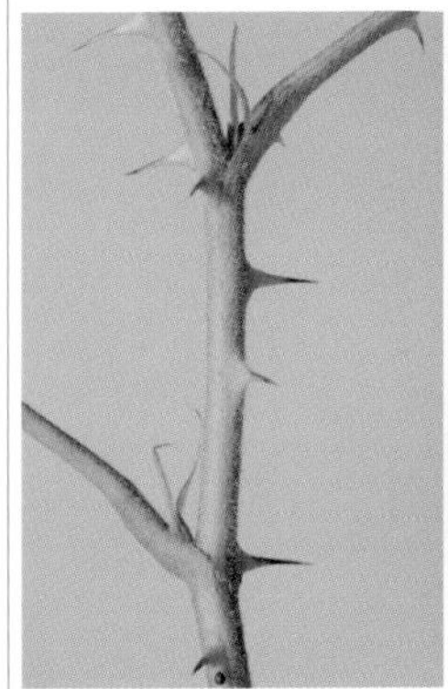
어린 가지

나무껍질

잎 모양

## 명자나무/명자꽃(장미과)
*Chaenomeles speciosa*

떨기나무(높이 1~2m)
중국 원산. 관상수

잔가지는 둥글고 갈색~적갈색이며 가지 끝이 가시로 변하기도 한다. 껍질눈은 원형~타원형이고 작다. 잎눈은 세모진 달걀형이며 2~3㎜ 길이로 작고 꽃눈은 둥글다. 잎자국은 삼각형~반원형이며 관다발자국은 3개이다. 나무껍질은 회색~회갈색이며 껍질눈이 있다.
어긋나는 잎은 달걀형~긴 타원형으로 끝이 뾰족하고 가장자리에 날카로운 겹톱니가 있으며 잎자루가 짧다. 턱잎은 달걀형~피침형이며 일찍 떨어진다. 타원형 열매는 4~6㎝ 길이이고 가을에 노란색으로 익으며 신맛이 매우 강하다. 생울타리로도 심으며 많은 재배 품종이 있다. *같은 속의 **모과나무**(p.390)는 작은키나무로 자란다.

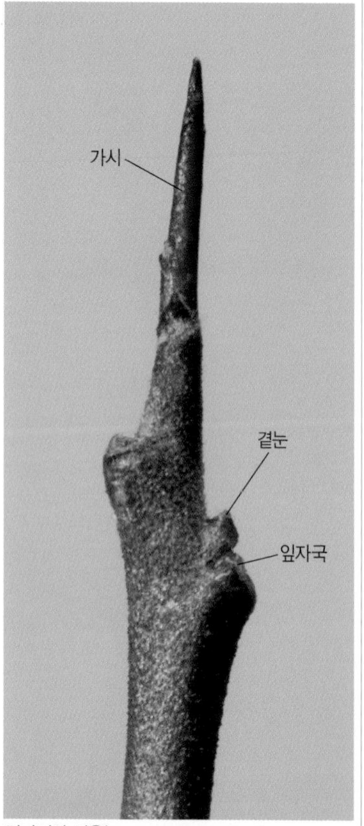

잔가지와 겨울눈

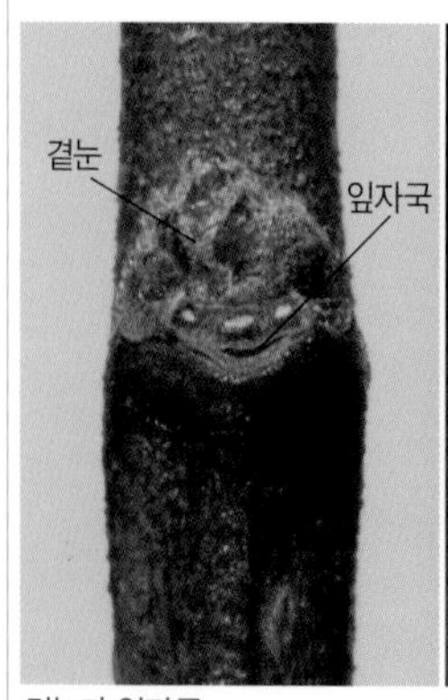

곁눈과 잎자국

꽃눈

7월의 어린 열매

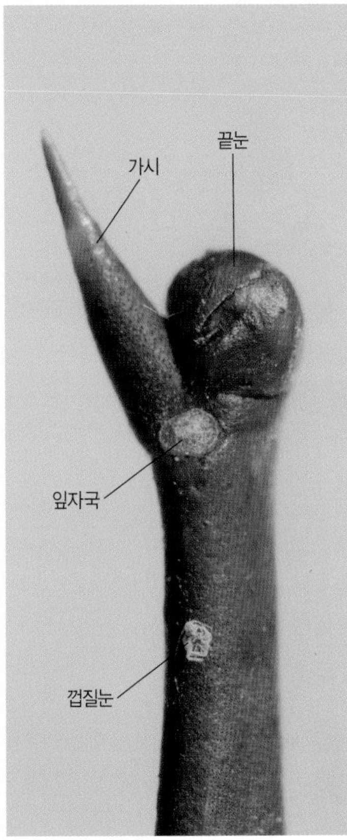

잔가지와 겨울눈

## 탱자나무(운향과)
*Citrus trifoliata*

떨기나무(높이 3~4m)
중국 원산. 관상수

잔가지는 약간 납작하며 녹색이고 털이 없으며 가지가 변한 날카로운 가시도 녹색이고 1~5㎝ 길이이다. 겨울눈은 반구형이며 2~3㎜ 길이이고 2~3개의 눈비늘조각에 싸여 있다. 잎자국은 반원형이다. 나무껍질은 회녹갈색이며 세로로 긴 줄무늬가 있다.
어긋나는 잎은 세겹잎이며 잎자루에 좁은 날개가 있다. 작은잎은 가죽질이고 긴 타원형~거꿀달걀형으로 끝이 둔하며 가장자리는 밋밋하거나 둔한 톱니가 있고 뒷면은 연녹색이다. 둥근 열매는 지름 3~5㎝이고 표면에 털이 있으며 가을에 노란색으로 익고 향기는 좋지만 신맛이 강해서 날로 먹지 못한다.

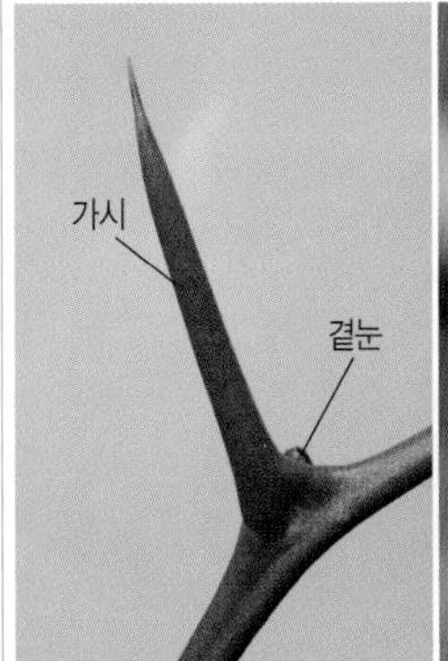

가시와 곁눈

나무껍질

10월의 열매

## 개산초(운향과)

*Zanthoxylum armatum*

반상록성떨기나무(높이 1.5~3m)
남부 지방의 바닷가 산

잔가지는 적갈색이며 털이 없고 2개씩 마주 달리는 가시는 밑부분이 약간 넓어지며 1㎝ 이상 길이이다. 2년생 가지는 희고 작은 껍질눈이 생긴다. 겨울눈은 세모꼴로 작고 맨눈이다. 잎자국은 반원형~하트형이고 관다발자국은 3개이다. 나무껍질은 회흑색이고 가시와 사마귀 모양의 돌기가 있다.

어긋나는 잎은 3~7장의 작은잎을 가진 홀수깃꼴겹잎이며 겹잎자루에 날개와 가시가 있다. 작은잎은 긴 타원형~넓은 피침형이며 잔톱니가 있다. 반상록성으로 따뜻한 바닷가에서는 푸른 잎을 단 채로 겨울을 난다. 둥근 열매는 가을에 붉게 익으면 껍질이 벌어지면서 검은색 씨앗이 드러난다.

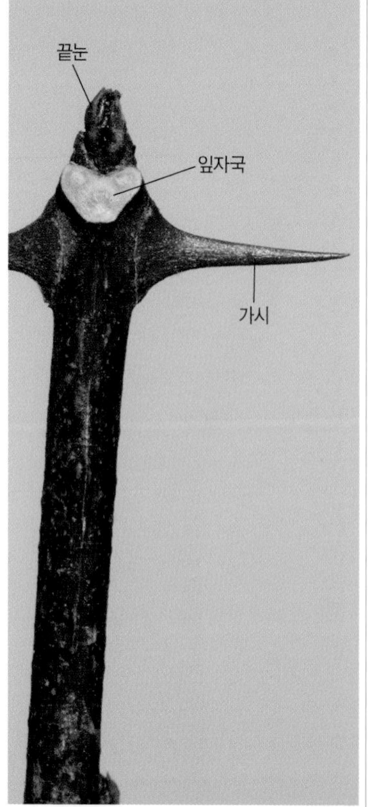

잔가지와 겨울눈

묵은 가지의 가시

나무껍질

9월의 열매

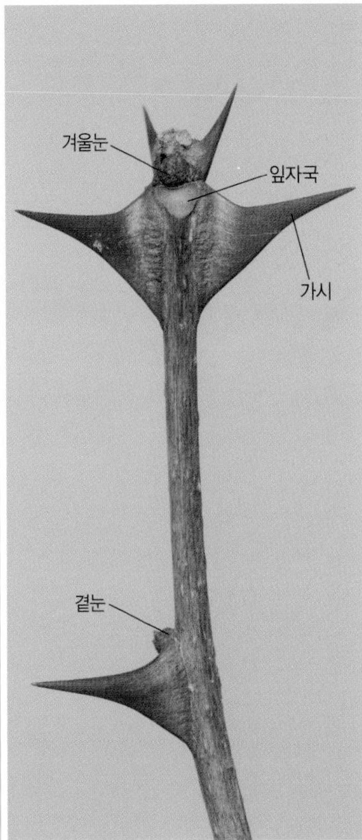

잔가지와 겨울눈

## 왕초피(운향과)
*Zanthoxylum coreanum*

떨기나무(높이 2~5m)
제주도

잔가지는 갈색~회갈색이며 껍질눈이 있다. 잎자국 양쪽으로 마주나는 날카로운 가시는 밑부분이 많이 넓어진다. 겨울눈은 동그스름하고 작으며 맨눈이고 적갈색의 누운털로 덮여 있다. 잎자국은 하트형~반원형이고 관다발자국은 3개이다. 나무껍질은 회갈색이고 껍질눈이 많으며 밑부분이 넓어진 가시가 있다.

어긋나는 잎은 7~13장의 작은잎을 가진 홀수깃꼴겹잎이며 겹잎자루에 좁은 날개가 있고 위아래로 짧은 가시가 있다. 작은잎은 달걀형~긴 달걀형이며 가장자리에 물결 모양의 톱니가 있다. 자잘한 검은색 씨앗이 붙은 열매송이가 겨울까지 남아 있기도 하다.

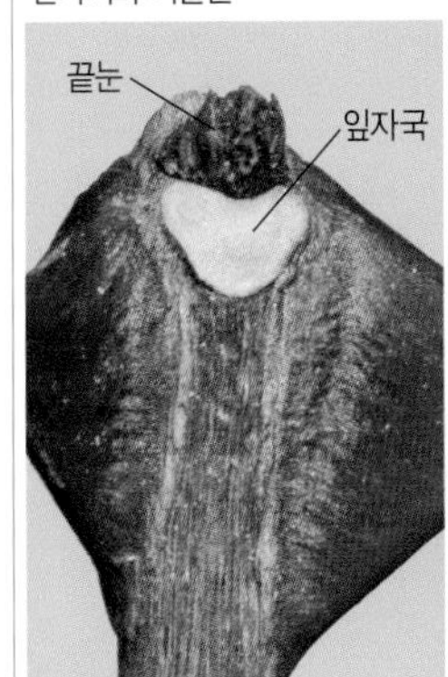

겨울눈과 잎자국

나무껍질

10월의 열매

# 초피나무(운향과)

*Zanthoxylum piperitum*

떨기나무(높이 3m 정도)

황해도 이남의 산기슭

잔가지는 녹색~적갈색이며 털이 없고 날카로운 가시가 2개씩 마주 달리며 작은 껍질눈이 있다. 겨울눈은 맨눈이며 거의 동그랗고 지름 2~4㎜이며 표면은 적갈색의 누운털로 덮여 있다. 잎자국은 하트형~반원형이고 관다발자국은 3개이다. 나무껍질은 회갈색이고 가시나 돌기가 있다.

어긋나는 잎은 9~19장의 작은잎을 가진 홀수깃꼴겹잎이다. 작은잎은 달걀형~긴 타원형이며 가장자리에 물결 모양의 톱니와 기름점이 있다. 겹잎자루에 좁은 날개와 짧은 가시가 있다. 둥근 열매는 가을에 붉게 익으면 껍질이 벌어지면서 검은색 씨앗이 드러난다. 잎과 열매를 향신료로 쓴다.

잔가지와 겨울눈

곁눈과 잎자국

나무껍질

8월 말의 열매

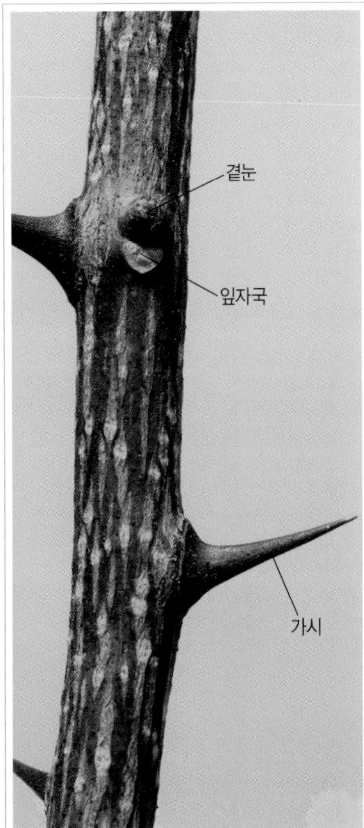

잔가지와 겨울눈

## 산초나무(운향과)
*Zanthoxylum schinifolium*

떨기나무(높이 3m 정도)
산

잔가지는 녹색~적갈색이며 털이 없고 가시가 서로 어긋나게 달리며 세로로 긴 껍질눈이 있다. 가시는 밑부분이 갑자기 넓어진다. 겨울눈은 반구형이며 지름 1mm 정도로 작고 털이 없다. 잎자국은 삼각형~하트형이고 관다발자국은 3개이다. 나무껍질은 회갈색이고 가시가 많이 남아 있다.
어긋나는 잎은 7~19장의 작은잎을 가진 홀수깃꼴겹잎이며 겹잎자루에 좁은 날개와 잔가시가 있다. 작은잎은 피침형~넓은 달걀형이며 가장자리에 물결 모양의 잔톱니가 있다. 검은색 씨앗이 붙은 열매송이가 늘어진 채 겨울까지 남아 있다. ＊**머귀나무**(p.245)는 산초나무속 중에서 유일한 큰키나무이다.

나무껍질

잎 모양

10월의 열매

## 구기자나무(가지과)
*Lycium chinense*

떨기나무(높이 2~4m)
마을 주변

줄기는 여러 대가 모여나 비스듬히 자라며 끝이 밑으로 처진다. 잔가지는 연한 회갈색이며 능선이 있고 흔히 가시가 있다. 동그스름한 겨울눈은 작고 가시 곁에 붙어서 달린다. 잎자국은 좁은 타원형이며 튀어나온다. 나무껍질은 회갈색~황갈색이고 세로로 가늘게 갈라진다.
어긋나는 잎은 짧은가지 끝에서는 모여 달린다. 잎몸은 피침형~달걀형으로 끝이 둔하며 가장자리가 밋밋하고 양면에 털이 없다. 가을에 붉은색으로 익는 타원형~달걀형 열매는 마른 채 겨울까지 매달려 있기도 하다. 열매는 한약재로 쓰거나 차를 끓여 마신다.

잔가지와 겨울눈

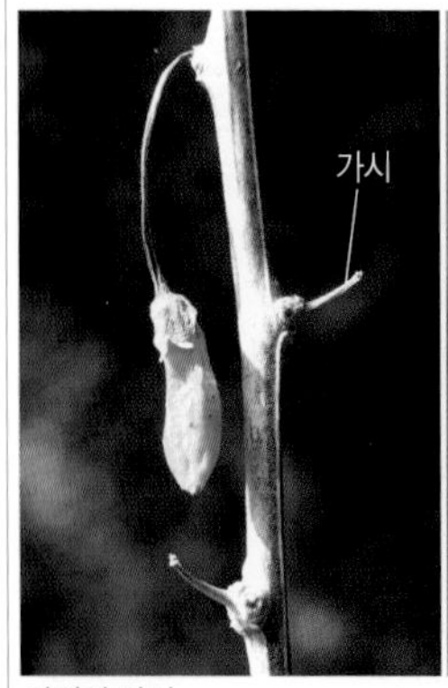

가지의 가시

나무껍질

11월의 열매

잔가지와 겨울눈

## **땃두릅나무**(두릅나무과)
*Oplopanax elatus*

떨기나무(높이 1~3m)
지리산 이북의 높은 산

줄기에 3~10㎜ 길이의 가시가 촘촘히 나며 오래 묵으면 가시가 떨어진다. 잔가지는 굵고 황갈색~회갈색이며 가늘고 긴 바늘 모양의 가시가 촘촘하다. 끝눈 주변에는 긴 가시가 촘촘히 둘러싸고 있으며 곁눈은 끝눈보다 작다. 잎자국은 U자~V자형이며 관다발자국은 15개 정도이다. 나무껍질은 회색~회갈색이다.
어긋나는 잎은 둥글며 잎몸이 5~7갈래로 갈라지고 갈래조각 끝은 뾰족하며 가장자리에 불규칙한 톱니가 있다. 잎 앞면의 주맥과 뒷면의 잎맥 위, 잎자루에 가시가 빽빽이 난다. 동글납작한 열매는 8~9월에 붉게 익는다. ***두릅나무**(p.246)는 가시가 드문드문 난다.

나무껍질

6월에 핀 꽃

9월의 열매

## 가시오갈피(두릅나무과)
*Eleutherococcus senticosus*

떨기나무(높이 2~3m)
지리산 이북의 깊은 산

잔가지는 굵고 회갈색이며 털이 없고 가늘고 긴 가시가 촘촘히 둘러 난다. 겨울눈은 달걀형이며 3~4개의 갈색 눈비늘조각에 싸여 있다. 잎자국은 V자형~반원형이며 관다발자국은 5~7개이다. 잎자국 밑에 보통 날카로운 가시가 있다. 나무껍질은 회백색이며 드문드문 작은 껍질눈이 있다. 노목은 가시의 흔적이 남아서 울퉁불퉁해진다. 어긋나는 잎은 3~5장의 작은잎을 가진 손꼴겹잎이다. 작은잎은 거꿀달걀 모양의 타원형~긴 타원형이며 끝이 뾰족하고 가장자리에 뾰족한 겹톱니가 있다. 둥근 달걀형 열매는 둥글게 모여 달리며 가을에 흑자색으로 익는다. 뿌리껍질을 한약재로 이용한다.

잔가지와 겨울눈

곁눈과 잎자국

나무껍질

6월 말에 핀 꽃

잔가지와 겨울눈

## 오갈피나무(두릅나무과)
*Eleutherococcus sessiliflorus*

떨기나무(높이 2~4m)
중부 이남의 산

햇가지는 연갈색 털이 있다가 점차 없어진다. 잔가지는 굵고 회갈색이며 털이 없고 굵은 가시가 아주 드물게 나며 껍질눈이 흩어져 나고 겨울에 가지 끝이 마르기도 한다. 겨울눈은 달걀형~둥근 달걀형이며 갈색~자갈색 눈비늘조각에 싸여 있다. 잎자국은 V자형~초승달형이며 관다발자국은 7~9개이다. 나무껍질은 회갈색이며 불규칙하게 얕은 골이 진다.

어긋나는 잎은 3~5장의 작은잎을 가진 손꼴겹잎이다. 작은잎은 거꿀달걀형~타원형이며 끝이 뾰족하고 가장자리에 자잘한 겹톱니가 있다. 둥근 거꿀달걀형 열매는 동그랗게 촘촘히 모여 달리며 가을에 검게 익는다.

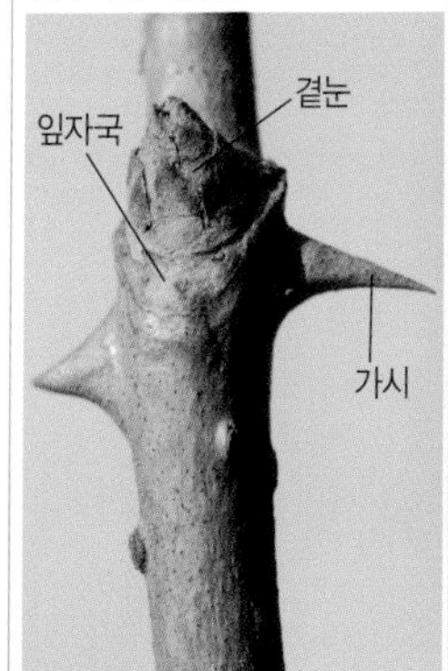


곁눈과 잎자국

나무껍질

11월 초의 열매

## 오가나무(두릅나무과)

*Eleutherococcus sieboldianus*

떨기나무(높이 2m 정도)
중국 원산. 관상수

잔가지는 굵고 회갈색이며 잎자국 밑에 날카로운 가시가 있고 껍질눈이 흩어져 난다. 가지에 털이 없다. 겨울눈은 둥근 원뿔형이며 2~3㎜ 길이이고 5~6개의 눈비늘조각은 끝이 둔한 편이다. 잎자국은 V자형이며 튀어나오고 관다발자국은 5~6개이다. 나무껍질은 회갈색이며 껍질눈이 흩어져 난다. 어긋나는 잎은 3~5장의 작은잎을 가진 손꼴겹잎이다. 작은잎은 거꿀피침형으로 크기가 서로 다르고 끝이 뾰족하며 가장자리에 얕은 톱니가 있다. 잎은 보통 털이 없다. 동글납작한 열매는 지름 6~8㎜이고 우산살 모양으로 모여 달리며 7~9월에 흑자색으로 익는다.

잔가지와 겨울눈

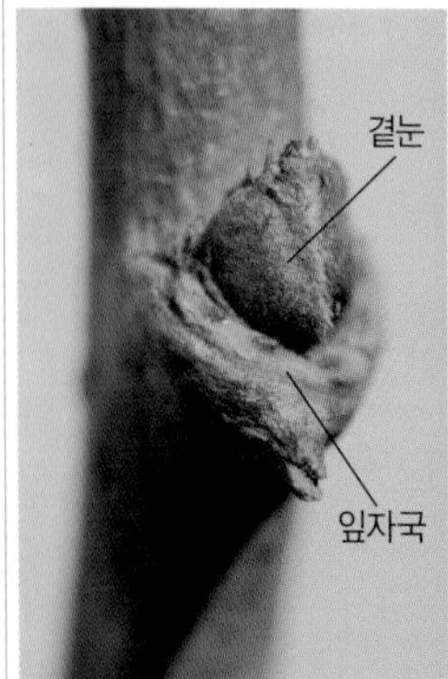

곁눈과 잎자국

5월에 핀 꽃

작은잎 뒷면

잔가지와 겨울눈

## 섬오갈피(두릅나무과)
*Eleutherococcus nodiflorus*

떨기나무(높이 2m 정도)
제주도

잔가지는 굵고 회갈색이며 잎자국 밑에 있는 날카로운 가시는 약간 밑을 향하고 껍질눈이 흩어져 난다. 겨울눈은 둥근 원뿔형이며 눈비늘 조각은 끝이 뾰족하다. 곁눈은 끝눈보다 작고 잎자국은 U자~V자형으로 겨울눈을 둘러싼다. 나무껍질은 회갈색이며 껍질눈이 흩어져 난다.

어긋나는 잎은 3~5장의 작은잎을 가진 손꼴겹잎이다. 작은잎은 거꿀달걀형~거꿀피침형으로 크기가 서로 다르고 끝이 뾰족하며 가장자리에 뾰족한 잔톱니가 있다. 잎 뒷면의 잎맥겨드랑이에 털이 있다. 둥근 열매는 지름 6~7㎜이고 우산살 모양으로 모여 달리며 10~12월에 검은색으로 익는다.

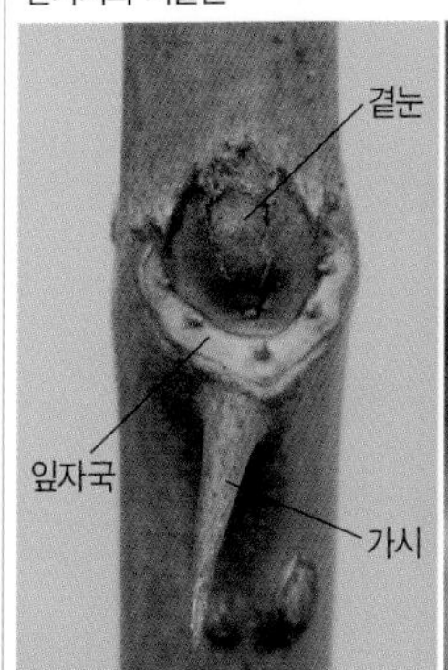

곁눈과 잎자국

나무껍질

작은잎 뒷면

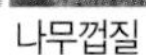

# 겨울눈이 마주나는 갈잎떨기나무

3월의 산수국 겨울눈과 열매

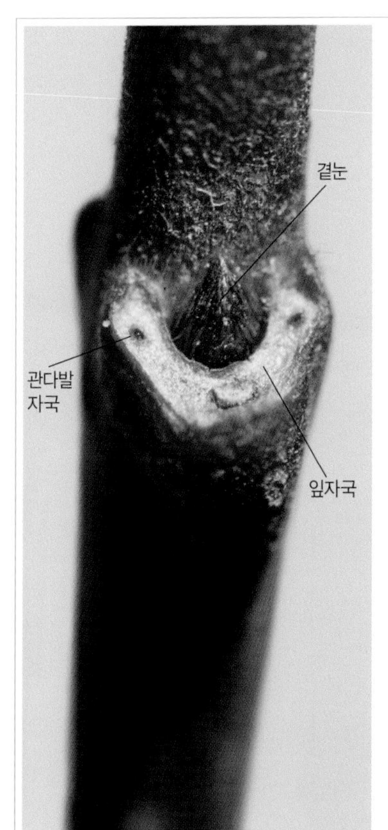

잔가지와 겨울눈

## 자주받침꽃(받침꽃과)

*Calycanthus floridus*

떨기나무(높이 2~3m)
북미 원산. 관상수

잔가지는 적갈색이며 약간 납작하고 껍질눈이 있으며 가지 끝은 보통 겨울에 말라 죽는다. 겨울눈은 세모진 원뿔형으로 끝이 뾰족하고 U자~V자형의 잎자국 사이에 들어 있으며 표면에 털이 있다. 잎자국은 튀어나오기 때문에 마디가 넓적해지며 관다발자국은 3개이다. 나무껍질은 회색이고 밋밋하며 작은 껍질눈이 있다.

마주나는 잎은 긴 타원형~달걀형으로 끝이 길게 뾰족하고 가장자리가 밋밋하며 뒷면은 분백색이다. 거꿀달걀형 열매는 끝이 뭉툭하게 잘린 모양이고 9~11월에 흑갈색으로 익는다. 단단한 열매는 겨울에도 매달려 있다.

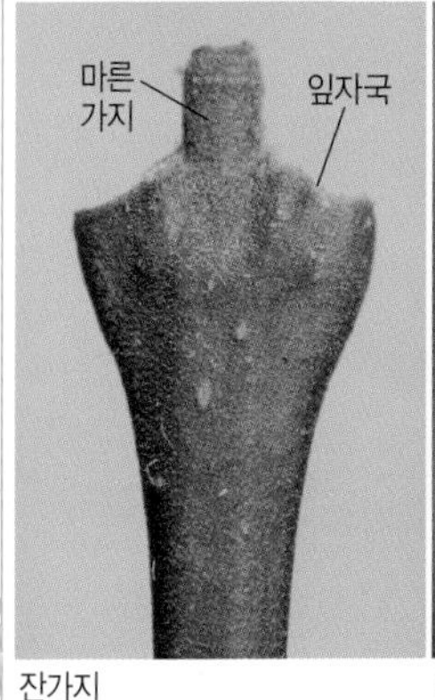

잔가지

나무껍질

7월의 어린 열매

## 납매(받침꽃과)
*Chimonanthus praecox*

떨기나무(높이 2~5m)
중국 원산. 관상수

잔가지는 적갈색~녹갈색이며 약간 모가 지고 원형~타원형 껍질눈이 있다. 꽃눈은 거의 동그랗고 4~6㎜ 길이이며 잎눈은 달걀형이고 2~3㎜ 길이이다. 눈비늘조각은 6~18개이며 털이 있다. 잎자국은 반원형이며 튀어나와서 마디가 굵어진다. 나무껍질은 연한 회갈색이고 작은 껍질눈이 있다.
마주나는 잎은 달걀형~긴 타원형이며 끝이 뾰족하고 가장자리가 밋밋하다. 잎 앞면은 껄끔거리고 광택이 약간 있다. 2월에 잎이 돋기 전에 노란색 꽃이 피는데 향기가 진하다. 긴 달걀형 열매는 끝에 꽃받침자국이 남아 있으며 단단해지고 겨울에도 매달려 있다.

잔가지와 겨울눈

나무껍질

2월에 핀 꽃

5월 말의 열매

잔가지와 새순

## 병조희풀(미나리아재비과)
*Clematis heracleifolia*

떨기나무(높이 1m 정도)
산

잔가지는 털이 있지만 점차 없어지고 6~10개의 약한 골이 지며 끝부분은 겨울에 말라 죽는다. 겨울눈은 달걀형이며 여러 개의 눈비늘조각에 싸여 있고 눈비늘조각은 털로 덮여 있다. 잎자루가 깔끔하게 떨어지지 않아서 잎자국이 분명하지 않은 경우가 많으며 마디는 볼록해진다. 나무껍질은 갈색이며 세로로 골이 진다.

마주나는 잎은 세겹잎이다. 작은 잎은 넓은 달걀형으로 잎몸이 3갈래로 갈라지기도 하고 끝이 뾰족하며 가장자리에 치아 모양의 톱니가 드문드문 있다. 열매는 납작한 타원형이며 깃털 모양의 암술대가 남아 있고 둥근 열매송이를 만든다.

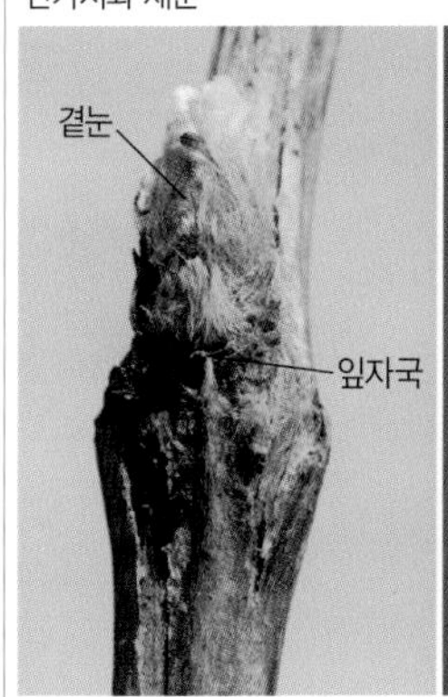

곁눈과 잎자국

나무껍질

10월의 열매

## 화살나무(노박덩굴과)
*Euonymus alatus*

떨기나무(높이 1~3m)
산

잔가지에 흔히 2~4줄의 넓은 코르크질 날개가 발달한다. 겨울눈은 긴 달걀형으로 3~5㎜ 길이이고 털이 없으며 6~10개의 눈비늘조각에 싸여 있다. 잎자국은 반원형~초승달형이며 관다발자국은 1개이다. 나무껍질은 회갈색이다.
마주나는 잎은 긴 타원형~거꿀달걀형이며 끝이 뾰족하고 가장자리에 뾰족한 잔톱니가 있다. 타원형 열매는 가을에 익으면 껍질이 갈라지면서 주홍색 씨앗이 드러나고 겨울까지 매달려 있기도 하다.
*화살나무와 비슷하지만 잔가지에 코르크질 날개가 없고 약간 모가 지는 것을 [1]**회잎나무**(f. *ciliato-dentatus*)라고 구분하기도 한다.

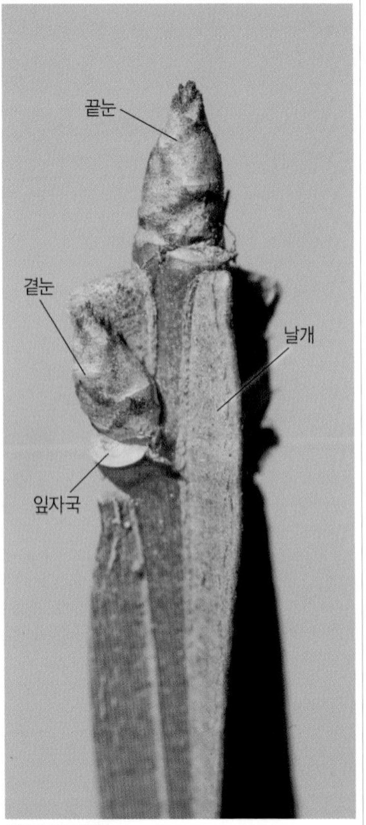

잔가지와 겨울눈

나무껍질

10월의 열매

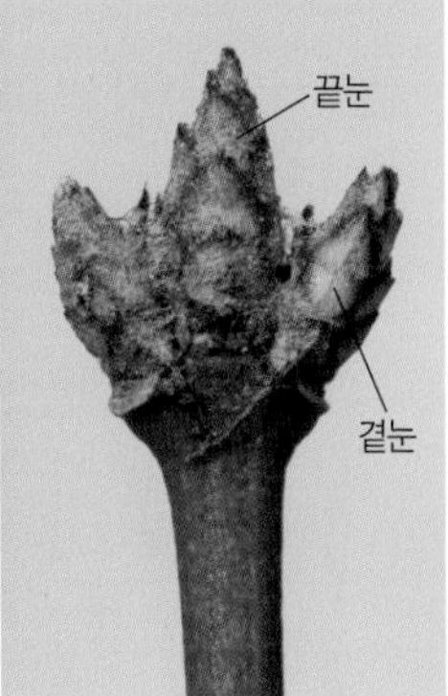

[1]**회잎나무** 겨울눈

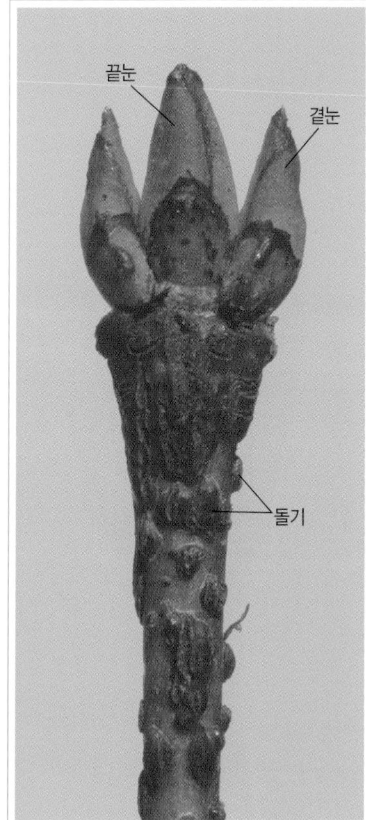

잔가지와 겨울눈

## 회목나무(노박덩굴과)
*Euonymus verrucosus*

떨기나무(높이 2~3m)
높은 산의 경사면이나 능선

햇가지는 가늘며 녹색이지만 점차 회녹색~회갈색으로 변하고 털이 없으며 사마귀 같은 적갈색 돌기가 있다. 겨울눈은 긴 달걀형이며 눈비늘조각에 싸여 있다. 끝눈 양쪽에 곁눈이 달리기도 한다. 곁눈은 끝눈보다 작다. 잎자국은 초승달형이며 관다발자국은 1개이다. 나무껍질은 회색이고 거칠다.
마주나는 잎은 긴 달걀형~달걀 모양의 타원형이며 끝이 길게 뾰족하고 가장자리에 둔한 잔톱니가 있다. 열매는 네모진 구형이며 얕게 골이 지고 가을에 연홍색으로 익으면 껍질이 4갈래로 갈라지면서 주황색 속살에 반쯤 싸여 있는 검은색 씨앗이 드러난다.

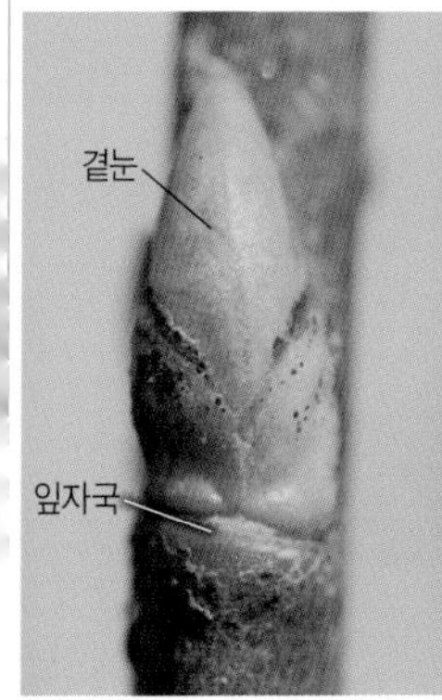

곁눈과 잎자국

나무껍질

9월의 열매

## 회나무(노박덩굴과)
*Euonymus sachalinensis*

떨기나무(높이 2~4m)
깊은 산

햇가지는 녹색이지만 점차 갈색으로 변하고 둥글다. 끝눈은 곁눈보다 크고 피침형이며 14~20㎜ 길이이고 6~10개의 눈비늘조각에 싸여 있다. 잎자국은 반원형이며 관다발자국은 1개이다. 나무껍질은 회색~진회색이고 매끈하며 껍질눈이 많다.
마주나는 잎은 좁은 달걀형~달걀 모양의 타원형이며 끝이 길게 뾰족하고 가장자리에 둔한 잔톱니가 있다. 잎몸은 양면에 털이 없다. 둥그스름한 열매에 5개의 작고 둔한 날개가 있다. 열매는 가을에 익으면 껍질이 5갈래로 갈라지면서 주홍색 헛씨껍질에 싸인 씨앗이 드러난다.

잔가지와 겨울눈

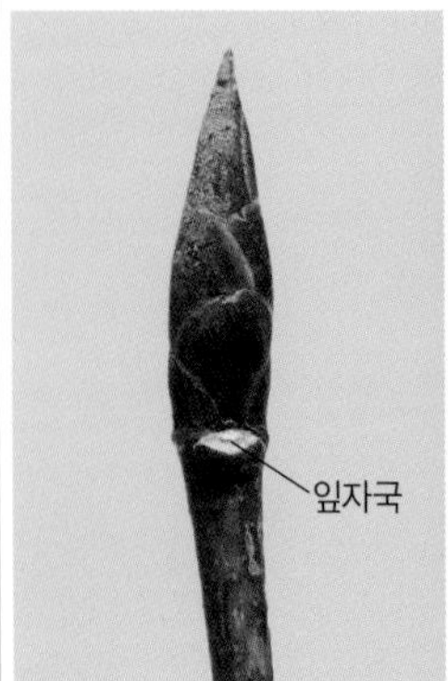

끝눈과 잎자국

나무껍질

8월의 어린 열매

## 참회나무(노박덩굴과)
*Euonymus oxyphyllus*

떨기나무(높이 1~4m)
산

햇가지는 녹색이지만 점차 갈색으로 변하고 털이 없이 매끈하며 자잘하고 희미한 껍질눈이 많다. 겨울눈은 피침형이며 6~15㎜ 길이이고 6~10개의 눈비늘조각에 싸여 있다. 곁눈은 끝눈보다 작다. 잎자국은 반원형이며 관다발자국은 1개가 활 모양으로 배열한다. 나무껍질은 회색이고 매끈하며 껍질눈이 많다.

마주나는 잎은 달걀형~긴 타원형으로 끝이 길게 뾰족하고 가장자리에 둔한 잔톱니가 있다. 잎몸은 양면에 털이 없다. 열매는 둥글며 가을에 익으면 껍질이 5갈래로 갈라지면서 주홍색 헛씨껍질에 싸인 씨앗이 드러난다.

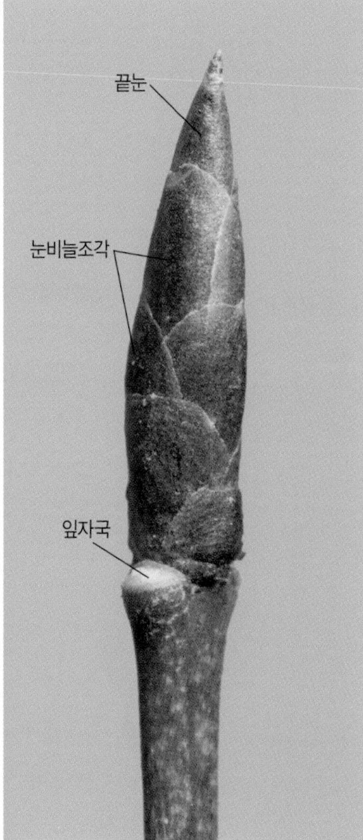

잔가지와 겨울눈

곁눈과 잎자국

나무껍질

9월의 열매

## 나래회나무(노박덩굴과)
*Euonymus macropterus*

떨기나무~작은키나무(높이 2~6m)
높은 산

햇가지는 녹색이지만 점차 갈색으로 변하고 둥글다. 끝눈은 곁눈보다 크고 피침형이며 15~25㎜ 길이이고 8~12개의 눈비늘조각에 싸여 있다. 잎자국은 반원형이며 관다발자국은 1개이다. 나무껍질은 회색이고 매끈하며 원형~타원형 껍질눈이 흩어져 난다.
마주나는 잎은 거꿀달걀형~긴 타원형이며 끝이 뾰족하고 가장자리에 둔한 잔톱니가 있다. 잎몸은 양면에 털이 없다. 열매는 지름 1㎝ 정도이고 둘레에 4개의 길고 뾰족한 날개가 발달한다. 열매는 가을에 적자색으로 익으면 껍질이 4갈래로 갈라지면서 주홍색 헛씨껍질에 싸인 씨앗이 드러난다.

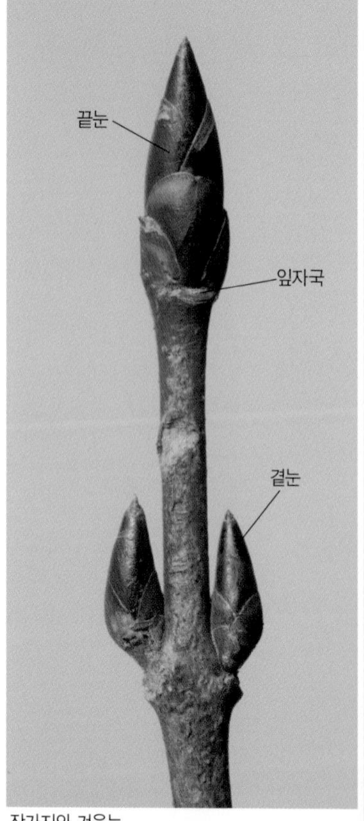

잔가지와 겨울눈

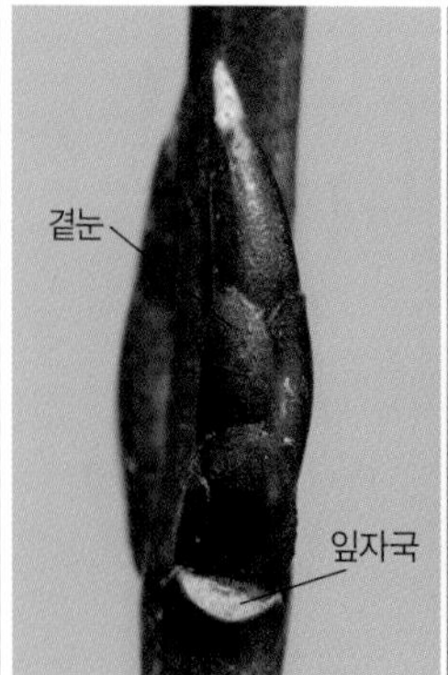

곁눈과 잎자국

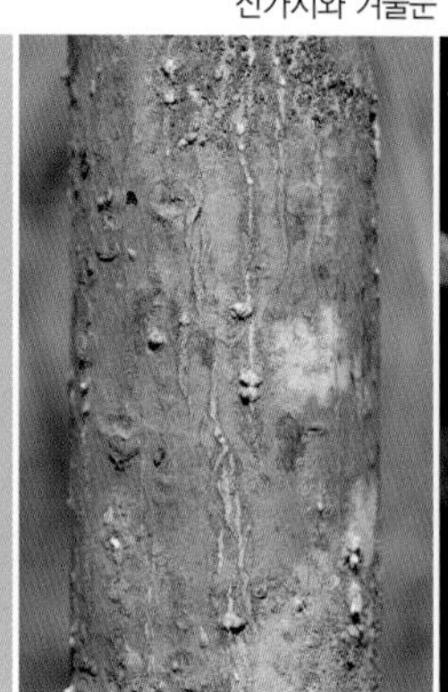
나무껍질

8월의 열매

잔가지와 겨울눈

## 망종화(물레나물과)
*Hypericum patulum*

떨기나무(높이 1m 정도)
중국 원산. 관상수

줄기 밑부분에서 많은 가지가 갈라지고 비스듬히 휘어진다. 가지는 갈색~적갈색이며 털이 없고 세로로 길게 터진다. 겨울눈은 타원형이고 끝이 뾰족하며 여러 개의 털이 없는 눈비늘조각에 싸여 있다. 잎자국은 반원형~초승달형이며 밑부분이 약간 튀어나온다. 나무껍질은 갈색이며 얇은 조각으로 벗겨진다.
마주나는 잎은 달걀형으로 끝이 둔하고 가장자리가 밋밋하며 뒷면은 백록색이다. 열매는 달걀형이며 끝이 뾰족하고 가을에 흑갈색으로 익으면 끝부분이 5갈래로 갈라져 벌어지면서 자잘한 씨앗이 나온다. 열매는 겨우내 매달려 있다.

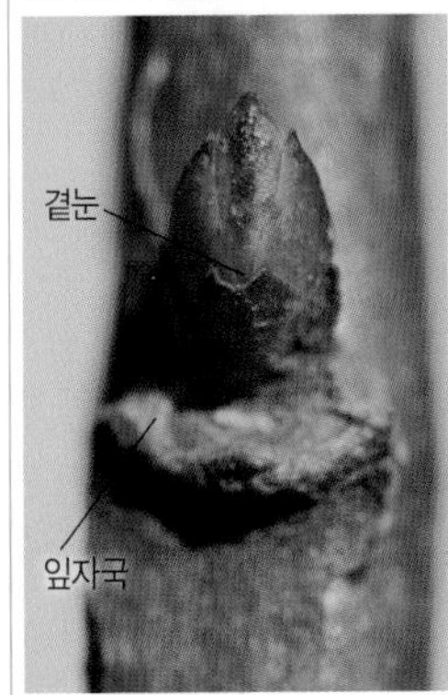

곁눈과 잎자국

나무껍질

9월 초의 열매

## 키버들/고리버들(버드나무과)

*Salix koriyanagi*

떨기나무(높이 2~3m)
개울가나 습지 주변

줄기에서 많은 가지가 갈라져 비스듬히 퍼진다. 가지는 길게 벋으며 점차 가늘어지고 연한 황갈색~연갈색이며 털이 없다. 겨울눈은 흔히 마주나지만 어긋나기도 한다. 꽃눈은 6~8㎜ 길이이며 타원형이고 황갈색~적갈색이다. 꽃눈보다 작은 잎눈은 긴 삼각형이며 가지에 거의 붙는다. 눈비늘조각은 1개이다. 잎자국은 초승달형이며 관다발자국은 3개이다. 나무껍질은 회색이고 껍질눈이 많다.
마주나거나 어긋나는 잎은 좁은 피침형이며 뒷면은 분백색이다. *키버들과 비슷한 **갯버들**(p.170)은 어린 가지에 부드러운 털이 빽빽하고 겨울눈은 어긋나서 구분이 된다.

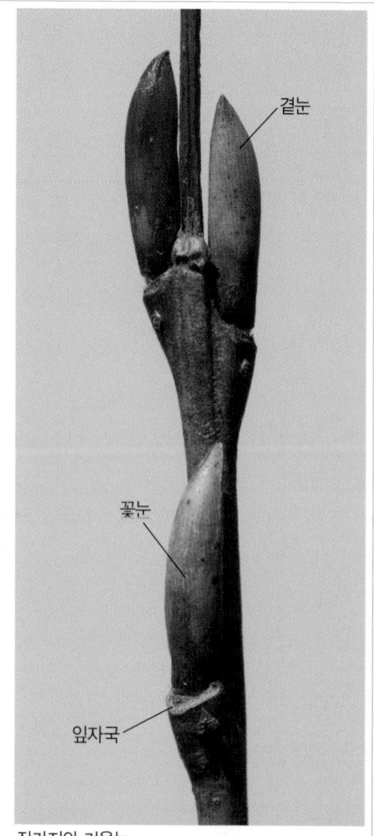

잔가지와 겨울눈

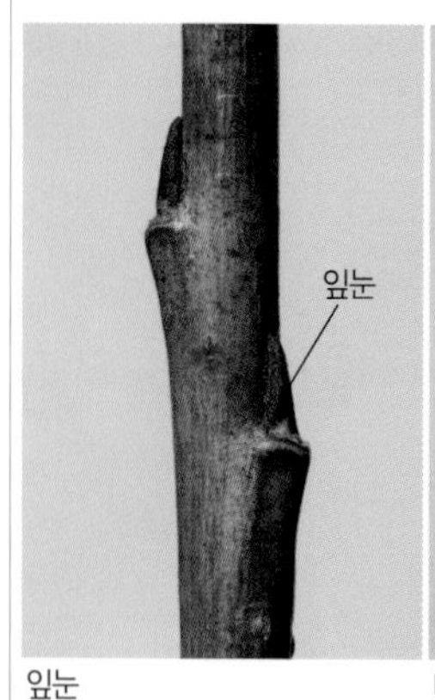

잎눈

나무껍질

잎 모양

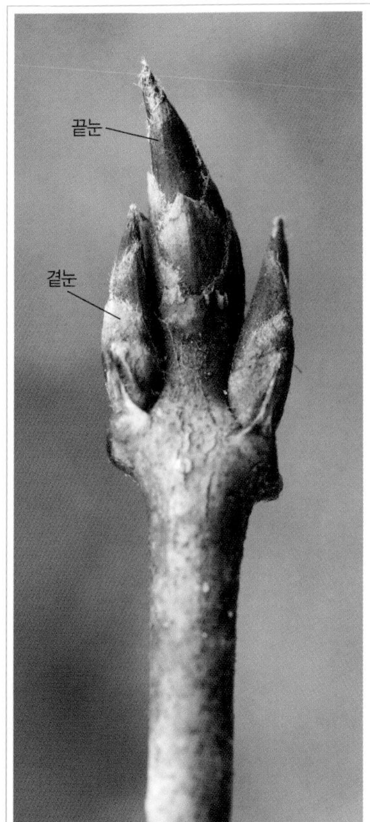

10월의 잔가지와 겨울눈

## 갈매나무(갈매나무과)
*Rhamnus davurica*

떨기나무(높이 3~5m)
중부 이북의 높은 산 능선

긴가지 끝에 주로 겨울눈이 발달하며 간혹 굵은 가시로 변하기도 한다. 겨울눈은 달걀형으로 끝이 뾰족하고 3~5㎜ 길이이며 눈비늘 조각은 6개이다. 곁눈은 가지에 바짝 붙는다. 잎자국은 반원형~삼각형이다. 나무껍질은 회흑갈색이며 오래되면 거칠게 벗겨진다. 거의 마주나는 잎은 짧은가지 끝에서는 모여난다. 잎몸은 좁은 타원형~달걀형으로 끝이 뾰족하고 밑부분은 둥그스름하며 가장자리에 잔톱니가 있다. 둥근 열매는 자루가 길고 가을에 검게 익는다. *같은 속의 **참갈매나무**(p.61)는 잎몸이 좁은 타원형~넓은 피침형이고 긴가지 끝이 흔히 가시로 변해서 구분이 된다.

잎 모양

10월의 겨울눈과 열매

## 병아리꽃나무(장미과)
*Rhodotypos scandens*

떨기나무(높이 1~2m)
황해도 이남. 관상수

햇가지는 녹색이며 흰색 털이 있지만 점차 없어지고 갈색~회갈색으로 변한다. 겨울눈은 달걀형~삼각형으로 끝이 날카로워지고 3~5㎜ 길이이며 털이 없고 6~12개의 눈비늘조각에 싸여 있으며 가로덧눈이 달리기도 한다. 눈비늘조각은 약간씩 벌어지기도 한다. 잎자국은 삼각형~초승달형이며 관다발자국은 3개이다. 나무껍질은 회색~진회색이고 껍질눈이 많다.
마주나는 잎은 달걀형~긴 타원형이며 끝이 길게 뾰족하고 가장자리에 뾰족한 겹톱니가 있다. 꽃받침 안에 4개씩 모여 있는 콩알만한 열매는 8~9월에 붉은색으로 변했다가 검게 익으며 겨울까지 남아 있다.

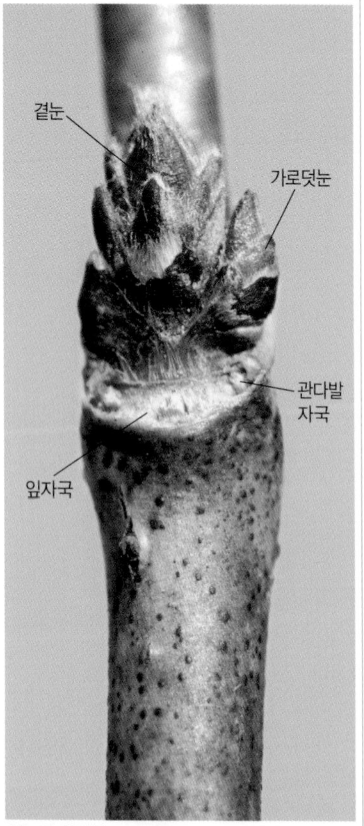

곁눈과 잎자국

잔가지와 겨울눈

나무껍질

7월의 열매

잔가지와 겨울눈

## 좀깨잎나무(쐐기풀과)

*Boehmeria spicata*

떨기나무(높이 50~100㎝)

산

겨울에는 가지 윗부분이 말라 죽는다. 잔가지는 둥글고 적갈색~갈색이며 털이 없다. 겨울눈은 달걀형~긴 달걀형이고 끝이 뾰족하며 2~5㎜ 길이이다. 눈비늘조각은 갈색이며 종이질이고 밑부분에 작은 덧눈이 나란히 붙는다. 잎자국은 타원형이며 관다발자국은 분명하지 않다. 나무껍질은 갈색~회갈색이고 세로로 얇게 갈라져서 벗겨진다.

마주나는 잎은 마름모 모양의 달걀형으로 끝이 꼬리처럼 길어지고 가장자리에 5~6개의 큰 톱니가 있으며 긴 잎자루는 붉은빛이 돈다. 기다란 열매송이에 촘촘히 달리는 거꿀달걀형 열매는 끝에 긴 암술대가 남아 있다.

나무껍질

9월의 열매

잎가지

## 팥꽃나무(팥꽃나무과)
*Daphne genkwa*

떨기나무(높이 30~100㎝)
전라도의 바닷가

줄기는 가지가 많이 갈라지며 더 부룩한 수형을 만든다. 잔가지는 흑갈색~자갈색이며 백황색의 누운털로 덮여 있다. 겨울눈은 반구형~구형이고 백황색 털로 촘촘히 덮여 있다. 잎자국은 반원형~원형이며 튀어나오고 관다발자국은 1개이다. 나무껍질은 황갈색~흑갈색이며 밋밋하고 가로로 긴 껍질눈이 흩어져 난다.

대부분 마주나는 잎은 피침형~긴 타원형이며 끝이 뾰족하고 가장자리가 밋밋하다. 잎 뒷면은 회녹색이고 잎맥 위에 부드러운 털이 빽빽하다. 타원형 열매는 잔털이 있으며 6~7월에 붉은색으로 익는다. 정원수로 심기도 한다.

잔가지와 겨울눈

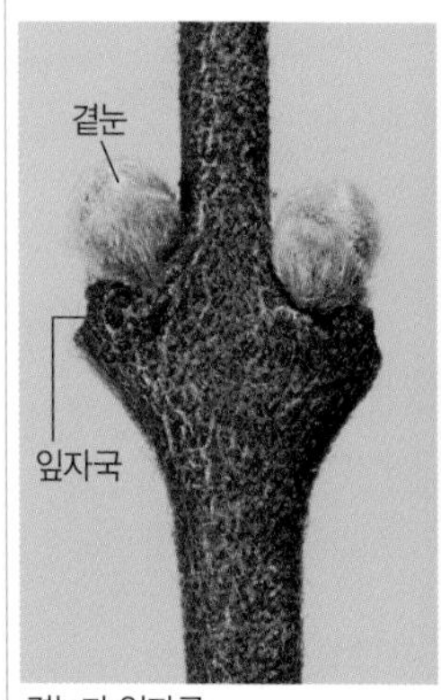

곁눈과 잎자국

나무껍질

잎 모양

잔가지와 겨울눈

## 산닥나무(팥꽃나무과)
*Wikstroemia trichotoma*

떨기나무(높이 1~2m)
강화도와 남부 지방의 산

잔가지는 적갈색~황갈색이며 털이 없고 겨울에는 가지 끝이 말라 죽는다. 곁가지는 잎겨드랑이보다 위에서 갈라진다. 겨울눈은 잎자국의 아래에 숨어 있어서 보이지 않는다. 잎자국은 둥그스름한 하트형이고 튀어나온다. 나무껍질은 갈색~자갈색이며 밋밋하다.
마주나는 잎은 달걀 모양의 타원형이며 끝이 둔하고 가장자리가 밋밋하다. 잎몸은 양면에 털이 없고 뒷면은 회녹색이며 잎자루가 아주 짧다. 달걀형 열매는 4~5㎜ 길이이며 끝에 꽃받침이 남아 있기도 하고 짧은 자루가 있으며 가을에 적갈색으로 익는다. 줄기껍질을 한지를 만드는 재료로 쓴다.

봄에 돋은 새순

나무껍질

9월의 열매

## 흰말채나무(층층나무과)
*Cornus alba*

떨기나무(높이 2~3m)
평북과 함경도. 관상수

땅을 기는 가지가 있으며 여기에서 줄기가 자라기도 한다. 잔가지는 홍자색을 띠고 겨울에는 붉은빛이 더욱 선명해지며 흰색 껍질눈이 흩어져 난다. **끝눈은 긴 달걀형으로 끝이 뾰족하고 5㎜ 정도 길이이며 연갈색의 누운털로 덮여 있다. 작은 곁눈은 가지에 바짝 붙는다. 잎자국은 V자형~초승달형이며 튀어나오고 관다발자국은 3개이다. 나무껍질은 암적색이다.**
**마주나는 잎은 타원형~넓은 타원형이며 끝이 뾰족하고 뒷면은 흰빛이 돈다. 둥근 열매는 끝에 꽃받침자국이 남아 있고 8~9월에 흰색으로 익는다. *같은 속의 층층나무**(p.423)와 **말채나무**(p.274)는 큰키나무로 자란다.

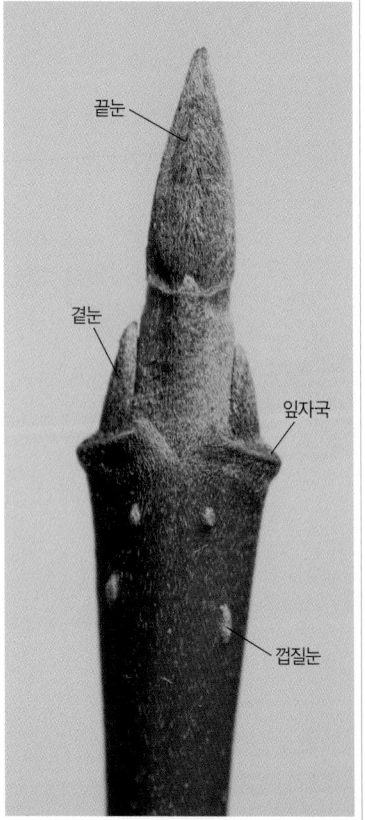

잔가지와 겨울눈

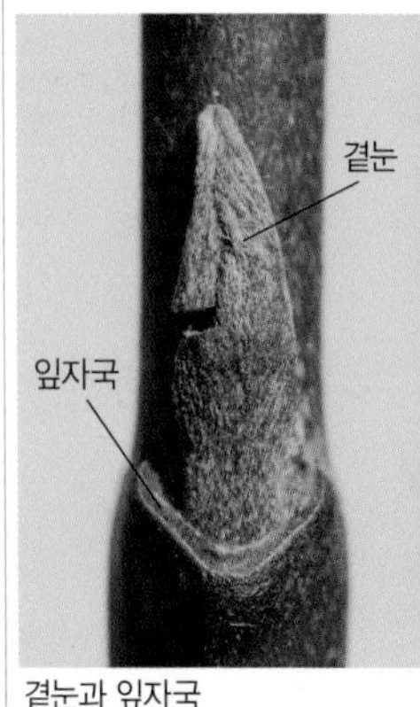

곁눈과 잎자국

나무껍질

6월 말의 열매

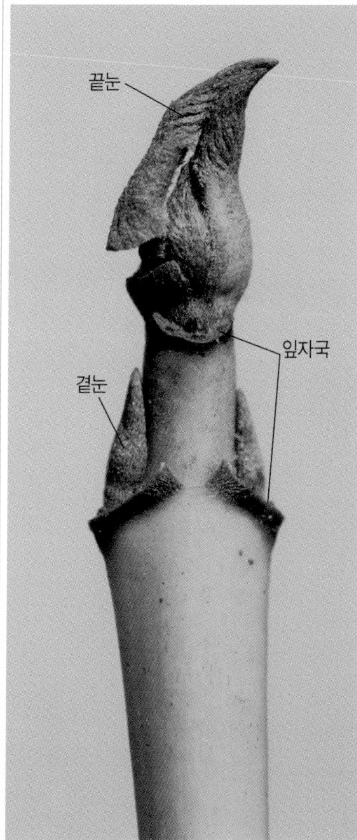

잔가지와 겨울눈

## 플라비라메아말채(층층나무과)
*Cornus sericea* 'Flaviramea'

떨기나무(높이 2~3m)
관상수

줄기와 가지는 여름에 녹색을 띠지만 가을부터 겨울까지는 노란색으로 변한다. 끝눈은 긴 달걀형이며 끝이 뾰족하고 갈색의 누운털로 덮여 있다. 끝눈보다 작은 곁눈은 가지에 바짝 붙는다. 잎자국은 V자형~초승달형이며 튀어나오고 관다발자국은 3개이다. 나무껍질은 어두운 황록색이지만 노목은 진한 회갈색이다.
마주나는 잎은 타원형으로 끝이 뾰족하고 가장자리가 밋밋하며 뒷면은 흰빛이 돌고 측맥은 6쌍이다. 겨울에 노란색으로 변하는 가지의 색깔이 선명해 정원수로 많이 심고 가지를 잘라 꽃꽂이 재료로 이용한다.

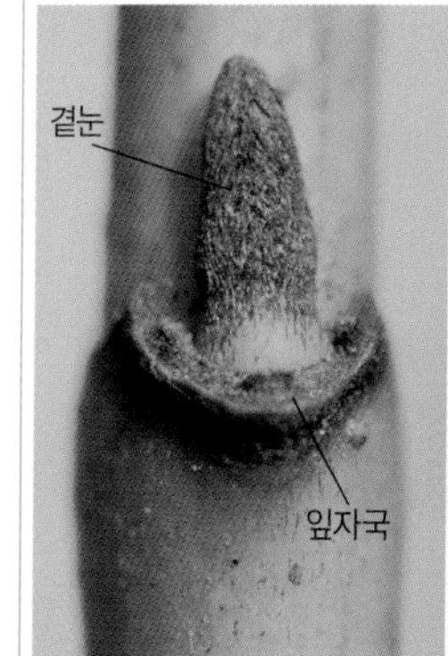

곁눈과 잎자국

1월의 플라비라메아말채

6월 말의 열매

## 고추나무(고추나무과)

*Staphylea bumalda*

떨기나무(높이 2~3m)
산

잔가지는 갈색~자갈색이며 털이 없다. 보통 가지 끝에 2개의 가짜끝눈이 달리고 어린 가지 끝이 말라 죽은 것이 남아 있기도 하다. 겨울눈은 구형~둥근 삼각형이며 2개의 밤색 눈비늘조각에 싸여 있다. 끝눈은 3~4㎜ 길이이다. 잎자국은 반원형~삼각형이며 튀어나오고 관다발자국은 3개이다. 나무껍질은 회갈색이며 노목은 불규칙하게 갈라진다.
마주나는 잎은 세겹잎이며 작은잎은 타원형~긴 달걀형이고 끝이 길게 뾰족하며 가장자리에 바늘 모양의 잔톱니가 있다. 부풀은 반원형 열매는 윗부분이 2개로 갈라지고 폭신거리며 겨울에도 남아 있다.

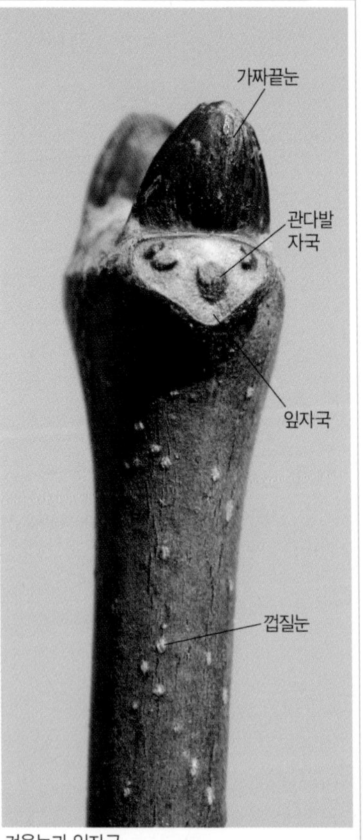


겨울눈과 잎자국

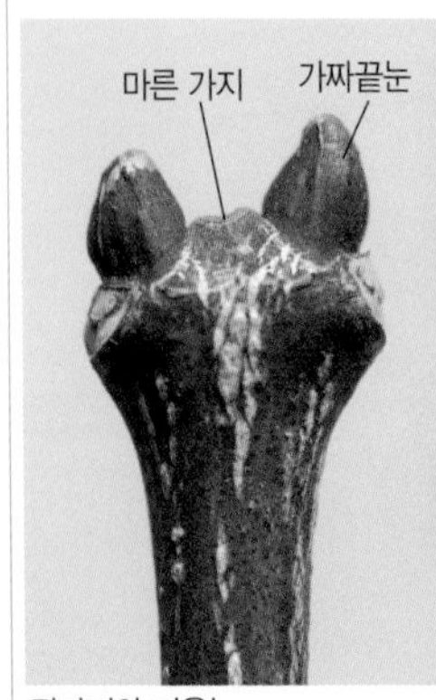


잔가지와 겨울눈

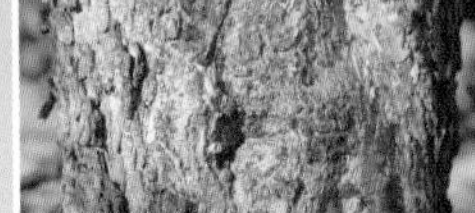

나무껍질

5월 말의 열매

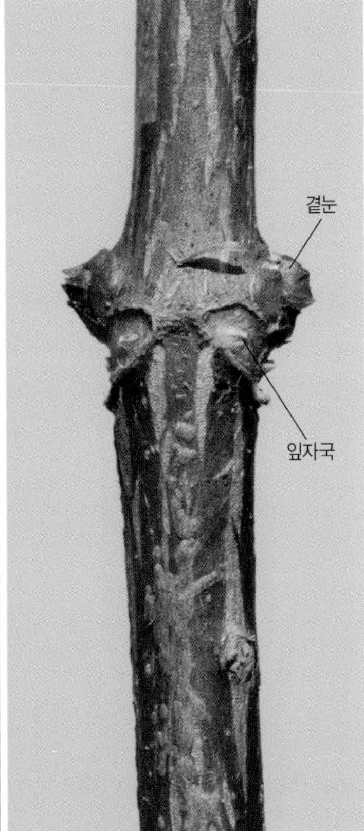

잔가지와 겨울눈

## 나무수국(수국과 | 범의귀과)
*Hydrangea paniculata*

떨기나무(높이 2~5m)
동북아시아 원산. 관상수

잔가지는 갈색~적갈색이고 털이 없으며 밋밋하고 껍질눈이 흩어져 난다. 겨울눈은 원뿔형~구형이고 3~4㎜ 길이이며 털이 없다. 곁눈은 2개가 마주나거나 3개가 돌려난다. 잎자국은 삼각형~V자형으로 변화가 심하며 관다발자국은 3개이다. 나무껍질은 회갈색이며 세로로 갈라지고 얇게 떨어져 나간다. 마주나거나 3장씩 돌려나는 잎은 타원형~달걀 모양의 타원형이고 끝이 길게 뾰족하며 가장자리에 잔톱니가 있다. 원뿔 모양의 커다란 열매송이에는 장식꽃이 그대로 남아 있으며 겨우내 매달려 있다. 장식꽃은 꽃받침조각이 3~5장이고 타원형 열매는 끝에 암술대가 남아 있다.

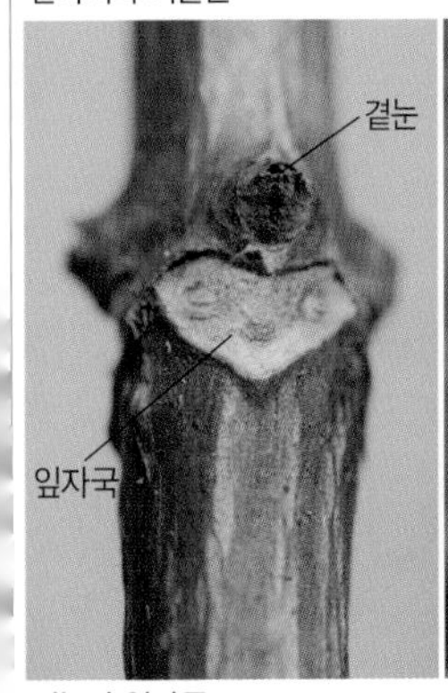

곁눈과 잎자국

10월의 나무수국

1월의 나무수국

## 산수국(수국과 | 범의귀과)

*Hydrangea macrophylla* ssp. *serrata*

떨기나무(높이 1m 정도)
중부 이남의 산

햇가지는 연녹색이며 털이 빽빽이 난다. 잔가지는 황갈색~갈색이며 잔털이 있다. 끝눈은 긴 달걀형으로 10~13㎜ 길이이고 2개의 눈비늘조각이 떨어져 나가며 맨눈이 된다. 가지와 거의 나란히 달리는 곁눈은 끝눈보다 작다. 잎자국은 가로로 긴 삼각형~하트형이고 관다발자국은 3개이다. 나무껍질은 회갈색~갈색이며 얇은 조각으로 벗겨진다.

마주나는 잎은 긴 타원형~달걀 모양의 타원형이며 끝이 꼬리처럼 길게 뾰족하고 가장자리에 뾰족한 톱니가 있다. 열매송이에는 장식꽃이 남아 있으며 겨우내 매달려 있다. 열매는 달걀형~타원형이며 끝에 암술대가 남아 있다.

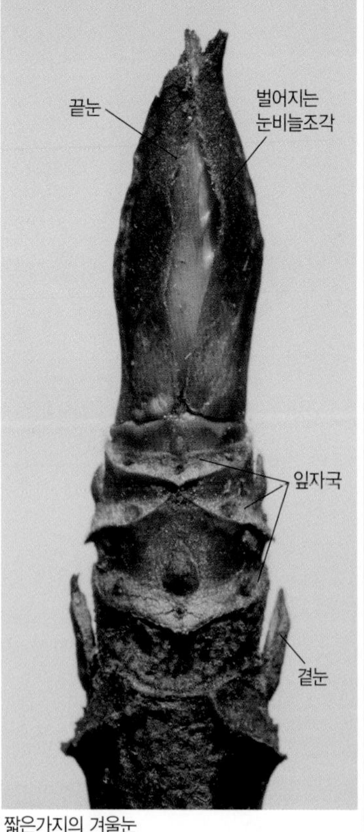

짧은가지의 겨울눈

나무껍질

8월의 어린 열매

11월의 열매

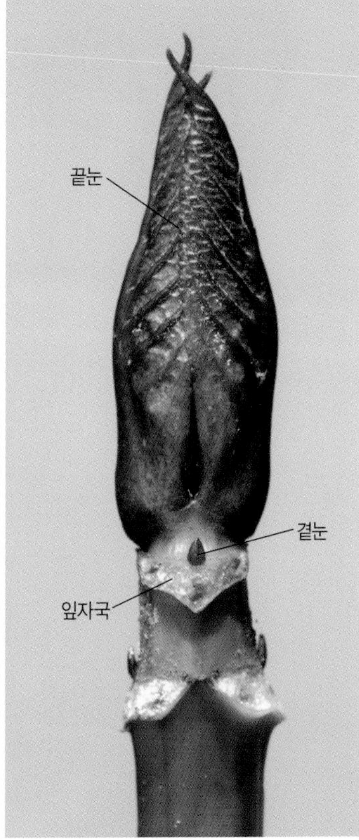

잔가지와 겨울눈

## 수국(수국과 | 범의귀과)

*Hydrangea macrophylla* v. *otaksa*

떨기나무(높이 1m 정도)

중국 원산. 관상수

잔가지는 연녹색~황갈색이며 털이 없다. 끝눈은 맨눈이며 긴 달걀형이고 1~2㎝ 길이이다. 가지와 약간 벌어지는 곁눈은 끝눈보다 작다. 잎자국은 삼각형~콩팥형이고 관다발자국은 3개이다. 나무껍질은 회갈색~갈색이며 세로로 얇게 갈라져 벗겨진다.

마주나는 잎은 달걀형~넓은 달걀형으로 두껍고 끝이 갑자기 뾰족해지며 가장자리에 톱니가 있다. 잎 앞면은 광택이 있고 뒷면은 연녹색이다. 열매가 열리지 않으며 장식꽃이 모여 달린 꽃송이는 마른 채 오래도록 남아 있다. 여러 품종이 재배되고 있으며 품종에 따라 조금씩 차이가 있다.

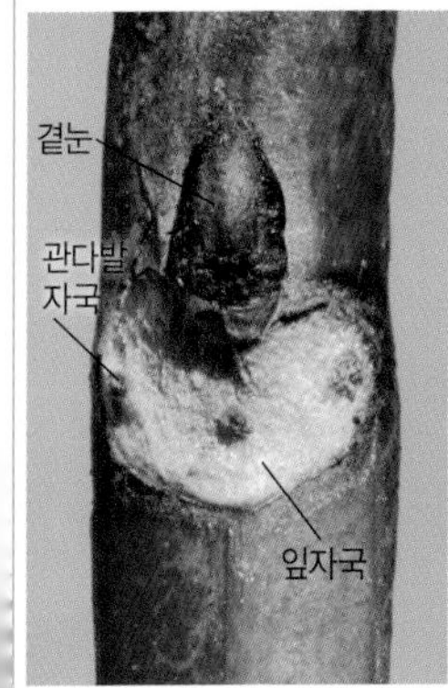

곁눈과 잎자국

나무껍질

10월의 시든 꽃송이

## 바위말발도리(수국과 | 범의귀과)

*Deutzia baroniana*

떨기나무(높이 1m 정도)
경기도와 강원도 이북의 산

잔가지는 황갈색~회갈색이며 털이 있다가 점차 없어진다. 가지 끝에는 2개의 가짜끝눈이 달리거나 1개만 달리기도 한다. 겨울눈은 긴 달걀형이고 끝이 뾰족하며 눈비늘 조각 표면에는 별모양털이 있다. 잎자국은 삼각형~V자형이며 관다발자국은 3개이다. 나무껍질은 회색~회갈색이고 껍질이 세로로 불규칙하게 갈라진다.
마주나는 잎은 달걀형~타원형이며 끝이 뾰족하고 가장자리에 톱니가 있다. 잎 양면에 별모양털이 있다. 끝에 암술대가 남아 있는 반구형 열매는 별모양털로 덮여 있으며 햇가지 끝에 1~3개씩 달리고 겨울에 남아 있기도 하다. 연천 고대산 능선 등에서 드물게 자란다.

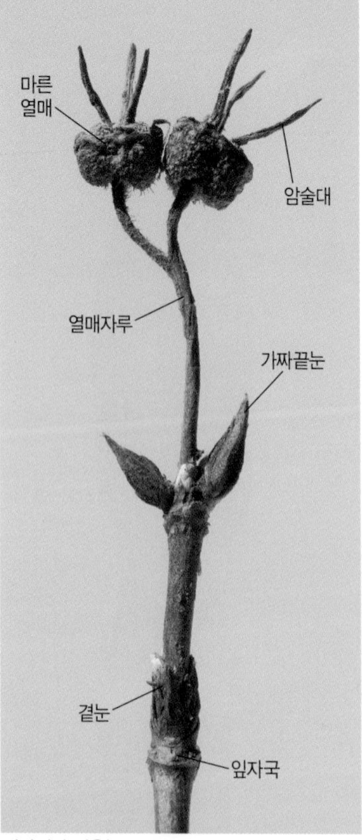

잔가지와 겨울눈

겨울눈과 잎자국

나무껍질

5월에 핀 꽃

잔가지와 겨울눈

## 매화말발도리(수국과 | 범의귀과)
*Deutzia uniflora*

떨기나무(높이 1m 정도)
산의 숲 가장자리나 바위틈

잔가지는 연한 적갈색~회갈색이며 별모양털이 빽빽하다. 가지 끝에는 2개의 가짜끝눈이 달린다. 겨울눈은 긴 달걀형이고 끝이 뾰족하다. 잎자국은 삼각형~반원형이며 관다발자국은 3개이다. 나무껍질은 연한 회갈색이고 껍질이 불규칙하게 갈라져 벗겨진다.
마주나는 잎은 긴 타원형~넓은 피침형이며 끝이 길게 뾰족하고 가장자리에 불규칙한 잔톱니가 있다. 끝에 암술대가 남아 있는 종 모양의 열매는 묵은 가지에 달리며 겨울에도 남아 있다.
* **바위말발도리**(p.108)에 비해 전국적으로 흔하게 자라고 잔가지에 별모양털이 빽빽하며 열매가 묵은 가지에 달리는 것으로 구분한다.

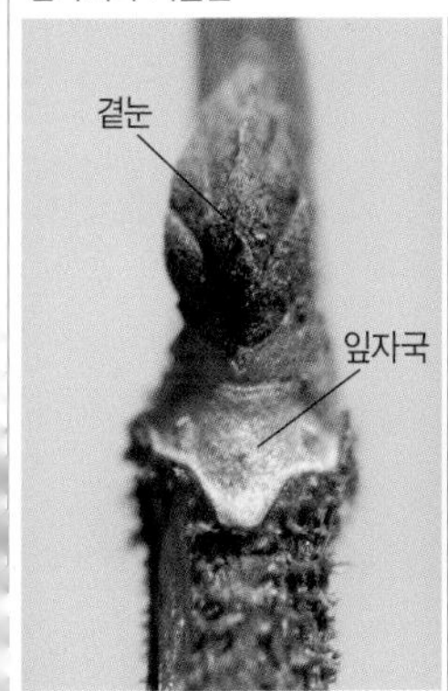

곁눈과 잎자국

나무껍질

8월의 열매

## 물참대(수국과 | 범의귀과)
*Deutzia glabrata*

떨기나무(높이 2m 정도)
산골짜기

잔가지는 연한 적갈색~회갈색이며 광택이 있고 털이 없으며 껍질이 불규칙하게 갈라져 종이처럼 벗겨진다. 가지 끝에는 2개의 가짜끝눈이 달린다. 겨울눈은 달걀형~긴 달걀형이며 끝이 뾰족하고 여러 개의 눈비늘조각에 싸여 있다. 잎자국은 가로로 긴 삼각형~타원형이며 관다발자국은 3개이다. 줄기 단면의 골속은 비어 있다. 나무껍질은 회갈색이고 껍질이 불규칙하게 갈라져 벗겨진다. 마주나는 잎은 달걀형~달걀 모양의 피침형이며 끝이 뾰족하고 가장자리에 잔톱니가 있다. 납작한 열매송이에 모여 달리는 반구형 열매는 털이 없고 끝에 암술대가 남아 있다.

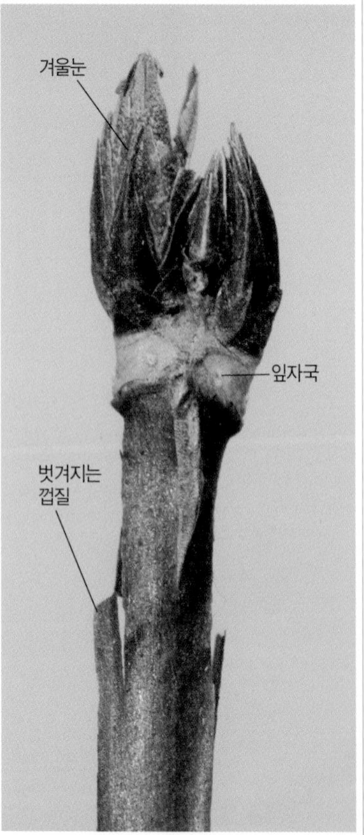

잔가지와 겨울눈

줄기 단면

7월의 열매

열매 모양

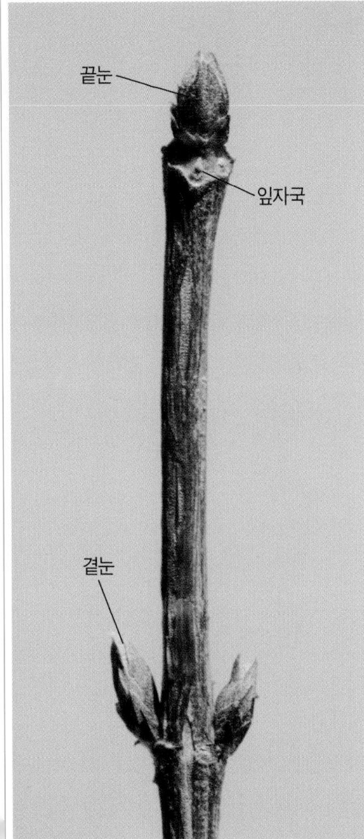

잔가지와 겨울눈

## 말발도리(수국과 | 범의귀과)
*Deutzia parviflora*

떨기나무(높이 1~3m)
산

잔가지는 적갈색이며 갈색 별모양 털이 있고 껍질이 벗겨지지 않는다. 줄기 마디에 공기뿌리가 생기기도 한다. 가지 끝에는 보통 2개의 가짜끝눈이 달린다. 겨울눈은 달걀형이며 끝이 뾰족하고 여러 개의 눈비늘조각에 싸여 있다. 잎자국은 가로로 긴 삼각형~타원형이며 관다발자국은 3개이다. 나무껍질은 회갈색이고 오래되면 세로로 얇게 갈라져 벗겨진다.
마주나는 잎은 타원 모양의 달걀형이며 끝이 뾰족하고 가장자리에 잔톱니가 있다. 잎 양면에 별모양 털이 있어서 만지면 껄끄럽다. 납작한 열매송이에 모여 달리는 반구형 열매는 별모양털로 덮여 있고 끝에 암술대가 남아 있다.

곁눈과 잎자국

8월의 열매

열매 모양

# 빈도리(수국과 | 범의귀과)

*Deutzia crenata*

떨기나무(높이 1~3m)
일본 원산. 관상수

잔가지는 갈색~적갈색이고 어린 가지는 회갈색 별모양털이 있다. 가지 끝에는 보통 2개의 가짜끝눈이 달린다. 겨울눈은 달걀형~긴 달걀형이며 끝이 뾰족하고 3~6㎜ 길이이다. 눈비늘조각은 8~10개이며 별모양털로 덮여 있다. 잎자국은 벌어진 V자형~삼각형이며 관다발자국은 3개이다. 나무껍질은 회갈색이며 종이 모양으로 길게 벗겨진다.

마주나는 잎은 달걀형~달걀 모양의 피침형으로 끝이 길게 뾰족하고 가장자리에 잔톱니가 있으며 양면에 별모양털이 있다. 기다란 열매송이는 위를 향하며 반구형 열매 표면에도 별모양털이 있다.

곁눈과 잎자국

잔가지와 곁눈

나무껍질

8월의 열매

잔가지와 겨울눈

## 얇은잎고광나무(수국과 | 범의귀과)
*Philadelphus tenuifolius*

떨기나무(높이 2~3m)
숲 가장자리

가지는 보통 2갈래로 계속 갈라진다. 잔가지는 회갈색~적갈색이고 털이 없어진다. 가지 끝에는 보통 2개의 가짜끝눈이 달린다. 겨울눈은 잎자국 속에 숨어 있는 묻힌눈이다. 잎자국은 흰색이고 삼각형~하트형이며 가운데 부분이 튀어나오고 관다발자국은 3개이다. 나무껍질은 회갈색이며 오래되면 세로로 얇게 갈라져 벗겨진다.
마주나는 잎은 달걀형~타원형으로 끝이 길게 뾰족하고 가장자리에 뚜렷하지 않은 톱니가 있으며 양면에 털이 있다. 타원형 열매는 끝이 뾰족하고 중앙 윗부분에 꽃받침이 남아 있으며 가을에 익으면 4갈래로 갈라져 씨앗이 나오고 겨울까지 매달려 있다.

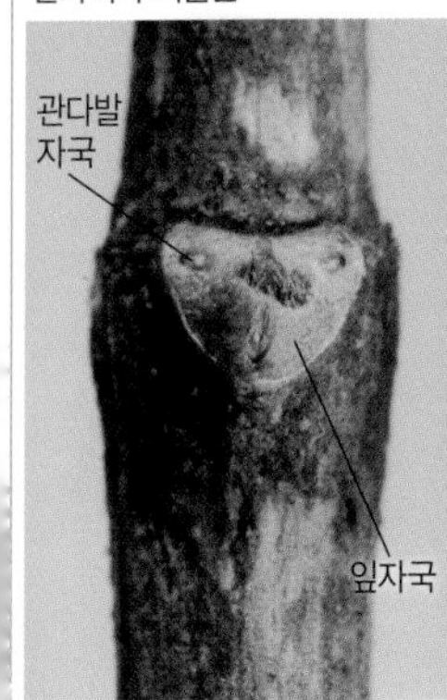

곁눈과 잎자국

6월의 어린 열매

9월 말의 열매

## 좀작살나무(꿀풀과 | 마편초과)
*Callicarpa dichotoma*

떨기나무(높이 1~2m)
중부 이남의 산, 관상수

잔가지는 네모지며 별모양털이 있지만 점차 없어지고 가지 끝부분이 밑으로 처진다. 가지 끝부분은 겨울에 말라 죽는다. 겨울눈은 구형~달걀형이며 1~2㎜ 길이로 작고 별모양털로 덮인 4~6개의 눈비늘조각에 싸여 있다. 곁눈 밑에 작은 덧눈이 있다. 잎자국은 반원형~초승달형이다. 나무껍질은 회갈색이며 밋밋하지만 노목은 그물눈처럼 갈라진다.
마주나는 잎은 피침형~거꿀달걀형이며 끝이 길게 뾰족하고 가장자리의 2/3 이상에만 톱니가 있다. 잎 뒷면은 연녹색이며 기름점이 있다. 둥근 열매는 지름 3㎜ 정도이며 가을에 보라색으로 익는다.

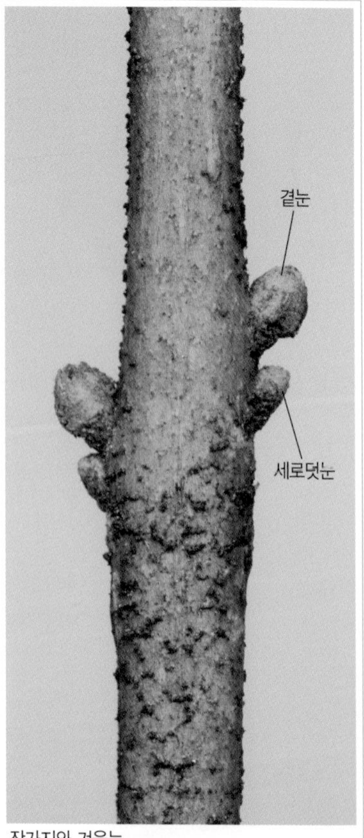

잔가지와 겨울눈

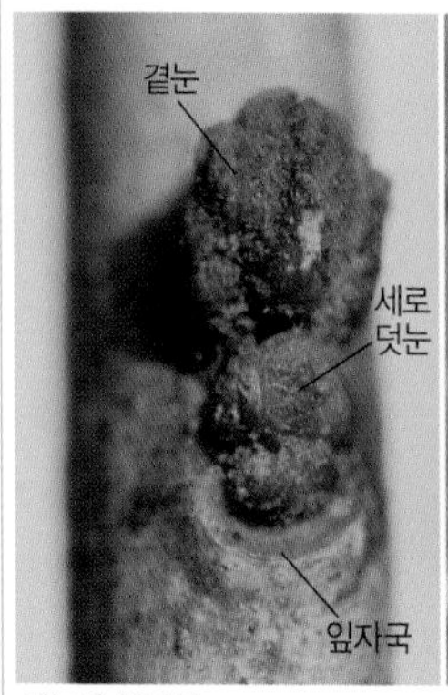

곁눈과 잎자국

나무껍질

9월의 열매

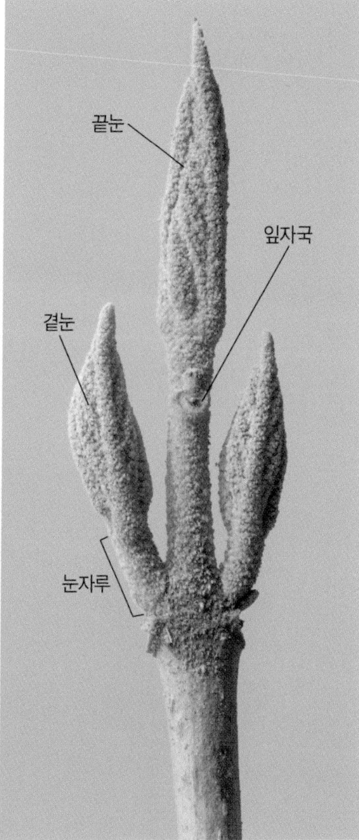

잔가지와 겨울눈

## 작살나무(꿀풀과 | 마편초과)

*Callicarpa japonica*

떨기나무(높이 1~3m)
산

잔가지는 둥글며 별모양털이 있지만 점차 없어지고 흰색 껍질눈이 있다. 겨울눈은 맨눈으로 좁고 긴 타원형이며 별모양털로 덮여 있고 눈자루가 있다. 곁눈은 가지 쪽으로 굽는다. 끝눈은 곁눈보다 크며 10~14㎜ 길이이다. 겨울눈의 모양이 물고기를 잡는 작살을 닮았다. 잎자국은 원형~반원형이고 튀어나오며 관다발자국은 1개이다. 나무껍질은 회갈색이며 둥근 껍질눈이 많다.
마주나는 잎은 긴 타원형~달걀형이며 끝이 길게 뾰족하고 가장자리에 잔톱니가 있다. 잎 뒷면은 털이 없거나 잔털이 약간 있다. 둥근 열매는 지름 3~7㎜이며 가을에 보라색으로 익는다.

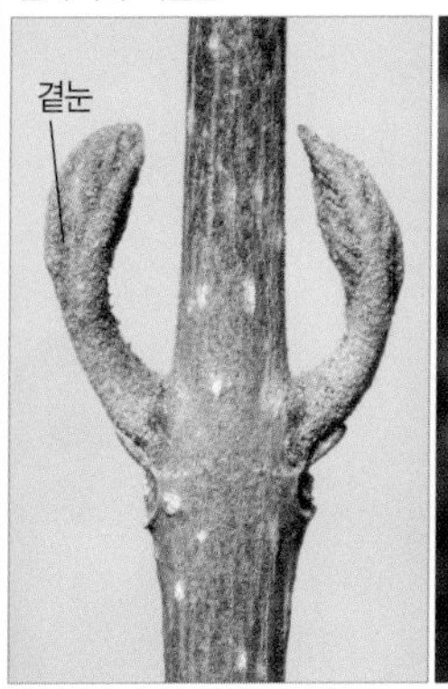

곁눈

나무껍질

10월의 열매

## 새비나무(꿀풀과 | 마편초과)
*Callicarpa mollis*

떨기나무(높이 2~3m)
남부 지방

줄기는 밑부분에서 가지가 갈라진다. 잔가지는 별모양털로 촘촘히 덮여 있다. 겨울눈은 맨눈이고 긴 타원형~긴 달걀형이며 회백색의 별모양털로 덮여 있고 눈자루가 있다. 끝눈은 곁눈보다 크며 4~8㎜ 길이이다. 잎자국은 반원형~원형이고 튀어나오며 관다발자국은 1개이다. 나무껍질은 회갈색이며 매끈하다.
마주나는 잎은 긴 달걀형~타원형으로 끝이 길게 뾰족하고 가장자리에 톱니가 있으며 뒷면에 별모양털이 많이 난다. 둥근 열매는 지름 3~4㎜이고 꽃받침조각에는 별모양털이 있으며 10~11월에 보라색으로 익는다.

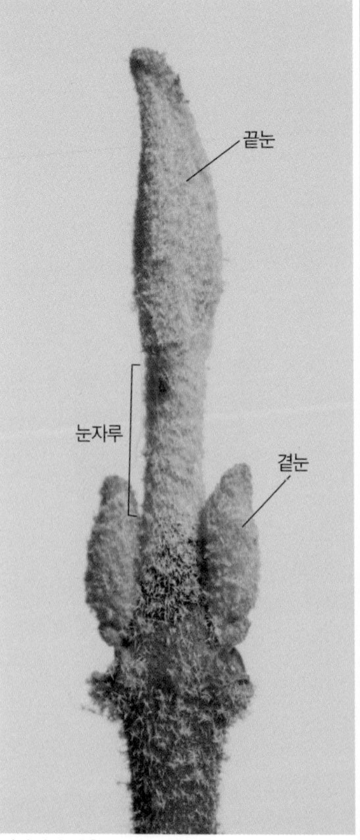

잔가지와 겨울눈

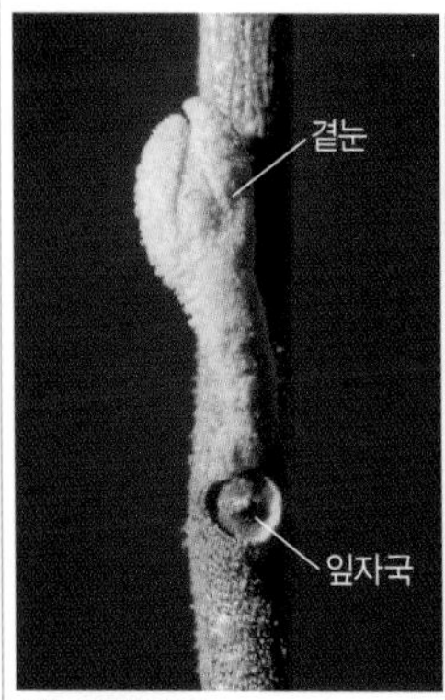

곁눈과 잎자국

나무껍질

9월 초의 어린 열매

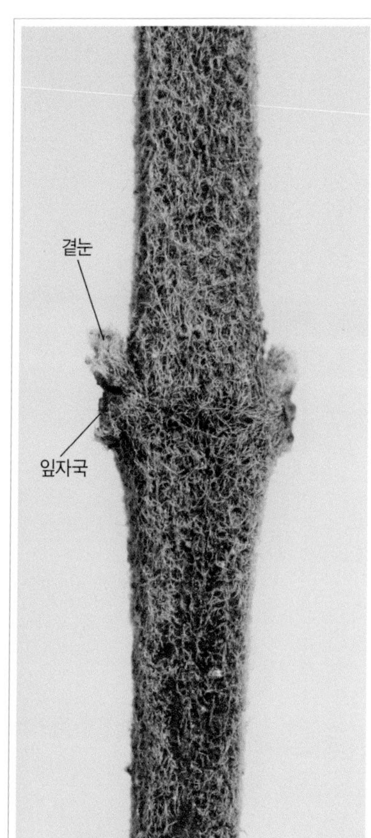

잔가지와 겨울눈

## 층꽃나무(꿀풀과 | 마편초과)

*Caryopteris incana*

떨기나무(높이 30~60㎝)
남부 지방의 바닷가

줄기는 여러 대가 모여나며 대부분의 줄기는 윗부분이 겨울에 말라 죽는다. 잔가지는 적갈색이며 약간 네모지고 흰색 털이 많다. 겨울눈은 동글납작하고 1~2㎜ 길이이며 털이 빽빽하다. 잎자국은 반원형이고 관다발자국은 1개이다. 나무껍질은 회갈색이고 오래되면 얇은 조각으로 벗겨진다.
마주나는 잎은 달걀형~피침형이고 가장자리에 5~10개의 큰 톱니가 있으며 뒷면에는 부드러운 회백색 털이 촘촘하다. 열매가 층층으로 모여 달리는 열매송이는 10~11월에 갈색으로 익으며 겨울까지 남아 있다. 식물 전체에서 특유의 박하 비슷한 향이 난다.

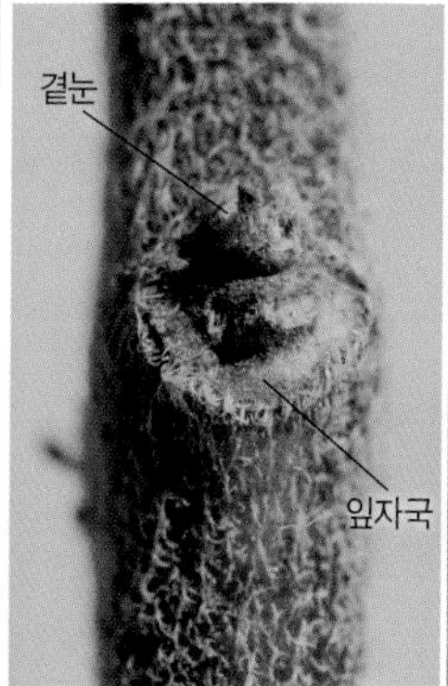

곁눈과 잎자국

나무껍질

11월의 열매

## 좀목형(꿀풀과 | 마편초과)
*Vitex negundo*

떨기나무(높이 2~3m)
경상도, 충북, 경기도의 숲 가장자리

잔가지는 회갈색이고 네모지며 흰색의 짧은털로 덮여 있다. 겨울눈은 구형~넓은 달걀형이며 1㎜ 정도 길이로 작고 부드러운 회갈색 털로 덮여 있다. 곁눈 밑에는 작은 세로덧눈이 있다. 잎자국은 타원형~콩팥형이다. 나무껍질은 회갈색~회백색이며 밋밋하고 노목은 세로로 얕게 갈라진다.

마주나는 잎은 3~5장의 작은잎을 가진 손꼴겹잎이다. 작은잎은 피침형~긴 타원형으로 끝이 뾰족하고 가장자리에 큰 톱니가 있거나 깊게 파이며 밋밋한 것도 있다. 긴 열매송이에 모여 달리는 작고 둥근 열매는 가을에 검게 익으며 겨울까지 남아 있다.

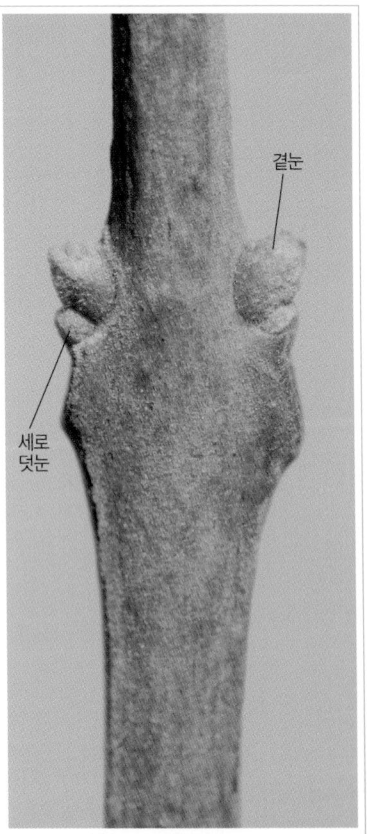

잔가지와 겨울눈

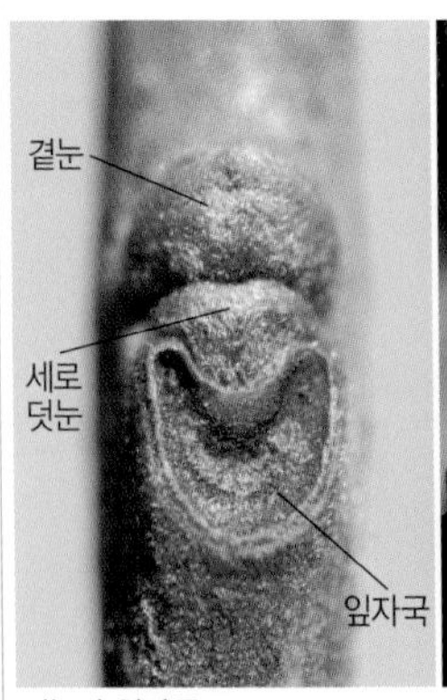

곁눈과 잎자국

나무껍질

잎 뒷면

잔가지와 겨울눈

## 순비기나무(꿀풀과 | 마편초과)

*Vitex trifolia* ssp. *litoralis*

떨기나무(높이 30~70㎝)
중부 이남의 바닷가

줄기는 모래 위로 길게 벋고 군데군데에서 수염뿌리가 내린다. 비스듬히 서는 어린 가지는 회갈색이고 네모지며 짧은 회백색 털로 덮여 있다. 겨울눈은 동그스름하고 작으며 부드러운 털로 덮여 있다. 잎자국은 넓은 타원형~납작한 콩팥형이다. 나무껍질은 회갈색이며 밋밋하다.

마주나는 잎은 두꺼우며 넓은 달걀형~타원형이고 끝이 둔하며 가장자리가 밋밋하고 뒷면은 회백색이다. 긴 열매송이에 모여 달리는 작고 둥근 열매는 가을에 흑자색으로 익으며 겨울까지 남아 있다. 열매를 대부분 싸고 있는 술잔 모양의 꽃받침은 회백색 털로 덮여 있다.

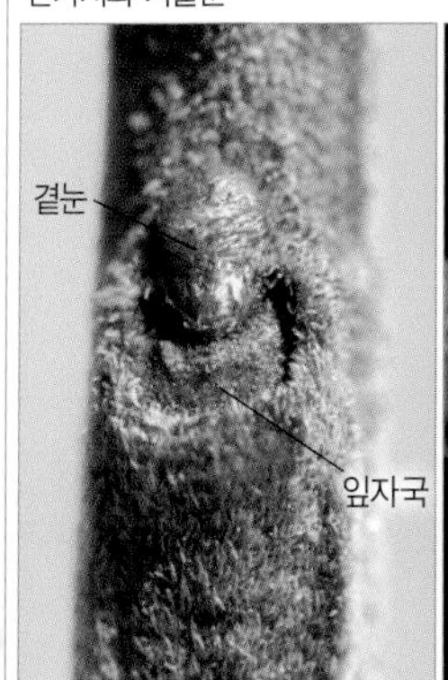

곁눈과 잎자국

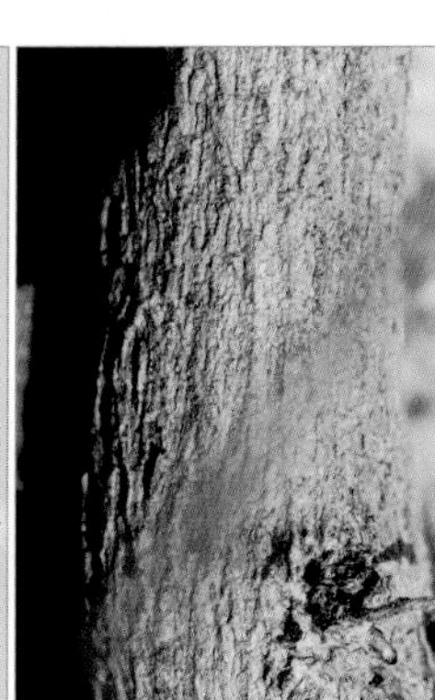
나무껍질

12월의 열매

## 누리장나무(꿀풀과 | 마편초과)
*Clerodendrum trichotomum*

떨기나무(높이 2m 정도)
중부 이남의 산

가지 끝은 겨울에 말라 죽기도 한다. 어린 가지는 부드러운 털이 있고 회갈색~연한 자갈색이며 자르면 고약한 냄새가 난다. 겨울눈은 맨눈이며 부드러운 자갈색 털이 촘촘하다. 끝눈은 곁눈보다 크며 원뿔형이고 1~3㎜ 길이이다. 잎자국은 타원형~하트형이고 5~9개의 관다발자국은 U자형으로 배열한다. 나무껍질은 회색~암회색이며 껍질눈이 많다.
마주나는 잎은 달걀형~세모진 달걀형이며 끝이 뾰족하고 가장자리가 밋밋하다. 둥근 열매는 가을에 남색으로 익는데 5갈래로 갈라져 벌어진 붉은색 꽃받침이 별 모양이다. 열매는 겨울까지 남아 있기도 하다.

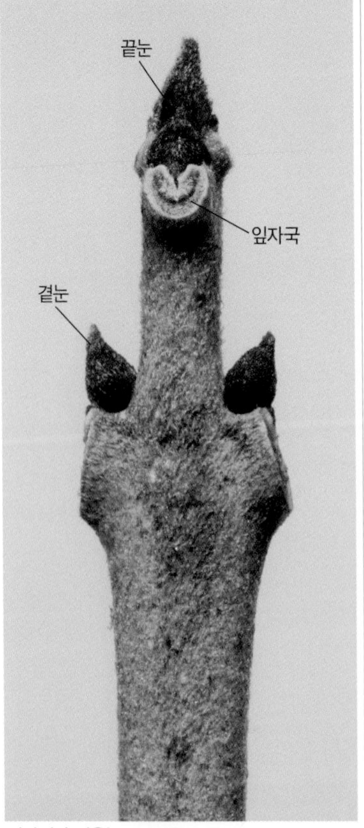

잔가지와 겨울눈

곁눈과 잎자국

나무껍질

9월 초의 열매

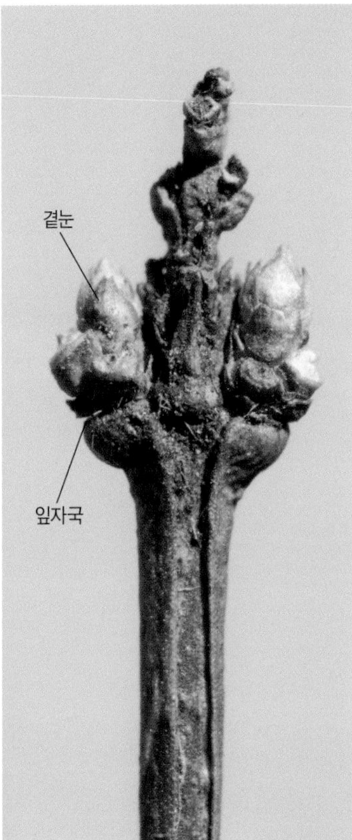


잔가지와 겨울눈

## 미선나무(물푸레나무과)
*Abeliophyllum distichum*

떨기나무(높이 1~2m)
충북과 전북의 산

줄기는 여러 대가 모여나고 가지가 많이 갈라지며 가지는 밑으로 처진다. 햇가지는 네모지며 자줏빛이 돌지만 점차 황갈색으로 변하고 골속은 계단 모양이다. 가지 끝은 보통 겨울에 말라 죽는다. 잎눈은 둥근 달걀형이고 동그란 적갈색 꽃눈은 뭉쳐 달린다. 잎자국은 초승달형~반원형이며 튀어나오고 관다발자국은 1개이다. 나무껍질은 회갈색이며 세로로 불규칙하게 갈라져 벗겨진다.
마주나는 잎은 달걀형~타원형이며 끝이 뾰족하고 가장자리가 밋밋하다. 둥글납작한 열매는 '미선'이라고 하는 둥근 부채를 닮았고 가을에 갈색으로 익으며 겨울에도 매달려 있다.

꽃눈

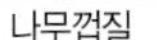
나무껍질

6월의 어린 열매

## 개나리(물푸레나무과)
*Forsythia koreana*

떨기나무(높이 3m 정도)
관상수

모여나는 줄기는 옆으로 퍼지고 가지는 둥글게 휘어진다. 잔가지는 자갈색~회갈색이고 약간 모가 지며 둥근 껍질눈이 있다. 겨울눈은 타원형~긴 타원형으로 끝이 뾰족하고 12~18개의 눈비늘조각에 싸여 있다. 겨울눈은 잎겨드랑이에 1~2개가 나란히 달린다. 꽃눈은 잎눈보다 크며 4~8㎜ 길이이다. 잎자국은 삼각형~반원형이고 약간 튀어나온다. 나무껍질은 회색~회갈색이며 껍질눈이 뚜렷하다.
마주나는 잎은 긴 달걀형~피침형이고 끝이 뾰족하며 가장자리의 밑부분을 제외하고 톱니가 있다. 어린 가지에 달리는 잎은 잎몸이 3갈래로 갈라지기도 한다. 달걀형 열매는 표면에 잔돌기가 있다.

잔가지와 겨울눈

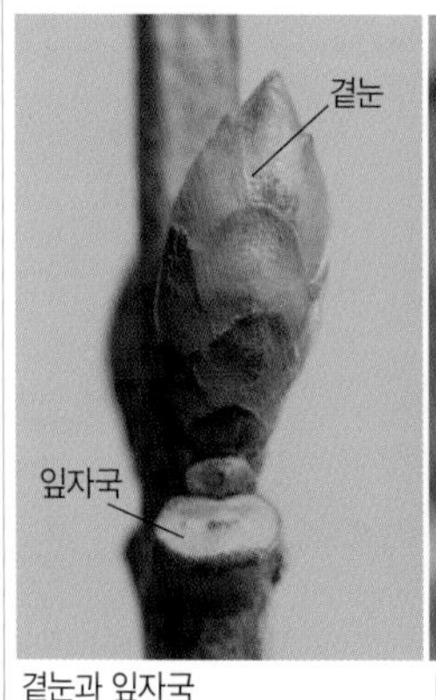

곁눈과 잎자국

나무껍질

햇가지의 잎

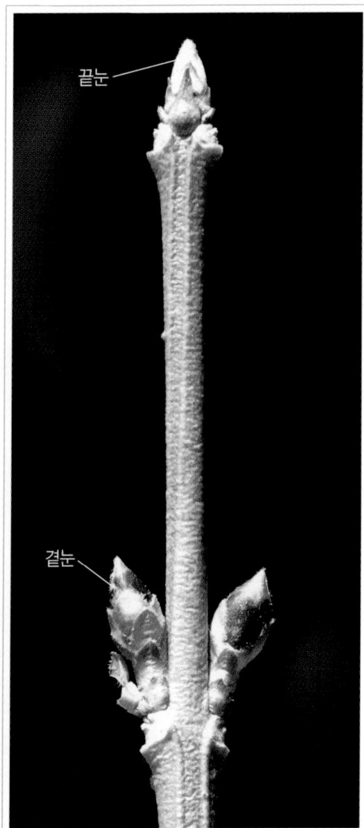

잔가지와 겨울눈

## 산개나리(물푸레나무과)
*Forsythia saxatilis*

떨기나무(높이 1~2.5m)
산

모여나는 줄기에서 갈라진 가지는 개나리와 달리 밑으로 처지지 않는다. 잔가지는 적갈색~회갈색이다. 겨울눈은 긴 타원형~달걀형이며 끝이 뾰족하고 눈비늘조각에 싸여 있다. 겨울눈은 일반적으로 개나리보다 작은 편이며 잎겨드랑이에 1~2개가 나란히 달린다. 잎자국은 반원형~초승달형이며 밑부분은 약간 튀어나온다. 나무껍질은 회색~회갈색이며 껍질눈이 뚜렷하다.
마주나는 잎은 타원형~긴 달걀형으로 끝이 뾰족하고 가장자리에 날카로운 톱니가 있으며 뒷면은 연녹색이고 잎맥 위에 털이 있거나 없다. 달걀형 열매는 끝이 뾰족하고 표면에 잔돌기가 있다.

짧은가지의 겨울눈

나무껍질

잎 모양

## 만리화(물푸레나무과)
*Forsythia ovata*

떨기나무(높이 1.5~2.5m)
경북과 강원도의 산

줄기는 옆으로 퍼진다. 잔가지는 회색~회갈색이고 가지 단면의 골속은 느슨하게 차 있으며 사다리 모양이다. 가지의 껍질눈은 돌기 모양이다. 겨울눈은 타원형~달걀형이며 끝이 뾰족하고 여러 개의 회황색 눈비늘조각에 싸여 있다. 잎자국은 반원형이고 밑부분이 약간 튀어나온다. 나무껍질은 회갈색~진회색이며 불규칙하게 얇은 조각으로 갈라진다.
마주나는 잎은 넓은 달걀형이며 끝이 뾰족하고 가장자리에 톱니가 있다. 열매는 달걀형이며 7~12㎜ 길이이고 끝이 뾰족하며 표면에 잔돌기가 흩어져 난다. 열매는 가을에 익으면 세로로 둘로 쪼개지면서 씨앗이 나온다.

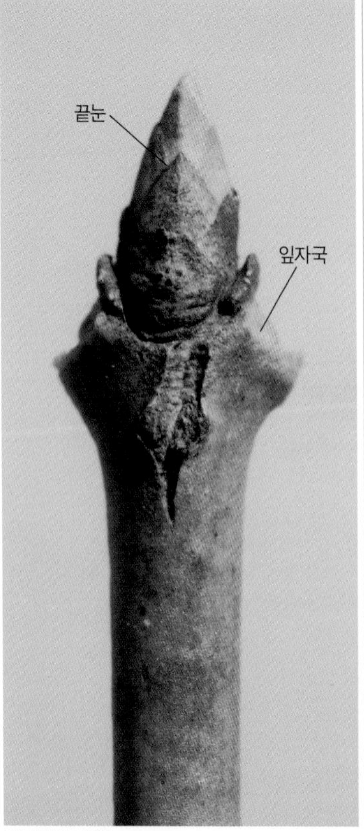

잔가지와 겨울눈

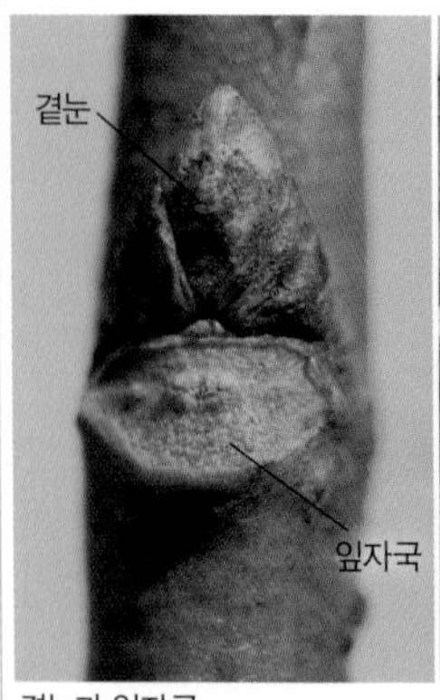

곁눈과 잎자국

나무껍질

7월의 어린 열매

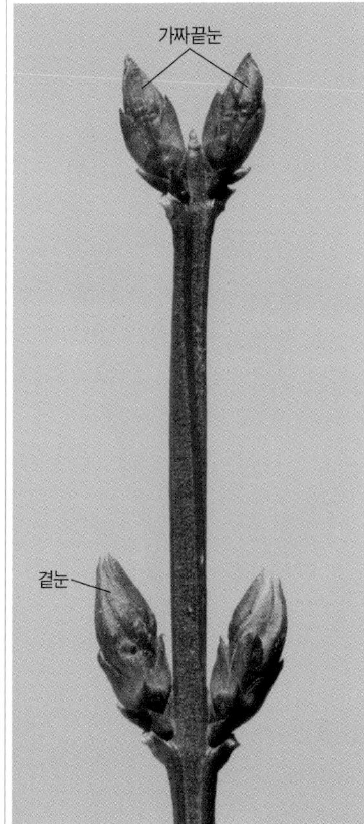

잔가지와 겨울눈

## 영춘화(물푸레나무과)
*Jasminum nudiflorum*

떨기나무(높이 1m 정도)
중국 원산. 관상수

줄기에서 가는 가지가 많이 갈라져 밑으로 처지며 덩굴처럼 벋고 땅에 닿으면 뿌리를 내린다. 잔가지는 녹색이지만 햇빛을 많이 받은 부분은 붉은빛이 돌고 네모지며 털이 없고 약간의 광택이 있다. 겨울눈은 타원형~긴 달걀형이며 끝이 뾰족하고 자갈색 눈비늘조각에 싸여 있다. 곁눈 옆에 덧눈이 달리기도 한다. 잎자국은 반원형이며 약간 튀어나온다. 나무껍질은 회색~회갈색이다.
마주나는 잎은 세겹잎이다. 작은 잎은 긴 타원형이며 끝의 잎이 가장 크고 가장자리가 밋밋하며 뒤로 약간 말리기도 한다. 잎 뒷면은 회녹색이 돈다.

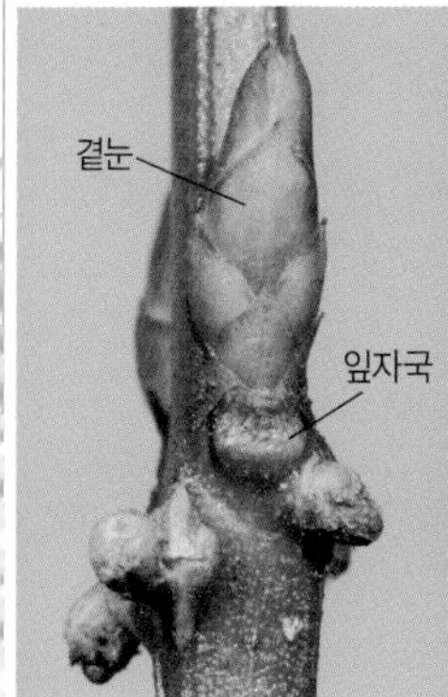

곁눈과 잎자국

나무껍질

잎 모양

## 털개회나무(물푸레나무과)
*Syringa pubescens* ssp. *patula*

떨기나무(높이 2~4m)
깊은 산

잔가지는 회갈색이고 둥글거나 약간 네모지며 어릴 때는 털이 있지만 점차 없어지고 껍질눈이 흩어져 난다. 가지 끝에는 2개의 가짜끝눈이 달린다. 겨울눈은 달걀형~세모진 달걀형이며 여러 개의 눈비늘조각에 싸여 있다. 눈비늘조각은 털이 없다. 잎자국은 반원형~타원형이고 튀어나온다. 나무껍질은 회색~회갈색이며 껍질눈이 흩어져 난다.

마주나는 잎은 타원형~달걀 모양의 타원형이며 끝이 뾰족하고 가장자리는 밋밋하다. 잎 뒷면은 연녹색이며 보통 털이 많다. 열매는 좁고 긴 타원형이며 표면에 사마귀 같은 껍질눈이 흩어져 난다.

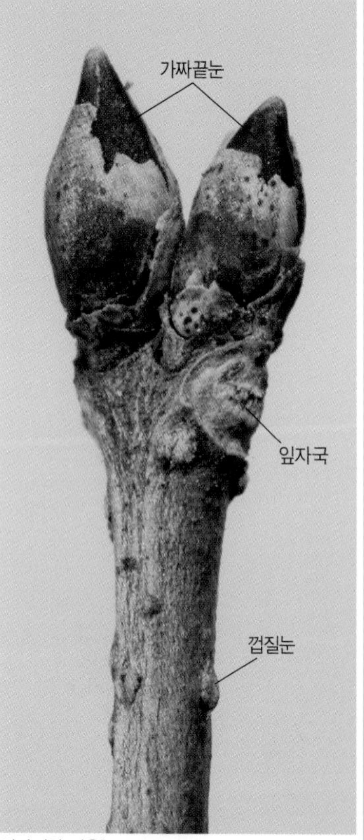

잔가지와 겨울눈

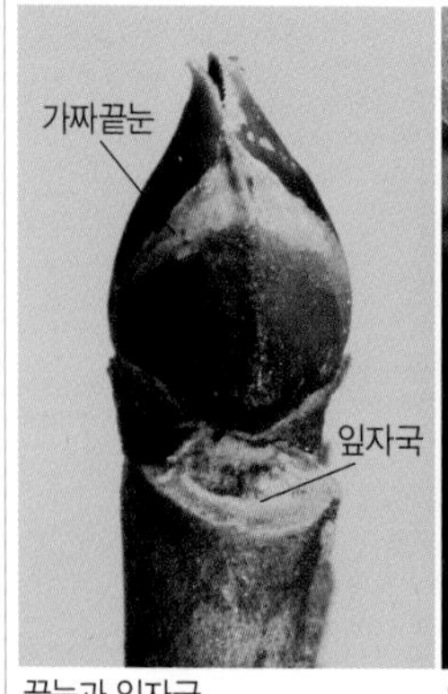

끝눈과 잎자국

잎 모양

11월 말의 열매

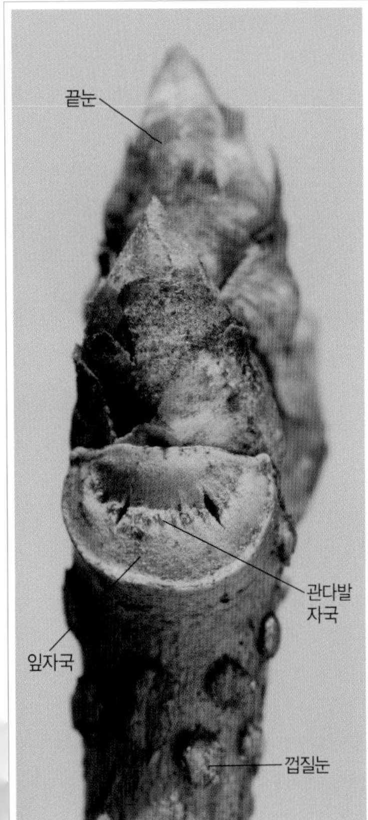

잔가지와 겨울눈

## 꽃개회나무(물푸레나무과)

*Syringa villosa* ssp. *wolfii*

떨기나무(높이 4~6m)
지리산 이북의 높은 산

잔가지는 굵고 회갈색이며 세로로 골이 지고 도드라진 껍질눈이 흩어져 난다. 겨울눈은 달걀형~넓은 달걀형이며 2~5㎜ 길이이고 여러 개의 눈비늘조각에 싸여 있다. 곁눈은 끝눈보다 작다. 잎자국은 반원형~타원형이며 약간 튀어나오고 관다발자국은 1개이며 초승달형이다. 나무껍질은 회갈색~진회색이며 껍질눈이 많다.

마주나는 잎은 타원형~넓은 달걀형으로 끝이 뾰족하고 가장자리가 밋밋하며 잎맥은 보통 7~9개이다. 열매는 좁고 긴 타원형이며 표면이 거의 매끈하다. 열매는 가을에 익으면 세로로 둘로 쪼개지면서 씨앗이 나온다.

곁눈과 잎자국

나무껍질

8월의 어린 열매

## 라일락(물푸레나무과)
*Syringa vulgaris*

떨기나무(높이 2~4m)
유럽 원산. 관상수

햇가지는 녹색이지만 점차 회갈색으로 변하고 작은 껍질눈이 발달한다. 가지 끝에 2개의 가짜끝눈이 달린다. 겨울눈은 둥근 달걀형이며 끝이 날카롭게 뾰족하고 털이 없다. 적갈색 눈비늘조각은 6~8개이며 광택이 있다. 가짜끝눈은 5~10㎜ 길이로 곁눈보다 약간 크다. 잎자국은 삼각형~반원형이며 약간 튀어나온다. 나무껍질은 흑갈색이고 세로로 갈라진다.
마주나는 잎은 넓은 달걀형~달걀형으로 끝이 뾰족하고 가장자리가 밋밋하며 앞면은 광택이 있다. 긴 타원형 열매는 끝이 뾰족하고 껍질눈이 없이 매끈하며 가을에 익으면 세로로 둘로 갈라진다.

잔가지와 겨울눈

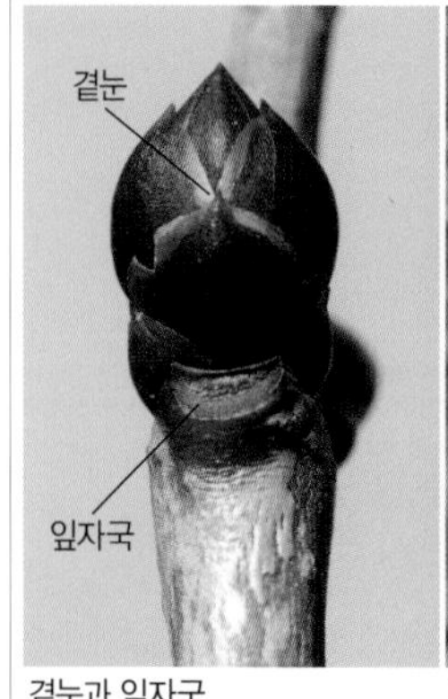

곁눈과 잎자국

나무껍질

6월의 묵은 열매

잔가지와 겨울눈

## 쥐똥나무(물푸레나무과)
*Ligustrum obtusifolium*

떨기나무(높이 1~4m)
산기슭, 관상수

햇가지는 잔털이 있지만 점차 없어진다. 잔가지는 회갈색이고 짧은가지가 발달한다. 겨울눈은 달걀형이며 끝이 뾰족하고 2~3㎜ 길이이며 6~8개의 눈비늘조각에 싸여 있다. 끝눈이 없는 가지가 많으며 곁눈은 끝눈보다 작다. 잎자국은 반원형이고 튀어나온다. 나무껍질은 회백색~회갈색이고 둥근 껍질눈이 있다. 줄기 끝에는 마른 가지가 가시 모양으로 남는다. 마주나는 잎은 긴 타원형~거꿀달걀 모양의 타원형이며 끝이 둔하고 가장자리가 밋밋하다. 잎 뒷면은 연녹색이다. 콩알만 한 넓은 타원형~둥근 달걀형 열매는 10~12월에 흑자색으로 익고 겨우내 매달려 있다.

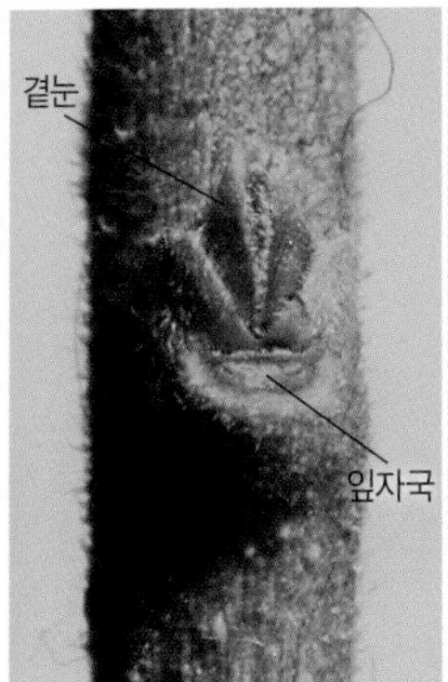

곁눈과 잎자국

나무껍질

11월의 열매

## 상동잎쥐똥나무(물푸레나무과)

*Ligustrum quihoui*

반상록성떨기나무(높이 2m 정도)
전라도의 바닷가

잔가지는 적갈색~회갈색이며 부드러운 잔털로 덮여 있다. 겨울눈은 달걀형이며 끝이 뾰족하고 여러 쌍의 눈비늘조각에 싸여 있다. 곁눈은 보통 가지에 바짝 붙는다. 잎자국은 반원형~초승달형이고 튀어나온다. 나무껍질은 회갈색~진회색이며 껍질눈이 많다.

반상록성이라서 남해안에서는 겨울에 잎의 일부가 남아 있기도 하다. 마주나는 잎은 넓은 타원형~거꿀달걀형으로 두껍고 끝은 둔하거나 뾰족하며 가장자리가 밋밋하다. 잎 뒷면은 연녹색이고 기름점이 많다. 둥근 달걀형 열매는 6~8㎜ 길이이며 10~11월에 검은색으로 익는다.

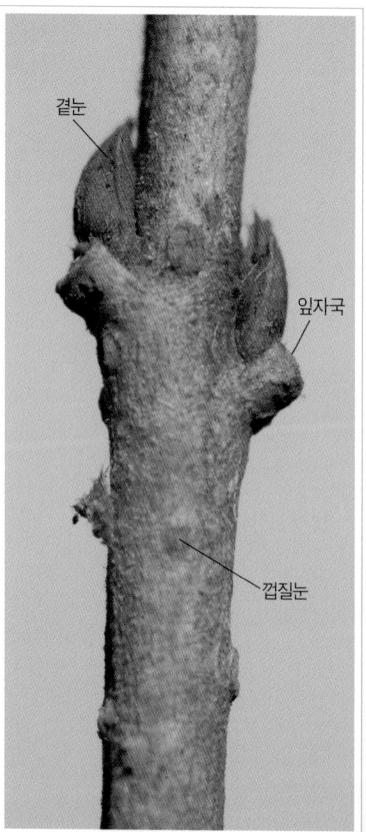

잔가지와 겨울눈

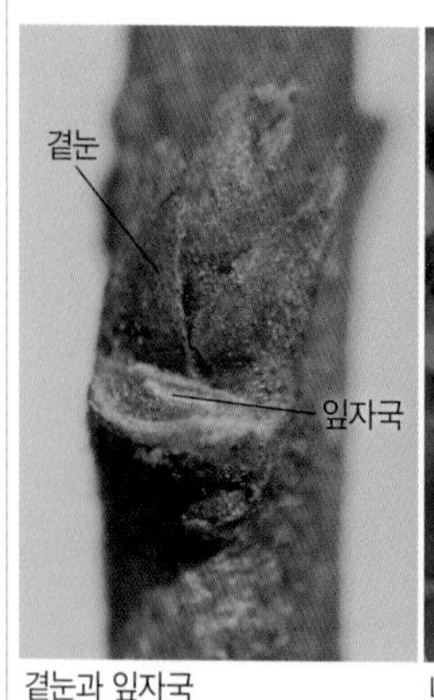

곁눈과 잎자국

나무껍질

9월의 어린 열매

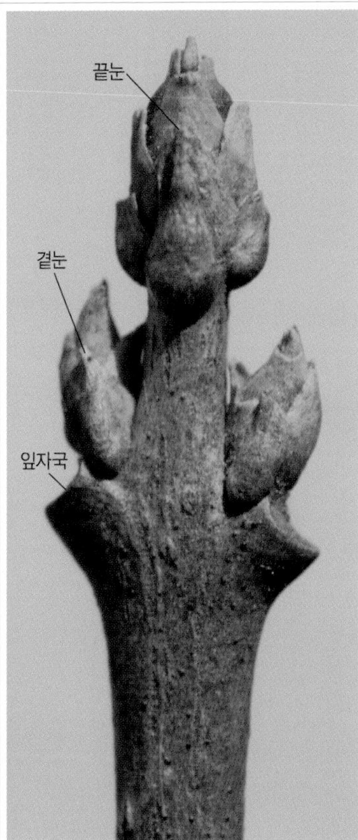

잔가지와 겨울눈

## 왕쥐똥나무(물푸레나무과)

*Ligustrum ovalifolium*

반상록성떨기나무~작은키나무(높이 2~6m)
전남 이남의 섬

잔가지는 회갈색이며 털이 없다. 가지에 둥그스름한 껍질눈이 흩어져 난다. 겨울눈은 달걀형이며 끝이 뾰족하고 여러 쌍의 눈비늘조각에 싸여 있다. 곁눈은 끝눈보다 작다. 잎자국은 반원형이고 튀어나온다. 나무껍질은 회갈색이며 불규칙하게 갈라진다.

반상록성이라서 남해안에서는 겨울에 잎의 일부가 남아 있다. 마주나는 잎은 타원형~거꿀달걀형으로 두껍고 끝이 뾰족하며 가장자리가 밋밋하고 앞면은 광택이 있다. 잎을 햇빛에 비추면 측맥이 보인다. 콩알만 한 타원형~둥근 달걀형 열매는 10~11월에 흑자색으로 익는다. *같은 속의 **광나무**(p.444)는 늘푸른나무라서 구분이 된다.

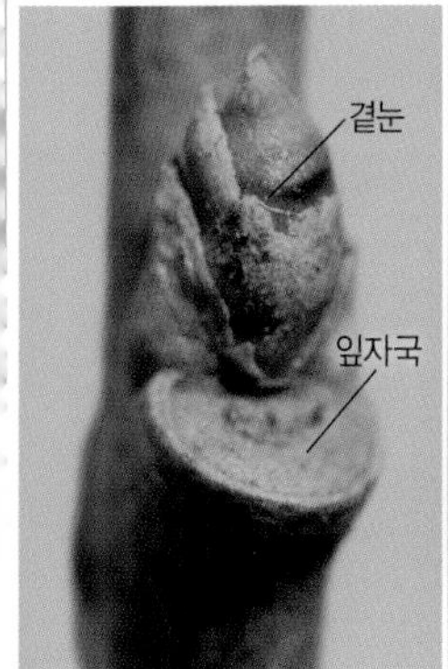

곁눈과 잎자국

나무껍질

9월 초의 어린 열매

## 구슬꽃나무/중대가리나무(꼭두서니과)
*Adina rubella*

떨기나무(높이 3~4m)
제주도의 산골짜기

잔가지는 황갈색~적갈색이며 잔털이 촘촘히 나고 흰색의 원형~타원형 껍질눈이 흩어져 난다. 겨울에는 가지 끝이 말라 죽기도 한다. 겨울눈은 작고 반원형이며 털이 있고 가지에 바짝 붙는다. 잎자국은 반원형이고 밑부분이 튀어나온다. 마른 턱잎이 남아 있기도 하다. 나무껍질은 회색~회갈색이다.
마주나는 잎은 달걀 모양의 피침형~좁은 달걀형으로 끝이 뾰족하고 가장자리가 밋밋하며 앞면은 광택이 있다. 둥근 열매는 10~12월에 누런색으로 익는다. 열매송이는 겨울에도 남아 있다가 조금씩 부서지면서 날개가 달린 씨앗이 바람에 날려 퍼진다.

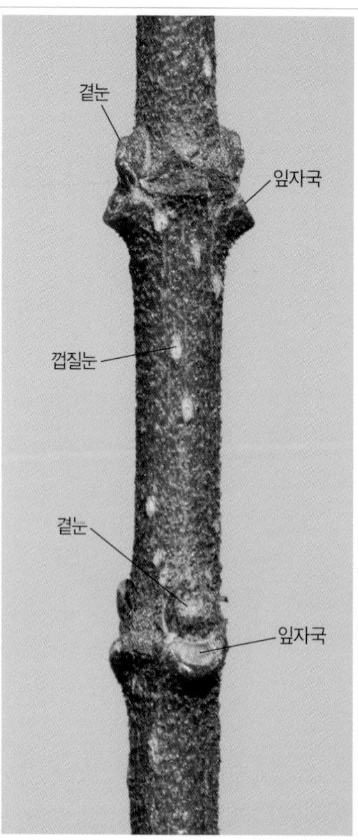

잔가지와 겨울눈

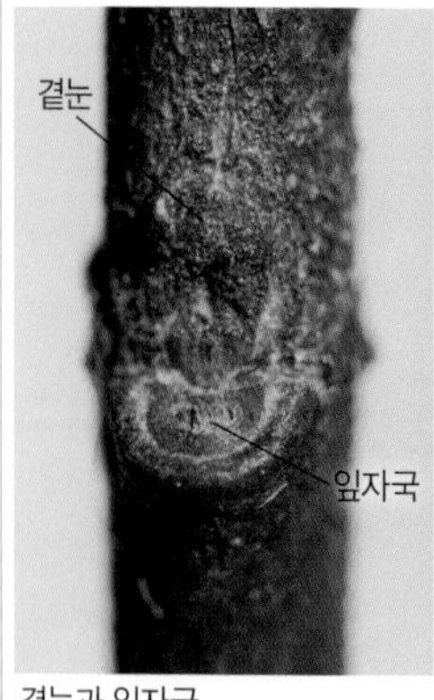

곁눈과 잎자국

나무껍질

9월 말의 열매

잔가지와 겨울눈

## 미국딱총나무(연복초과 | 인동과)

*Sambucus canadensis*

떨기나무(높이 3~4m)
북미 원산. 관상수

잔가지는 굵고 은회색~회갈색이며 사마귀 모양의 껍질눈이 흩어져 난다. 가지 단면의 골속은 흰색이다. 보통 가지 끝에 2개의 가짜끝눈이 달린다. 겨울눈은 세모진 달갈형~원뿔형이고 적갈색 눈비늘조각은 끝부분이 조금씩 벌어지기도 한다. 잎자국은 초승달형~콩팥형이고 관다발자국은 5개 정도이다. 나무껍질은 회갈색이며 불규칙하게 갈라진다.
마주나는 잎은 5~9장의 작은잎을 가진 깃꼴겹잎이다. 작은잎은 피침형~타원형이며 끝이 뾰족하고 가장자리에 톱니가 있다. 둥근 열매는 7~9월에 흑자색으로 익으며 과일로 먹는다.

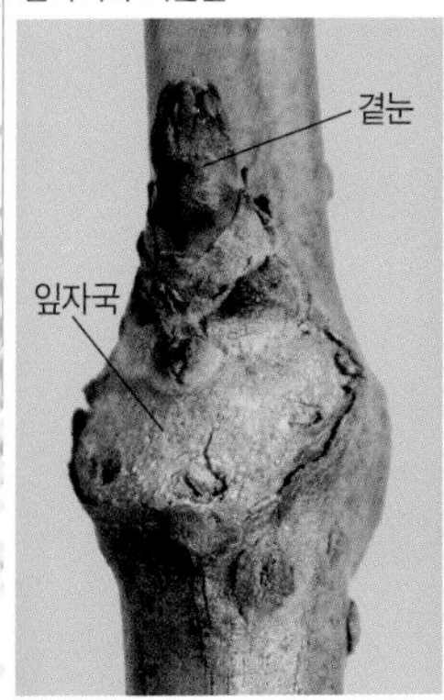

곁눈과 잎자국

나무껍질

8월의 열매

## 딱총나무(연복초과 | 인동과)
*Sambucus racemosa* ssp. *kamtschatica*

떨기나무(높이 3~5m)
산

잔가지는 갈색~회갈색이며 껍질눈이 흩어져 나고 겨울에 가지 끝이 말라 죽는 것이 많다. 섞임눈은 거의 원형이고 4~6쌍의 눈비늘조각에 싸여 있다. 눈비늘조각 끝은 뾰족하다. 잎눈은 달걀형이며 6~10㎜ 길이이다. 잎자국은 타원형~반달형이고 관다발자국은 3~5개이다. 나무껍질은 회갈색이며 노목은 코르크가 발달하고 세로로 깊게 갈라진다.
마주나는 잎은 3~7장의 작은잎을 가진 홀수깃꼴겹잎이다. 작은잎은 긴 타원형~달걀형이며 끝이 길게 뾰족하고 가장자리에 뾰족한 톱니가 있다. 둥근 열매는 7월에 붉은색으로 익는다.

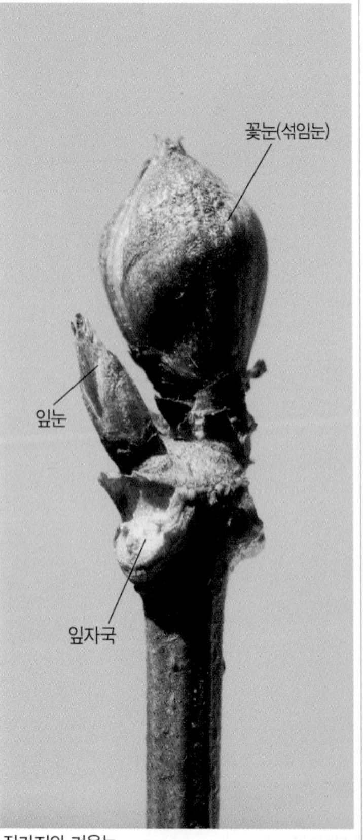

잔가지와 겨울눈

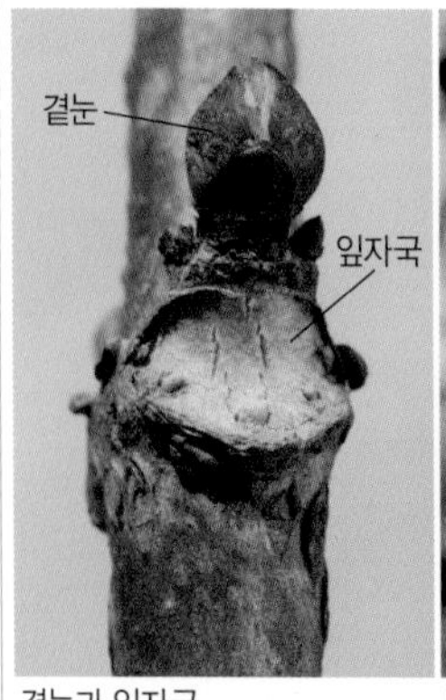

곁눈과 잎자국

나무껍질

6월의 열매

잔가지와 겨울눈

## 말오줌나무(연복초과 | 인동과)
*Sambucus racemosa* ssp. *pendula*

떨기나무(높이 3~4m)
울릉도의 산

잔가지는 밤갈색이며 껍질눈이 흩어져 나고 겨울에 가지 끝이 말라 죽는 것이 많다. 겨울눈은 둥근 달걀형이고 여러 개의 눈비늘조각에 싸여 있으며 털이 없다. 잎자국은 타원형이며 관다발자국은 3개 정도이다. 나무껍질은 회갈색이며 껍질눈이 있고 노목은 코르크가 발달한다.

마주나는 잎은 5~7장의 작은잎을 가진 홀수깃꼴겹잎이다. 작은잎은 긴 타원형~피침형이며 끝이 길게 뾰족하고 가장자리에 잔톱니가 있다. 잎 양면에 털이 거의 없으며 잎에서 역한 냄새가 난다. 열매송이는 밑으로 처지며 둥근 열매는 6~7월에 붉게 익는다.

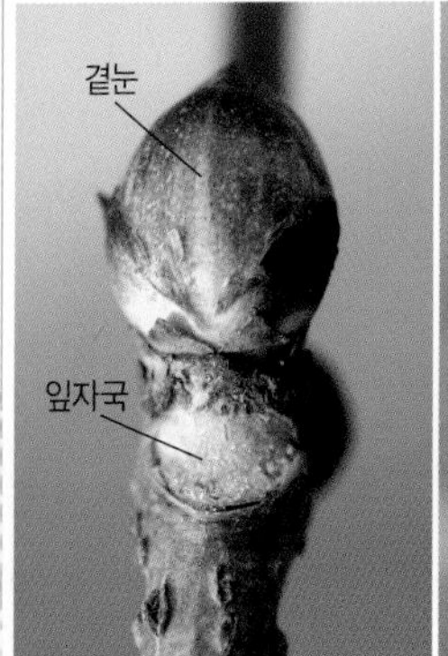

곁눈과 잎자국

나무껍질

6월 말의 열매

## 백당나무(연복초과 | 인동과)

*Viburnum opulus* ssp. *calvescens*

떨기나무(높이 3m 정도)
산

어린 가지는 녹색이지만 점차 적갈색이 되며 털이 없고 껍질눈이 흩어져 난다. 가지 끝에 2개의 가짜끝눈이 달린다. 겨울눈은 달걀형으로 끝이 뾰족하며 5~8㎜ 길이이고 2쌍의 눈비늘조각에 싸여 있다. 바깥쪽 눈비늘조각은 합쳐지고 안쪽의 눈비늘조각을 감싸고 있다. 잎자국은 얕은 V자형~초승달형이고 관다발자국은 3개이다. 나무껍질은 회갈색이며 오래되면 불규칙하게 갈라진다.

마주나는 잎은 넓은 달걀형이며 잎몸은 윗부분이 흔히 3갈래로 갈라지고 가장자리에 톱니가 약간 있다. 잎자루 끝에 2개의 꿀샘이 있다. 둥근 열매는 가을에 붉게 익는다.

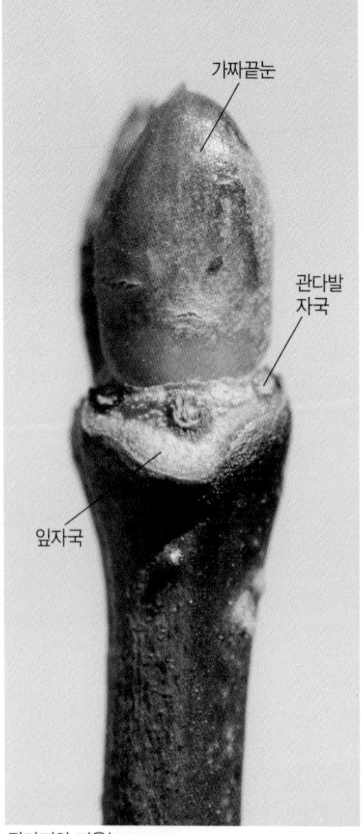


잔가지와 겨울눈

끝눈

나무껍질

9월의 열매

## 산가막살나무(연복초과 | 인동과)
*Viburnum wrightii*

떨기나무(높이 2~3m)
산

햇가지는 자갈색이며 털이 거의 없이 매끈하거나 긴털이 있고 껍질눈이 있다. 겨울눈은 달걀형이고 끝이 뾰족하며 2쌍의 눈비늘조각에 싸여 있다. 눈비늘조각은 표면이 매끈하거나 긴털이 난다. 곁눈은 끝눈보다 작다. 잎자국은 V자형~삼각형이고 관다발자국은 3개이다. 나무껍질은 회색~회갈색이며 껍질눈이 있다.
마주나는 잎은 거꿀달걀형~넓은 거꿀달걀형이며 끝이 길게 뾰족하고 가장자리에 잔톱니가 있다. 잎 양면에 털이 거의 없고 뒷면은 연녹색이며 희미한 기름점이 있다. 열매는 넓은 달걀형이며 가을에 붉은색으로 익는다.

잔가지와 겨울눈

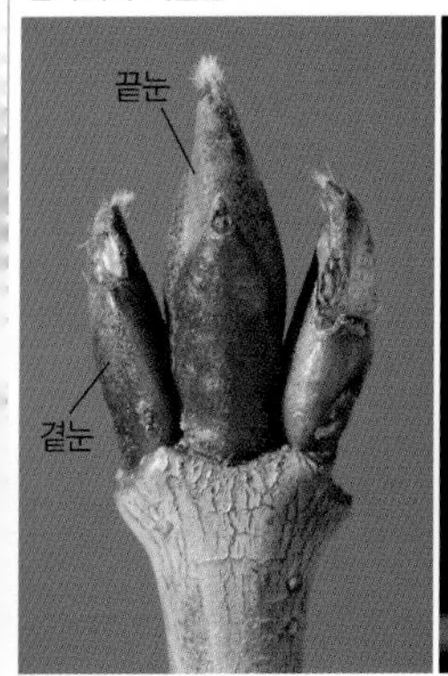

잔가지와 겨울눈

나무껍질

8월 말의 열매

## 분꽃나무(연복초과 | 인동과)

*Viburnum carlesii*

떨기나무(높이 2~3m)
산

잔가지는 자갈색이며 겨울눈과 함께 가루 모양의 별모양털로 빽빽이 덮여 있다. 겨울눈은 맨눈이다. 잎눈은 긴 타원형이며 4~8㎜ 길이이고 꽃눈은 여러 개가 모여 둥근 모양이 된다. 흔히 꽃눈 바로 밑에 잎눈이 달린다. 곁눈은 끝눈보다 작다. 잎자국은 얕은 V자형~초승달형이고 관다발자국은 3개이다. 나무껍질은 회갈색이며 얇은 조각으로 갈라진다.

마주나는 잎은 타원형~넓은 달걀형이며 끝이 뾰족하고 가장자리에 치아 모양의 톱니가 있다. 잎 뒷면에는 별모양털이 촘촘히 난다. 둥근 달걀형 열매는 약간 납작하고 가을에 검은색으로 익는다.

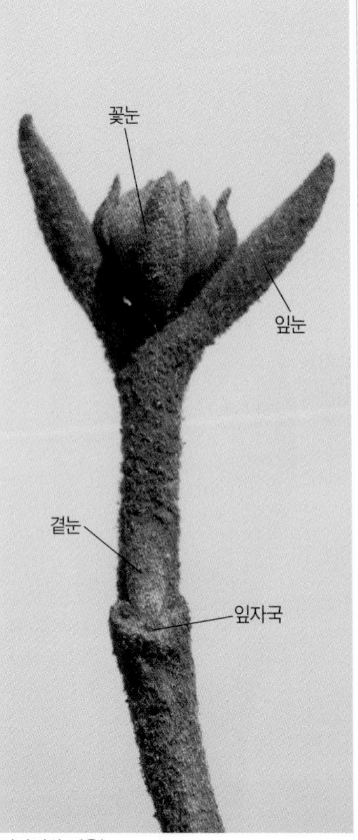

잔가지와 겨울눈

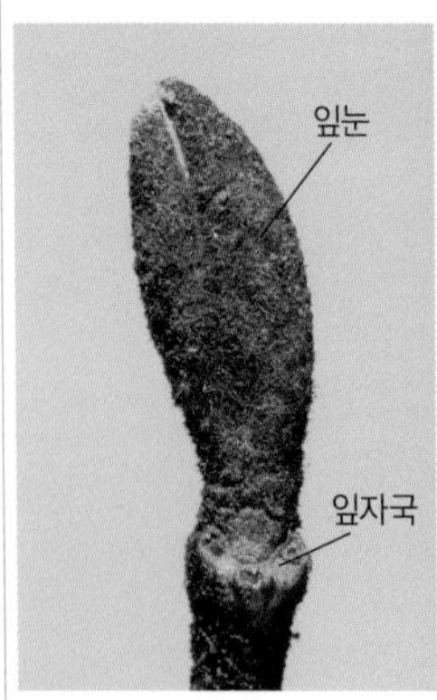

잎눈과 잎자국

나무껍질

10월의 열매

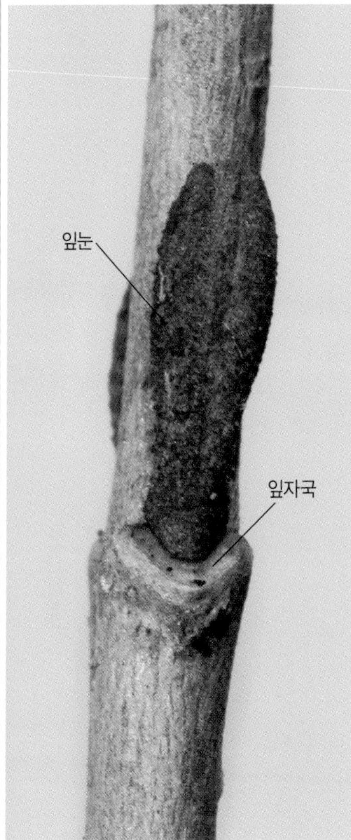

잔가지와 겨울눈

## 산분꽃나무(연복초과 | 인동과)

*Viburnum burejaeticum*

떨기나무(높이 2~4m)
중부 이북의 산

잔가지는 짧은 갈색 털로 덮여 있지만 점차 없어지고 껍질눈이 드문드문 난다. 겨울눈은 맨눈이며 연갈색 별모양털로 빽빽이 덮여 있다. 잎눈은 피침형이고 꽃눈은 여러 개가 모여 둥근 모양이 된다. 잎자국은 얕은 V자형~초승달형이고 관다발자국은 3개이다. 나무껍질은 회색~회갈색이며 껍질눈이 흩어져 난다.

마주나는 잎은 긴 타원형~달갈형으로 4~6㎝ 길이이고 끝이 뾰족하며 가장자리에 날카로운 잔톱니가 있다. 잎 양면에 별모양털이 있다. 열매는 타원형이며 1㎝ 정도 길이이고 가을에 붉게 변했다가 검은색으로 익는다.

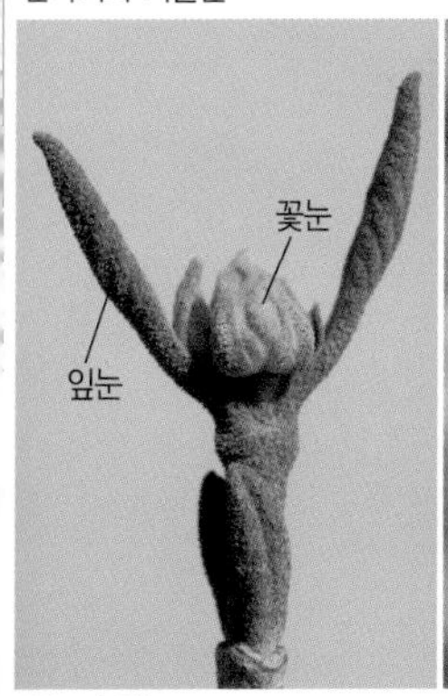

꽃눈과 잎눈

나무껍질

5월 말의 어린 열매

## 분단나무(연복초과 | 인동과)

*Viburnum furcatum*

떨기나무~작은키나무(높이 3~6m)
제주도와 울릉도의 산

햇가지는 갈색이지만 점차 자갈색으로 변한다. 겨울눈은 가을에 눈비늘조각이 떨어져서 맨눈이 되며 갈색의 별모양털로 덮여 있다. 꽃눈은 동그스름하고 잎눈은 피침형이며 10~15㎜ 길이이다. 가지 중간에 곁눈은 거의 만들어지지 않는다. 잎자국은 둥근 타원형~삼각형이고 관다발자국은 3개이다. 나무껍질은 진한 회갈색이며 껍질눈이 흩어져 난다.
마주나는 잎은 넓은 달걀형~원형으로 끝은 갑자기 뾰족해지고 밑부분은 심장저이며 가장자리에 잔톱니가 있다. 넓은 타원형 열매는 가을에 붉게 변했다가 검은색으로 익는다.

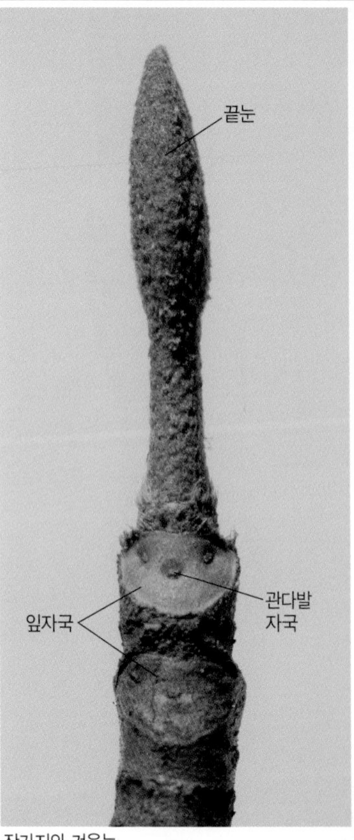

잔가지와 겨울눈

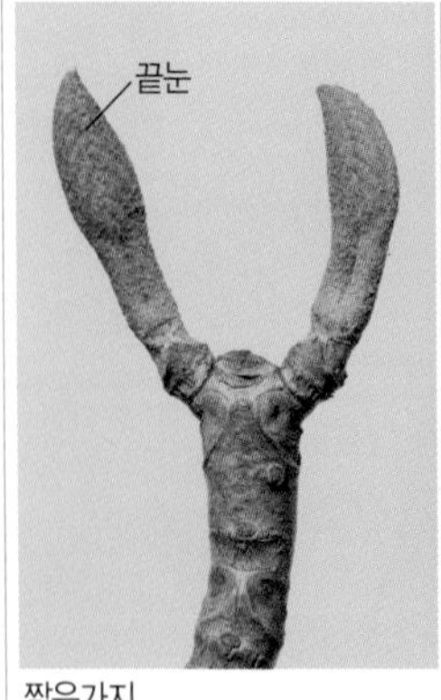

짧은가지

나무껍질

9월의 열매

잔가지와 겨울눈

## 별당나무(연복초과 | 인동과)

*Viburnum plicatum* v. *tomentosum*

떨기나무~작은키나무(높이 2~6m)
일본과 중국 원산. 관상수

일반적으로 가지가 수평으로 벋는다. 어린 가지는 털이 있지만 점차 없어진다. 잔가지는 갈색이며 껍질눈이 흩어져 난다. 겨울눈은 긴 타원형으로 끝이 뾰족하며 4~9㎜ 길이이고 별모양털이 많으며 2개의 눈비늘조각이 합쳐져서 겨울눈을 감싼다. 눈비늘조각 중간에 이음매가 보인다. 잎자국은 얕은 V자형~초승달형이고 관다발자국은 3개이다. 나무껍질은 회흑색이며 껍질눈이 흩어져 난다.
마주나는 잎은 타원형~넓은 타원형으로 끝이 뾰족하고 가장자리에 둔한 톱니가 있으며 잎맥은 7~12쌍이고 튀어나온다. 타원형 열매는 8~10월에 붉게 변했다가 검은색으로 익는다.

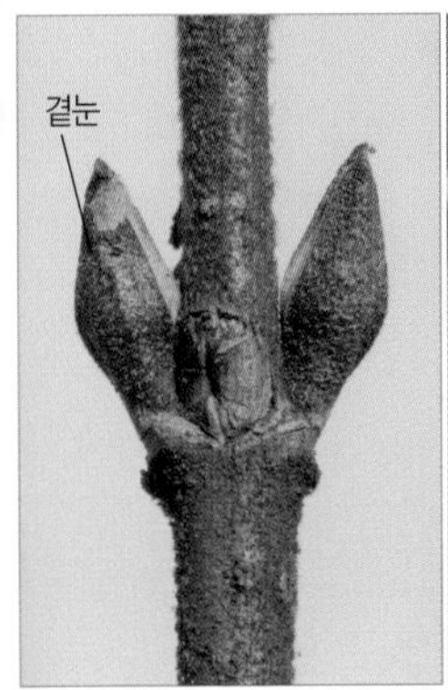

곁눈과 잎자국

나무껍질

7월 말의 열매

## 덜꿩나무(연복초과 | 인동과)
*Viburnum erosum*

떨기나무(높이 2m 정도)
경기도 이남의 낮은 산

잔가지는 갈색~적갈색이며 별모양털이 많고 가지 끝은 겨울에 말라 죽는다. 겨울눈은 달걀형이고 끝이 뾰족하며 별모양털로 덮인 2쌍의 눈비늘조각에 싸여 있다. 눈비늘조각 중간에 이음매가 보인다. 곁눈은 끝눈보다 작다. 잎자국은 V자형~삼각형이고 관다발자국은 3개이다. 나무껍질은 회갈색이며 껍질눈이 있다.

마주나는 잎은 달걀형~타원 모양의 피침형이며 끝이 뾰족하고 가장자리에 날카로운 톱니가 있다. 잎 양면에 별모양털이 있고 뒷면은 주맥을 따라 긴털이 있다. 잎자루는 짧고 밑부분에 턱잎이 있다. 둥근 달걀형 열매는 끝에 암술대가 남아 있고 가을에 붉게 익는다.

잔가지와 겨울눈

끝눈과 잎자국

나무껍질

9월의 열매

잔가지와 겨울눈

## 가막살나무(연복초과 | 인동과)

*Viburnum dilatatum*

떨기나무(높이 2~3m)
중부 이남의 산

잔가지는 갈색~적갈색이며 별모양털과 긴털이 있다. 겨울눈은 달갈형으로 끝이 뾰족하며 3~5㎜ 길이이고 털로 덮인 2쌍의 눈비늘조각에 싸여 있다. 눈비늘조각은 바깥쪽의 1쌍이 더 작다. 끝눈 곁에 곁눈이 달리기도 한다. 잎자국은 얕은 V자형이고 관다발자국은 3개이다. 나무껍질은 회색~회갈색이며 거칠어진다.

마주나는 잎은 거꿀달갈형~넓은 달갈형으로 끝이 뾰족하고 밑부분은 얕은 심장저이며 가장자리에 얕은 톱니가 있다. 잎 양면에 별모양털이 있고 뒷면에 기름점이 있다. 열매는 둥근 달갈형이며 가을에 붉은색으로 익는다.

곁눈과 잎자국

나무껍질

9월의 열매

## 댕강나무(인동과)
*Abelia mosanensis*

떨기나무(높이 2m 정도)
충북과 강원도 이북의 석회암 지대

잔가지는 적갈색이고 어릴 때는 털이 있다. 가지 끝에 보통 2개의 눈이 달린다. 겨울눈은 삼각형이며 곁눈은 잎자국에 싸여서 잘 보이지 않다가 봄이 가까워지면 잎자국 밖으로 겨울눈을 내밀기 시작한다. 잎자국은 삼각형이며 기부에 털이 있고 밑부분이 튀어나온다. 나무껍질은 황갈색이며 줄기에 세로로 6줄의 얕은 골이 있다.
마주나는 잎은 피침형~타원 모양의 달걀형이며 끝이 뾰족하고 가장자리가 밋밋하다. 여러 개가 모여 달리는 열매는 선형이며 표면에 털이 있고 끝에 5갈래로 갈라진 꽃받침조각이 남아 있으며 가을에 갈색으로 익는다. 가지를 부러뜨리면 댕강하면서 잘 부러진다.

잔가지와 겨울눈

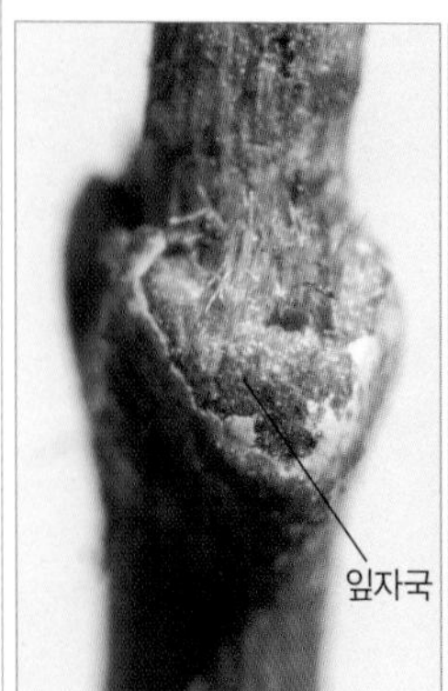

곁눈과 잎자국

나무껍질

7월의 어린 열매

잔가지와 겨울눈

## 털댕강나무(인동과)

*Abelia biflora*

떨기나무(높이 2m 정도)
중부 이북의 산이나 석회암 지대

햇가지는 적갈색이며 털이 없다. 겨울눈은 잎자국에 둘러싸여서 잘 보이지 않는다. 잎자국은 마주보는 2개가 합쳐져서 볼록한 모양이 된다. 겨울눈은 잎자국에 싸여서 잘 보이지 않다가 봄이 가까워지면 잎자국 밖으로 겨울눈을 내밀기 시작한다. 나무껍질은 회갈색~회색이며 6줄의 홈이 있다.
마주나는 잎은 피침형~달걀형으로 3~7㎝ 길이이고 끝이 뾰족하며 윗부분에 몇 개의 톱니가 있거나 없다. 잎 양면에 털이 있다. 열매는 2개씩 모여 달리고 털이 있으며 끝에 4갈래로 갈라진 꽃받침 조각이 남아 있다. 열매는 가을에 갈색으로 익는다.

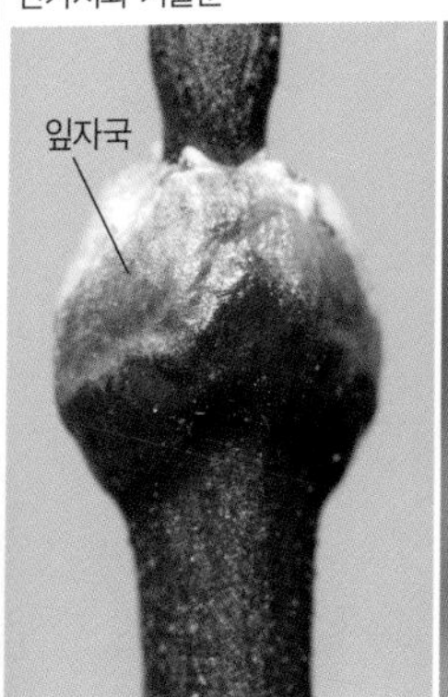


잎자국

나무껍질

9월의 열매

## 주걱댕강나무(인동과)
*Diabelia spathulata*

떨기나무(높이 2m 정도)
경남 양산, 관상수

가지가 잘 갈라진다. 잔가지는 황갈색~적갈색이고 털이 없다. 겨울눈은 달걀형으로 끝이 약간 뾰족하며 2~3㎜ 길이이고 6쌍의 눈비늘조각에 싸여 있다. 끝눈과 곁눈은 거의 같은 크기이다. 잎자국은 얕은 T자형~삼각형이다. 나무껍질은 회갈색이며 세로로 얇게 갈라진다.
마주나는 잎은 달걀형~타원 모양의 달걀형이며 끝은 길게 뾰족하고 가장자리에 불규칙한 톱니가 있다. 잎 뒷면은 연녹색이다. 열매는 2개씩 모여 달리고 선형이며 끝에 5갈래로 갈라진 꽃받침조각이 남아 있다. 열매는 가을에 갈색으로 익으며 겨울까지 남아 있다.

잔가지와 겨울눈

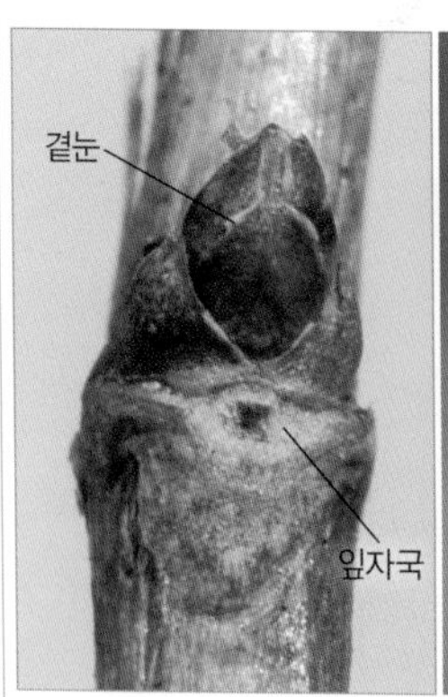

곁눈과 잎자국

나무껍질

8월의 열매

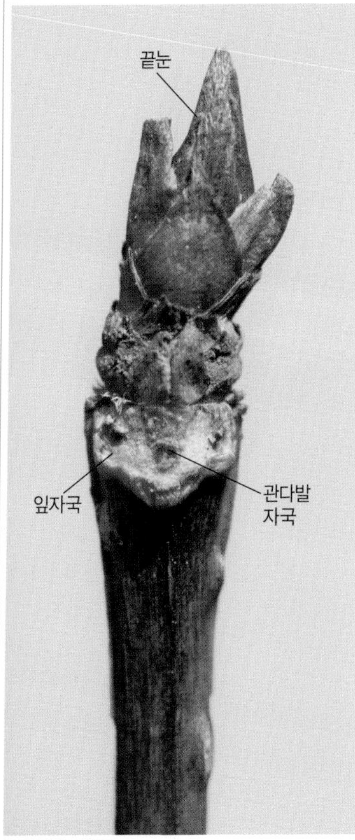

잔가지와 겨울눈

## 일본병꽃나무/삼백병꽃나무(인동과)

*Weigela coraeensis*

떨기나무(높이 3~5m)
일본 원산. 관상수

잔가지는 갈색~자갈색이며 털이 거의 없다. 끝눈은 끝이 뾰족하고 눈비늘조각은 사각뿔 모양이며 보통 4줄로 포개진다. 곁눈은 줄기에 바짝 붙는다. 잎자국은 콩팥형~초승달형이며 관다발자국은 3개이다. 나무껍질은 회갈색~회색이고 세로로 불규칙하게 갈라진다.
마주나는 잎은 타원형~넓은 달걀형이며 끝이 길게 뾰족하고 가장자리에 톱니가 있다. 열매는 가는 원기둥 모양이며 2~3㎝ 길이이고 털이 거의 없다. 열매는 가을에 연갈색으로 익으면 2개로 갈라진 채 겨우내 매달려 있다. *붉은병꽃나무(p.149)와 겨울눈과 열매가 비슷하지만 관상수로 기르고 5m까지 높게 자라는 것으로 구분할 수 있다.

나무껍질

12월의 열매

5월 말에 핀 꽃

## 병꽃나무(인동과)
*Weigela subsessilis*

떨기나무(높이 2~3m)
산

잔가지는 회갈색이며 털이 줄지어 난다. 겨울눈은 달걀형~피침형으로 끝이 뾰족하고 눈비늘조각은 끝이 약간 뾰족하며 털이 조금 있다. 곁눈 옆에는 가로덧눈이 달리기도 한다. 잎자국은 삼각형~초승달형이며 관다발자국은 3개이다. 나무껍질은 회갈색이며 세로로 얕게 터지고 껍질눈이 많다.
마주나는 잎은 거꿀달걀형~달걀형이며 끝이 길게 뾰족하고 가장자리에 뾰족한 톱니가 있다. 잎 양면에 털이 약간 있다. 열매는 가는 원기둥 모양이며 털이 있고 가을에 익으면 2개로 갈라진 채 겨우내 매달려 있다. ＊**붉은병꽃나무**(p.149)에 비해 전체적으로 털이 많지만 실제로는 구분이 어렵다.

잔가지와 겨울눈

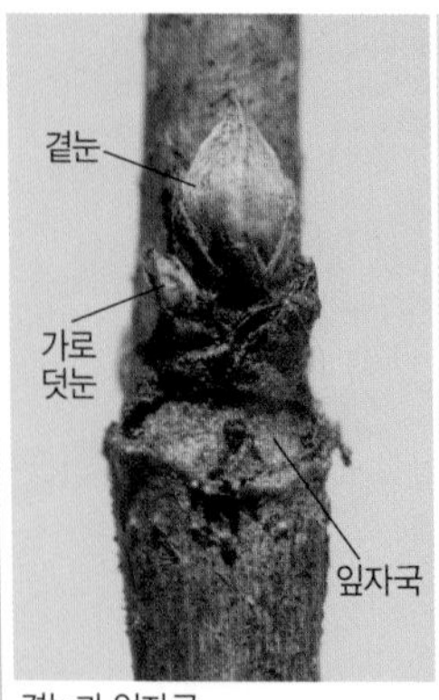

곁눈과 잎자국

9월 말의 열매

잎 모양

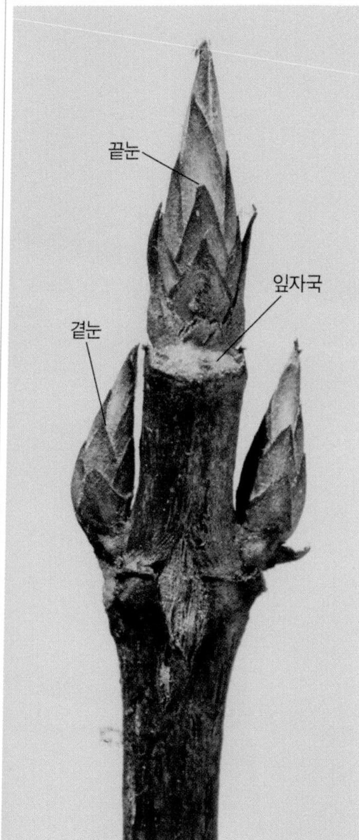

잔가지와 겨울눈

## 붉은병꽃나무(인동과)
*Weigela florida*

떨기나무(높이 2~3m)
산

어린 가지는 마디 사이에 짧은털이 2줄로 난다. 잔가지는 적갈색~회갈색이고 겨울눈은 좁은 달걀형이며 끝이 뾰족하고 눈비늘조각은 여러 장이며 끝이 날카롭다. 끝눈은 8㎜ 정도 길이이고 작은 곁눈은 가지에 바짝 붙는다. 잎자국은 삼각형~초승달형이고 관다발자국은 3개이다. 나무껍질은 회색~회갈색이며 세로로 갈라진다.
마주나는 잎은 달걀형~거꿀달걀형이며 끝이 길게 뾰족하고 가장자리에 얕은 톱니가 있다. 잎 뒷면 주맥에 털이 빽빽하다. 열매는 원통형이며 털이 거의 없고 가을에 적갈색으로 익으면 2개로 갈라진 채 겨우내 매달려 있다.

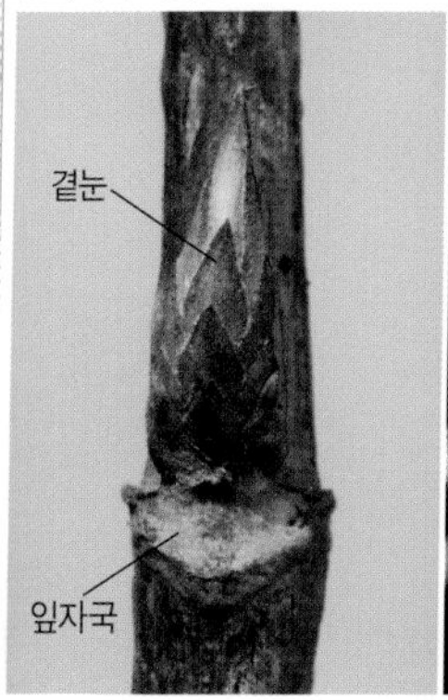

곁눈과 잎자국

7월의 열매

9월의 열매

## 홍괴불나무(인동과)
*Lonicera maximowiczii*

떨기나무(높이 1~2m)
한라산과 지리산 이북의 높은 산

잔가지는 회갈색이며 약간 모가 지고 어릴 때는 털이 있지만 점차 없어진다. 가지 단면의 골속은 차 있다. 끝눈은 가늘고 긴 원뿔형이며 모가 지고 여러 쌍의 갈색 눈비늘조각에 싸여 있다. 곁눈은 가지와의 각도가 많이 벌어진다. 잎자국은 조금 튀어나오며 관다발자국은 3개이다. 나무껍질은 회갈색이고 세로로 얇게 갈라진다.
마주나는 잎은 달갈형~긴 타원형이며 끝이 뾰족하고 가장자리가 밋밋하다. 잎 뒷면은 연녹색이며 흰색 털이 많다. 열매는 2개가 하나처럼 합쳐져서 둥근 모양이 되며 지름 8~10㎜이고 8~9월에 붉은색으로 익는다.

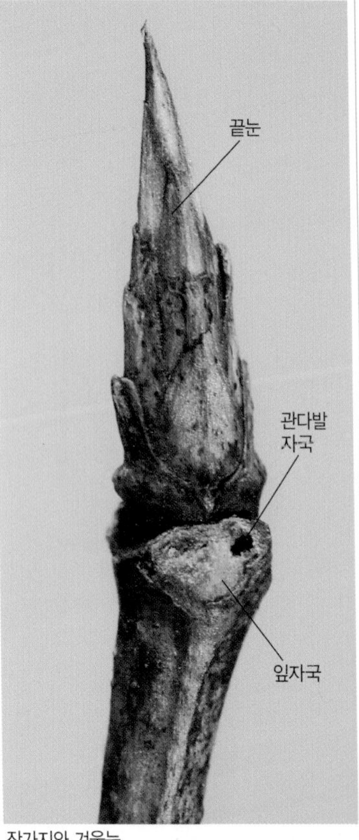

잔가지와 겨울눈

곁눈

나무껍질

8월의 열매

잔가지와 겨울눈

## 흰괴불나무(인동과)

*Lonicera tatarinowii*

떨기나무(높이 1~2m)
제주도와 강원도 이북의 산

햇가지는 2줄의 털과 샘털이 있지만 점차 없어진다. 잔가지는 회갈색이며 가지 단면의 골속은 차 있다. 끝눈은 긴 원뿔형~피침형이며 끝이 뾰족하고 약간 네모지며 회갈색 눈비늘조각에 싸여 있다. 곁눈은 가지와의 각도가 많이 벌어진다. 잎자국은 조금 튀어나오며 관다발자국은 3개이다. 나무껍질은 회갈색이고 세로로 갈라진다.

마주나는 잎은 넓은 피침형~긴 타원형이며 끝이 뾰족하고 가장자리가 밋밋하다. 잎 뒷면은 대부분 흰색 털로 덮여 있어서 회백색이 된다. 열매는 2개가 하나처럼 합쳐져서 둥근 모양이 되며 자루가 길고 7~8월에 붉은색으로 익는다.

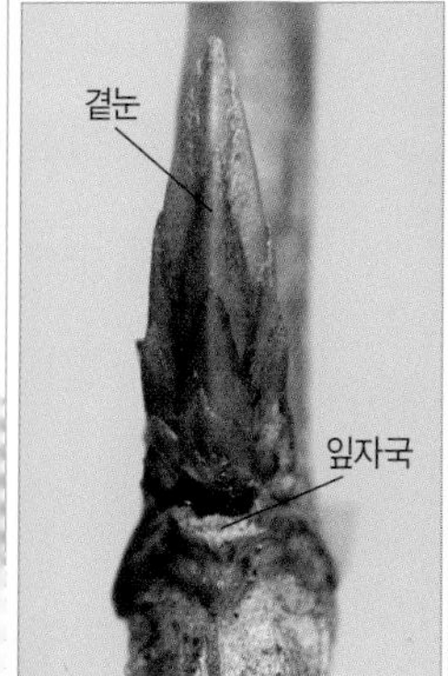

곁눈과 잎자국

나무껍질

8월의 열매

## 괴불나무(인동과)

*Lonicera maackii*

떨기나무(높이 2~4m)
산골짜기

잔가지는 갈색이며 잔털이 있지만 점차 줄어든다. 가지 단면의 골속이 비어 있다. 겨울눈은 달걀형이고 끝이 둔하며 털이 있는 7~8쌍의 눈비늘조각에 싸여 있다. 잎자국은 삼각형~초승달형이며 가장자리는 튀어나오지만 가운데 부분은 오목하게 들어가고 관다발자국은 3개이다. 나무껍질은 갈색~회갈색이며 세로로 얇게 갈라져 벗겨진다.

마주나는 잎은 달걀 모양의 타원형~달걀 모양의 피침형이며 끝이 길게 뾰족하고 가장자리가 밋밋하다. 둥근 열매는 2개가 나란히 달리고 가을에 붉은색으로 익으며 쓴맛이 난다.

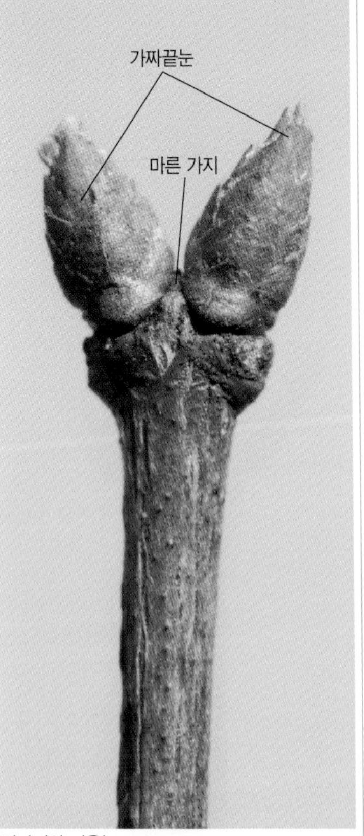


잔가지와 겨울눈

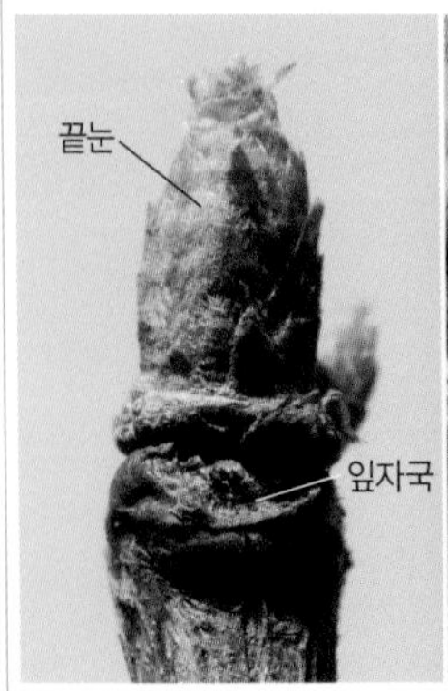


끝눈과 잎자국

나무껍질

10월의 열매

## 각시괴불나무(인동과)

*Lonicera chrysantha*

떨기나무(높이 3m 정도)
지리산 이북의 깊은 산

줄기는 가지가 많이 갈라져 더부룩한 수형을 만든다. 잔가지는 회갈색~자갈색이며 긴털이 드문드문 있고 골속이 비어 있다. 끝눈은 가늘고 긴 원뿔형이며 갈색 눈비늘조각에는 긴털이 있다. 잎자국은 삼각형~초승달형이며 관다발자국은 3개이다. 나무껍질은 연갈색~회갈색이며 세로로 얇게 갈라진다.

마주나는 잎은 넓은 피침형~긴 달걀형이며 끝이 길게 뾰족하고 가장자리가 밋밋하다. 잎 뒷면 잎맥 위와 가장자리에 털이 있다. 둥근 열매는 보통 2개가 나란히 달리고 8~9월에 붉은색으로 익으며 쓴맛이 난다.

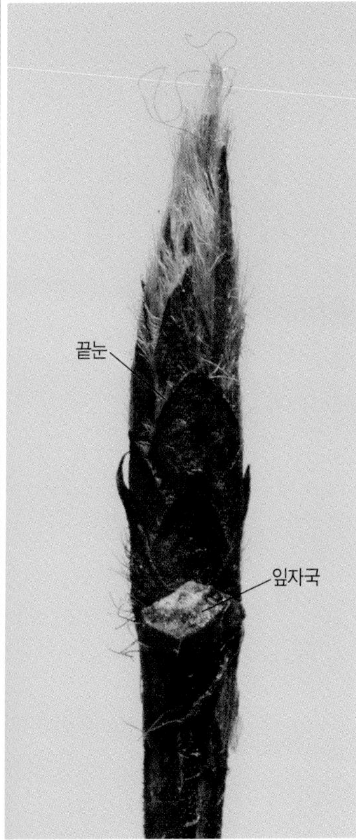


잔가지와 겨울눈

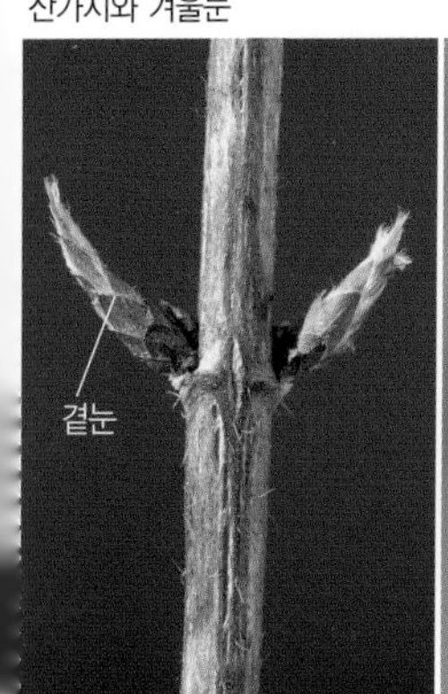


곁눈

나무껍질

5월에 핀 꽃

## 섬괴불나무(인동과)

*Lonicera tatarica* v. *morrowii*

떨기나무(높이 1~2m)
울릉도

잔가지는 갈색~회갈색이며 짧고 부드러운 털이 빽빽이 나고 가지 단면의 골속은 점차 없어져서 비게 된다. 겨울눈은 세모진 달걀형이다. 눈비늘조각은 털로 덮이고 옆에 덧눈이 달리기도 한다. 잎자국은 초승달형이며 튀어나오고 관다발자국은 3개이다. 나무껍질은 회갈색이며 세로로 불규칙하게 갈라진다.

마주나는 잎은 긴 타원형~달걀형이며 끝이 뾰족하고 가장자리가 밋밋하다. 잎몸은 두꺼운 편이며 양면에 부드러운 털이 있다. 잎 뒷면에 기름점이 흩어져 난다. 둥근 열매는 2개가 나란히 달리며 밑부분이 약간 합쳐지고 7~9월에 붉은색으로 익으며 쓴맛이 난다.

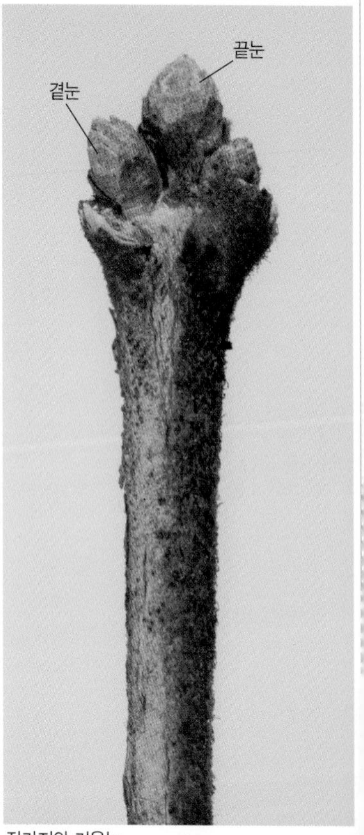

잔가지와 겨울눈

곁눈과 잎자국

나무껍질

6월 말의 열매

잔가지와 겨울눈

## 길마가지나무(인동과)

*Lonicera harae*

떨기나무(높이 1~2m)
황해도 이남의 산

잔가지는 황갈색이며 빳빳한 긴털이 있고 가지 단면의 골속은 차 있다. 가지 끝에는 2개의 가짜끝눈이 달린다. 겨울눈은 달걀형이고 끝이 뾰족하며 눈비늘조각에 싸여 있다. 바깥쪽의 눈비늘조각은 끝이 뾰족하다. 잎자국은 삼각형~초승달형으로 작고 튀어나오며 관다발자국은 3개이다. 나무껍질은 회갈색이며 세로로 얇게 갈라져 벗겨진다.

마주나는 잎은 타원형~달걀 모양의 타원형이며 끝은 둔하거나 뾰족하고 가장자리가 밋밋하다. 둥근 타원형 열매는 2개가 절반 정도까지 합쳐져서 V자 모양이 되며 5~6월에 붉게 익고 단맛이 난다.

곁눈

나무껍질

5월의 열매

## 댕댕이나무(인동과)
*Lonicera caerulea*

떨기나무(높이 1.5m 정도)
높은 산

잔가지는 갈색~적갈색이고 털이 점차 없어진다. 겨울눈은 달걀형~세모진 긴 달걀형이며 끝이 뾰족하고 털이 없다. 곁눈 위쪽에는 덧눈이 달리고 아래쪽에는 턱잎이 남아 있는데 웃자란 가지의 턱잎은 2장이 맞붙어서 둥그스름한 모양이 되며 오래도록 남아 있다. 잎자국은 반원형이며 관다발자국은 3개이다. 나무껍질은 세로로 얇게 갈라져 벗겨진다.
마주나는 잎은 긴 타원형~달걀 모양의 타원형이며 끝은 뾰족하거나 둔하고 가장자리는 밋밋하다. 턱잎이 날개처럼 줄기를 감싼다. 타원형 열매는 7~8월에 흑자색으로 익고 표면이 흰색 가루로 덮여 있으며 단맛이 난다.

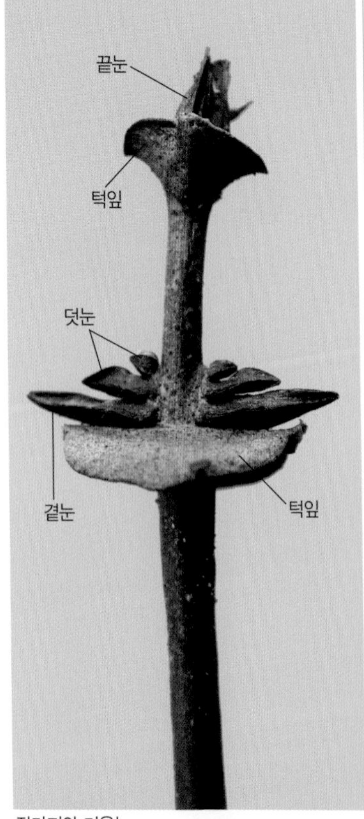

잔가지와 겨울눈

곁눈과 잎자국

나무껍질

잎 모양

## 구슬댕댕이(인동과)
*Lonicera ferdinandii*

떨기나무(높이 2~3m)
중부 이북의 산

잔가지는 갈색~적갈색이며 가시 같은 뻣뻣한 털과 적갈색 샘털이 있고 가지 단면의 골속은 차 있다. 가지 끝에는 2개의 가짜끝눈이 달리며 긴 달걀형이고 끝이 뾰족하며 털이 있는 눈비늘조각에 싸여 있다. 잎자국은 초승달형이며 튀어나오고 관다발자국은 3개이다. 겨울눈 밑에 턱잎이 남아 있기도 하다. 나무껍질은 회갈색~갈색이며 세로로 얇게 벗겨진다.
마주나는 잎은 달걀형이며 끝이 뾰족하고 가장자리가 밋밋하며 양면에 거친털이 있다. 둥근 열매는 2개가 나란히 달리고 밑부분이 약간 합쳐지며 가을에 붉게 익는다. 열매는 마른 채 겨울까지 남아 있기도 하다.

잔가지와 겨울눈

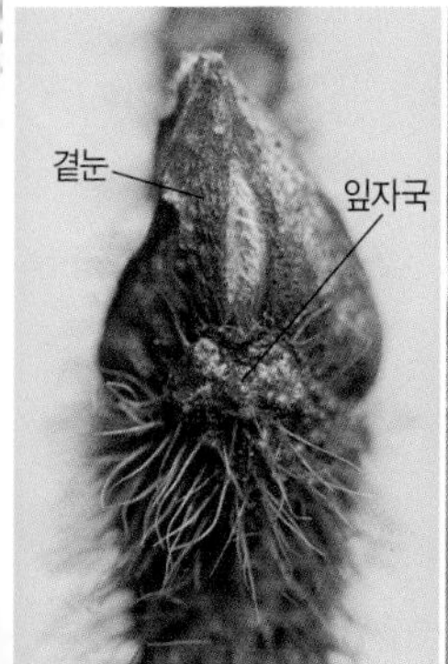

곁눈과 잎자국

나무껍질

10월 초의 열매

## 올괴불나무(인동과)
*Lonicera praeflorens*

떨기나무(높이 1~2m)
산

잔가지는 갈색~황갈색이며 짧은 털과 검은색 잔점이 있고 가지 단면의 골속은 차 있다. 곁눈은 달걀형이며 여러 쌍의 눈비늘조각에 싸여 있고 한겨울에 부풀기 시작한다. 곁눈 옆에 덧눈이 달리기도 한다. 잎자국은 좁은 반원형~초승달형이며 관다발자국은 3개이다. 나무껍질은 회갈색이며 세로로 얇게 갈라져 벗겨진다.
마주나는 잎은 달걀 모양의 타원형~넓은 달걀형이며 끝이 뾰족하고 가장자리가 밋밋하다. 잎 양면과 잎자루에 부드러운 털이 촘촘히 나고 뒷면은 분백색이 돈다. 둥근 열매는 2개가 나란히 달리고 5~6월에 붉게 익는다.

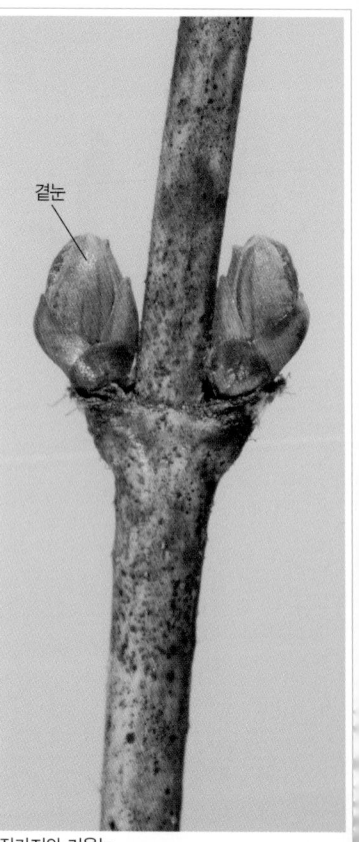

잔가지와 겨울눈

곁눈과 잎자국

나무껍질

5월의 열매

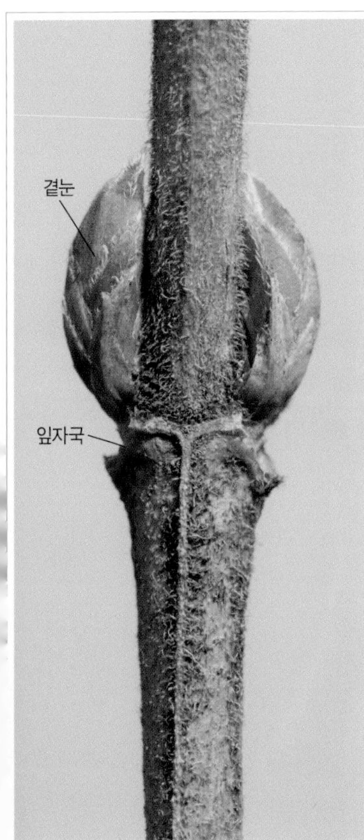

잔가지와 겨울눈

## 애기병꽃(인동과)
*Diervilla sessilifolia*

떨기나무(높이 1.5m 정도)
북미 원산. 관상수

잔가지는 연갈색~회갈색이며 세로로 능선이 있고 짧은털이 많다. 겨울눈은 달걀형~긴 달걀형이며 끝이 뾰족하고 곁눈은 가지 쪽으로 굽으며 눈비늘조각은 끝이 날카롭고 벌어지기도 한다. 잎자국은 납작한 삼각형~초승달형이며 관다발자국은 3개이다. 나무껍질은 회갈색이고 얇은 조각으로 벗겨진다.
마주나는 잎은 긴 달걀형~달걀 모양의 피침형이며 끝이 길게 뾰족하고 가장자리에 날카로운 톱니가 있다. 긴 달걀형 열매는 9~12㎜ 길이이고 끝에 뾰족한 꽃받침이 남아 있기 때문에 서로 엉켜서 잘 터지지 않는다.

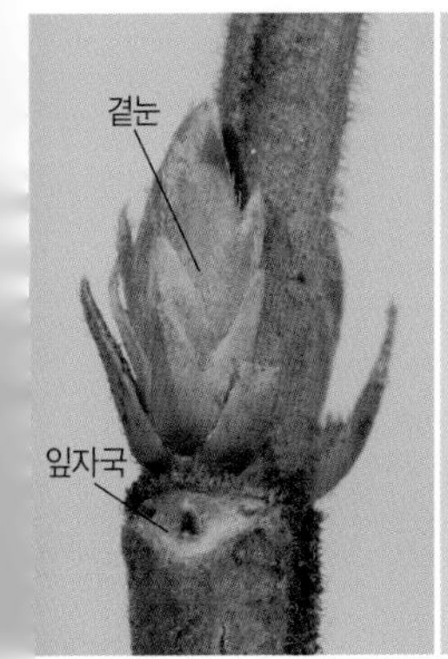

곁눈과 잎자국

나무껍질

9월의 열매

# 겨울눈이 어긋나는 갈잎떨기나무

3월의 박태기나무 꽃눈

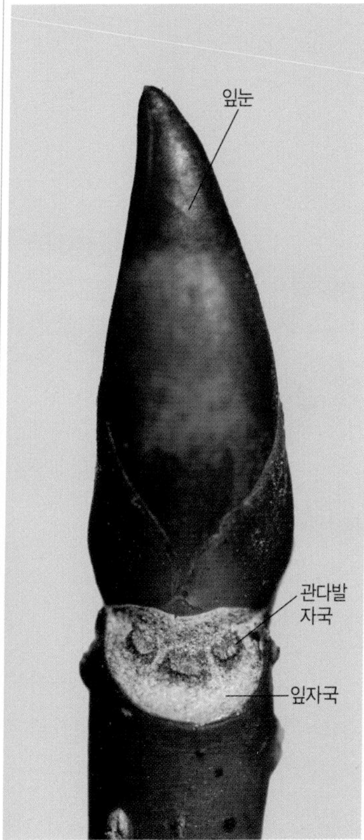

잔가지와 겨울눈

## 생강나무(녹나무과)
*Lindera obtusiloba*

떨기나무(높이 2~6m)
산

잔가지는 황록색~회갈색이며 털이 없고 껍질눈이 많다. 잎눈은 타원형이고 4~6㎜ 길이이며 4~5개의 눈비늘조각에 싸여 있다. 둥근 꽃눈은 자루가 없으며 눈비늘조각은 2~3개이다. 잎자국은 반원형~타원형이고 관다발자국은 1개 또는 3개이다. 나무껍질은 진회색~회갈색이고 둥근 껍질눈이 많다. 어긋나는 잎은 둥근 달걀형으로 보통 윗부분이 3갈래로 갈라지고 끝이 뾰족하며 가장자리는 밋밋하고 뒷면은 흰빛이 돈다. 여러 개가 모여 달리는 둥근 열매는 가을에 붉은색으로 변했다가 검은색으로 익는다. 열매자루는 열매가 붙는 끝부분이 굵게 된다.

잎눈과 꽃눈

나무껍질

6월의 어린 열매

## 털조장나무(녹나무과)

*Lindera sericea*

떨기나무(높이 3m 정도)
전남의 산

햇가지는 녹황색이고 비단털이 있지만 점차 없어진다. 잔가지는 어두운 녹갈색~적갈색이다. 가지 끝에 달리는 잎눈은 길쭉한 타원형이고 끝이 뾰족하며 잎눈 둘레에 짧은 자루가 있는 둥근 타원형~달걀형 꽃눈이 붙는다. 잎눈과 꽃눈은 흰색 털로 덮여 있다. 곁눈은 끝눈보다 작다. 나무껍질은 흑갈색이고 껍질눈이 많다.
어긋나는 잎은 긴 타원형이며 양 끝이 뾰족하고 가장자리가 밋밋하다. 잎 양면에 털이 있고 뒷면은 회백색이며 잎맥이 튀어나온다.
둥근 열매는 열매자루가 가늘지만 끝부분은 굵고 2㎝ 정도로 길며 가을에 검은색으로 익는다.

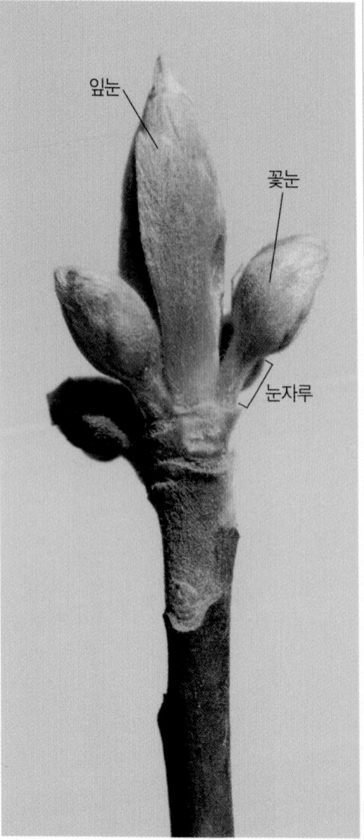

잔가지와 겨울눈

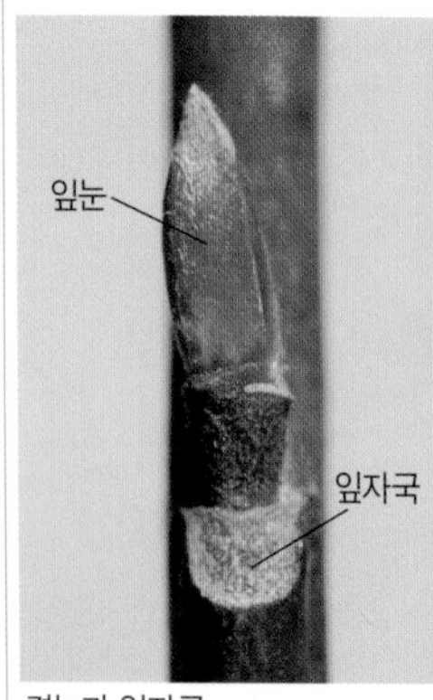

곁눈과 잎자국

나무껍질

9월의 열매

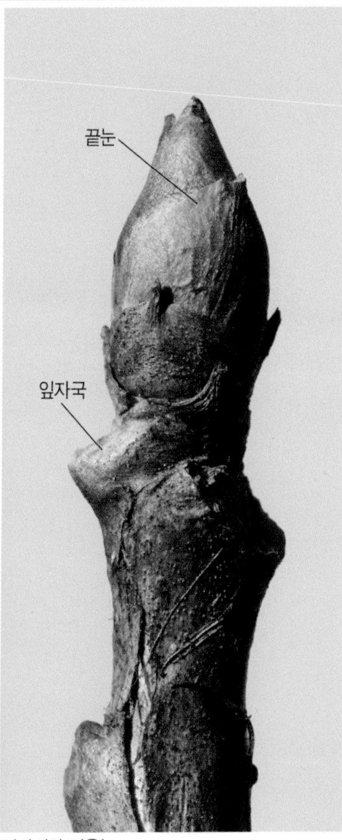

잔가지와 겨울눈

## 모란(작약과 | 미나리아재비과)
*Paeonia suffruticosa*

떨기나무(높이 1~1.5m)
중국 원산. 관상수

잔가지는 굵고 적갈색~회갈색이며 털이 없다. 끝눈은 달걀형~긴달걀형으로 18~25㎜ 길이이고 끝이 뾰족하며 6~8개의 눈비늘조각에 싸여 있고 털이 없다. 곁눈은 끝눈보다 작다. 잎자국은 삼각형~반원형이고 관다발자국은 3개가 호를 그리며 배열한다. 곁눈은 끝눈보다 작다. 나무껍질은 회갈색이며 불규칙하게 조각으로 갈라진다. 어긋나는 잎은 세겹잎~2회세겹잎이며 작은잎은 잎몸이 각각 2~5갈래로 갈라지고 뒷면은 흔히 흰빛이 돈다. 달걀형 열매는 갈색 털로 덮여 있으며 2~6개가 모여 달린다. 열매는 9월에 익으면 세로로 갈라진 채로 벌어진 것이 장미 모양이며 겨울까지 매달려 있다.

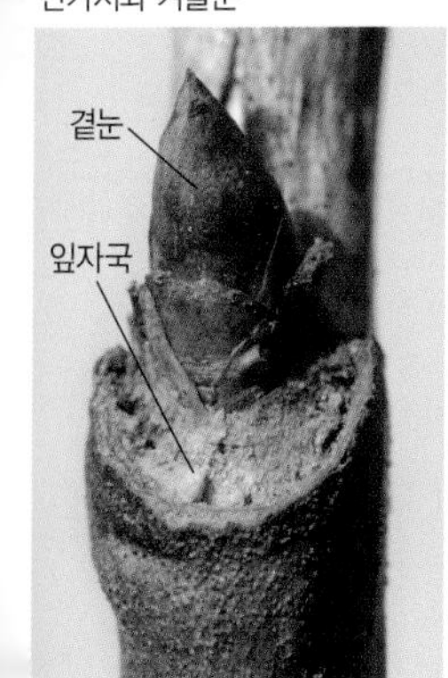

곁눈과 잎자국

나무껍질

6월의 어린 열매

## 까마귀밥여름나무(까치밥나무과 | 범의귀과)
*Ribes fasciculatum* v. *chinense*

떨기나무(높이 1~1.5m)
중부 이남의 낮은 산

잔가지는 회백색이며 처음에는 부드러운 털이 있지만 점차 없어지고 자갈색으로 변한다. 겨울눈은 피침형이며 1㎝ 정도 길이이고 적갈색 눈비늘조각에 느슨하게 싸여 있다. 곁눈은 가지와 나란히 붙는다. 잎자국은 초승달형이고 3개의 관다발자국은 튀어나온다. 나무껍질은 자갈색~회갈색이며 오래되면 세로로 갈라져 벗겨진다.
어긋나는 잎은 넓은 달걀형이며 윗부분이 3~5갈래로 갈라지고 끝이 둔하며 가장자리에 둔한 톱니가 있다. 둥근 열매는 끝에 꽃받침 자국이 남아 있으며 가을에 붉은색으로 익고 겨울까지 남아 있는 것도 있다.

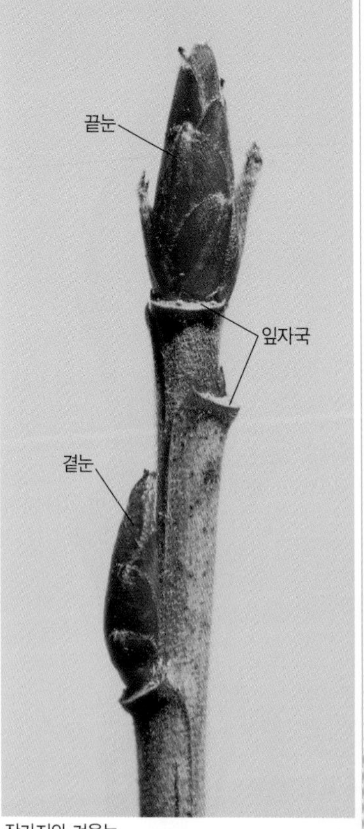

잔가지와 겨울눈

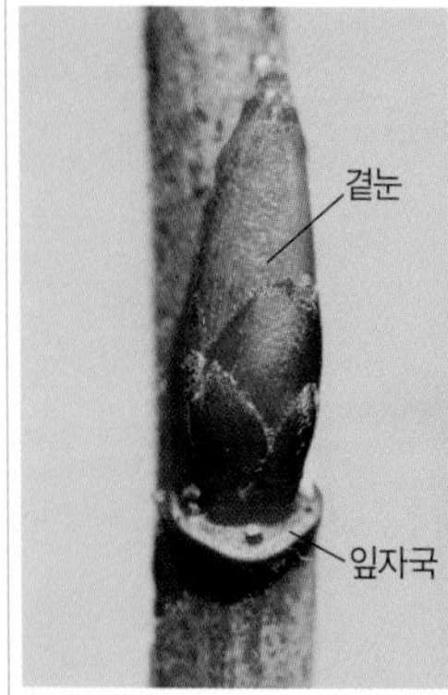

곁눈과 잎자국

나무껍질

10월의 열매

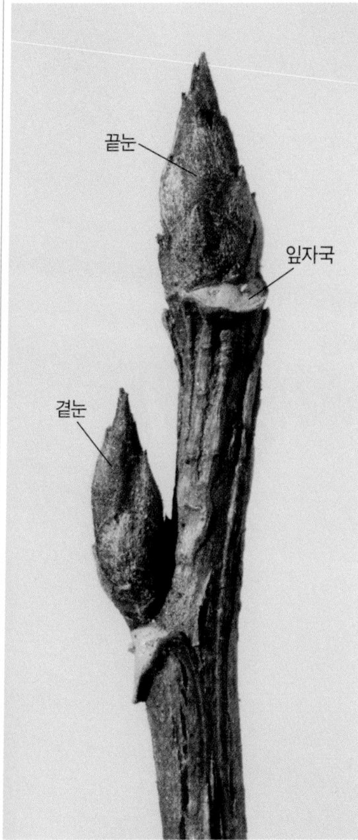

잔가지와 겨울눈

## 까치밥나무(까치밥나무과 | 범의귀과)
*Ribes mandshuricum*

떨기나무(높이 1~2m)
지리산 이북의 깊은 산

햇가지는 짧은털이 있지만 점차 없어진다. 잔가지는 자갈색~연갈색이며 굵고 털이 없다. 겨울눈은 달걀형~긴 달걀형이며 여러 개의 눈비늘조각에 싸여 있다. 눈비늘조각은 자갈색이고 털이 있다. 곁눈은 가지와 약간 벌어진다. 잎자국은 초승달형~반원형이고 3개의 관다발자국은 약간 튀어나온다. 나무껍질은 자갈색~회갈색이며 껍질눈이 흩어져 나고 오래되면 세로로 터진다.

어긋나는 잎은 넓은 달걀형으로 잎몸이 3~5갈래로 갈라지고 끝이 뾰족하며 심장저이고 가장자리에 불규칙한 톱니가 있다. 둥근 열매는 끝에 꽃받침자국이 남아 있고 가을에 붉은색으로 익는다.

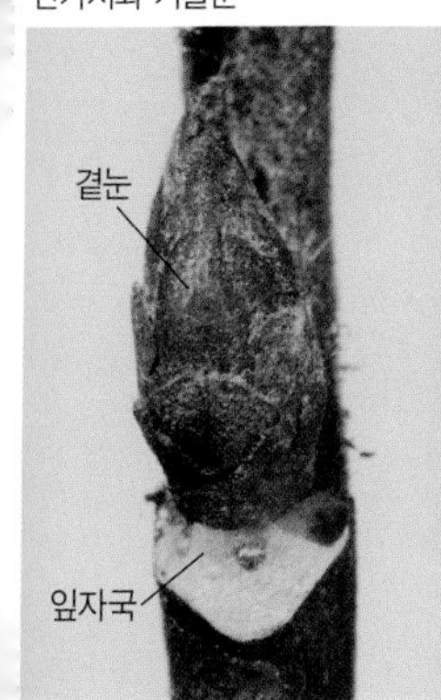

곁눈과 잎자국

나무껍질

잎가지

## 명자순(까치밥나무과 | 범의귀과)
*Ribes maximowiczianum*

떨기나무(높이 50~100㎝)
깊고 높은 산

회갈색 가지는 능선이 있고 털이 없다. 겨울눈은 피침형으로 5~6㎜ 길이이고 여러 개의 눈비늘조각에 싸여 있으며 짧은 자루가 있다. 잎자국은 초승달형이며 약간 튀어나오고 관다발자국은 3개이다. 나무껍질은 회갈색이고 세로로 불규칙하게 갈라져 얇게 벗겨진다.
어긋나는 잎은 넓은 달걀형이며 잎몸이 3갈래로 갈라진다. 갈래조각 끝은 뾰족하고 가장자리에는 불규칙한 톱니가 있으며 뒷면은 백록색이다. 암수딴그루이며 둥근 타원형 열매는 끝에 꽃받침자국이 남아 있고 짧은 자루가 있으며 가을에 붉게 익는다.

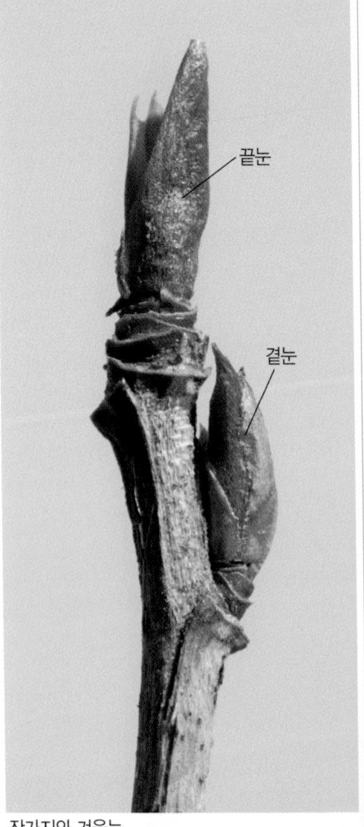

잔가지와 겨울눈

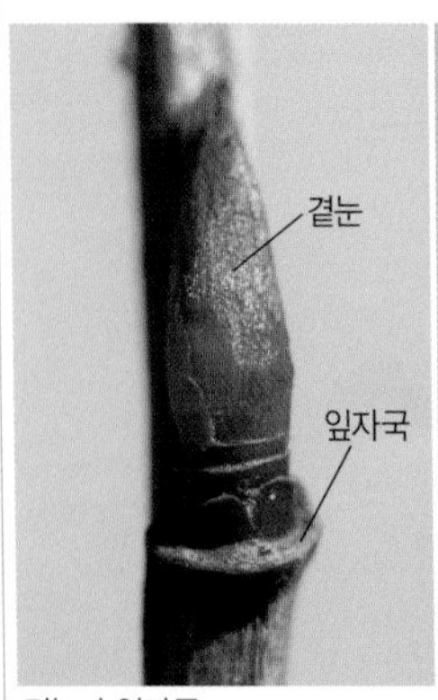

곁눈과 잎자국

나무껍질

9월 초의 열매

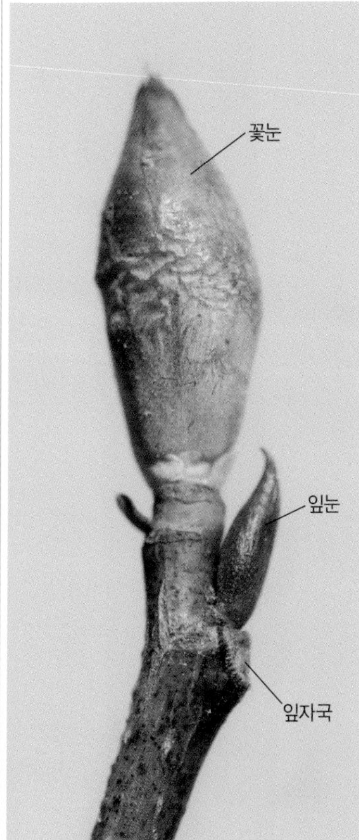

잔가지와 겨울눈

# 히어리(조록나무과)

*Corylopsis coreana*

떨기나무(높이 2~3m)
산

잔가지는 황갈색~암갈색이며 겉눈이 2줄로 어긋나기 때문에 지그재그로 약간씩 굽는다. 잔가지는 털이 없고 껍질눈이 많다. 꽃눈은 달걀형으로 끝이 뾰족하고 8~12㎜ 길이이며 눈비늘조각은 2개이지만 바깥쪽 눈비늘조각이 겨울눈의 대부분을 감싼다. 잎눈은 긴 달걀형이며 끝이 뾰족하고 꽃눈보다 작다. 잎자국은 삼각형~반원형이며 관다발자국은 3개이다. 나무껍질은 회갈색이며 껍질눈이 흩어져 난다.

어긋나는 잎은 둥근 달걀형이며 끝이 뾰족하고 가장자리에 뾰족한 톱니가 있다. 둥근 열매가 모여 달린 기다란 열매송이는 밑으로 늘어지며 겨우내 매달려 있다.

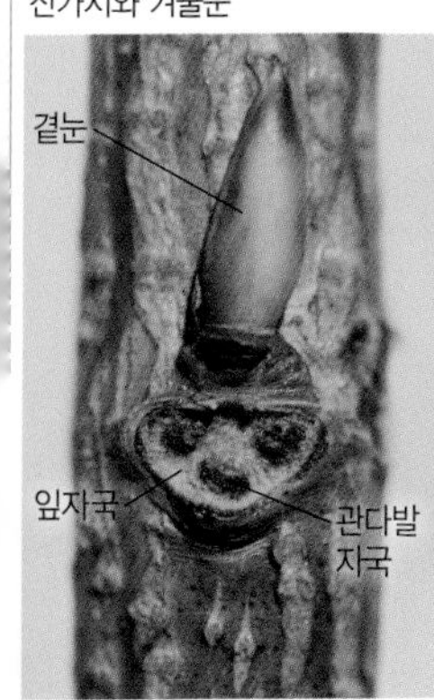

곁눈과 잎자국

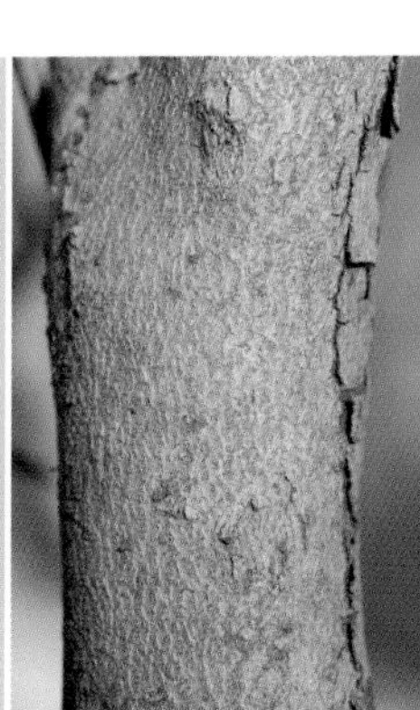
나무껍질

8월의 열매

## 광대싸리(여우주머니과 | 대극과)
*Flueggea suffruticosa*

떨기나무(높이 3~4m)
산과 들의 양지

줄기에서 많이 갈라지는 어린 가지는 연녹색이지만 점차 갈색~자갈색으로 변하며 껍질눈이 흩어져 난다. 가지는 끝이 밑으로 처지고 겨울에 끝부분이 말라 죽는다. 잔가지는 세로로 가늘게 모가 지고 털이 없다. 겨울눈은 넓은 달걀형으로 약간 납작하고 여러 개의 눈비늘조각에 싸여 있으며 가지와 나란히 붙는다. 잎자국은 반원형~타원형이며 관다발자국은 1개이다. 나무껍질은 회갈색~진회색이며 세로로 불규칙하게 갈라진다.
어긋나는 잎은 타원형으로 가장자리가 밋밋하고 뒷면은 흰빛이 돌고 양면에 털이 없다. 동글납작한 열매는 가을에 황갈색으로 익는다.

잔가지와 겨울눈

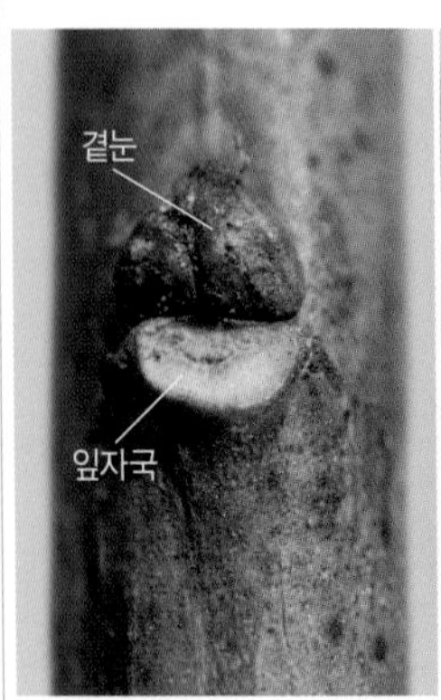

곁눈과 잎자국

나무껍질

7월의 어린 열매

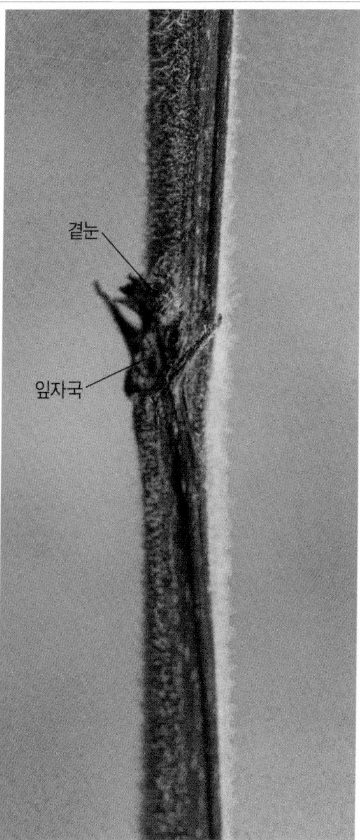

잔가지와 겨울눈

## 조도만두나무(여우주머니과 | 대극과)
*Glochidion chodoense*

떨기나무(높이 2~3m)
전남의 섬

어린 가지에는 털이 빽빽이 난다. 잔가지는 연갈색~적갈색이고 털이 있다. 겨울눈은 동그스름하고 여러 개의 눈비늘조각에 싸여 있으며 털로 덮여 있다. 곁눈 옆에 작은 덧눈이 달리기도 한다. 잎자국은 타원형이며 튀어나온다. 나무껍질은 회색~회갈색이며 노목은 불규칙하게 갈라진다.
어긋나는 잎은 타원형~긴 타원형으로 가장자리가 밋밋하고 뒷면은 연녹색이며 양면에 털이 많다. 동글납작한 열매는 세로로 골이 진 모양이 만두와 비슷하며 전남 조도에서 처음 발견되어 '조도만두나무'라고 한다. 열매는 가을에 적갈색으로 익는다.

나무껍질

잎 뒷면

단풍잎 가지

## 갯버들(버드나무과)
*Salix gracilistyla*

떨기나무(높이 2~3m)
개울가

잔가지는 녹갈색~회갈색을 띠며 어릴 때는 부드러운 털이 빽빽이 난다. 꽃눈은 긴 달걀형이며 갈색~적갈색이고 11~17㎜ 길이로 큰 편이며 표면은 부드러운 털이 많다. 잎눈은 꽃눈보다 작으며 눈비늘조각은 1개이다. 이른 봄에 겨울눈이 부풀면 솜털을 뒤집어 쓴 꽃이삭이 나온다. 잎자국은 V자형~넓은 초승달형이며 관다발자국은 3개이다. 나무껍질은 회녹색~회색이며 껍질눈이 많다.

어긋나는 잎은 긴 타원형~거꿀피침형으로 5~12㎝ 길이이고 잔톱니가 있으며 뒷면은 회백색이다.

* 갯버들과 비슷한 **키버들**(p.96)은 털이 없는 가는 가지에 겨울눈이 대부분 마주나서 구분이 된다.

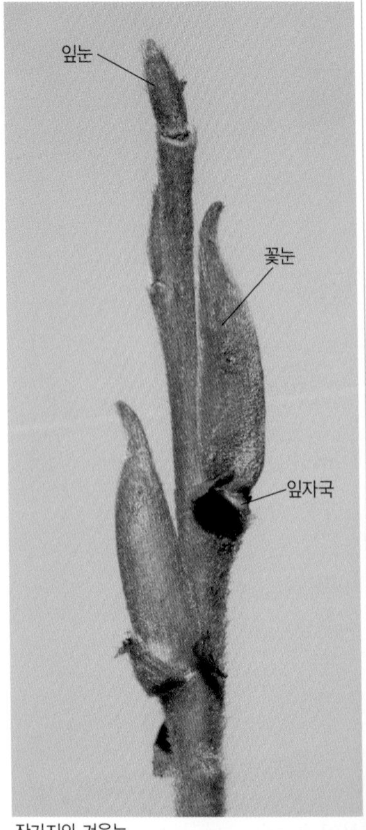

잔가지와 겨울눈

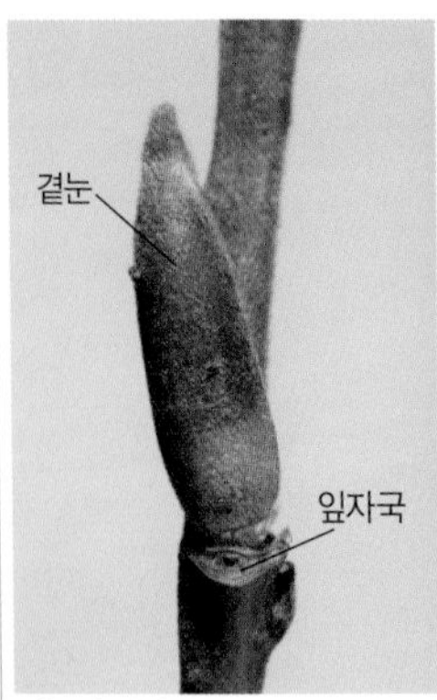

곁눈과 잎자국

나무껍질

잎 모양

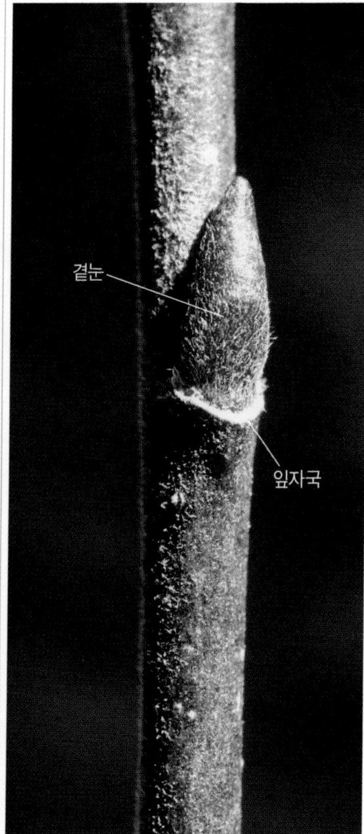

잔가지와 겨울눈

## 제주산버들(버드나무과)
*Salix blinii*

떨기나무(높이 50㎝ 정도)
한라산의 높은 지대

줄기는 가지가 많이 갈라지며 사방으로 퍼지면서 바닥에 붙어서 자라고 밑부분에서 뿌리를 내린다. 어린 가지는 적갈색이며 털이 있고 점차 회갈색으로 변하면서 털이 떨어져 나간다. 겨울눈은 달걀형이며 끝이 뾰족하고 적자색 눈비늘조각은 털이 있다. 잎자국은 V자형~초승달형이며 관다발자국은 3개이다. 나무껍질은 회녹색이다.

어긋나는 잎은 긴 타원형~거꿀피침형이며 2~5㎝ 길이이고 가장자리에 잔톱니가 있다. 잎 뒷면은 회녹색이고 털이 있다. 열매는 긴 달걀형이며 5~6월에 익으면 털이 달린 씨앗이 바람에 날려 퍼진다.

나무껍질

잎 모양

잎 뒷면

## 박태기나무(콩과)
*Cercis chinensis*

떨기나무(높이 2~4m)
중국 원산. 관상수

잔가지는 갈색~회갈색이고 광택이 있으며 둥그스름한 껍질눈이 흩어져 난다. 잎눈은 세모꼴이며 끝이 날카롭고 여러 개의 눈비늘 조각에 싸여 있다. 꽃눈은 타원형이고 여러 개가 머리 모양으로 둥글게 모여 달리며 갈색 털이 많다. 잎자국은 삼각형~반원형이고 관다발자국은 3개이다. 나무껍질은 회갈색이며 껍질눈이 흩어져 나고 오래되면 불규칙하게 갈라진다. 어긋나는 잎은 하트형으로 끝이 뾰족하고 밑에서 5개의 잎맥이 발달하며 가장자리가 밋밋하다. 길고 납작한 꼬투리열매는 가을에 갈색으로 익으며 겨울에도 나무에 매달려 있다.

잔가지와 겨울눈

꽃눈과 잎자국

나무껍질

8월의 어린 열매

잔가지와 겨울눈

## 참골담초(콩과)

*Caragana fruticosa*

떨기나무(높이 2m 정도)
강원도와 황해도 이북의 산

어린 가지는 연갈색~녹갈색이며 능선이 발달한다. 겨울눈은 둥근 달걀형이며 여러 개의 눈비늘조각에 싸여 있고 눈비늘조각 표면은 털로 덮여 있다. 잎자국은 반원형~타원형이며 튀어나온다. 잎자국 밑에는 턱잎이 변한 1쌍의 작은 가시가 있다. 나무껍질은 회갈색이며 밋밋하고 광택이 있으며 가로로 긴 껍질눈이 흩어져 난다.
어긋나는 잎은 짝수깃꼴겹잎이며 작은잎은 4~6쌍이다. 작은잎은 긴 타원형이며 가장자리가 밋밋하고 뒷면은 연녹색이다. 꼬투리열매는 기다란 원기둥 모양이며 끝이 뾰족하고 8~9월에 익는다. *같은 속의 **골담초**(p.56)는 가지의 가시가 길어서 구분이 된다.

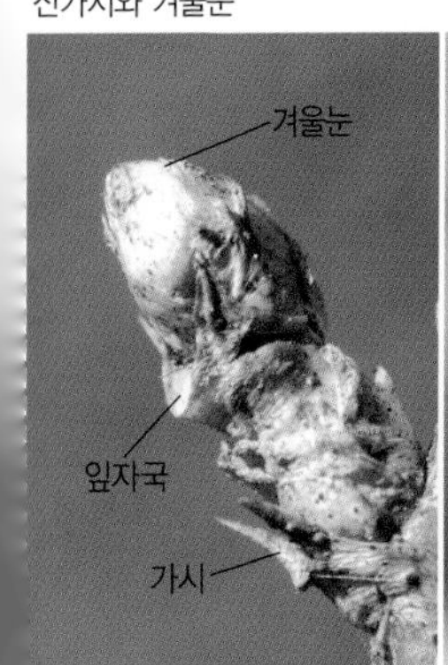

겨울눈과 잎자국

나무껍질

7월 말의 어린 열매

## 땅비싸리(콩과)
*Indigofera kirilowii*

떨기나무(높이 30~100㎝)
산

줄기는 윗부분에서 가지가 많이 갈라지고 겨울에는 가지 윗부분이 말라 죽는다. 잔가지는 연갈색~적갈색이며 세로로 약간 모가 진다. 겨울눈은 달걀형이며 끝이 뾰족하고 여러 개의 눈비늘조각에 싸여 있다. 눈비늘조각은 털이 있다. 곁눈 옆에 가로덧눈이 있다. 잎자국은 반원형이며 튀어나오고 관다발자국은 3개이다. 나무껍질은 회갈색이며 껍질눈이 많다.
어긋나는 잎은 7~13장의 작은잎을 가진 홀수깃꼴겹잎이며 작은잎은 넓은 달걀형~넓은 타원형이다. 기다란 원기둥 모양의 꼬투리 열매는 가을에 적갈색으로 익고 겨울까지 남아 있다.

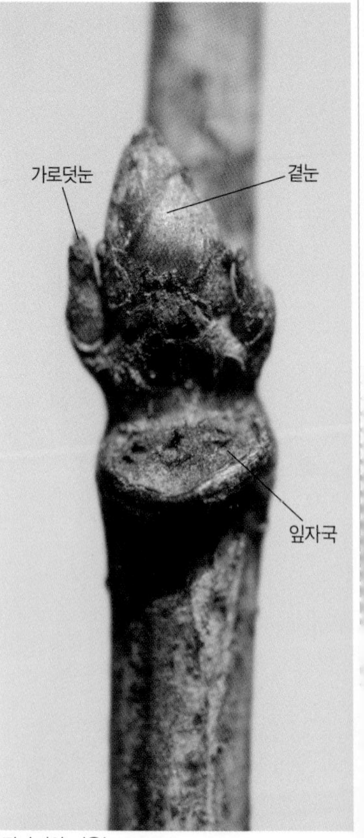

잔가지와 겨울눈

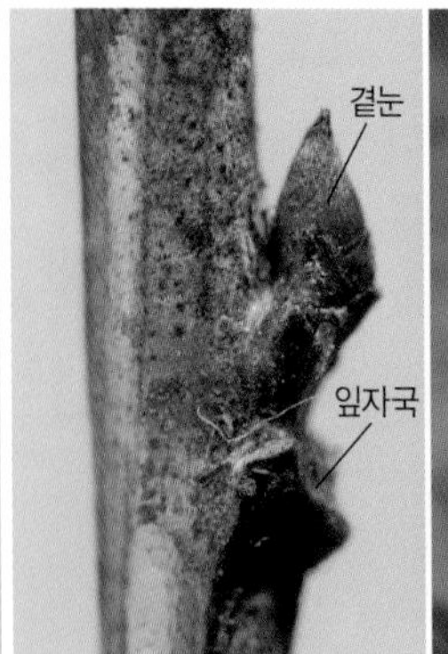

곁눈과 잎자국

나무껍질

9월 말의 열매

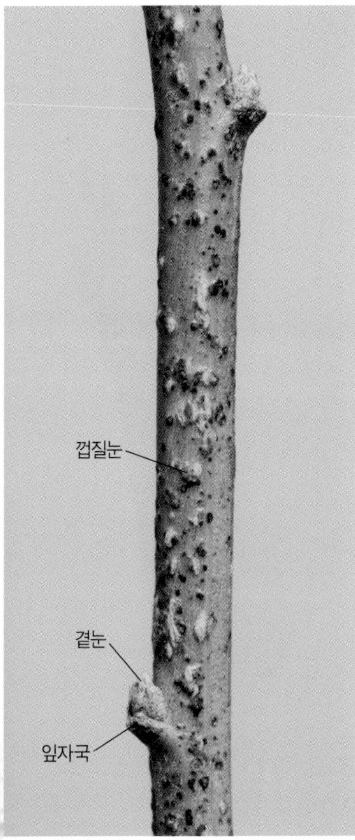

잔가지와 겨울눈

## 낭아초(콩과)

*Indigofera pseudotinctoria*

떨기나무(높이 20~50㎝)
남해안 이남의 바닷가

줄기는 가지가 많이 갈라져서 옆으로 자라고 겨울에는 가지 끝부분이 말라 죽는다. 잔가지는 녹색이며 털이 없고 햇빛을 많이 받은 부분은 적갈색으로 변한다. 겨울눈은 둥근 달걀형이며 여러 개의 눈비늘조각에 싸여 있다. 눈비늘조각은 표면이 털로 덮여 있다. 잎자국은 반원형~하트형이며 튀어나오고 3개의 관다발자국은 잘 드러나지 않는다. 나무껍질은 갈색~회갈색이며 껍질눈이 많다.

어긋나는 잎은 5~11장의 작은잎을 가진 깃꼴겹잎이며 작은잎은 긴 타원형~거꿀달걀형이다. 기다란 원기둥 모양의 꼬투리열매는 가을에 익으며 겨울까지 남아 있다.

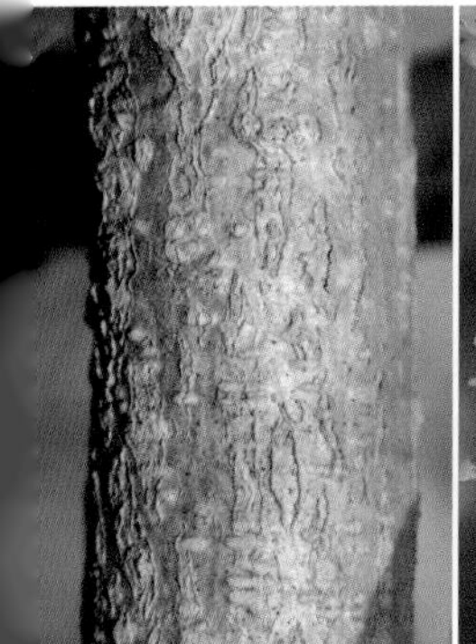
나무껍질

9월의 열매

열매 모양

## 족제비싸리(콩과)
*Amorpha fruticosa*

떨기나무(높이 2~5m)
북미 원산. 주로 개울가

겨울에 가지 끝은 흔히 말라 죽는다. 햇가지는 털이 있지만 점차 없어지고 회갈색~갈색 가지를 자르면 역겨운 냄새가 난다. 겨울눈은 달걀형이며 1㎜ 정도 길이이고 3~5개의 눈비늘조각에 싸여 있다. 곁눈은 가지에 바짝 붙으며 세로덧눈이 있다. 잎자국은 반원형~초승달형이며 3개의 관다발자국은 잘 드러나지 않는다. 나무껍질은 회갈색이고 껍질눈이 있다.
어긋나는 잎은 11~21장의 작은잎을 가진 홀수깃꼴겹잎이다. 작은잎은 달걀형~긴 타원형이며 가장자리가 밋밋하다. 꼬투리열매는 긴 타원형이며 약간 위로 굽고 표면에 깨알 같은 기름점이 있다. 열매송이는 겨울에도 남아 있다.

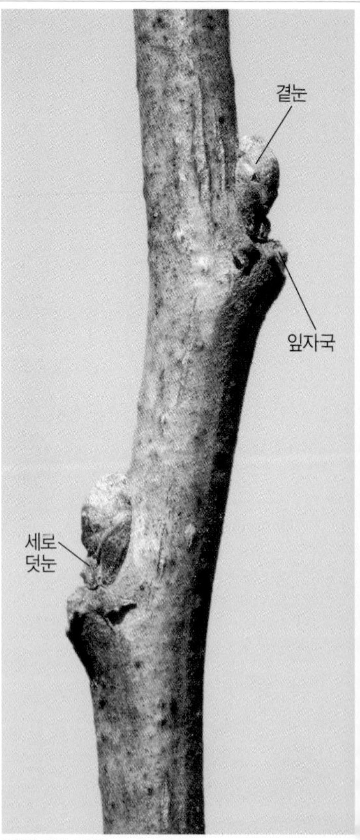

잔가지와 겨울눈

곁눈과 잎자국

나무껍질

9월 말의 열매

잔가지와 겨울눈

## 싸리(콩과)

*Lespedeza bicolor*

떨기나무(높이 2~3m)
산과 들

어린 가지는 털이 점차 없어지고 겨울에는 가지 윗부분이 말라 죽는다. 잔가지는 연갈색~적갈색이며 세로로 약한 능선이 있다. 가지 단면의 골속은 희다. 겨울눈은 타원형~달걀형이며 1~3㎜ 길이이고 여러 개의 눈비늘조각에 싸여 있다. 눈비늘조각은 털이 있다. 곁눈 옆에 가로덧눈이 생기기도 한다. 잎자국은 약간 튀어나오며 3개의 관다발자국은 잘 드러나지 않는다. 나무껍질은 회갈색~적갈색이며 껍질눈이 있고 세로로 터진다. 어긋나는 잎은 세겹잎이고 작은잎은 달걀형~거꿀달걀형이며 끝이 오목하게 들어가고 뒷면에 누운털이 있다. 꼬투리열매는 타원형이며 털이 있다.

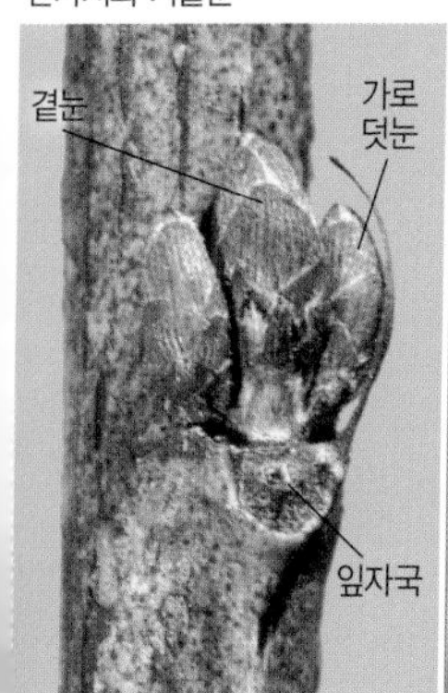

곁눈과 잎자국

나무껍질

10월의 열매

## 조록싸리(콩과)
*Lespedeza maximowiczii*

떨기나무(높이 2~3m)
산

곧게 자라는 줄기는 가지가 많이 갈라지며 햇가지에는 털이 많고 잔가지는 적갈색이다. 겨울눈은 긴 달걀형이며 끝이 뾰족하고 눈비늘 조각 가장자리에 털이 많다. 가느다란 턱잎이 남아 있는 경우가 많다. 잎자국은 반원형이며 튀어나온다. 나무껍질은 갈색이며 오래되면 세로로 얇은 조각으로 갈라져 벗겨진다.

어긋나는 잎은 세겹잎이며 작은잎은 넓은 타원형~달걀형이고 끝이 뾰족하며 가장자리가 밋밋하다. 잎 뒷면과 잎자루에 누운털이 있다. 납작한 타원형 열매는 끝이 뾰족하고 비단털로 덮여 있다. ＊**삼색싸리**(p.179)와 비슷하지만 가지에 털이 많아서 구분이 된다.

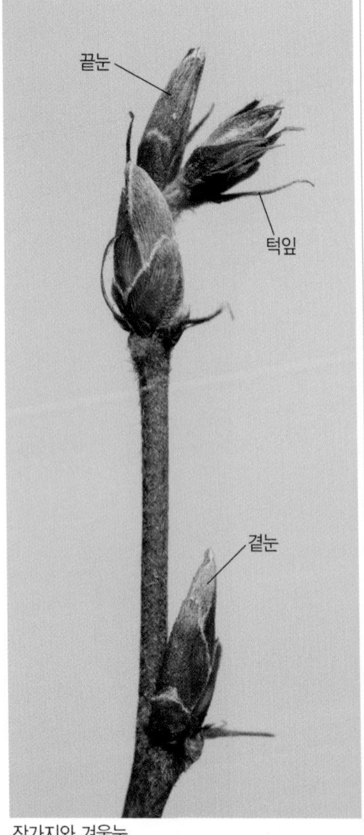

잔가지와 겨울눈

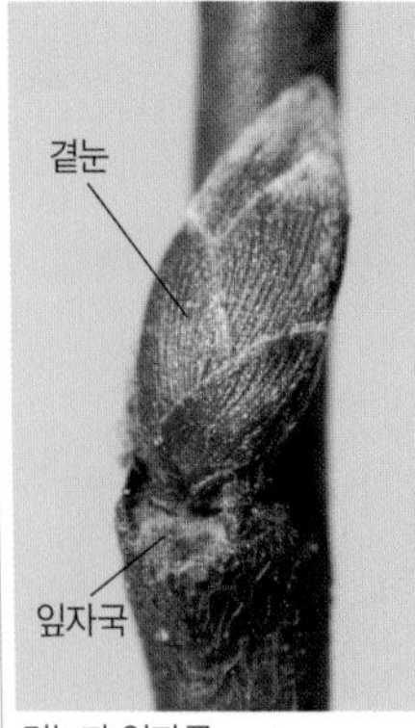

곁눈과 잎자국

나무껍질

9월 초의 어린 열매

## 삼색싸리(콩과)
*Lespedeza buergeri*

떨기나무(높이 1~3m)
전남과 경남의 산

잔가지는 회갈색~갈색이며 잔털이 있거나 없다. 겨울눈은 긴 달걀형으로 끝이 뾰족하고 2~4㎜ 길이이며 눈비늘조각은 5~6개이고 가장자리에 회색 털이 약간 있다. 곁눈은 가지에 바짝 붙는다. 잎자국은 반원형~선형이며 약간 튀어나온다. 싸리 속 중에서 겨울눈이 큰 편이고 눈비늘조각 수가 많은 편이다. 나무껍질은 갈색~회갈색이고 세로로 갈라진다.
어긋나는 잎은 세겹잎이며 작은잎은 타원형~달걀형이고 끝이 뾰족하며 가장자리가 밋밋하다. 납작한 긴 타원형 열매는 끝이 뾰족하며 누운털이 있다. ***조록싸리**(p.178)와 비슷하지만 가지에 잔털이 거의 없어서 구분이 된다.

잔가지와 겨울눈

나무껍질

9월에 핀 꽃

10월의 어린 열매

## 된장풀(콩과)
*Ohwia caudata*

떨기나무(높이 1~2m)
제주도의 숲이나 길가

햇가지는 녹색이고 털이 있다. 잔가지는 연녹색~밤갈색이며 털이 약간 있고 세로로 모가 지며 껍질눈이 흩어져 난다. 겨울눈은 긴 달걀형이며 끝이 뾰족하고 가지와 나란히 붙는다. 눈비늘조각에 털이 약간 있다. 잎자국은 반원형~삼각형이며 밑부분이 약간 튀어나오고 양옆에 기다란 턱잎이 남아 있기도 하다. 나무껍질은 회갈색이며 껍질눈이 많다.
어긋나는 잎은 세겹잎이며 작은잎은 피침형~긴 타원형이고 끝이 뾰족하며 가장자리가 밋밋하다. 꼬투리열매는 여러 개의 마디가 있고 표면에 갈고리 같은 잔가시가 있어 옷 등에 잘 달라붙으며 겨울까지 남아 있다.

잔가지와 겨울눈

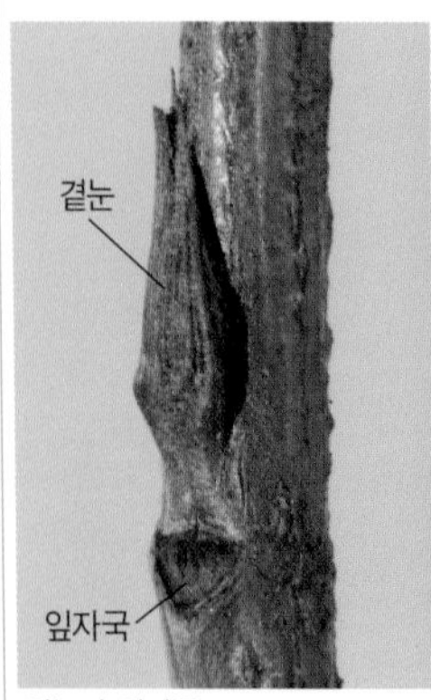

곁눈과 잎자국

11월의 열매

잎 모양

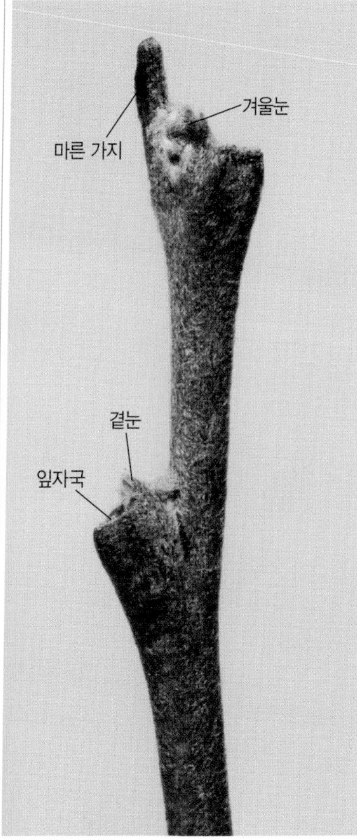

잔가지와 겨울눈

## 개느삼(콩과)
*Sophora koreensis*

떨기나무(높이 1m 정도)
강원도 이북의 산

땅속줄기가 벋으면서 퍼져 나간다. 잔가지는 황갈색 누운털로 덮여 있고 적갈색~흑갈색이다. 겨울눈은 털로 덮여 있고 곁눈은 잎자국 속에서 일부만 뾰족하게 튀어나온다. 잎자국은 많이 튀어나온다. 나무껍질은 진한 적갈색이며 타원형 껍질눈이 있고 세로로 터져서 벌어진다.

어긋나는 잎은 13~31장의 작은잎을 가진 홀수깃꼴겹잎이다. 작은잎은 타원형이며 가장자리가 밋밋하고 뒷면에 흰색 털이 빽빽하다. 꼬투리열매는 2~7㎝ 길이이고 씨앗이 들어 있는 부분이 볼록해져서 염주 모양이 되며 표면에 돌기가 많고 세로로 4줄의 날개가 있으며 8~9월에 밤갈색으로 익는다.

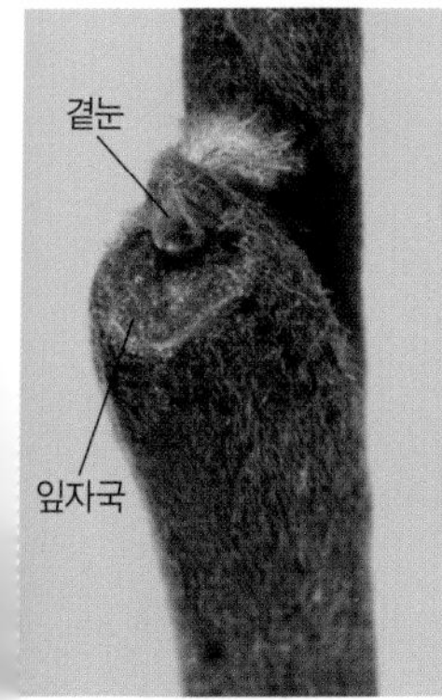

곁눈과 잎자국

나무껍질

잎 모양

## 개암나무(자작나무과)
*Corylus heterophylla*

떨기나무(높이 2~3m)
전북과 경북 이북의 산

어린 가지는 둥글고 연갈색~회갈색이며 부드러운 털과 샘털이 있다. 잎눈은 달걀형이며 3~4㎜ 길이이다. 눈비늘조각은 5~8개이며 적갈색이고 가장자리에 털이 있다. 수꽃이삭은 긴 원통형이며 2㎝ 정도 길이이고 가지 끝에 2~6개가 모여 달리며 맨눈으로 겨울을 난다. 잎자국은 반원형~삼각형이고 관다발자국은 여러 개이다. 나무껍질은 회갈색이며 껍질눈이 있다. 어긋나는 잎은 넓은 거꿀달걀형~일그러진 원형이며 끝이 갑자기 뾰족해지고 가장자리에 불규칙한 겹톱니가 있다. 열매를 싸고 있는 포조각은 종 모양이며 윗부분은 톱니처럼 갈라진다.

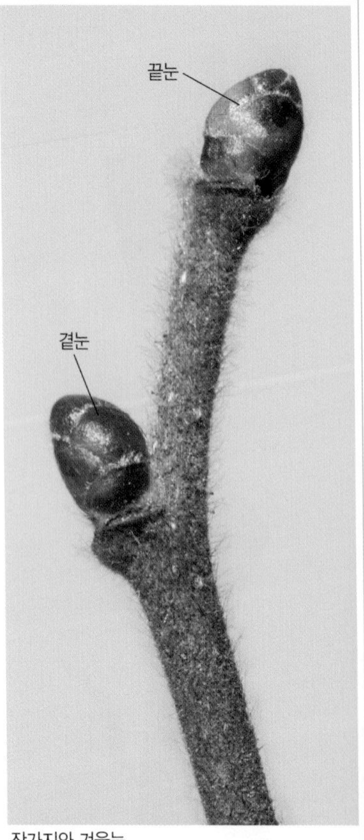

잔가지와 겨울눈

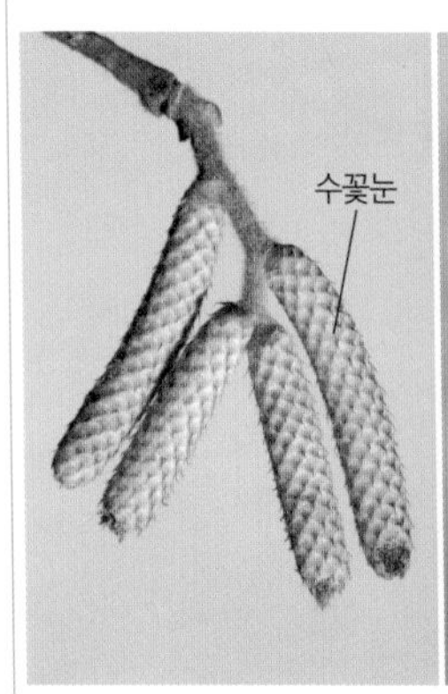

수꽃눈

나무껍질

7월의 어린 열매

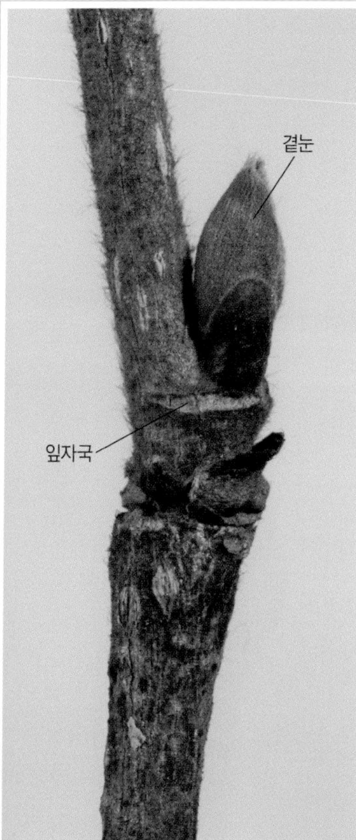

잔가지와 겨울눈

## 참개암나무(자작나무과)
*Corylus sieboldiana*

떨기나무(높이 3~4m)
강원도 이남의 산

어린 가지는 둥글고 회녹색~회갈색이며 부드러운 털로 덮여 있다. 잎눈은 달걀형이며 4~8㎜ 길이이다. 눈비늘조각은 4~6개이며 적갈색~홍자색이고 짧은 부드러운 털이 있다. 수꽃이삭은 긴 원통형이며 2㎝ 정도 길이이고 보통 1~2개가 달리며 맨눈으로 겨울을 난다. 잎자국은 좁은 반원형~삼각형이고 관다발자국은 여러 개이다.
어긋나는 잎은 넓은 타원형이며 끝이 뾰족하고 불규칙한 겹톱니가 있다. 원뿔 모양의 열매는 기다란 총포의 끝이 좁아진다. *열매를 싸고 있는 기다란 포조각이 위로 갈수록 서서히 좁아지며 털이 빽빽한 것을 **물개암나무**라고 하지만 참개암나무와 같은 종으로 본다.

수꽃눈

나무껍질

8월 말의 열매

## 뜰보리수(보리수나무과)
*Elaeagnus multiflora*

떨기나무(높이 2~4m)
일본 원산. 관상수

햇가지는 갈색의 비늘털로 촘촘히 덮여 있다. 겨울눈은 맨눈이고 넓은 달걀형~타원형이며 2~5㎜ 길이이고 적갈색의 비늘털로 덮여 있다. 곁눈은 끝눈보다 작다. 잎자국은 반원형~삼각형이며 관다발자국은 1개이다. 나무껍질은 흑갈색이며 노목은 세로로 불규칙하게 갈라진다.
어긋나는 잎은 넓은 타원형~넓은 달갈형이고 가장자리가 밋밋하며 뒷면은 은백색 비늘털로 촘촘히 덮인다. 넓은 타원형 열매는 6~7월에 붉게 익고 단맛이 난다. *같은 속의 **보리수나무**(p.58)는 가지 끝이 가시로 변하기도 하지만 뜰보리수는 가시가 없어서 구분이 된다.

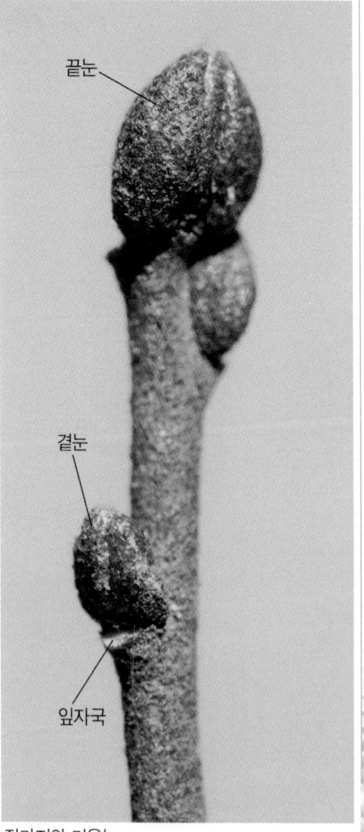

잔가지와 겨울눈

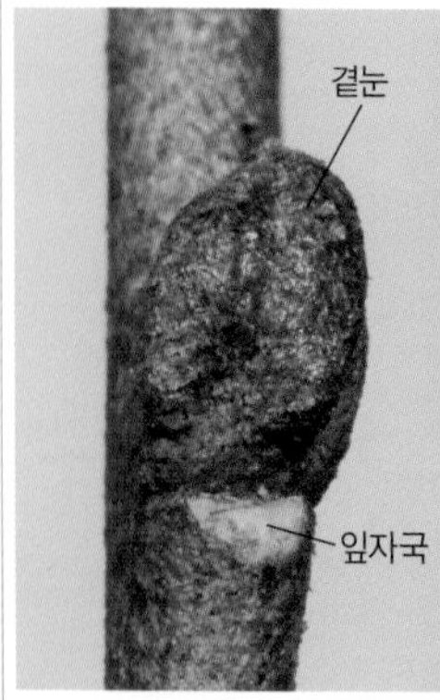

곁눈과 잎자국

나무껍질

6월의 열매

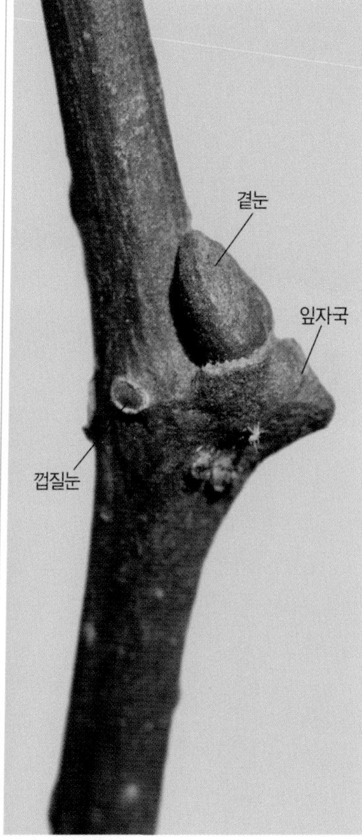

잔가지와 겨울눈

## 닥나무(뽕나무과)
*Broussonetia kazinoki*

떨기나무(높이 2~3m)
산기슭

햇가지는 짧은털이 있지만 점차 없어지고 마디를 따라 지그재그로 굽는다. 가지 단면의 골속은 희고 마디에 가름막이 있다. 겨울눈은 세모진 달걀형이고 3~4㎜ 길이이다. 눈비늘조각은 갈색이며 털이 없고 2개이다. 곁눈은 가지에 바짝 붙는다. 잎자국은 타원형~원형이며 관다발자국은 많고 둥글게 배열한다. 나무껍질은 갈색이고 좁은 타원형의 껍질눈이 있다.
어긋나는 잎은 달걀형이며 끝이 뾰족하고 가장자리에 톱니가 있다. 잎몸은 2~3갈래로 갈라지기도 한다. 둥근 열매송이는 6~7월에 익으며 단맛이 나고 먹을 수 있다. *같은 속의 **꾸지나무**(p.368)는 키나무로 자라서 구분이 된다.

곁눈과 잎자국

나무껍질

6월의 열매

## 천선과나무(뽕나무과)
*Ficus erecta*

떨기나무(높이 2~5m)
남해안 이남

잔가지는 굵으며 녹황색~회백색이고 털이 없이 매끈하다. 겨울눈은 원뿔형이며 끝이 뾰족하고 7~12㎜ 길이이며 털이 없다. 눈비늘 조각은 2~4개이다. 곁눈은 1~2㎜ 길이로 끝눈보다 아주 작고 가로덧눈이 있다. 잎자국은 원형~콩팥형이며 관다발자국은 7~9개가 둥글게 배열한다. 턱잎자국은 가지를 한 바퀴 돈다. 나무껍질은 회백색~회갈색이며 매끈하다.

어긋나는 잎은 거꿀달걀형~긴 타원형이며 끝이 뾰족하고 가장자리가 밋밋하다. 둥근 열매는 지름 2㎝ 정도이고 10~11월에 흑자색으로 익으며 겨울까지 매달려 있다. 열매 속에는 깨알 같은 씨앗이 가득 들어 있다.

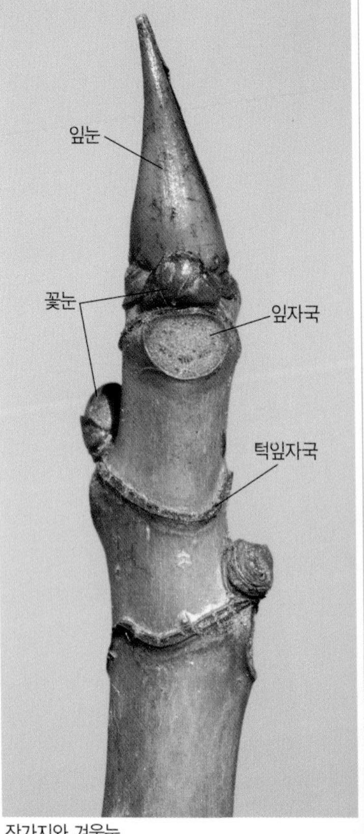

잔가지와 겨울눈

나무껍질

10월의 어린 열매

11월의 열매

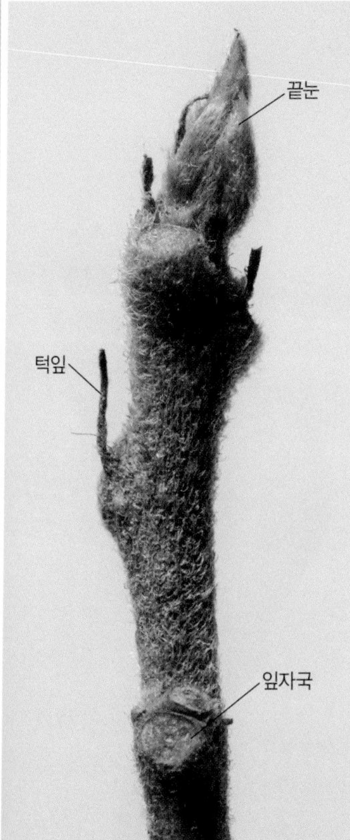

햇가지와 겨울눈

## **산황나무**(갈매나무과)

*Rhamnus crenata*

떨기나무(높이 2~4m)
전남 목포 유달산

햇가지는 적갈색이며 갈색의 누운 털로 덮여 있지만 점차 없어진다. 가지 끝은 가시로 변하지 않는다. 겨울눈은 맨눈이며 갈색의 누운털에 싸여 있다. 잎자국은 타원형이고 약간 튀어나오며 관다발자국은 3개이다. 나무껍질은 회갈색이며 세로로 얕게 갈라지고 타원형 껍질눈이 흩어져 난다.
어긋나는 잎은 긴 타원형~거꿀달걀 모양의 타원형이고 끝은 갑자기 뾰족해지며 가장자리에 얕은 잔톱니가 있다. 잎 뒷면은 잎맥 위에 잔털이 있다. 둥근 열매는 가을에 붉게 변했다가 검게 익는다. *같은 속의 **짝자래나무**(p.63)처럼 잎이 어긋나지만 **갈매나무**(p.97)처럼 가시가 없는 것으로 구분한다.

어린 가지와 겨울눈

나무껍질

9월의 열매

## 쉬땅나무/개쉬땅나무(장미과)
*Sorbaria sorbifolia* v. *stellipila*

떨기나무(높이 2m 정도)
경북 이북의 산

잔가지는 적갈색~연갈색이고 껍질눈이 흩어져 나며 가지 단면의 골속은 굵다. 겨울눈은 달걀형~긴 달걀형이며 5~9㎜ 길이이고 5~8개의 눈비늘조각에 싸여 있다. 곁눈 옆에 덧눈이 달리기도 한다. 잎자국은 삼각형이다. 이른 봄에 겨울눈에서 돋는 붉은색 새순이 아름답다. 나무껍질은 회갈색이고 원형~타원형 껍질눈이 있다.
어긋나는 잎은 홀수깃꼴겹잎이며 작은잎은 15~23장이다. 작은잎은 달걀 모양의 피침형이며 끝이 길게 뾰족하고 가장자리에 뾰족한 겹톱니가 있다. 원뿔형으로 모여 달리는 원통형 열매는 털이 촘촘하고 가을에 적갈색으로 익으며 겨울까지 매달려 있다.

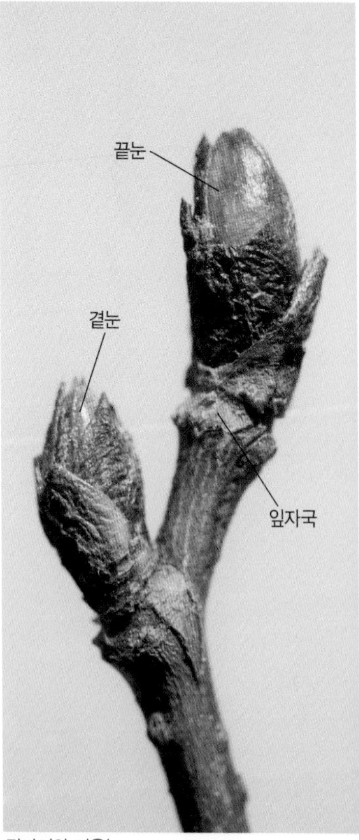

잔가지와 겨울눈

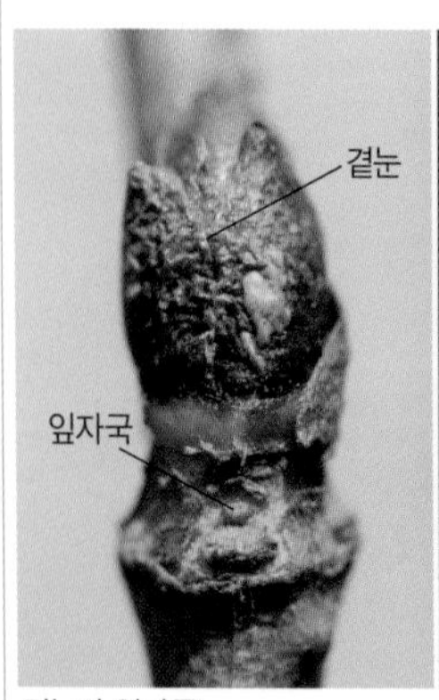

곁눈과 잎자국

나무껍질

잎 모양

잔가지와 겨울눈

## 꼬리조팝나무(장미과)
*Spiraea salicifolia*

떨기나무(높이 1~2m)
지리산 이북의 산골짜기

잔가지는 적갈색이며 모가 지고 햇가지에는 부드러운 털이 있지만 점차 없어진다. 가지 끝은 흔히 겨울에 말라 죽는다. 겨울눈은 달걀형~긴 달걀형이며 2~3㎜ 길이이고 5~8개의 눈비늘조각에 싸여 있다. 곁눈 옆에 가로덧눈이 달리기도 한다. 잎자국은 V자형~거의 반원형이며 약간 튀어나온다. 나무껍질은 갈색~회갈색이며 껍질눈이 많다.
어긋나는 잎은 피침형이고 끝이 뾰족하며 가장자리에 뾰족한 잔톱니가 있다. 5개씩 모여 달리는 자잘한 열매는 끝에 남아 있는 암술대가 밖으로 굽는다. 열매는 원뿔 모양으로 모여 달리며 겨우내 매달려 있다.

곁눈과 잎자국

나무껍질

10월의 열매

## 일본조팝나무(장미과)
*Spiraea japonica*

떨기나무(높이 1m 정도)
일본 원산. 관상수

잔가지는 갈색~적갈색이고 능선이 거의 없다. 겨울눈은 긴 달걀형이며 끝이 뾰족하고 6~11개의 눈비늘조각에 싸여 있다. 눈비늘조각은 홍자색이 돌고 안쪽에는 털이 있다. 잎자국은 반원형~삼각형이고 볼록 튀어나온다. 나무껍질은 진갈색이며 노목은 세로로 갈라지고 벗겨진다.
어긋나는 잎은 피침형~좁은 달걀형이고 끝이 뾰족하며 가장자리에 불규칙하고 날카로운 겹톱니가 있다. 잎 뒷면은 연녹색~분백색이다. 열매는 넓은 거꿀달걀형이며 5개씩 모여 달린다. 흔히 가지 끝에는 마른 열매송이가 겨울까지 매달려 있다.

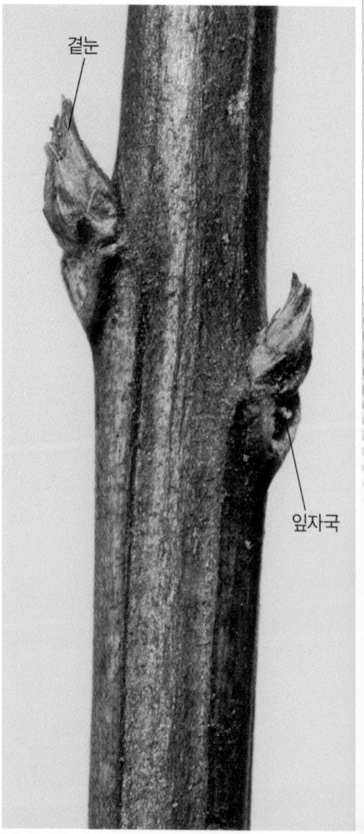

잔가지와 겨울눈

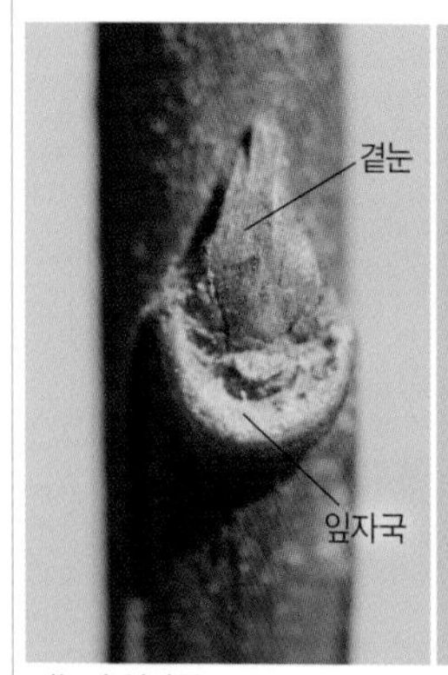

곁눈과 잎자국

나무껍질

11월의 열매

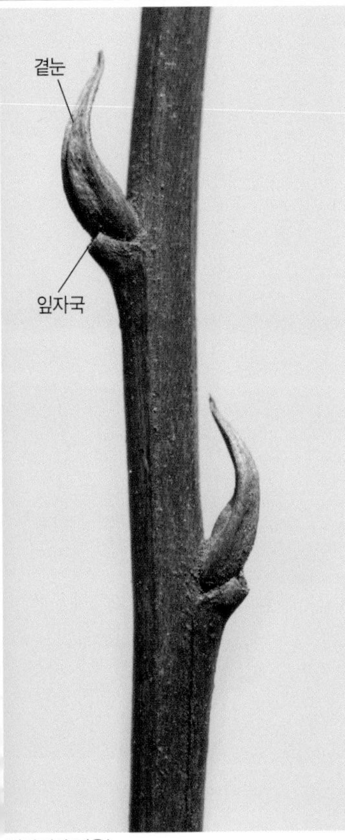

잔가지와 겨울눈

## 갈기조팝나무(장미과)

*Spiraea trichocarpa*

떨기나무(높이 1~1.5m)
충북 이북의 산

모여나는 줄기는 윗부분이 활처럼 휘어진다. 잔가지는 적갈색~황갈색이며 세로로 모가 지거나 능선이 있고 털이 없으며 가지 끝부분은 겨울에 말라 죽는다. 겨울눈은 달걀형이며 납작해지고 뾰족한 끝부분이 가지 쪽으로 굽는다. 작은 잎자국은 반원형~삼각형이고 볼록 튀어나온다. 나무껍질은 진회색~회갈색이며 세로로 얇게 갈라져 벗겨진다.

어긋나는 잎은 거꿀달걀형~타원형이며 끝이 둔하고 가장자리는 밋밋하거나 상반부에 3~5개의 둔한 톱니가 있다. 열매는 털로 덮여 있으며 끝에 암술대의 흔적이 남아 있다. 열매송이는 겨울에도 매달려 있다.

곁눈과 잎자국

나무껍질

7월의 어린 열매

## 참조팝나무(장미과)
*Spiraea fritschiana*

떨기나무(높이 1.5m 정도)
지리산 이북의 깊은 산

잔가지는 자갈색~진한 회갈색이고 털이 없으며 능선이 있다. 겨울눈은 달걀형으로 5~6㎜ 길이이고 갈색~자갈색이며 눈비늘조각 표면에는 털이 있다. 곁눈 옆에는 가로덧눈이 달리기도 한다. 작은 잎자국은 반원형이고 볼록 튀어나온다. 나무껍질은 갈색~회갈색이며 껍질눈이 많다.
어긋나는 잎은 타원형~달걀 모양의 타원형이며 끝이 뾰족하고 가장자리에 잔톱니와 겹톱니가 섞여 있다. 열매는 타원형이고 4~5개씩 모여 달리며 잎과 함께 털이 거의 없고 가을에 갈색으로 익는다. 열매송이는 윗부분이 고른 모양이며 겨울에도 매달려 있다.

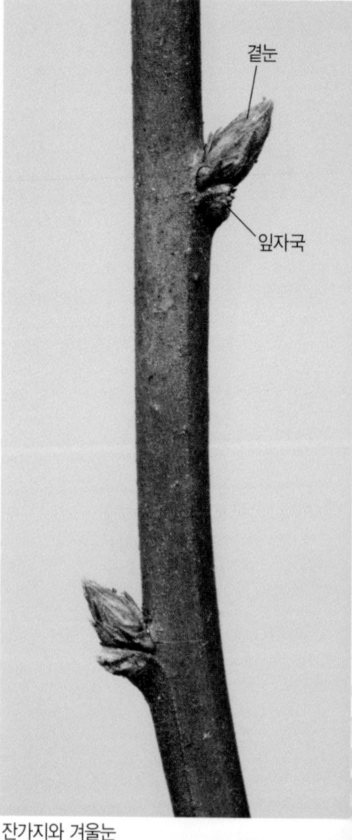

잔가지와 겨울눈

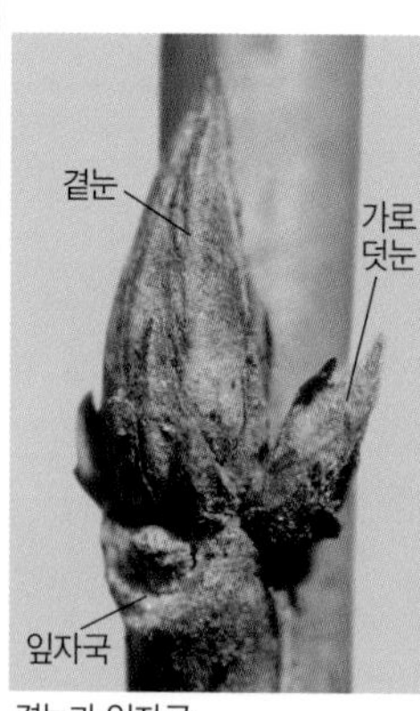

곁눈과 잎자국

나무껍질

잎 모양

잔가지와 겨울눈

## 조팝나무(장미과)

*Spiraea prunifolia* v. *simpliciflora*

떨기나무(높이 1.5~2m)
양지바른 산과 들

줄기는 여러 대가 모여나고 가지가 많이 갈라진다. 가지는 회갈색~적갈색이고 세로로 약한 능선이 있으며 광택이 나고 끝부분은 겨울에 말라 죽는다. 겨울눈은 둥그스름하며 붉은색 눈비늘조각에 싸여 있다. 가지 아래쪽의 곁눈 옆에는 가로덧눈이 있다. 가지 윗부분에 달리는 눈은 대부분이 꽃눈이다. 잎자국은 반원형이다. 오래된 나무껍질은 회색을 띠고 껍질눈이 있다. 어긋나는 잎은 긴 타원형~거꿀달걀형으로 끝이 뾰족하고 가장자리에 잔톱니가 있으며 양면에 털이 없다. 달걀형 열매는 4~5개씩 모여 달리고 밑에 꽃받침이 남아 있으며 초여름에 익으면 세로로 갈라져 벌어진다.

곁눈과 잎자국

나무껍질

5월 말의 열매

## 가는잎조팝나무(장미과)
*Spiraea thunbergii*

떨기나무(높이 1~2m)
중국과 일본 원산. 관상수

여러 대가 모여나는 줄기는 가지가 많이 갈라진다. 가지는 가늘고 길며 끝이 밑으로 처진다. 어린 가지는 갈색~적갈색이며 세로로 희미한 능선이 있고 흰색의 짧고 부드러운 털이 있지만 점차 없어진다. 2년생 가지는 껍질이 얇게 벗겨진다. 겨울눈은 달걀형이며 1~2㎜ 길이이고 눈비늘조각은 홍자색 또는 녹색이며 안쪽에 흰색의 짧은털이 있다. 나무껍질은 진회색이며 껍질눈이 많다.
어긋나는 잎은 좁은 피침형으로 끝이 뾰족하고 가장자리에 날카로운 톱니가 있으며 잎자루가 거의 없다. 열매는 5개씩 모여 달리며 묵은 열매송이가 겨울까지 남아 있기도 하다.

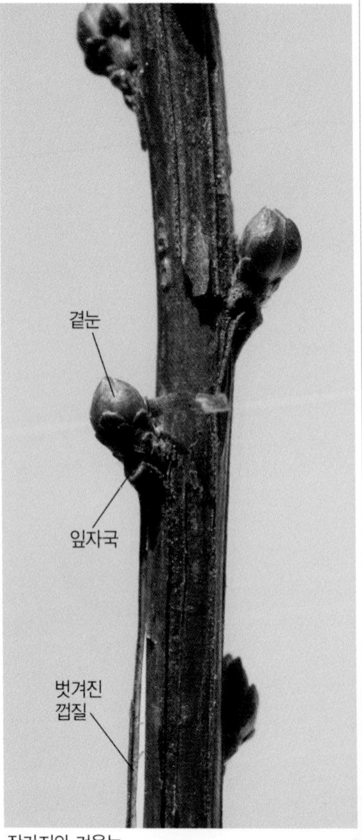

잔가지와 겨울눈

나무껍질

겨울의 묵은 열매

잎 모양

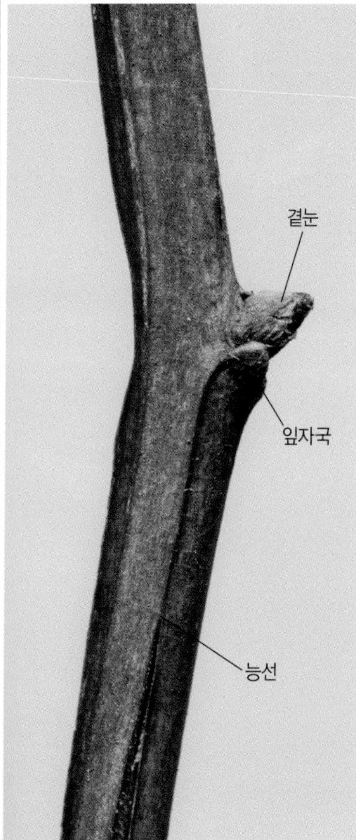

잔가지와 겨울눈

## 인가목조팝나무(장미과)
*Spiraea chamaedryfolia*

떨기나무(높이 1~1.5m)
전북과 경남 이북의 깊은 산

가지는 마디를 따라 지그재그로 약간씩 굽는다. 잔가지는 갈색~적갈색이고 세로로 능선이 있으며 털이 없다. 겨울눈은 달걀형이며 여러 개의 눈비늘조각에 싸여 있다. 눈비늘조각은 가장자리에 털이 약간 있다. 잎자국은 초승달형~반원형이고 약간 튀어나온다. 나무껍질은 회색~회갈색이며 껍질눈이 많다. 어긋나는 잎은 달걀형~긴 달걀형이며 끝이 뾰족하고 가장자리에 겹톱니가 있다. 잎 뒷면은 연녹색이고 잎맥 위에 털이 있다. 열매는 달걀형이며 4~5개씩 모여 달리고 끝에 암술대가 남아 있으며 7~9월에 익는다.

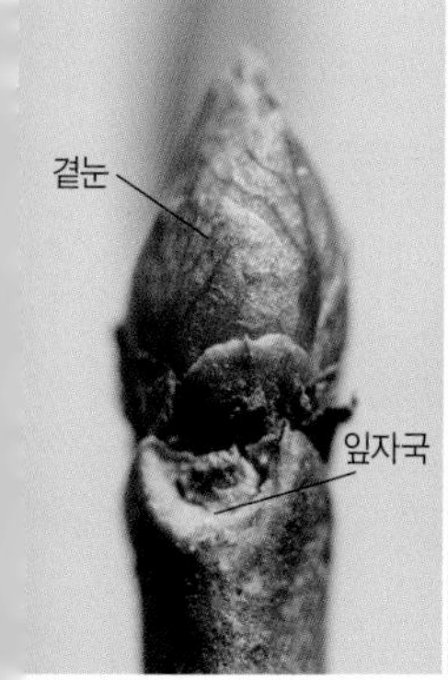

곁눈과 잎자국

나무껍질

6월의 열매

## 산조팝나무(장미과)
*Spiraea blumei*

떨기나무(높이 1~1.5m)
전북과 경북 이북의 산

잔가지는 갈색~적갈색이고 껍질눈이 드문드문 있다. 겨울눈은 달걀형~긴 달걀형이며 2~3㎜ 길이이고 끝이 뾰족하며 여러 개의 눈비늘조각에 싸여 있다. 눈비늘조각은 가장자리에 털이 약간 있다. 곁눈 옆에 가로덧눈이 달리기도 한다. 잎자국은 반원형이고 약간 튀어나온다. 나무껍질은 회색~회갈색이며 껍질눈이 있다.

어긋나는 잎은 넓은 달걀형~마름모꼴의 달걀형이며 가장자리 윗부분에 둥근 톱니가 있고 잎몸이 3~5갈래로 얕게 갈라지기도 한다. 열매는 4~6개씩 모여 달리고 표면에 누운털이 약간 있으며 끝에는 암술대가 남아 있다.

잔가지와 겨울눈

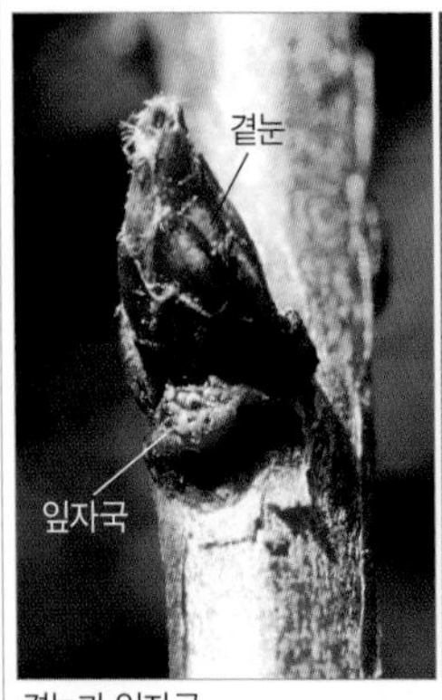

곁눈과 잎자국

나무껍질

9월의 묵은 열매

잔가지와 겨울눈

## 아구장나무(장미과)
*Spiraea pubescens*

떨기나무(높이 1~2m)
건조한 산

잔가지는 회갈색~갈색이고 껍질눈이 흩어져 나며 세로로 얇게 갈라지기도 한다. 겨울눈은 달걀형이며 끝이 뾰족하고 여러 개의 연한 적갈색 눈비늘조각에 싸여 있다. 눈비늘조각은 표면이 털로 덮여 있다. 곁눈은 10시 방향으로 벌어진다. 작은 잎자국은 반원형~초승달형이고 볼록 튀어나온다. 나무껍질은 회색이며 껍질눈이 많다.
어긋나는 잎은 마름모꼴의 달걀형~타원형이며 가장자리의 상반부에 큼직하고 날카로운 톱니가 있다. 잎 뒷면은 연녹색이다. 열매는 달걀형이며 4~6개가 모여 달린다. 우산살 모양으로 모여 달리는 열매송이는 털이 없다.

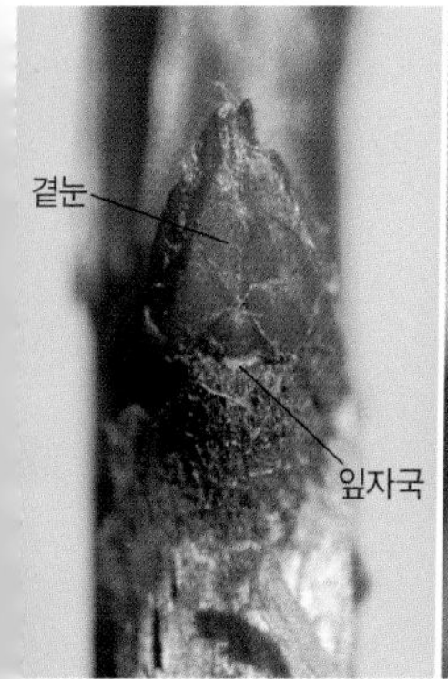

곁눈과 잎자국

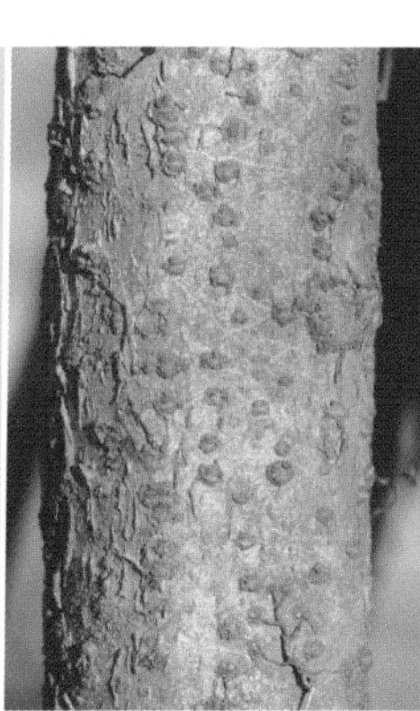
나무껍질

7월의 열매

## 당조팝나무(장미과)
*Spiraea nervosa*

떨기나무(높이 1.5m 정도)
건조한 산

가지는 마디를 따라 지그재그로 굽는다. 햇가지는 황갈색이며 둥글고 짧은털이 많다. 겨울눈은 긴 달걀형이며 여러 개의 눈비늘조각에 싸여 있다. 눈비늘조각에는 털이 많다. 작은 잎자국은 원형이고 볼록 튀어나온다. 곁눈 옆에 덧눈이 달리기도 한다. 나무껍질은 회색이며 껍질눈이 많다.
어긋나는 잎은 마름모꼴의 달걀형~넓은 달걀형이고 끝이 둔하며 가장자리의 상반부에 큼직하고 날카로운 톱니가 있다. 열매는 달걀형이며 5개씩 모여 달리고 암술대가 남아 있다. 우산살 모양으로 모여 달리는 열매송이는 털이 많고 겨울에도 매달려 있다.

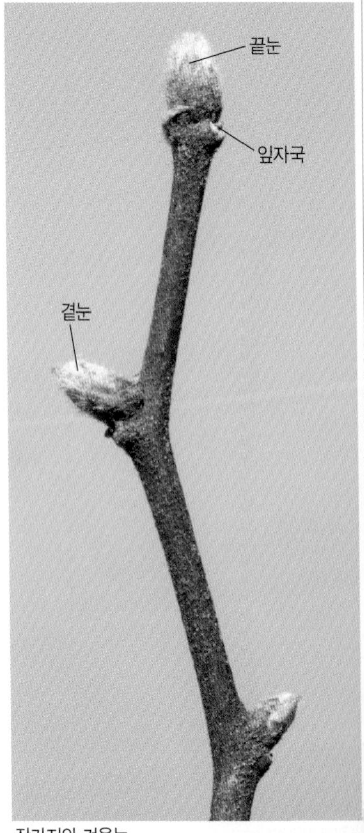

잔가지와 겨울눈

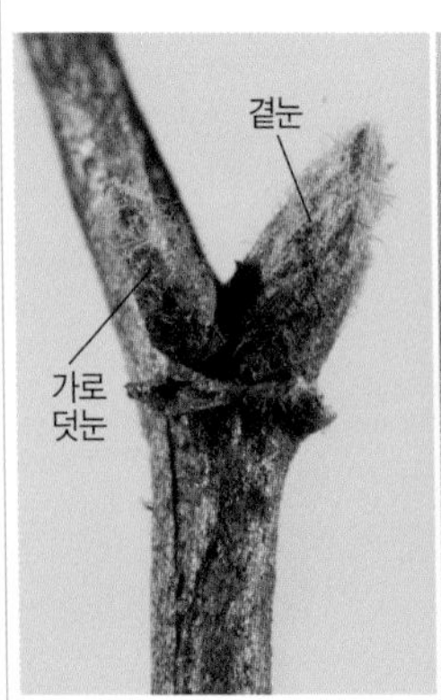

곁눈과 잎자국

나무껍질

7월의 열매

잔가지와 겨울눈

## 국수나무(장미과)
*Stephanandra incisa*

떨기나무(높이 1~2m)
산

잔가지는 연갈색이고 처진 끝부분이 겨울에 말라 죽기도 한다. 가지 단면의 골속은 굵고 가득 차 있다. 겨울눈은 달걀형이며 2~3㎜ 길이이고 5~8개의 적갈색 눈비늘조각에 싸여 있다. 곁눈 밑에 세로덧눈이 달리기도 한다. 잎자국은 삼각형~초승달형이며 관다발자국은 3개이다. 잎자국 옆에 턱잎자국이 남아 있다. 나무껍질은 회갈색이며 불규칙하게 갈라진다.
어긋나는 잎은 세모진 달걀형으로 끝이 길게 뾰족하고 가장자리에 불규칙한 겹톱니가 있으며 잎몸이 얕게 갈라지기도 한다. 동그스름한 열매는 잔털이 있고 꽃받침에 싸여 있으며 9월에 익는다.

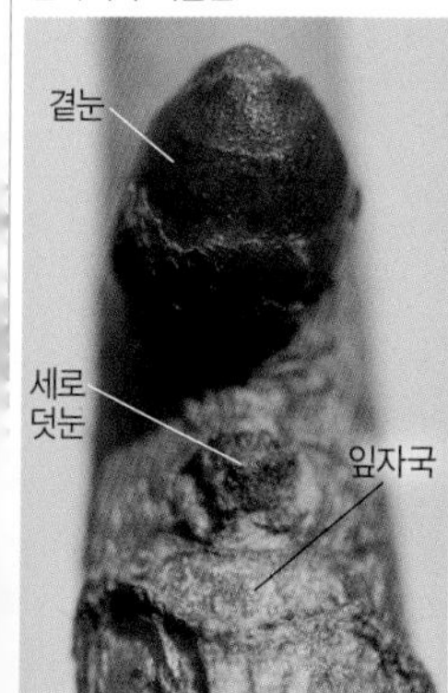

곁눈과 잎자국

나무껍질

7월의 열매

## 나도국수나무(장미과)
*Neillia uekii*

떨기나무(높이 1~2m)
중부 이북의 산

줄기는 여러 대가 모여나며 가지가 많이 갈라진다. 잔가지는 갈색~회갈색이며 세로로 능선이 있고 갈라지기도 한다. 겨울눈은 달걀형이며 가지와 많이 벌어지고 적갈색 눈비늘조각에 싸여 있다. 눈비늘조각 가장자리에는 털이 있다. 곁눈과 잎자국과의 사이에 세로덧눈이 있다. 잎자국은 삼각형~반원형이며 관다발자국은 3개이다. 나무껍질은 회갈색이고 불규칙하게 조각으로 갈라져 벗겨진다.
어긋나는 잎은 세모진 달걀형이며 끝이 길게 뾰족하고 가장자리에 겹톱니가 있다. 둥근 달걀형 열매는 표면에 기다란 샘털이 빽빽이 나 있다.

잔가지와 겨울눈

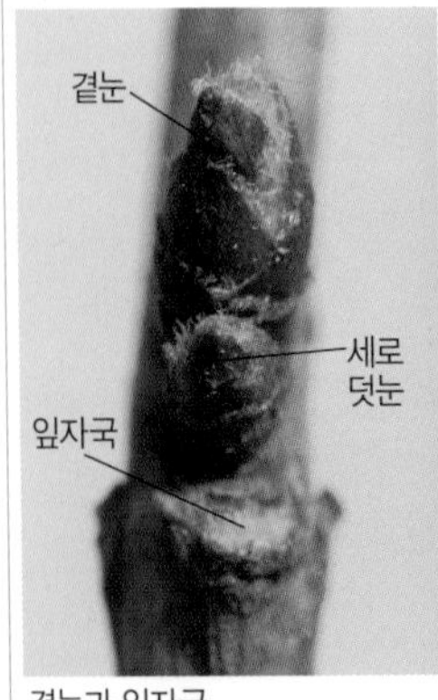

곁눈과 잎자국

나무껍질

7월 초의 열매

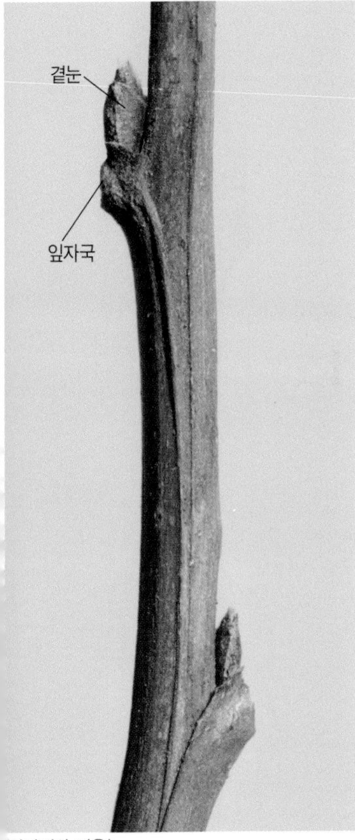

잔가지와 겨울눈

## 양국수나무(장미과)
*Physocarpus opulifolius*

떨기나무(높이 2~3m)
북미 원산. 관상수

줄기는 위를 향하고 가지가 많이 갈라진다. 잔가지는 갈색~적갈색이며 세로로 능선이 있고 가지 단면의 골속은 갈색이 돌거나 붉다. 겨울눈은 달걀형이며 가지와 거의 나란하고 적갈색 눈비늘조각은 털이 있다. 잎자국은 삼각형~하트형이며 관다발자국은 3개이다. 나무껍질은 회갈색이고 오래되면 불규칙하게 조각으로 갈라져 벗겨져 나간다.

어긋나는 잎은 넓은 달걀형으로 끝이 둔하고 가장자리에 둔한 겹톱니가 있으며 잎몸이 3갈래로 갈라지기도 한다. 열매는 타원형이며 끝이 뾰족하고 가을에 붉게 익으며 표면에 털이 없다.

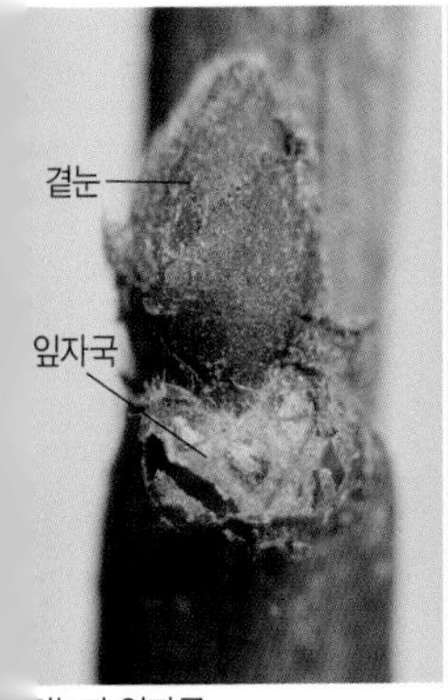

곁눈과 잎자국

나무껍질

8월의 열매

## 풀또기(장미과)
*Prunus triloba*

떨기나무(높이 1~3m)
함북의 산기슭, 관상수

잔가지는 진한 적갈색이며 짧은털로 덮여 있다. 겨울눈은 납작한 세모꼴~달걀형이며 눈비늘조각에는 털이 있다. 곁눈에 가로덧눈이 달리기도 하며 옆에 기다란 턱잎이 남아 있기도 하다. 잎자국은 삼각형~반원형이며 관다발자국은 3개이다. 나무껍질은 적갈색이고 광택이 있으며 얇은 조각으로 갈라져 뒤로 말린다. 나무껍질에는 타원형의 황갈색 껍질눈이 흩어져 난다.

어긋나는 잎은 거꿀달걀형이며 끝은 갑자기 뾰족하거나 一자 모양이고 가장자리에 겹톱니가 있다. 둥근 열매는 여름에 붉게 익으며 표면에 잔털이 있다.

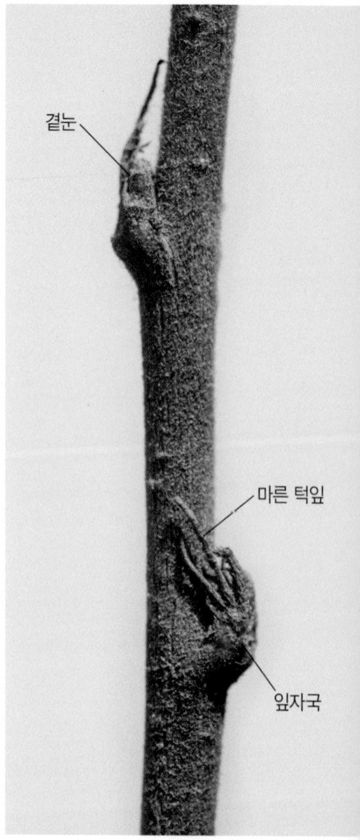

잔가지와 겨울눈

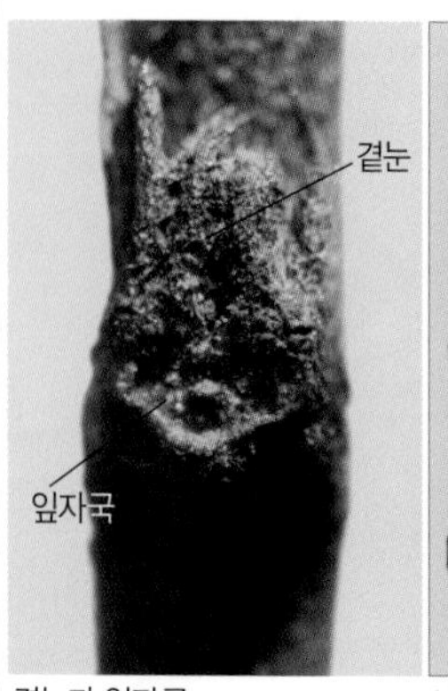

곁눈과 잎자국

나무껍질

7월 초의 열매

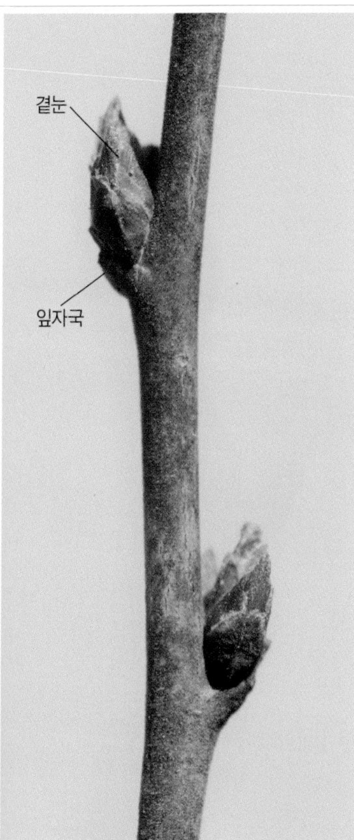

잔가지와 겨울눈

## 산옥매(장미과)
*Prunus glandulosa*

떨기나무(높이 1~1.5m)
중국 원산. 관상수

어린 가지는 짧고 부드러운 털로 덮여 있지만 점차 떨어지기 시작한다. 잔가지는 적갈색~회갈색이고 작은 껍질눈이 있다. 겨울눈은 달걀형이며 끝이 뾰족하고 5~7개의 눈비늘조각에 싸여 있다. 눈비늘조각은 짧고 부드러운 털이 있다. 겨울눈 옆에 가로덧눈이 있기도 하다. 잎자국은 타원형~콩팥형이다. 나무껍질은 회갈색이며 가로로 껍질눈이 있다.
어긋나는 잎은 좁은 달걀형~피침형으로 끝이 뾰족하고 가장자리에 둔한 잔톱니가 있으며 뒷면은 연녹색이다. 둥근 열매는 지름 10~15㎜이며 끝에 뾰족한 암술대가 남아 있고 6~7월에 붉게 익는다.

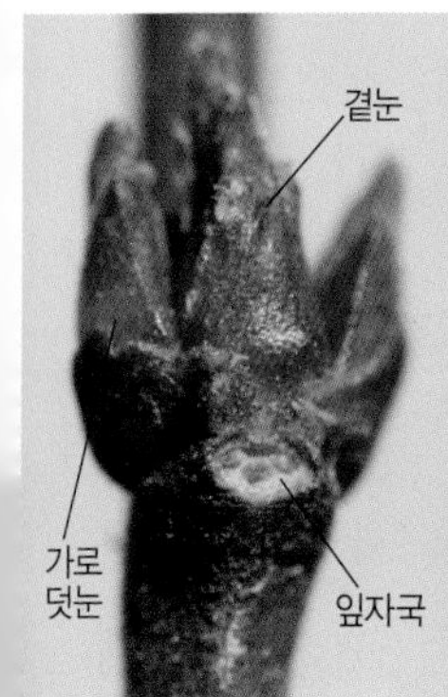

곁눈과 잎자국

나무껍질

7월의 열매

## 앵두나무/앵도나무(장미과)
*Prunus tomentosa*

떨기나무(높이 2~3m)
중국 원산. 관상수

어린 가지는 갈색~적갈색이며 짧은털이 빽빽하지만 점차 떨어져 나간다. 짧은가지에는 꽃눈이 많이 달린다. 겨울눈은 긴 달걀형으로 끝이 뾰족하고 2~4㎜ 길이이며 6~8개의 눈비늘조각에 싸여 있다. 눈비늘조각은 표면에 짧은 털이 있다. 겨울눈은 보통 3개가 나란히 달리는데 가운데 눈은 잎눈이고 양쪽에 있는 눈은 꽃눈이다. 잎자국은 타원형~반원형이다. 나무껍질은 진갈색이고 불규칙하게 벗겨진다.

어긋나는 잎은 타원형~거꿀달걀형이며 끝이 뾰족하고 가장자리에 잔톱니가 있다. 잎 뒷면은 연녹색이며 털이 촘촘히 난다. 둥근 열매는 6~7월에 붉게 익는다.

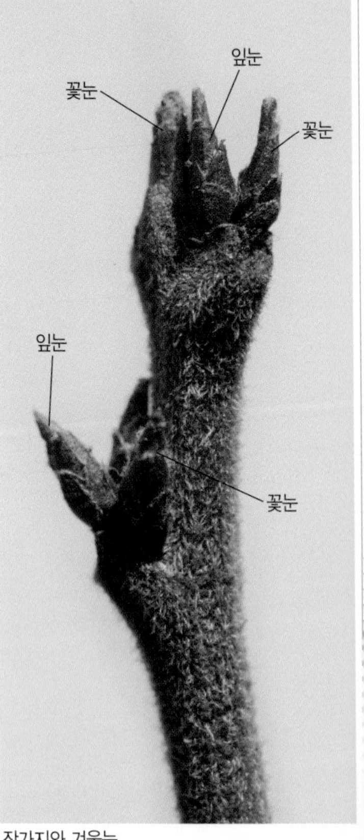

잔가지와 겨울눈

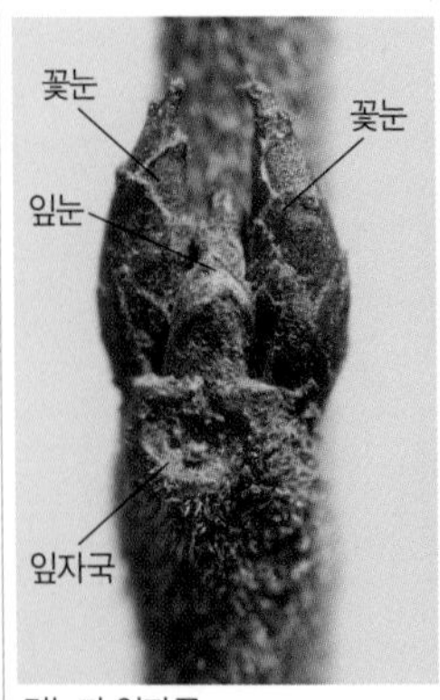

곁눈과 잎자국

나무껍질

6월의 열매

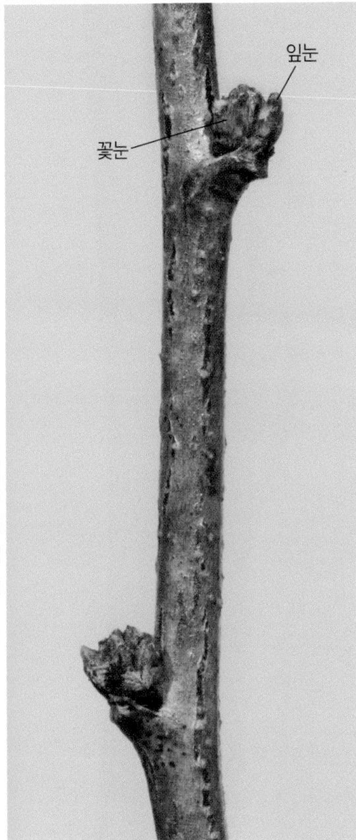

잔가지와 겨울눈

## 이스라지(장미과)
*Prunus japonica* v. *nakaii*

떨기나무(높이 1m 정도)
산

잔가지는 적갈색이며 털이 없고 광택이 있으며 껍질눈이 흩어져 나고 겨울에 끝부분은 말라 죽는다. 겨울눈은 둥근 달걀형이며 1~2㎜ 길이이고 여러 개의 적갈색 눈비늘조각에 싸여 있다. 겨울눈은 보통 3개가 나란히 달리는데 가운데 눈은 잎눈이고 양쪽에 있는 눈은 꽃눈이다. 잎자국은 초승달형~반원형이다. 보통 밑부분에서 여러 대의 줄기가 모여나 자라며 나무껍질은 진회색~회갈색이고 얇은 조각으로 갈라진다. 어긋나는 잎은 달걀형~달걀 모양의 피침형으로 끝이 꼬리처럼 길게 뾰족하고 가장자리에 날카로운 겹톱니가 있으며 뒷면 잎맥 위에 잔털이 있다. 둥근 열매는 여름에 붉게 익고 새콤달콤한 맛이 난다.

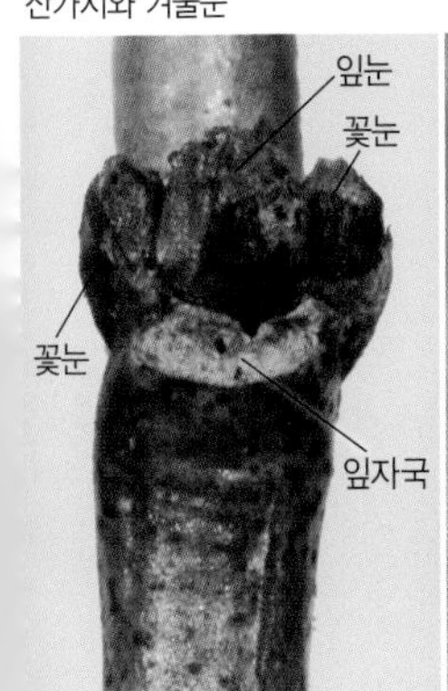

곁눈과 잎자국

나무껍질

7월의 어린 열매

## 황매화(장미과)
*Kerria japonica*

떨기나무(높이 1~2m)
중국과 일본 원산. 관상수

줄기는 여러 대가 모여나 곧게 자란다. 잔가지는 녹색이고 털이 없으며 약간 지그재그로 굽고 세로로 능선이 있다. 묵은 줄기와 가지는 거의 갈색이고 3~4년이면 마른다. 겨울눈은 달걀형~긴 달걀형으로 끝이 뾰족하고 4~7㎜ 길이이며 5~12개의 적갈색 눈비늘조각에 싸여 있다. 잎자국은 초승달형~삼각형이며 관다발자국은 3개이다. 나무껍질은 갈색이고 세로로 긴 껍질눈이 많다.
어긋나는 잎은 긴 달걀형이며 끝이 길게 뾰족하고 가장자리에 뾰족한 겹톱니가 있다. 잎맥을 따라 골이 진다. 둥근 열매는 1~5개가 꽃받침 안에 모여 달리며 가을에 검은색으로 익는다.

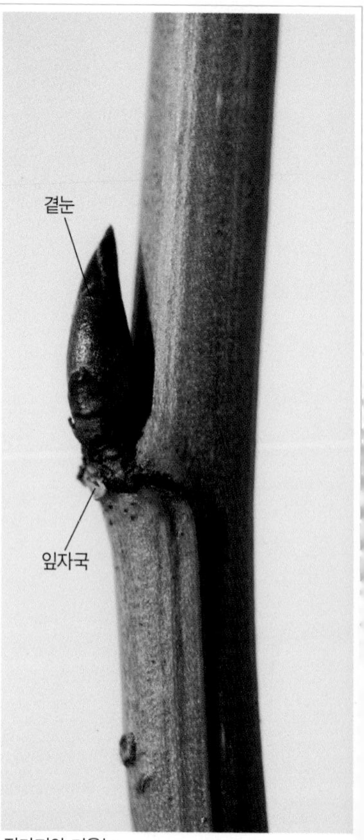

잔가지와 겨울눈

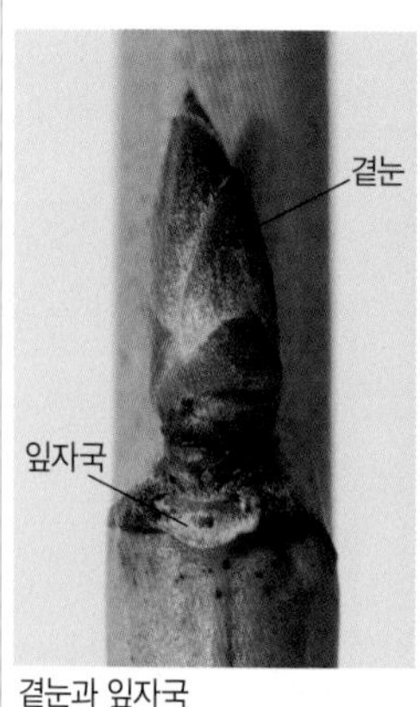

곁눈과 잎자국

나무껍질

잎 모양

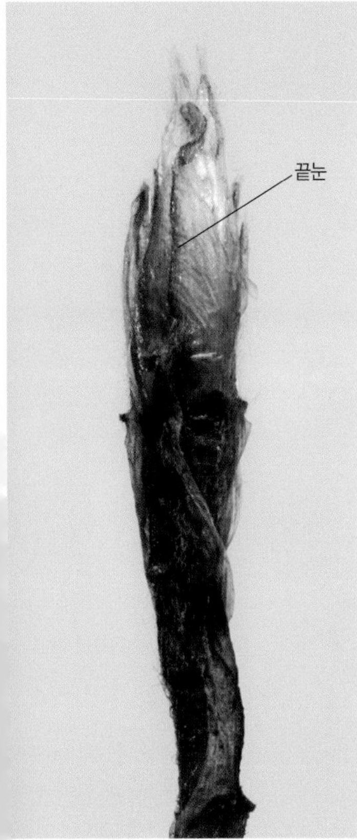

잔가지와 겨울눈

## 물싸리(장미과)
*Potentilla fruticosa*

떨기나무(높이 1m 정도)
함경도의 높은 산. 관상수

잔가지는 갈색~적갈색이며 긴 흰색 털로 덮여 있지만 점차 줄어든다. **겨울눈은 길쭉한 원뿔형이며 끝이 뾰족하고 눈비늘조각은 긴털로 덮여 있다.** 커다란 턱잎이 남아 있기도 하는데 표면에 털이 있다. **나무껍질은 회갈색~적갈색이고 세로로 불규칙하게 갈라져 얇게 벗겨진다.**
**어긋나는 잎은 3~7장의 작은잎을 가진 깃꼴겹잎이다. 작은잎은 타원형으로 끝은 짧게 뾰족하고 가장자리가 밋밋하며 양면에 털이 있다.** 열매는 7~9월에 갈색으로 익는데 열매를 감싸고 있는 갈색 꽃받침조각이 남아 있으며 표면에 긴털이 있다.

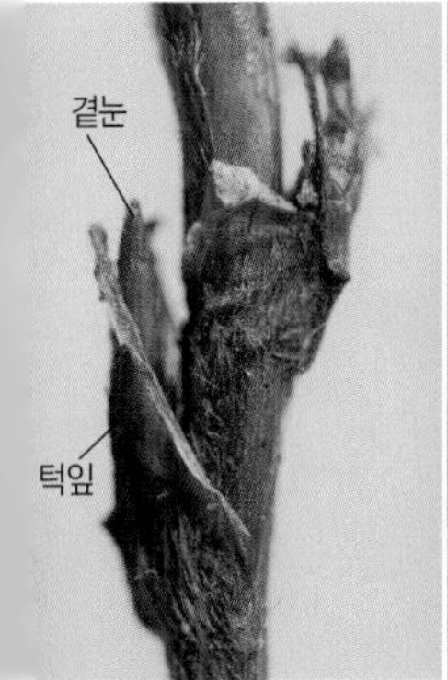

곁눈과 턱잎

나무껍질

9월 말의 열매

## 섬개야광나무(장미과)
*Cotoneaster horizontalis* v. *wilsonii*

떨기나무(높이 1~4m)
울릉도의 바닷가

가지는 비스듬히 처진다. 햇가지는 흰색 털로 덮여 있지만 점차 없어진다. 잔가지는 적갈색~적자색이며 광택이 있고 껍질눈이 흩어져 난다. 겨울눈은 달걀형이며 2개의 눈비늘조각에 싸여 있고 털이 많다. 겨울눈 밑에 가느다란 턱잎이 남아 있기도 하다. 끝눈보다 작은 곁눈 옆에는 가로덧눈이 달리기도 한다. 잎자국은 초승달형~삼각형이다. 나무껍질은 진회색이며 껍질눈이 흩어져 난다.
어긋나는 잎은 달걀형~달걀 모양의 타원형이며 끝은 뾰족하거나 둔하고 가장자리가 밋밋하다. 네모진 구형 열매는 가을에 적자색으로 익으며 단맛이 난다.

잔가지와 겨울눈

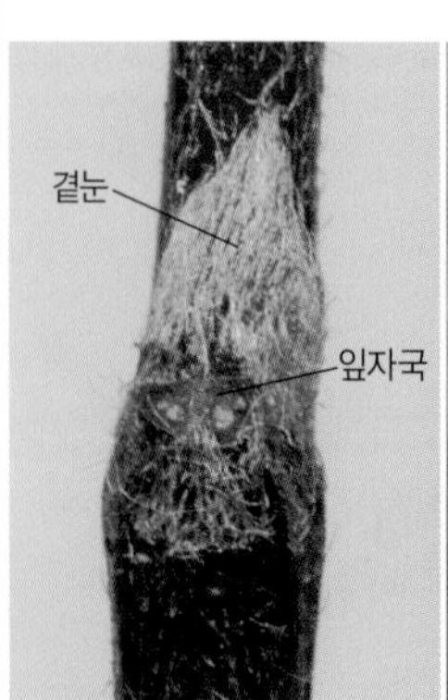

곁눈과 잎자국

나무껍질

9월의 열매

잔가지와 겨울눈

## 가침박달(장미과)

*Exochorda racemosa* ssp. *serratifolia*

떨기나무(높이 1~5m)
중부 이북의 건조한 산

잔가지는 적갈색~암갈색이며 털이 없고 흰색 껍질눈이 많다. 겨울눈은 달걀형이며 끝이 약간 뾰족하고 적갈색 눈비늘조각에 싸여 있다. 잎자국은 초승달형이며 약간 튀어나오고 관다발자국은 3개이다. 나무껍질은 회갈색이며 얇게 불규칙한 조각으로 벗겨진다.
어긋나는 잎은 타원형~긴 달걀형이며 끝이 뾰족하고 가장자리의 상반부에 뾰족한 톱니가 있다. 잎 양면에 털이 없고 뒷면은 회백색이다. 열매는 5~6개의 골이 깊게 져서 별 모양이 된다. 열매는 가을에 갈색으로 익으면 5갈래로 갈라진 채 겨우내 매달려 있다. 납작한 씨앗 둘레에는 좁은 날개가 있다.

나무껍질

6월의 어린 열매

9월의 열매

## 콩배나무(장미과)
*Pyrus calleryana*

떨기나무(높이 3m 정도)
황해도 이남의 산

잔가지는 자갈색~갈색이며 털이 없고 흰색의 껍질눈이 있다. 짧은 가지가 많이 발달하며 가지 끝이 가시로 변하기도 한다. 겨울눈은 달걀형이며 끝이 뾰족하고 2~4㎜ 길이이다. 잎자국은 초승달형~납작한 반달형이며 관다발자국은 3개이다. 나무껍질은 회갈색이며 불규칙하게 세로로 갈라진다.
어긋나는 잎은 달걀형~넓은 달걀형이며 끝이 길게 뾰족하고 가장자리에 잔톱니가 있다. 둥근 열매는 지름 1㎝ 정도이고 가을에 흑갈색으로 익으며 흰색 껍질눈이 많고 겨울에도 남아 있는 경우가 있다.
*같은 속의 **산돌배**(p.394)는 큰키나무로 자라서 구분이 된다.

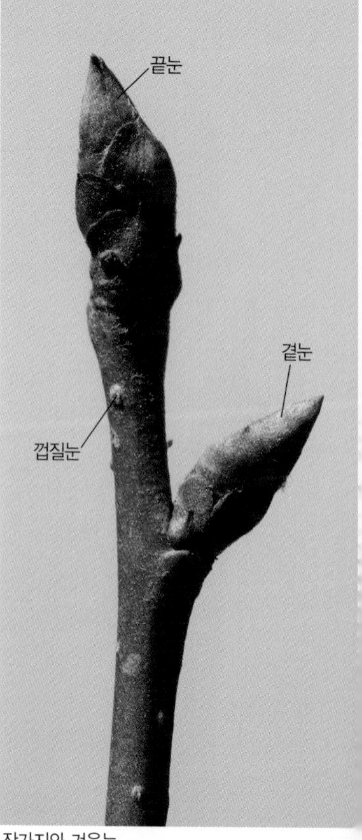

잔가지와 겨울눈

짧은가지와 가시

나무껍질

9월 초의 열매

잔가지와 겨울눈

## 바위모시/비양나무(쐐기풀과)
*Oreocnide frutescens*

떨기나무(높이 1~2m)
제주도

여러 대가 모여나는 줄기는 가지가 많이 갈라져서 울창해진다. 햇가지는 가늘고 긴털과 짧은털이 섞여 난다. 겨울눈은 갈색이고 겨울눈을 싸고 있는 눈비늘조각은 종이질이다. 잎눈은 긴 달걀형이며 잎눈 주위에 자잘한 꽃눈이 몇 개씩 붙는다. 잎자국은 삼각형~반원형이다. 나무껍질은 갈색이며 밋밋하고 자잘한 껍질눈이 많다.
어긋나는 잎은 긴 타원형이며 끝이 길게 뾰족하고 가장자리에 날카로운 톱니가 있다. 잎 앞면은 광택이 있고 뒷면은 백록색이다. 둥근 달걀형 열매는 여름에 흑록색으로 익는다.

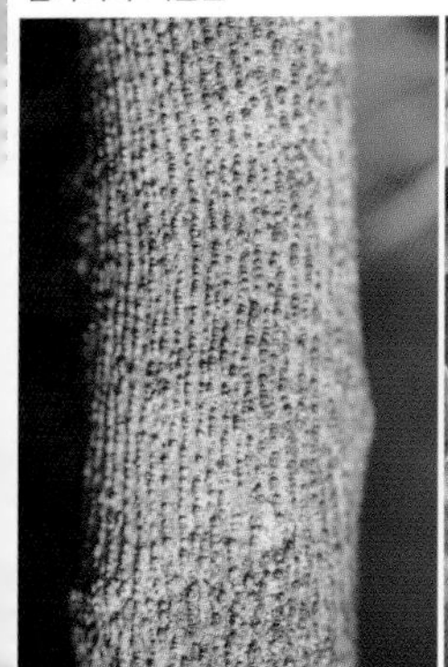
나무껍질

6월의 묵은 열매

잎 모양

## 통조화(통조화과)
*Stachyurus praecox*

떨기나무(높이 2~4m)
일본 원산. 관상수

잔가지는 적갈색~암갈색이며 털이 없고 약간의 광택이 있다. 겨울눈은 세모진 원뿔형으로 2~3㎜ 길이이고 끝이 뾰족하며 2~4개의 눈비늘조각에 싸여 있다. 둥근 꽃눈은 이삭처럼 모여 달리며 비스듬히 처지지만 꽃이 피면 밑으로 늘어진다. 잎자국은 반원형이며 튀어나오고 관다발자국은 3개이다. 나무껍질은 적갈색이며 둥근 껍질눈이 있다.
어긋나는 잎은 긴 타원형~달걀형으로 끝이 길게 뾰족하고 가장자리에 둔한 톱니가 있으며 뒷면은 분백색이다. 둥근 열매는 이삭처럼 모여 달리며 7~10월에 황갈색으로 익는다.

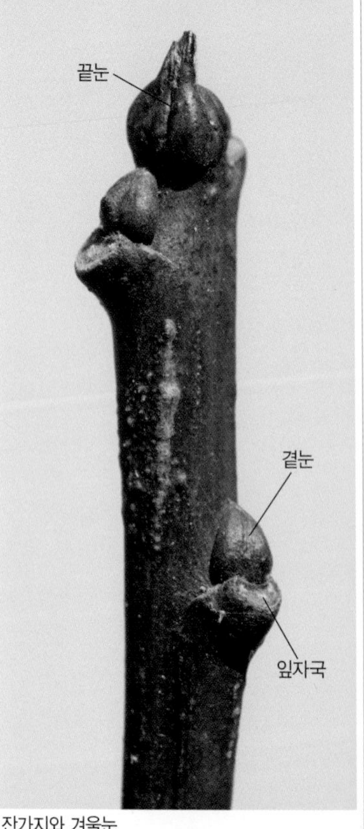

잔가지와 겨울눈

12월 초의 꽃눈

나무껍질

잎 모양

## 장구밥나무(아욱과 | 피나무과)
*Grewia biloba* v. *parviflora*

떨기나무(높이 2m 정도)
서해와 남해의 바닷가 산기슭

햇가지는 밤색~회갈색이며 별모양털로 촘촘히 덮여 있다. 겨울눈은 달걀형~넓은 달걀형이며 여러 개의 눈비늘조각에 싸여 있다. 눈비늘조각 표면은 누운털로 덮여 있다. 겨울눈 양쪽에 기다란 턱잎이 남아 있기도 하다. 잎자국은 둥그스름하고 관다발자국은 둥글게 배열한다. 가지에 마른 열매자루가 남아 있기도 하다. 나무껍질은 회갈색~진회색이다.

어긋나는 잎은 달걀형~거꿀달걀 모양의 타원형이며 끝이 뾰족하고 가장자리에 불규칙한 톱니가 있거나 잎몸이 얕게 갈라진다. 열매는 2~4개가 모여서 장구통같이 되며 가을에 노란색으로 변했다가 붉은색으로 익으며 단맛이 난다.

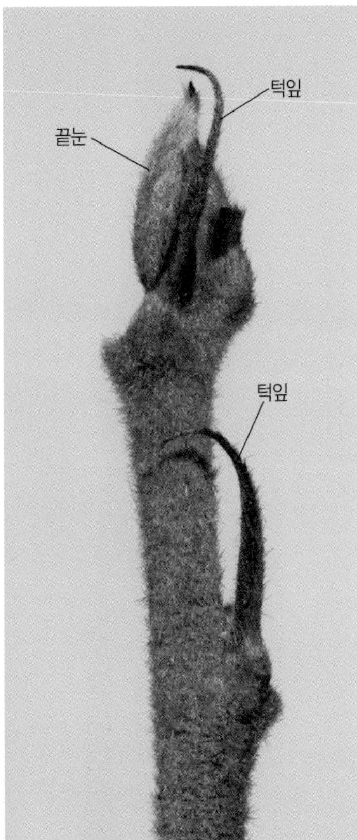

잔가지와 겨울눈

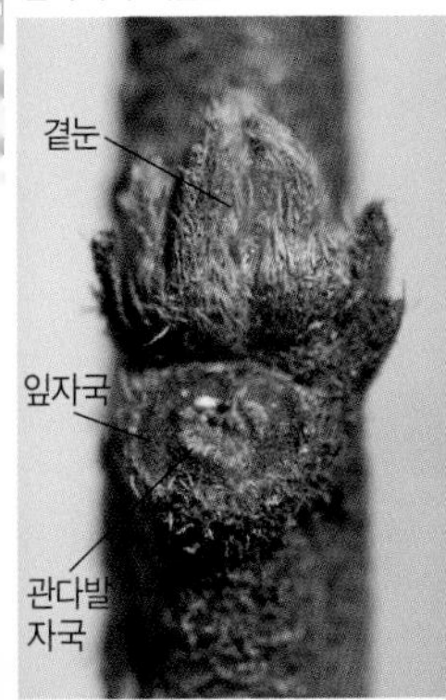

곁눈과 잎자국

나무껍질

9월 초의 열매

## 부용(아욱과)
*Hibiscus mutabilis*

떨기나무(높이 1.5~3m)
중국 원산. 관상수

햇가지는 회녹색이며 별모양털과 샘털이 있다. 겨울눈은 맨눈이며 동그스름하고 별모양털로 덮여 있다. 잎자국은 반원형~콩팥형이고 관다발자국은 희미하며 많다. 나무껍질은 회백색~회갈색이며 밋밋하다. 나무껍질을 종이 원료로 사용하였다.
어긋나는 잎은 잎몸이 3~7갈래로 갈라지며 거칠고 가장자리에 둔한 톱니가 있으며 뒷면에는 흰색 털이 촘촘히 나 있다. 둥근 열매는 꽃받침에 싸여 있으며 길게 퍼진 털이 있다. 열매는 10~11월에 갈색으로 익으면 5갈래로 갈라진 채 오래 매달려 있다. 벌어진 열매 속에 들어 있는 콩팥 모양의 씨앗도 긴털로 덮여 있다.

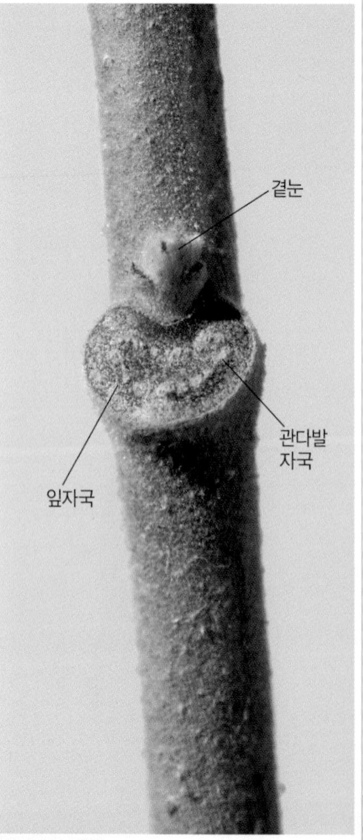

잔가지와 겨울눈

나무껍질

9월의 열매

잎 모양

잔가지와 겨울눈

## 무궁화(아욱과)

*Hibiscus syriacus*

떨기나무(높이 2~4m)
관상수

잔가지는 갈색~회갈색이며 껍질눈이 흩어져 나고 별모양털이 있는 것도 있다. 겨울눈은 맨눈으로 혹 모양이고 별모양털로 덮여 있으며 지름 1~3㎜이다. 잎자국은 반원형~원형이며 관다발자국은 보통 둥글게 배열한다. 재배 품종이 많으며 품종에 따라 가느다란 턱잎이 남아 있는 것도 있다. 나무껍질은 회백색~진회색이며 노목은 세로로 불규칙하게 갈라진다.

어긋나는 잎은 달걀형으로 끝이 뾰족하고 가장자리가 3갈래로 얕게 갈라지기도 하며 불규칙한 톱니가 있다. 턱잎은 가느다란 선형이다. 달걀형~타원형 열매는 가을에 갈색으로 익으면 5갈래로 갈라진 채 겨우내 매달려 있다.

턱잎이 남은 가지

나무껍질

9월의 열매

## 황근(아욱과)
*Hibiscus hamabo*

떨기나무(높이 1~3m)
제주도의 바닷가

햇가지는 회녹색~회갈색이며 별모양털로 촘촘히 덮여 있다. 겨울눈은 달걀형~넓은 달걀형이고 눈비늘조각은 부드러운 털로 덮여 있다. 끝눈은 곁눈보다 크고 4~7㎜ 길이이다. 잎자국은 반원형~타원형이며 관다발자국은 많다. 턱잎자국은 가지를 한 바퀴 돈다. 나무껍질은 연한 회갈색이며 껍질눈이 많고 노목은 불규칙하게 갈라진다. 어긋나는 잎은 원형~넓은 거꿀달걀형으로 끝은 갑자기 뾰족해지고 가장자리에 둔한 잔톱니가 있으며 뒷면에 회백색 털이 있다. 달걀형 열매는 잔털로 덮여 있으며 5갈래로 갈라진 채 오래 매달려 있다.

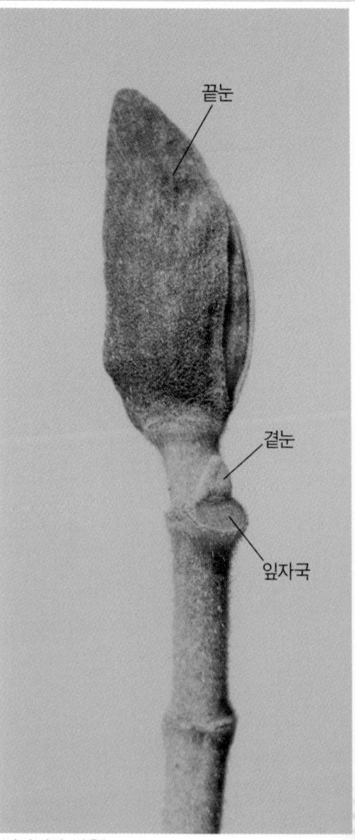

잔가지와 겨울눈

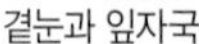

곁눈과 잎자국

나무껍질

7월의 어린 열매

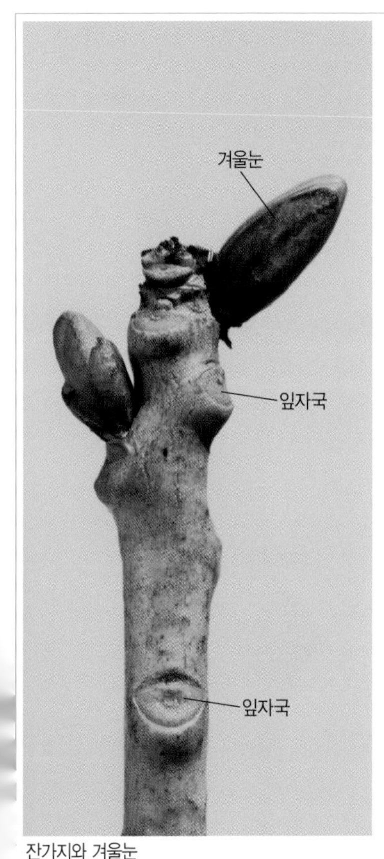

잔가지와 겨울눈

## 두메닥나무(팥꽃나무과)
*Daphne koreana*

떨기나무(높이 30~100㎝)
지리산 이북의 높은 산

잔가지는 연회색~회녹색이며 털이 없고 광택이 있다. 겨울눈은 작고 표면이 매끄럽다. 겨울눈은 한겨울에 눈비늘조각이 살짝 벌어지기도 한다. 잎자국은 반원형~타원형이며 관다발자국은 1개이다. 나무껍질은 회갈색~회백색이며 밋밋하고 털이 없다.
가지 끝에 촘촘히 어긋나는 잎은 긴 달걀형~거꿀피침형으로 3~10㎝ 길이이고 끝은 뾰족하거나 둥글며 가장자리가 밋밋하다. 잎 뒷면은 연녹색이며 양면에 털이 없다. 열매는 넓은 타원형~둥근 달걀형이며 8~9월에 붉은색으로 익는데 독성이 있으므로 먹으면 안 된다.

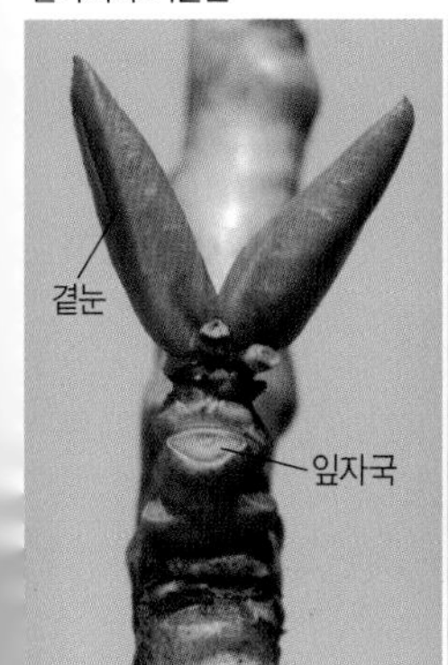

곁눈과 잎자국

나무껍질

9월의 열매

## 삼지닥나무(팥꽃나무과)

*Edgeworthia tomentosa*

떨기나무(높이 1~2m)
중국 원산. 남부 지방 재배

가지는 굵고 황갈색이며 3갈래로 계속 갈라지는 특성이 있다. 햇가지는 누운털이 있지만 점차 없어진다. 겨울눈은 맨눈이고 은백색의 비단털에 싸여 있다. 잎눈은 긴 타원형~피침형이고 둥그스름한 꽃눈은 벌집을 닮았으며 긴 자루가 있다. 잎자국은 반원형이며 튀어나오고 관다발자국은 1개이다. 나무껍질은 회색이며 밋밋하다.
어긋나는 잎은 긴 타원형~피침형으로 끝이 뾰족하고 가장자리가 밋밋하며 뒷면에 분백색 털이 있다. 타원형 열매는 6~8㎜ 길이이고 잔털로 덮여 있으며 7월에 익는다. 나무껍질은 한지를 만드는 원료로 사용한다.

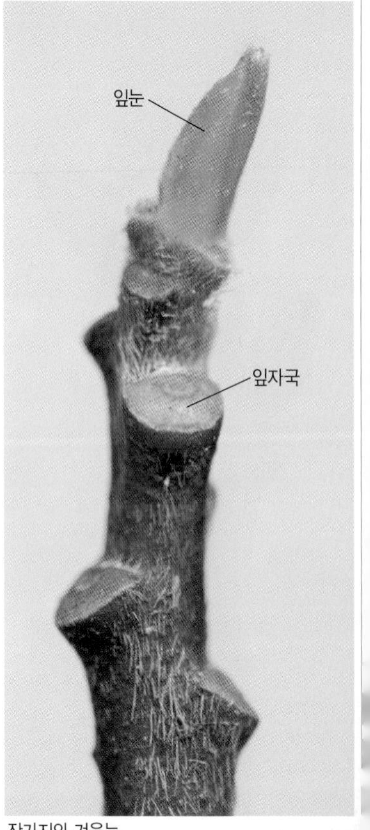


잔가지와 겨울눈

꽃눈

나무껍질

6월 초의 어린 열매

잔가지와 겨울눈

## 상산(운향과)
*Orixa japonica*

떨기나무(높이 2~3m)
주로 남부 지방의 산

가지나 겨울눈에 상처를 내면 강한 냄새가 난다. 햇가지는 회갈색~연갈색이고 짧은털로 덮여 있지만 점차 없어진다. 2개씩 어긋나는 잎눈은 긴 타원형이고 5~7㎜ 길이이며 12~18개의 눈비늘조각에 싸여 있다. 눈비늘조각 가장자리는 연한 색이라서 예쁜 무늬가 생긴다. 꽃눈은 잎눈보다 통통하다. 잎자국은 반원형이며 관다발자국은 1개이다. 나무껍질은 회백색~회갈색이며 작은 껍질눈이 있다. 2장씩 교대로 어긋나는 잎은 달걀형~네모진 달걀형이며 끝이 뾰족하고 가장자리는 거의 밋밋하다. 보통 3~4갈래로 갈라지는 열매는 가을에 익으면 칸칸이 세로로 쪼개진다.

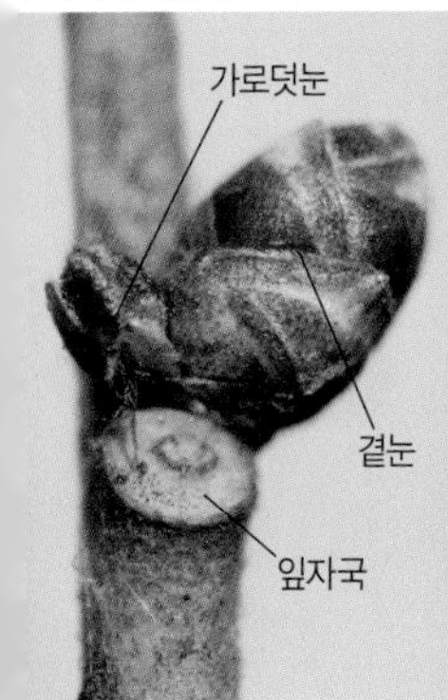

곁눈과 잎자국

나무껍질

11월 말의 열매

## 진달래(진달래과)
*Rhododendron mucronulatum*

떨기나무(높이 2~3m)
산

잔가지는 연갈색이며 비늘조각이 있다. 가지 끝에 모여나는 여러 개의 꽃눈은 긴 타원형이며 끝이 뾰족하고 8개의 눈비늘조각에 싸여 있다. 눈비늘조각 표면에는 비늘조각이 흩어져 나고 가장자리에는 흰색 털이 있다. 곁눈은 끝눈보다 작다. 잎자국은 반원형~삼각형이며 관다발자국은 1개이고 잎자국 위쪽에 있다. 어린 가지 끝부분과 잎자루를 문지르면 향기가 난다. 나무껍질은 회색이며 밋밋하다. 어긋나는 잎은 긴 타원형~거꿀피침형이며 끝이 뾰족하고 가장자리가 밋밋하다. 원통형 열매는 가을에 갈색으로 익으면 세로로 4~5조각으로 갈라져 활짝 벌어진 채 겨우내 매달려 있다.

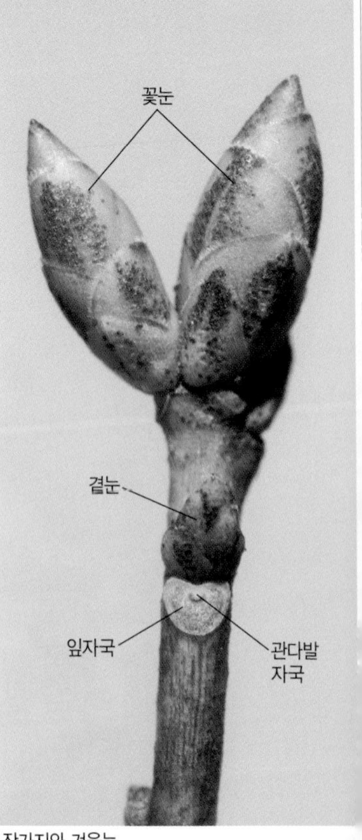

잔가지와 겨울눈

나무껍질

9월의 열매

11월의 열매

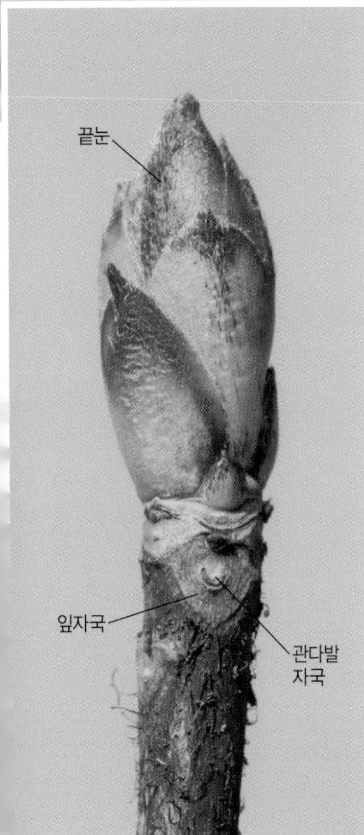

잔가지와 겨울눈

## **철쭉**(진달래과)
*Rhododendron schlippenbachii*

떨기나무(높이 2~5m)
산

가지는 보통 2~4개가 모여난다. 잔가지는 연갈색~회갈색이며 샘털이 있지만 점차 없어진다. 겨울눈은 타원형이며 끝이 뾰족하고 눈비늘조각은 누운털로 덮여 있다. 잎자국은 타원형~마름모형이며 관다발자국은 1개이고 잎자국 가운데에 있다. 나무껍질은 회색이며 노목은 그물눈 모양으로 갈라진다.

어긋나는 잎은 가지 끝에서는 4~5장씩 모여 달린다. 잎몸은 거꿀달걀형~넓은 거꿀달걀형으로 끝이 둥글고 가장자리는 밋밋하며 뒷면은 흰빛이 돈다. 달걀형 열매는 샘털이 있으며 가을에 익으면 5조각으로 갈라져 살짝 벌어진 채 매달려 있다.

나무껍질

8월의 열매

10월의 열매

## 산철쭉(진달래과)

*Rhododendron yedoense* v. *poukhanense*

떨기나무(높이 1~2m)
산의 능선이나 산골짜기

잔가지는 황갈색이며 갈색 털이 있다. 끝눈은 달걀형이며 1㎝ 정도 길이이고 기다란 마른 잎이 붙어 있다. 눈비늘조각은 갈색의 누운 털과 샘털이 있어서 끈적거린다. 곁눈은 잎눈이며 끝눈보다 아주 작다. 잎자국은 삼각형이며 관다발자국은 1개이다. 나무껍질은 회갈색~회색이다.

어긋나는 잎은 가지 끝에서는 모여난다. 잎은 긴 타원형~거꿀피침형이며 끝이 뾰족하고 가장자리가 밋밋하다. 잎 뒷면에는 갈색 털이 빽빽이 나 있다. 달걀형 열매는 긴털로 덮여 있으며 가을에 익으면 세로로 5조각으로 갈라져 활짝 벌어진 채 겨우내 매달려 있다.

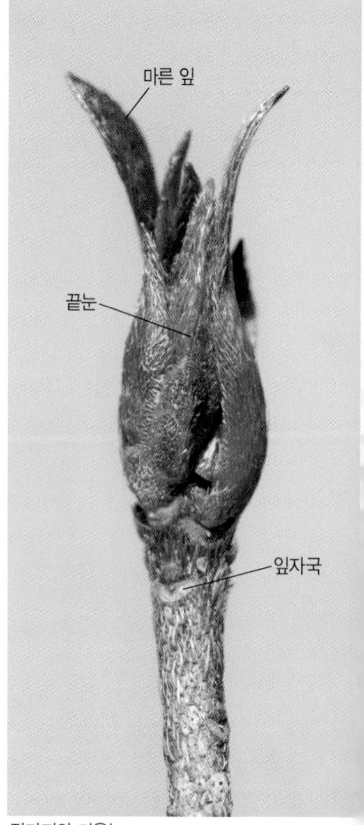

잔가지와 겨울눈

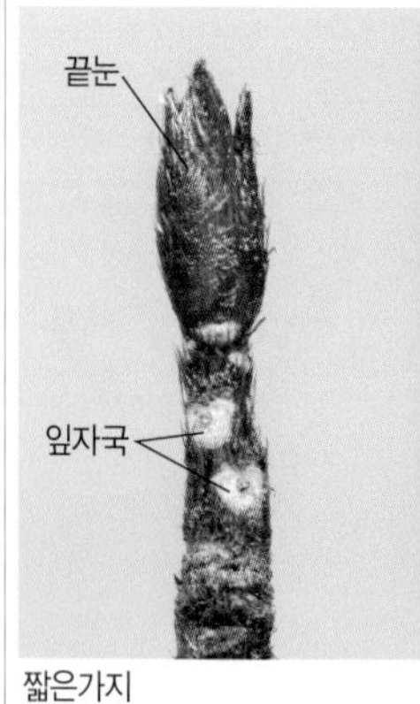

짧은가지

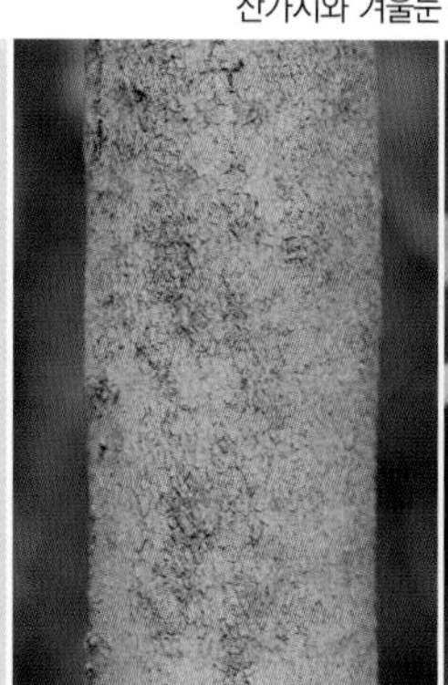
나무껍질

9월 말의 열매

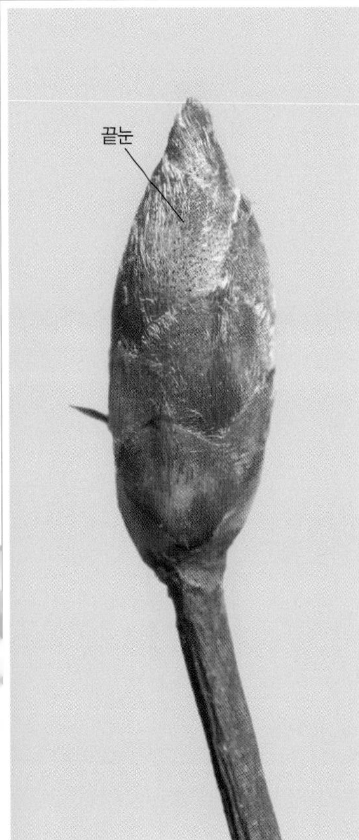

잔가지와 겨울눈

## 참꽃나무(진달래과)
*Rhododendron weyrichii*

떨기나무(높이 3~6m)
제주도 한라산

잔가지는 적자색이며 털이 있지만 점차 없어진다. 겨울눈은 타원형으로 끝이 뾰족하고 15~17㎜ 길이이며 눈비늘조각은 부드러운 털과 샘털로 덮여 있고 가장자리에는 털이 빽빽하다. 눈비늘조각은 꽃이 핀 후에도 남아 있다. 잎자국은 하트형이며 관다발자국은 1개이다. 나무껍질은 연갈색~회갈색이며 노목은 얇은 조각으로 벗겨진다.

어긋나는 잎은 가지 끝에서는 1~3장씩 모여 달린다. 잎몸은 달걀 모양의 원형~마름모 모양의 원형이다. 원통형 열매는 갈색 털이 있으며 가을에 갈색으로 익으면 5조각으로 갈라져 벌어진 채 매달려 있다.

겨울눈과 열매

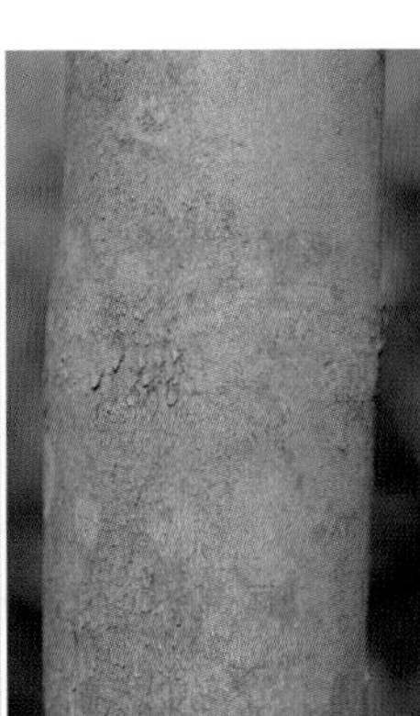
나무껍질

잎 모양

## 등대꽃(진달래과)
*Enkianthus campanulatus*

떨기나무(높이 2~5m)
일본 원산. 관상수

잔가지는 적갈색이며 털이 없다. 끝눈은 둥근 달걀형이며 끝이 뾰족하고 6~10㎜ 길이이며 5~8개의 눈비늘조각에 싸여 있다. 눈비늘조각 가장자리에는 잔털이 있다. 잎자국은 반원형~하트형이고 관다발자국은 1개이다. 나무껍질은 어두운 적갈색~회갈색이다.
어긋나는 잎은 가지 끝에서는 모여난다. 잎몸은 거꿀달걀형~타원형이며 끝이 뾰족하고 가장자리에 잔톱니가 있다. 타원형~긴 달걀형 열매가 모여 달린 열매송이는 밑으로 처진다. 긴 열매자루는 끝에서 위로 굽기 때문에 열매는 위를 향한다. 열매는 익으면 5조각으로 갈라진 채 겨울까지 매달려 있다.

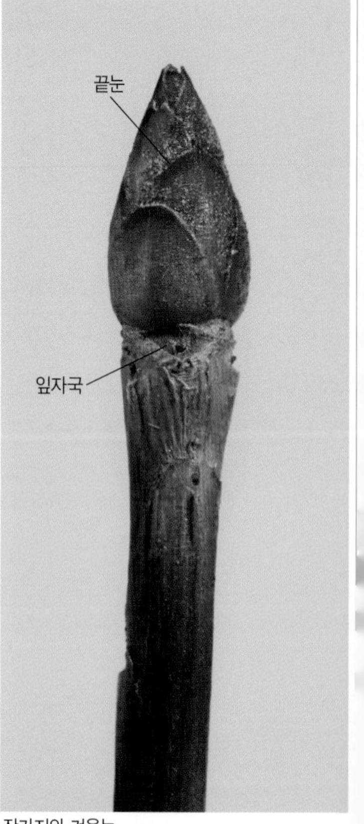

잔가지와 겨울눈

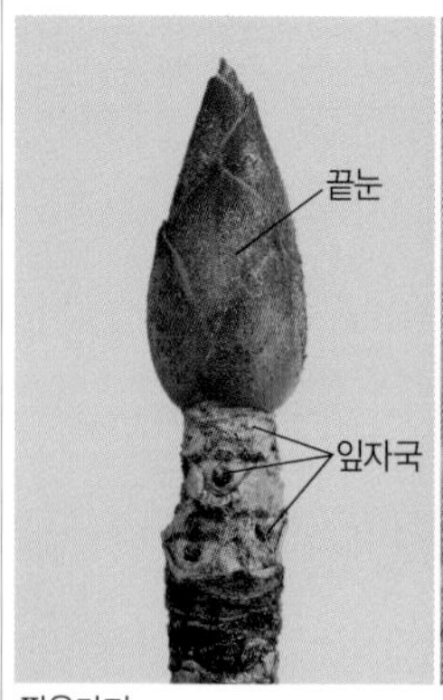

짧은가지

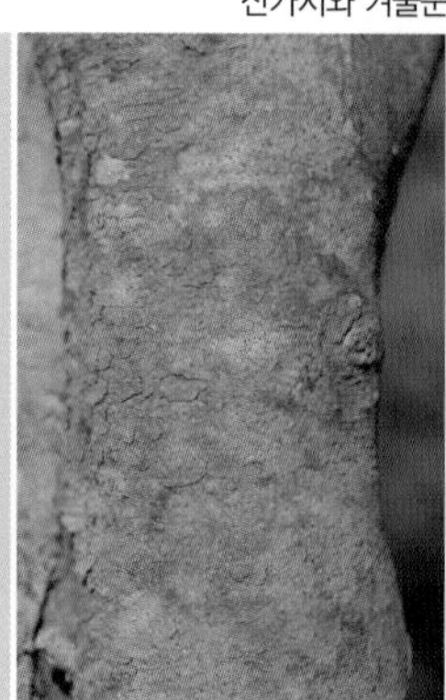
나무껍질

8월의 어린 열매

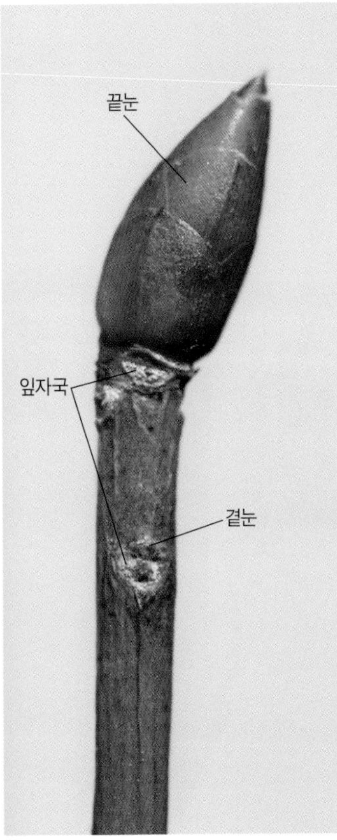


## 단풍철쭉(진달래과)
*Enkianthus perulatus*

떨기나무(높이 1~2m)
일본 원산. 관상수

잔가지는 적갈색이며 가늘고 털이 없다. 끝눈은 달걀형이며 끝이 뾰족하고 4~7㎜ 길이이며 털이 없고 10개 정도의 적갈색 눈비늘조각이 기와처럼 포개져 있다. 곁눈은 아주 작다. 잎자국은 삼각형이고 관다발자국은 1개이다. 나무껍질은 회색이며 불규칙하게 갈라져 벗겨진다.
어긋나는 잎은 가지 끝에서는 모여 달린다. 잎몸은 긴 달걀형~타원형이며 끝이 뾰족하고 가장자리에 잔톱니가 있다. 좁은 타원형 열매는 끝에 뾰족한 암술대가 남아 있으며 털이 없고 위를 향한다. 열매는 7~10월에 갈색으로 익으면 5조각으로 갈라진 채 겨울까지 매달려 있다.

잔가지와 겨울눈

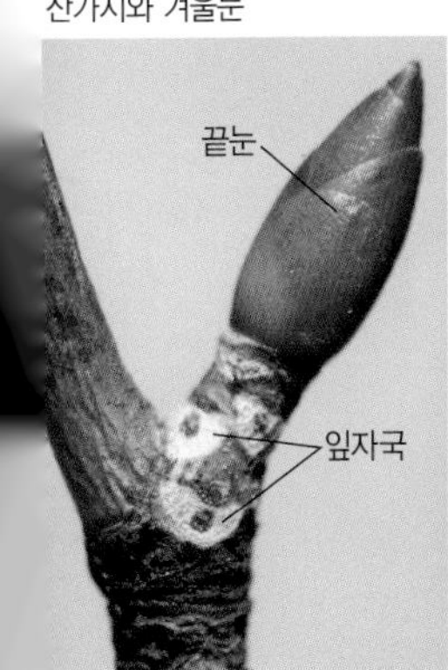


짧은가지

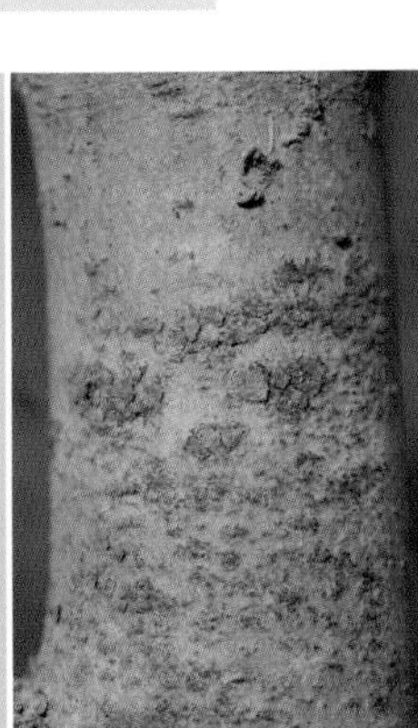

나무껍질

8월의 어린 열매

## 산매자나무(진달래과)
*Vaccinium japonicum*

떨기나무(높이 30~100㎝)
제주도 한라산

줄기는 드문드문 가지가 갈라진다. 어린 가지는 녹색이고 매끈하며 납작한 원기둥 모양이고 2개의 얕은 능선이 있으며 점차 적갈색이 된다. 겨울눈은 달걀형~긴 타원형으로 끝이 뾰족하고 3~4㎜ 길이이며 매끈한 2개의 눈비늘조각에 싸여 있다. 잎자국은 초승달형~타원형이며 튀어나오고 관다발자국은 1개이다. 가짜끝눈 옆에 마른 가지가 있다. 가지 밑으로 갈수록 곁눈의 크기가 작아진다. 나무껍질은 회갈색이며 불규칙하고 얇게 갈라진다.
어긋나는 잎은 달걀형~넓은 피침형이며 끝이 뾰족하고 가장자리에 잔톱니가 있다. 둥근 열매는 가을에 붉게 익는다.

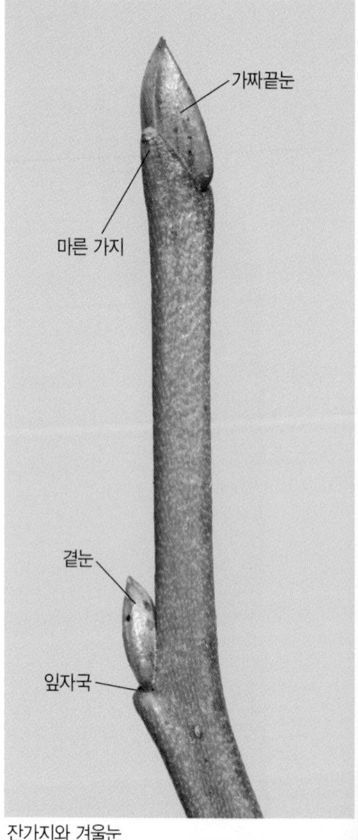

잔가지와 겨울눈

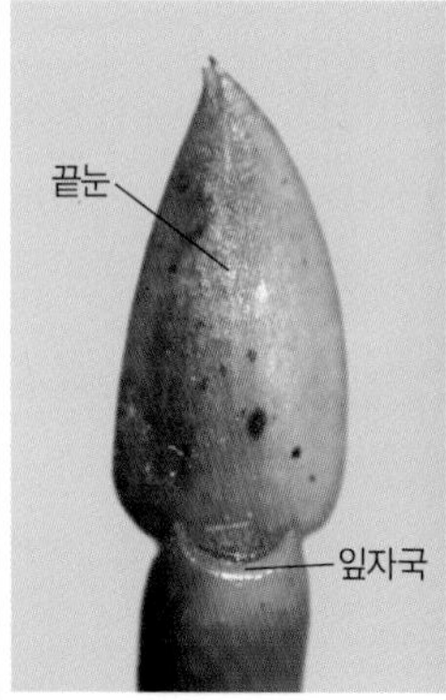

끝눈과 잎자국

나무껍질

9월의 열매

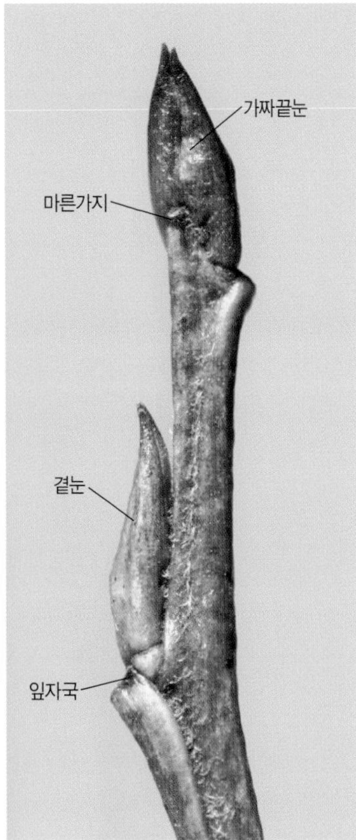

잔가지와 겨울눈

## 산앵도나무(진달래과)
*Vaccinium koreanum*

떨기나무(높이 1~1.5m)
산 능선

햇가지는 연녹색이며 털이 있다. 잔가지는 황갈색~적갈색이고 여러 개의 능선이 있다. 겨울눈은 긴 달걀형이며 끝이 뾰족하고 2개의 눈비늘조각에 싸여 있다. 눈비늘조각은 털이 없다. 곁눈은 끝눈과 모양과 크기가 비슷하며 가지에 바짝 붙는다. 잎자국은 초승달형이며 작다. 나무껍질은 회갈색~자갈색이며 광택이 있고 노목은 얇은 조각으로 갈라져 벗겨진다. 어긋나는 잎은 넓은 피침형~달걀형이며 끝이 뾰족하고 가장자리에 날카로운 잔톱니가 있다. 9월에 붉게 익는 둥근 달걀형 열매는 남아 있는 꽃받침자국 때문에 절구같이 보이며 새콤달콤한 맛이 난다.

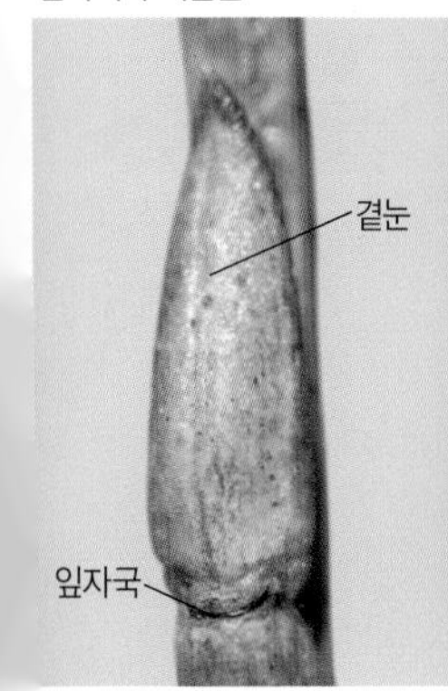

곁눈과 잎자국

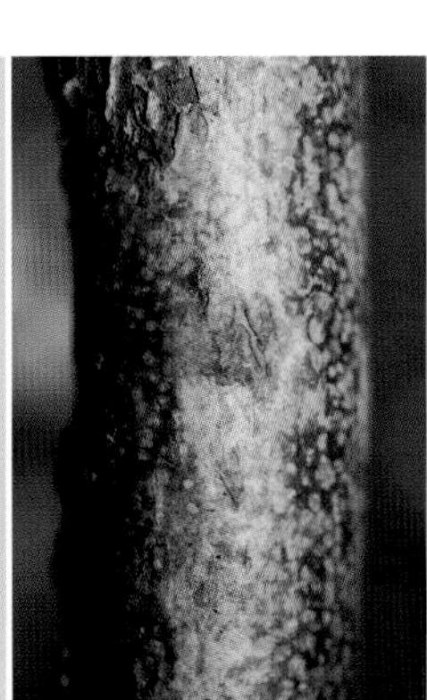
나무껍질

9월의 열매

## 블루베리(진달래과)
*Vaccinium corymbosum*

떨기나무(높이 2~4m)
북미 원산. 재배

잔가지는 적갈색~녹갈색이고 마디를 따라 약간 지그재그로 벋는다. 잔가지는 어릴 때는 털이 있지만 점차 없어진다. 꽃눈은 둥근 달걀형이며 끝이 뾰족하고 붉은 눈비늘조각이 기와처럼 포개진다. 눈비늘조각 끝은 색깔이 연해진다. 잎눈은 좁은 원뿔형이며 꽃눈보다 작다. 잎자국은 가로로 긴 타원형이다. 나무껍질은 회갈색이며 세로로 얇은 조각으로 갈라진다. 어긋나는 잎은 긴 타원형~달걀형이며 끝이 뾰족하고 가장자리가 밋밋하다. 둥근 열매는 끝에 꽃받침자국이 남아 있으며 가을에 붉은색으로 변했다가 검푸른색으로 익고 새콤달콤하며 식용한다.

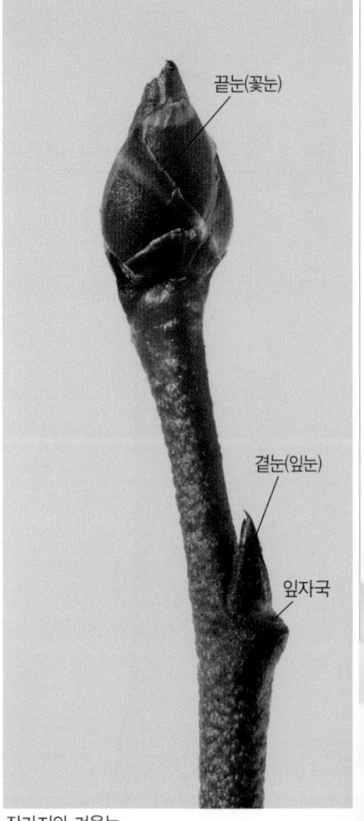

잔가지와 겨울눈

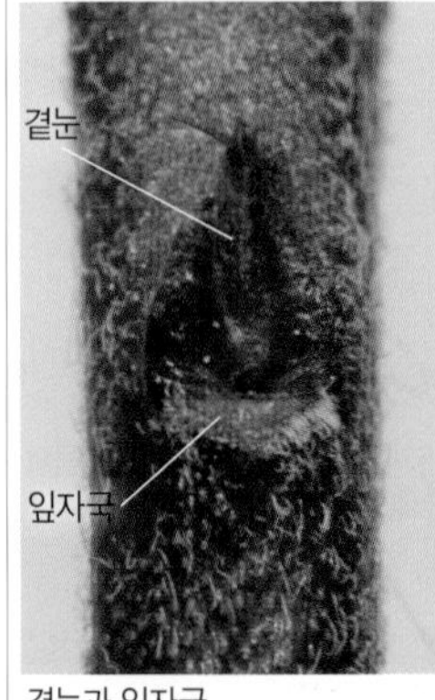

곁눈과 잎자국

나무껍질

7월의 열매

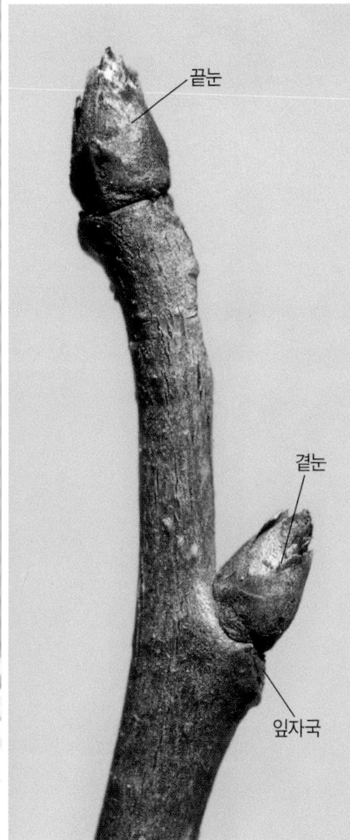

잔가지와 겨울눈

## 정금나무(진달래과)
*Vaccinium oldhamii*

떨기나무(높이 2~3m)
남부 지방의 산

잔가지는 회갈색~적갈색이고 능선이 있으며 짧은털이 있다. 겨울눈은 달걀형으로 끝이 뾰족하고 1~2㎜ 길이이며 털이 없고 6~8개의 적갈색 눈비늘조각에 싸여 있다. 잎자국은 반원형~초승달형이며 약간 튀어나오고 관다발자국은 1개이다. 나무껍질은 회갈색이며 세로로 불규칙하게 얇은 조각으로 갈라진다.
어긋나는 잎은 타원형~넓은 달걀형으로 끝이 뾰족하고 가장자리가 밋밋하며 털이 있다. 잎 뒷면은 연녹색이다. 둥근 열매는 끝에 꽃받침이 떨어져 나간 흔적이 있고 가을에 검게 익으면 새콤달콤한 맛이 나며 먹을 수 있다.

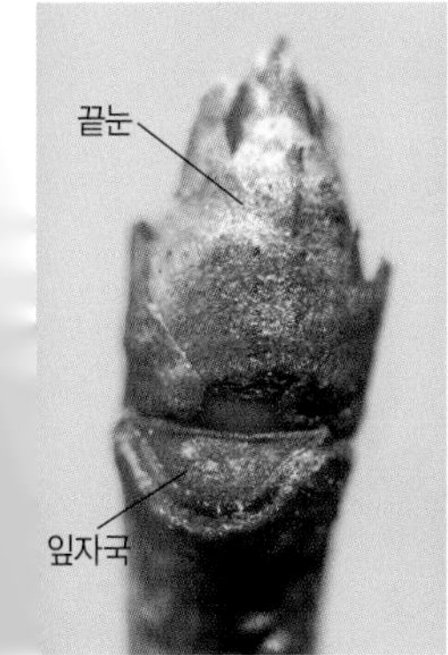

끝눈과 잎자국

나무껍질

8월 말의 열매

## 박쥐나무(층층나무과 | 박쥐나무과)
*Alangium platanifolium*

떨기나무(높이 2~4m)
산

잔가지는 적갈색~밤갈색이며 마디를 따라 지그재그로 약간 굽고 어릴 때는 털이 있지만 점차 없어진다. 겨울눈은 반구형~둥근 달걀형이며 긴털로 덮여 있는 2개의 눈비늘조각에 싸여 있다. 가짜끝눈은 곁눈보다 약간 크며 3~4㎜ 길이이다. 잎자국은 U자형이며 겨울눈을 완전히 둘러싸고 관다발자국은 7개이다. 나무껍질은 회색이며 밋밋하고 껍질눈이 많다.
어긋나는 잎은 둥그스름한 잎몸 끝이 3~5갈래로 얕게 갈라진다. 잎자루 위에 겨울눈은 보이지 않고 잎자루를 눌러서 떼어 내면 속에 겨울눈이 숨어 있는 것을 볼 수 있다. 둥그스름한 열매는 가을에 벽자색으로 익는다.

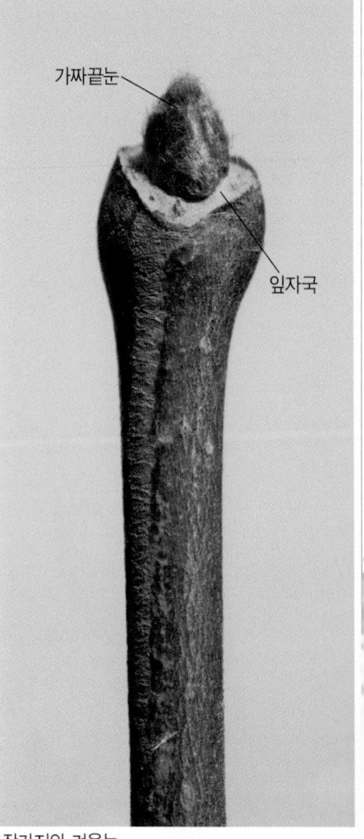

잔가지와 겨울눈

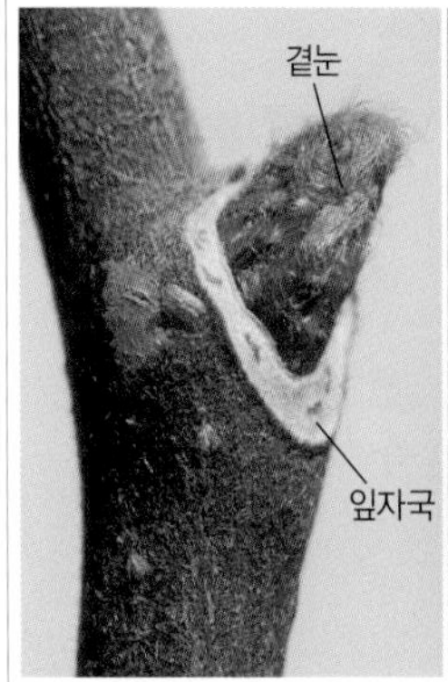

곁눈과 잎자국

나무껍질

7월의 어린 열매

잔가지와 겨울눈

## 노린재나무(노린재나무과)
*Symplocos sawafutagi*

떨기나무(높이 2~5m)
산

가지는 위쪽에서 옆으로 넓게 퍼져서 우산 모양의 수형이 된다. 가지는 마디마다 지그재그로 약간씩 굽는다. 잔가지는 황갈색~진한 회갈색이고 굽은털과 함께 껍질눈이 있다. 겨울눈은 원뿔형으로 끝이 뾰족하고 2㎜ 정도 길이이며 갈색 눈비늘조각에 싸여 있다. 잎자국은 반원형이며 약간 튀어나오고 관다발자국은 1개이다. 곁눈은 끝눈과 크기가 비슷하다. 나무껍질은 회갈색이며 세로로 얇게 갈라진다.

어긋나는 잎은 타원형~거꿀달걀형이며 끝이 뾰족하고 가장자리에 날카로운 톱니가 있다. 타원형 열매는 가을에 남색으로 익는다.

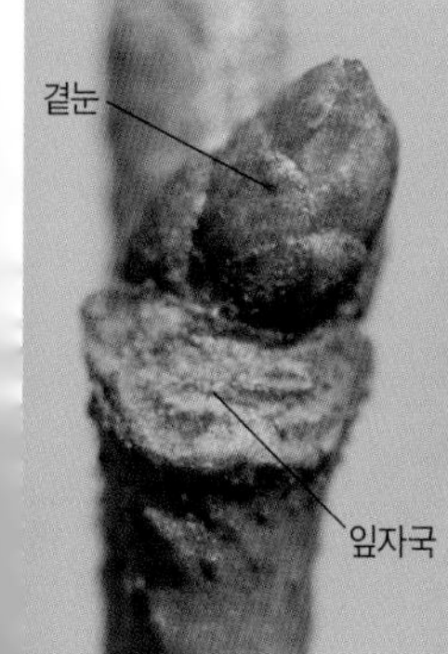

곁눈과 잎자국

나무껍질

9월의 열매

## 섬노린재(노린재나무과)

*Symplocos coreana*

떨기나무(높이 2~5m)
제주도 한라산

햇가지는 처음에 털이 있지만 점차 없어지며 원형~타원형 껍질눈이 흩어져 난다. 겨울눈은 달걀형이며 2㎜ 정도 길이이고 6~10개의 갈색 눈비늘조각에 싸여 있다. 가지 끝은 겨울에 말라 죽고 가짜끝눈이 달린다. 가짜끝눈은 곁눈과 크기와 모양이 비슷하다. 잎자국은 반원형이며 약간 튀어나오고 관다발자국은 1개이다. 나무껍질은 회백색이고 얇게 벗겨진다.

어긋나는 잎은 거꿀달걀형이고 끝은 길게 뾰족하며 가장자리에 길고 날카로운 톱니가 있다. 열매는 달걀형이며 6~7㎜ 길이이고 가을에 남흑색으로 익는다. ＊**노린재나무**(p.231)와 비슷하지만 잎 가장자리의 큰 톱니와 열매의 색깔이 다르다.

잔가지와 겨울눈

나무껍질

어린 가지

5월에 핀 꽃

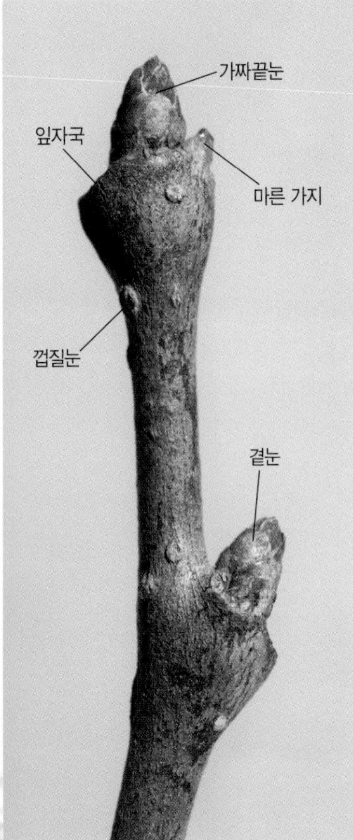

잔가지와 겨울눈

## 검노린재(노린재나무과)
*Symplocos tanakana*

떨기~작은키나무(높이 2~8m)
남부 지방의 산

잔가지는 갈색~회갈색이며 털이 거의 없고 껍질눈이 뚜렷하다. 겨울눈은 원뿔 모양의 달걀형이며 2~5㎜ 길이이고 6~7개의 눈비늘조각에 싸여 있다. **눈비늘조각은 가장자리에 털이 있고 나머지는 거의 털이 없다. 잎자국은 반원형이며 약간 튀어나오고 관다발자국은 1개이다. 나무껍질은 갈색~회갈색이며 세로로 불규칙하게 갈라진다.**

**어긋나는** 잎은 긴 타원형으로 끝이 뾰족하고 가장자리에 날카로운 잔톱니가 있으며 뒷면은 회녹색이고 잎맥 위에 털이 있다. 열매는 둥근 달걀형이며 가을에 검은색으로 익는다.

곁눈과 잎자국

나무껍질

10월 초의 열매

# 낙상홍(감탕나무과)

*Ilex serrata*

떨기나무(높이 2~3m)
일본 원산. 관상수

잔가지는 암갈색이며 먼지 모양의 짧은털이 있다. 곁가지는 보통 짧은가지로 변한다. 겨울눈은 반구형~원뿔형으로 1㎜ 정도 길이이고 4~8개의 눈비늘조각에 싸여 있으며 세로덧눈이 달리기도 한다. 잎자국은 반원형이고 관다발자국은 1개이다. 나무껍질은 회갈색이며 밋밋하다.

어긋나는 잎은 타원형~달걀 모양의 긴 타원형이며 끝이 뾰족하고 가장자리에 날카로운 잔톱니가 있다. 잎 양면에 털이 있다. 둥근 열매는 지름 5㎜ 정도이고 가을에 붉은색으로 익으며 서리가 내려 잎이 떨어진 다음에도 그대로 매달려 있다.

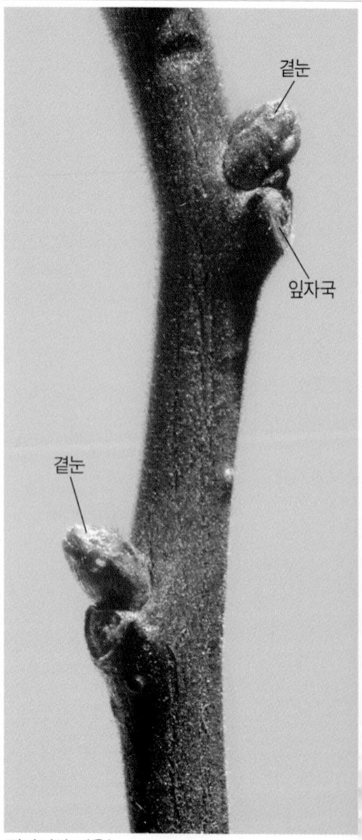

잔가지와 겨울눈

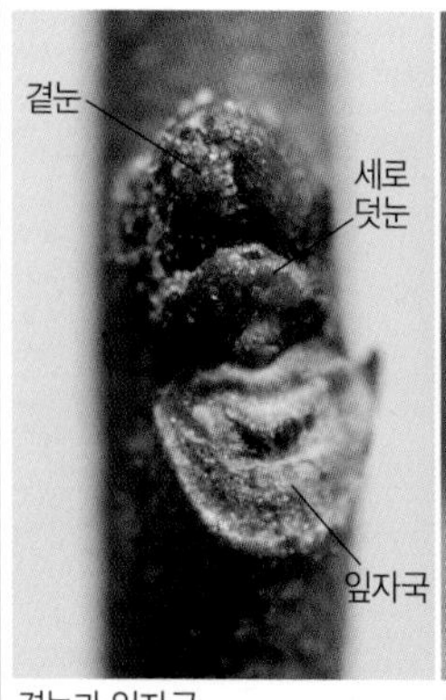

곁눈과 잎자국

나무껍질

9월의 열매

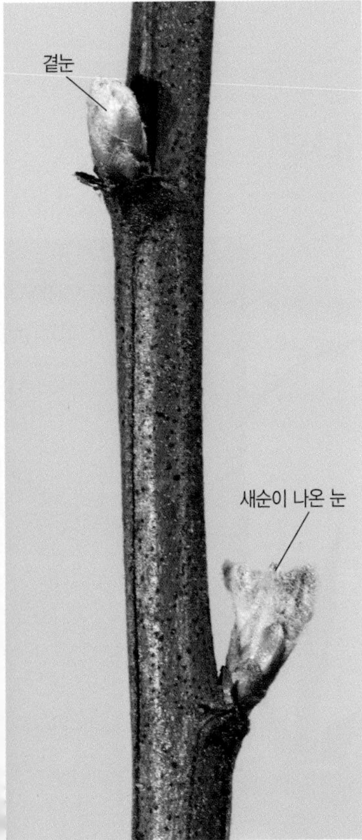

잔가지와 겨울눈

## 더위지기(국화과)

*Artemisia gmelinii*

떨기나무(높이 1m 정도)
산과 들

줄기 밑부분은 목질화(木質化)되며 윗부분에서는 가지가 갈라진다. 잔가지는 갈색~홍갈색이며 능선이 있고 짧은털과 검은색 반점이 있으며 겨울에는 윗부분이 말라 죽는다. 겨울눈은 둥근 달걀형이며 털이 있는 눈비늘조각에 싸여 있다. 한겨울에 눈이 벌어지기도 한다. 잎자국은 작고 초승달형이다. 나무껍질은 갈색이다.
어긋나는 잎은 세모진 달걀형이며 2회깃꼴로 갈라진다. 작은잎은 가장자리에 톱니가 있으며 뒷면은 연녹색이고 기름점이 있다. 잎자루는 2~3㎝ 길이이다. 열매는 달걀 모양의 타원형이며 11월에 갈색으로 익는다.

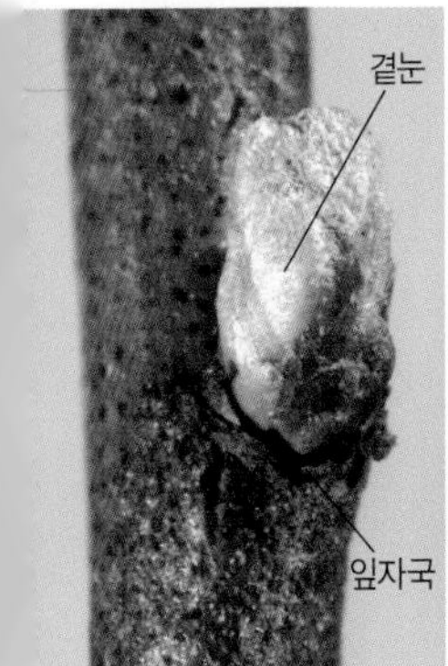

곁눈과 잎자국

나무껍질

잎 모양

# 가시가 있는 갈잎키나무

3월의 주엽나무 줄기의 가시

## 아까시나무/아카시아나무(콩과)

*Robinia pseudoacacia*

큰키나무(높이 15~25m)
북미 원산. 산

가지는 약하고 굵은 가지도 잘 부러진다. 햇가지는 털이 없고 능선이 있다. 겨울눈은 잎자국 속에 숨어서 보이지 않는 묻힌눈이다. 잎자국은 둥근 삼각형이며 약간 튀어나오기도 하고 3갈래로 갈라지는 경우가 많으며 관다발자국은 3개이다. 잎자국 양옆에 턱잎이 변한 날카로운 가시가 달리는 것이 많다. 봄이 오면 잎자국이 3갈래로 갈라지며 새순이 돋는다. 나무껍질은 연갈색~황갈색이고 세로로 깊게 갈라진다.

어긋나는 잎은 9~19장의 작은잎을 가진 홀수깃꼴겹잎이다. 작은잎은 타원형~달걀형이며 가장자리가 밋밋하다. 길고 납작한 꼬투리 열매는 겨울까지 남아 있다.

잔가지와 겨울눈

봄에 돋은 새순

나무껍질

8월의 열매

## 주엽나무(콩과)
*Gleditsia japonica*

큰키나무(높이 10~20m)
산골짜기나 냇가

줄기나 가지에 여러 번 갈라진 날카로운 가시가 달리는데 단면이 약간 납작하다. 겨울눈은 반구형~원뿔형으로 1㎜ 정도 길이로 작고 잎자국에 반쯤 묻혀 있으며 4~6개의 눈비늘조각에 싸여 있다. 곁눈이 2개가 달리는 경우 위의 눈은 가시로 자란다. 짧은가지 끝에는 겨울눈이 혹처럼 모여 달린다. 잎자국은 반원형~하트형이고 관다발자국은 3개이다. 나무껍질은 흑갈색~회갈색이다.
어긋나는 잎은 6~12쌍의 작은잎이 마주 붙는 짝수깃꼴겹잎이다. 작은잎은 긴 타원형~긴 달걀형이며 가장자리에 물결 모양의 톱니가 있다. 납작한 꼬투리열매는 비틀려서 꼬이며 가을에 익는다.

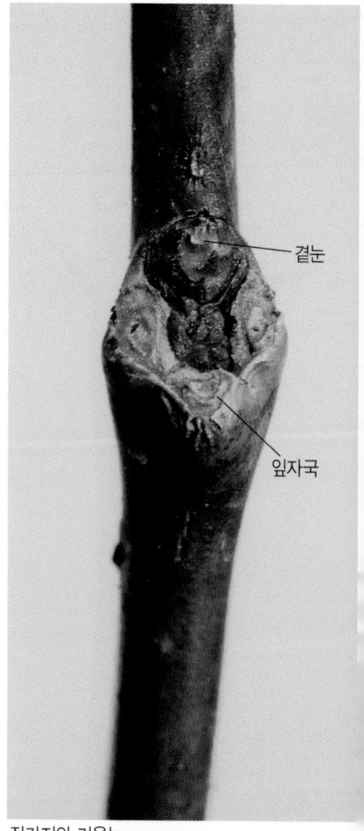

잔가지와 겨울눈

짧은가지

나무껍질

가시

7월 말의 어린 열매

잔가지와 겨울눈

## 조각자나무(콩과)

*Gleditsia sinensis*

큰키나무(높이 20~30m)
중국 원산. 관상수

줄기나 가지에 여러 번 갈라진 날카로운 가시가 달리는데 단면이 둥글다. 햇가지는 녹색~회녹색이며 털이 있고 흰색 껍질눈이 흩어져 난다. 겨울눈은 달걀형이며 끝이 뾰족하고 여러 개의 눈비늘조각에 싸여 있다. 눈비늘조각 가장자리에는 털이 있다. 겨울눈 밑에는 세로덧눈이 있다. 잎자국은 삼각형~U자형이고 관다발자국은 3개이다. 나무껍질은 회갈색이다.
어긋나는 잎은 3~9쌍의 작은잎을 가진 짝수깃꼴겹잎이다. 작은잎은 긴 타원형~달걀 모양의 피침형이며 가장자리에 얕고 뾰족한 톱니가 있다. 납작한 꼬투리열매는 뒤틀리지 않으며 쪼개면 매운 냄새가 난다.

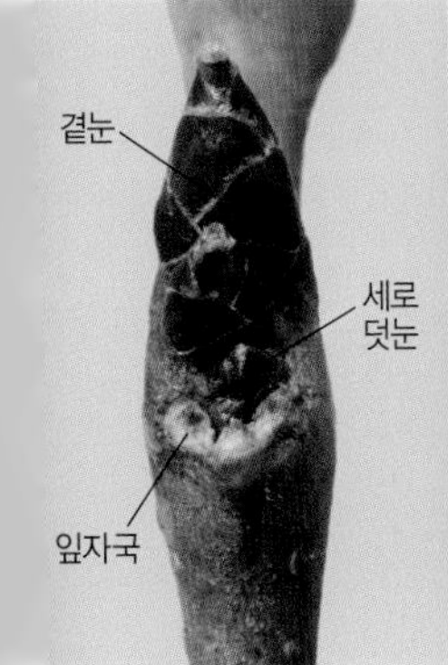

곁눈과 잎자국

나무껍질과 가시

8월 말의 열매

## 꾸지뽕나무(뽕나무과)
*Maclura tricuspidata*

떨기~작은키나무(높이 3~8m)
주로 남부 지방의 바닷가

작은키나무이지만 떨기나무로 자라는 것도 있다. 잎겨드랑이에 가지가 변해서 된 길고 날카로운 가시가 있다. 잔가지는 연갈색~회갈색이며 털이 있다가 점차 없어진다. 겨울눈은 적갈색이고 둥그스름하며 눈비늘조각 가장자리에는 흰색 털이 있다. 곁눈 옆에 가로덧눈이 달리기도 한다. 잎자국은 반원형~타원형이며 관다발자국은 4~7개이다. 나무껍질은 회갈색이고 세로로 얕게 갈라진다.
어긋나는 잎은 달걀형~거꿀달걀형이며 끝이 뾰족하고 가장자리는 밋밋하지만 3갈래로 얕게 갈라지기도 한다. 둥그스름한 열매송이는 표면이 울퉁불퉁하고 가을에 붉게 익는다.

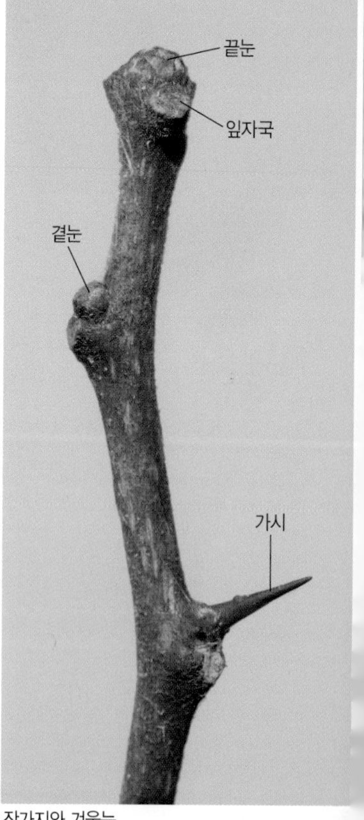

잔가지와 겨울눈

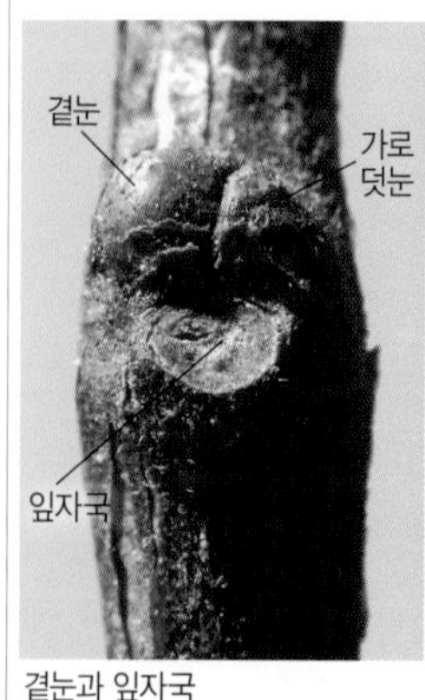

곁눈과 잎자국

나무껍질

9월 말의 열매

잔가지와 겨울눈

## 묏대추(갈매나무과)
*Ziziphus jujuba*

작은키나무(높이 4~10m)
산기슭과 마을 주변

잔가지는 적갈색~회갈색이며 털이 없고 턱잎이 변한 2개의 날카로운 가시가 있다. 1개의 가시는 3cm 정도로 길고 비스듬히 서며 다른 1개는 짧고 비스듬히 아래를 향한다. 겨울눈은 반구형이며 작고 잎자국은 반원형이다. 나무껍질은 회색~흑갈색이며 노목은 불규칙하게 세로로 갈라진다.
어긋나는 잎은 달걀형으로 광택이 있고 가장자리에 불규칙하고 둔한 톱니가 있으며 3개의 잎맥이 발달한다. 동그스름한 열매는 가을에 적갈색으로 익는다. *흔히 재배하는 **대추나무**는 보통 턱잎이 변한 가시가 흔적만 남아 있지만 품종에 따라 조금씩 다르다.

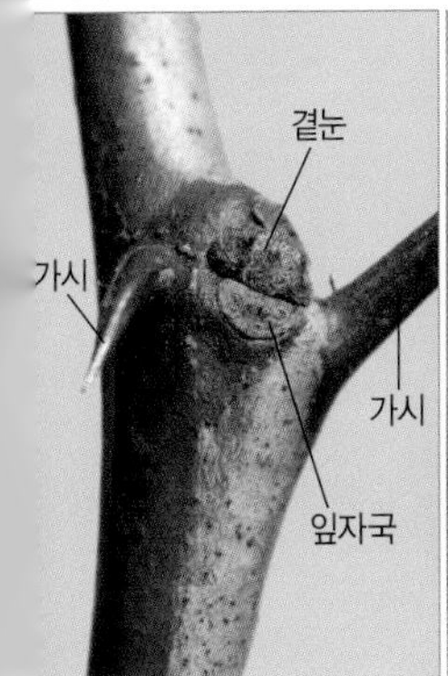

곁눈과 가시

나무껍질

10월의 열매

## 산사나무(장미과)
*Crataegus pinnatifida*

큰키나무(높이 6~8m)
산

잔가지는 회갈색이며 털이 없고 껍질눈이 흩어져 난다. 잔가지에 짧은가지가 변한 날카로운 가시가 있는데 가지와 거의 직각으로 벌어진다. 겨울눈은 반구형이며 여러 개의 눈비늘조각은 살짝 벌어지기도 한다. 곁눈은 끝눈보다 작다. 잎자국은 초승달형이며 튀어나오고 관다발자국은 3개이다. 나무껍질은 회갈색이며 불규칙하게 얇은 조각으로 갈라져 벗겨진다. 어긋나는 잎은 넓은 달걀형으로 끝이 뾰족하고 잎몸이 3~5쌍으로 갈라지며 가장자리에 불규칙하고 뾰족한 톱니가 있다. 끝에 꽃받침 자국이 남아 있는 둥근 열매는 가을에 붉게 익는다.

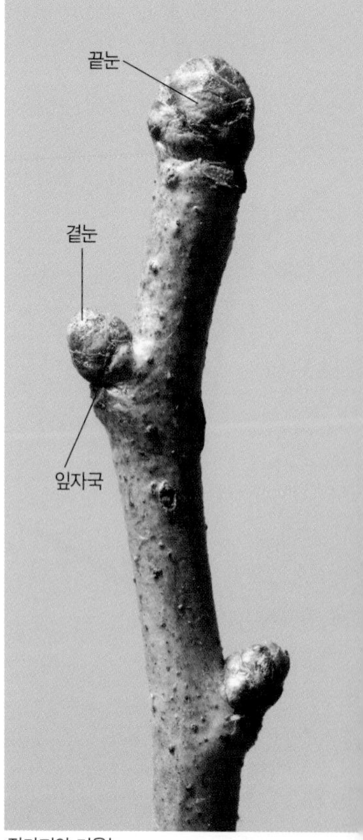

잔가지와 겨울눈

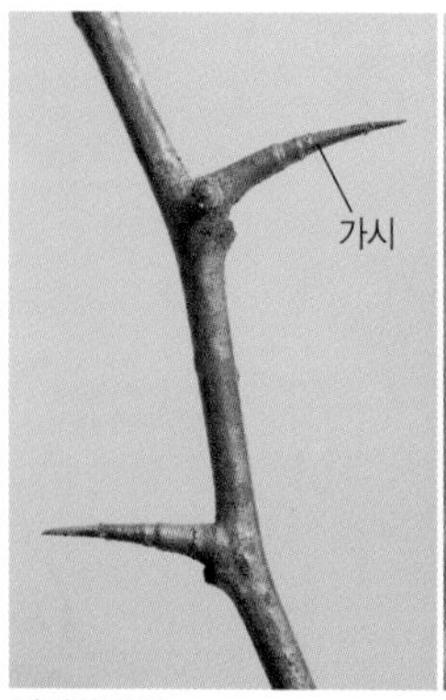

가지의 가시

나무껍질

8월 말의 열매

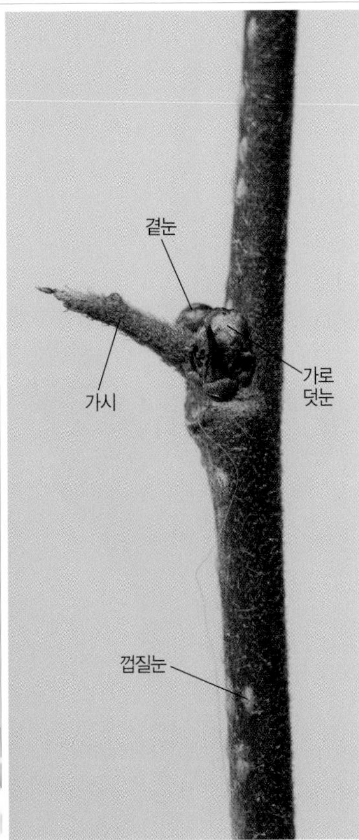

잔가지와 겨울눈

## 시무나무(느릅나무과)
*Hemiptelea davidii*

큰키나무(높이 20m 정도)
산

줄기는 곧게 자라고 원뿔 모양의 수형을 만든다. 햇가지는 잔털이 있지만 점차 없어지고 껍질눈이 흩어져 나며 겨울에 가지 끝이 잘 말라 죽는다. 가지에 어린 가지가 변한 2~10㎝ 길이의 긴 가시가 많이 있다. 겨울눈은 동그스름하며 곁눈 옆에는 가로덧눈이 달린다. 잎자국은 반원형이며 관다발자국은 3개이다. 나무껍질은 회갈색~흑회색이며 세로로 얕고 불규칙하게 갈라진다.

어긋나는 잎은 긴 타원형~거꿀달걀 모양의 타원형이며 끝이 뾰족하고 가장자리에 톱니가 있다. 열매는 일그러진 달걀 모양이며 한쪽에만 날개가 있고 가을에 갈색으로 익는다.

곁눈과 잎자국

나무껍질

7월의 열매

## 석류나무(부처꽃과 | 석류과)

*Punica granatum*

작은키나무(높이 5~6m)

유라시아 원산. 관상수

햇가지는 약간 네모지고 짧은가지 끝은 단단한 가시로 변한다. 껍질눈은 작고 희미하다. 겨울눈은 달걀형이며 끝이 뾰족하고 1~2㎜ 길이이며 4~6개의 눈비늘조각에 싸여 있다. 잎자국은 반원형이며 약간 튀어나온다. 나무껍질은 회색~회갈색이며 얇은 조각으로 불규칙하게 벗겨진다.

마주나는 잎은 가지 끝에서는 모여난다. 잎몸은 긴 타원형으로 끝이 둔하고 가장자리가 밋밋하며 양면에 털이 없고 앞면은 광택이 있다. 둥근 열매는 끝에 꽃받침조각이 붙어 있으며 가을에 붉은색으로 익고 많은 씨앗이 들어 있으며 과일로 먹는다.

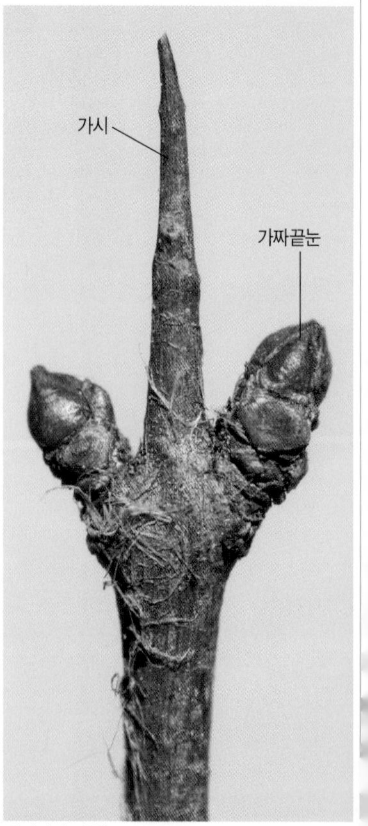

잔가지와 겨울눈

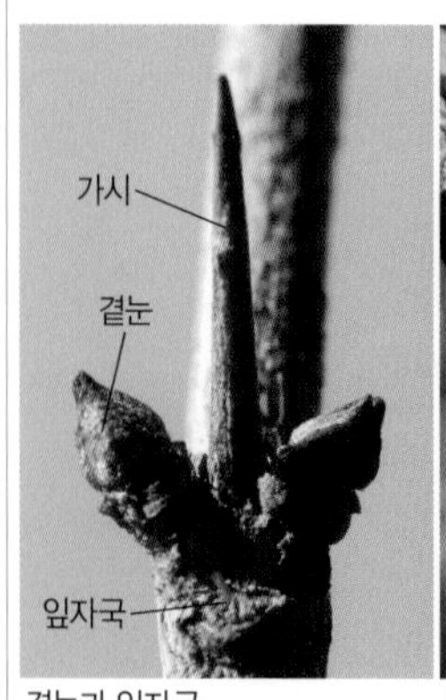

곁눈과 잎자국

나무껍질

10월 초의 열매

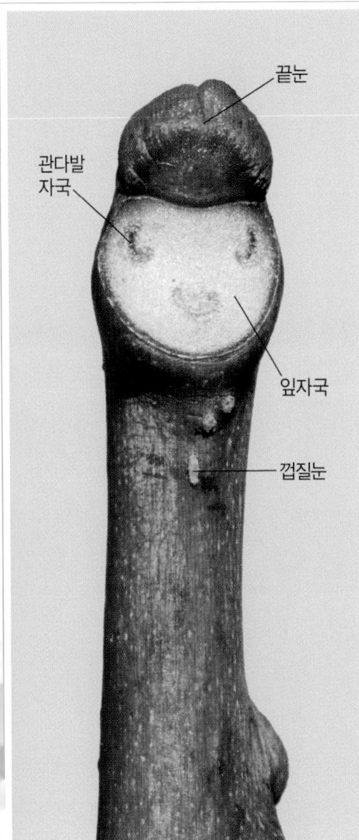

잔가지와 겨울눈

## 머귀나무(운향과)
*Zanthoxylum ailanthoides*

큰키나무(높이 15m 정도)
울릉도와 남쪽 바닷가의 산

잔가지는 녹색~적자색이며 털이 없고 작은 가시가 있다. 겨울눈은 반구형이며 지름 4~8㎜이고 3개의 눈비늘조각에 싸여 있다. 눈비늘조각은 털이 없다. 잎자국은 콩팥형~하트형이고 관다발자국은 3개이다. 나무껍질은 회갈색이고 가시가 많으며 가시가 떨어지면 사마귀 모양의 돌기가 남는다.

어긋나는 잎은 13~31장의 작은잎을 가진 홀수깃꼴겹잎이다. 작은잎은 피침형~긴 타원형이며 끝이 길게 뾰족하고 가장자리에 얕은 잔톱니가 있다. 3갈래로 갈라져 있는 열매는 가을에 황갈색으로 익으면 갈라져서 검은색 씨앗이 드러난 채 겨울까지 남는다. *산초나무속(p.76) 중에 유일한 큰키나무이다.

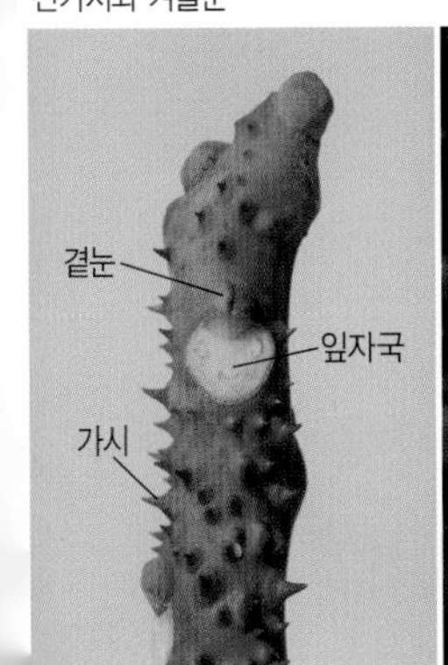

가지의 가시

나무껍질

10월 말의 열매

## 두릅나무(두릅나무과)

*Aralia elata*

떨기나무~작은키나무(높이 3~5m)
산

잔가지는 굵고 회갈색~회백색이며 가늘고 억센 가시가 흩어져 난다. 끝눈은 원뿔형이며 10~15㎜ 길이이고 3~4개의 눈비늘조각에 싸여 있다. 곁눈은 원뿔형~둥근 원뿔형이며 끝눈보다 작다. 잎자국은 V자~U자형이며 관다발자국은 30~40개이다. 나무껍질은 회갈색이며 노목은 불규칙하게 세로로 얕게 갈라진다.

어긋나는 잎은 가지 끝에서는 모여 달린다. 잎은 2회깃꼴겹잎이며 50~100㎝ 길이로 큼직하고 잎자루에 가시가 있다. 작은잎은 달걀형~타원형이며 끝이 뾰족하고 가장자리에 불규칙한 톱니가 있다. 둥근 열매는 지름 3㎜ 정도로 작고 10월에 검게 익는다.

잔가지와 겨울눈

나무껍질

잎 모양

잎자루의 가시

## 음나무/엄나무(두릅나무과)
*Kalopanax septemlobus*

큰키나무(높이 10~25m)
산

잔가지는 굵고 회갈색이며 어릴 때는 털이 있지만 곧 없어지고 날카로운 가시와 껍질눈이 많다. 끝눈은 반구형~원뿔형이며 5~9㎜ 길이이고 털이 없으며 2~3개의 자갈색 눈비늘조각에 싸여 있다. 곁눈은 끝눈보다 작다. 잎자국은 V자형이며 관다발자국은 9~15개이다. 나무껍질은 회갈색~흑갈색이며 세로로 불규칙하게 갈라진다.

어긋나는 잎은 가지 끝에서는 모여난다. 잎몸은 원형이며 5~9갈래로 손바닥처럼 갈라지고 밑부분은 얕은 심장저이다. 갈래조각 끝은 길게 뾰족하며 가장자리에 잔톱니가 있다. 둥근 열매는 가을에 적갈색으로 변했다가 검게 익는다.

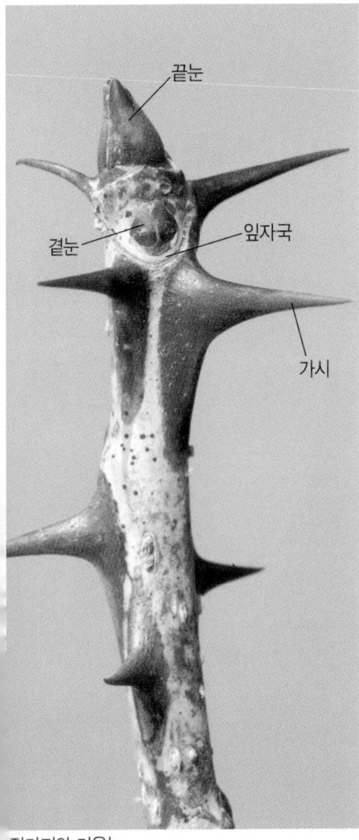

잔가지와 겨울눈

나무껍질

줄기의 잎

10월의 열매

# 겨울눈이 마주나는 갈잎키나무

중국단풍 나무껍질

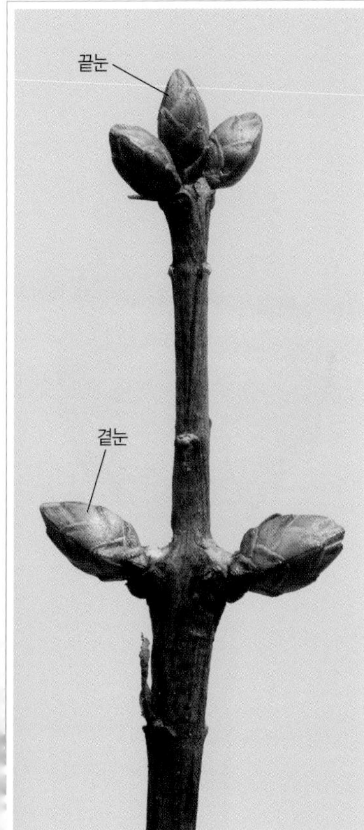

잔가지와 겨울눈

## 메타세쿼이아(측백나무과 | 낙우송과)

*Metasequoia glyptostroboides*

갈잎바늘잎나무(높이 20m 정도)
중국 원산. 관상수

전체가 원뿔 모양으로 낙우송과 비슷하지만 땅 위로 공기뿌리를 내보내지 않는다. 가지는 갈색~회갈색이다. 겨울눈은 달걀형이며 가로 단면은 사각형이고 2~4㎜ 길이이며 눈비늘조각은 12~16개이다. 마주나는 곁눈은 가지와 거의 직각으로 벌어지고 잎자국은 아주 작다. 둥근 수꽃눈은 늘어지는 꽃차례에 촘촘히 달린다. 나무껍질은 적갈색이며 세로로 벗겨진다. 바늘잎과 가지는 서로 마주난다. 선형 잎은 부드러우며 뒷면은 연녹색이다. 가을에 작은 가지 채로 낙엽이 진다. 둥근 솔방울열매는 지름 15㎜ 정도이며 자루가 길다.

*낙우송(p.289)은 바늘잎과 가지가 서로 어긋나서 구분이 된다.

수꽃눈(수솔방울 가지)

나무껍질

7월의 솔방울열매

## 계수나무(계수나무과)
*Cercidiphyllum japonicum*

큰키나무(높이 30m 정도)
일본과 중국 원산. 관상수

잔가지는 적갈색~갈색이고 털이 없으며 둥근 껍질눈이 많고 굼벵이 모양의 짧은가지가 발달한다. 겨울눈은 긴 달걀형으로 홍자색이고 안으로 조금 굽으며 3~5㎜ 길이이고 2개의 눈비늘조각에 싸여 있다. 잎자국은 V자형~초승달형이며 관다발자국은 3개이다. 나무껍질은 어두운 회갈색이며 세로로 얕게 갈라진다.
마주나는 잎은 하트형이며 가장자리에 물결 모양의 둔한 톱니가 있고 뒷면은 백록색이다. 잎에서 달콤한 향기가 나는데 단풍이 들면 향기가 더욱 짙어진다. 길쭉한 원통형 열매는 3~5개씩 모여 달리고 가을에 익으면 세로로 갈라진 채 겨울에도 매달려 있다.

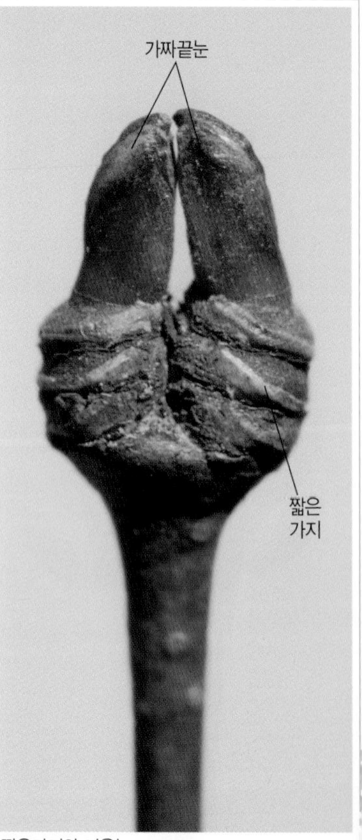

짧은가지와 겨울눈

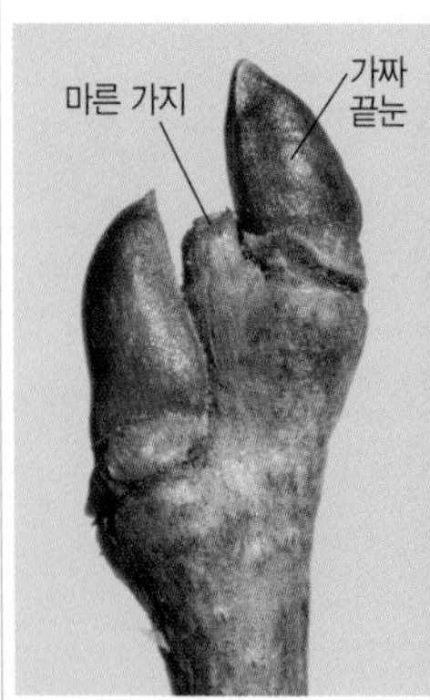

긴가지의 겨울눈

나무껍질

7월 초의 어린 열매

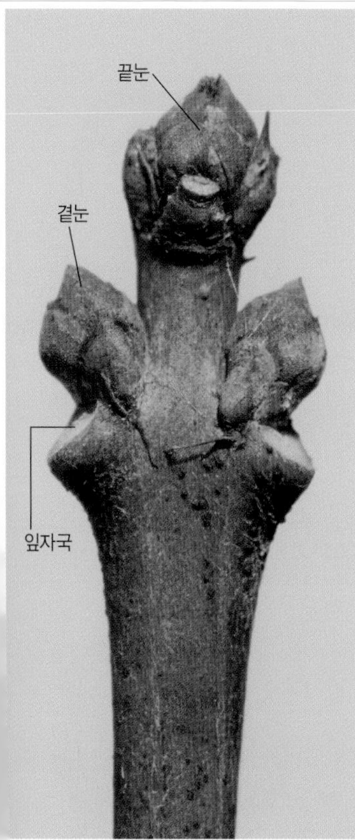

잔가지와 겨울눈

## 참빗살나무(노박덩굴과)
*Euonymus hamiltonianus*

작은키나무(높이 3~8m)
산

잔가지는 녹색이며 햇빛을 받은 부분은 암적색을 띠고 4개의 모가 진다. 겨울눈은 달걀형~넓은 달걀형이며 3~6㎜ 길이이고 8~12개의 눈비늘조각에 싸여 있다. 끝눈은 곁눈보다 약간 크다. 잎자국은 반원형이며 관다발자국은 1개가 활 모양으로 배열한다. 나무껍질은 회갈색이며 노목이 되면 세로로 불규칙하게 갈라진다.
마주나는 잎은 긴 타원형이고 끝이 뾰족하며 가장자리에 불규칙하고 둔한 잔톱니가 있다. 콩알만 한 열매는 네모진 구형이며 얕게 골이 지고 지름 1㎝ 정도이다. *같은 속의 **회나무**(p.92) 종류에 비해 작은키나무로 크게 자라고 겨울눈이 작아서 구분이 된다.

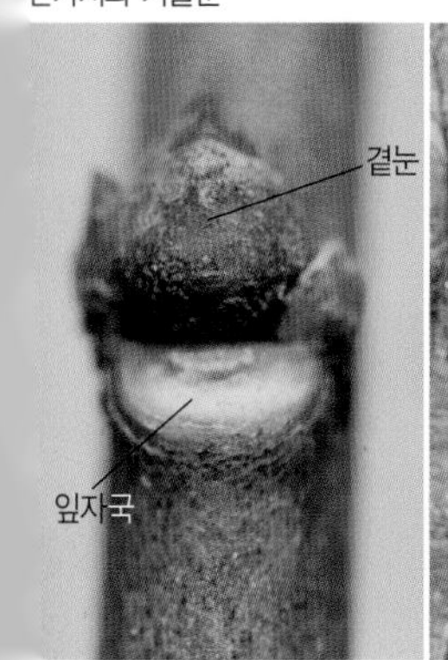

곁눈과 잎자국

나무껍질

6월의 어린 열매

## 황벽나무(운향과)
*Phellodendron amurense*

큰키나무(높이 10~20m)
산

잔가지는 굵고 적갈색~황갈색이며 털이 없고 껍질눈이 흩어져 난다. 겨울눈은 반구형으로 지름 2~4㎜이고 2개의 눈비늘조각에 싸여 있으며 잎자국 가운데에 들어 있다. 잎자국은 U자형이며 겨울눈을 빙 둘러싸고 관다발자국은 3개인 모습이 코주부를 닮았다. 나무껍질은 회색이고 코르크가 발달하며 깊고 불규칙하게 갈라진다. 나무껍질의 속살은 노란색이다.
마주나는 잎은 5~13장의 작은잎을 가진 홀수깃꼴겹잎이다. 작은잎은 달걀 모양의 긴 타원형이며 끝이 길게 뾰족하고 가장자리에 둔한 잔톱니가 있다. 둥근 열매는 모여 달리며 가을에 검게 익는다.

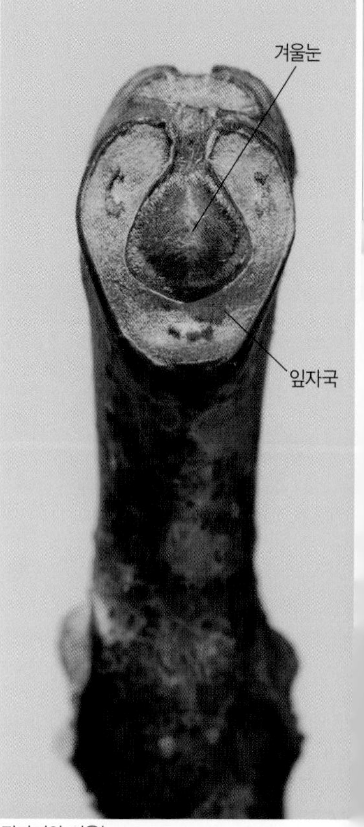

잔가지와 겨울눈

나무껍질과 속살

10월의 열매

잎 모양

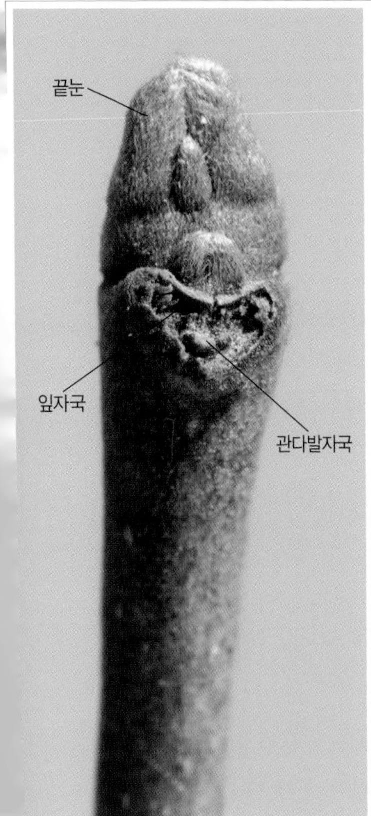

잔가지와 겨울눈

## 쉬나무(운향과)
*Tetradium daniellii*

큰키나무(높이 7~20m)
산기슭이나 마을 주변

잔가지는 굵고 회갈색~흑회색이며 짧은털이 있고 껍질눈이 흩어져 난다. 겨울눈은 달걀형이며 6~8㎜ 길이이고 맨눈이며 표면이 부드러운 회갈색 털로 덮여 있다. 끝눈은 곁눈보다 크다. 잎자국은 삼각형~하트형이고 관다발자국은 3개이다. 나무껍질은 흑회색~적갈색이고 밋밋하며 껍질눈이 흩어져 난다.
마주나는 잎은 5~11장의 작은잎을 가진 홀수깃꼴겹잎이다. 작은잎은 타원형~피침형이며 끝이 길게 뾰족하고 가장자리는 밋밋하거나 잔톱니가 있다. 열매는 보통 4~5갈래로 갈라지며 가을에 갈색으로 익으면 껍질이 갈라지면서 광택이 나는 검은색 씨앗이 드러난다.

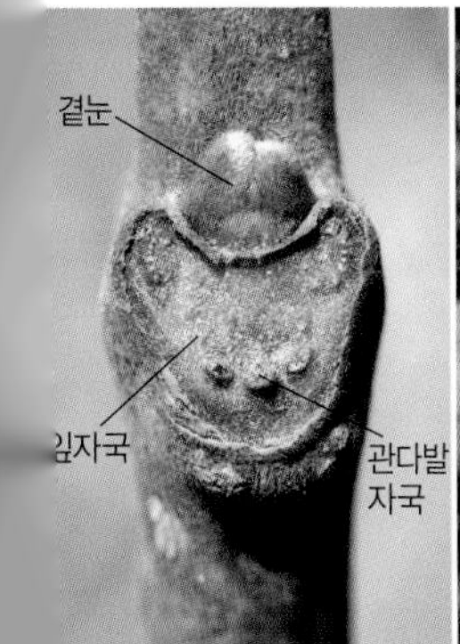

곁눈과 잎자국

나무껍질

8월 말의 열매

## 배롱나무(부처꽃과)
*Lagerstroemia indica*

작은키나무(높이 3~7m)
중국 원산. 관상수

햇가지는 회갈색이고 털이 없으며 좁은 날개 모양의 능선이 4개가 있다. 겨울눈은 달걀형으로 2~3㎜ 길이이고 끝이 뾰족하며 2~4개의 눈비늘조각에 싸여 있다. 잎자국은 반원형~타원형이며 약간 튀어나오고 관다발자국은 1개이다. 나무껍질은 연한 홍갈색이고 얇은 조각으로 벗겨지면 흰색 무늬가 생기며 매끈하게 된다.

마주나지만 때로는 2장씩 교대로 어긋나는 잎은 타원형~거꿀달걀형이며 끝이 둔하고 가장자리는 밋밋하다. 둥그스름한 열매는 지름 7㎜ 정도이며 가을에 적갈색으로 익는다. 열매는 6갈래로 갈라진 채 겨우내 매달려 있다.

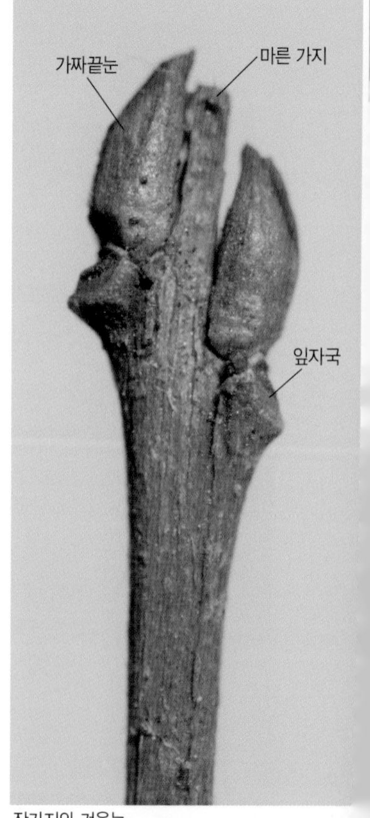

잔가지와 겨울눈

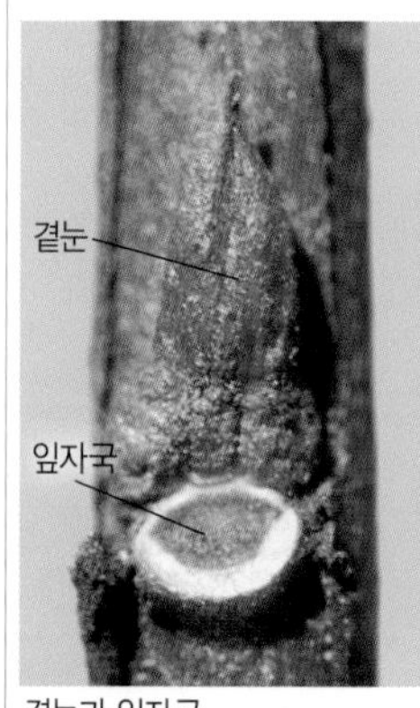

곁눈과 잎자국

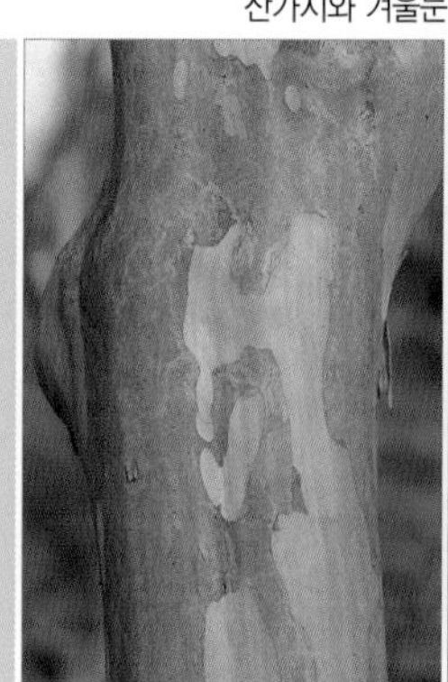
나무껍질

10월의 열매

## 미국칠엽수(무환자나무과 | 칠엽수과)
*Aesculus pavia*

작은키나무(높이 3~9m)
북미 원산. 관상수

잔가지는 굵고 회갈색~녹갈색이며 털이 없고 도드라진 둥근 껍질눈이 흩어져 난다. 겨울눈은 달걀형이며 끝이 뾰족하고 여러 개의 눈비늘조각에 싸여 있다. 곁눈은 끝눈보다 아주 작다. 잎자국은 반원형이며 관다발자국은 3~7개 정도이다. 나무껍질은 회갈색이며 어릴 때는 밋밋하지만 오래되면 얇은 조각으로 불규칙하게 갈라져 벗겨진다.

마주나는 잎은 손꼴겹잎이며 작은잎은 대부분 5장이고 가장자리에 잔톱니가 있으며 측맥은 15~20쌍이다. 거꿀달걀형 열매는 표면이 밋밋하고 가을에 익으면 3갈래로 갈라지며 밤처럼 생긴 1~3개의 씨앗이 나온다.

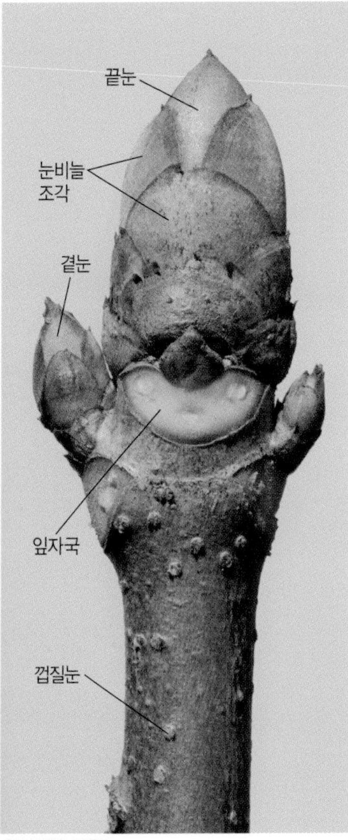

잔가지와 겨울눈

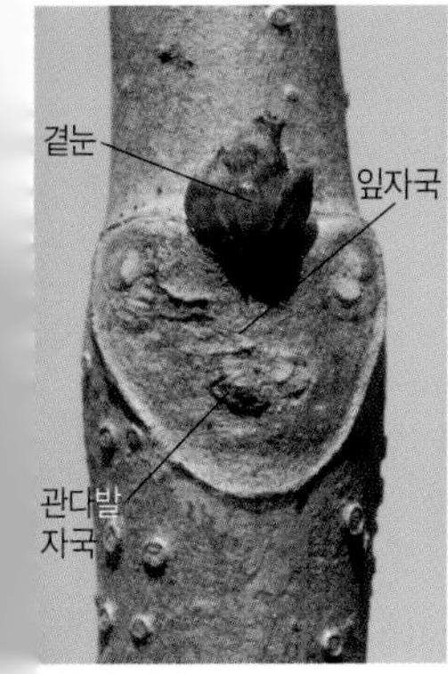

곁눈과 잎자국

나무껍질

8월의 열매

## **칠엽수**(무환자나무과 | 칠엽수과)
*Aesculus turbinata*

큰키나무(높이 20m 정도)
일본 원산. 관상수

잔가지는 굵고 회갈색이며 처음에는 적갈색의 긴털이 있지만 곧 떨어진다. 겨울눈은 달걀형으로 끝이 뾰족하고 1~4㎝ 길이이며 털이 없고 끈적거리는 나뭇진이 묻어 있으며 눈비늘조각은 8~14개이다. 곁눈은 끝눈보다 아주 작다. 잎자국은 삼각형~하트형이며 관다발자국은 5~9개이다. 나무껍질은 회갈색~흑갈색이며 오래되면 세로로 불규칙하게 갈라진다.
마주나는 잎은 손꼴겹잎이며 작은잎은 5~9장이고 좁은 거꿀달걀형~거꿀피침형이며 측맥은 20~30쌍이다. 둥근 열매는 표면에 잔돌기가 있고 가을에 익으면 3갈래로 갈라지며 밤처럼 생긴 1~2개의 씨앗이 나온다.

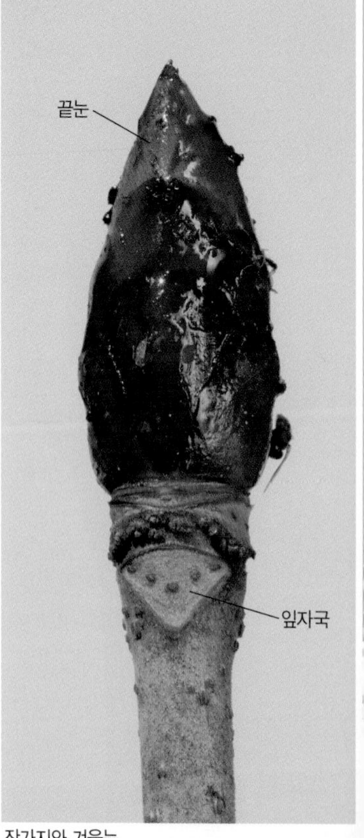

잔가지와 겨울눈

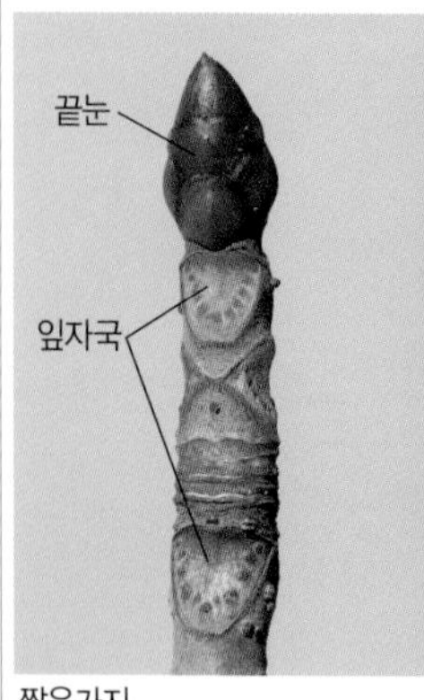

짧은가지

나무껍질

7월 말의 열매

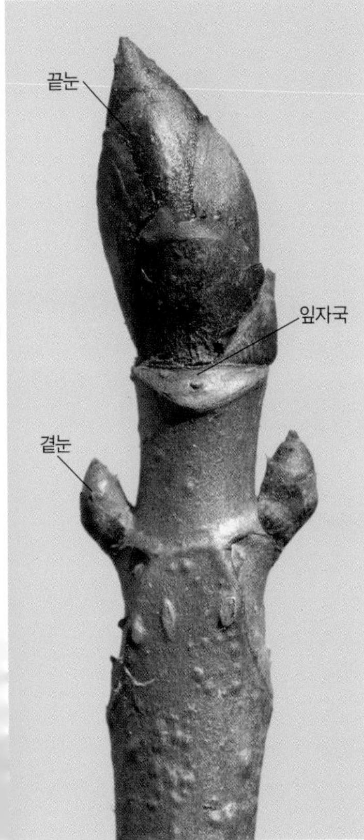

잔가지와 겨울눈

## 가시칠엽수(무환자나무과 | 칠엽수과)
*Aesculus hippocastanum*

큰키나무(높이 20~30m)
유럽 남동부 원산. 관상수

잔가지는 굵고 회갈색이며 털이 없다. 겨울눈은 달걀형으로 끝이 뾰족하고 6~19㎜ 길이이며 눈비늘조각 표면은 끈적거리는 나뭇진이 묻어 있다. 곁눈은 끝눈보다 아주 작다. 잎자국은 삼각형~콩팥형이며 관다발자국은 5~9개이다. 나무껍질은 회갈색~흑갈색이며 어릴 때는 밋밋하지만 노목은 불규칙하게 갈라져 벗겨진다.
마주나는 잎은 손꼴겹잎이며 작은잎은 5~7장이고 거꿀달걀형~거꿀피침형이며 가장자리에 불규칙한 겹톱니가 있다. 잎 뒷면은 잎맥 위에 갈색 털이 빽빽하다. 둥근 열매는 표면에 가시가 있고 가을에 익으면 3갈래로 갈라지며 밤처럼 생긴 씨앗이 나온다.

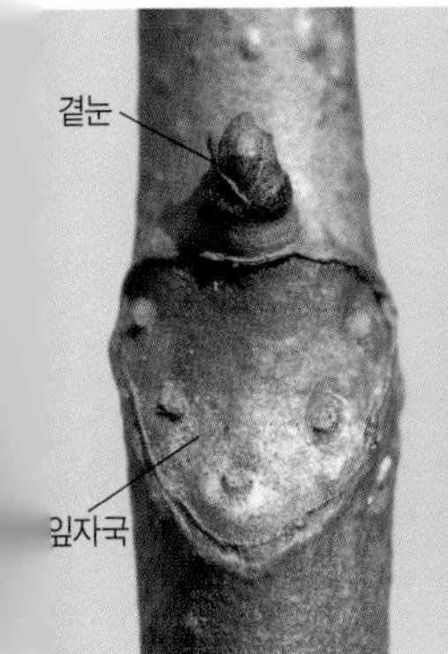

곁눈과 잎자국

나무껍질

7월 말의 열매

## 단풍나무(무환자나무과 | 단풍나무과)
*Acer palmatum*

큰키나무(높이 10~15m)
남부 지방의 산. 관상수

가지는 계속 둘로 갈라진다. 잔가지는 털이 없으며 녹색에서 홍자색으로 변한다. 보통 가지 끝에 2개의 가짜끝눈이 달린다. 겨울눈은 달걀형~넓은 달걀형이며 2~3㎜ 길이이다. 겨울눈을 싸고 있는 눈비늘조각은 2~4쌍이지만 2쌍만 보이며 눈 밑부분에는 누운털이 조금 있다. 잎자국은 V자형~초승달형이고 관다발자국은 3개이다. 나무껍질은 연한 회갈색이며 밋밋하고 노목은 세로로 얕게 갈라진다. 마주나는 잎은 잎몸이 손바닥처럼 5~7갈래로 갈라지며 갈래조각은 겹쳐지지 않는다. 열매의 양쪽 날개는 거의 수평으로 벌어지고 가을에 갈색으로 익는다.

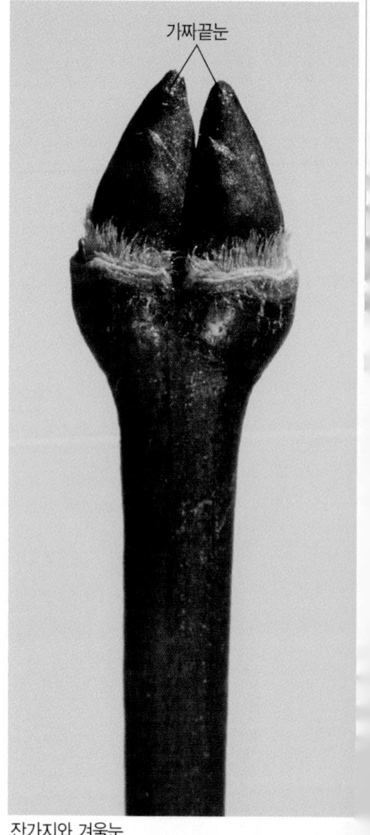

잔가지와 겨울눈

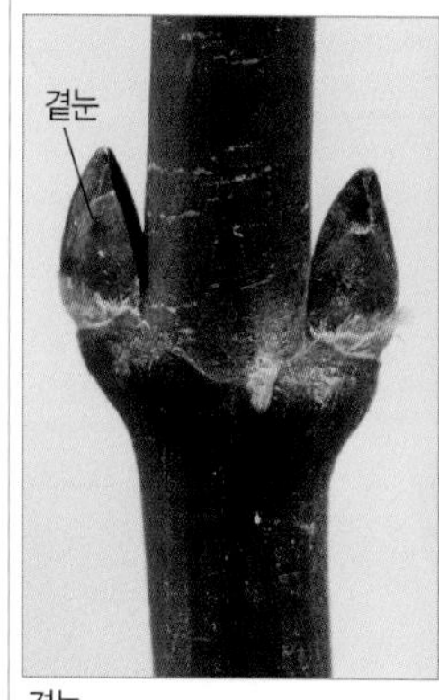

곁눈

나무껍질

7월의 열매

잔가지와 겨울눈

## 당단풍(무환자나무과 | 단풍나무과)
*Acer pseudosieboldianum*

작은키나무(높이 8m 정도)
산

잔가지는 적갈색이고 긴털이 드문드문 있지만 점차 없어지며 광택이 있다. 보통 가지 끝에 2개의 가짜끝눈이 달린다. 겨울눈은 둥근 달걀형이며 적갈색 눈비늘조각에 싸여 있다. 흔히 겨울눈 밑에 긴털이 촘촘히 난다. 잎자국은 V자형~초승달형이고 관다발자국은 3개이다. 나무껍질은 회갈색이며 밋밋하다.

마주나는 잎은 잎몸이 손바닥처럼 7~11갈래로 갈라지며 갈래조각은 조금씩 겹쳐진다. 갈래조각 끝은 뾰족하고 가장자리에 겹톱니가 있다. 열매의 양쪽 날개는 거의 수평으로 벌어지지만 변화가 심하다. 열매는 가을에 갈색으로 익는다.

곁눈

나무껍질

7월의 열매

## 섬단풍나무(무환자나무과 | 단풍나무과)

*Acer pseudosieboldianum* ssp. *takesimense*

작은키나무(높이 6~8m)

울릉도

단풍나무나 당단풍처럼 가지는 계속 둘로 갈라진다. 잔가지는 굵고 적갈색이며 털이 없다. 보통 가지 끝에 2개의 가짜끝눈이 달린다. 겨울눈은 둥근 달걀형이며 여러 개의 적갈색 눈비늘조각에 싸여 있고 눈비늘조각은 안쪽에 털이 많다. 흔히 눈 밑에 긴털이 촘촘히 난다. 잎자국은 V자형~초승달형이고 관다발자국은 3개이다. 나무껍질은 회갈색이며 밋밋하다.

마주나는 잎은 잎몸이 11~13갈래로 갈라지며 갈래조각 끝은 뾰족하고 가장자리에 겹톱니가 있다. 열매의 두 날개는 보통 직각보다 조금 넓게 벌어지지만 변화가 심하다. *당단풍(p.259)과 같은 종으로 보기도 한다.

잔가지와 겨울눈

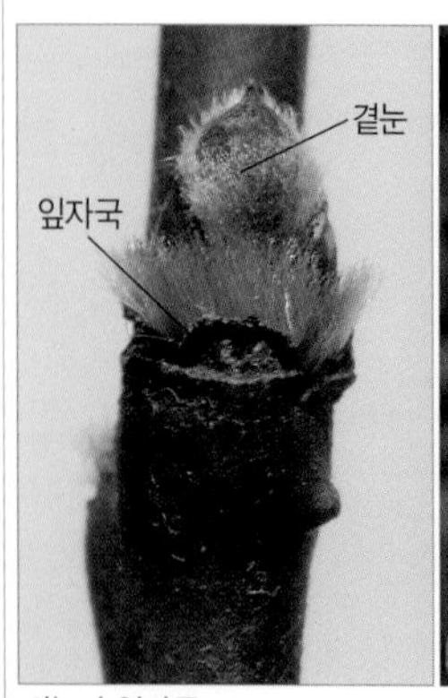

곁눈과 잎자국

나무껍질

7월의 열매

## 신나무(무환자나무과 | 단풍나무과)

*Acer tataricum* ssp. *ginnala*

작은키나무(높이 5~8m)
산

잔가지는 회갈색~진한 적갈색이며 털이 없고 껍질눈이 흩어져 난다. 겨울눈은 삼각형~원뿔형이며 2~3㎜ 길이이고 6~8개의 눈비늘 조각에 싸여 있다. 적갈색 눈비늘 조각 가장자리에는 회색 털이 있다. 가지 끝에는 흔히 2개의 가짜끝눈이 붙으며 곁눈보다 크다. 잎자국은 U자~V자형이다. 나무껍질은 회갈색이며 가지가 떨어진 자국인 작은 혹이 군데군데 있고 세로로 불규칙하게 갈라진다.

마주나는 잎은 세모진 달걀형이며 끝이 길게 뾰족하고 가장자리가 3갈래로 얕게 갈라지며 불규칙한 톱니가 있다. 열매의 양쪽 날개는 八자로 벌어지거나 나란하며 가을에 갈색으로 익는다.

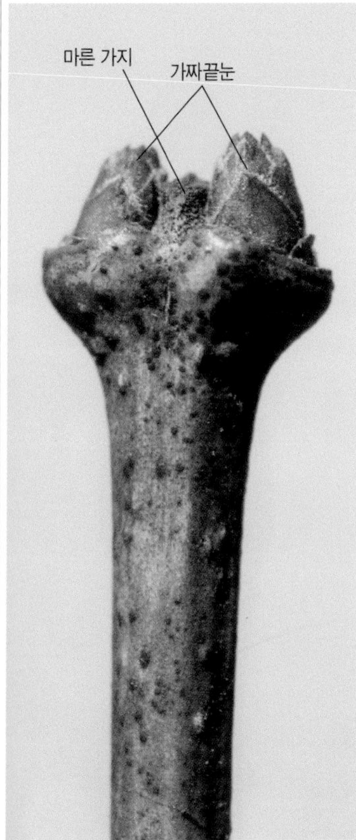

잔가지와 겨울눈

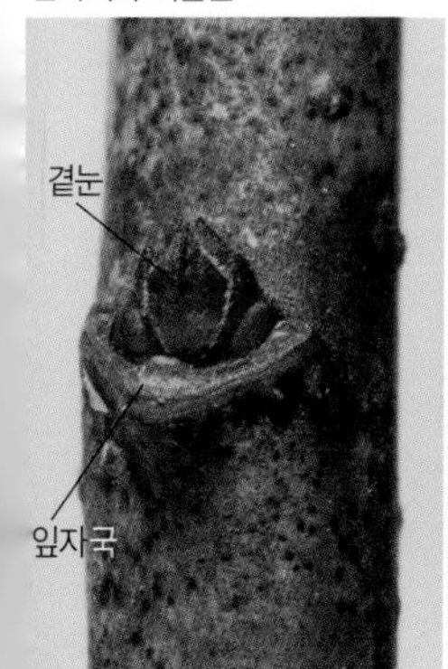

곁눈과 잎자국

나무껍질

6월의 어린 열매

## 시닥나무(무환자나무과 | 단풍나무과)
*Acer tschonoskii* v. *koreanum*

작은키나무(높이 7m 정도)
지리산 이북의 높은 산

잔가지는 가늘며 적색~적자색이고 털이 없다. 겨울눈은 긴 달걀형으로 끝이 뾰족하고 눈비늘조각은 적자색이며 2개가 마주 붙고 가장자리에는 흰색 털이 있다. 곁눈은 끝눈보다 작으며 가지와 나란히 붙는다. 잎자국은 U자형~초승달형이다. 나무껍질은 회색이다.
마주나는 잎은 잎몸이 손바닥처럼 3~5갈래로 갈라지고 끝이 뾰족하며 가장자리에 날카로운 톱니와 겹톱니가 있다. 잎 뒷면은 잎맥 위를 따라 갈색 털이 촘촘히 난다. 잎자루는 붉은빛이 돌며 털이 있다. 열매이삭은 밑으로 늘어지며 양쪽 날개는 거의 수평으로 벌어지고 가을에 갈색으로 익는다.

잔가지와 겨울눈

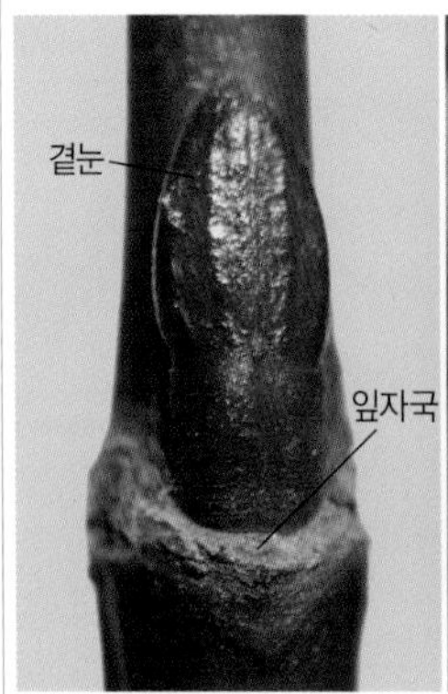

곁눈과 잎자국

나무껍질

8월의 열매

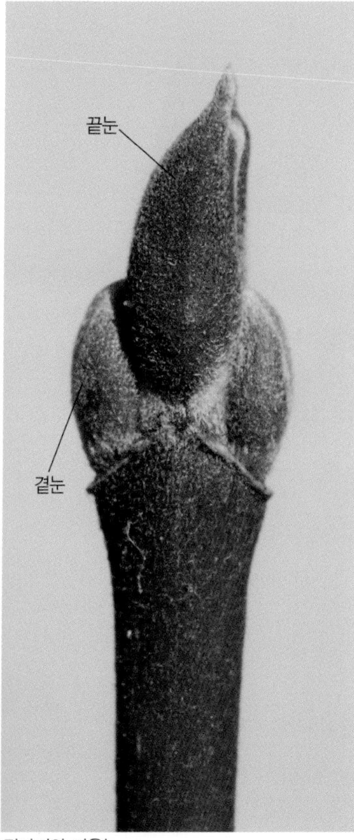

잔가지와 겨울눈

## 청시닥나무(무환자나무과 | 단풍나무과)

*Acer barbinerve*

작은키나무(높이 3~7m)
지리산 이북의 높은 산

잔가지는 황적색~적자색이고 어릴 때는 털이 있지만 점차 없어진다. 겨울눈은 달걀형~긴 달걀형으로 끝이 뾰족하고 눈비늘조각은 2개가 마주 붙으며 짧은털로 촘촘히 덮여 있다. 끝눈 양쪽에 달리는 곁눈은 끝눈보다 약간 작다. 잎자국은 V자형~초승달형이다. 나무껍질은 회갈색~진회색이며 밋밋하지만 노목은 불규칙하게 갈라진다.

마주나는 잎은 잎몸이 5갈래로 얕게 갈라지고 끝이 뾰족하며 가장자리에 날카로운 겹톱니가 있다. 잎자루는 연한 붉은빛이 돌기도 하고 털이 있다. 열매이삭은 밑으로 늘어지며 양쪽 날개는 거의 수평으로 벌어지고 가을에 갈색으로 익는다.


곁눈과 잎자국

어린 나무껍질

나무껍질

8월 초의 어린 열매

## 산겨릅나무(무환자나무과 | 단풍나무과)

*Acer tegmentosum*

큰키나무(높이 10m 정도)
지리산 이북의 높은 산

잔가지는 녹색~황록색이며 털이 없이 매끈하다. 겨울눈은 긴 달걀형이며 8~12㎜ 길이이고 짧은 눈자루가 있으며 바깥쪽 1쌍의 눈비늘조각이 마주 붙는다. 끝눈 양옆에 끝눈보다 작은 곁눈이 달린다. 잎자국은 V자형~넓은 초승달형이며 관다발자국은 3개이다. 나무껍질은 회색~회갈색이며 껍질눈과 진회색 세로줄무늬가 있다.

마주나는 잎은 넓은 달걀형으로 잎몸이 3~5갈래로 얕게 갈라지며 갈래조각 끝은 길게 뾰족하고 가장자리에 겹톱니가 있다. 열매이삭은 밑으로 늘어지며 열매는 양쪽 날개가 거의 수평으로 벌어지고 가을에 갈색으로 익는다.

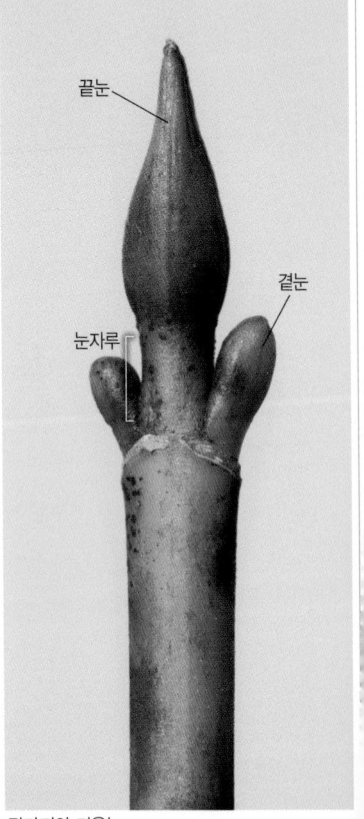

잔가지와 겨울눈

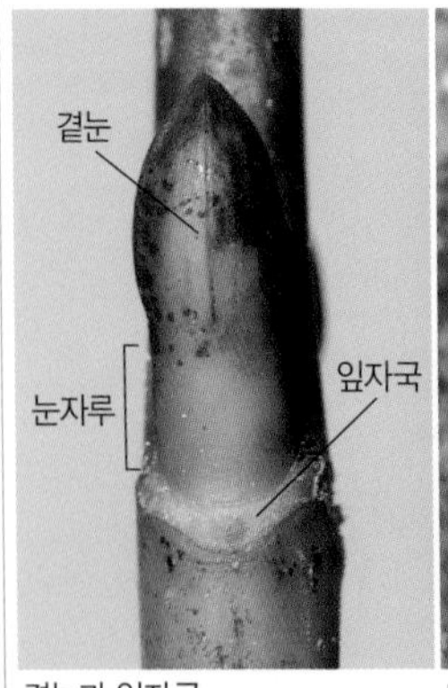

곁눈과 잎자국

나무껍질

8월의 열매

## 부게꽃나무(무환자나무과 | 단풍나무과)
*Acer caudatum* ssp. *ukurundense*

작은키나무(높이 4~8m)
지리산 이북의 높은 산

잔가지는 홍갈색~적갈색이며 짧고 부드러운 털이 있지만 점차 없어진다. 겨울눈은 긴 달걀형~달걀형이며 6~10㎜ 길이이고 털이 많은 눈비늘조각에 싸여 있다. 눈비늘조각은 바깥쪽 1쌍이 마주 붙는다. 끝눈 밑에 1쌍의 작은 곁눈이 달린다. 잎자국은 V자형이다. 나무껍질은 회색~회갈색이며 얇은 조각으로 갈라져 벗겨진다.
마주나는 잎은 둥그스름한 잎몸이 5~7갈래로 갈라지고 갈래조각 끝이 뾰족하며 가장자리에 날카롭고 불규칙한 톱니가 있다. 열매이삭은 대부분 곧게 서고 열매의 양쪽 날개는 직각 정도로 벌어지며 가을에 갈색으로 익는다.

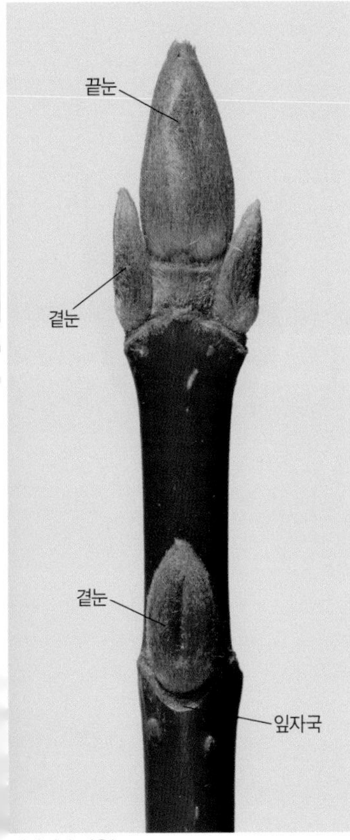

잔가지와 겨울눈

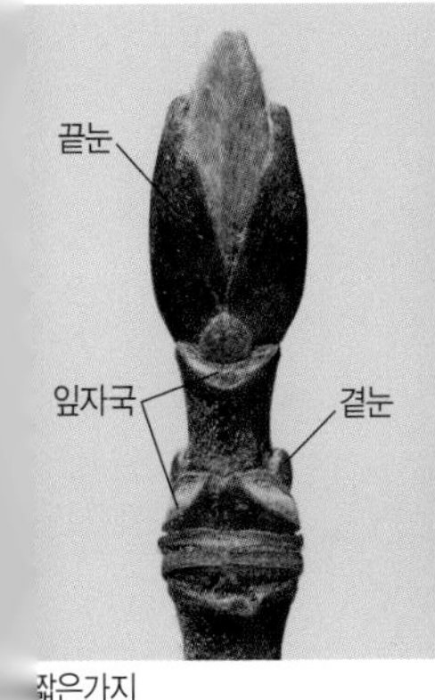

짧은가지

나무껍질

7월 말의 열매

## 복장나무(무환자나무과 | 단풍나무과)

*Acer mandshuricum*

큰키나무(높이 10m 정도)
지리산 이북의 높은 산

잔가지는 갈색~진한 적갈색이며 털이 없고 점 모양의 흰색 껍질눈이 흩어져 난다. 보통 끝눈 양옆에 곁눈이 나란히 달린다. 겨울눈은 긴 달걀형으로 끝이 뾰족하고 5㎜ 이상 길이이며 11~15개의 눈비늘조각에 싸여 있다. 잎자국은 U자형~초승달형이며 관다발자국은 3개 정도이다. 나무껍질은 회갈색이며 밋밋하다.

마주나는 잎은 세겹잎이며 작은잎은 긴 타원형~피침형이다. 작은잎 끝은 길게 뾰족하고 가장자리에 둔한 잔톱니가 있다. 열매 표면에는 털이 없고 양쪽 날개가 직각 이내로 벌어지며 가을에 갈색으로 익는다.

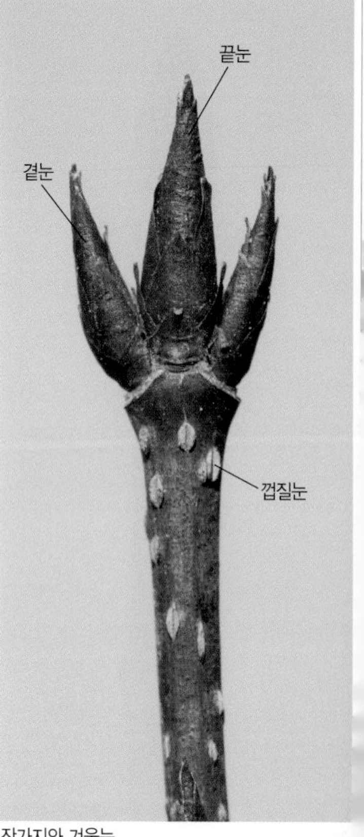

잔가지와 겨울눈

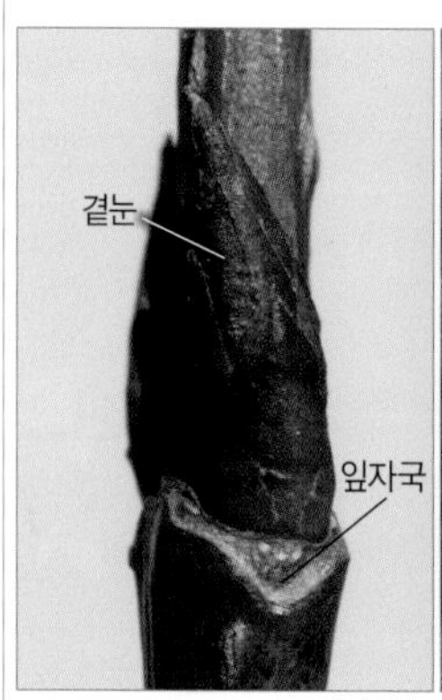

곁눈과 잎자국

나무껍질

7월의 열매

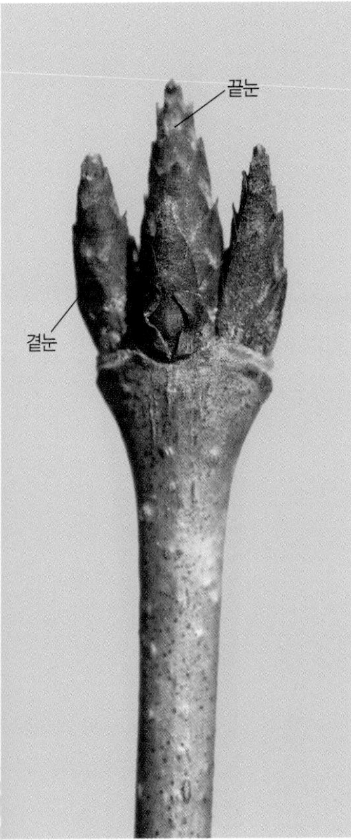

잔가지와 겨울눈

## 복자기/나도박달(무환자나무과 | 단풍나무과)
*Acer triflorum*

큰키나무(높이 15m 정도)
중부 이북의 산. 관상수

잔가지는 황갈색~적갈색이며 껍질눈이 흩어져 난다. 보통 끝눈 양옆에 곁눈이 나란히 달린다. 겨울눈은 긴 달걀형이며 11~15개의 눈비늘조각에 싸여 있다. 눈비늘조각은 어두운 적갈색이며 끝이 조금씩 벌어지기도 하고 털이 있는 것도 있다. 잎자국은 초승달형이며 관다발자국은 많다. 나무껍질은 회갈색이며 세로로 얇은 조각으로 갈라져 벗겨진다.
마주나는 잎은 세겹잎이며 작은잎은 긴 타원형~달걀 모양의 피침형이다. 작은잎 가장자리에 2~4개의 큰 톱니가 있다. 열매 표면에는 거친털이 있고 양쪽 날개가 직각 이내로 벌어지며 가을에 갈색으로 익는다.

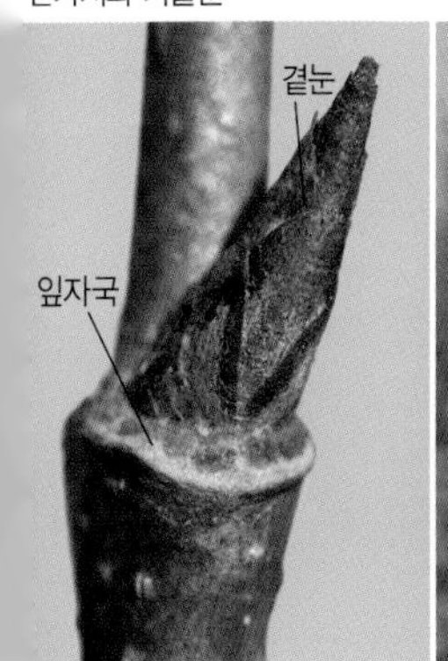

곁눈과 잎자국

나무껍질

10월의 열매

## 고로쇠나무(무환자나무과 | 단풍나무과)
*Acer pictum*

큰키나무(높이 20m 정도)
산

잔가지는 황갈색~홍자색이며 털이 없고 원형~세로로 긴 타원형 껍질눈이 흩어져 난다. 겨울눈은 달걀형~넓은 달걀형이며 끝이 뾰족하고 6~10개의 눈비늘조각에 싸여 있다. 눈비늘조각은 흑자색~적자색이며 가장자리에는 털이 있다. 끝눈은 5~8㎜ 길이이고 끝눈 양쪽의 곁눈은 끝눈보다 작다. 잎자국은 V자형이고 관다발자국은 3개이다. 나무껍질은 회색~회갈색이며 세로로 얕게 터진다.
마주나는 잎은 둥글며 잎몸이 5~7갈래로 갈라지고 끝이 뾰족하며 가장자리가 밋밋하다. 열매의 양쪽 날개는 八자로 벌어지며 가을에 갈색으로 익는다.

잔가지와 겨울눈

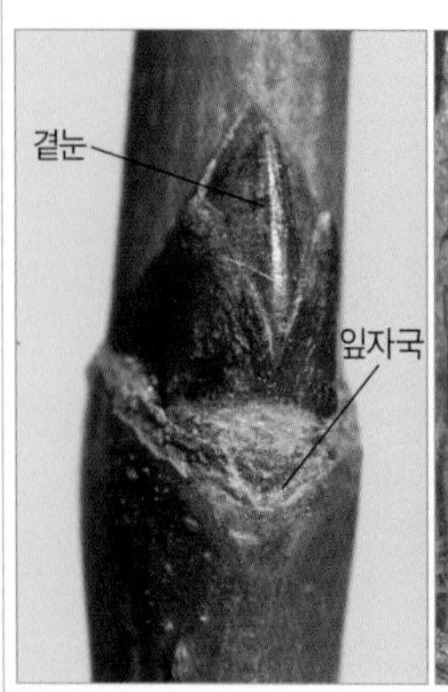

곁눈과 잎자국

줄기의 수액 채취

8월의 열매

## 중국단풍(무환자나무과 | 단풍나무과)

*Acer buergerianum*

큰키나무(높이 15m 정도)
중국과 대만 원산. 관상수

햇가지는 흰색의 부드러운 털이 있으며 껍질눈이 흩어져 난다. 겨울눈은 달걀형이며 끝이 뾰족하고 2~3㎜ 길이이며 12~26개의 눈비늘조각에 싸여 있다. 눈비늘조각 가장자리에는 회색 털이 있다. 곁눈은 끝눈보다 약간 작다. 잎자국은 V자형이고 관다발자국은 3개이다. 나무껍질은 회갈색이며 얇은 종잇장처럼 벗겨진다.

마주나는 잎은 둥근 달걀형이고 윗부분이 3갈래로 갈라진 것이 오리발처럼 생겼으며 끝이 뾰족하고 가장자리가 밋밋하다. 잎 뒷면은 청록색이다. 열매는 양쪽 날개가 八자로 벌어지거나 거의 평행하며 가을에 갈색으로 익는다.

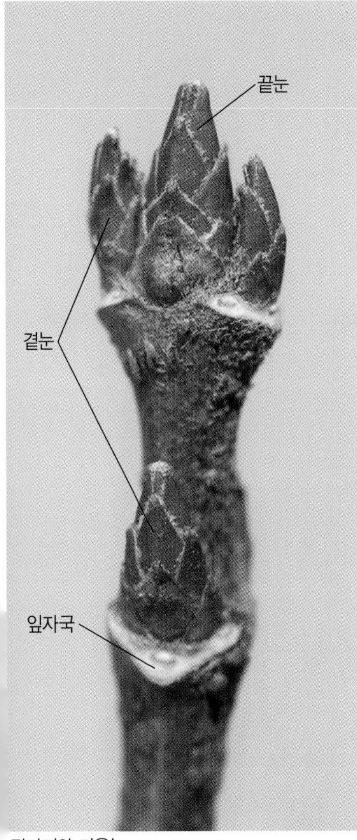


잔가지와 겨울눈

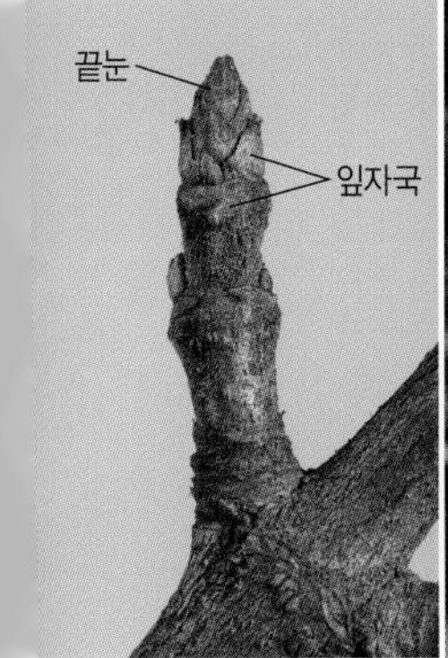


잡은가지의 겨울눈

나무껍질

6월의 열매

## 은단풍(무환자나무과 | 단풍나무과)
*Acer saccharinum*

큰키나무(높이 20~25m)
북미 원산. 관상수

잔가지는 적갈색~회갈색이며 흰색의 껍질눈이 흩어져 나고 자르면 불쾌한 냄새가 난다. 잎눈은 달걀형이며 4~5㎜ 길이이고 적갈색 눈비늘조각은 가장자리에 흰색 털이 있다. 곁눈은 끝눈보다 작다. 암수딴그루로 둥근 꽃눈은 다닥다닥 모여 달린다. 잎자국은 V자형이고 관다발자국은 3개이다. 나무껍질은 회갈색이며 오래되면 세로로 불규칙하게 갈라진다.

마주나는 잎은 둥그스름하며 손바닥처럼 5갈래로 깊게 갈라지고 갈래조각은 다시 2~3갈래로 얕게 갈라진다. 잎 가장자리에 겹톱니가 있고 뒷면은 은백색이다. 열매의 두 날개는 직각으로 벌어지고 한쪽만 크게 자라는 것이 있다.

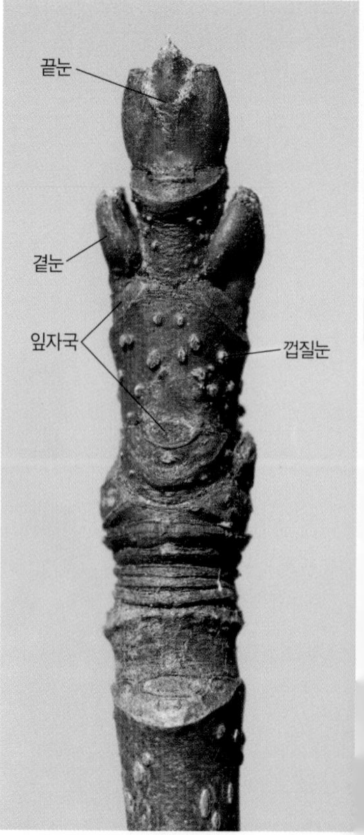

잔가지와 겨울눈

꽃눈

나무껍질

잎가지

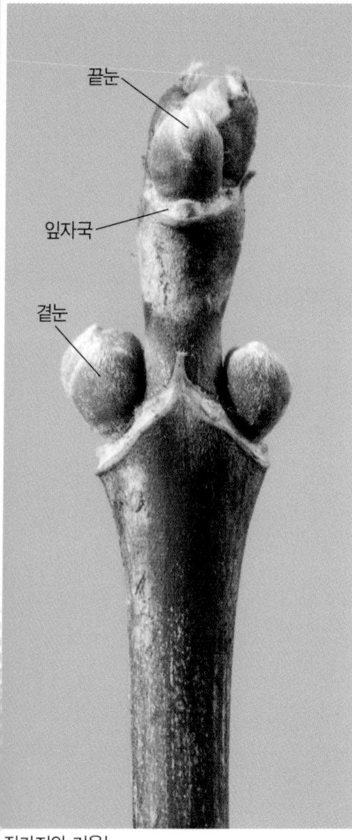

잔가지와 겨울눈

## 네군도단풍(무환자나무과 | 단풍나무과)
*Acer negundo*

큰키나무(높이 15~20m)
북미 원산. 관상수

잔가지는 녹색이나 어두운 자주색이며 분백색이 돌고 털이 없으며 자르면 냄새가 난다. 겨울눈은 구형~넓은 달걀형이며 4~6개의 눈비늘조각에 싸여 있고 표면은 흰색 털로 덮여 있다. 끝눈은 4~6㎜ 길이이다. 잎자국은 V자형~초승달형이고 관다발자국은 3개이다. 나무껍질은 회갈색이며 오래되면 세로로 얇게 터진다.

마주나는 잎은 홀수깃꼴겹잎이며 작은잎은 3~7장이다. 작은잎은 달걀형~긴 타원형이고 잎몸이 3~5갈래로 얕게 갈라지기도 한다. 작은잎은 끝이 길게 뾰족하고 가장자리에 톱니가 있다. 열매이삭은 밑으로 늘어지며 열매의 양쪽 날개는 직각 이내로 좁게 벌어진다.

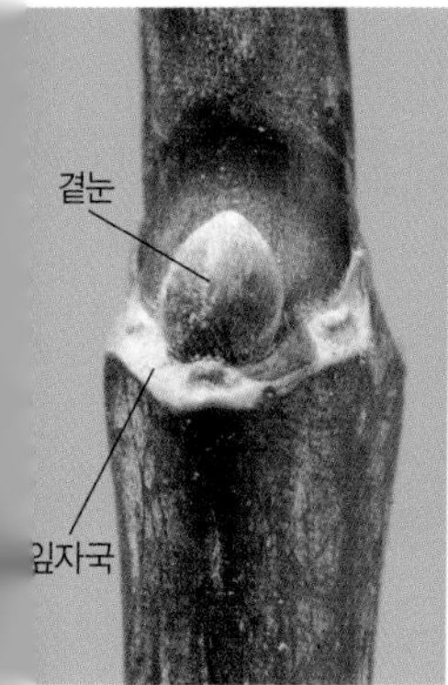

곁눈과 잎자국

나무껍질

6월의 열매

## 산딸나무(층층나무과)
*Cornus kousa*

작은키나무(높이 7m 정도)
중부 이남의 산

잔가지는 회갈색~진갈색이며 털이 없고 껍질눈이 많다. 잎눈은 원뿔형이고 꽃눈은 둥근 달걀형이며 끝이 뾰족하고 5~7㎜ 길이이며 짧은털로 덮인 2개의 눈비늘조각에 싸여 있다. 잎자국은 V자형~초승달형이며 밑부분은 적갈색을 띠고 관다발자국은 1개이다. 나무껍질은 어두운 적갈색이고 노목은 비늘조각처럼 벗겨진다.

마주나는 잎은 달걀형~타원형으로 끝이 뾰족하고 가장자리가 밋밋하며 물결 모양으로 구불거리고 뒷면은 분백색이다. 딸기 모양의 열매는 지름 15~20㎜이며 가을에 붉은색으로 익고 단맛이 나며 먹을 수 있다.

잔가지와 겨울눈

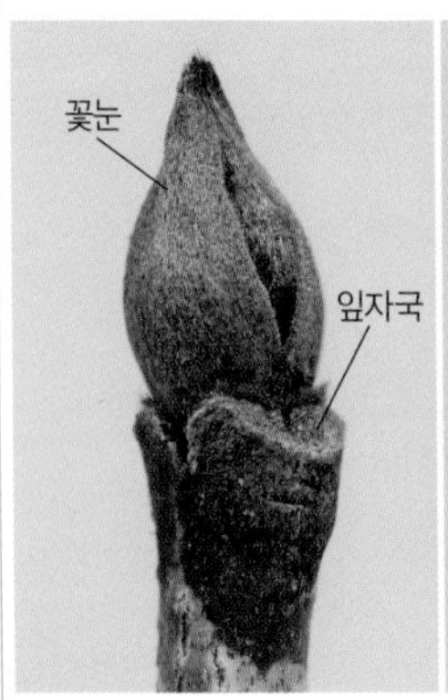

꽃눈과 잎자국

나무껍질

9월의 열매

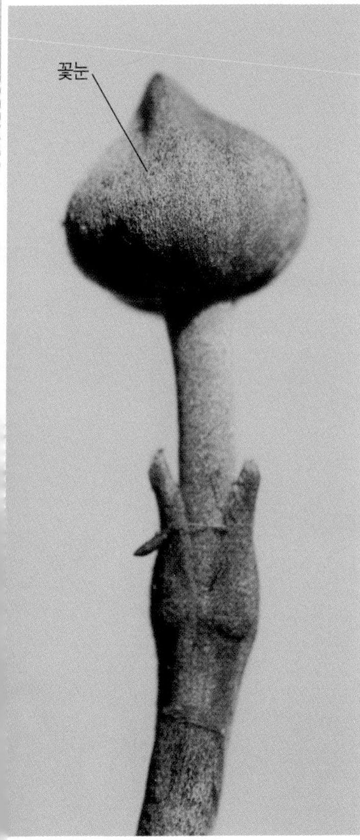

잔가지와 겨울눈

## 서양산딸나무(층층나무과)
*Cornus florida*

작은키나무(높이 7~10m)
북미 원산. 관상수

잔가지는 홍자색이며 흰색의 짧은 털로 덮여 있다. 꽃눈은 양파 모양이며 끝이 뾰족하고 지름 7㎜ 정도이다. 잎눈은 원뿔형이며 3㎜ 정도 길이이고 짧은털로 덮인 2개의 눈비늘조각에 싸여 있다. 잎자국은 반원형~초승달형이며 관다발자국은 3개이다. 나무껍질은 회흑색이고 그물 모양으로 깊게 갈라진다. 마주나는 잎은 달걀형~타원형으로 끝이 뾰족하고 가장자리가 밋밋하며 뒷면은 분백색이 돌고 짧은 누운털이 촘촘하다. 타원형 열매는 끝에 암술대가 남아 있고 여러 개가 촘촘히 모여 달리며 가을에 붉은색으로 익는다.

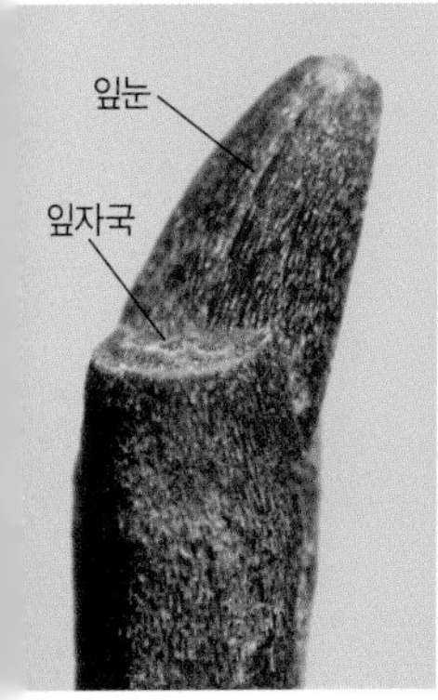

잎눈과 잎자국

나무껍질

9월의 열매

## 말채나무(층층나무과)
*Cornus walteri*

큰키나무(높이 10~15m)
산

마주 달리는 잔가지는 홍자색이며 짧은털로 덮여 있지만 점차 없어진다. 겨울눈은 맨눈이며 표면은 짧은털로 덮여 있다. 끝눈은 원뿔형이며 끝이 뾰족하고 2㎜ 정도 길이이다. 끝눈보다 작은 곁눈은 납작하고 가지에 바짝 붙는다. 잎자국은 V자형~초승달형이며 튀어나오고 관다발자국은 3개이다. 나무껍질은 회갈색~흑갈색이며 그물처럼 깊게 갈라진다.
마주나는 잎은 타원형~넓은 달걀형이며 측맥은 3~5쌍이다. 잎 끝은 길게 뾰족하고 가장자리가 밋밋하다. 둥근 열매는 가을에 검게 익는다. 낭창낭창한 가지를 말채찍으로 써서 '말채나무'라고 한다.

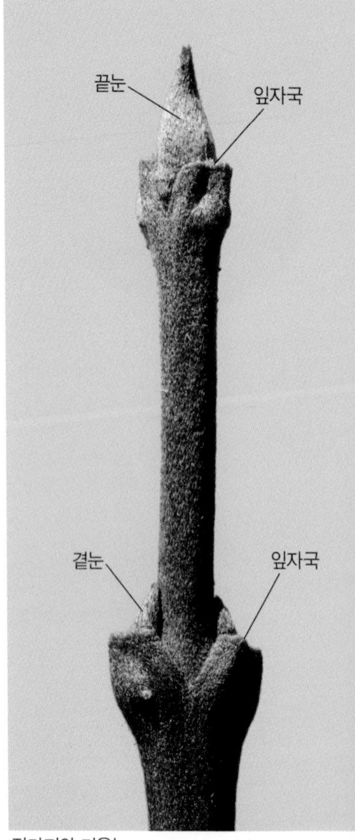

잔가지와 겨울눈

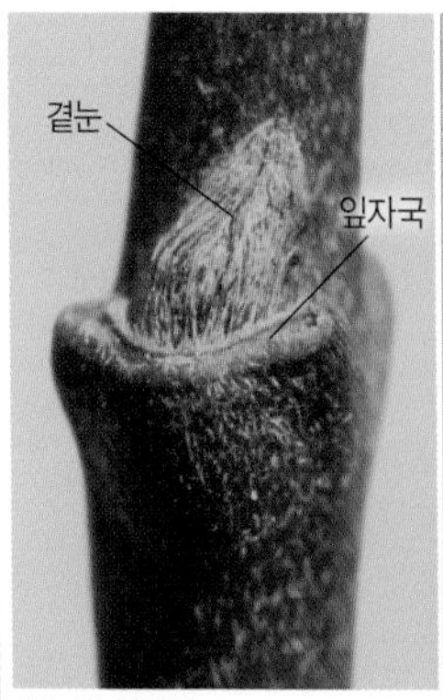

곁눈과 잎자국

나무껍질

잎 모양

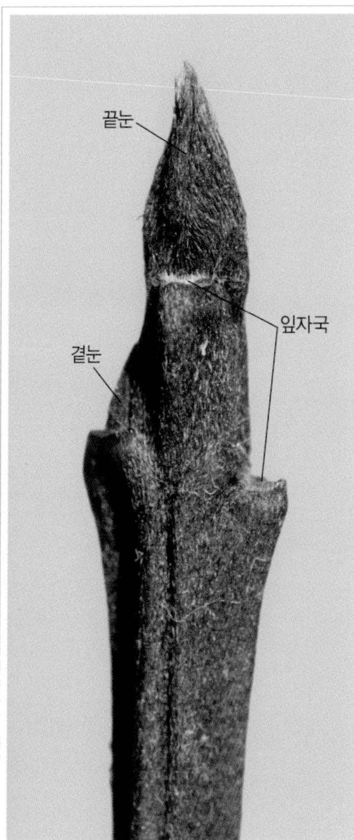

잔가지와 겨울눈

## 곰의말채(층층나무과)
*Cornus macrophylla*

큰키나무(높이 10~15m)
남부 지방의 산

어린 가지는 녹색~적갈색이며 능선이 있고 짧은털로 덮여 있지만 점차 없어진다. 끝눈은 긴 달걀형~긴 타원형이며 4㎜ 정도 길이이고 맨눈이며 짧은 흑갈색의 누운털로 덮여 있다. 끝눈보다 작은 곁눈은 가지에 바짝 붙는다. 잎자국은 U자형~초승달형이며 튀어나오고 관다발자국은 3개이다. 나무껍질은 회갈색이며 노목은 불규칙하게 갈라진다.

마주나는 잎은 달걀 모양의 긴 타원형으로 끝이 길게 뾰족하고 가장자리는 밋밋하며 측맥은 4~8쌍이다. 둥근 열매는 가을에 검게 익는다. *같은 속의 **층층나무**(p.423)는 겨울눈과 잎이 어긋나고 측맥이 6~9쌍이라서 구분이 된다.

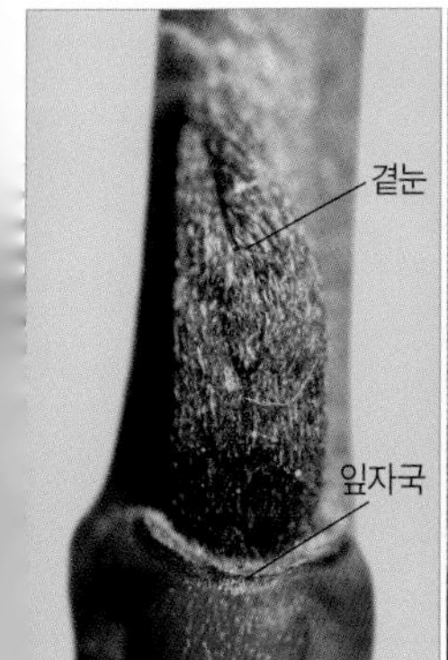

곁눈과 잎자국

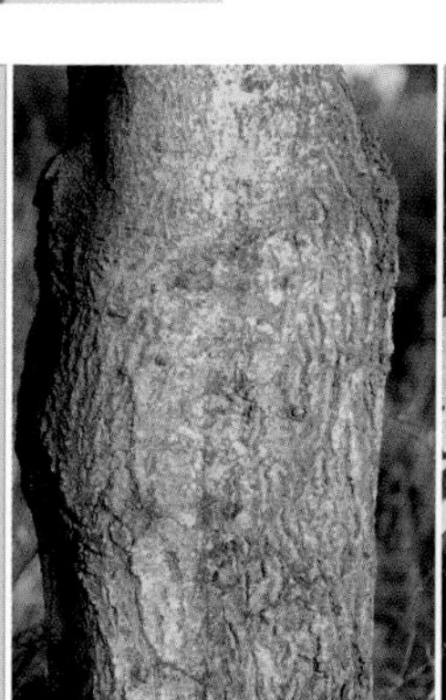
나무껍질

9월 초의 열매

## 산수유(층층나무과)
*Cornus officinalis*

작은키나무(높이 4~8m)
중국 원산, 재배

잔가지는 녹갈색~자갈색이며 짧은 누운털이 있지만 점차 없어진다. 꽃눈은 동그랗고 끝부분만 뾰족하며 지름 4㎜ 정도이다. 잎눈은 긴 달걀형으로 끝이 뾰족하고 2.5~4㎜ 길이이며 누운털로 덮인 2개의 눈비늘조각에 싸여 있다. 곁눈은 끝눈보다 작다. 잎자국은 V자형~초승달형이며 관다발자국은 3개이다. 나무껍질은 갈색이며 비늘조각처럼 벗겨진다.
마주나는 잎은 달걀형~넓은 달걀형이며 끝이 길게 뾰족하고 가장자리는 밋밋하다. 잎 뒷면은 분백색이고 측맥은 4~7쌍이다. 긴 타원형 열매는 가을에 붉게 익으며 시고 떫은맛이 난다.

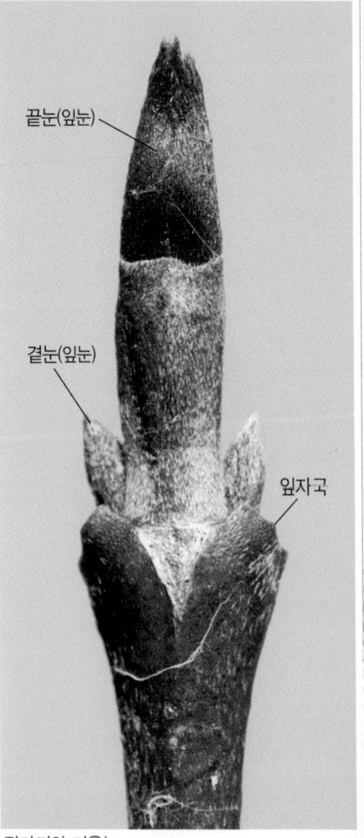

잔가지와 겨울눈

꽃눈

나무껍질

9월 말의 열매

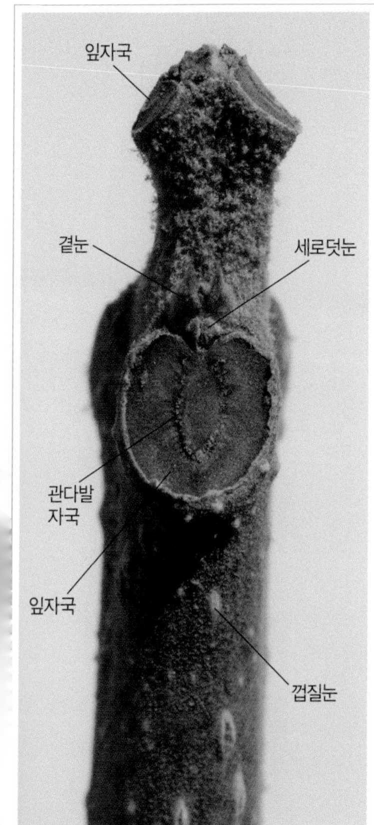

잔가지와 겨울눈

## 참오동(오동나무과 | 현삼과)

*Paulownia tomentosa*

큰키나무(높이 10~15m)
중국 원산. 조림

잔가지는 굵고 잔털이 있으며 흰색 껍질눈이 흩어져 난다. 잎눈은 커다란 잎자국 위에 혹처럼 튀어나오고 4~6개의 눈비늘조각에 싸여 있다. 곁눈 밑에 세로덧눈이 달리기도 한다. 꽃눈은 달걀형~구형이며 황갈색 털로 덮여 있고 가지 끝에 원뿔 모양으로 모여 달린다. 잎자국은 크고 원형~하트형이며 관다발자국은 둥그스름하게 배열한다. 나무껍질은 회갈색이고 세로로 얕게 갈라진다.
마주나는 잎은 넓은 달걀형이고 3~5개의 모가 지며 가장자리가 밋밋하다. 달걀형 열매는 가을에 갈색으로 익으면 세로로 둘로 갈라지며 겨우내 매달려 있다. *오동나무는 참오동에 통합되었다.

꽃눈

나무껍질

8월의 열매

## 개오동(능소화과)
*Catalpa ovata*

큰키나무(높이 8~12m)
중국 원산. 관상수

잔가지는 굵고 잔털이 있지만 점차 없어지며 둥근 껍질눈이 흩어져 난다. 3개가 돌려나거나 2개가 마주나는 겨울눈은 구형~반구형이며 8~12개의 눈비늘조각에 싸여 있다. 눈비늘조각은 끝부분이 조금씩 벌어져서 장미꽃처럼 보인다. 둥그스름한 잎자국은 매우 크며 관다발자국은 15~20개가 둥그스름하게 배열한다. 나무껍질은 회갈색이고 세로로 얕게 갈라진다.
마주나거나 3장씩 돌려나는 잎은 넓은 달걀형으로 잎몸이 대부분 3~5갈래로 갈라지고 끝은 뾰족하며 가장자리가 밋밋하고 뒷면은 연녹색이다. 가늘고 기다란 열매는 가을에 갈색으로 익으며 겨울까지 매달려 있다.

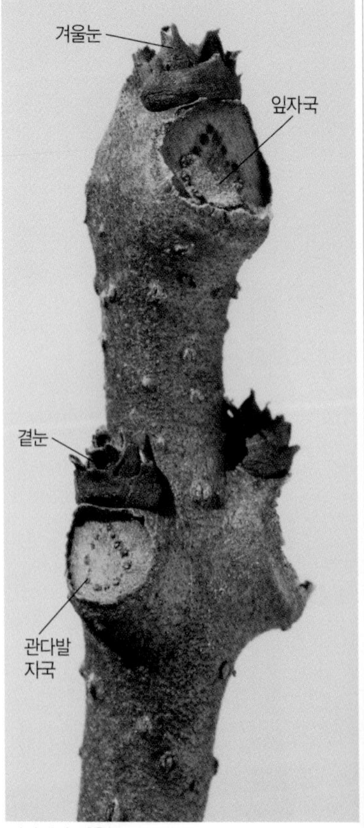

잔가지와 겨울눈

가지 끝의 겨울눈

나무껍질

9월의 열매

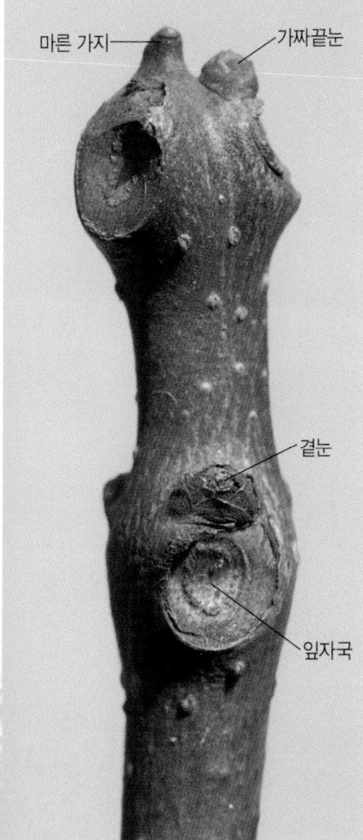

잔가지와 겨울눈

## 꽃개오동(능소화과)
*Catalpa bignonioides*

큰키나무(높이 10~18m)
북미 원산. 관상수

잔가지는 굵고 적갈색이며 껍질눈이 흩어져 난다. 끝눈은 없고 곁눈은 구형~반구형이며 적갈색 눈비늘조각이 기왓장처럼 포개진다. 둥그스름한 잎자국은 매우 크며 관다발자국은 20~30개가 둥글게 배열한다. 나무껍질은 회갈색이고 세로로 얕고 불규칙하게 갈라진다. 마주나거나 돌려나는 잎은 넓은 달걀형으로 끝은 길게 뾰족하며 밑부분은 심장저이고 가장자리가 밋밋하다. 가늘고 기다란 열매는 가을에 갈색으로 익으면 세로로 쪼개지고 겨울까지 매달려 있다.
*같은 속의 **개오동**(p.278)과는 겨울눈의 눈비늘조각이 벌어지지 않고 포개져 있어서 구분이 된다.

나무껍질

7월의 열매

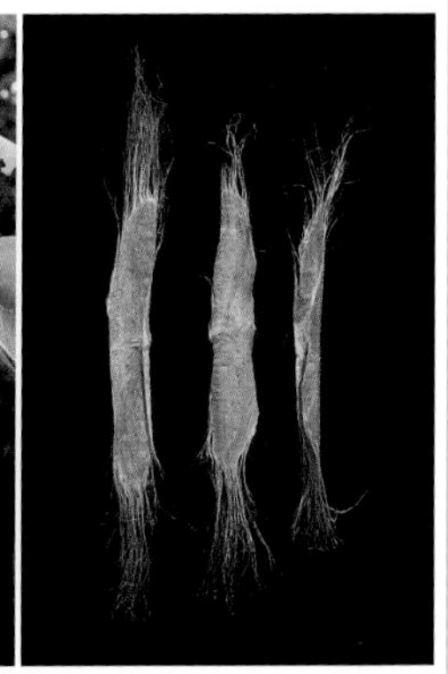
씨앗

## 말오줌때(고추나무과)
*Euscaphis japonica*

떨기~작은키나무(높이 3~8m)
남부 지방의 바닷가 산

잔가지는 자갈색~흑자색이며 털이 없고 흰색의 껍질눈이 있다. 가지를 꺾으면 역겨운 냄새가 난다. 보통 가지 끝에 2개의 가짜끝눈이 달리지만 1개 또는 2쌍이 달리는 경우도 있다. 겨울눈은 구형~둥근 달걀형이며 끝이 뾰족하고 2~4개의 적갈색 눈비늘조각에 싸여 있다. 끝눈은 4~7㎜ 길이이다. 잎자국은 반원형~원형이며 튀어나오고 관다발자국은 9개가 둥글게 배열한다. 나무껍질은 회갈색~흑갈색이며 세로로 긴 흰색 줄이 있다. 마주나는 잎은 홀수깃꼴겹잎이며 작은잎은 5~11장이고 좁은 달걀형이다. 꼬부라진 타원형 열매는 가을에 붉게 익으면 갈라지면서 검은색 씨앗이 드러난다.

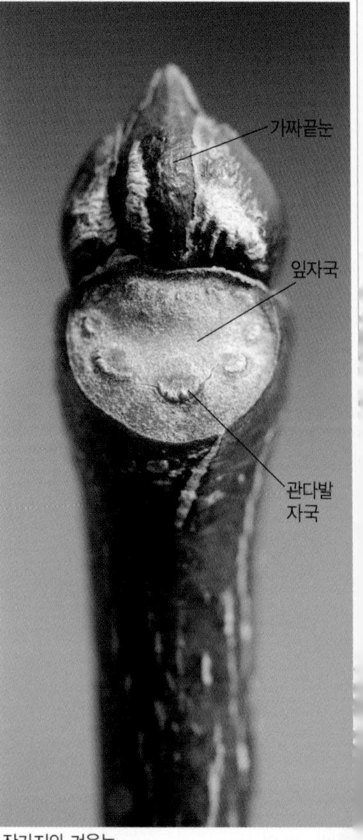

잔가지와 겨울눈

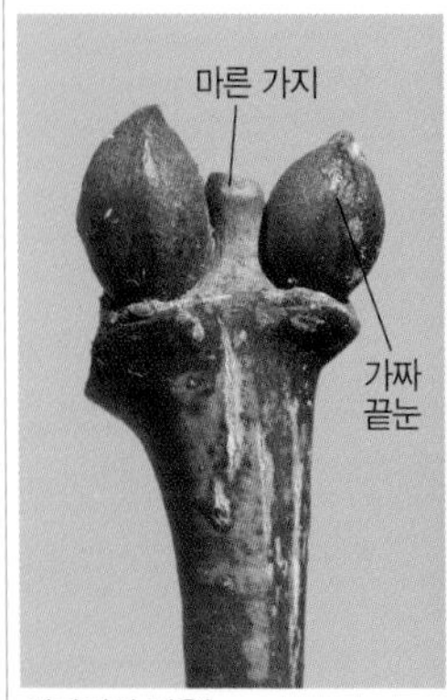

잔가지의 겨울눈

나무껍질

9월 초의 열매

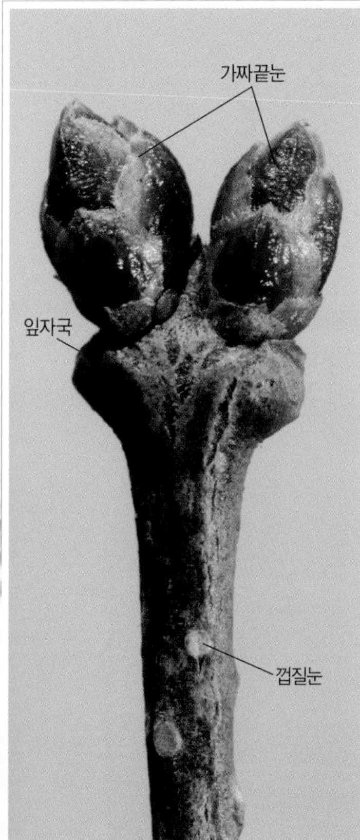

잔가지와 겨울눈

## 개회나무(물푸레나무과)

*Syringa reticulata* ssp. *amurensis*

작은키나무(높이 4~7m)
지리산 이북의 산

잔가지는 갈색~회갈색이며 껍질눈이 있다. 가지 끝에 달린 2개의 가짜끝눈이 자란 가지는 V자형으로 갈라진다. 겨울눈은 달걀형~넓은 달걀형이며 8~12개의 눈비늘조각에 싸여 있다. 눈비늘조각 가장자리에는 털이 있다. 잎자국은 반원형~초승달형이고 튀어나온다. 나무껍질은 회갈색이며 가로로 긴 껍질눈이 있고 노목은 불규칙하게 갈라진다.

마주나는 잎은 넓은 달걀형으로 끝이 길게 뾰족하고 밑부분은 둥글거나 약간 심장저이며 가장자리는 밋밋하다. 잎 양면에 털이 없다. 긴 타원형 열매는 껍질눈이 흩어져 난다.

곁눈과 잎자국

나무껍질

9월의 열매

## 물푸레나무(물푸레나무과)

*Fraxinus chinensis* ssp. *rhynchophylla*

큰키나무(높이 10~15m)
산

잔가지는 회갈색이며 털이 없고 껍질눈이 있으며 짧은가지가 발달한다. 끝눈은 넓은 달걀형이고 회갈색~연한 청자색이며 바깥쪽의 눈비늘조각은 끝부분이 양쪽으로 벌어져서 왕관 모양이 되기도 한다. 눈비늘조각은 가루 모양의 털이 있다. 곁눈은 둥그스름하며 끝눈보다 작다. 잎자국은 반원형~콩팥형이며 관다발자국은 많고 둥글게 배열한다. 나무껍질은 회색이며 흰색 얼룩이 있고 노목은 세로로 얇게 갈라진다.

마주나는 잎은 5~7장의 작은잎을 가진 홀수깃꼴겹잎이다. 작은잎은 달걀형~넓은 피침형이다. 열매는 거꿀피침형이며 가장자리에 날개가 있고 가을에 갈색으로 익는다.

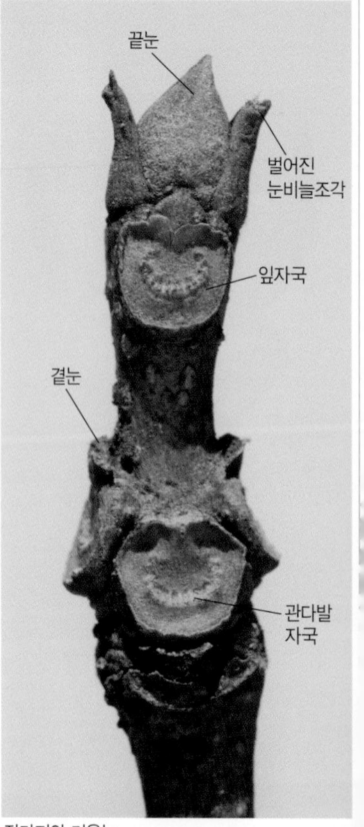

잔가지와 겨울눈

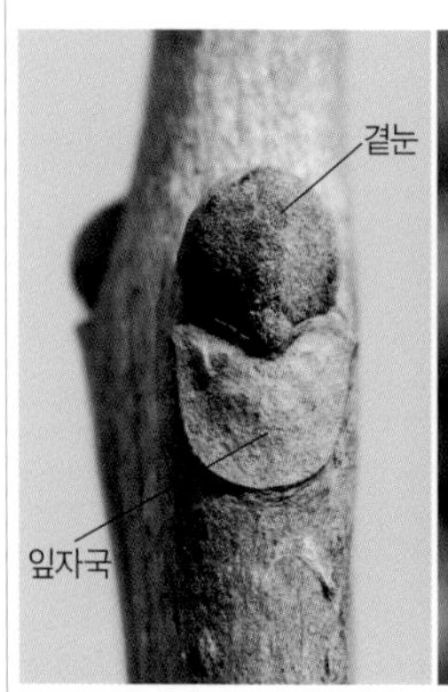

곁눈과 잎자국

나무껍질

7월의 어린 열매

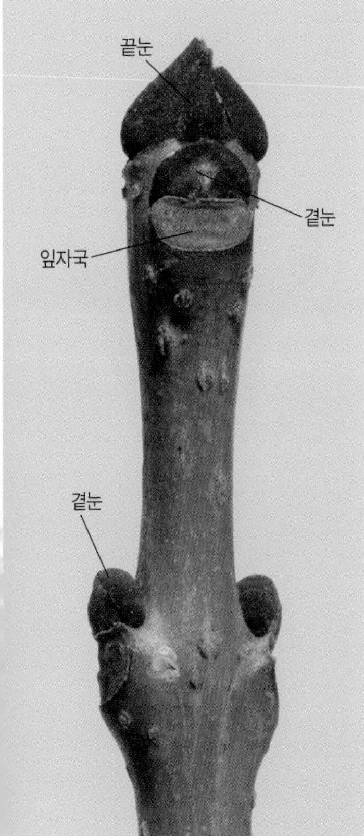

잔가지와 겨울눈

## 들메나무(물푸레나무과)
*Fraxinus mandshurica*

큰키나무(높이 25~30m)
중부 이북의 산골짜기

잔가지는 털이 없고 약간 모가 지며 원형~타원형의 껍질눈이 있고 짧은가지가 발달한다. 끝눈은 원뿔형으로 5~8㎜ 길이이고 2~4개의 암갈색~흑자색 눈비늘조각에 싸여 있으며 곁눈은 끝눈보다 작다. 꽃눈은 구형이다. 잎자국은 반원형이며 관다발자국은 많고 U자형으로 배열한다. 나무껍질은 회백색이고 세로로 깊게 갈라진다. 마주나는 잎은 7~11장의 작은잎을 가진 홀수깃꼴겹잎이다. 작은잎은 긴 타원형~긴 달걀형이다. 열매는 좁고 긴 타원형이며 가장자리에 날개가 있다. *같은 속의 **물푸레나무**(p.282)와 달리 겨울눈의 색깔이 암갈색~흑자색이라서 구분이 된다.

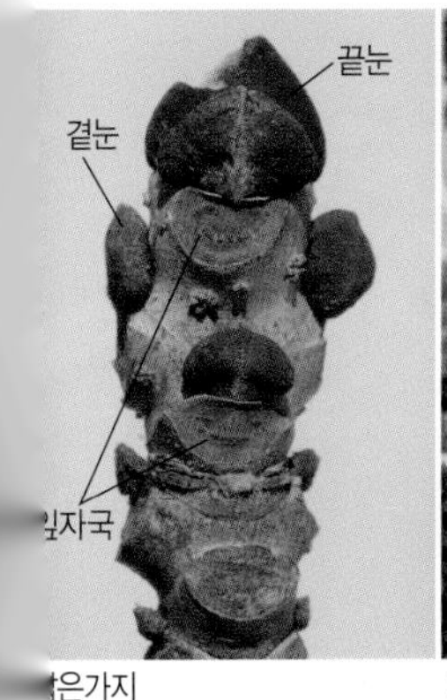

짧은가지

나무껍질

5월 말의 어린 열매

## 쇠물푸레(물푸레나무과)
*Fraxinus sieboldiana*

작은키나무(높이 5~9m)
중부 이남의 산

햇가지에는 샘털이 있다. 잔가지는 회갈색이며 둥근 껍질눈이 흩어져 난다. 끝눈은 넓은 달걀형으로 4~6㎜ 길이이고 옆에 곁눈이 달리며 2~4개의 눈비늘조각에 싸여 있다. 눈비늘조각 표면은 가루 모양의 털로 덮여 있다. 잎자국은 반원형~초승달형이다. 나무껍질은 회색~진회색이고 밋밋하며 껍질눈이 흩어져 난다.
마주나는 잎은 3~7장의 작은잎을 가진 홀수깃꼴겹잎이다. 작은잎은 달걀형~긴 달걀형이며 끝이 길게 뾰족하고 가장자리에 잔톱니가 있거나 없다. 열매는 거꿀피침형이며 가장자리에 날개가 있고 가을에 붉게 익는다.

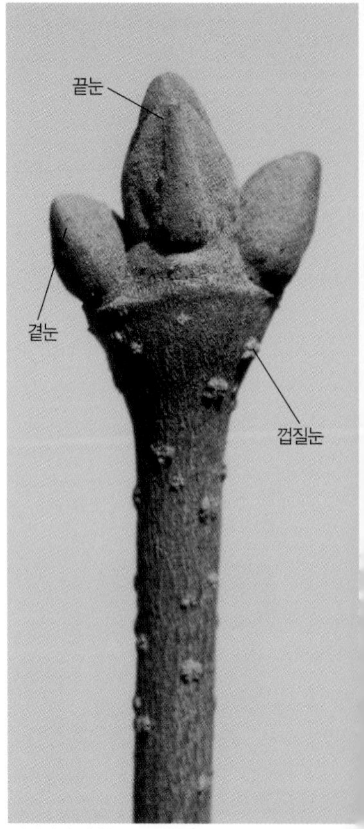

잔가지와 겨울눈

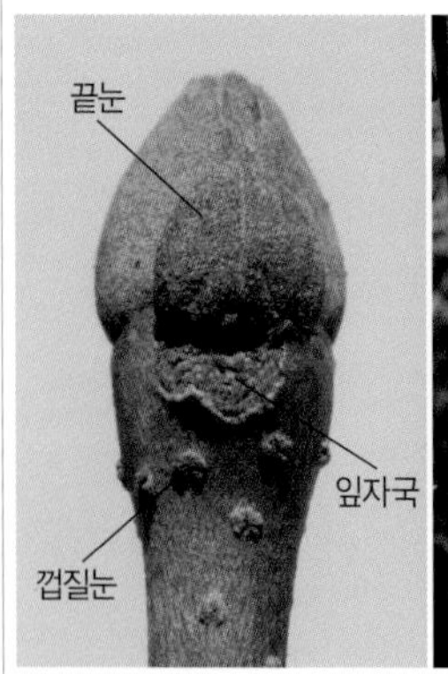

끝눈과 잎자국

나무껍질

6월의 어린 열매

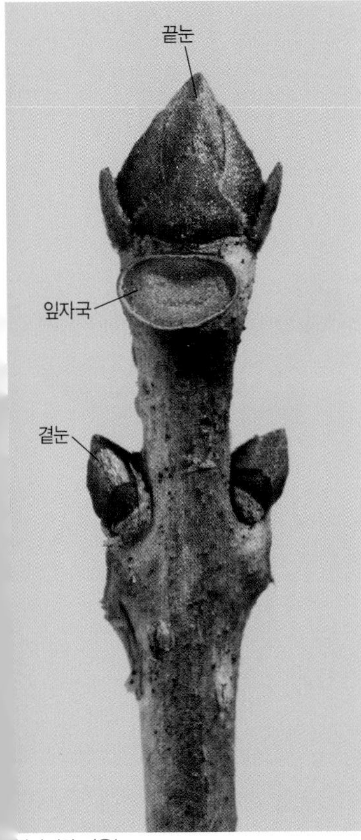

잔가지와 겨울눈

## 이팝나무(물푸레나무과)
*Chionanthus retusus*

큰키나무(높이 20m 정도)
중부 이남의 산과 들. 관상수

잔가지는 회갈색~황갈색이며 어릴 때는 잔털이 약간 있다. 끝눈은 원뿔형이며 3~7㎜ 길이이고 4~6개의 눈비늘조각에 싸여 있다. 눈비늘조각은 가는 적갈색 털이 있고 끝이 뾰족하다. 끝눈 옆에 곁눈이 달리기도 하는데 끝눈보다 작다. 잎자국은 반원형이고 튀어나온다. 나무껍질은 회갈색이며 불규칙하게 세로로 갈라진다.
마주나는 잎은 긴 타원형~거꿀달걀형이며 끝은 둔하거나 뾰족하고 가장자리가 밋밋하지만 어린 나무의 잎은 잔톱니가 있다. 타원형~달걀형 열매는 가을에 검푸른색으로 익고 속에는 1개의 타원형 씨앗이 들어 있다.

곁눈과 잎자국

나무껍질

10월 말의 열매

## 향선나무(물푸레나무과)
*Fontanesia phyllyreoides*

떨기~작은키나무(높이 3~5m)
아시아 서부 원산. 관상수

잔가지는 회갈색이고 약간 모가 지며 겨울에 가지 끝이 말라 죽는다. 겨울눈은 둥근 달걀형이며 끝이 뾰족하고 여러 개의 눈비늘조각에 싸여 있다. 눈비늘조각 표면은 털이 없이 매끈하다. 잎자국은 반원형이고 약간 튀어나오며 관다발자국은 1개이다. 나무껍질은 회갈색이며 세로로 불규칙하게 갈라진다.
마주나는 잎은 달걀 모양의 피침형~긴 달걀형으로 끝이 길게 뾰족하고 가장자리가 밋밋하며 뒷면은 회녹색이다. 열매는 넓은 타원형으로 납작하며 끝에 암술대가 남아 있고 가을에 갈색으로 익으며 겨울까지 남아 있다.

잔가지와 겨울눈

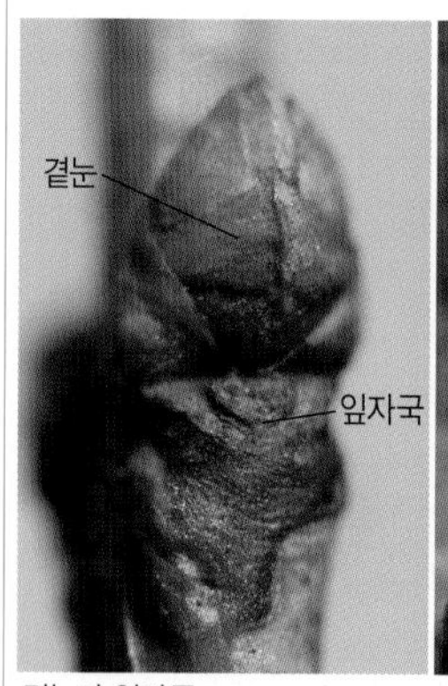

곁눈과 잎자국

나무껍질

7월의 어린 열매

# 겨울눈이 어긋나는 갈잎키나무

3월의 소사나무 잔가지

## 은행나무(은행나무과)
*Ginkgo biloba*

큰키나무(높이 40~60m)
중국 원산. 관상수

잔가지는 굵고 회갈색이다. 긴가지와 짧은가지가 발달하며 짧은가지는 번데기 모양이다. 끝눈은 흔히 반구형이지만 끝부분이 약간 뾰족해지는 것도 있다. 잎자국은 반원형이며 관다발자국이 2개인 것은 은행나무뿐이다. 두꺼운 나무껍질은 회백색이며 세로로 깊게 갈라지고 코르크가 발달한다.
부채 모양의 잎은 긴가지에서는 어긋나고 짧은가지 끝에서는 3~5장이 모여난다. 잎몸은 양면에 털이 없으며 잎맥은 계속 2개로 갈라지는 두갈래맥(차상맥)이다. 둥근 열매는 지름 2㎝ 정도이고 가을에 노란색으로 익으면 물렁해지며 고약한 냄새가 난다.

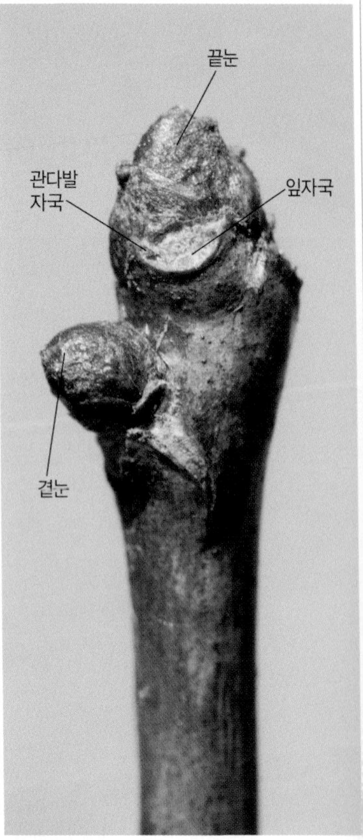

잔가지와 겨울눈

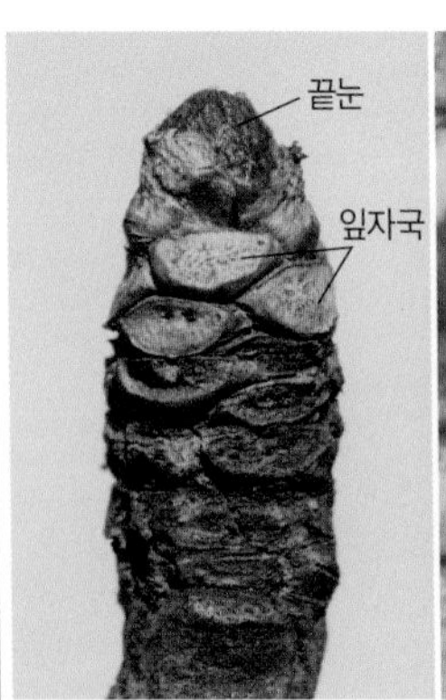

짧은가지

나무껍질

10월의 열매

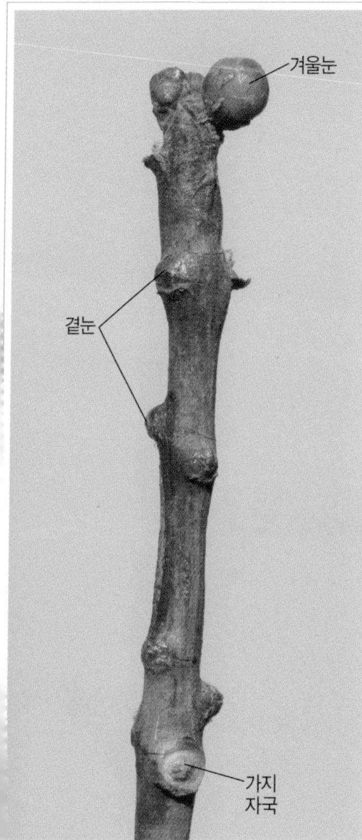


잔가지와 겨울눈

## 낙우송(측백나무과 | 낙우송과)

*Taxodium distichum*

갈잎바늘잎나무(높이 20~50m)
북미 원산. 관상수

줄기는 곧게 자라고 가지가 거의 수평으로 퍼지며 전체가 원뿔 모양이다. 땅속뿌리에서 땅 위로 돌기(공기뿌리)를 잘 내보낸다. 햇가지는 녹색이지만 점차 갈색이 되며 잎눈은 반구형이고 아주 작다. 둥근 수꽃눈은 늘어지는 꽃차례에 촘촘히 달린다. 잎자국은 둥그스름하고 관다발자국은 1개이다. 나무껍질은 적갈색이고 세로로 조각조각 벗겨져 떨어진다.

부드러운 바늘잎과 작은 가지는 서로 어긋난다. 가을에 작은 가지채로 낙엽이 진다. 둥근 솔방울열매는 지름 2~4㎝로 열매자루가 없으며 가을에 갈색으로 익는다.

* **메타세쿼이아**(p.249)는 바늘잎과 가지가 마주나서 구분이 된다.

수꽃눈

공기뿌리

11월의 열매

## 일본잎갈나무/낙엽송(소나무과)

*Larix kaempferi*

갈잎바늘잎나무(높이 20m 정도)
일본 원산. 산에 조림

잔가지는 황갈색~적갈색이고 털이 없거나 있으며 세로로 홈이 진다. 긴가지와 더불어 짧은가지가 많이 발달한다. 끝눈과 곁눈은 흔히 반구형이며 갈색~적갈색을 띤다. 긴가지에 나사 모양으로 돌려가며 있는 작은 잎자국은 도드라진다. 관다발자국은 1개이다. 나무껍질은 갈색이고 조각조각 벗겨진다. 잎은 긴가지에서는 촘촘히 돌려가며 달리고 짧은가지에서는 20~30개씩 모여난다. 잎은 선형이고 2~3㎝ 길이이며 부드럽다. 잎 뒷면은 연녹색이다. 솔방울열매는 달걀형~구형이며 20~35㎜ 길이이고 솔방울조각은 30~40개이며 끝이 뒤로 젖혀진다.

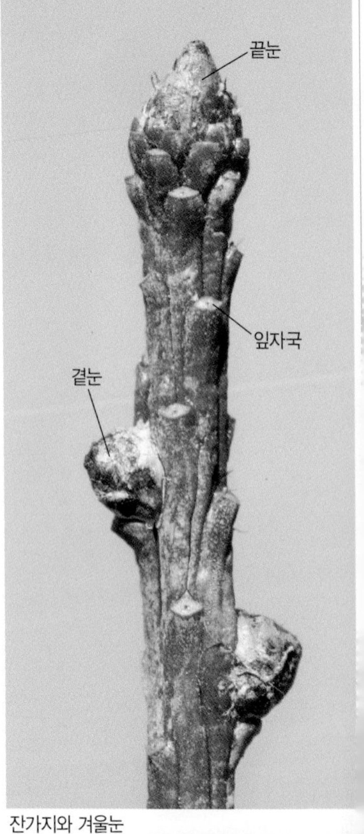

잔가지와 겨울눈

짧은가지

나무껍질

8월 말의 솔방울열매

짧은가지

## 잎갈나무(소나무과)
*Larix gmelinii* v. *olgensis*

갈잎바늘잎나무(높이 35m 정도)
금강산 이북의 높은 산

줄기는 곧게 자라고 가지는 수평으로 퍼지거나 밑으로 처진다. 짧은 가지가 많이 발달한다. 겨울눈은 반구형이며 갈색~적갈색이고 곁눈은 겉으로 드러나며 관다발자국은 1개이다. 나무껍질은 회색~회갈색이고 불규칙하게 갈라져 조각조각 벗겨진다.
잎은 짧은가지 끝에는 모여나고 긴가지에는 촘촘히 돌려가며 어긋나게 달린다. 잎은 선형이고 15~25㎜ 길이이며 부드럽다. 솔방울열매는 둥근 달걀형이며 12~40㎜ 길이이고 솔방울조각은 25~40개이며 끝이 뒤로 젖혀지지 않는다.
* **일본잎갈나무**(p.290)와 비슷하지만 솔방울조각 끝이 젖혀지지 않는 것으로 구분한다.

나무껍질

6월의 묵은 솔방울열매

2월의 솔방울열매

## 비목나무(녹나무과)

*Lindera erythrocarpa*

작은키~큰키나무(높이 6~15m)
경기도 이남의 산

잔가지는 연갈색~회갈색이고 털이 없으며 껍질눈이 있다. 둥근 꽃눈은 기다란 눈자루가 있다. 잎눈은 긴 달걀형이며 끝이 뾰족하고 5~8개의 적갈색~홍자색 눈비늘 조각에 싸여 있다. 곁눈은 끝눈보다 작다. 잎자국은 원형~반원형이고 관다발자국은 1개이다. 나무껍질은 회갈색이며 노목은 불규칙하게 얇게 갈라져 벗겨진다.
어긋나는 잎은 긴 타원형~거꿀피침형으로 끝이 뾰족하고 가장자리가 밋밋하며 밑부분은 차츰 좁아진다. 잎 뒷면은 흰빛이 돈다. 둥근 열매는 가을에 붉게 익는다. 긴 열매자루의 끝부분은 곤봉처럼 굵어진다. *같은 속의 **생강나무**(p.161)는 떨기나무이다.

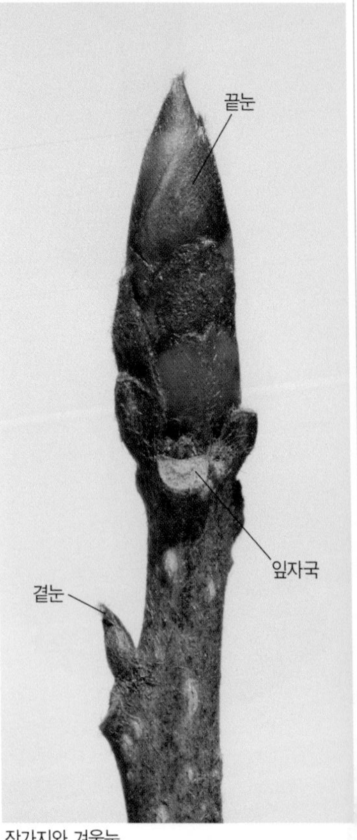

잔가지와 겨울눈

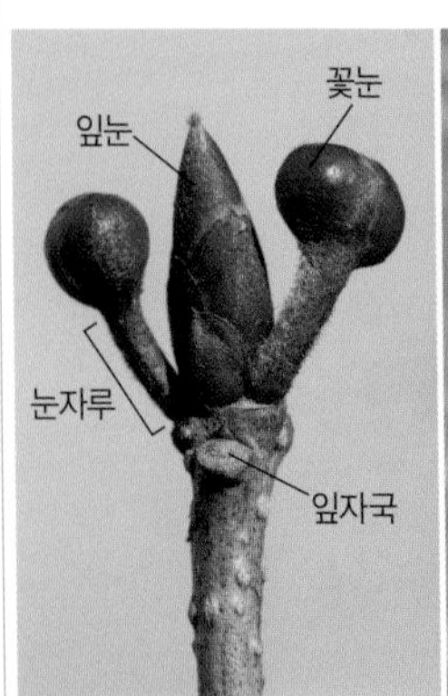

꽃눈과 잎눈

나무껍질

10월의 열매

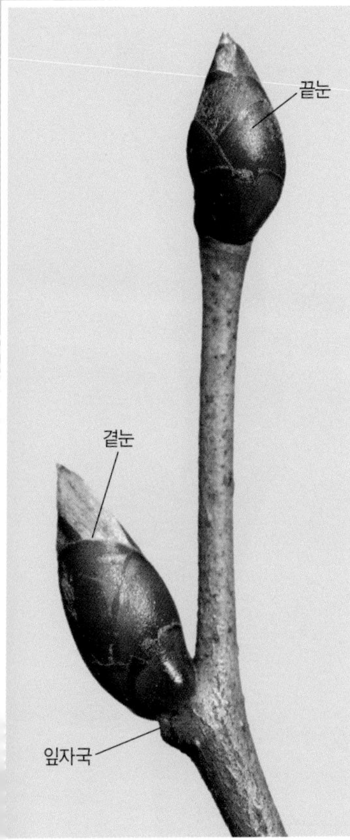

잔가지와 겨울눈

## 감태나무/백동백(녹나무과)

*Lindera glauca*

떨기나무~작은키나무(높이 3~7m)
충북 이남의 산기슭

잔가지는 연갈색~회갈색이며 어릴 때는 털이 있지만 점차 없어진다. 겨울눈은 달걀형이며 끝이 뾰족하고 7~9개의 적갈색~적색 눈비늘조각에 싸여 있다. 잎자국은 반원형이며 관다발자국은 1개이다. 겨울눈은 섞임눈이라서 꽃눈이 따로 없다. 나무껍질은 연갈색이며 밋밋하고 작은 껍질눈이 있다.

어긋나는 잎은 긴 타원형~타원형이며 끝이 뾰족하고 가장자리가 밋밋하다. 잎 뒷면은 회백색이다. 마른 잎은 겨우내 붙어 있다가 봄에 떨어진다. 둥근 열매는 가을에 검은색으로 익고 열매자루가 길다. *같은 속의 **비목나무**(p.292)는 작은키~큰키나무이고 꽃눈에 눈자루가 있어서 구분이 된다.

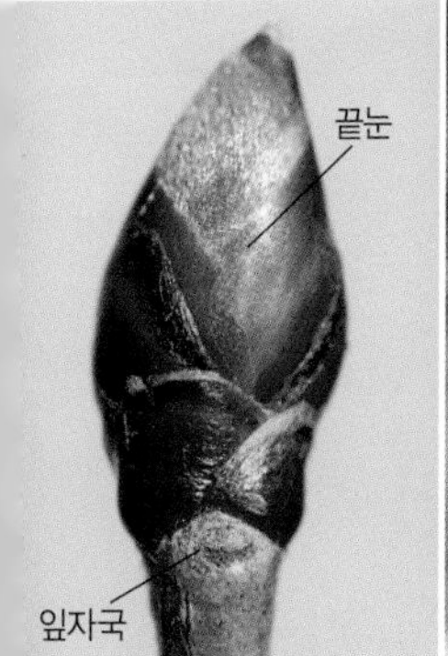

끝눈과 잎자국

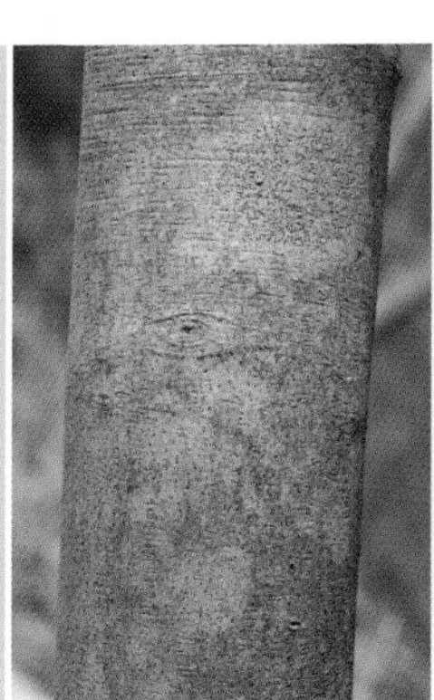
나무껍질

11월의 열매

## 목련(목련과)

*Magnolia kobus*

큰키나무(높이 10~15m)
한라산. 관상수

잔가지는 녹색~자갈색이며 털이 없다. 가지를 자르면 냄새가 난다. 꽃눈은 긴 달걀형이며 큼직하고 눈비늘조각을 덮은 긴털은 곧게 선다. 가지와 꽃눈은 방향이 제각각이다. 잎눈은 꽃눈보다 작고 짧은털로 덮여 있다. 잎자국은 V자형~초승달형이며 관다발자국은 8~12개이다. 턱잎자국은 가지를 한 바퀴 돈다. 나무껍질은 회백색이며 밋밋하고 껍질눈이 있다.

어긋나는 잎은 거꿀달걀형으로 끝이 급히 뾰족해지고 가장자리가 밋밋하며 뒷면은 연녹색이다. 원통형 열매는 울퉁불퉁하고 가을에 익으면 칸칸이 벌어지면서 주홍색 씨앗이 드러난다. 묵은 열매송이가 겨울까지 남아 있기도 하다.

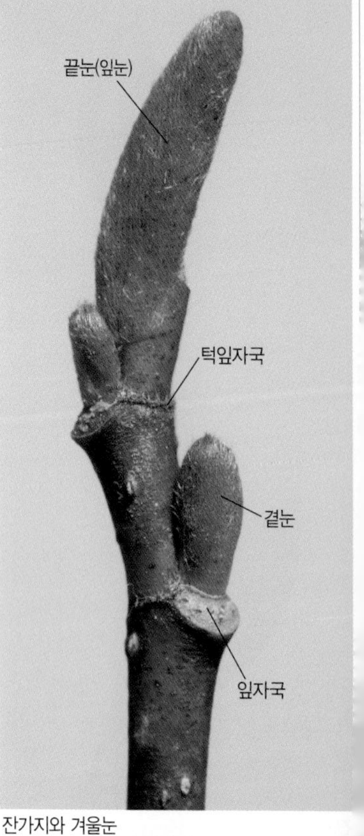

잔가지와 겨울눈

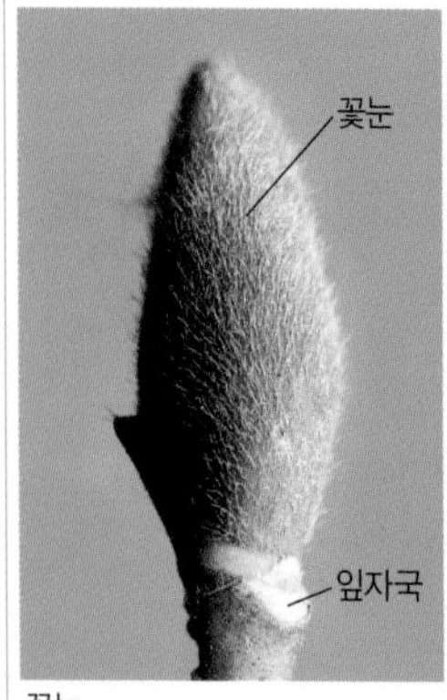

꽃눈

2월의 가지

9월의 열매

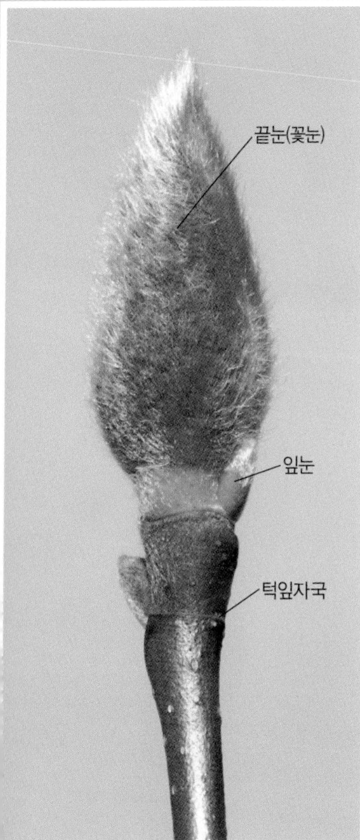


잔가지와 겨울눈

## 백목련(목련과)

*Magnolia denudata*

큰키나무(높이 15m 정도)
중국 원산, 관상수

햇가지는 굵고 연밤색이며 누운털로 덮여 있지만 점차 없어진다. 꽃눈은 긴 달걀형이며 큼직하고 눈비늘조각을 덮은 긴털은 눕는다. 꽃눈은 대부분이 위를 향한다. 잎눈은 꽃눈보다 작고 짧은털로 덮여 있다. 잎자국은 V자형~초승달형이며 관다발자국은 흩어져 난다. 턱잎자국은 가지를 한 바퀴 돈다. 나무껍질은 회백색이며 밋밋하지만 점차 갈라진다.
어긋나는 잎은 거꿀달걀형으로 끝이 급히 뾰족해지고 가장자리가 밋밋하며 뒷면은 연녹색이다. 원통형 열매는 울퉁불퉁하고 가을에 익으면 칸칸이 벌어지면서 주홍색 씨앗이 드러난다. 묵은 열매송이가 겨울까지 남아 있기도 하다.

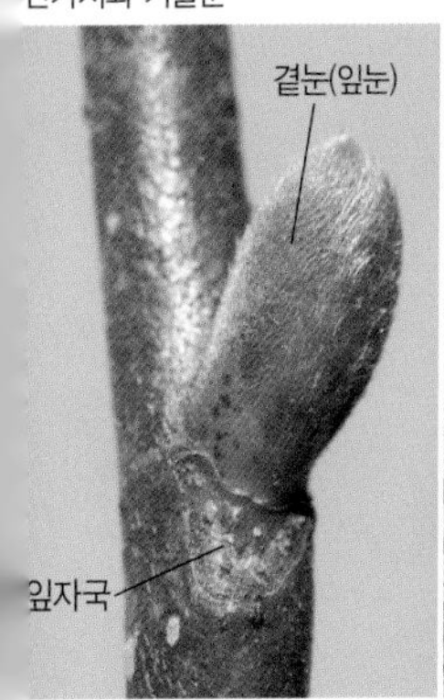


곁눈과 잎자국

12월의 가지

8월의 어린 열매

## 함박꽃나무(목련과)
*Magnolia sieboldii*

작은키나무(높이 7~10m)
산

어린 가지는 굵고 회갈색이며 누운 털이 있다. 길쭉한 끝눈은 10~15㎜ 길이이며 끝이 뾰족하고 눈비늘조각은 가죽질이며 누운털이 있다. 곁눈은 끝눈보다 작다. 잎자국은 V자형이고 관다발자국은 많다. 턱잎자국은 가지를 한 바퀴 돈다. 나무껍질은 회백색이며 밋밋하고 오래되면 사마귀 같은 껍질눈이 발달한다.
어긋나는 잎은 타원형~거꿀달걀형으로 6~15㎝ 길이이고 끝이 뾰족하며 가장자리가 밋밋하다. 잎 뒷면은 회녹색이고 잎맥을 따라 털이 있다. 열매송이는 타원형이며 5~7㎝ 길이이고 가을에 익으면 주홍색 씨앗이 드러난다.

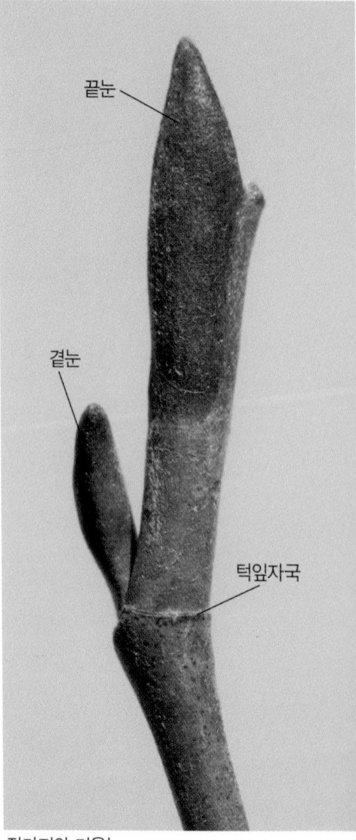

잔가지와 겨울눈

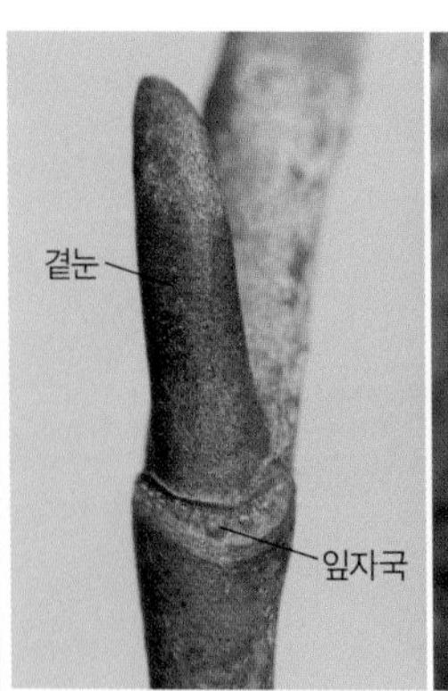

곁눈과 잎자국

나무껍질

9월의 열매

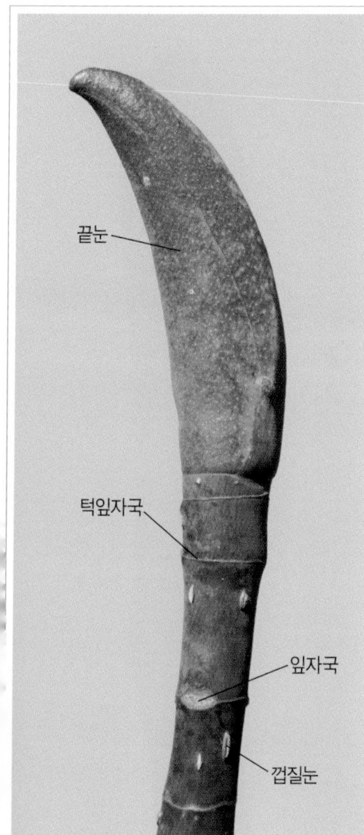

잔가지와 겨울눈

## 일본목련(목련과)
*Magnolia obovata*

큰키나무(높이 20m 정도)
일본 원산. 관상수

잔가지는 굵고 녹갈색~자갈색이며 털이 없다. 짧은가지가 발달한다. 길쭉한 끝눈은 붓 모양이고 3~5㎝ 길이로 매우 크며 휘어지기도 하고 눈비늘조각은 털이 없으며 가죽질이다. 곁눈은 끝눈보다 작다. 잎자국은 타원형~하트형이고 관다발자국은 많으며 흩어져 난다. 턱잎자국은 가지를 한 바퀴 돈다. 나무껍질은 회백색이며 밋밋하고 껍질눈이 많다.
어긋나는 잎은 거꿀달걀형이며 20~40㎝ 길이로 크고 가장자리가 밋밋하다. 잎 뒷면은 분백색이고 잔털이 있다. 열매송이는 긴 타원형이며 10~20㎝ 길이이고 가을에 붉은색으로 익으면 칸칸이 벌어지면서 붉은색 씨앗이 드러난다.

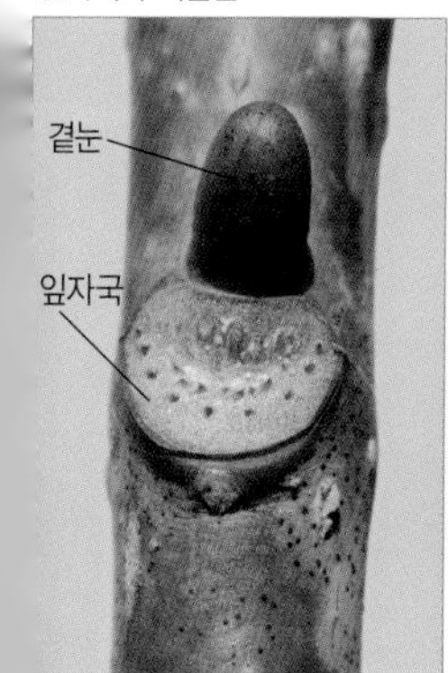

곁눈과 잎자국

나무껍질

8월의 열매

## 튤립나무(목련과)
*Liriodendron tulipifera*

큰키나무(높이 20~40m)
북미 원산. 관상수

가지는 굵고 광택이 있으며 털이 없다. 끝눈은 긴 타원형이고 오리의 부리를 닮았으며 10~15㎜ 길이이고 홍자색이며 털이 없는 2개의 눈비늘조각에 싸여 있다. 곁눈은 끝눈보다 작다. 잎자국은 콩팥형~원형이고 관다발자국은 10개 정도가 흩어져 난다. 턱잎자국은 가지를 한 바퀴 돈다. 나무껍질은 회갈색이고 세로로 얕게 갈라진다.

어긋나는 네모진 잎은 끝이 一자 모양이며 가장자리는 2~6갈래로 얕게 갈라지고 양면에 털이 없다. 좁은 원뿔형 열매는 끝이 뾰족하고 가을에 갈색으로 익는다. 열매는 겨울에도 매달려 있으며 안쪽부터 부서져 나간다.

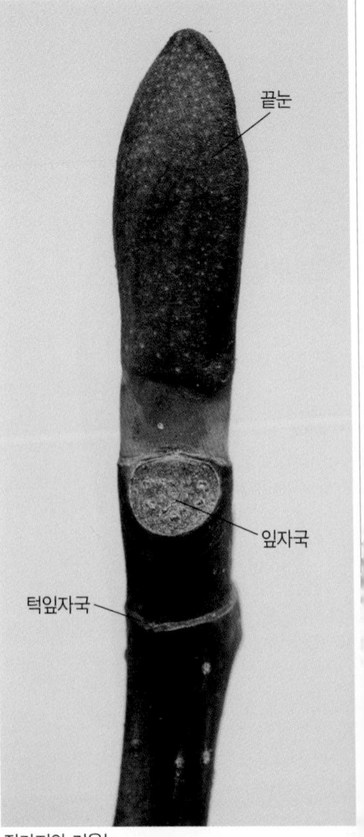

잔가지와 겨울눈

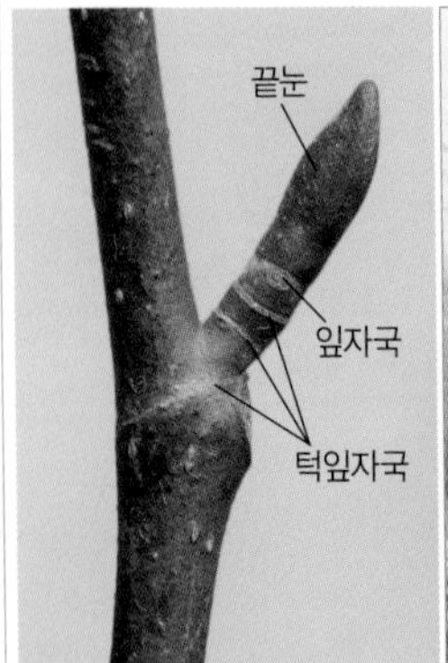

짧은가지

나무껍질

9월의 열매

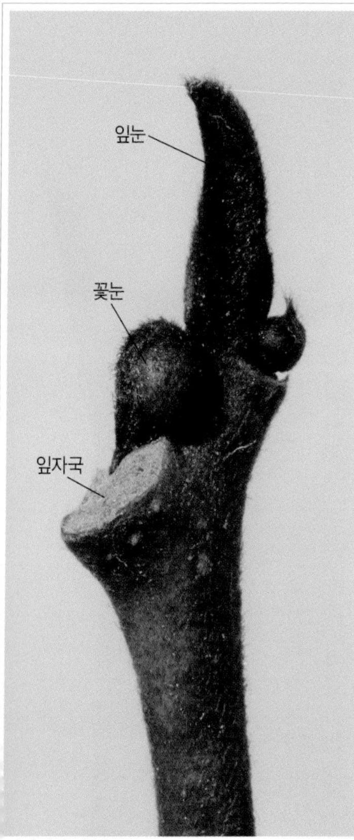

잔가지와 겨울눈

## 포포나무(포포나무과)

*Asimina triloba*

작은키나무(높이 4~12m)
북미 원산. 관상수

잔가지는 적갈색이며 털이 있지만 점차 없어지고 껍질눈이 많다. 겨울눈은 맨눈이며 털로 덮여 있다. 끝눈은 길쭉한 원뿔형이고 7~10㎜ 길이이며 끝이 길게 뾰족하다. 곁눈은 끝눈보다 작으며 폭이 넓은 U자~V자형 잎자국 사이에 들어 있다. 꽃눈은 동그스름하며 잎눈처럼 털로 촘촘히 덮여 있다. 나무껍질은 갈색~회갈색이며 밋밋하고 껍질눈이 있다.

어긋나는 잎은 거꿀달걀형~긴 타원형으로 10~25㎝ 길이로 큰 편이고 끝이 뾰족하며 밑부분은 점점 좁아지고 가장자리가 밋밋하다. 타원형 열매는 육질이며 가을에 녹갈색으로 익고 과일로 먹는데 망고와 바나나 등이 섞인 맛이 난다.

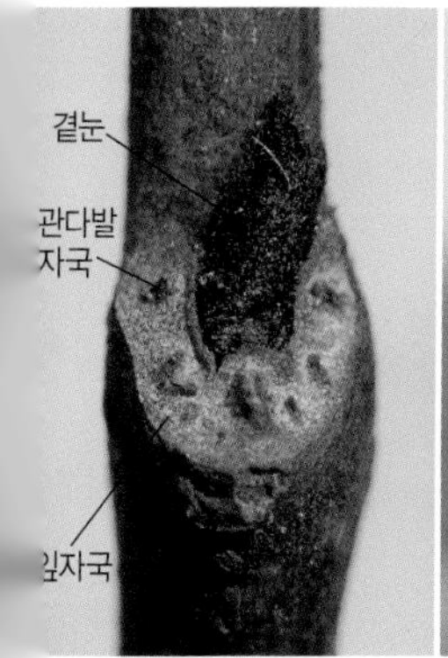

곁눈과 잎자국

나무껍질

7월의 어린 열매

## 양버즘나무(버즘나무과)
*Platanus occidentalis*

큰키나무(높이 20~40m)
북미 원산. 관상수

햇가지는 황갈색~적갈색이며 털이 없고 작은 껍질눈이 많다. 보통 겨울에 가지 끝은 말라 죽고 가짜끝눈이 달린다. 겨울눈은 달걀형이며 털이 없고 1개의 적갈색 눈비늘조각에 싸여 있다. 잎자국은 겨울눈을 거의 둘러싸고 관다발자국은 많다. 나무껍질은 진갈색이고 조각조각 떨어져 황갈색의 얼룩이 지는 것이 버짐이 핀 모습과 비슷하다.
어긋나는 잎은 넓은 달걀형이며 가장자리가 3~5갈래로 갈라지고 톱니가 있거나 없다. 가운데 갈래조각은 길이보다 너비가 넓다. 보통 1개씩 달리는 방울 모양의 열매는 매우 단단하며 겨우내 매달려 있다.

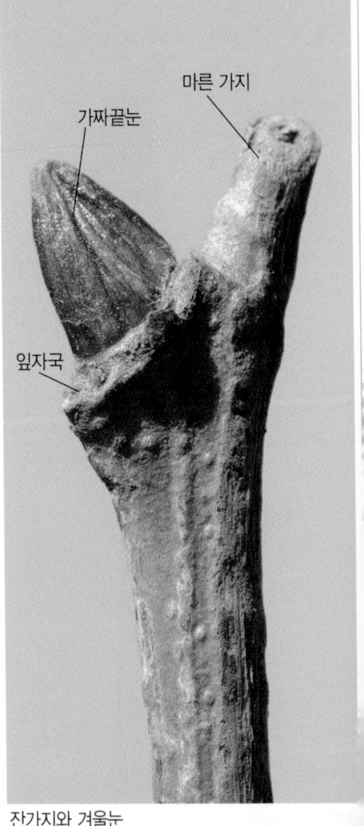

잔가지와 겨울눈

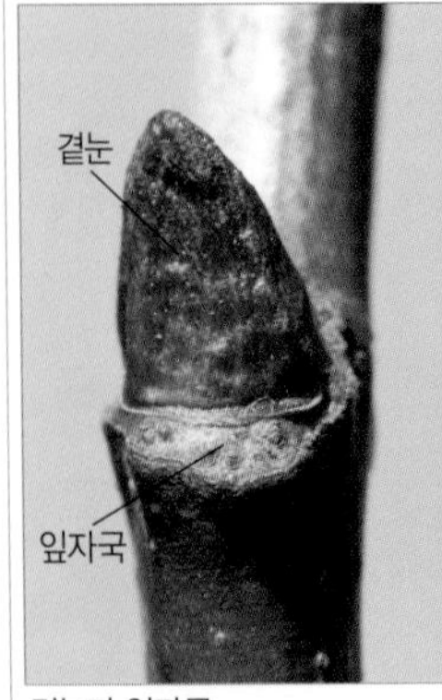

곁눈과 잎자국

나무껍질

6월의 어린 열매

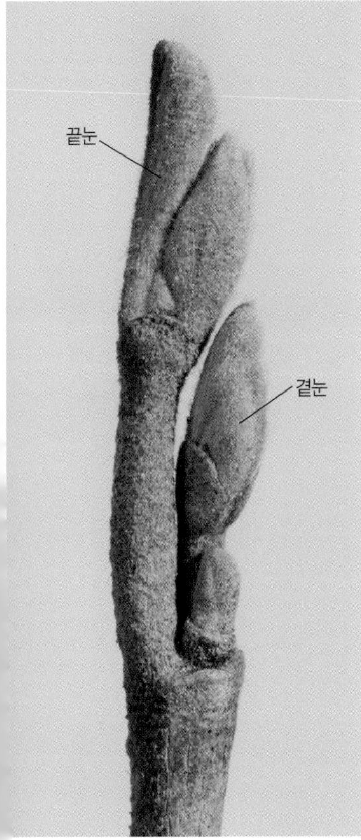

잔가지와 겨울눈

## 풍년화(조록나무과)
*Hamamelis japonica*

떨기나무~작은키나무(높이 2~5m)
일본 원산. 관상수

햇가지는 회갈색이며 회갈색 별모양털이 있고 타원형의 껍질눈이 많다. 잎눈은 긴 타원형이며 5~8㎜ 길이이고 자루가 있다. 2장의 눈비늘조각은 떨어져 나가고 털로 덮인 맨눈이 드러난다. 동그란 꽃눈은 자루 끝에 2~4개가 모여 달리며 눈비늘조각이 떨어져 나가고 맨눈이 된다. 잎자국은 삼각형~반원형이며 관다발자국은 3개이다. 나무껍질은 회색이며 밋밋하고 껍질눈이 흩어져 난다.
어긋나는 잎은 마름모꼴의 타원형~넓은 달걀형이며 끝이 둔하고 가장자리에 물결 모양의 톱니가 있다. 둥근 달걀형 열매는 갈색의 짧은털로 덮여 있고 가을에 익으며 겨울까지 남아 있기도 하다.

꽃눈과 잎눈

나무껍질

7월의 어린 열매

## 합다리나무(나도밤나무과)

*Meliosma oldhamii*

큰키나무(높이 10~20m)
중부 이남의 산이나 바닷가

잔가지는 굵고 회흑색~회갈색이며 어릴 때는 털이 있지만 점차 없어진다. 겨울눈은 맨눈이며 둥그스름하고 갈색의 누운털로 덮여 있다. 잎자국은 반원형이며 관다발자국은 많다. 나무껍질은 회흑색이며 밋밋하고 세로로 얕은 홈이 생기기도 한다.

어긋나는 잎은 9~15장의 작은잎을 가진 홀수깃꼴겹잎이다. 작은잎은 좁은 달걀형~타원형이며 끝이 길게 뾰족하고 가장자리에 바늘 같은 잔톱니가 있다. 끝의 작은잎이 가장 크며 뒷면은 백록색이고 털이 있다. 동그스름한 열매는 지름 4~5㎜이고 가을에 붉은색으로 익는다.

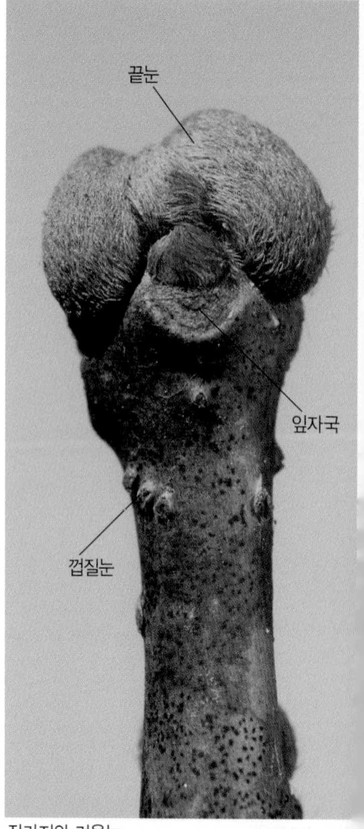

잔가지와 겨울눈

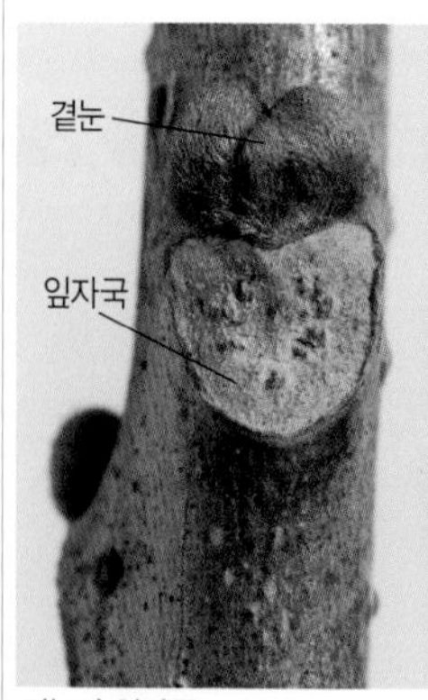

곁눈과 잎자국

나무껍질

잎 뒷면

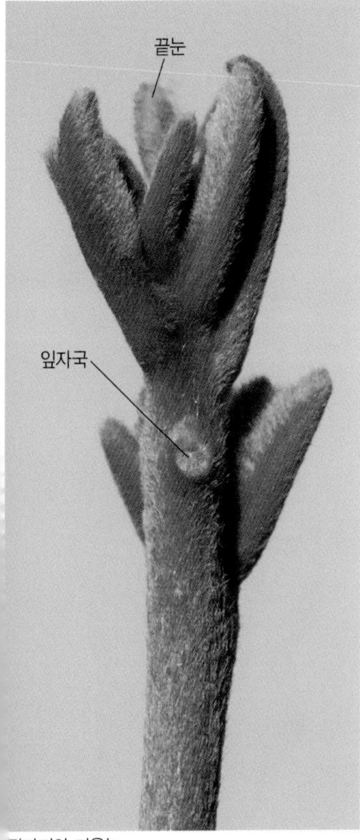

잔가지와 겨울눈

## 나도밤나무(나도밤나무과)
*Meliosma myriantha*

큰키나무(높이 12m 정도)
충남, 전라도, 제주도의 산

잔가지는 회갈색~진한 회갈색이며 황갈색의 누운털이 있다. 겨울눈은 맨눈이며 황갈색의 누운털로 덮여 있다. 끝눈은 가늘고 길며 6~10㎜ 길이이고 여러 개가 모여 달린 모습이 글러브를 닮았다. 곁눈은 끝눈보다 작다. 잎자국은 반원형이며 작고 관다발자국은 8개 정도가 반달 모양으로 배열한다. 나무껍질은 회흑색~회갈색이며 밋밋하고 껍질눈이 부풀어 있다. 어긋나는 잎은 긴 타원형~거꿀달걀 모양의 타원형이며 20~28쌍의 측맥이 뚜렷하고 가장자리에 바늘 모양의 잔톱니가 있다. 둥근 열매는 지름 4~5㎜이고 가을에 붉은색으로 익는다.

묵은가지의 겨울눈

나무껍질

10월의 열매

## 미국풍나무(알팅기아과 | 조록나무과)
*Liquidambar styraciflua*

큰키나무(높이 20m 정도)
북미 원산. 관상수

잔가지는 털이 없고 코르크가 날개 모양으로 발달한다. 끝눈은 달걀형~긴 달걀형으로 7~11㎜ 길이이고 끝이 뾰족하며 광택이 있고 6~10개의 눈비늘조각에 싸여 있다. 곁눈은 끝눈보다 작다. 잎자국은 반원형~콩팥형이고 튀어나오며 관다발자국은 3개이다. 나무껍질은 회색이지만 점차 흑갈색이 되고 세로로 얕게 갈라지며 코르크가 발달한다.
어긋나는 잎은 5갈래로 갈라지고 갈래조각 끝은 뾰족하며 가장자리에 가는 톱니가 있다. 둥근 열매는 부드러운 가시털로 덮여 있어서 철퇴처럼 보이며 가을에 익고 겨우내 매달려 있다.

잔가지와 겨울눈

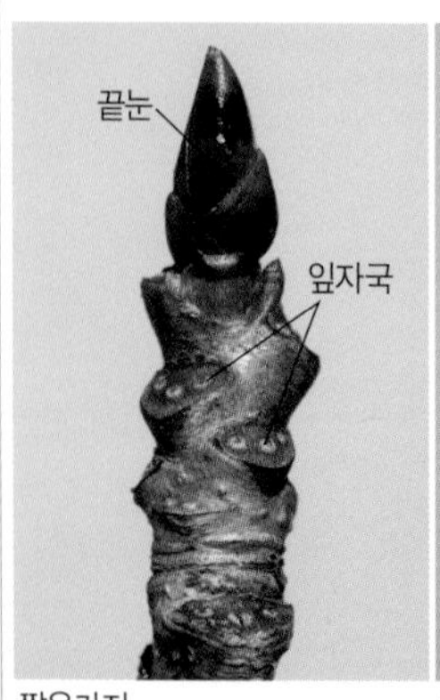

짧은가지

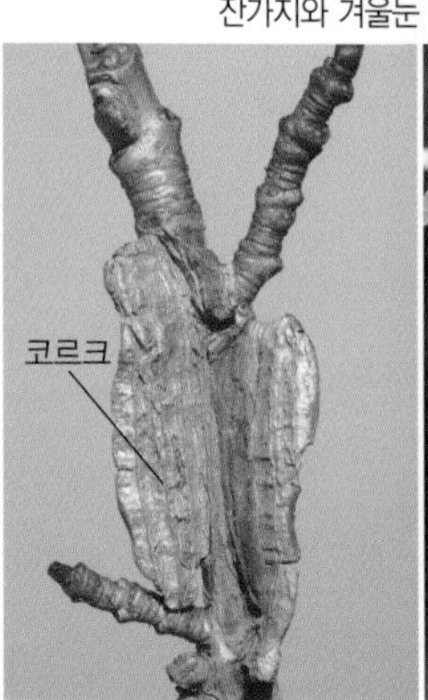

가지의 코르크 날개

9월의 열매

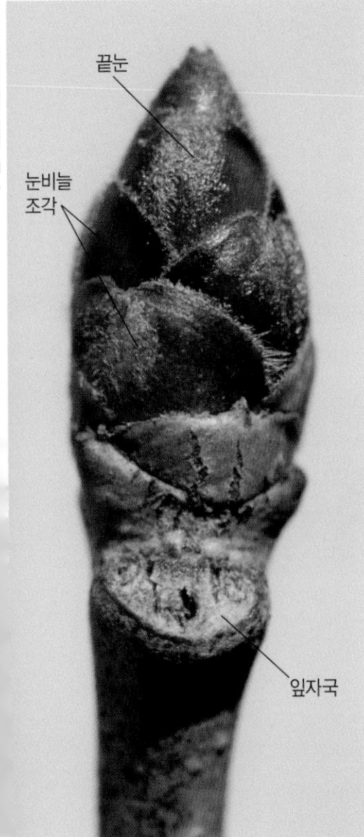

잔가지와 겨울눈

## 대만풍나무(알팅기아과 | 조록나무과)

*Liquidambar formosana*

큰키나무(높이 20~25m)
중국 원산. 관상수

잔가지는 녹색을 띤 암갈색~회갈색이고 코르크가 발달하지 않으며 타원형의 껍질눈이 있다. 겨울눈은 달걀형~긴 달걀형으로 5~10㎜ 길이이고 끝이 뾰족하며 15~18개의 눈비늘조각에 싸여 있다. 눈비늘조각 표면에는 짧고 부드러운 털이 있다. 잎자국은 반원형~삼각형이고 튀어나오며 관다발자국은 3개이다. 나무껍질은 흑갈색이며 노목은 거북등처럼 갈라진다.

어긋나는 잎은 3갈래로 갈라지고 갈래조각 끝은 뾰족하며 가장자리에 잔톱니가 있다. 둥근 열매는 부드러운 가시털로 덮여 있어서 철퇴처럼 보이며 가을에 익고 겨우내 매달려 있다.

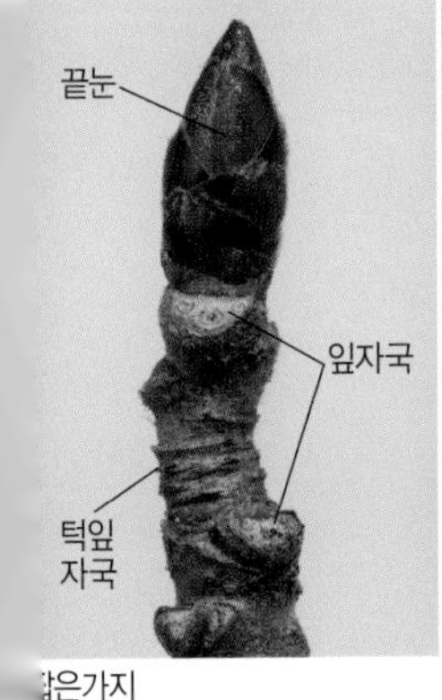

묵은가지

나무껍질

8월의 열매

## 예덕나무(대극과)
*Mallotus japonicus*

작은키나무(높이 5~10m)
남부 지방의 바닷가

잔가지는 굵고 별모양털로 덮여 있으며 적갈색이 돌지만 점차 회백색으로 변한다. 겨울눈은 맨눈으로 회색~갈색의 별모양털로 덮여 있다. 끝눈은 달걀형이며 10~13㎜ 길이이고 잎맥의 주름이 보인다. 곁눈은 끝눈보다 작고 둥그스름하다. 잎자국은 동그스름하고 관다발자국은 많다. 나무껍질은 회갈색이며 노목은 세로로 얕게 갈라진다. 어긋나는 잎은 둥근 달걀형~긴 달걀형이며 끝이 뾰족하고 가장자리가 밋밋하거나 잎몸이 3갈래로 약간 갈라진다. 가지 끝에 커다란 열매송이가 달린다. 열매는 바늘모양의 돌기가 빽빽하며 가을에 갈색으로 익으면 3~4갈래로 갈라지고 검은색 씨앗이 드러난다.

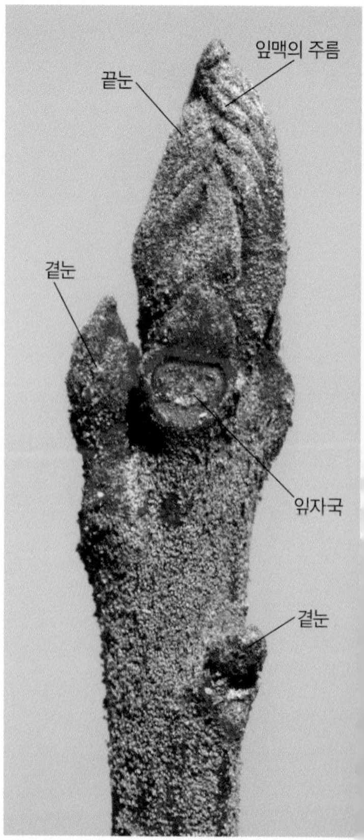

잔가지와 겨울눈

나무껍질

9월의 열매

결각잎

잔가지와 겨울눈

## 사람주나무(대극과)

*Neoshirakia japonica*

작은키나무(높이 4~6m)
중부 이남의 산

잔가지는 회백색~황갈색이며 털이 없고 껍질눈이 드문드문 있다. 가지를 자르면 우유 같은 흰색 즙이 나온다. 겨울눈은 세모진 달걀형이며 끝이 뾰족하고 2개의 눈비늘조각에 싸여 있다. 가짜끝눈은 5~8㎜ 길이이며 눈비늘조각에는 털이 없다. 잎자국은 반원형~삼각형이며 관다발자국은 3개이다. 나무껍질은 회백색이며 매끈하고 세로줄무늬가 있다.

어긋나는 잎은 타원형~달걀형이며 가장자리가 밋밋하다. 잎 앞면은 광택이 있고 뒷면은 연녹색이다. 둥근 열매는 3개의 골이 지며 가을에 갈색으로 익으면 열매껍질이 팽창하는 힘으로 씨앗을 날려 보낸다.

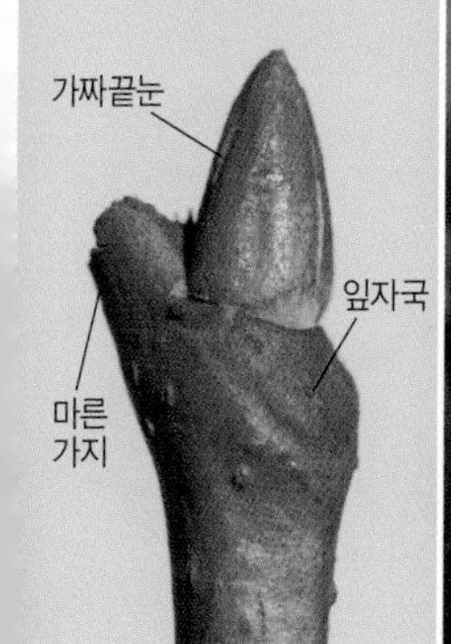

가짜끝눈과 잎자국

나무껍질

9월의 열매

## 오구나무/조구나무(대극과)
*Triadica sebifera*

큰키나무(높이 10~15m)
중국 원산. 남부 지방 관상수

잔가지는 갈색이며 털이 없고 껍질눈이 드문드문 있다. 가지를 자르면 우유 같은 흰색 즙이 나온다. 겨울눈은 둥근 삼각형이며 1~2㎜ 길이이고 가지에 바짝 붙으며 2~4개의 눈비늘조각에 싸여 있다. 곁눈은 가짜끝눈과 모양과 크기가 비슷하다. 잎자국은 반원형이며 관다발자국은 3개이고 좌우에 턱잎자국이 변한 돌기가 있다. 나무껍질은 회갈색이며 세로로 불규칙하게 갈라진다.
어긋나는 잎은 마름모 모양의 달걀형이며 끝이 길게 뾰족하고 가장자리가 밋밋하다. 둥근 타원형 열매는 가을에 갈색으로 익으면 3갈래로 갈라진 모양이 팝콘을 닮았으며 겨울에도 매달려 있다.

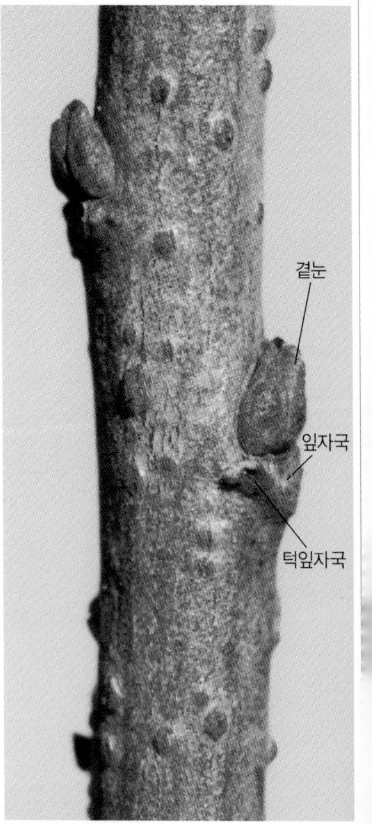

잔가지와 겨울눈

나무껍질

11월의 열매

1월의 열매

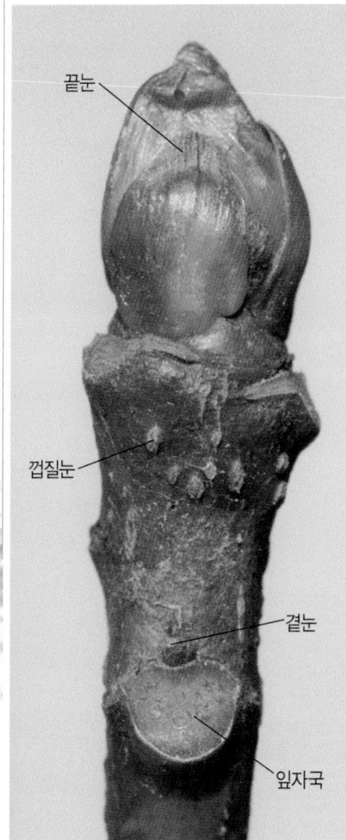

잔가지와 겨울눈

## 유동(대극과)
*Vernicia fordii*

큰키나무(높이 10~12m)
중국과 베트남 원산. 남부 지방 관상수

잔가지는 굵고 털이 없으며 어릴 때는 녹색이지만 점차 암갈색으로 변한다. 겨울눈은 달걀형이고 끝이 뾰족하며 4~6개의 눈비늘조각에 싸여 있다. 끝눈은 8~12㎜ 길이로 특히 크고 곁눈은 아주 작다. 잎자국은 원형~반원형이며 좌우에 턱잎자국이 남아 있다. 나무껍질은 회갈색이며 밋밋하고 작은 껍질눈이 있다.
어긋나는 잎은 하트형이며 끝이 뾰족하고 가장자리가 밋밋하거나 윗부분이 3갈래로 얕게 갈라지기도 한다. 둥그스름한 열매는 지름 30~45㎜로 큼직하고 끝이 뾰족하다. 오동나무와 비슷하고 씨앗으로 기름을 짜서 '유동(油桐)'이라고 한다.

나무껍질

아형(겨울눈 단면)

10월의 열매

## 이나무(버드나무과 | 이나무과)
*Idesia polycarpa*

큰키나무(높이 10~15m)
전라도와 제주도의 산

줄기에 굵은 가지가 층층이 돌려 난다. 잔가지는 굵고 갈색~적갈색이며 털이 없고 도드라진 껍질눈이 흩어져 난다. 끝눈은 반구형이고 지름 5~9㎜이며 털이 없고 7~10개의 눈비늘조각에 싸여 있다. 곁눈은 작다. 겨울눈은 나뭇진이 흘러나와 끈적거리고 광택이 있다. 잎자국은 크고 거의 둥글며 관다발자국은 많다. 나무껍질은 회백색이며 밋밋하고 갈색 껍질눈이 많다.

어긋나는 잎은 하트형이며 끝이 뾰족하고 가장자리에 둔한 톱니가 있다. 뒷면은 분백색이다. 포도송이처럼 매달리는 열매송이는 가을에 붉게 익은 채 겨우내 매달려 있다. 둥근 열매는 지름 8~10㎜이다.

잔가지와 겨울눈

나무껍질 / 2월의 이나무 / 9월의 열매

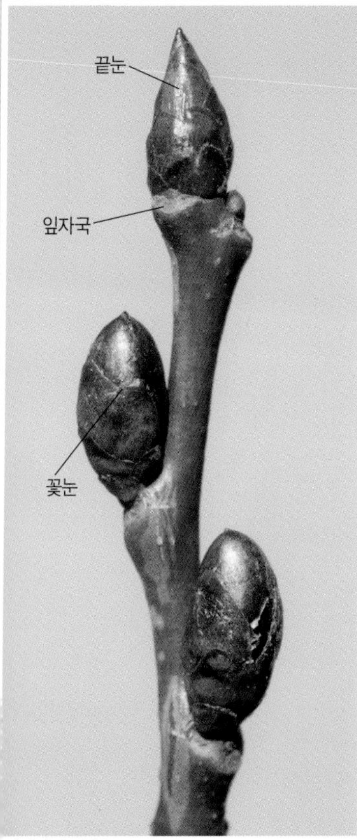

잔가지와 겨울눈

## 사시나무(버드나무과)

*Populus tremula* v. *davidiana*

큰키나무(높이 10~25m)
깊은 산

잔가지는 회녹색~자갈색이며 털이 없고 광택이 있다. 겨울눈은 긴 달걀형이며 끝이 뾰족하고 여러 개의 자갈색 눈비늘조각에 싸여 있다. 눈비늘조각은 털이 없고 광택이 있다. 꽃눈은 타원형이며 표면은 광택이 있다. 잎자국은 하트형~넓은 V자형이며 관다발자국은 3개이다. 나무껍질은 회녹색이고 마름모꼴의 껍질눈이 있으며 오래되면 불규칙하게 갈라지면서 흑갈색으로 변한다.

어긋나는 잎은 원형~세모진 달걀형이며 끝은 짧게 뾰족하고 가장자리에 물결 모양의 얕은 톱니가 있다. 잎 뒷면은 회녹색이다. 잎자루는 대부분 납작해서 잎몸이 잘 흔들린다.

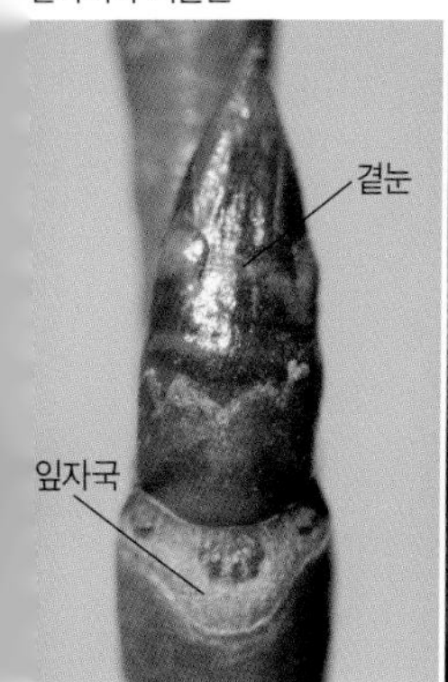

곁눈과 잎자국

나무껍질

새로 돋은 잎

## 은백양(버드나무과)

*Populus alba*

큰키나무(높이 15~25m)
유라시아 원산, 관상수

공원수나 가로수로 심는다. 어린 가지는 흰색 털이 빽빽하지만 점차 줄어든다. 겨울눈은 달걀형이며 자갈색이고 가지와 같이 흰색 털로 덮여 있다. 잎자국은 삼각형~반원형이며 관다발자국은 3개이다. 나무껍질은 회백색이며 오랫동안 갈라지지 않지만 노목은 색깔이 짙어지면서 세로로 얕게 갈라진다.

어긋나는 잎은 둥근 달걀형~타원형이며 잎몸이 3~5갈래로 갈라지고 가장자리에 물결 모양의 톱니가 있다. 잎 뒷면에 흰색 솜털이 빽빽하여 은백색을 띤다. 잎자루의 단면은 둥글납작하다. 열매는 달걀형~거꿀달걀형이며 5월에 익는다.

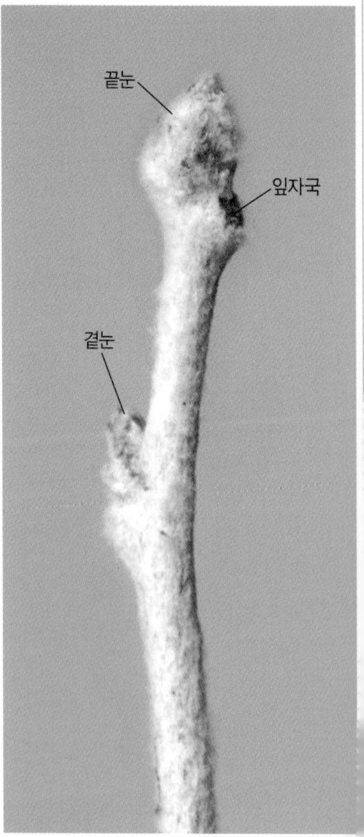

잔가지와 겨울눈

곁눈과 잎자국

나무껍질

잎 앞면과 뒷면

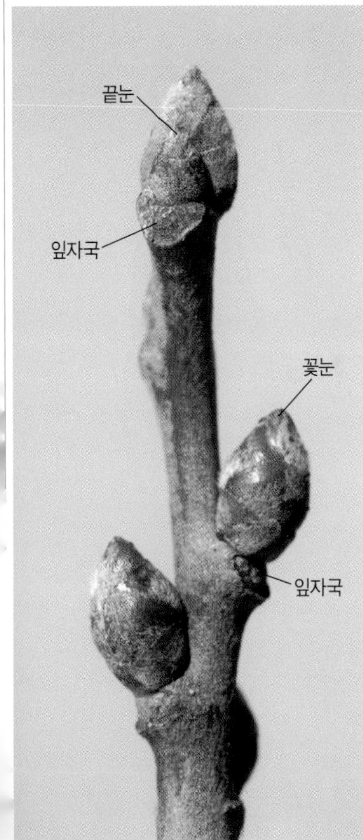

잔가지와 겨울눈

## 은사시나무(버드나무과)
*Populus × tomentiglandulosa*

큰키나무(높이 20m 정도)
길가나 산기슭

사시나무와 은백양 사이에서 생긴 자연 잡종으로 매우 빨리 자라며 '현사시나무'라고도 한다. 잔가지는 녹색이나 회녹색 또는 녹갈색 등 변화가 심하며 햇가지는 흰색 솜털이 많지만 점차 없어진다. 겨울눈은 원뿔형~달걀형이며 여러 개의 눈비늘조각에 싸여 있다. 눈비늘조각은 흰색 털로 덮여 있다. 잎자국은 삼각형~반원형이며 관다발자국은 3개이다. 나무껍질은 회백색이고 껍질눈은 마름모꼴이나 변화가 심하다.

어긋나는 잎은 달걀형이며 가장자리에 불규칙한 톱니가 있고 뒷면은 털이 있으며 흰색이지만 점차 옅어지기도 한다. 잎자루는 대부분 둥그스름하다.

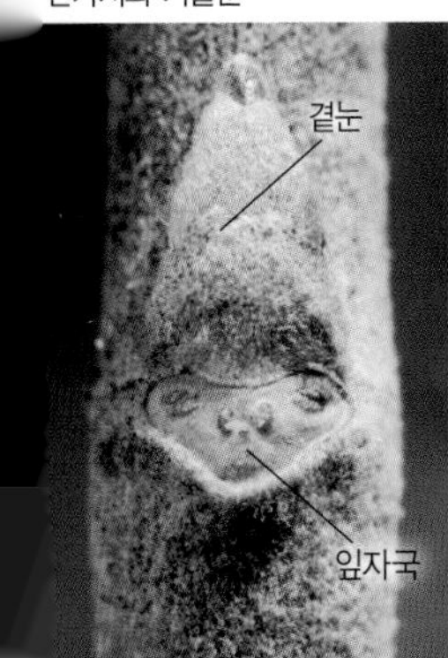

곁눈과 잎자국

나무껍질

5월의 열매

## 양버들(버드나무과)
*Populus nigra* v. *italica*

큰키나무(높이 30m 정도)
유라시아 원산. 조림

곧게 자라는 줄기를 따라 가지가 위로 자라기 때문에 나무 모양이 빗자루와 비슷하다. 어린 가지는 굵고 둥글며 노란색이지만 2년생 가지는 회갈색으로 변하고 털이 없으며 광택이 있다. 겨울눈은 달걀 모양의 긴 삼각형이며 5~6개의 눈비늘조각에 싸여 있다. 눈비늘조각은 홍자색~적갈색이며 조금 끈적거린다. 끝눈은 6~10㎜ 길이이고 약간 작은 곁눈은 가지와 나란하거나 바짝 붙는다. 잎자국은 둥근 타원형~반원형이며 관다발자국은 3개이다. 나무껍질은 회갈색~흑회색이며 세로로 갈라진다.
어긋나는 잎은 세모꼴~마름모꼴이며 가장자리에 둔한 톱니가 있고 길이보다 너비가 더 넓은 것이 많다.

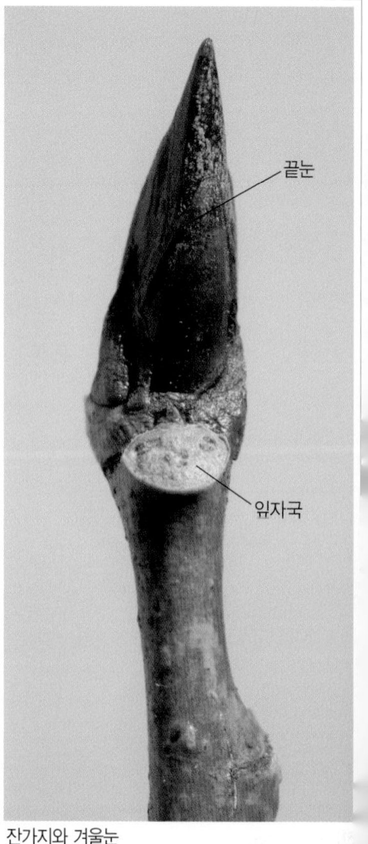

잔가지와 겨울눈

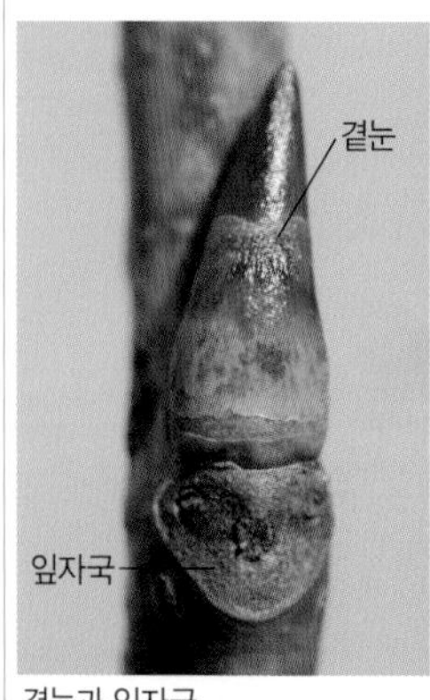

곁눈과 잎자국

2월의 양버들

잎가지

잔가지와 겨울눈

## 이태리포플러(버드나무과)

*Populus × canadensis*

큰키나무(높이 30m 정도)
캐나다 원산. 조림

미루나무와 양버들 사이에서 선발된 잡종으로 매우 빨리 자란다. 굵은 가지는 옆으로 비스듬히 퍼지며 세로로 긴 타원형 수형을 만든다. 어린 가지는 모가 진다. 잔가지는 굵고 녹갈색~황갈색이다. 끝눈은 긴 원뿔형이며 적갈색이고 조금 끈적거린다. 곁눈은 끝눈보다 작으며 가늘고 뾰족하다. 잎자국은 타원형이며 관다발자국은 3개이다. 나무껍질은 어릴 때는 은빛을 띠었다가 오래되면 회갈색으로 변하며 세로로 갈라진다.

어긋나는 잎은 세모진 달걀형이며 끝이 뾰족하고 가장자리에 둔한 톱니가 있다. 잎은 처음 돋을 때는 붉은빛이 돈다.

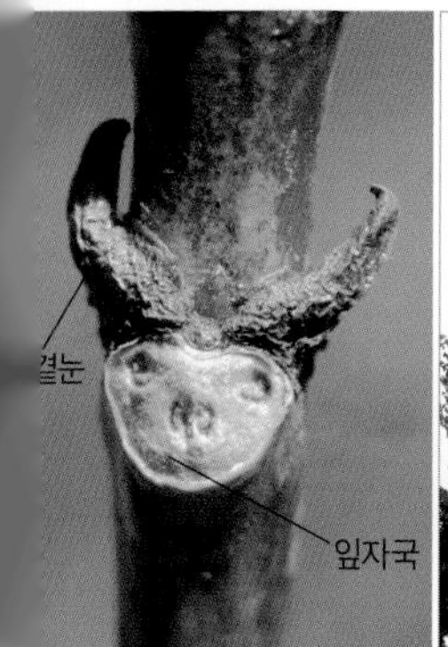

곁눈과 잎자국

9월의 이태리포플러

4월의 어린잎과 열매

## 황철나무(버드나무과)
*Populus suaveolens*

큰키나무(높이 30m 정도)
강원도 이북의 산골짜기

잔가지는 굵고 둥글며 긴가지와 더불어 짧은가지가 발달한다. 겨울눈은 긴 달걀형으로 끝이 뾰족하며 갈색을 띠고 15~20㎜ 길이이며 조금 끈적거린다. 끝눈의 눈비늘조각은 6~10개이고 곁눈의 눈비늘조각은 3~4개이다. 잎자국은 하트형~타원형이며 관다발자국은 3개이다. 어린 나무의 나무껍질은 녹백색이지만 오래된 나무는 흑회색이며 세로로 터진다.
어긋나는 잎은 타원형으로 끝이 뾰족하고 밑부분이 심장저이며 가장자리에 둔한 톱니가 있고 뒷면은 녹백색이다. 열매송이는 꼬리처럼 길게 늘어지며 5~7월에 익으면 솜털이 달린 씨앗이 퍼진다.

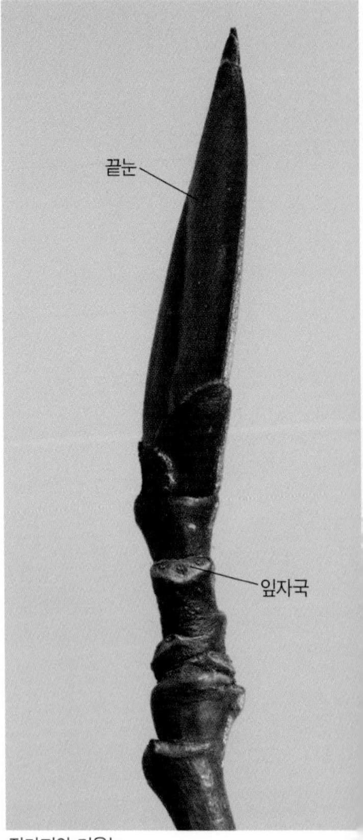

잔가지와 겨울눈

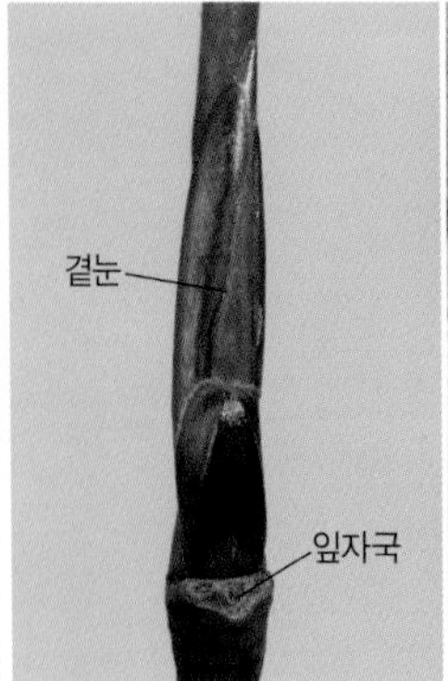

곁눈과 잎자국

나무껍질

5월의 열매

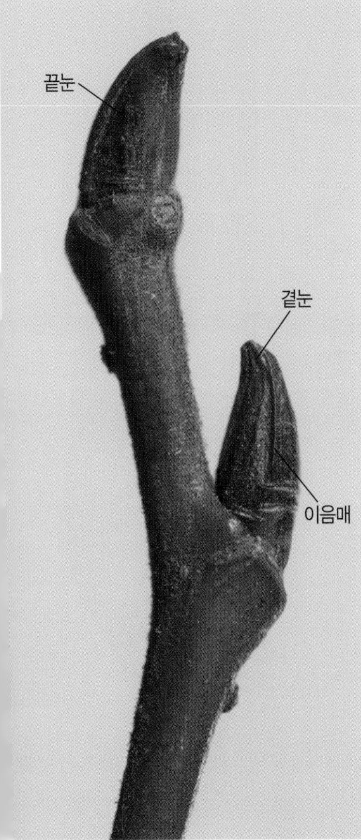

잔가지와 겨울눈

## 왕버들(버드나무과)
*Salix chaenomeloides*

큰키나무(높이 10~20m)
강원도 이남의 물가

햇가지는 황록색이고 털이 있지만 점차 없어진다. 잔가지는 회갈색~홍자색이며 원형~타원형의 껍질눈이 많다. 겨울눈은 달걀형~삼각형으로 끝이 뾰족하며 2~5㎜ 길이이고 적갈색이 돌며 털이 없다. 잎눈은 꽃눈보다 작다. 눈비늘조각은 1개이며 옷깃처럼 겹쳐진 이음매가 보인다. 잎자국은 V자형이며 곁눈의 삼면을 둘러싸고 관다발자국은 3개이다. 나무껍질은 회갈색이며 세로로 갈라진다.

어긋나는 잎은 타원형~긴 달걀형이며 새로 돋을 때 붉은빛이 돈다. 잎 끝은 뾰족하며 뒷면은 흰빛이 돈다. 웃자란 가지에는 귀 모양의 턱잎이 있다. ***버드나무**(p.322) 종류 중에서 봄에 새순이 가장 늦게 돋는다.

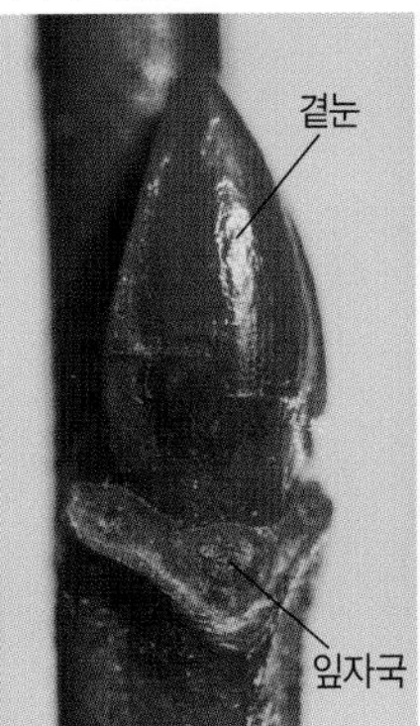

눈과 잎자국

나무껍질

잎가지

## 쪽버들(버드나무과)
*Salix cardiophylla*

큰키나무(높이 15~20m)
강원도 이북의 산골짜기

잔가지는 가늘고 길며 털이 없고 광택이 있으며 겨울에는 붉은색~황갈색으로 변한다. 겨울눈은 달걀 모양의 긴 타원형~달걀형이고 끝이 뾰족하며 광택이 있다. 눈비늘 조각은 1개이며 윗부분은 검은빛이 돌고 밑부분은 붉은색~황갈색이다. 끝눈과 곁눈은 크기가 비슷하고 곁눈은 가지에 바짝 붙는다. 잎자국은 V자형이며 겨울눈의 삼면을 둘러싸고 관다발자국은 3개이다. 나무껍질은 회갈색이며 세로로 불규칙하게 갈라진다.

어긋나는 잎은 달걀 모양의 긴 타원형~달걀 모양의 피침형이며 끝이 뾰족하고 가장자리에 잔톱니가 있다. 잎 뒷면은 털이 없으며 흰빛이 돈다.

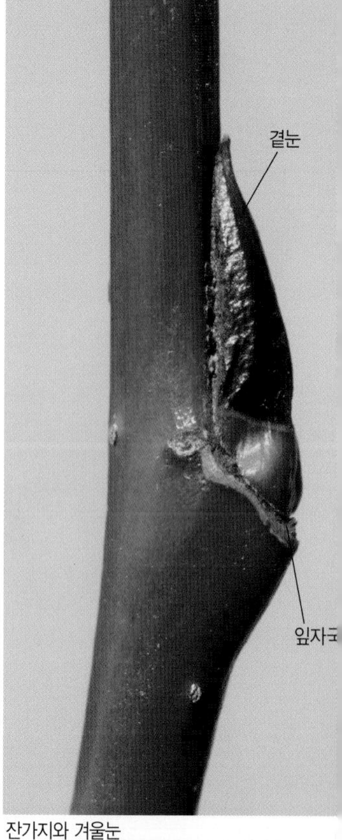

잔가지와 겨울눈

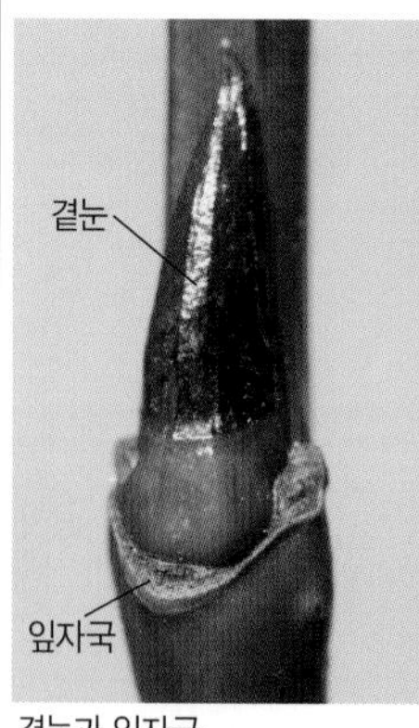

곁눈과 잎자국

나무껍질

5월 말의 열매

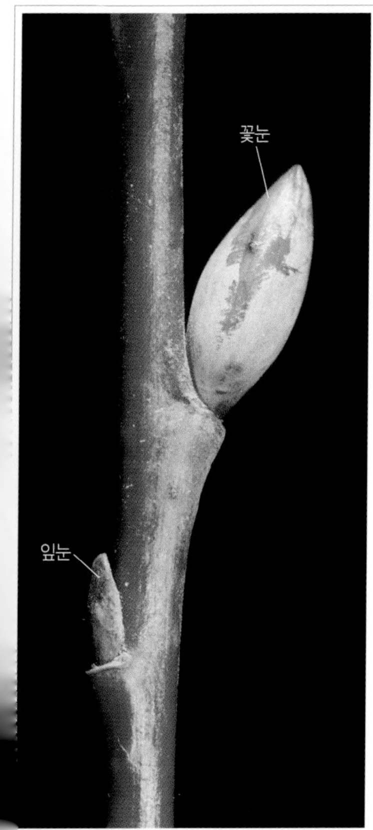

잔가지와 겨울눈

## 분버들(버드나무과)
*Salix rorida*

큰키나무(높이 10~15m)
중부 이북의 산

어린 가지는 회녹색이지만 햇빛을 받은 부분은 암적색으로 변하고 2년생 가지는 봄이 되면 흰색 가루로 덮인다. 꽃눈은 타원형으로 끝이 뾰족하고 18㎜ 정도 길이이며 1개의 눈비늘조각은 털이 없고 흰색 가루로 덮여 있다. 잎눈은 원뿔형이고 꽃눈보다 작다. 잎자국은 V자형~반원형이며 관다발자국은 3개이다. 나무껍질은 회갈색이며 어릴 때는 밋밋하지만 점차 세로로 불규칙하게 골이 진다.

어긋나는 잎은 넓은 피침형~거꿀피침형으로 8~12㎝ 길이이고 끝이 뾰족하며 가장자리에 잔톱니가 있다. 턱잎은 달걀형이며 가장자리에 날카로운 톱니가 있다.

나무껍질

잎 뒷면

열매와 2년생 가지

## 수양버들(버드나무과)
*Salix babylonica*

큰키나무(높이 10~18m)
중국 원산. 관상수

가지는 밑으로 길게 늘어진다. 잔가지는 황갈색~녹갈색이며 털이 없고 광택이 있다. 가지에 어긋나는 겨울눈은 밑을 향하며 끝이 가지 쪽을 향한다. 꽃눈은 달걀형이며 연갈색을 띠고 4㎜ 정도 길이이다. 잎눈은 꽃눈보다 작으며 눈비늘조각은 1개이다. 잎자국은 초승달형이며 곁눈의 삼면을 둘러싸고 관다발자국은 3개이다. 나무껍질은 회갈색이며 세로로 불규칙하게 갈라진다.
어긋나는 잎은 좁은 피침형으로 8~13㎝ 길이이고 끝은 길게 뾰족하며 가장자리에 잔톱니가 있다. 잎 뒷면은 분백색이고 털이 없다. 잎도 가지처럼 밑으로 처진다.

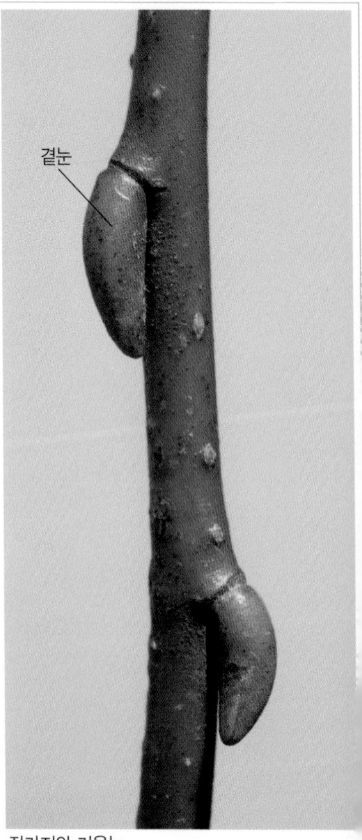

잔가지와 겨울눈

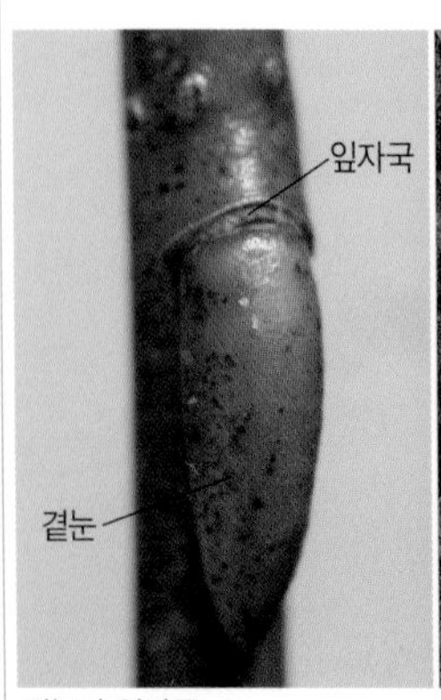

곁눈과 잎자국

나무껍질

5월의 열매

잔가지와 겨울눈

## 용버들(버드나무과)

*Salix matsudana* f. *tortuosa*

큰키나무(높이 10~20m)
중국 원산, 관상수

원줄기와 큰 가지는 위를 향하지만 길게 밑으로 처지는 잔가지는 꾸불꾸불하기 때문에 '용버들', '파마버들' 또는 '꼬부랑버들'이라고 한다. 잔가지는 황록색~녹갈색이며 털이 없고 가지 끝은 대부분 겨울에 말라 죽는다. 겨울눈은 달걀형~긴 달걀형이고 밑을 향하며 끝이 약간 뾰족하고 2~4㎜ 길이이다. 눈비늘 조각은 갈색이며 1개이고 관다발자국은 3개이다. 나무껍질은 회갈색이며 세로로 갈라진다.
어긋나는 잎은 좁은 피침형으로 5~10㎝ 길이이고 끝이 길게 뾰족하며 가장자리에 잔톱니가 있다. 잎몸도 대부분 꼬이고 뒷면은 회녹색이다.

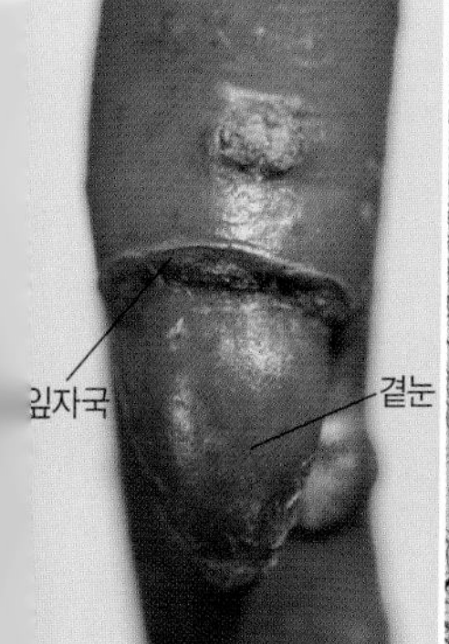

곁눈과 잎자국

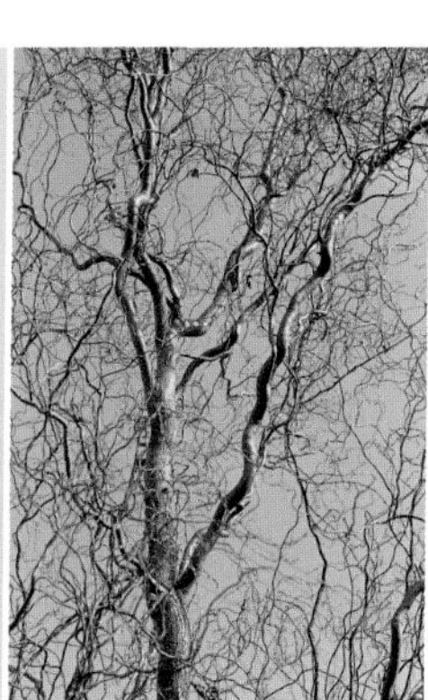
12월의 용버들

잎가지

## 버드나무(버드나무과)
*Salix pierotii*

큰키나무(높이 20m 정도)
산골짜기나 개울가

잔가지만 약간 밑으로 처지는데 황록색~회갈색이며 털이 있지만 점차 없어진다. 가지를 잡고 살짝 힘을 주면 가지가 잘 부러진다. 꽃눈은 달걀형이며 황록색~황갈색이다. 잎눈은 꽃눈보다 작으며 눈비늘조각은 1개이다. 곁눈은 가지에 바짝 붙는다. 잎자국은 V자~U자형이며 곁눈의 삼면을 둘러싸고 관다발자국은 3개이다. 나무껍질은 회갈색이고 얕게 갈라진다.
어긋나는 잎은 피침형~달걀 모양의 피침형이며 끝이 뾰족하고 가장자리에 잔톱니가 있으며 뒷면은 흰빛이 돈다. 열매이삭에 촘촘히 달리는 열매는 달걀형이며 흰색 솜털이 달린 씨앗이 들어 있다.

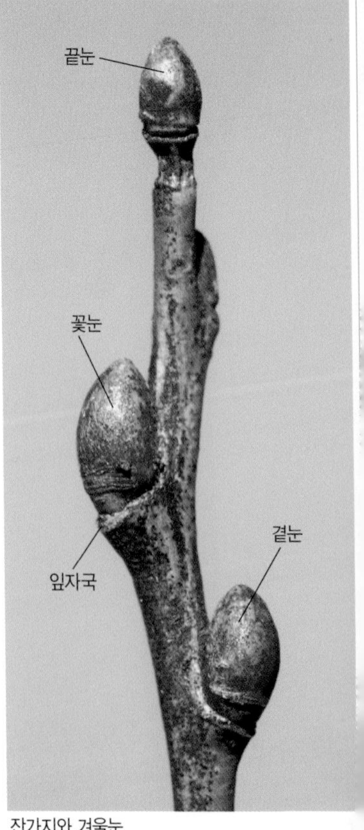

잔가지와 겨울눈

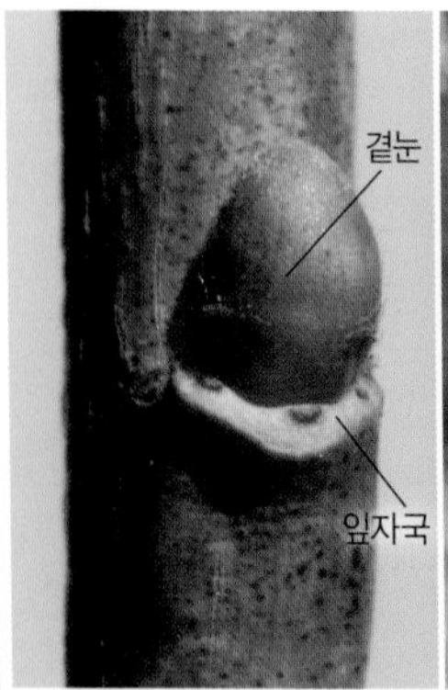

곁눈과 잎자국

나무껍질

벌레집과 잎

잔가지와 겨울눈

## 호랑버들(버드나무과)

*Salix caprea*

작은키나무(높이 6~10m)
산

작은키나무이지만 떨기나무처럼 자라는 것도 있다. 가지는 굵고 어릴 때는 털이 있지만 점차 없어지며 자갈색~황갈색이고 껍질눈이 흩어져 난다. 꽃눈은 달걀형이며 적갈색이고 7~10㎜ 길이이다. 눈비늘조각은 1개이며 털이 없고 광택이 있다. 잎눈은 꽃눈보다 작다. 나무껍질은 암회색이고 세로로 불규칙하게 갈라진다.
어긋나는 잎은 타원형~긴 타원형이며 8~15㎝ 길이이고 끝이 뾰족하며 가장자리는 밋밋하거나 뚜렷하지 않은 톱니가 있다. 잎 뒷면에 융단 같은 흰색 털이 빽빽하다. 원통형 열매이삭에 촘촘히 모여 달리는 열매는 긴 달걀형이고 털이 있다.

끝눈과 잎자국

나무껍질

잎 뒷면

## 왕자귀나무(콩과)
*Albizia kalkora*

작은키나무(높이 6~8m)
전남 목포

잔가지는 적갈색이고 털이 없으며 약간 지그재그로 굽고 타원형~원형의 껍질눈이 흩어져 난다. 작고 동그스름한 겨울눈은 잎자국 사이에 숨어 있는 묻힌눈이거나 약간 드러나는데 크기가 작아서 눈에 잘 띄지 않는다. 잎자국은 삼각형~반원형이고 튀어나오며 관다발자국은 3개이다. 나무껍질은 진한 회갈색이며 오래되면 세로로 불규칙하게 갈라진다.

어긋나는 잎은 2회짝수깃꼴겹잎이다. 작은잎은 좌우가 같지 않은 긴 타원형으로 2~4㎝ 길이이며 끝이 둥글고 가장자리가 밋밋하다. 길고 납작한 꼬투리열매는 가을에 갈색으로 익으면 세로로 쪼개지고 겨울까지 남아 있다.

곁눈과 잎자국

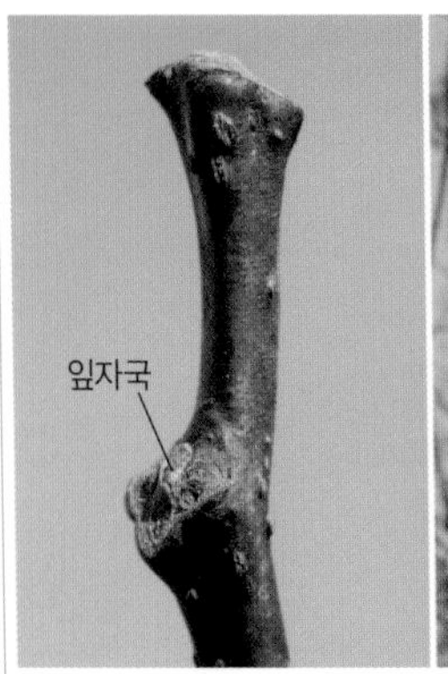

잔가지와 겨울눈

나무껍질

9월의 열매

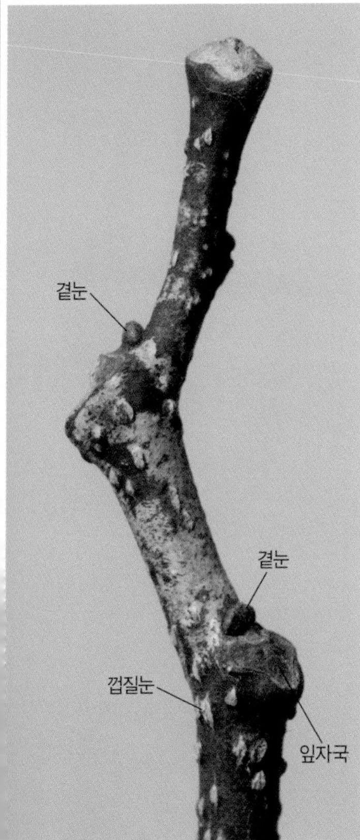

잔가지와 겨울눈

## 자귀나무(콩과)

*Albizia julibrissin*

작은키나무(높이 4~10m)
중부 이남의 산과 들

잔가지는 어두운 녹갈색이고 털이 없으며 지그재그로 굽고 타원형~원형의 껍질눈이 흩어져 난다. 작고 동그스름한 겨울눈은 2~3개의 눈비늘조각에 싸여 있으며 1~2㎜ 크기로 작아서 눈에 잘 띄지 않고 대부분이 잎자국 속에 묻힌눈이다. 잎자국은 삼각형~반원형이고 관다발자국은 3개이다. 나무껍질은 회갈색이고 껍질눈이 많으며 밋밋하다.

어긋나는 잎은 2회짝수깃꼴겹잎이다. 작은잎은 좌우가 같지 않은 긴 타원형으로 낫 모양이며 끝이 뾰족하고 가장자리가 밋밋하다. 길고 납작한 꼬투리열매는 가을에 갈색으로 익으면 세로로 쪼개지고 겨울까지 남아 있다.

곁눈과 잎자국

나무껍질

7월의 어린 열매

# 다릅나무(콩과)
*Maackia amurensis*

큰키나무(높이 10~15m)
산

햇가지는 녹갈색이지만 점차 갈색~회갈색으로 되며 털이 없고 껍질눈이 흩어져 난다. 가지를 자르면 누에콩(잠두)과 비슷한 냄새가 난다. 겨울눈은 달걀형이며 2~3개의 눈비늘조각에 싸여 있다. 눈비늘조각은 광택이 있다. 가짜끝눈은 곁눈보다 약간 크고 5~8㎜ 길이이다. 잎자국은 반원형이며 볼록 튀어나오고 관다발자국은 3개이나. 나무껍질은 회갈색이며 세로로 얇게 갈라져 벗겨진다.

어긋나는 잎은 7~11장의 작은잎을 가진 홀수깃꼴겹잎이다. 작은잎은 타원형~긴 달걀형으로 4~7㎝ 길이이고 가장자리가 밋밋하며 양면에 털이 없다. 길고 납작한 꼬투리열매는 가을에 갈색으로 익는다.

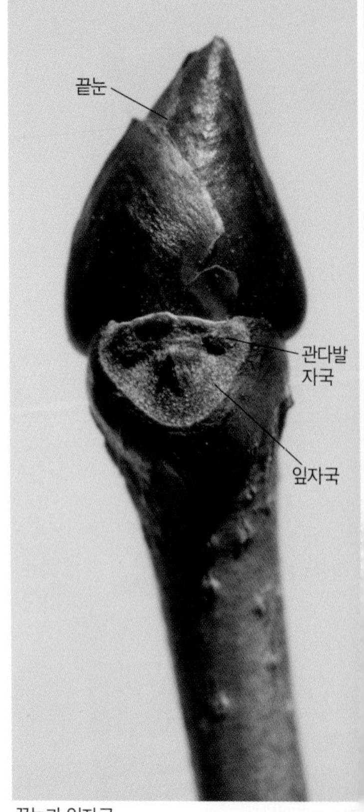

끝눈과 잎자국

잔가지와 겨울눈

나무껍질

8월 초의 어린 열매

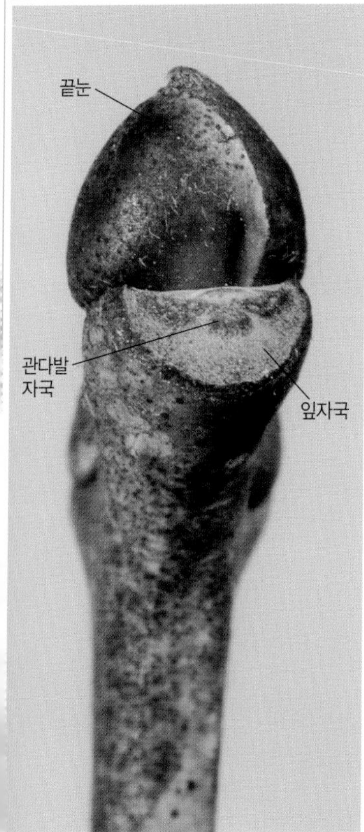

잔가지와 겨울눈

## 솔비나무(콩과)
*Maackia floribunda*

작은키나무~큰키나무(높이 8~10m)
제주도 한라산

가지는 굵고 회갈색~적갈색이며 껍질눈이 흩어져 난다. 가지 끝은 겨울에 흔히 말라 죽으며 가짜끝눈이 달리는데 곁눈보다 크다. 겨울눈은 넓은 달걀형~구형이며 2~3개의 눈비늘조각에 싸여 있다. 눈비늘조각은 광택이 있다. 잎자국은 반원형이며 볼록 튀어나오고 관다발자국은 3개이며 잎자국 위쪽에 위치한다. 나무껍질은 회갈색이며 세로로 얇게 갈라져 벗겨진다.
어긋나는 잎은 9~17장의 작은잎을 가진 홀수깃꼴겹잎이다. 작은잎은 긴 타원형~긴 달걀형으로 3~6㎝ 길이이고 가장자리가 밋밋하다. 길고 납작한 꼬투리열매는 가을에 갈색으로 익는다.

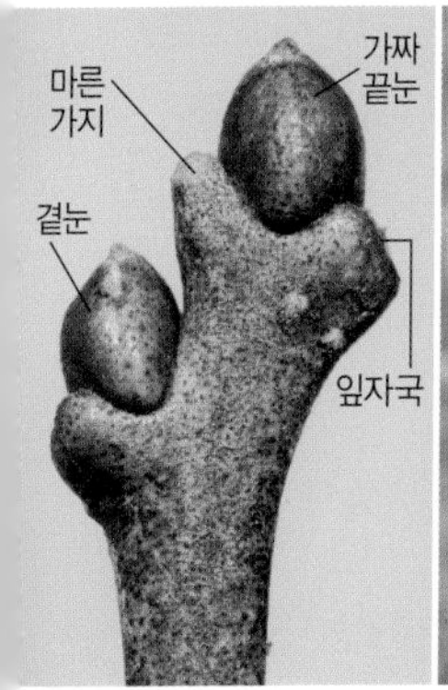

곁눈과 잎자국

나무껍질

8월 말의 어린 열매

## 회화나무(콩과)
*Styphnolobium japonicum*

큰키나무(높이 15~25m)
중국 원산. 관상수

잔가지는 연녹색~진한 녹갈색이며 회색 잔털이 있고 껍질눈이 흩어져 난다. 가지를 자르면 냄새가 난다. 겨울눈은 흑갈색이며 잎자국 속에 숨어 있거나 끝만 약간 보인다. 잎자국은 U자~V자형이며 약간 튀어나오고 관다발자국은 3개이지만 잘 드러나지 않는다. 잎자국 양 어깨에 턱잎자국이 있다. 나무껍질은 진한 회갈색이며 세로로 얕게 갈라진다.
어긋나는 잎은 7~17장의 작은잎이 모여 달린 홀수깃꼴겹잎이다. 작은잎은 달걀형~긴 달걀형이며 끝이 뾰족하고 가장자리가 밋밋하다. 꼬투리열매는 씨앗이 들어 있는 부분이 볼록해져서 염주 모양이 되며 겨울에도 매달려 있다.

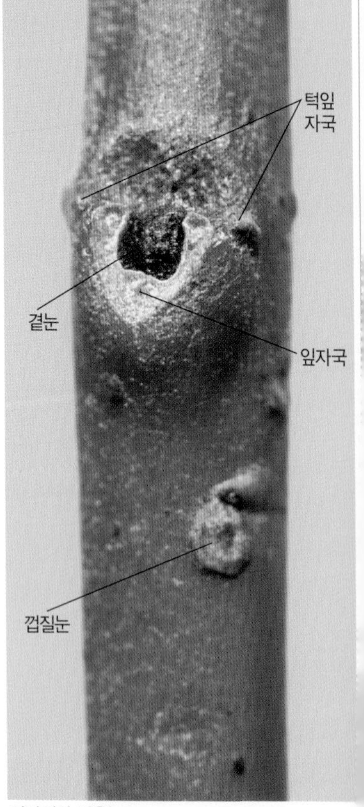

잔가지와 겨울눈

나무껍질

10월의 열매

11월의 열매

잔가지와 겨울눈

## 오리나무(자작나무과)

*Alnus japonica*

큰키나무(높이 10~20m)
산골짜기

어린 가지는 회갈색이며 털이 있지만 점차 없어지고 껍질눈이 많다. 잎눈은 긴 타원형이며 적갈색이고 3~8㎜ 길이이며 4㎜ 정도 길이의 눈자루가 있다. 겨울눈을 싸고 있는 눈비늘조각은 3개이고 털이 없다. 수꽃이삭과 암꽃이삭은 맨눈으로 겨울을 난다. 잎자국은 반원형이고 관다발자국은 3개이다. 나무껍질은 자갈색~회갈색이며 불규칙하게 갈라진다.

어긋나는 잎은 달걀 모양의 긴 타원형이며 끝이 뾰족하고 가장자리에 불규칙한 잔톱니가 있다. 열매는 달걀형이며 15~20㎜ 길이이다. 열매는 가을에 진한 적갈색으로 익으면 조각조각 벌어지는 것이 솔방울열매를 닮았다.

꽃눈

나무껍질

7월의 어린 열매와 묵은 열매

## 물오리나무(자작나무과)
*Alnus hirsuta*

큰키나무(높이 10~20m)
산

햇가지는 부드러운 털이 빽빽이 나지만 점차 없어진다. 잎눈은 긴 달걀형이고 눈자루가 있으며 눈자루를 포함해 10~18㎜ 길이이다. 잎눈을 싸고 있는 눈비늘조각은 털이 있거나 없다. 가짜끝눈과 곁눈은 비슷한 모양이다. 수꽃이삭과 암꽃이삭은 맨눈으로 겨울을 난다. 잎자국은 삼각형~반원형이고 관다발자국은 3개이다. 나무껍질은 자갈색~흑갈색이며 밋밋하고 가로로 긴 껍질눈이 있다.

어긋나는 잎은 넓은 달걀형으로 잎몸이 5~8개로 얕게 갈라지고 가장자리에 뾰족한 겹톱니가 있으며 뒷면 잎맥 위에 털이 있다. 둥근 달걀형 열매는 15~25㎜ 길이이다.

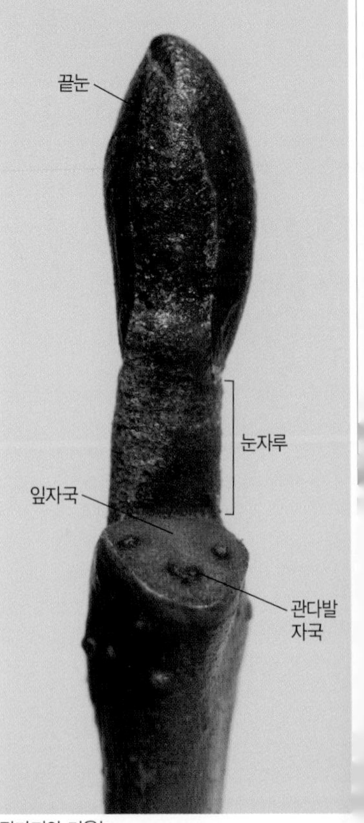

잔가지와 겨울눈

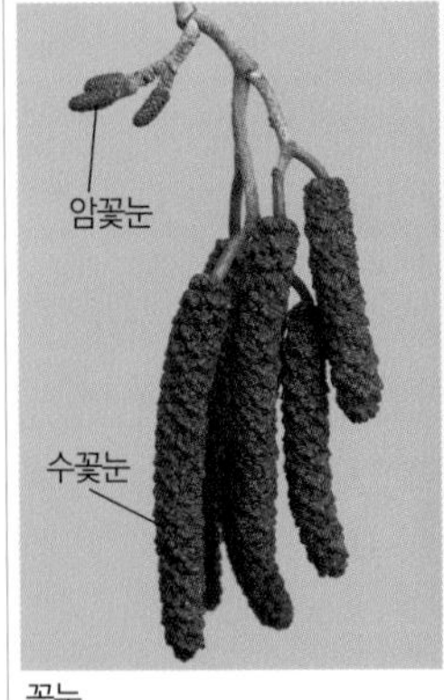

꽃눈

나무껍질

8월 초의 어린 열매

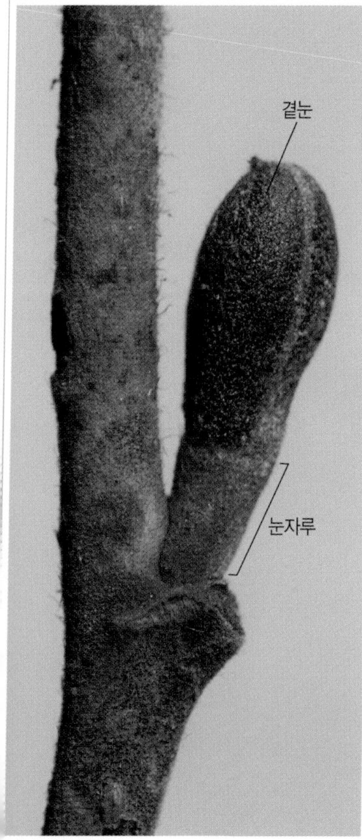

잔가지와 겨울눈

## 잔잎산오리나무(자작나무과)
*Alnus inokumae*

큰키나무(높이 10~15m)
일본 원산. 산에 조림

햇가지는 자갈색이며 부드러운 회색 털이 빽빽이 나고 묵은 가지는 밑으로 처진다. 잎눈은 긴 달걀형이며 자루까지 포함한 길이가 13㎜ 정도이다. 눈비늘조각 표면과 눈자루에는 털이 있다. 수꽃이삭과 암꽃이삭은 맨눈으로 겨울을 난다. 잎자국은 삼각형~반원형이고 관다발자국은 3개이다. 나무껍질은 흑회색~흑갈색이며 밋밋하고 가로로 긴 껍질눈이 있다.

어긋나는 잎은 세모진 넓은 달걀형으로 끝이 뾰족하고 잎몸이 얕게 갈라지며 가장자리에 겹톱니가 있다. 잎 뒷면은 회백색이고 측맥은 6~8쌍이다. 긴 타원형 열매는 1㎝ 정도 길이이며 열매조각 끝에 뾰족한 돌기가 있다.

나무껍질

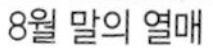
8월 말의 열매

열매 모양

# 사방오리(자작나무과)

*Alnus firma*

작은키나무(높이 8~15m)

일본 원산. 남부 지방에 조림

잔가지는 털이 있지만 점차 없어지고 회갈색이며 타원형 껍질눈이 있다. 잎눈과 암꽃이삭눈은 피침형이며 10~15㎜ 길이이고 3~4개의 눈비늘조각에 싸여 있다. 눈비늘조각은 녹갈색~적갈색이며 털이 없고 광택이 있다. 잎자국은 삼각형이며 관다발자국은 3개이다. 수꽃이삭은 원통형이며 맨눈으로 겨울을 난다. 나무껍질은 회갈색이며 노목은 조각조각 불규칙하게 갈라져 벗겨진다.

어긋나는 잎은 좁은 달걀형이며 측맥은 13~17쌍이다. 잎 끝은 뾰족하고 가장자리에 날카로운 겹톱니가 있다. 열매는 넓은 타원형~달걀형이며 15~20㎜ 길이이다.

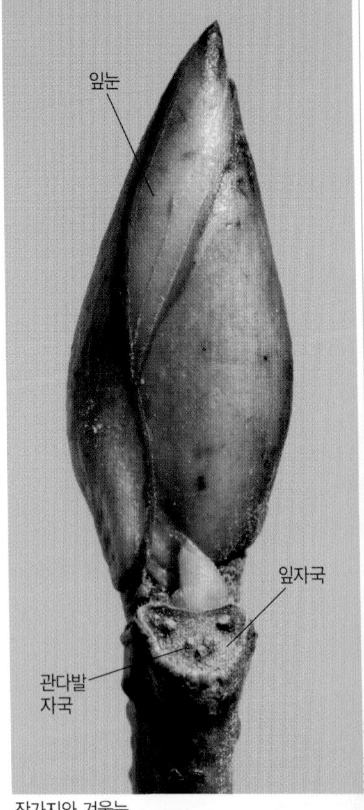


잔가지와 겨울눈

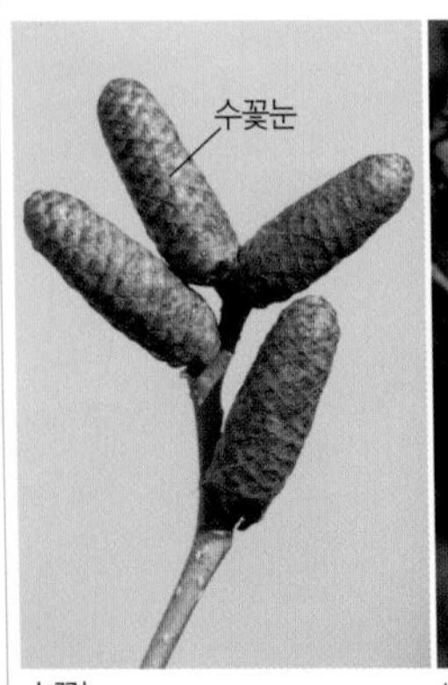


수꽃눈

나무껍질

7월의 어린 열매

잔가지와 겨울눈

## 좀사방오리(자작나무과)
*Alnus pendula*

작은키나무(높이 2~7m)
일본 원산. 남부 지방에 조림

햇가지는 털이 있지만 점차 없어지고 어두운 회갈색~어두운 적갈색이며 흰색의 껍질눈이 많다. 겨울눈은 긴 타원형이며 6~12㎜ 길이이고 눈비늘조각은 적갈색이며 광택이 있고 3~4개이다. 수꽃이삭은 기다란 원통형이며 맨눈으로 겨울을 난다. 잎자국은 삼각형이며 관다발자국은 3개이다. 나무껍질은 흑갈색이며 밋밋하고 가로로 긴 껍질눈이 있다.
어긋나는 잎은 좁은 달걀 모양의 피침형이며 측맥은 20~26쌍이다. 잎 끝은 뾰족하고 가장자리에 가는 겹톱니가 있다. 타원형 열매는 자루가 길고 밑으로 처진다. 열매조각 끝에 작고 뾰족한 돌기가 있다.

수꽃눈

나무껍질

9월의 열매

## 두메오리나무(자작나무과)

*Alnus maximowiczii*

작은키나무~큰키나무(높이 5~10m)
울릉도와 강원도 이북의 깊은 산

잔가지는 밝은 갈색~어두운 회갈색이며 털이 없고 타원형 껍질눈이 많다. 겨울눈은 긴 달걀형으로 끝이 뾰족하고 10~15㎜ 길이이며 눈비늘조각은 2개이고 표면은 약간 끈적거린다. 수꽃이삭은 원통형이며 맨눈으로 겨울을 난다. 잎자국은 반원형이다. 나무껍질은 진갈색~흑회색이며 밋밋하고 커다란 껍질눈이 많다.

어긋나는 잎은 넓은 달걀형이며 끝이 뾰족하고 밑부분은 밋밋하거나 심장저이다. 잎 가장자리에 날카로운 겹톱니가 있으며 뒷면은 연녹색이다. 열매는 넓은 타원형이며 10~15㎜ 길이이고 가을에 갈색으로 익으면 조각조각 벌어진다.

잔가지와 겨울눈

수꽃눈

나무껍질

8월의 열매

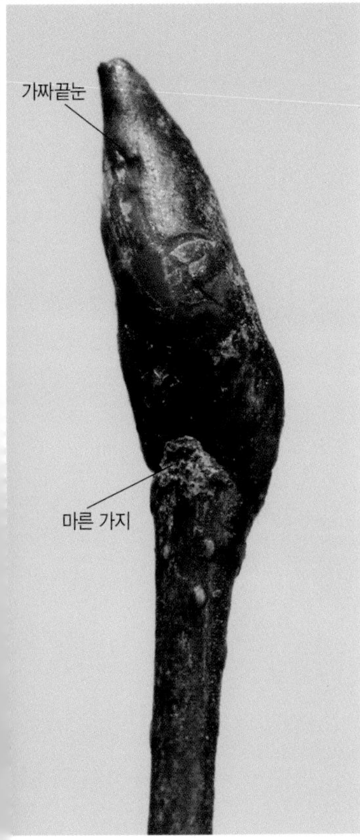

잔가지와 겨울눈

## 자작나무(자작나무과)
*Betula platyphylla*

큰키나무(높이 15~20m)
북부 지방. 조림. 관상수

긴가지와 짧은가지가 있다. 어린 가지는 둥글고 자갈색이며 털이 없고 기름점이 있으며 껍질눈이 많다. 잎눈은 긴 타원형이고 5~10㎜ 길이이며 끝이 뾰족하다. 눈비늘 조각은 4~6개이며 표면에 나뭇진이 있어서 끈적거린다. 수꽃이삭은 가늘고 긴 원통형이며 맨눈으로 겨울을 난다. 잎자국은 반원형~삼각형이며 관다발자국은 3개이다. 흰빛을 띠는 나무껍질은 옆으로 종이처럼 얇게 벗겨진다.

어긋나는 잎은 세모진 달걀형으로 끝이 길게 뾰족하고 가장자리에 겹톱니가 있으며 측맥은 5~8쌍이다. 긴 원통형 열매이삭은 밑으로 늘어지며 가을에 익으면 조금씩 부서져 나간다.

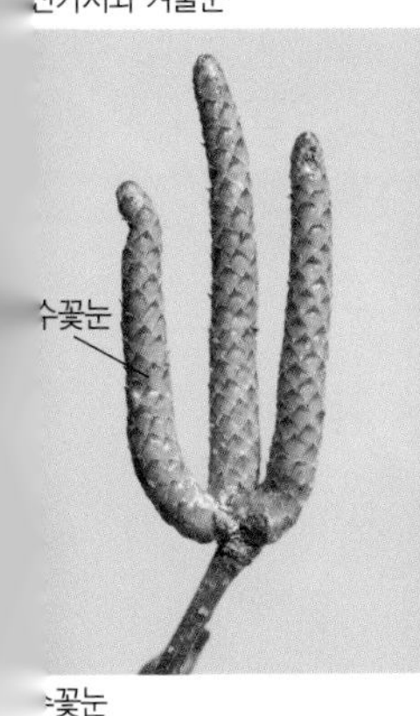

수꽃눈

나무껍질

9월의 열매

## 거제수나무(자작나무과)
*Betula costata*

큰키나무(높이 30m 정도)
지리산 이북의 높은 산

잔가지는 갈색이며 기름점이 없고 어릴 때는 털이 있지만 점차 없어지며 흰색 껍질눈이 있다. 겨울눈은 긴 타원형이며 적갈색 눈비늘조각에 싸여 있다. 눈비늘조각은 표면에 털이 없거나 약간 있다. 수꽃이삭은 기다란 원통형이며 맨눈으로 겨울을 난다. 잎자국은 반원형이며 관다발자국은 3개이다. 나무껍질은 황갈색이며 가로로 긴 껍질눈이 있고 종잇장처럼 얇게 가로로 벗겨진다.

어긋나는 잎은 긴 달걀형으로 끝이 뾰족하고 가장자리에 뾰족한 겹톱니가 있으며 측맥은 10~16쌍이다. 달걀형 열매이삭은 2㎝ 정도 길이이며 위를 향한다.

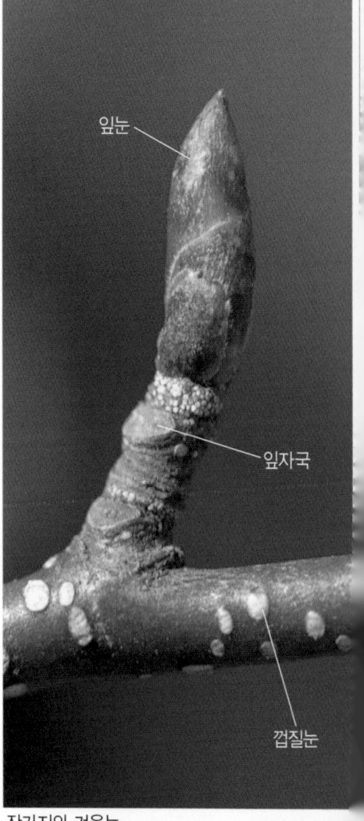

잔가지와 겨울눈

수꽃눈

나무껍질

7월 말의 열매

잔가지와 겨울눈

## 사스래나무(자작나무과)
*Betula ermanii*

큰키나무(높이 10~20m)
높은 산

잔가지는 진한 황갈색이며 어릴 때는 기름점과 털이 있지만 털은 점차 없어지고 광택이 나며 흰색 껍질눈이 있다. 겨울눈은 긴 타원형이며 눈비늘조각은 4개이고 표면에 털이 있다. 가짜끝눈은 곁눈과 비슷하고 7~12㎜ 길이이다. 수꽃이삭은 맨눈으로 겨울을 난다. 잎자국은 반원형이며 관다발자국은 3개이다. 나무껍질은 회백색~회갈색이며 종잇장처럼 얇게 벗겨진다.

어긋나는 잎은 세모진 달걀형으로 끝이 길게 뾰족하고 가장자리에 불규칙한 겹톱니가 있으며 측맥은 7~12쌍이다. 긴 원통형 열매이삭은 2~3㎝ 길이이고 곧게 선다.

꽃눈

나무껍질

8월 초의 어린 열매

## 박달나무(자작나무과)
*Betula schmidtii*

큰키나무(높이 20~30m)
깊은 산

햇가지는 털과 기름점이 있지만 점차 없어지고 적갈색이며 껍질눈이 많다. 겨울눈은 긴 타원형~달걀형으로 눈비늘조각은 3~4개이며 갈색이고 가는 털이 있다. 끝눈과 곁눈은 비슷하며 5~8㎜ 길이이다. 수꽃이삭은 맨눈으로 겨울을 난다. 잎자국은 반원형~초승달형이며 관다발자국은 3개이다. 나무껍질은 흑갈색이며 가로로 긴 껍질눈이 있으나 노목은 점차 회갈색으로 변하며 갈라진다.

어긋나는 잎은 긴 달걀형으로 끝이 뾰족하고 가장자리에 가는 톱니가 있으며 측맥은 9~12쌍이다. 긴 원기둥 모양의 열매이삭은 위를 향한다.

잔가지와 겨울눈

수꽃눈

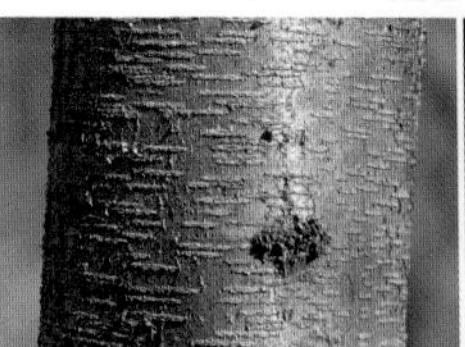
어린 나무껍질

노목 나무껍질

6월의 어린 열매

잔가지와 겨울눈

## 물박달나무(자작나무과)
*Betula dahurica*

큰키나무(높이 10~20m)
산

잔가지는 적갈색이고 털이 있으며 기름점과 껍질눈이 많고 묵은 가지는 회갈색이 된다. 겨울눈은 달걀형으로 끝이 뾰족하고 3~6㎜ 길이이며 적갈색이고 눈비늘조각은 3~4개이며 털이 있다. 곁눈은 끝눈과 크기가 비슷하다. 수꽃이삭은 맨눈으로 겨울을 난다. 잎자국은 반원형~삼각형이며 관다발자국은 3개이다. 회갈색 나무껍질은 여러 겹으로 얇게 갈라져서 벗겨진다.

어긋나는 잎은 달걀형으로 끝이 뾰족하고 가장자리에 불규칙한 톱니가 있으며 측맥은 6~8쌍이다. 긴 원통형 열매는 2~3㎝ 길이이고 아래로 늘어진다.

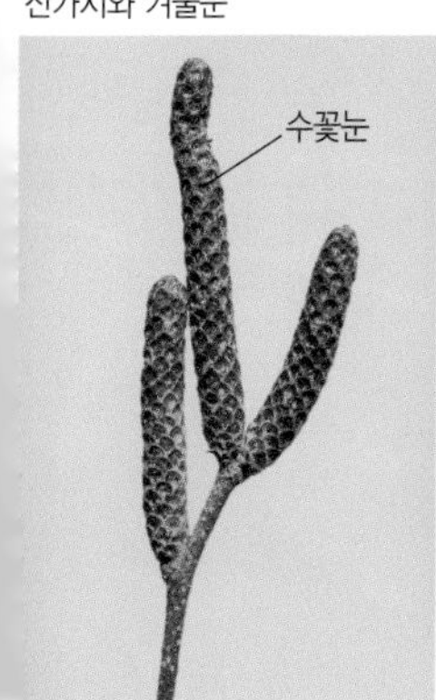

수꽃눈

나무껍질

7월 말의 열매

## 개박달나무(자작나무과)
*Betula chinensis*

떨기나무~작은키나무(높이 3~10m)
산

어린 가지는 기름점이 없고 긴털이 있지만 점차 떨어져 나간다. 잔가지는 자갈색이며 흰색 껍질눈이 흩어져 난다. 겨울눈은 타원형이며 여러 개의 갈색 눈비늘조각에 싸여 있고 표면은 부드러운 털이 있다. 곁눈은 끝눈과 크기가 비슷하다. 수꽃이삭은 가는 원통형이며 맨눈으로 겨울을 난다. 잎자국은 반원형이며 관다발자국은 3개이다. 회색~신회색 나무껍질은 조각으로 갈라져 불규칙하게 벗겨진다.

어긋나는 잎은 달걀형으로 끝이 뾰족하고 가장자리에 날카로운 겹톱니가 있으며 측맥은 8~10쌍이다. 달걀형 열매이삭은 15~20㎜ 길이이며 위를 향한다.

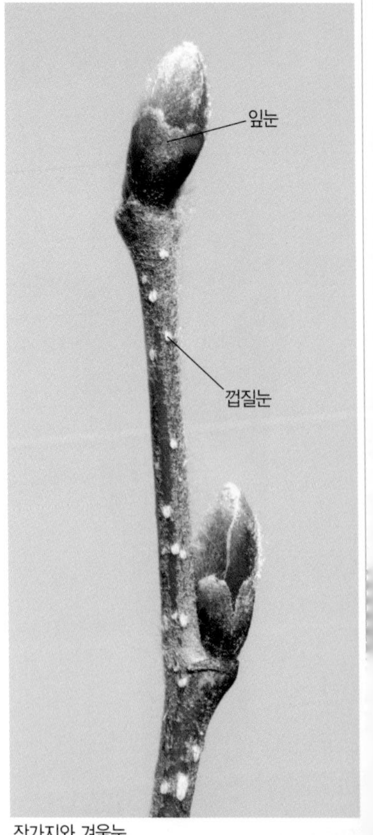

잔가지와 겨울눈

수꽃눈

나무껍질

8월 초의 열매

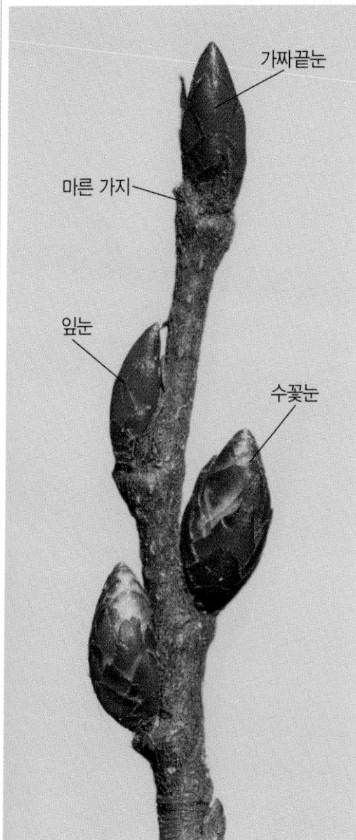

잔가지와 겨울눈

## 소사나무(자작나무과)

*Carpinus turczaninowii*

작은키나무(높이 3~10m)
서남해안의 산

햇가지는 짧은털로 덮여 있다. 잔가지는 연갈색~회갈색이며 털이 약간 있고 껍질눈이 흩어져 난다. 겨울눈은 달걀형이며 끝이 뾰족하고 여러 개의 갈색~적갈색 눈비늘조각에 싸여 있다. 눈비늘조각은 끝이 뾰족하고 가장자리에 털이 있다. 수꽃눈은 잎눈보다 크고 통통하다. 잎자국은 반원형이며 관다발자국은 3개이다. 나무껍질은 회갈색~진회색이며 약간 거칠고 노목은 세로로 얕게 갈라진다.
어긋나는 잎은 달걀형으로 2~5㎝ 길이로 작고 끝이 뾰족하며 가장자리에 가는 겹톱니가 있고 측맥은 10~12쌍이다. 씨앗이 붙어 있는 포는 달걀형~일그러진 달걀형이며 가장자리에 드문드문 톱니가 있다.

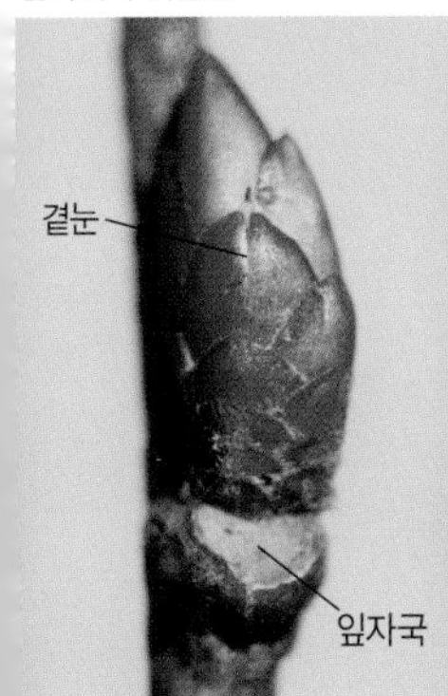

곁눈과 잎자국

나무껍질

7월 초의 어린 열매

## 서나무/서어나무(자작나무과)

*Carpinus laxiflora*

큰키나무(높이 10~15m)
중부 이남의 산

햇가지는 기다란 누운털이 점차 없어진다. 잔가지는 지그재그로 약간 굽으며 털이 없고 세로로 긴 타원형 껍질눈이 많다. 겨울눈은 긴 타원형이며 5~10㎜ 길이이고 잎눈은 끝이 뾰족하다. 눈비늘조각은 16~18개이고 연갈색~적갈색이며 광택이 있다. 수꽃눈은 잎눈보다 크고 통통하다. 잎자국은 반원형이며 관다발자국은 명확하지 않다. 나무껍질은 회색이며 노목은 근육처럼 울퉁불퉁해진다.

어긋나는 잎은 타원형으로 끝이 길게 뾰족하고 가장자리에 가는 겹톱니가 있으며 측맥은 10~12쌍이다. 씨앗이 붙어 있는 포는 보통 밑에서 3개로 갈라지고 드문드문 톱니가 있다.

잔가지와 겨울눈

나무껍질

5월의 어린 열매

열매 모양

잔가지와 겨울눈

## 개서나무/개서어나무(자작나무과)

*Carpinus tschonoskii*

큰키나무(높이 15m 정도)
남부 지방의 산과 들

햇가지는 흰색 털이 빽빽하다. 잔가지는 연갈색이며 털이 있고 껍질눈이 많다. 겨울눈은 달걀형이며 4~8㎜ 길이이고 끝이 뾰족하다. 눈비늘조각은 12~14개이고 연갈색~적갈색이며 광택이 있다. 수꽃눈은 잎눈보다 크고 통통하다. 잎자국은 반원형이며 관다발자국은 명확하지 않지만 3개 정도이다. 나무껍질은 회색이며 매끈하고 오래되면 세로로 흰색 줄무늬가 생긴다.

어긋나는 잎은 달걀 모양의 타원형으로 끝이 뾰족하고 가장자리에 겹톱니가 있으며 측맥은 12~15쌍이다. 씨앗이 붙어 있는 포는 일그러진 달걀형이며 한쪽에만 톱니가 있다.

나무껍질

9월 초의 열매

열매 모양

## 까치박달(자작나무과)
*Carpinus cordata*

큰키나무(높이 15m 정도)
산

햇가지는 잔털이 있지만 점차 없어진다. 잔가지는 매끈하고 광택이 있으며 세로로 긴 타원형 껍질눈이 많다. 겨울눈은 긴 타원형으로 약간 네모지고 끝이 뾰족하며 7~14㎜ 길이이다. 눈비늘조각은 연갈색~적갈색이며 가장자리에 털이 있고 20~26개이다. 잎자국은 초승달~반달 모양이며 관다발자국은 3개 정도이다. 나무껍질은 회색~회갈색이며 편평하고 노목은 마름모꼴로 얕게 갈라진다.

어긋나는 잎은 넓은 달걀형으로 끝이 길게 뾰족하고 가장자리에 겹톱니가 있으며 측맥은 12~23쌍이다. 마른 잎이 떨어지지 않고 오랫동안 남아 있다. 열매이삭은 기다란 원통형이다.

잔가지와 겨울눈

곁눈과 잎자국

나무껍질

6월의 어린 열매

잔가지와 겨울눈

## 새우나무(자작나무과)
*Ostrya japonica*

큰키나무(높이 25m 정도)
제주도와 전남의 바닷가 산

햇가지는 긴털과 샘털이 촘촘히 나지만 점차 떨어져 나간다. 잔가지는 갈색~밤갈색이며 원형~긴타원형 껍질눈이 흩어져 난다. 겨울눈은 달걀형으로 2~5㎜ 길이이고 끝이 둔하며 적갈색 눈비늘조각은 6~10개이다. 곁눈은 비스듬히 벌어진다. 잎자국은 반원형~콩팥형이다. 수꽃이삭은 가는 원통형이며 맨눈으로 겨울을 난다. 나무껍질은 진갈색~회갈색이며 세로로 얇게 갈라져 벗겨진다.

어긋나는 잎은 좁은 달걀형이며 끝이 뾰족하고 가장자리에 불규칙한 겹톱니가 있다. 잎 뒷면은 연녹색이고 측맥은 9~13쌍이다. 열매이삭은 5~6㎝ 길이이고 씨앗이 붙어 있는 포가 비늘처럼 포개진다.

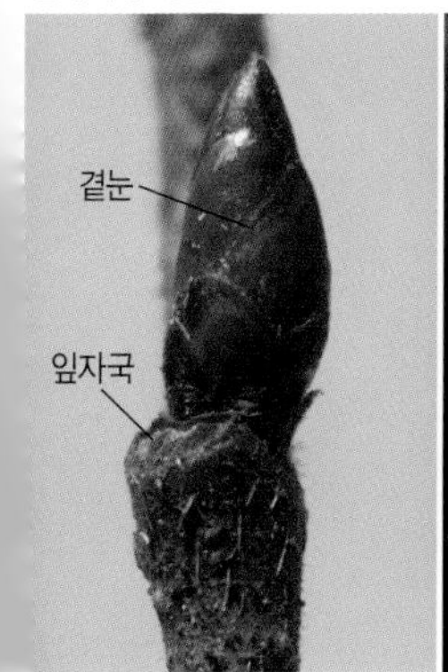

곁눈과 잎자국

나무껍질

9월의 열매

## 너도밤나무(참나무과)
*Fagus engleriana*

큰키나무(높이 20~25m)
울릉도

햇가지는 털이 있지만 점차 없어진다. 잔가지는 회갈색~적갈색이며 광택이 있고 껍질눈이 흩어져 난다. 겨울눈은 피침형이며 끝이 뾰족하고 10~27㎜ 길이로 큼직하다. 눈비늘조각은 많고 연갈색~갈색이며 광택이 있고 끝부분에 털이 있다. 햇가지와 2년생 가지의 경계 부분에 가느다란 눈비늘조각자국이 한 바퀴를 돈다. 잎자국은 반원형이며 관다발자국은 명확하지 않다. 나무껍질은 회백색이며 밋밋하고 껍질눈이 많다.

어긋나는 잎은 달걀형~타원형이며 끝이 뾰족하고 가장자리는 주름이 진다. 열매는 넓은 달걀형의 깍정이 속에 2~3개의 씨앗이 있다.

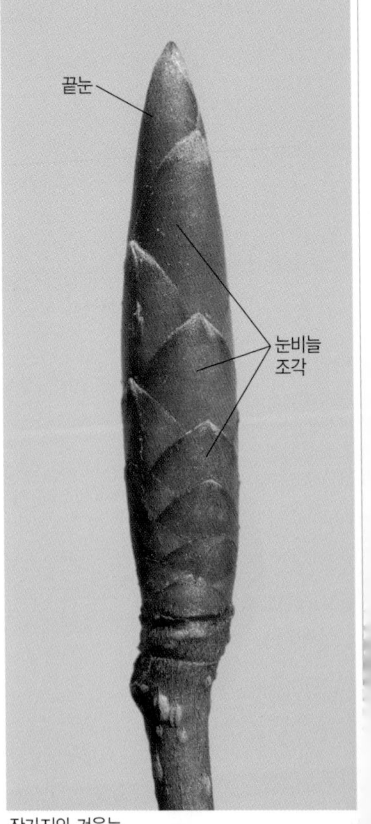

잔가지와 겨울눈

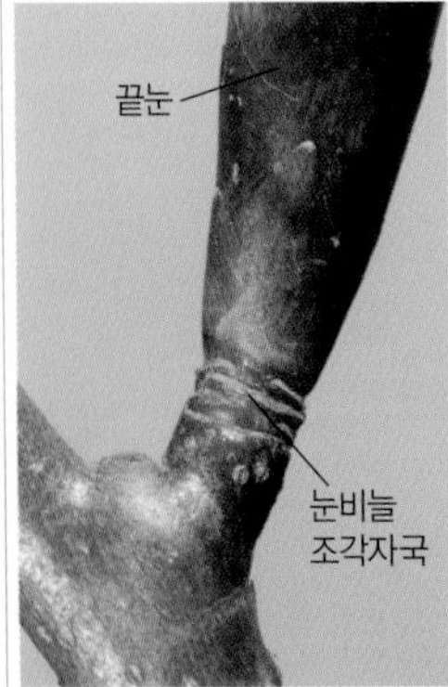

짧은가지

나무껍질

잎가지

잔가지와 겨울눈

## 밤나무(참나무과)

*Castanea crenata*

큰키나무(높이 15m 정도)
산

어린 가지는 녹갈색~적갈색이며 짧은털과 별모양털이 있지만 점차 없어지고 껍질눈이 많다. 겨울눈은 달걀형~넓은 달걀형이며 눈비늘조각은 2~4개이다. 가짜끝눈은 곁눈보다 약간 크고 2~4㎜ 길이이다. 잎자국은 반원형이며 관다발자국은 여러 개가 불규칙하게 배열한다. 품종에 따라 잔가지의 특색이 조금씩 다르다. 가지에 밤나무혹벌의 벌레집이 달린 것을 볼 수 있다. 나무껍질은 흑갈색~회갈색이며 세로로 갈라진다.
어긋나는 잎은 길쭉한 타원형이며 끝이 뾰족하고 가장자리에 가시 같은 톱니가 있다. 둥근 열매는 날카로운 가시로 싸여 있다.

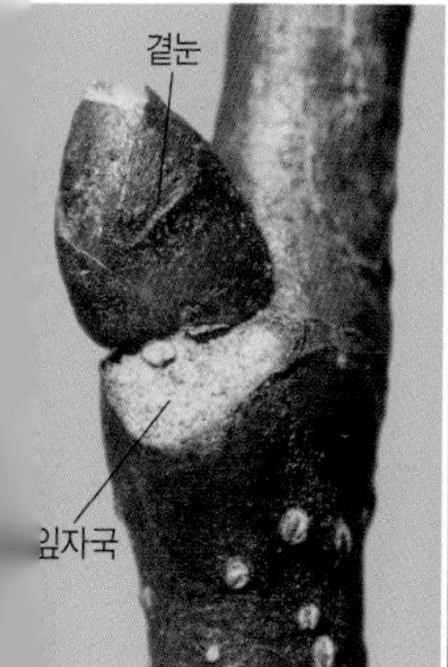

눈과 잎자국

나무껍질

8월의 열매

## 상수리나무(참나무과)
*Quercus acutissima*

큰키나무(높이 20~25m)
산기슭

햇가지는 회백색이며 털이 있지만 2년생 가지는 털이 없어지고 둥근 껍질눈이 흩어져 난다. 끝눈 근처에는 곁눈이 가까이 달린다. 겨울눈은 긴 달걀형으로 눈비늘조각은 20~30개이며 갈색~적갈색이고 가장자리에 털이 많다. 굵은 가지에는 덧눈이 달리기도 한다. 잎자국은 반원형이며 관다발자국은 여러 개이고 불규칙하게 배열한다. 나무껍질은 회갈색이며 불규칙하게 세로로 갈라진다.

어긋나는 잎은 길쭉한 타원형으로 끝이 뾰족하고 가장자리에 바늘 모양의 회백색 톱니가 있으며 뒷면은 연녹색이고 잎자루가 있다. 열매 깍정이를 수북이 덮고 있는 얇은 비늘조각은 뒤로 젖혀진다.

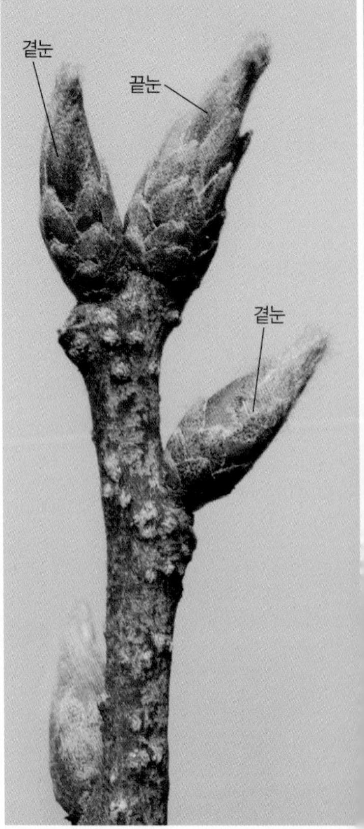

잔가지와 겨울눈

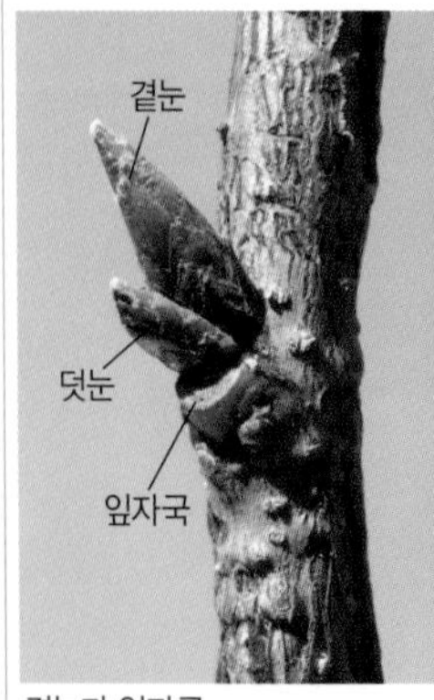

곁눈과 잎자국

나무껍질

8월의 열매

잔가지와 겨울눈

## 굴참나무(참나무과)

*Quercus variabilis*

큰키나무(높이 20~25m)
낮은 산

햇가지는 회갈색이며 흰색의 부드러운 털이 빽빽이 나지만 점차 없어지고 껍질눈이 흩어져 난다. 끝눈 근처에는 곁눈이 가까이 달린다. 끝눈은 곁눈보다 약간 크다. 겨울눈은 긴 달걀형으로 4~8㎜ 길이이고 끝이 뾰족하며 눈비늘조각은 20~30개이다. 잎자국은 반원형이고 관다발자국이 흩어져 난다. 나무껍질은 회색~흑회색이며 코르크가 발달하여 두껍고 세로로 깊게 갈라진다.
어긋나는 잎은 길쭉한 타원형으로 끝이 뾰족하고 가장자리에 바늘 모양의 톱니가 있으며 뒷면은 회백색이고 잎자루가 있다. 열매 깍정이를 수북이 덮고 있는 얇은 비늘조각은 뒤로 젖혀진다.

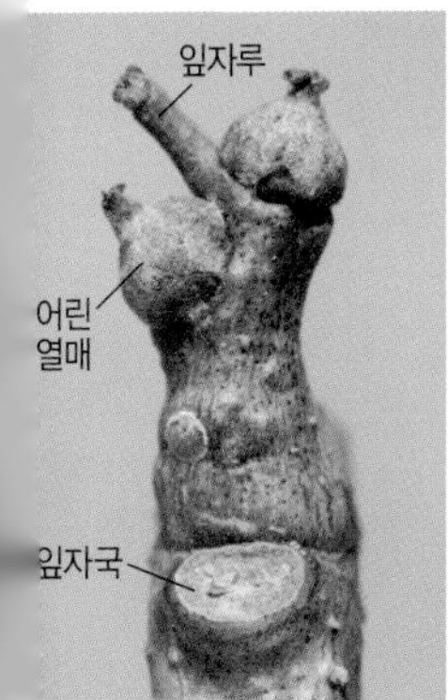

월의 어린 열매

나무껍질

8월의 열매

## 갈참나무(참나무과)
*Quercus aliena*

큰키나무(높이 20~25m)
낮은 산

햇가지는 연녹색이며 짧은털이 있지만 모두 없어진다. 잔가지는 회갈색이며 둥근 껍질눈이 흩어져 난다. 끝눈 근처에는 여러 개의 곁눈이 가까이 달린다. 겨울눈은 긴 달걀형이며 눈비늘조각은 털이 조금 있거나 없다. 잎자국은 반원형이고 관다발자국은 많으며 불규칙하게 배열한다. 나무껍질은 회갈색~흑갈색이며 불규칙하게 세로로 갈라진다.
어긋나는 잎은 거꿀달걀형으로 끝이 뾰족하고 가장자리에 큰 톱니가 있으며 잎자루가 길다. 잎 뒷면은 회백색이다. 도토리열매의 깍정이 표면은 비늘조각이 기와처럼 포개진다. *같은 속의 **가시나무**(p.475) 종류는 늘푸른 상록성 참나무이다.

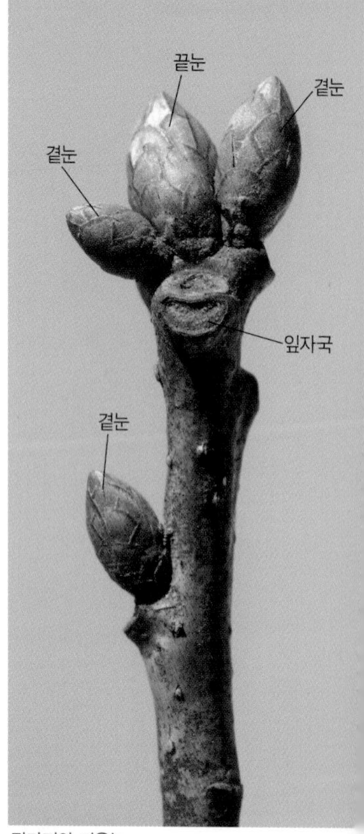

잔가지와 겨울눈

나무껍질

잎 모양

열매 모양

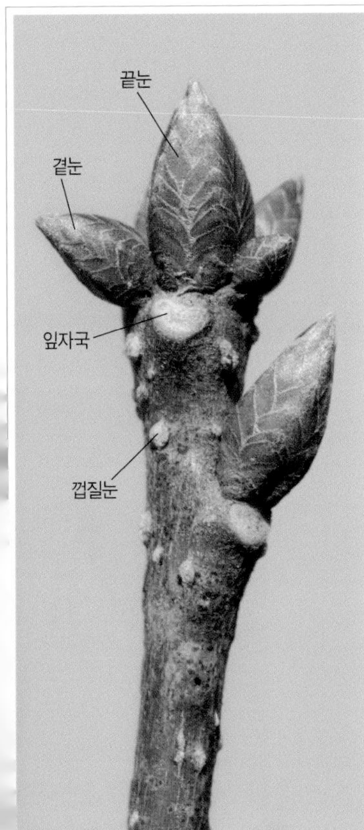

잔가지와 겨울눈

## 졸참나무(참나무과)
*Quercus serrata*

큰키나무(높이 20m 정도)
낮은 산

햇가지에는 비단털이 있지만 점차 모두 없어진다. 잔가지는 회갈색이며 껍질눈이 흩어져 난다. 끝눈 근처에는 여러 개의 곁눈이 가까이 달린다. 끝눈은 3~6㎜ 길이이며 곁눈보다 약간 크다. 겨울눈은 달걀형이며 눈비늘조각은 갈색~적갈색이고 20~25개이다. 잎자국은 반원형이다. 나무껍질은 진회색~회갈색이며 세로로 불규칙하게 갈라진다.

어긋나는 잎은 거꿀달걀형으로 끝이 길게 뾰족하고 안으로 굽는 톱니가 있으며 잎자루가 길다. 잎 뒷면은 회녹색이다. 도토리열매의 깍정이 표면은 비늘조각이 기와처럼 포개진다.

나무껍질

8월 말의 열매

열매 모양

## 신갈나무(참나무과)
*Quercus mongolica*

큰키나무(높이 20~30m)
산

햇가지에 간혹 털이 있지만 곧 없어진다. 잔가지는 굵고 회갈색~갈색이며 광택이 있고 껍질눈이 흩어져 난다. 끝눈 근처에는 여러 개의 곁눈이 가까이 달린다. 겨울눈은 달걀형이며 눈비늘조각은 갈색~적갈색이다. 잎자국은 반원형~삼각형이고 관다발자국은 흩어져 난다. 나무껍질은 회색~회갈색이며 세로로 갈라진다.

어긋나는 잎은 거꿀달걀형으로 끝이 둔하고 밑부분은 귀 모양이며 가장자리에 물결 모양의 큰 톱니가 있고 잎자루가 거의 없다. 잎 뒷면은 백록색이다. 도토리열매를 싸고 있는 깍정이 표면은 비늘조각이 기와처럼 포개진다.

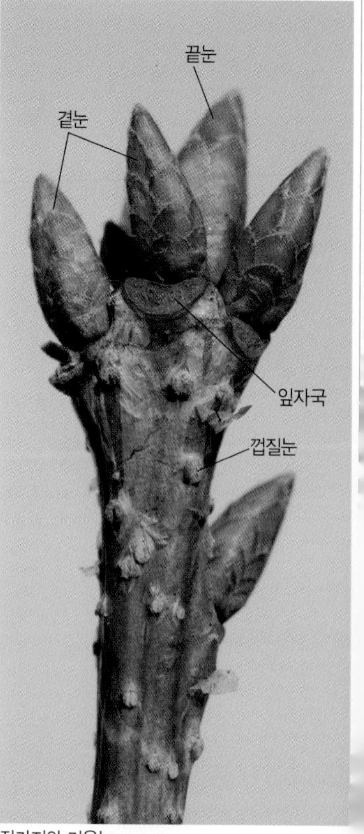

잔가지와 겨울눈

곁눈과 잎자국

끝눈 둘레의 곁눈

8월의 열매

잔가지와 겨울눈

## 떡갈나무(참나무과)
*Quercus dentata*

큰키나무(높이 15~20m)
산

잔가지는 굵고 회갈색이며 세로로 골이 지고 회갈색의 짧은털과 별모양털이 빽빽하다. 끝눈 근처에는 여러 개의 곁눈이 가까이 돌려 가며 달린다. 끝눈은 곁눈보다 크다. 겨울눈은 달걀형으로 4~10㎜ 길이이고 갈색~회갈색이며 잔털로 덮여 있다. 참나무 종류는 겨울눈 단면이 오각형이다. 잎자국은 반원형~삼각형이다. 나무껍질은 회갈색~흑갈색이며 세로로 갈라진다. 어긋나는 잎은 거꿀달걀형이며 끝이 둔하고 가장자리에 물결 모양의 톱니가 있다. 잎 뒷면은 털이 빽빽하며 잎자루가 거의 없다. 겨울에 가지에 마른 잎이 달려 있다. 열매 깍정이의 얇은 비늘조각은 적갈색이며 끝이 뒤로 젖혀진다.

ㅏ무껍질

8월 말의 열매

1월의 떡갈나무

## 굴피나무(가래나무과)
*Platycarya strobilacea*

작은키나무(높이 5~12m)
중부 이남의 산

햇가지는 굵고 부드러운 털이 있지만 점차 없어진다. 잔가지는 황갈색~밤갈색이며 흰색 껍질눈이 흩어져 난다. 끝눈은 달걀형으로 7~10㎜ 길이이고 끝이 뾰족하며 눈비늘조각은 11~15개이고 부드러운 털이 있다. 곁눈은 끝눈보다 작다. 잎자국은 하트형~반원형이며 관다발자국은 3개이다. 나무껍질은 회색~갈색으로 세로로 얕게 갈라진다.
어긋나는 잎은 홀수깃꼴겹잎이며 작은잎은 7~19장이고 밑으로 갈수록 작아진다. 작은잎은 달걀 모양의 피침형이며 끝이 길게 뾰족하고 가장자리에 톱니가 있다. 긴 타원형 열매는 솔방울열매와 비슷하며 겨우내 매달려 있다.

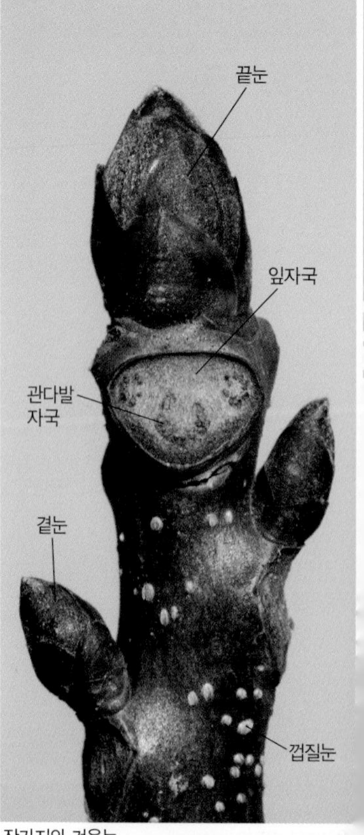

잔가지와 겨울눈

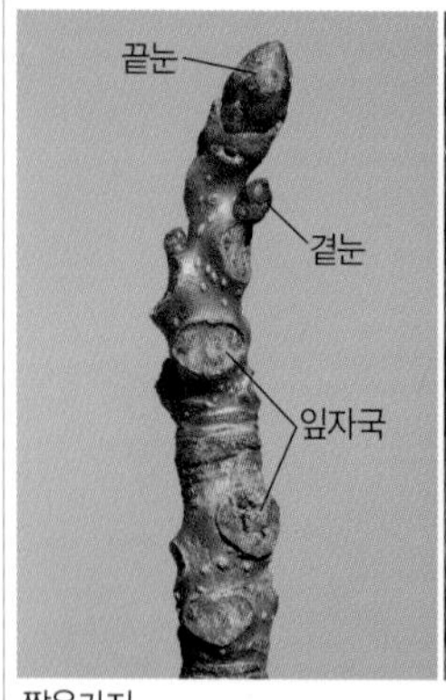

짧은가지

나무껍질

9월의 열매

잔가지와 겨울눈

## 중국굴피나무(가래나무과)

*Pterocarya stenoptera*

큰키나무(높이 10~30m)
중국 원산. 관상수

햇가지는 털이 있거나 없으며 가지 단면의 골속은 계단 모양이다. 겨울눈은 맨눈이며 눈자루가 있고 갈색 털로 덮여 있다. 끝눈보다 작은 곁눈에는 세로덧눈이 있다. 잎자국은 하트형~반원형이며 관다발자국은 3개이다. 회갈색 나무껍질은 세로로 깊게 갈라진다.
어긋나는 잎은 대부분이 5~12쌍의 작은잎을 가진 짝수깃꼴겹잎이다. 작은잎은 긴 타원형으로 끝이 뾰족하며 밑부분은 좌우가 같지 않고 가장자리에 잔톱니가 있다. 열매이삭은 길게 늘어지며 가을에 갈색으로 익는다. 열매는 양쪽에 날개가 있으며 열매이삭에 촘촘히 돌려 가며 붙는다.

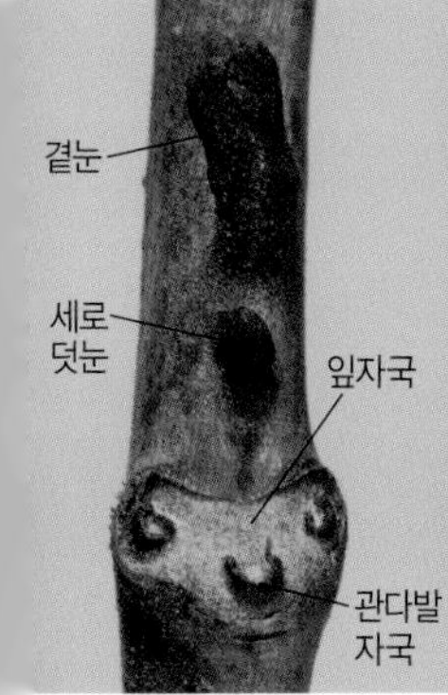

곁눈과 잎자국

나무껍질

7월의 어린 열매

## 가래나무(가래나무과)
*Juglans mandshurica*

큰키나무(높이 20m 정도)
경북 이북의 산골짜기

어린 가지는 굵고 짧은털과 샘털이 있으며 긴 타원형의 껍질눈이 흩어져 난다. 겨울눈은 맨눈이며 원뿔형이고 짧은 황갈색 털로 덮여 있다. 끝눈은 10~16㎜ 길이로 크며 곁눈은 훨씬 작고 세로덧눈이 있다. 커다란 잎자국은 T자형~삼각형이며 관다발자국은 3개이다. 나무껍질은 회색~회갈색이며 세로로 얕게 갈라진다.
어긋나는 잎은 7~17장의 작은잎을 가진 홀수깃꼴겹잎이다. 작은잎은 긴 타원형이며 끝이 뾰족하고 가장자리에 잔톱니가 있다. 길게 늘어지는 열매송이에 둥근 달걀형 열매가 모여 달린다. 열매 속의 씨앗은 달걀형이며 끝이 뾰족하고 표면에 주름이 있다.

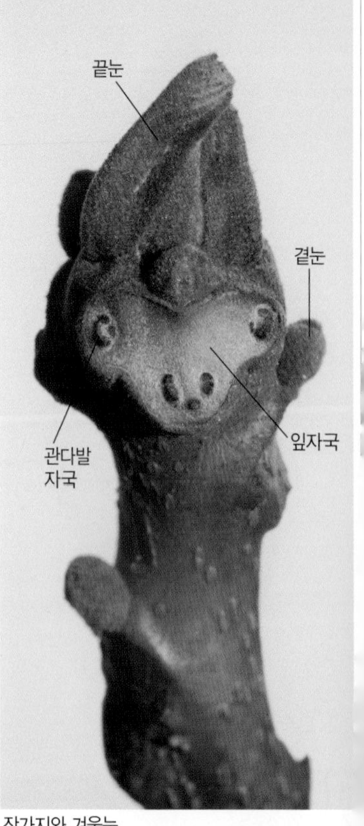

잔가지와 겨울눈

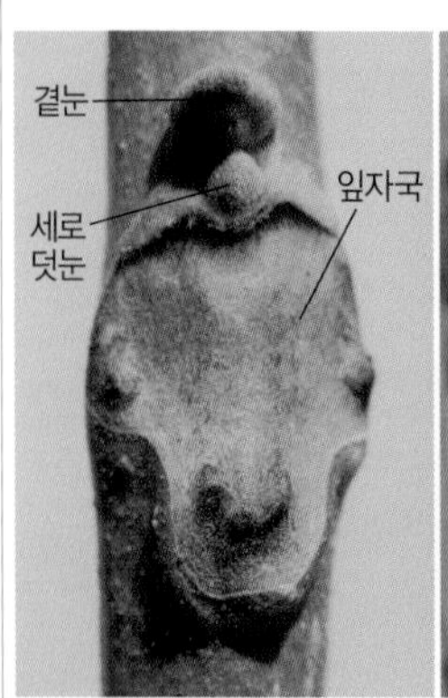

곁눈과 잎자국

나무껍질

7월 초의 어린 열매

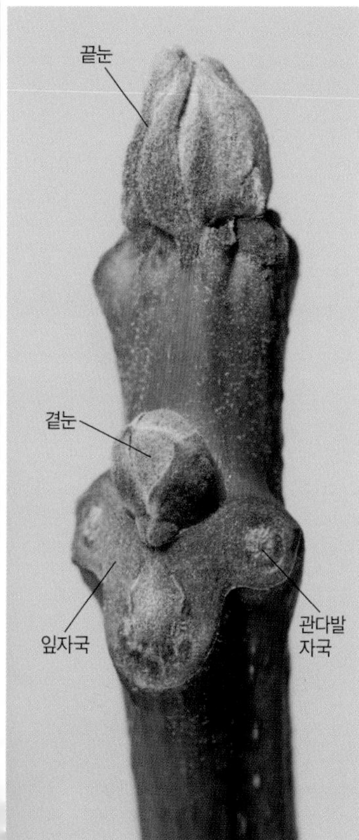

잔가지와 겨울눈

## 호두나무(가래나무과)
*Juglans regia*

큰키나무(높이 10~20m)
중국과 서남아시아 원산. 재배

잔가지는 녹갈색~회갈색이며 털이 없고 광택이 있으며 타원형 껍질눈이 흩어져 난다. 겨울눈은 둥근 원뿔형이며 2~3개의 눈비늘조각은 표면에 잔털이 있다. 끝눈은 5~10㎜ 길이로 크고 곁눈은 끝눈보다 작다. 커다란 잎자국은 하트형이며 관다발자국은 3개이다. 나무껍질은 회백색~진회색이고 밋밋하지만 점차 갈라진다.
어긋나는 잎은 5~9장의 작은잎을 가진 홀수깃꼴겹잎이다. 작은잎은 타원형이며 가장자리가 밋밋하고 끝의 작은잎이 가장 크다. 둥근 열매는 1~3개가 모여 달린다. 열매 속의 씨앗은 동그스름하고 표면에 주름이 있다.

수꽃눈

나무껍질

9월의 열매

## **피칸**(가래나무과)
*Carya illinoinensis*

큰키나무(높이 30~50m)
북미 원산. 재배

잔가지는 굵고 회갈색~연갈색이며 솜털로 덮여 있는데 특히 햇가지에 많다. 끝눈은 원뿔형으로 6~13㎜ 길이이고 털로 덮여 있으며 눈비늘조각이 벗겨지기도 한다. 곁눈은 달걀형이며 끝이 뾰족하고 끝눈보다 작다. 잎자국은 하트형으로 매우 크며 관다발자국은 3묶음이다. 나무껍질은 회갈색이며 세로로 불규칙하게 갈라져 조각으로 벗겨진다.
어긋나는 잎은 9~17장의 작은잎을 가진 홀수깃꼴겹잎이다. 작은잎은 긴 타원형이며 끝이 뾰족하고 가장자리에 잔톱니가 있다. 열매는 타원형~달걀형이고 4개의 모가 지며 속에 든 타원형 씨앗은 양 끝이 뾰족하고 호두처럼 까서 먹는다.

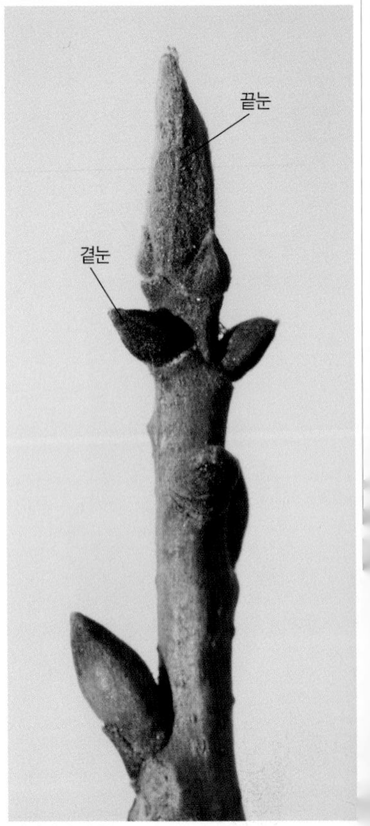

잔가지와 겨울눈

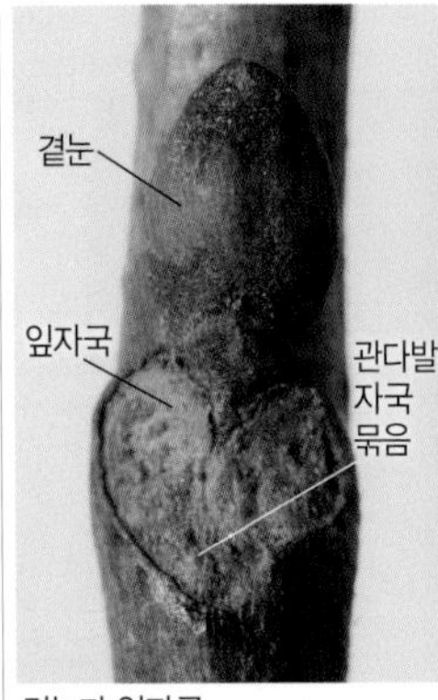

곁눈과 잎자국

나무껍질

8월의 열매

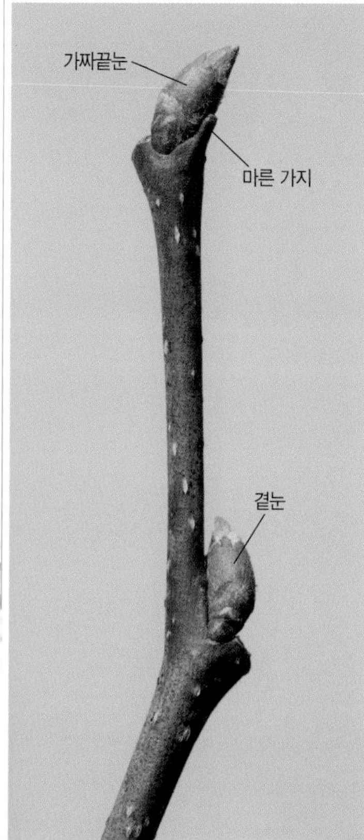

잔가지와 겨울눈

## 왕팽나무/산팽나무(삼과 | 느릅나무과)
*Celtis koraiensis*

큰키나무(높이 10~15m)
경북 이북의 산

잔가지는 황갈색~진갈색이며 털이 조금 있거나 없고 껍질눈이 흩어져 난다. 겨울에 가지 끝은 말라 죽고 가짜끝눈이 달린다. 가짜끝눈과 곁눈은 크기가 비슷하다. 겨울눈은 달걀형이고 3~4㎜ 길이이며 갈색 눈비늘조각에 싸여 있다. 잎자국은 반원형이며 관다발자국은 3개이다. 나무껍질은 회색~회갈색이며 어린 나무는 밋밋하고 흰색 얼룩무늬가 있지만 노목은 불규칙하게 갈라진다.
어긋나는 잎은 원형~넓은 거꿀달걀형이며 윗부분은 편평해지면서 큰 톱니가 있고 끝은 갑자기 좁아져서 꼬리처럼 길어진다. 둥근 열매는 황적색으로 익는다.

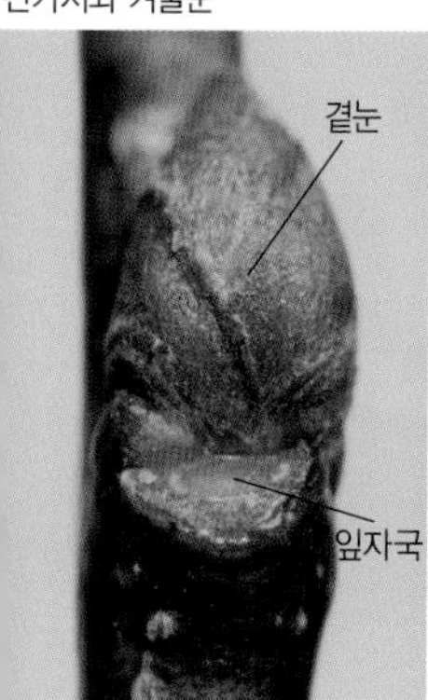

곁눈과 잎자국

나무껍질

7월의 어린 열매

## 팽나무(삼과 | 느릅나무과)
*Celtis sinensis*

큰키나무(높이 20m 정도)
주로 남부 지방

햇가지는 부드러운 털이 많지만 점차 없어진다. 잔가지는 적갈색이며 털이 없고 껍질눈이 흩어져 난다. 겨울눈은 약간 세모진 원뿔형으로 1~5㎜ 길이이고 눈비늘조각은 2~5개이며 털이 있다. 곁눈은 끝눈과 크기가 비슷하다. 가로덧눈은 곁눈 좌우의 첫째 눈비늘조각 안에 들어 있다. 잎자국은 삼각형이며 관다발자국은 3개이다. 나무껍질은 회색~회흑색이며 밋밋하고 껍질눈이 많다.
어긋나는 잎은 달걀형~넓은 타원형이며 끝이 뾰족하고 가장자리 윗부분에 잔톱니가 있다. 둥근 열매는 가을에 적갈색으로 익고 열매자루는 6~15㎜ 길이이다.

잔가지와 겨울눈

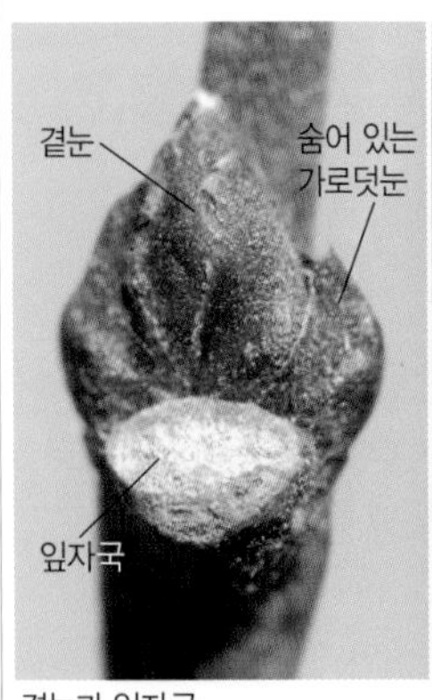

곁눈과 잎자국

나무껍질

8월의 열매

잔가지와 겨울눈

## 폭나무(삼과 | 느릅나무과)
*Celtis biondii*

큰키나무(높이 10~15m)
주로 남부 지방의 산

잔가지는 황갈색이며 오래되면 갈색이 되고 껍질눈이 흩어져 난다. 어린 가지는 누운털이 빽빽이 난다. 겨울눈은 달걀형이고 3~5㎜ 길이이며 가로덧눈이 있다. 눈비늘조각은 여러 개이며 갈색~흑갈색이고 털로 덮여 있다. 곁눈은 가지에서 벌어진다. 잎자국은 반원형이며 관다발자국은 3개이다. 나무껍질은 회색이며 밋밋하고 껍질눈이 많으며 흰색 얼룩무늬가 있다. 어긋나는 잎은 거꿀달걀형으로 윗부분이 갑자기 좁아져서 꼬리처럼 길어지고 윗부분에만 톱니가 있으며 측맥은 2~3쌍이다. 둥근 열매는 가을에 적갈색으로 익고 열매자루는 8~15㎜ 길이이다.

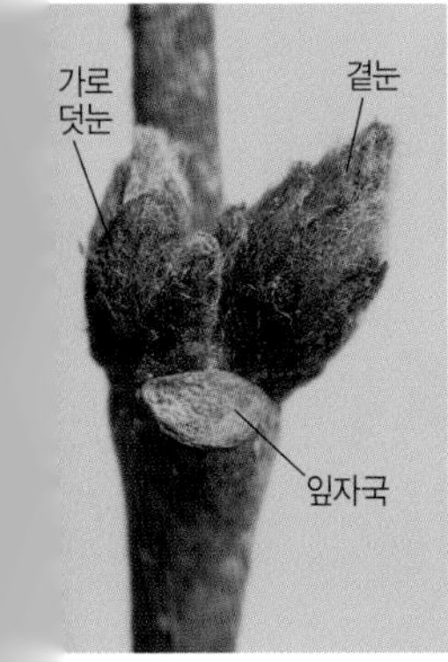

곁눈과 잎자국

나무껍질

잎 모양

## 검팽나무(삼과 | 느릅나무과)
*Celtis choseniana*

큰키나무(높이 10~12m)
황해도 이남의 산

잔가지는 적갈색이며 어린 가지는 털이 있지만 점차 없어지고 껍질눈이 흩어져 난다. 겨울눈은 달걀형이며 끝이 뾰족하고 털이 없는 갈색 눈비늘조각에 싸여 있다. 곁눈은 가지에 바짝 붙는다. 잎자국은 반원형이며 튀어나오고 관다발자국은 3개이다. 나무껍질은 회색~회흑색이고 밋밋하다.
어긋나는 잎은 달걀형~긴 타원형으로 끝은 길게 뾰족하며 가장자리 밑부분을 제외한 전체에 뾰족한 톱니가 있고 양면에 털이 없다. 측맥은 3~4쌍이다. 비슷한 풍게나무보다 잎질이 약간 두툼하다. 둥근 열매는 지름 10~12㎜이고 검게 익으며 열매자루는 20~25㎜로 긴 편이다.

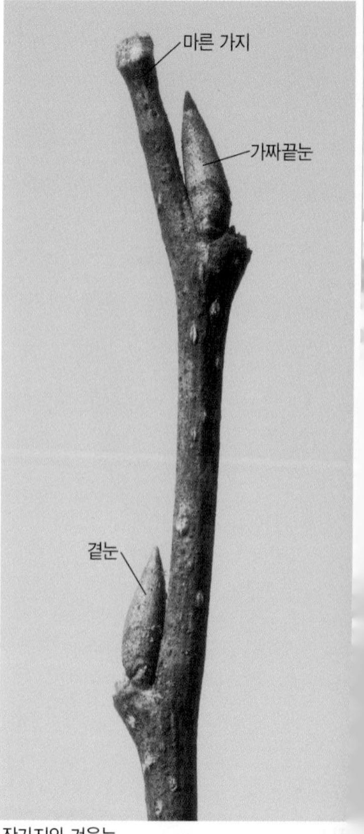

잔가지와 겨울눈

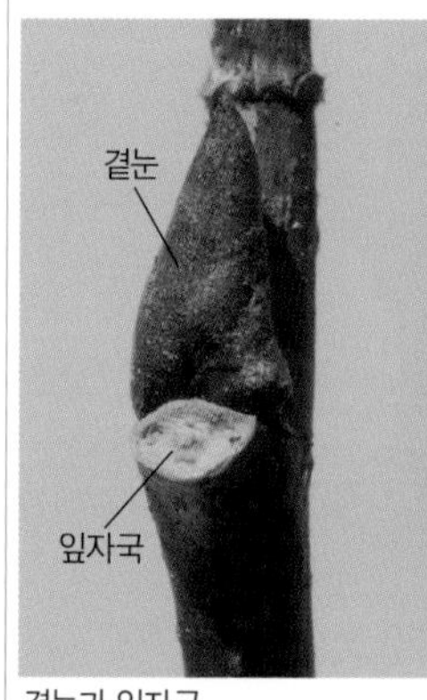

곁눈과 잎자국

나무껍질

10월의 열매

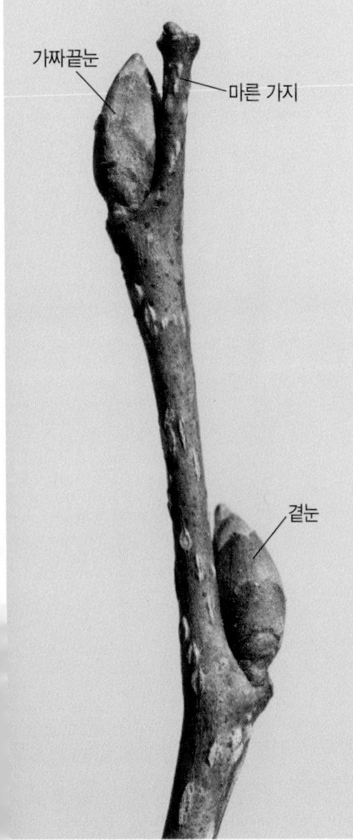

잔가지와 겨울눈

## 풍게나무(삼과 | 느릅나무과)
*Celtis jessoensis*

큰키나무(높이 20~30m)
산

잔가지는 적갈색이며 털이 없고 회백색 껍질눈이 흩어져 난다. 겨울눈은 약간 납작한 긴 타원형으로 끝이 뾰족하고 3~7㎜ 길이이며 5~6개의 눈비늘조각에 싸여 있다. 곁눈은 가지에 바짝 붙는다. 잎자국은 반원형이며 튀어나오고 관다발자국은 3개이다. 나무껍질은 회갈색이고 밋밋하다.
어긋나는 잎은 달걀형으로 끝이 꼬리처럼 길어지며 가장자리 밑부분을 제외한 전체에 날카로운 톱니가 있고 측맥은 3~4쌍이다. 비슷한 검팽나무보다 잎질이 얇은 편이고 뒷면 잎맥 위에 털이 있다. 둥근 열매는 지름 7~8㎜이고 검게 익으며 열매자루는 20~25㎜로 긴 편이다.

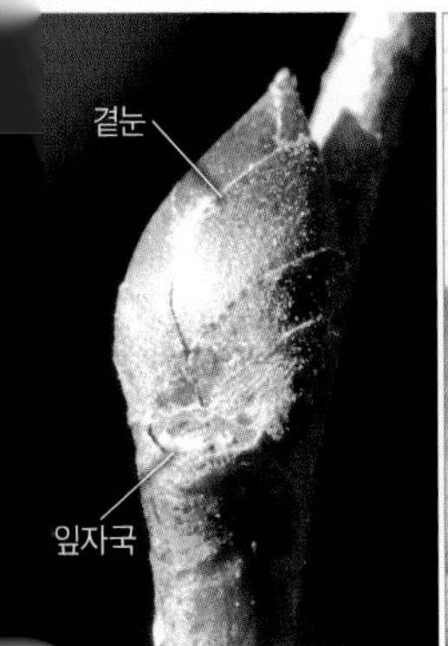

곁눈과 잎자국

나무껍질

6월의 어린 열매

## 푸조나무(삼과 | 느릅나무과)
*Aphananthe aspera*

큰키나무(높이 15~20m)
남부 지방

잔가지는 진한 적갈색이고 둥근 껍질눈이 많다. 겨울눈은 긴 달걀형으로 약간 편평하고 4~6㎜ 길이이며 곁눈은 가지에 바짝 붙는다. 눈비늘조각은 6~10개이고 누운털로 덮여 있으며 곁눈 옆에 가로덧눈이 달리기도 한다. 잎자국은 삼각형이며 관다발자국은 3개이다. 나무껍질은 회갈색이고 매끈하며 노목은 얇게 벗겨신다. 줄기는 판뿌리가 발달하기도 한다.
어긋나는 잎은 긴 타원형이고 끝이 길게 뾰족하며 가장자리에 날카로운 톱니가 있다. 측맥은 7~12쌍이며 톱니 끝까지 길게 벋는다. 둥근 열매는 지름 7~12㎜이며 가을에 흑색~흑자색으로 익고 열매자루는 7~8㎜ 길이이다.

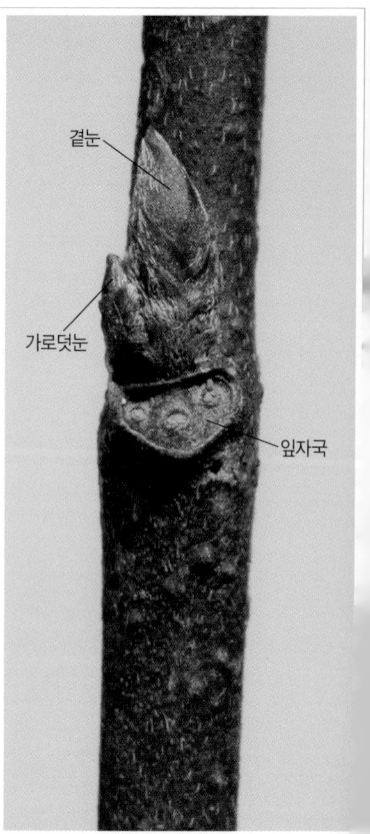

잔가지와 겨울눈

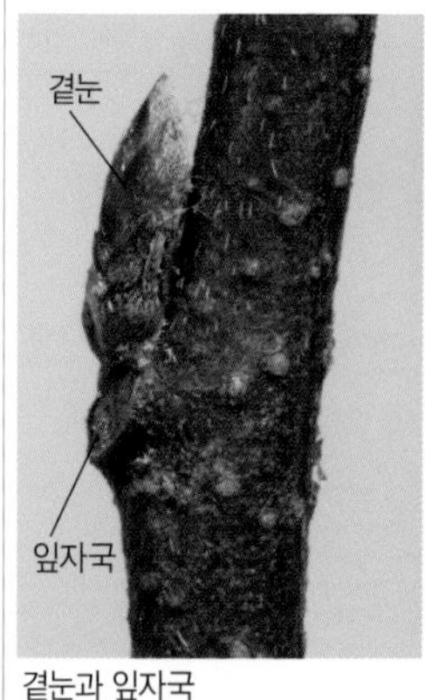

곁눈과 잎자국

나무껍질

발달한 판뿌리

10월의 열매

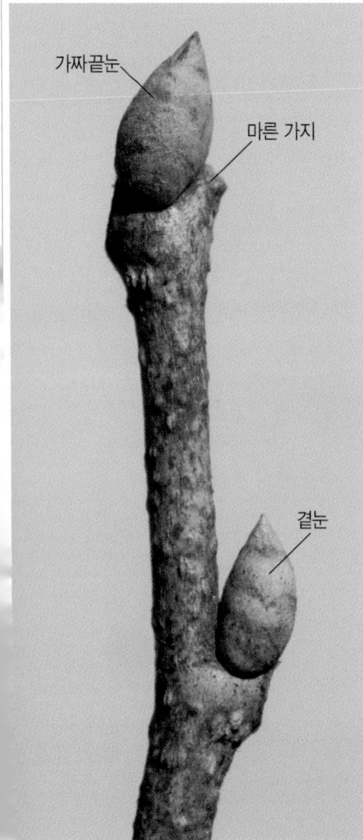


잔가지와 겨울눈

## 돌뽕나무(뽕나무과)

*Morus cathayana*

작은키~큰키나무(높이 4~15m)

산

햇가지는 굵고 회갈색이며 털이 빽빽이 나지만 점차 떨어져 나간다. 잔가지에 껍질눈이 흩어져 난다. 겨울눈은 달걀형이며 끝이 뾰족하고 여러 개의 눈비늘조각에 싸여 있다. 잎자국은 반원형~원형이며 많은 관다발자국이 거의 둥글게 배열한다. 나무껍질은 회갈색이며 세로로 얕고 불규칙하게 갈라진다. 어긋나는 잎은 넓은 달걀형으로 끝이 뾰족하고 얕은 심장저이며 가장자리에 둔한 톱니가 있고 잎몸이 3~5갈래로 깊게 갈라지기도 한다. 잎 뒷면은 회백색 털이 많다. 원통형 열매이삭은 2~3㎝ 길이이며 6~7월에 흑자색으로 익고 단맛이 난다.

곁눈과 잎자국

나무껍질

7월의 열매

## 산뽕나무(뽕나무과)
*Morus australis*

큰키나무(높이 6~15m)
산

햇가지는 연갈색~회갈색이며 털이 거의 없고 껍질눈이 흩어져 난다. 겨울눈은 세모진 달걀형~원뿔형으로 약간 편평하며 끝이 뾰족하고 3~6㎜ 길이이다. 눈비늘조각은 4~7개이며 연갈색이고 털이 없다. 곁눈 옆에 덧눈이 달리기도 한다. 잎자국은 반원형~타원형이며 많은 관다발자국은 거의 둥글게 배열한다. 나무껍질은 회갈색이며 세로로 얇게 갈라진다.

어긋나는 잎은 달걀형~넓은 달걀형이며 끝이 길게 뾰족하고 가장자리에 불규칙한 톱니가 있다. 잎몸이 3~5갈래로 갈라지기도 한다. 열매이삭은 타원형이며 암술대가 남아 있고 6월에 흑자색으로 익으며 단맛이 난다.

잔가지와 겨울눈

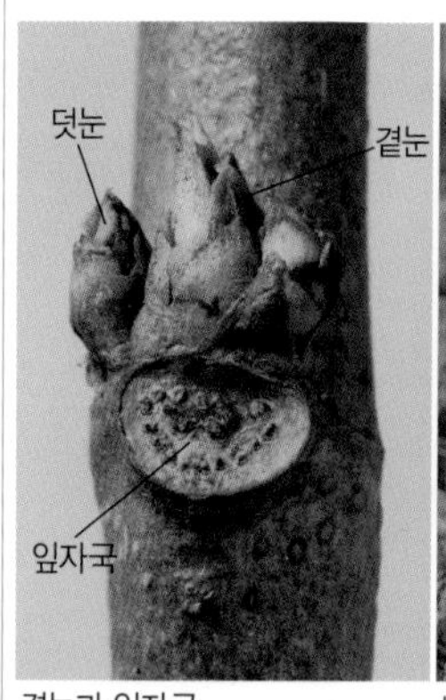

곁눈과 잎자국

나무껍질

5월 말의 열매

잔가지와 겨울눈

## 뽕나무(뽕나무과)
*Morus alba*

큰키나무(높이 6~15m)
중국 원산. 마을 주변

잔가지는 회갈색~회백색이며 잔털이 있지만 점차 없어지고 갈색 껍질눈이 흩어져 난다. 겨울눈은 세모진 달걀형으로 연갈색이며 털이 없고 3~6㎜ 길이이며 눈비늘 조각은 4~7개이다. 잎자국은 반원형~납작한 원형이며 많은 관다발자국이 거의 둥글게 배열한다. 나무껍질은 회갈색이며 가로로 긴 껍질눈이 있고 세로로 얕게 갈라진다.
어긋나는 잎은 달걀형~넓은 달걀형으로 끝이 뾰족하고 가장자리에 둔한 톱니가 있으며 잎몸이 3갈래로 깊게 갈라지기도 한다. 열매이삭은 타원형이며 암술대가 거의 없고 6월에 흑자색으로 익으며 단맛이 난다.

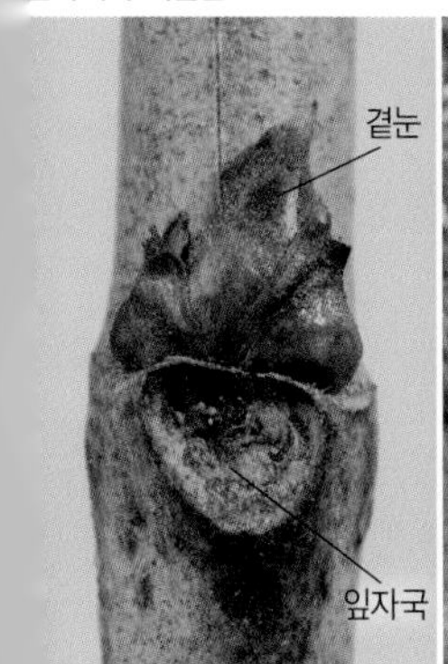

눈과 잎자국

나무껍질

6월의 열매

## 꾸지나무(뽕나무과)
*Broussonetia papyrifera*

큰키나무(높이 4~10m)
숲 가장자리나 밭둑

햇가지는 부드러운 털이 빽빽이 난다. 잔가지는 굵고 회갈색~갈색이며 껍질눈이 흩어져 난다. 가지나 잎을 자르면 흰색 즙이 나온다. 겨울눈은 삼각형이며 1~2㎜ 길이로 작고 눈비늘조각은 2개이며 갈색이고 털이 있다. 잎자국은 동그스름하며 좌우에 턱잎자국이 있기도 하다. 관다발자국은 많고 둥글게 배열한다. 나무껍질은 회갈색이며 황갈색 껍질눈이 있다. 어긋나는 잎은 달걀형으로 끝이 길게 뾰족하고 가장자리에 톱니가 있으며 잎몸이 3~5갈래로 갈라지기도 한다. 잎 뒷면은 녹백색이며 털이 빽빽하다. 둥근 열매송이는 지름 2~3㎝이고 여름에 주홍색으로 익는다.

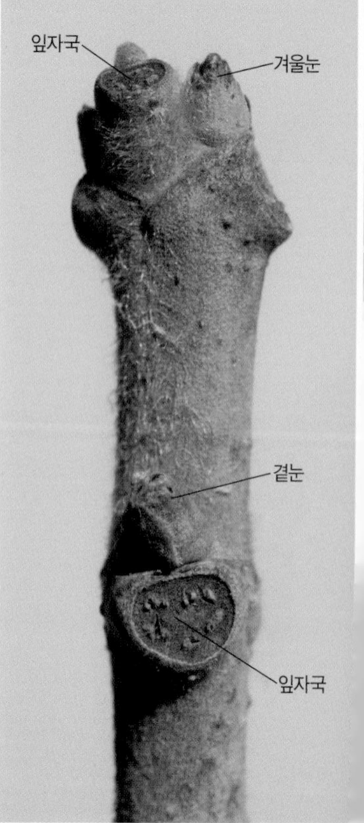

잔가지와 겨울눈

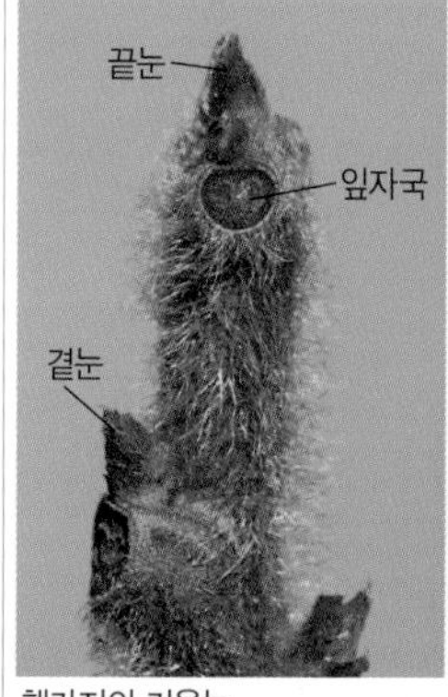

햇가지의 겨울눈

나무껍질

7월의 열매

잔가지와 겨울눈

## 꾸지닥나무(뽕나무과)

*Broussonetia kazinoki* × *Broussonetia papyrifera*

떨기나무~작은키나무(높이 2~6m)
숲 가장자리나 밭둑

꾸지나무와 닥나무 사이에서 생긴 잡종으로 암수딴그루이며 떨기나무가 흔하지만 점차 작은키나무로 **닥나무**(p.185)보다 크게 자란다. 햇가지는 털이 있고 진한 황갈색~적갈색이다. 겨울눈은 동그스름한 삼각형이며 털이 있는 2개의 눈비늘조각에 싸여 있다. 잎자국은 동그스름하고 튀어나오며 좌우에 턱잎자국이 있고 관다발자국은 많으며 둥글게 배열한다. 나무껍질은 갈색이고 작은 껍질눈이 많이 있다. 어긋나는 잎은 달걀형으로 끝이 뾰족하고 가장자리에 톱니가 있으며 잎몸이 갈라지기도 한다. 둥근 열매송이는 6~7월에 주홍색으로 익으면 단맛이 난다.

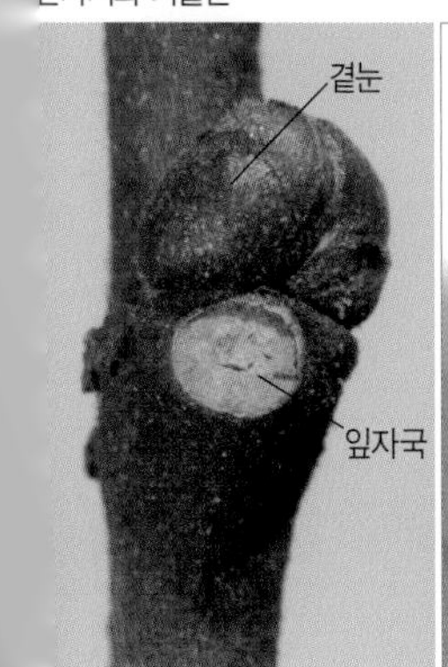

곁눈과 잎자국

나무껍질

6월의 열매

## 무화과(뽕나무과)
*Ficus carica*

작은키나무(높이 4~8m)
남부 지방 재배

서아시아에서 지중해에 걸쳐 자란다. 잔가지는 굵고 갈색~녹갈색이며 껍질눈이 흩어져 난다. 끝눈은 끝이 뾰족한 원뿔형이며 15㎜ 정도 길이이고 곁눈은 매우 작다. 눈비늘조각은 녹갈색~갈색이며 2개이다. 잎자국은 반원형~콩팥형이고 관다발자국은 많으며 둥글게 배열한다. 턱잎자국은 가지를 한 바퀴 돈다. 나무껍질은 회갈색이고 밋밋하다.

어긋나는 잎은 넓은 달걀형으로 3~5갈래로 깊게 갈라지고 갈래조각은 끝이 둔하며 가장자리에 물결 모양의 톱니가 있다. 품종에 따라 잎의 모양이 조금씩 다르다. 거꿀달걀형 열매는 5~7㎝ 길이이고 8~10월에 익는다.

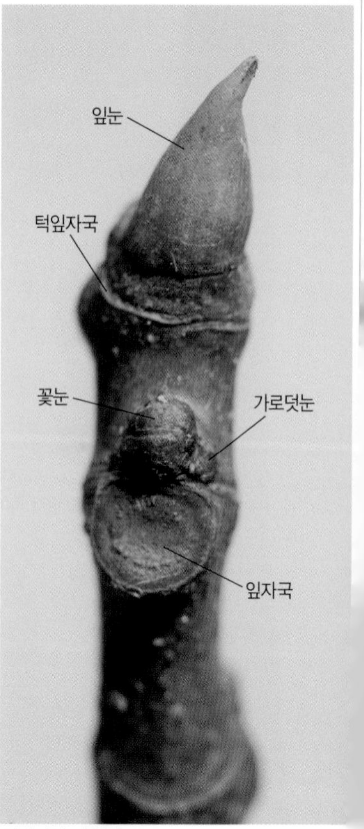

잔가지와 겨울눈

나무껍질

7월 말의 어린 열매

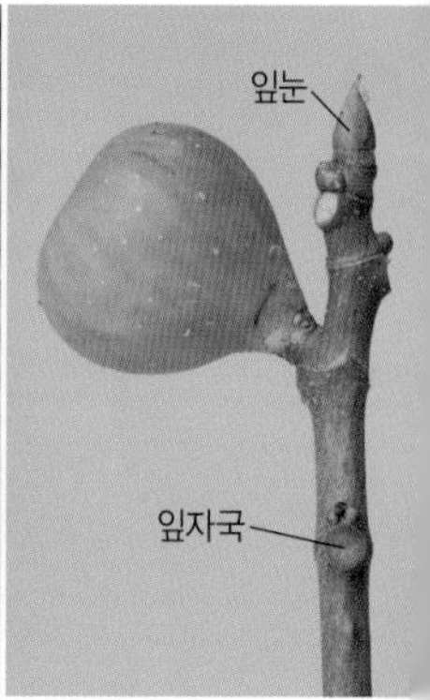

11월의 열매

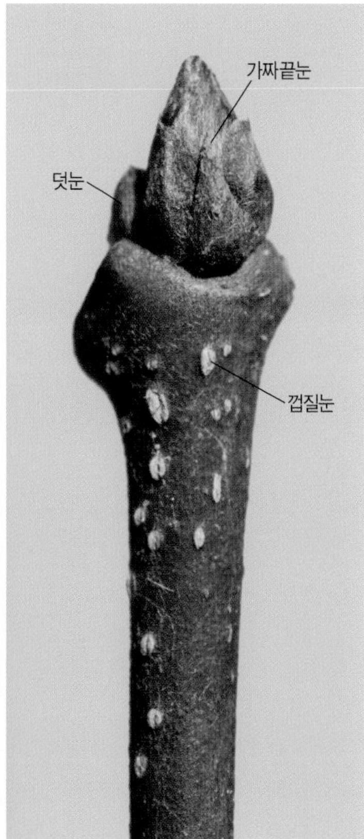

잔가지와 겨울눈

## 헛개나무(갈매나무과)
*Hovenia dulcis*

큰키나무(높이 10~15m)
중부 이남의 산

잔가지는 자갈색이고 광택이 있으며 털이 없고 긴 타원형의 껍질눈이 많다. 겨울눈은 넓은 달걀형~원뿔형으로 끝이 뾰족하며 2~3㎜ 길이이고 2~3개의 눈비늘조각에 싸여 있으며 표면에 갈색의 누운털이 있다. 겨울눈 옆에 덧눈이 달리기도 한다. 잎자국은 삼각형~V자형이고 약간 튀어나오며 관다발자국은 3개이다. 나무껍질은 암회색이며 세로로 그물눈처럼 얕게 갈라진다.

어긋나는 잎은 넓은 달걀형~타원형이며 끝이 뾰족하고 가장자리에 불규칙한 잔톱니가 있다. 열매송이의 자루와 열매자루는 굵게 육질화되며 단맛이 나고 먹을 수 있다.

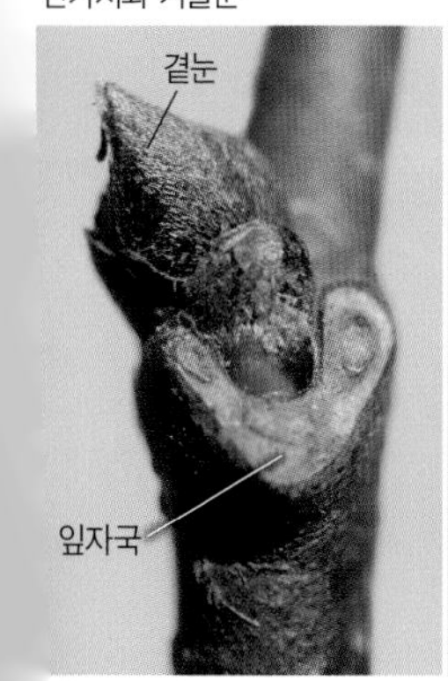

곁눈과 잎자국

나무껍질

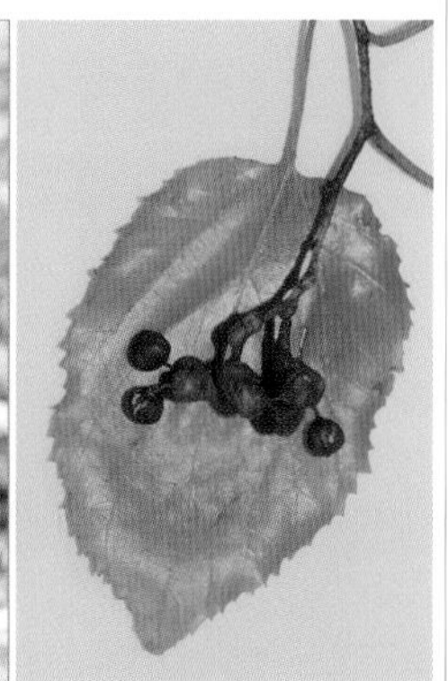
9월 말의 열매

## 까마귀베개(갈매나무과)
*Rhamnella franguloides*

작은키나무(높이 5~8m)
충청도 이남의 산

잔가지는 자갈색~회갈색이며 짧고 부드러운 털로 덮여 있고 타원형의 껍질눈이 있다. 겨울눈은 납작한 삼각형이고 1~2㎜ 길이이며 2~3개의 눈비늘조각에 싸여 있다. 잎자국은 타원형~콩팥형이고 약간 튀어나오며 관다발자국은 3개이다. 나무껍질은 흑갈색~회갈색이며 밋밋하고 껍질눈이 흩어져 나며 노목은 세로로 불규칙하게 갈라진다.
어긋나는 잎은 긴 타원형이며 끝이 길게 뾰족하고 가장자리에 뾰족한 잔톱니가 있다. 잎 뒷면은 회녹색이고 잎맥 위에 잔털이 있다. 열매는 긴 타원형이며 가을에 노란색으로 되었다가 붉게 변한 후 검은색으로 익는다.

잔가지와 겨울눈

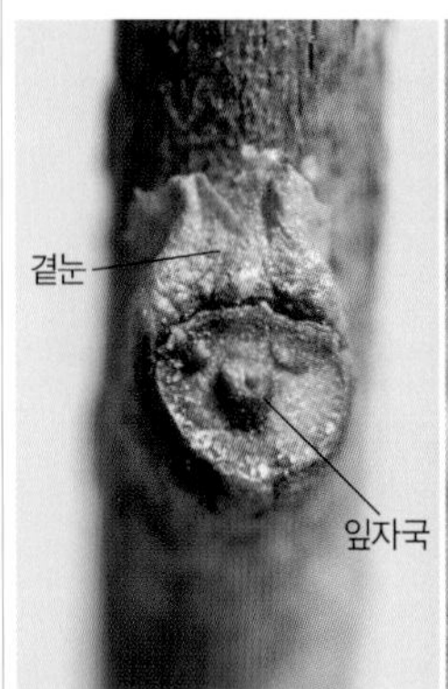

곁눈과 잎자국

나무껍질

9월 말의 열매

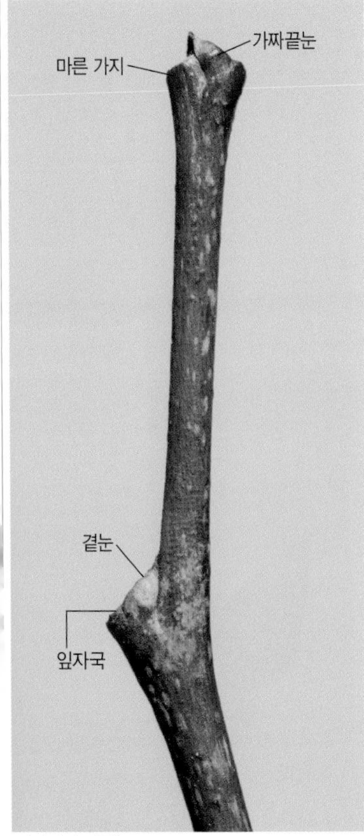

잔가지와 겨울눈

## 망개나무(갈매나무과)

*Berchemiella berchemiifolia*

큰키나무(높이 10~15m)
충북과 경북의 산

잔가지는 적갈색이며 털이 없고 회백색 껍질눈이 흩어져 난다. 겨울눈은 납작한 반구형이고 작으며 곁눈은 가지에 바짝 붙는다. 잎자국은 타원형이고 밑부분이 튀어나오며 관다발자국은 3개이다. 나무껍질은 회흑색이며 노목은 세로로 불규칙하게 골이 진다.

어긋나는 잎은 긴 타원형~달걀 모양의 긴 타원형으로 끝이 길게 뾰족하고 밑부분은 좌우가 같지 않으며 가장자리가 밋밋하고 물결 모양으로 구불거린다. 잎 뒷면은 분백색이며 양면에 털이 없다. 열매는 타원형~달걀형이며 9월에 노란색으로 변했다가 붉은색으로 익는다.

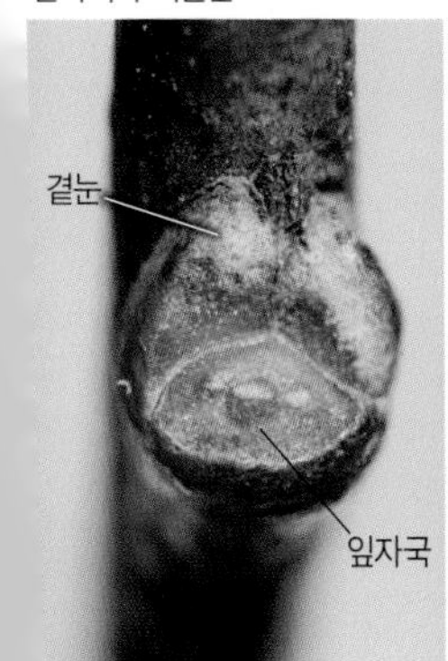

곁눈과 잎자국

나무껍질

7월의 열매

## 개살구나무(장미과)
*Prunus mandshurica*

작은키~큰키나무(높이 5~10m)
경북과 충남 이북의 산

잔가지는 적갈색~밤색이고 털이 없으며 광택이 있고 묵은 가지는 회갈색이 된다. 겨울눈은 달걀형이며 끝이 뾰족하고 여러 개의 눈비늘조각에 싸여 있다. 잎눈과 꽃눈이 나란히 달리기도 한다. 잎자국은 반원형~타원형이며 약간 튀어나오고 관다발자국은 3개이다. 나무껍질은 진회색이며 골이 지고 코르크가 발달한다.

어긋나는 잎은 넓은 타원형~넓은 달걀형이며 끝이 길게 뾰족하고 가장자리에 뾰족한 겹톱니가 있다. 둥글고 약간 납작한 열매는 열매자루가 있고 표면에 털이 빽빽하며 6~7월에 노랗게 익는다. 동글납작한 씨앗은 날개가 거의 발달하지 않는다.

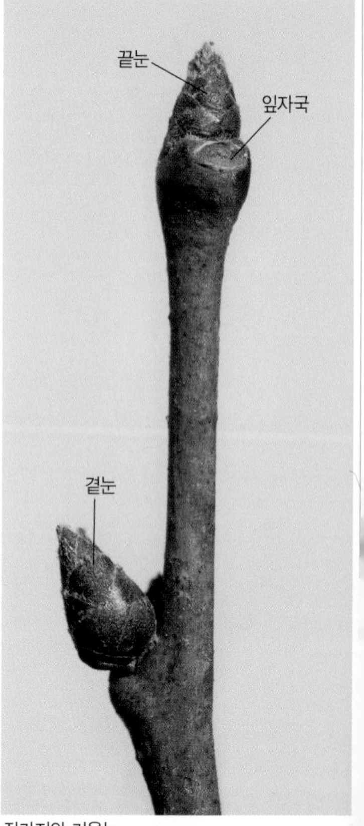

잔가지와 겨울눈

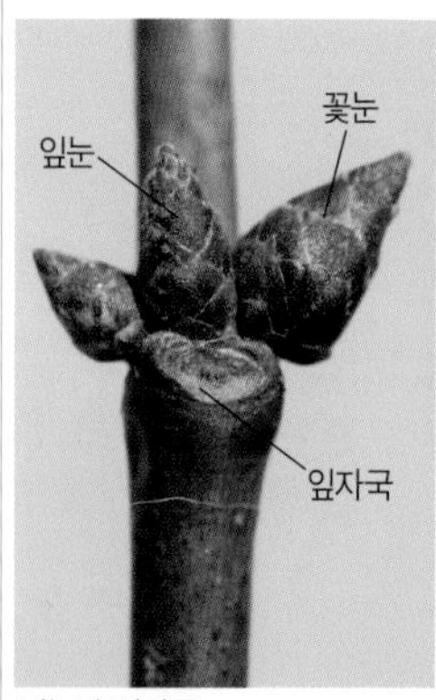

곁눈과 잎자국

나무껍질

5월 말의 열매

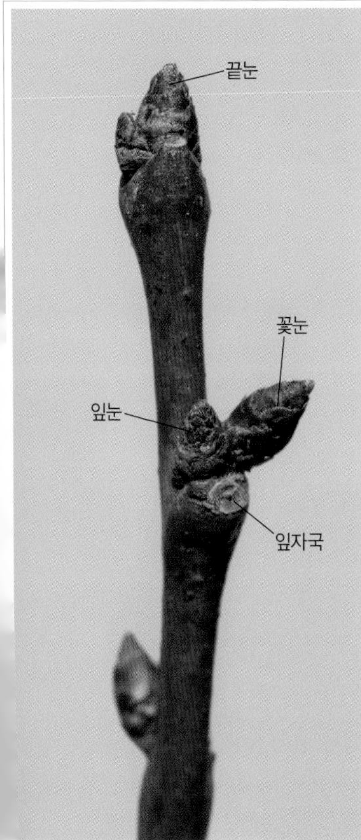

잔가지와 겨울눈

## 시베리아살구나무(장미과)
*Prunus sibirica*

떨기~작은키나무(높이 2~5m)
충북 이북의 건조한 산

햇가지는 녹색이지만 점차 적갈색~갈색으로 변하며 털이 없다. 겨울눈은 달걀형으로 끝이 뾰족하고 어두운 밤색이며 여러 개의 눈비늘조각에 싸여 있다. 잎눈과 꽃눈이 나란히 달리기도 하는데 꽃눈이 더 크다. 잎자국은 타원형~반원형이며 관다발자국은 3개이다. 나무껍질은 흑회색이며 세로로 불규칙하게 갈라진다.

어긋나는 잎은 넓은 타원형~둥근 달걀형이며 끝이 길게 뾰족하고 가장자리에 톱니가 있다. 동글납작한 열매는 열매자루가 거의 없고 6~7월에 노란색~황적색으로 익으며 떫은맛이 나서 먹기가 어렵다. 동글납작한 씨앗은 한쪽에 날개가 있고 열매에서 잘 떨어진다.

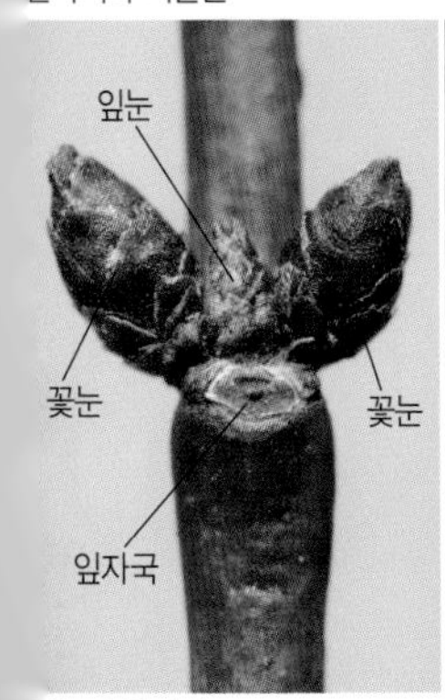

눈과 잎자국

나무껍질

6월의 열매

## 살구나무(장미과)
*Prunus armeniaca* v. *ansu*

작은키~큰키나무(높이 5~12m)
중국 원산. 재배

잔가지는 자갈색이며 털이 없고 광택이 약간 난다. 겨울눈은 달걀형이며 끝이 뾰족하고 18~22개의 눈비늘조각에 싸여 있다. 잎자국은 콩팥형~반원형이고 튀어나오며 관다발자국은 3개 정도이다. 나무껍질은 회갈색이며 세로로 불규칙하게 갈라지고 코르크가 발달하지 않는다.

어긋나는 잎은 넓은 타원형~둥근 달걀형이며 끝이 길게 뾰족하고 가장자리에 둔한 톱니가 있다. 둥근 열매는 열매자루가 없으며 표면에 털이 빽빽하고 6~7월에 노란색으로 익으며 새콤달콤한 맛이 난다. 씨앗은 한쪽 가장자리에 좁은 날개가 있다.

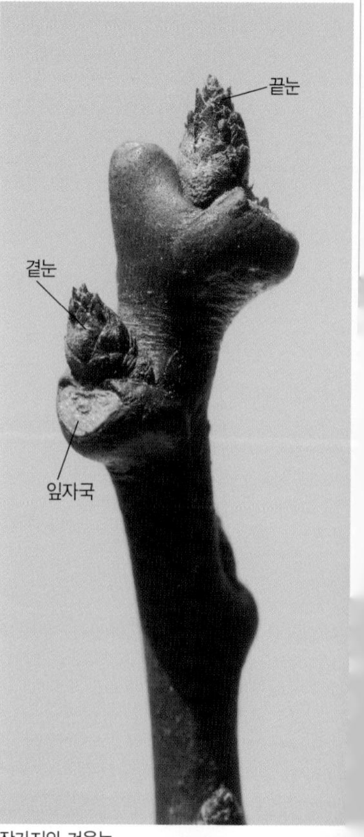

잔가지와 겨울눈

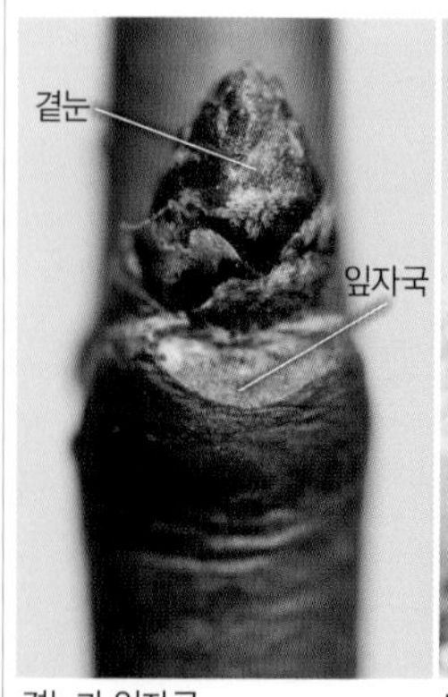

곁눈과 잎자국

나무껍질

6월 초의 어린 열매

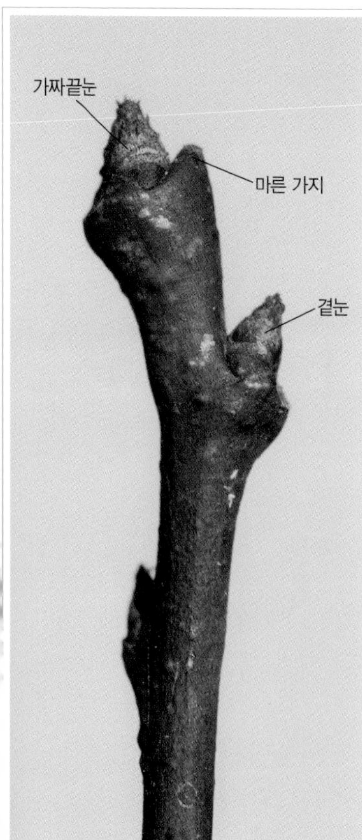

잔가지와 겨울눈

## 자두나무(장미과)

*Prunus salicina*

작은키나무(높이 7~8m)
중국 원산. 재배

잔가지는 적갈색~자갈색이며 털이 없고 매끈하다. 겨울눈은 세모진 넓은 달걀형이며 끝이 뾰족하고 6~8개의 눈비늘조각에 싸여 있다. 겨울눈은 대부분 털이 없지만 드물게 눈비늘조각의 가장자리에 털이 있기도 하다. 가짜끝눈과 곁눈은 크기와 모양이 비슷하다. 잎눈과 꽃눈이 나란히 달리기도 한다. 잎자국은 반원형~삼각형이다. 나무껍질은 자갈색이며 가로로 긴 껍질눈이 많고 오래되면 세로로 튼다.

어긋나는 잎은 좁은 타원형~거꿀피침형이며 끝이 갑자기 뾰족해지고 가장자리에 잔톱니가 있다. 둥근 열매는 7월에 노란색~붉은색으로 익고 새콤달콤한 맛이 난다.

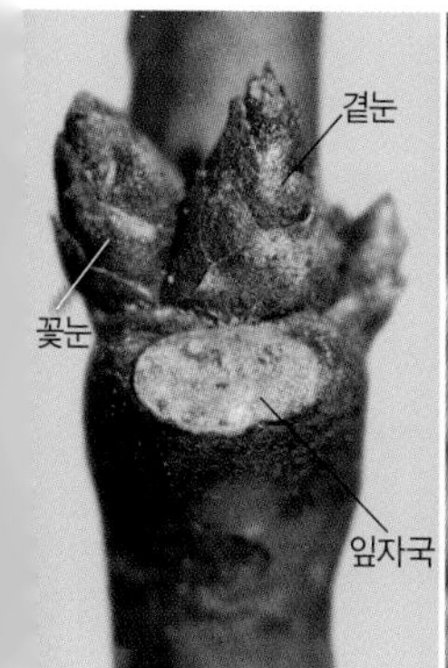

곁눈과 잎자국

나무껍질

6월 말의 열매

## 매실나무/매화나무(장미과)
*Prunus mume*

작은키나무(높이 5m 정도)
중국 원산. 재배

잔가지는 녹색~붉은색이며 털이 없거나 약간 있고 확대해 보면 흰빛을 띤 작은 점들이 많다. 꽃눈은 넓은 달걀형이며 3~6㎜ 길이이고 11~14개의 눈비늘조각에 싸여 있다. 잎눈은 작은 원뿔형이고 꽃눈보다 작다. 잎자국은 반원형~삼각형이며 관다발자국은 3개이다. 나무껍질은 진회색이며 불규칙하게 갈라진다.
어긋나는 잎은 타원형~넓은 달걀형으로 끝이 꼬리처럼 길어지고 가장자리에 뾰족한 잔톱니가 있으며 양면에 잔털이 있다. 둥그스름한 열매는 6~7월에 노란색으로 익으며 신맛이 매우 강하다. 여러 재배 품종이 있다.

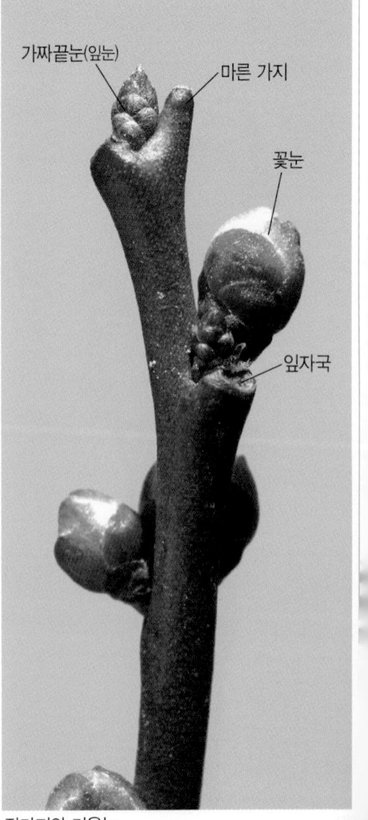

잔가지와 겨울눈

곁눈과 잎자국

나무껍질

6월의 열매

## 복숭아나무/복사나무(장미과)

*Prunus persica*

작은키나무(높이 3~6m)
중국 원산. 재배. 산에 자생

잔가지는 털이 없으며 흰색의 잔점이 많고 햇빛을 받은 부분은 붉은색으로 변한다. 겨울눈은 긴 달걀형이며 끝이 뾰족하고 4~10개의 눈비늘조각에 싸여 있다. 눈비늘조각은 털이 많다. 보통 가운데 겨울눈은 잎눈이고 잎눈 양옆의 겨울눈은 꽃눈이다. 꽃눈은 보통 잎눈보다 크다. 잎자국은 타원형~삼각형이며 관다발자국은 3개이다. 나무껍질은 흑갈색이며 가로로 긴 껍질눈이 있다.

어긋나는 잎은 좁은 타원형~거꿀피침형이며 끝이 뾰족하고 가장자리에 얕은 톱니가 있다. 둥근 열매는 여름에 노란색~연분홍색으로 익고 단맛이 나며 과일로 먹는다. 여러 재배 품종이 있다.

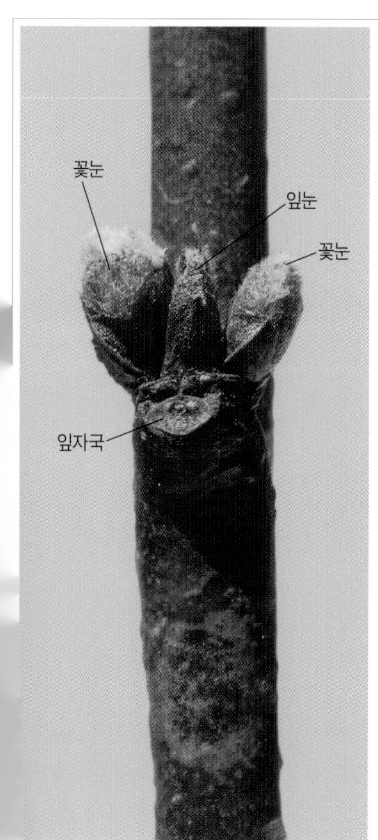

꽃눈과 잎눈

가지와 겨울눈

나무껍질

8월 말의 열매

## 올벚나무(장미과)
*Prunus spachiana* f. *ascendens*

큰키나무(높이 10~15m)
전남과 경남 이남의 산

잔가지는 회갈색이며 작은 껍질눈이 많고 부드러운 털이 있다. 겨울눈은 긴 달걀형으로 끝이 뾰족하고 회색 털이 있으며 3~5㎜ 길이이고 9~10개의 눈비늘조각에 싸여 있다. 꽃눈이 잎눈보다 좀 더 통통하다. 잎자국은 반원형~삼각형이며 관다발자국은 3개이다. 나무껍질은 진한 회갈색이며 세로로 얕게 갈라진다.
어긋나는 잎은 긴 타원형~좁은 거꿀달걀형이며 끝이 뾰족하고 가장자리에 톱니가 있다. 잎 앞면은 광택이 있고 뒷면은 연녹색이다. 둥근 열매는 열매자루가 길며 5~6월에 붉게 변했다가 흑자색으로 익고 단맛이 나며 아이들이 심심풀이로 따 먹는다.

잔가지와 겨울눈

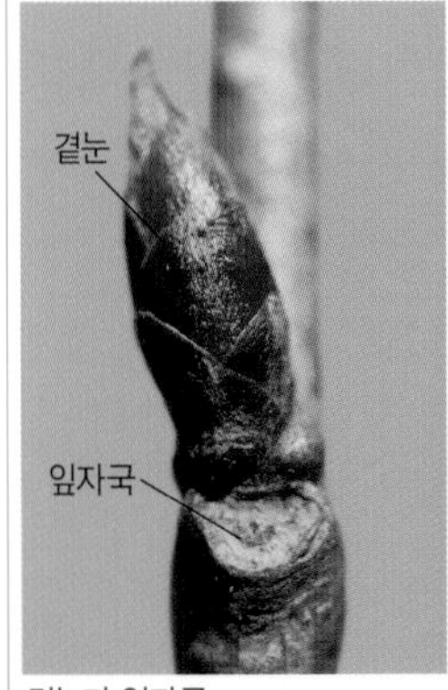

곁눈과 잎자국

나무껍질

5월 말의 열매

잔가지와 겨울눈

## 벚나무(장미과)

*Prunus serrulata* v. *spontanea*

큰키나무(높이 15~25m)
낮은 산

잔가지는 회백색~갈색을 띠며 부드러운 털이 있거나 없고 볼록한 껍질눈이 흩어져 난다. 겨울눈은 달걀형으로 끝이 뾰족하고 8~10㎜ 길이이며 여러 장의 눈비늘조각은 자갈색이 돌고 털이 없으며 광택이 난다. 꽃눈이 잎눈보다 좀 더 통통하다. 잎자국은 삼각형~초승달형이며 관다발자국은 3개이다. 나무껍질은 진갈색~자갈색이며 가로로 긴 껍질눈이 많고 노목은 불규칙하게 갈라진다.

어긋나는 잎은 긴 타원형~거꿀달걀형이며 끝이 길게 뾰족하고 가장자리에 날카로운 톱니가 있다. 둥근 열매는 열매자루가 길며 5~6월에 붉게 변했다가 흑자색으로 익고 단맛이 나며 따 먹는다.

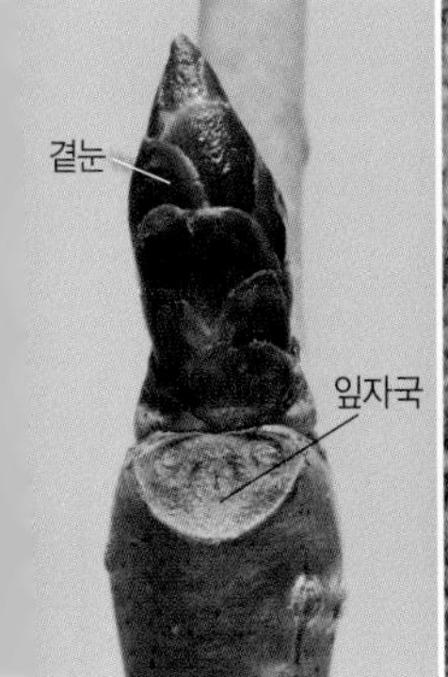

눈과 잎자국

나무껍질

5월 말의 열매

## 산벚나무(장미과)
*Prunus sargentii*

큰키나무(높이 10~20m)
지리산 이북의 높은 산

햇가지는 밤색~적갈색이며 굵은 편이고 털이 없으며 껍질눈이 많고 2년생 가지는 회색으로 변한다. 겨울눈은 달걀형~긴 달걀형으로 끝이 뾰족하고 8~10개의 눈비늘조각은 털이 없으며 약간 끈적거린다. 꽃눈은 잎눈보다 좀 더 크고 통통하다. 잎자국은 반원형~초승달형이며 관다발자국은 3개이다. 나무껍질은 진한 자갈색이며 가로로 긴 껍질눈이 있고 노목은 세로로 얕게 갈라진다.

어긋나는 잎은 타원형~거꿀달걀형이며 끝이 길게 뾰족하고 가장자리에 톱니가 있다. 둥근 열매는 열매자루가 길며 5~6월에 붉게 변했다가 흑자색으로 익고 단맛이 나며 따 먹는다.

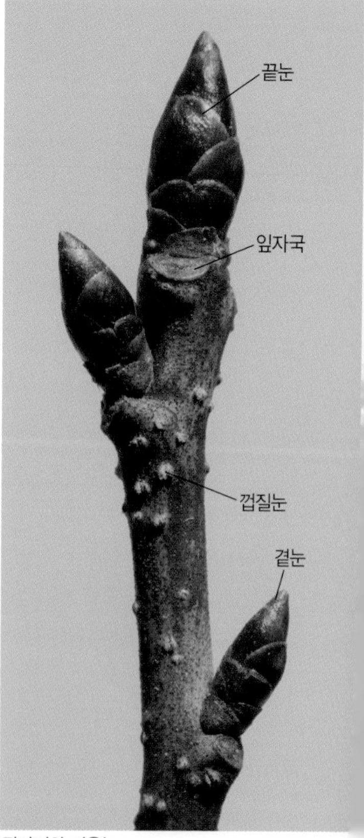

잔가지와 겨울눈

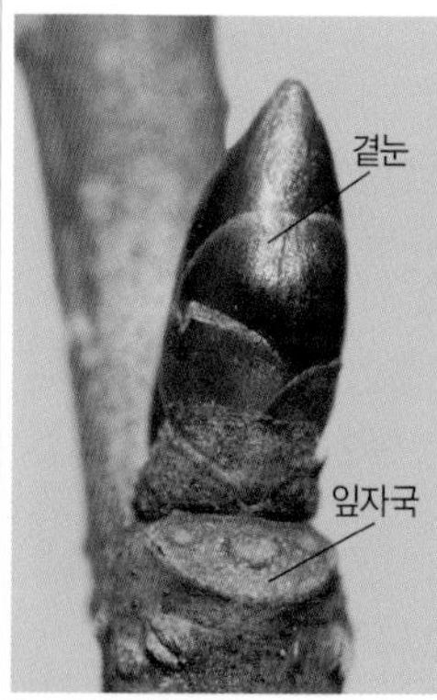

곁눈과 잎자국

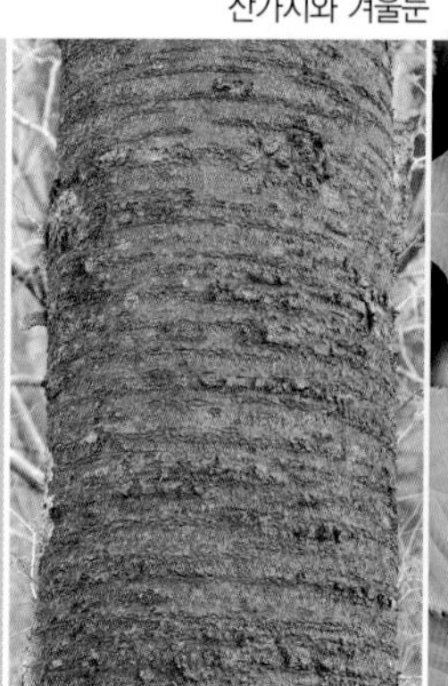
나무껍질

6월의 열매

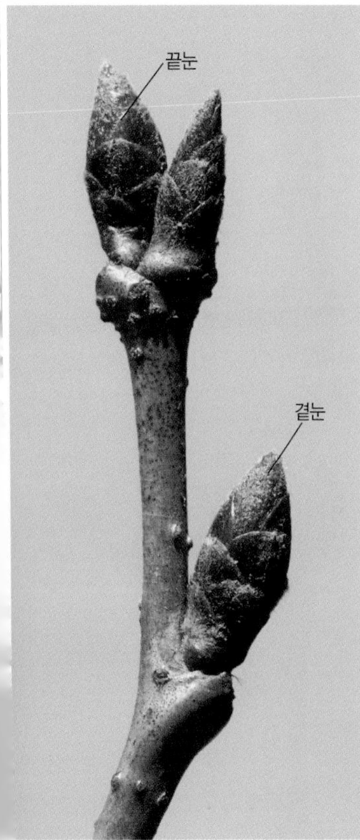

잔가지와 겨울눈

## 왕벚나무(장미과)
*Prunus yedoensis*

큰키나무(높이 10~15m)
제주도 한라산. 관상수

잔가지는 갈색~회갈색이고 굵은 편이며 껍질눈이 많고 부드러운 털이 약간 있지만 없어지기도 한다. 꽃눈은 달걀형~긴 달걀형으로 끝이 뾰족하고 부드러운 털이 있으며 5~8㎜ 길이이고 12~16개의 눈비늘조각에 싸여 있다. 잎눈은 꽃눈보다 홀쭉하다. 잎자국은 반원형~삼각형이며 관다발자국은 3개이다. 나무껍질은 회갈색~진회색이며 가로로 긴 껍질눈이 많다. 어긋나는 잎은 넓은 타원형~거꿀달걀형이며 끝이 꼬리처럼 길어지고 가장자리에 날카로운 겹톱니가 있다. 둥근 열매는 열매자루가 길며 5~6월에 흑자색으로 익고 약간 단맛이 나며 먹을 수 있다.

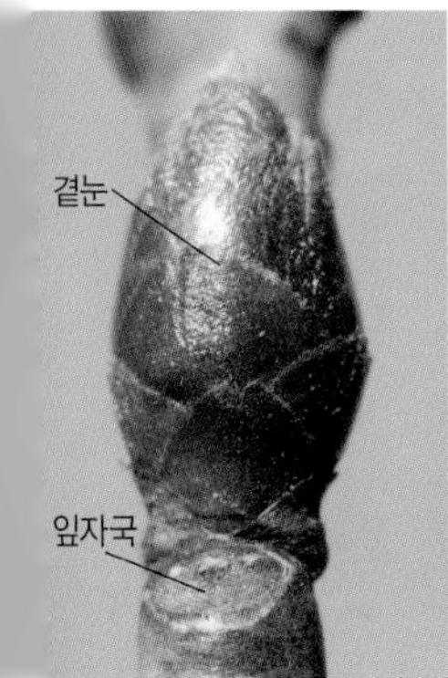

곁눈과 잎자국

나무껍질

5월 말의 열매

## 섬벚나무(장미과)
*Prunus takesimensis*

큰키나무(높이 8~20m)
울릉도

잔가지는 연갈색~회갈색이며 털이 없고 광택이 있으며 껍질눈이 흩어져 난다. 겨울눈은 긴 타원형이며 6~8㎜ 길이이고 여러 개의 눈비늘조각에 싸여 있다. 눈비늘조각은 갈색~적갈색이며 털이 없고 약간 끈적거린다. 꽃눈은 잎눈보다 좀 더 크고 통통하다. 잎자국은 반원형~타원형이며 관다발자국은 3개이다. 나무껍질은 진갈색이며 가로로 긴 껍질눈이 있고 노목은 얇게 갈라진다.
어긋나는 잎은 넓은 타원형~넓은 달걀형이며 끝이 길게 뾰족하고 가장자리에 톱니가 있다. 둥근 열매는 열매자루가 길며 5~6월에 붉게 변했다가 흑자색으로 익고 단맛이 나며 따 먹는다.

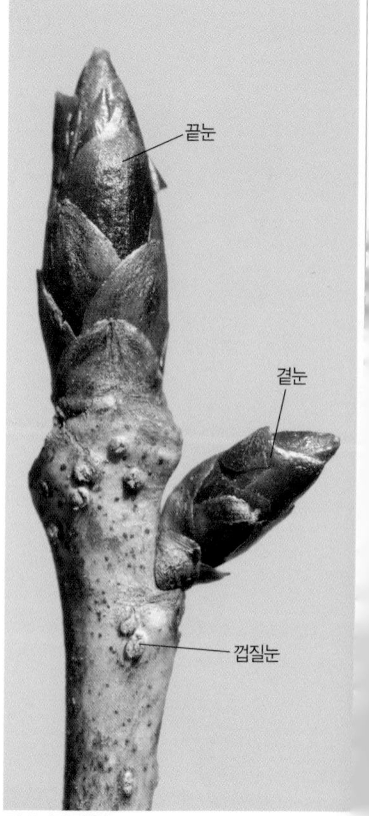

잔가지와 겨울눈

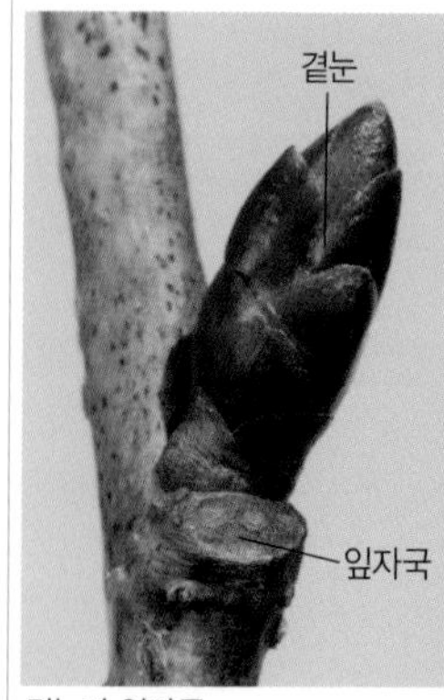

곁눈과 잎자국

나무껍질

6월의 열매

잔가지와 겨울눈

## 산개벚지나무/산개버찌나무(장미과)
*Prunus maximowiczii*

큰키나무(높이 5~15m)
깊은 산

햇가지는 갈색의 누운털이 촘촘히 나고 2년생 가지는 회갈색이며 털이 약간 있고 흰색 껍질눈이 흩어져 난다. 겨울눈은 달걀형이며 끝이 뾰족하고 7~10개의 눈비늘조각에 싸여 있다. 눈비늘조각에도 털이 있다. 꽃눈은 잎눈보다 더 통통하다. 잎자국은 삼각형~초승달형이며 관다발자국은 3개이다. 나무껍질은 자갈색~진회색이며 가로로 긴 껍질눈이 있다.

어긋나는 잎은 타원형~거꿀달걀형이며 끝이 길게 뾰족하고 가장자리에 뾰족한 겹톱니가 있다. 열매송이에 모여 달리는 둥근 열매는 여름에 검은색으로 익는다. 열매자루 밑에 잎 모양의 작은 포가 1개씩 있다.

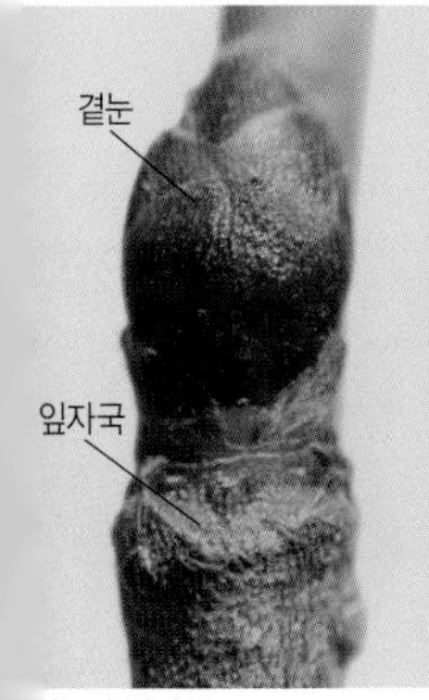

곁눈과 잎자국

나무껍질

8월의 열매

## 개벚지나무/개버찌나무(장미과)

*Prunus maackii*

큰키나무(높이 15m 정도)
지리산 이북의 깊은 산

어린 가지는 털이 있지만 점차 없어진다. 잔가지는 적갈색이며 털이 거의 없고 둥그스름한 껍질눈이 흩어져 난다. 겨울눈은 긴 달걀형이며 끝이 뾰족하고 여러 개의 눈비늘조각은 적갈색이다. 잎눈은 꽃눈보다 날씬하다. 잎자국은 초승달형~반원형이며 관다발자국은 3개이다. 나무껍질은 황갈색이며 광택이 있고 가로로 긴 껍질눈이 있으며 오래되면 옆으로 벗겨진다. 어긋나는 잎은 타원형~긴 달걀형으로 끝이 길게 뾰족하고 가장자리에 날카로운 잔톱니가 있으며 측맥은 10~13쌍이다. 열매송이에 모여 달리는 둥근 열매는 여름에 검은색으로 익는다.

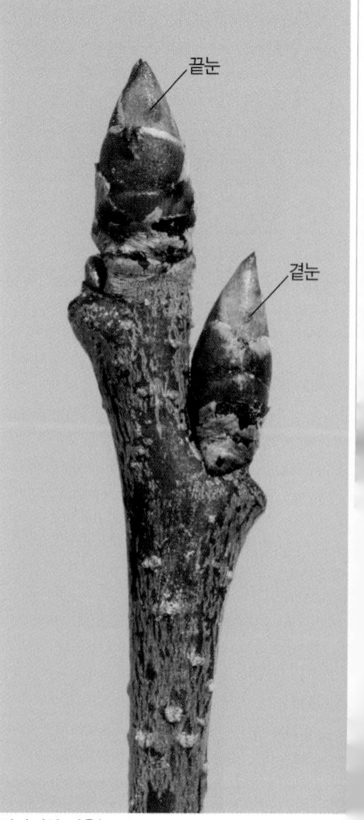

잔가지와 겨울눈

곁눈과 잎자국

나무껍질

8월의 열매

## 귀룽나무(장미과)
*Prunus padus*

큰키나무(높이 10~15m)
지리산 이북의 산

잔가지는 적갈색~회갈색이며 털이 없고 타원형 껍질눈이 흩어져 나며 어린 가지를 꺾으면 냄새가 난다. 겨울눈은 긴 달걀형이며 7~12㎜ 길이이고 끝이 매우 뾰족하며 6~9개의 눈비늘조각에 싸여 있다. 겨울눈은 털이 없지만 눈비늘조각에 부드러운 털이 있는 것도 있다. 잎자국은 초승달형~삼각형이며 관다발자국은 3개이다. 나무껍질은 회갈색~흑갈색이며 껍질눈이 많고 오래되면 세로로 터진다.

어긋나는 잎은 타원형~거꿀달걀형이며 끝이 뾰족하고 가장자리에 날카로운 톱니가 있다. 열매송이는 밑부분에 잎이 달리며 둥근 열매는 7~9월에 검은색으로 익는다.

곁눈과 잎자국

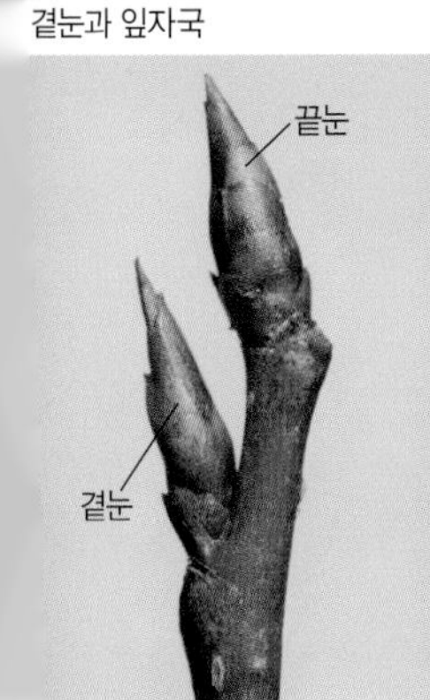

잔가지와 겨울눈

나무껍질

9월 초의 열매

## 채진목(장미과)
*Amelanchier asiatica*

작은키나무(높이 5~10m)
제주도의 산골짜기

잔가지는 적갈색이며 원형~타원형의 껍질눈이 많다. 겨울눈은 피침형이며 끝이 뾰족하고 5~9개의 적갈색 눈비늘조각에 싸여 있다. 가끔 눈비늘조각이 살짝 벌어지면서 그 사이로 흰색 털이 보이기도 한다. 끝눈은 곁눈보다 약간 크며 6~10㎜ 길이이고 잎자국은 V자형이다. 나무껍질은 회갈색이며 밋밋하다.
어긋나는 잎은 긴 타원형~달걀형으로 끝이 뾰족하고 가장자리에 잔톱니가 있으며 잎 양면의 털은 점차 없어진다. 둥근 열매는 끝에 꽃받침자국이 남아 있고 가을에 흑자색으로 익으며 흰색 가루로 덮여 있다.

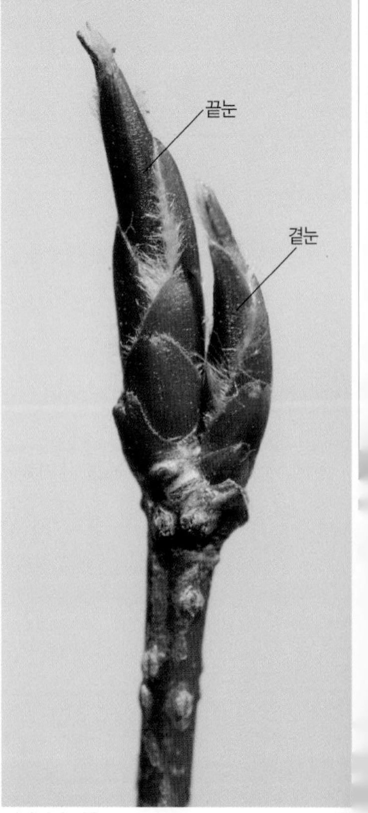

잔가지와 겨울눈

곁눈과 잎자국

나무껍질

9월 초의 열매

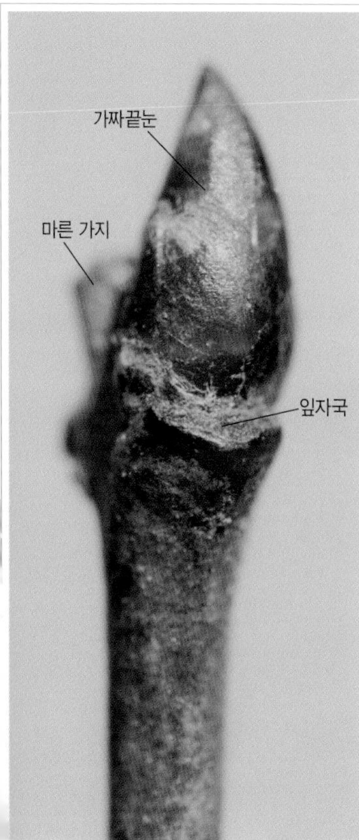

잔가지와 겨울눈

## 윤노리나무(장미과)
*Photinia villosa*

떨기~작은키나무(높이 5m 정도)
중부 이남의 산

잔가지는 갈색~회갈색이며 털이 있지만 점차 없어지고 타원형~원형의 껍질눈이 있다. 짧은가지가 발달한다. 겨울눈은 세모진 달걀형이며 끝이 뾰족하고 3~4개의 눈비늘조각에 싸여 있다. 가짜끝눈은 곁눈과 비슷하며 2~3㎜ 길이이다. 잎자국은 거의 V자형이며 튀어나오고 관다발자국은 3개이지만 잘 보이지 않는다. 나무껍질은 진회색~회갈색이며 밋밋하고 껍질눈이 많다.
어긋나는 잎은 긴 타원형~거꿀달걀형이며 끝이 길게 뾰족하고 가장자리에 날카로운 톱니가 촘촘하다. 열매는 타원형~달걀형이며 가을에 붉게 익고 단맛이 난다. 열매자루에 껍질눈이 있다.

짧은가지

나무껍질

10월의 열매

## 모과나무(장미과)
*Chaenomeles sinensis*

작은키나무(높이 6~10m)
중국 원산. 관상수

잔가지는 갈색이며 털이 없고 광택이 있으며 가시가 없다. 겨울눈은 넓은 달걀형이며 가짜끝눈은 곁눈보다 크거나 작고 1~3㎜ 길이이며 3~4개의 눈비늘조각에 싸여 있다. 잎자국은 삼각형~초승달형이며 튀어나오고 관다발자국은 3개이다. 나무껍질은 묵은 껍질조각이 벗겨지면서 얼룩을 만든다. 어긋나는 잎은 거꿀달걀형~타원형으로 끝이 뾰족하고 가장자리에 가는 잔톱니가 있으며 뒷면의 털은 점차 없어진다. 울퉁불퉁하게 생긴 타원형 열매는 가을에 노랗게 익으며 향기는 좋지만 신맛이 강해서 날로 먹지 못한다. *같은 속의 **명자나무**(p.74)는 떨기나무로 자라고 가지에 가시가 있다.

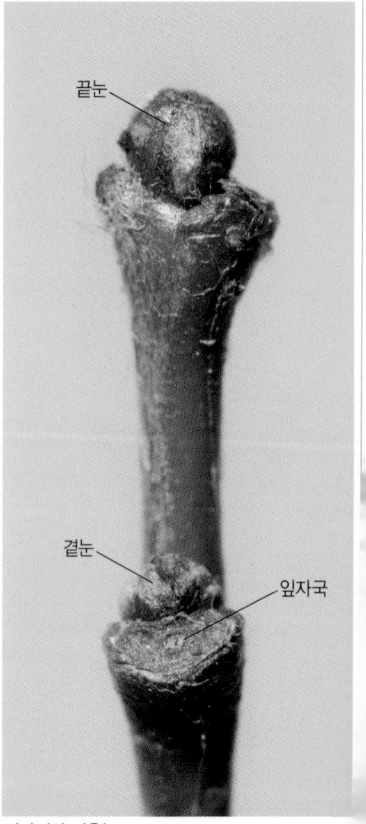

잔가지와 겨울눈

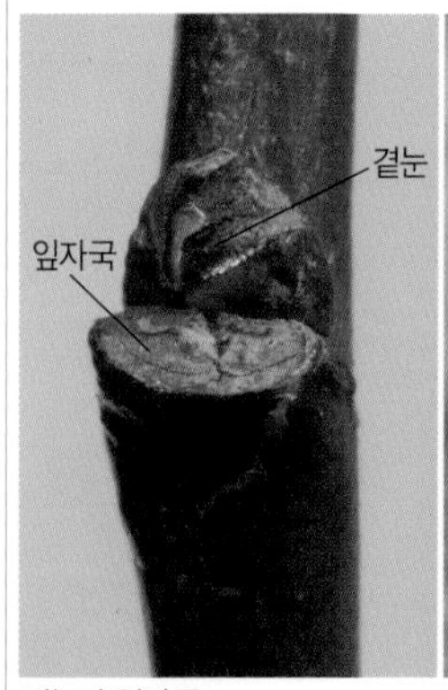

곁눈과 잎자국

나무껍질

8월의 열매

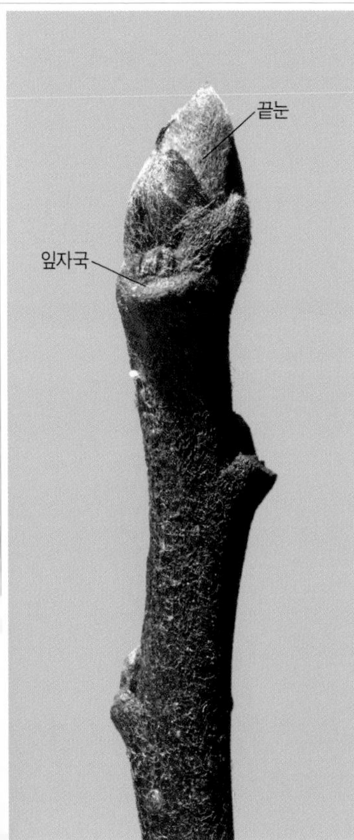

잔가지와 겨울눈

## 사과나무(장미과)
*Malus pumila*

큰키나무(높이 3~10m)
서아시아와 유럽 원산. 재배

어린 가지는 부드러운 털이 빽빽하지만 점차 없어진다. 잔가지는 황갈색~적갈색이며 광택이 있고 껍질눈이 흩어져 나며 짧은가지가 발달한다. 겨울눈은 달걀형~원뿔형이며 겨울눈을 싸고 있는 5~6개의 적갈색 눈비늘조각은 털이 많다. 끝눈은 곁눈보다 크고 4~6㎜ 길이이다. 잎자국은 V자~U자형이며 약간 튀어나온다. 나무껍질은 흑갈색~회색이며 오래되면 세로로 갈라진다.
어긋나는 잎은 타원형~달걀형이며 끝이 뾰족하고 가장자리에 둔한 톱니가 있다. 둥근 열매는 끝의 꽃받침자국이 오목하게 들어가며 가을에 붉게 익는다. 재배 품종에 따라 모양이 조금씩 다르다.

짧은가지

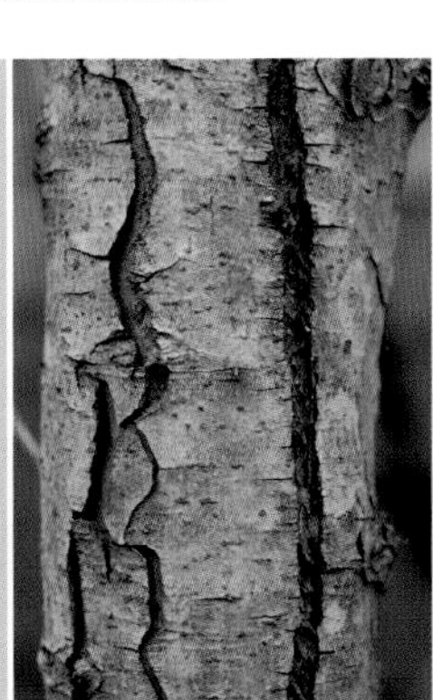
나무껍질

10월의 열매

## 야광나무(장미과)
*Malus baccata*

작은키나무(높이 5~10m)
지리산 이북의 산

어린 가지는 가늘고 홍갈색이며 털이 없고 점차 암갈색으로 변하며 껍질눈이 흩어져 난다. 짧은가지가 발달한다. 겨울눈은 달걀형이며 끝이 뾰족하고 눈비늘조각은 가장자리에 털이 약간 있다. 끝눈은 곁눈보다 약간 크며 2~5㎜ 길이이다. 잎자국은 얕은 V자형~초승달형이며 약간 튀어나온다. 나무껍질은 회갈색이며 세로로 불규칙하게 갈라진다.
어긋나는 잎은 타원형~달걀형이며 끝이 뾰족하고 가장자리에 날카로운 톱니가 있다. 둥근 열매는 지름 8~10㎜이고 열매자루가 길며 가을에 붉은색이나 노란색으로 익으며 밑으로 처진다.

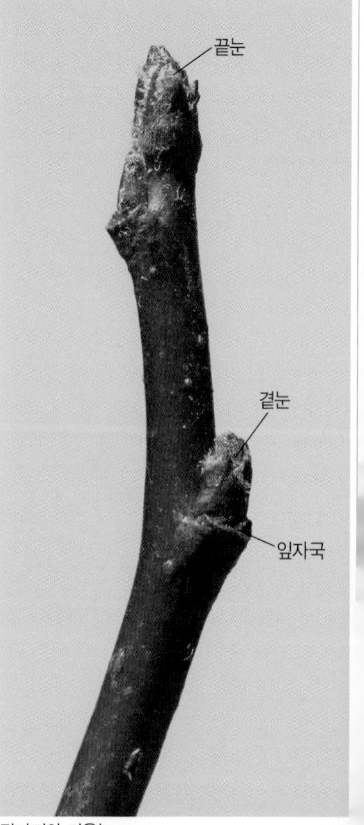

잔가지와 겨울눈

짧은가지

나무껍질

7월의 열매

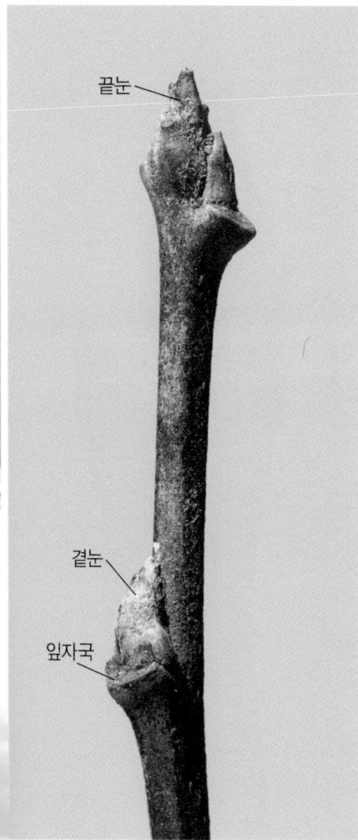

잔가지와 겨울눈

## 아그배나무(장미과)
*Malus sieboldii*

작은키나무(높이 3~6m)
중부 이남의 산

햇가지는 자갈색이며 털이 있지만 점차 없어지고 짧은가지가 발달한다. 겨울눈은 긴 달걀형이며 끝이 뾰족하고 보통 3~4개의 눈비늘조각에 싸여 있다. 끝눈은 곁눈보다 약간 크고 2~4㎜ 길이이다. 잎자국은 V자형~삼각형이며 관다발자국은 3개이다. 나무껍질은 회갈색이며 세로로 갈라지고 조각으로 벗겨진다.
어긋나는 잎은 타원형~긴 달걀형으로 끝이 뾰족하고 가장자리에 날카로운 톱니가 있으며 긴가지에서 나온 잎은 잎몸이 3~5갈래로 갈라지기도 한다. 둥근 열매는 지름 6~9㎜이고 열매자루가 길며 가을에 붉은색이나 노란색으로 익으며 밑으로 처진다.

곁눈과 잎자국

나무껍질

11월에 익은 열매

## 산돌배(장미과)
*Pyrus ussuriensis*

큰키나무(높이 10m 정도)
산

잔가지는 황갈색~자갈색이며 털이 없고 둥그스름한 껍질눈이 흩어져 난다. 겨울눈은 달걀형이며 눈비늘 조각은 털이 없거나 가장자리에 약간 있다. 끝눈은 곁눈보다 약간 크거나 비슷하다. 잎자국은 삼각형~V자형이며 관다발자국은 3개이다. 나무껍질은 흑회색~회갈색이며 불규칙하게 세로로 갈라진다.
어긋나는 잎은 달걀형~넓은 달걀형이며 끝이 길게 뾰족하고 가장자리에 치아 모양의 잔톱니가 있다. 잎 뒷면은 회녹색이다. 둥근 열매는 지름 2~6㎝이고 끝에 꽃받침자국이 남아 있다. 열매는 표면에 껍질눈이 많고 가을에 황갈색으로 익으며 달고 떫다. *같은 속의 **콩배나무**(p.210)는 떨기나무이다.

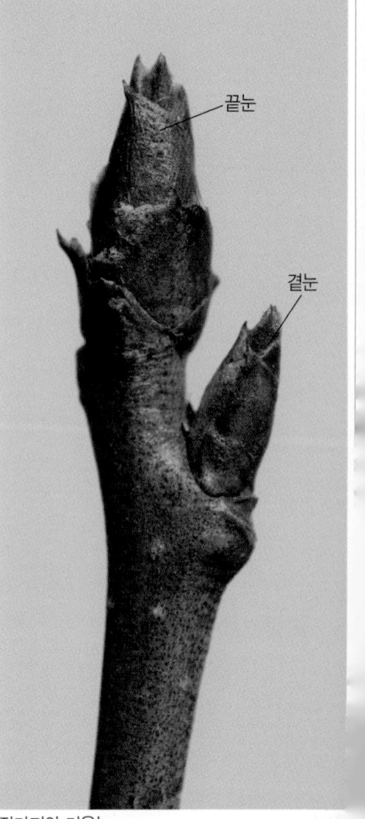

잔가지와 겨울눈

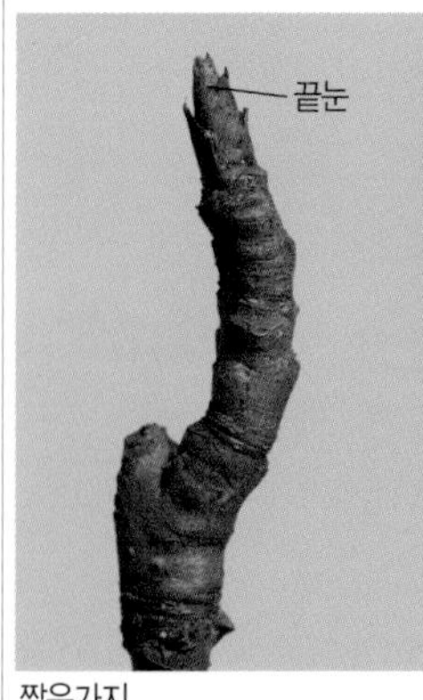

짧은가지

나무껍질

9월의 열매

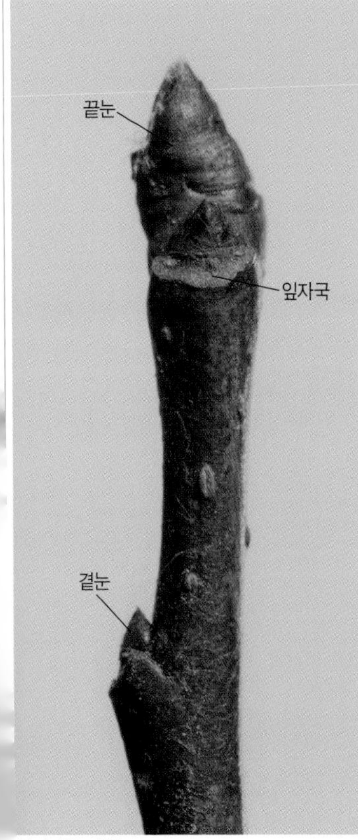

잔가지와 겨울눈

## 돌배나무(장미과)
*Pyrus pyrifolia*

작은키나무(높이 5~8m)
중부 이남의 마을 주변

햇가지는 갈색~자갈색이며 처음에는 털이 있지만 점차 없어지고 타원형~원형 껍질눈이 있다. 겨울눈은 달걀형이며 끝이 뾰족하고 눈비늘조각은 털이 없거나 가장자리에 약간 있다. 끝눈은 곁눈보다 크며 짧은가지가 발달한다. 잎자국은 삼각형~초승달형이며 관다발자국은 3개이다. 나무껍질은 흑회색~회갈색이며 불규칙하게 세로로 갈라진다.

어긋나는 잎은 달걀형~넓은 달걀형으로 끝이 길게 뾰족하고 가장자리에 치아 모양의 잔톱니가 있으며 뒷면은 회녹색이다. 둥근 열매는 지름 2~3㎝이며 배처럼 끝부분이 오목하게 들어가고 꽃받침이 남지 않는다.

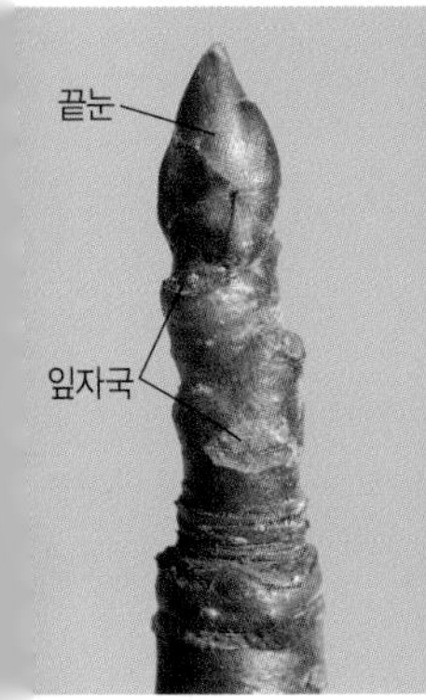

짧은가지

나무껍질

6월의 어린 열매

## 배나무(장미과)
*Pyrus pyrifolia* v. *culta*

작은키나무(높이 5~10m)
재배

잔가지는 적갈색~자갈색이며 털이 있지만 점차 없어지고 원형~타원형 껍질눈이 흩어져 난다. 겨울눈은 달걀형이며 끝이 뾰족하고 5~7개의 눈비늘조각에 싸여 있다. 끝눈은 곁눈보다 크며 짧은가지가 발달한다. 잎자국은 삼각형~초승달형이며 관다발자국은 3개이다. 나무껍질은 흑회색~회갈색이며 불규칙하게 세로로 갈라진다. 어긋나는 잎은 달걀형~넓은 달걀형이며 끝이 길게 뾰족하고 가장자리에 치아 모양의 잔톱니가 있다. 잎 뒷면은 회녹색이다. 품종에 따라 모양이 조금씩 다르다. 둥근 열매는 지름 4~15㎝로 크며 끝부분이 오목하게 들어가고 꽃받침이 남지 않는다.

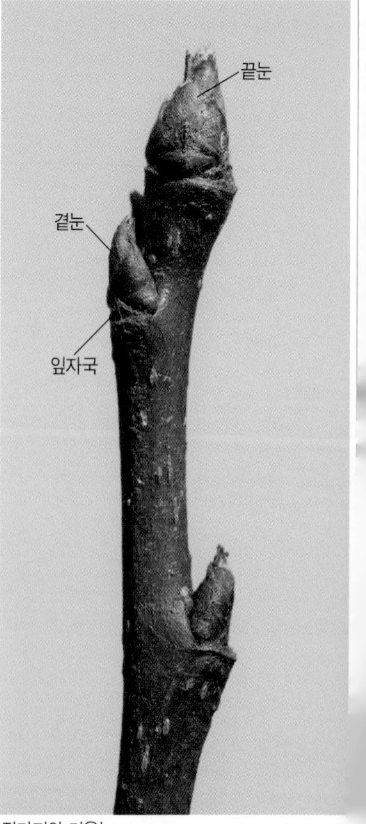

잔가지와 겨울눈

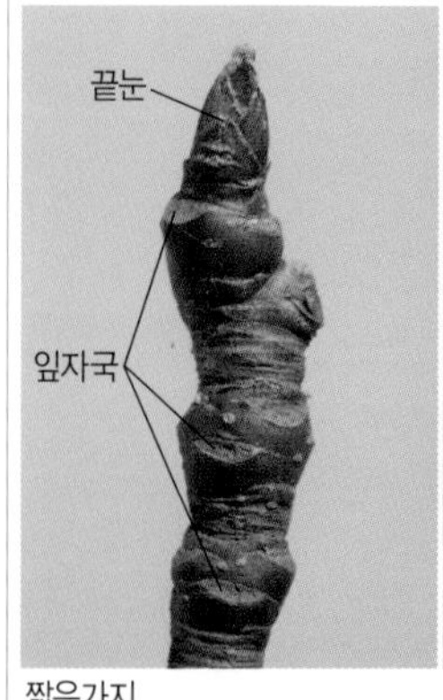

짧은가지

나무껍질

8월의 열매

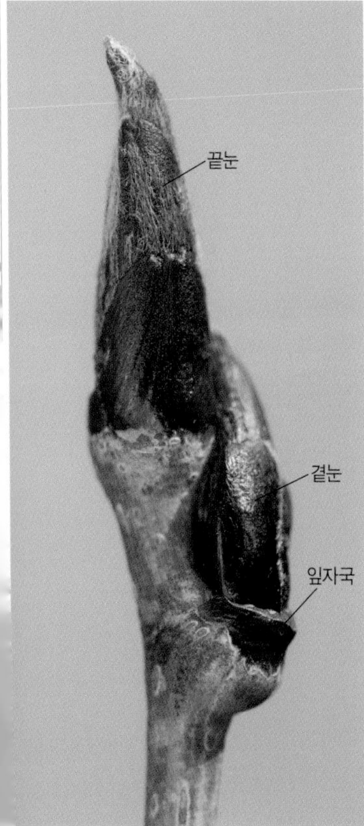

잔가지와 겨울눈

## 마가목(장미과)
*Sorbus commixta*

작은키나무(높이 6~8m)
황해도와 강원도 이남의 산

잔가지는 굵고 홍자색~회갈색이며 털이 없고 광택이 있다. 겨울눈은 긴 타원형으로 끝이 뾰족하고 광택이 있으며 2~4개의 눈비늘조각에 싸여 있다. 눈비늘조각은 적갈색~흑갈색이고 나뭇진이 나와 끈적거린다. 끝눈은 곁눈보다 약간 크고 12~18㎜ 길이이다. 잎자국은 초승달형이며 잎자루 밑부분이 남아 튀어나오기도 하고 관다발자국은 5개이다. 나무껍질은 회갈색이며 어릴 때는 타원형의 껍질눈이 많고 오래되면 얕게 갈라진다. 어긋나는 잎은 9~13장의 작은잎을 가진 홀수깃꼴겹잎이다. 작은잎은 피침형~긴 타원형이며 거의 털이 없다. 둥근 열매는 가을에 붉게 익는다.

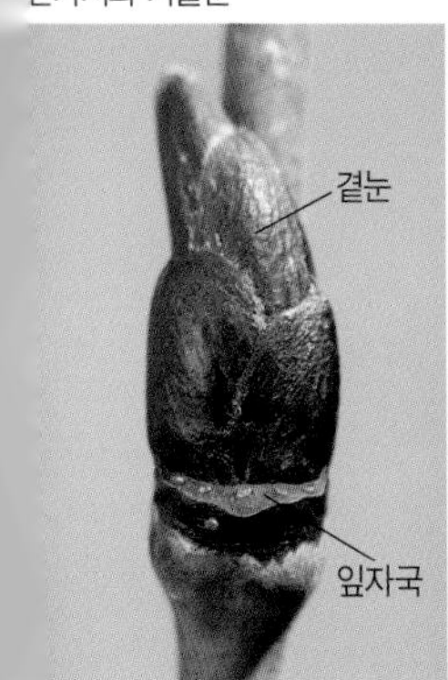

곁눈과 잎자국

나무껍질

9월의 열매

## 팥배나무(장미과)
*Sorbus alnifolia*

큰키나무(높이 10~15m)
산

잔가지는 흑자색~자갈색이며 광택이 있고 흰색 껍질눈이 흩어져 난다. 겨울눈은 긴 달걀형이며 끝이 뾰족하고 5~6개의 눈비늘조각에 싸여 있다. 끝눈은 곁눈보다 약간 크고 4~6㎜ 길이이며 잎자국은 반원형~얕은 V자형이고 튀어나온다. 나무껍질은 회갈색~흑갈색이며 거슬거슬하다.
어긋나는 잎은 달걀형~타원형이며 끝이 뾰족하고 가장자리에 불규칙한 겹톱니가 있다. 잎은 측맥이 뚜렷하고 뒷면은 연녹색이다. 열매는 타원형~구형이며 가을에 붉게 익는데 열매의 모양과 색깔이 팥과 비슷하다. 열매는 겨울까지 남아 있기도 하다.

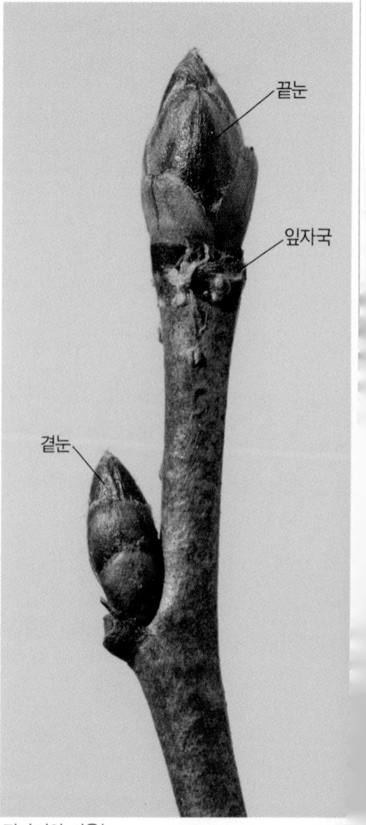

잔가지와 겨울눈

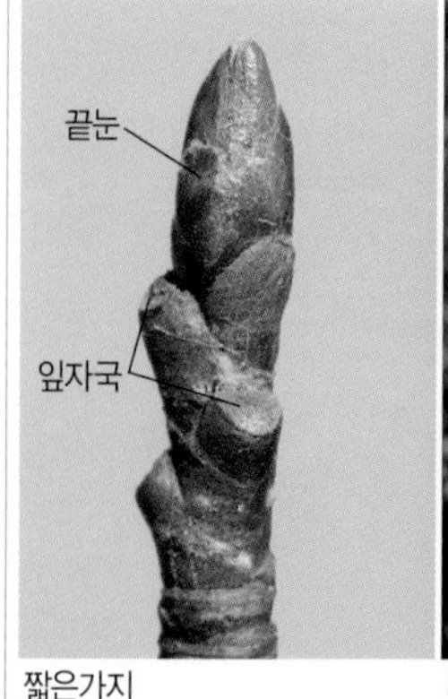

짧은가지

나무껍질

10월의 열매

잔가지와 겨울눈

## 참느릅나무(느릅나무과)

*Ulmus parvifolia*

큰키나무(높이 10~15m)
경기도 이남의 숲 가장자리

햇가지는 연한 자갈색이며 짧은털이 있다. 겨울눈은 약간 납작한 달걀형이고 2~3㎜ 길이이며 보통 4~6개의 눈비늘조각에 싸여 있다. 가짜끝눈은 곁눈과 크기가 비슷하다. 잎자국은 반원형이고 관다발자국은 3개이다. 나무껍질은 회녹색~회갈색이며 불규칙하게 갈라지고 비늘처럼 벗겨진다.
어긋나는 잎은 긴 타원형이며 끝이 둔하고 밑부분은 좌우가 다르며 가장자리에 둔한 톱니가 있다. 열매는 납작한 넓은 타원형이며 둘레는 날개로 되어 있고 늦가을에 갈색으로 익는다. 겨울에도 마른열매가 가지에 붙어 있는 경우가 많다.

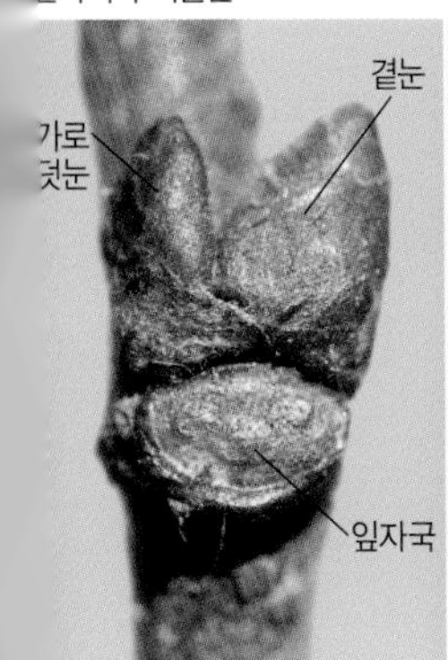

곁눈과 잎자국

나무껍질

10월의 어린 열매

## 비술나무(느릅나무과)
*Ulmus pumila*

큰키나무(높이 15~20m)
지리산 이북의 산골짜기

잔가지는 연한 회갈색이고 처음에는 털이 있지만 점차 없어진다. 겨울눈은 자갈색이며 1~3㎜ 길이로 작고 털이 있다. 꽃눈은 동그스름하고 광택이 있으며 잎눈보다 크다. **잎눈은 달걀형~삼각형이고 6~8개의 눈비늘조각에 싸여 있다. 잎자국은 반원형~타원형이며 관다발자국은 3개이다. 나무껍질은 진회색~회갈색이고 세로로 깊게 갈라진다.**
**어긋나는** 잎은 타원형~피침형이며 끝이 길게 뾰족하고 밑부분은 좌우가 다르며 가장자리에 겹톱니가 있다. **납작한 원형~넓은 거꿀달걀형 열매는 둘레가 날개로 되어 있으며 5월에 연갈색으로 익는다.**

잔가지와 겨울눈

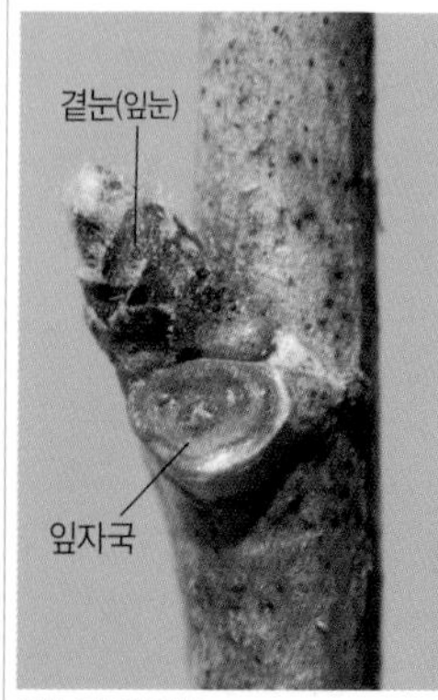

곁눈과 잎자국

나무껍질

5월의 열매

끝눈과 잎자국

## 왕느릅나무(느릅나무과)

*Ulmus macrocarpa*

큰키나무(높이 10~30m)

단양 이북의 석회암 지대

햇가지는 거친털이 있지만 점차 없어진다. 잔가지는 회갈색~홍갈색이며 껍질눈이 흩어져 난다. 가지에 혹느릅나무처럼 코르크질의 날개가 발달하기도 한다. 겨울눈은 달걀형으로 3~5㎜ 길이이고 흑갈색이며 털이 없거나 있다. 잎눈은 꽃눈보다 작다. 잎자국은 반원형이며 관다발자국은 3개이다. 나무껍질은 회갈색~회흑색이며 세로로 불규칙하게 갈라진다.

어긋나는 잎은 거꿀달걀형~넓은 거꿀달걀형이며 끝이 갑자기 뾰족해지고 가장자리에 겹톱니가 있다. 동글납작한 열매는 지름 25~35㎜로 매우 크고 둘레가 날개로 되어 있으며 5~6월에 익는다.

눈과 꽃눈

코르크가 발달한 가지

4월 말의 열매

## 난티나무(느릅나무과)
*Ulmus laciniata*

큰키나무(높이 20~25m)
울릉도와 지리산 이북의 산

잔가지는 연갈색~자갈색이며 털이 있는 것도 있지만 점차 없어지고 껍질눈이 흩어져 난다. 겨울눈은 5~8㎜ 길이이고 진한 밤색이며 달걀형이지만 꽃눈은 좀 더 둥그스름하다. 눈비늘조각은 5~6개이며 광택이 있다. 눈비늘조각은 털이 약간 있거나 없다. 잎자국은 반원형이며 관다발자국은 3개이다. 나무껍질은 회갈색~회색이고 세로로 얕게 갈라진다.
어긋나는 잎은 거꿀달걀형~긴 타원형으로 끝은 3~5갈래로 갈라지고 갈래조각 끝은 뾰족하며 가장자리에 겹톱니가 있다. 납작한 타원형 열매는 가장자리가 날개로 되어 있고 5~7월에 익는다.

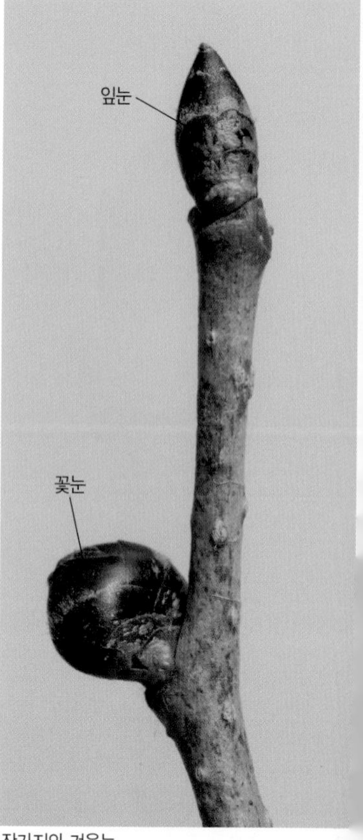

잔가지와 겨울눈

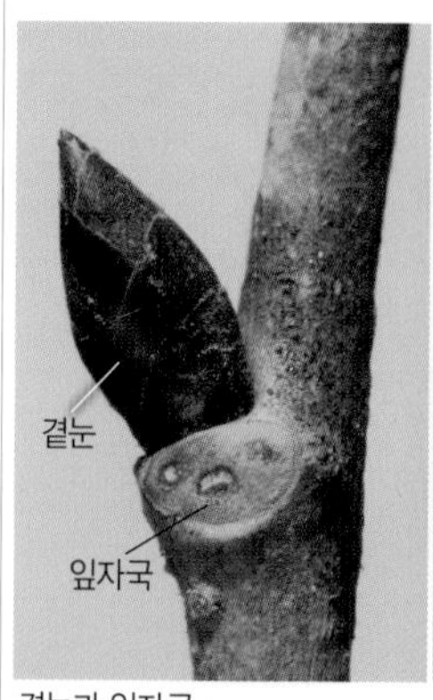

곁눈과 잎자국

나무껍질

5월의 열매

잔가지와 겨울눈

## 느릅나무(느릅나무과)

*Ulmus davidiana* v. *japonica*

큰키나무(높이 15~30m)
산

가지는 마디마다 지그재그로 약간씩 굽고 진한 회갈색이며 적갈색 털로 덮여 있지만 점차 없어지고 껍질눈이 흩어져 난다. 잎눈은 달걀형으로 3~5㎜ 길이이고 끝이 뾰족하며 5~6개의 눈비늘조각에 싸여 있다. 눈비늘조각 표면에는 털이 있다. 꽃눈은 원형~넓은 달걀형이다. 잎자국은 반원형이며 관다발자국은 3개이다. 나무껍질은 회색~회갈색이고 세로로 불규칙하게 갈라져 조각으로 벗겨진다.

어긋나는 잎은 거꿀달걀형이며 끝은 갑자기 뾰족해지고 밑부분은 좌우가 다른 모양이며 가장자리에 겹톱니가 있다. 납작한 거꿀달걀형 열매는 가장자리가 날개로 되어 있다.

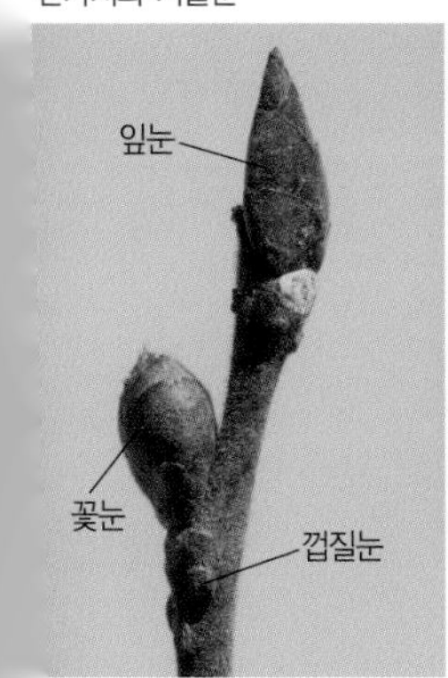

꽃눈

나무껍질

5월 초의 어린 열매

## 느티나무(느릅나무과)
*Zelkova serrata*

큰키나무(높이 20~25m)
산골짜기나 마을 주변

가지는 마디마다 지그재그로 약간씩 굽는다. 햇가지는 잔털이 있지만 점차 없어지고 둥그스름한 껍질눈이 흩어져 난다. 겨울눈은 달걀 모양의 원뿔형으로 끝이 뾰족하며 눈비늘조각은 자갈색이고 8~10개이다. 가로덧눈이 달리기도 하는데 보통 곁눈의 그늘진 쪽에 달린다. 잎자국은 반원형이며 관다발자국은 3개이다. 나무껍질은 회백색~회갈색으로 다소 밋밋하며 비늘처럼 떨어진다.
어긋나는 잎은 긴 타원형~달걀형이며 끝이 길게 뾰족하고 가장자리에 톱니가 있다. 열매는 일그러진 납작한 공 모양이며 딱딱하고 날개가 없다.

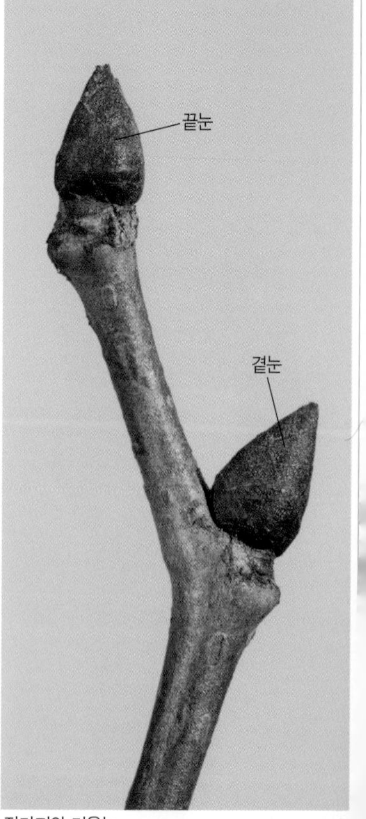

잔가지와 겨울눈

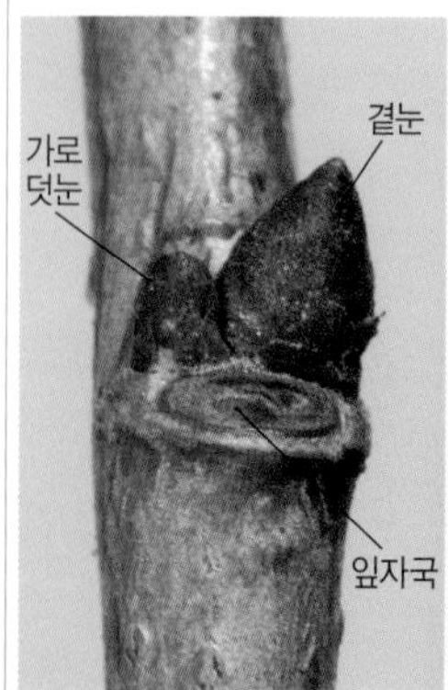

곁눈과 잎자국

나무껍질

9월의 열매

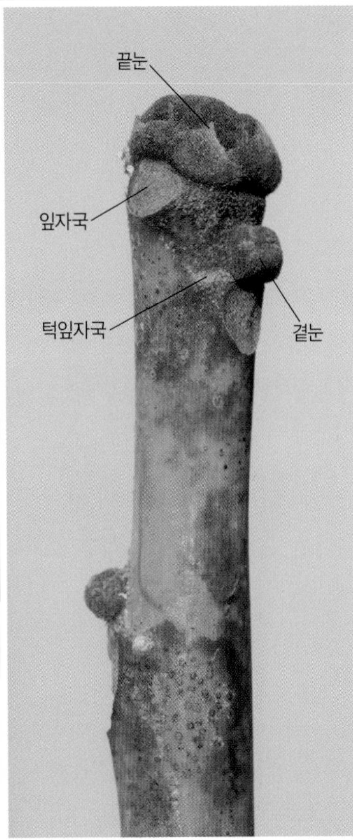

잔가지와 겨울눈

## 벽오동(아욱과 | 벽오동과)
*Firmiana simplex*

큰키나무(높이 15m 정도)
중국 원산. 관상수

잔가지는 굵고 녹색이며 털이 없다. 끝눈은 반구형이고 지름 8~15㎜이며 적갈색 털로 덮인 10~16개의 눈비늘조각에 싸여 있다. **곁눈은 끝눈보다 작다. 잎자국은 반원형~원형이며 도드라지지 않고 관다발자국은 많다. 잎자국 좌우에 턱잎자국이 있다. 나무껍질은 녹색이며 밋밋하지만 노목은 점차 회백색이 된다. 어긋나는 잎은 둥근 달걀형으로 잎몸이 3~5갈래로 갈라지고 끝은 뾰족하며 심장저이고 가장자리가 밋밋하다. 잎 뒷면에 짧은털이 있다.** 열매는 5개가 손바닥 모양으로 모여 달리며 세로로 쪼개진 가장자리에 둥근 씨앗이 붙어 있고 겨우내 매달려 있다.

짧은가지

나무껍질

9월 초의 열매

## 찰피나무(아욱과 | 피나무과)
*Tilia mandshurica*

큰키나무(높이 10m 정도)
산

잔가지에 갈색의 별모양털이 빽빽이 난다. 겨울눈은 달걀형이고 5~8㎜ 길이이며 보통 2개의 눈비늘조각에 싸여 있다. 눈비늘조각은 표면이 황갈색의 짧은털과 별모양털로 빽빽이 덮여 있다. 잎자국은 반원형~삼각형이다. 나무껍질은 진회색이며 세로로 불규칙하게 갈라진다.

어긋나는 잎은 하트형이며 끝은 짧게 뾰족하고 심장저이며 가장자리에 치아 모양의 톱니가 있다. 잎 뒷면은 회백색이며 잎맥 주위에 갈색 털이 있다. 열매자루에는 주걱 같은 포가 있다. 구형~달걀형 열매는 7~9㎜ 길이이고 갈색 털로 덮여 있으며 5개의 희미한 세로줄이 있거나 없다.

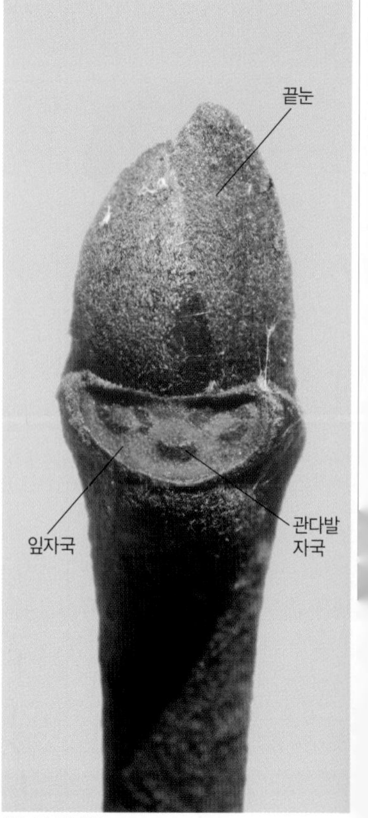

끝눈과 잎자국

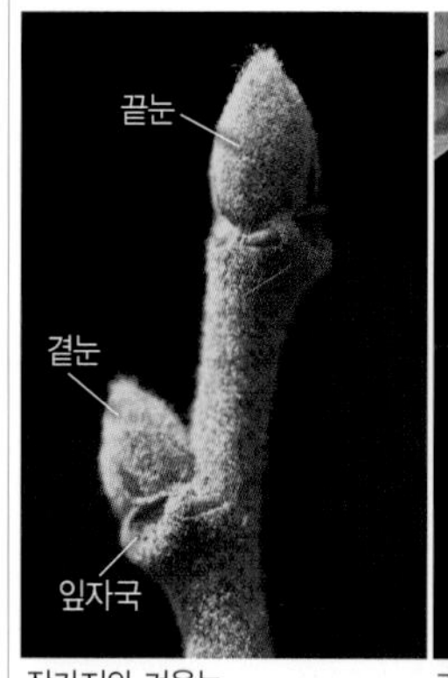

잔가지와 겨울눈

7월의 어린 열매

열매 모양

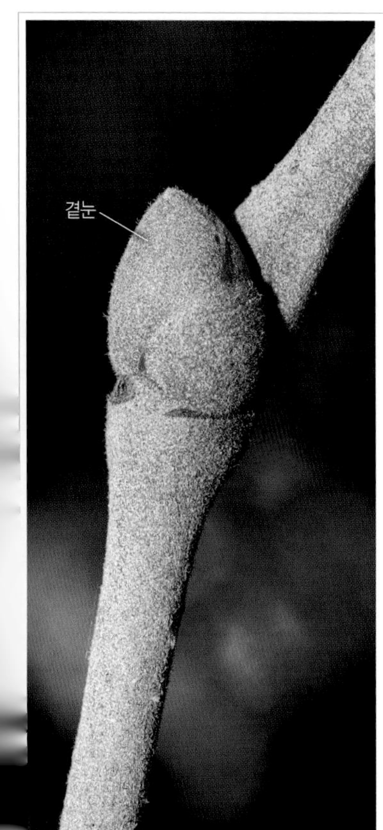

잔가지와 겨울눈

## 보리자나무(아욱과 | 피나무과)

*Tilia miqueliana*

큰키나무(높이 10m 정도)
중국 원산. 절

햇가지는 회백색의 별모양털이 빽빽이 덮여 있으며 타원형의 껍질눈이 흩어져 난다. 겨울눈은 둥근 달걀형이며 2개의 눈비늘조각에 싸여 있다. 눈비늘조각은 부드러운 털로 덮여 있다. 가짜끝눈은 곁눈보다 약간 크며 4~6㎜ 길이이다. 잎자국은 반원형~삼각형이다. 나무껍질은 진회색이고 세로로 얕게 갈라진다.
어긋나는 잎은 하트형으로 5~12㎝ 길이이고 끝이 뾰족하며 가장자리에 뾰족한 잔톱니가 있다. 잎 뒷면은 회백색이며 별모양털이 빽빽하다. 둥글납작한 열매는 지름 7~9㎜이고 별모양털로 덮여 있으며 열매자루에 주걱 같은 포가 있다.

나무껍질

8월의 열매

열매 모양

## 피나무(아욱과 | 피나무과)
*Tilia amurensis*

큰키나무(높이 20~25m)
산

햇가지는 적갈색~밤색이며 짧은털이 있지만 곧 떨어져 나가고 광택이 있으며 껍질눈이 흩어져 난다. 겨울눈은 약간 기울어진 달걀형으로 끝이 뾰족하며 털이 없고 광택이 있다. 겨울눈은 보통 2개의 눈비늘조각에 싸여 있다. 잎자국은 반원형~삼각형이다. 노목의 나무껍질은 회색~회갈색이며 세로로 얕게 갈라져서 조각조각 떨어진다.
어긋나는 잎은 하트형으로 끝이 길게 뾰족하고 심장저이며 가장자리에 치아 모양의 톱니가 있다. 잎뒷면 잎맥겨드랑이에 갈색 털이 있다. 열매자루에는 포가 있고 구형~달걀형 열매는 5~8㎜ 길이이며 갈색 털로 덮여 있고 능선이 희미하다.

잔가지와 겨울눈

나무껍질

7월의 어린 열매

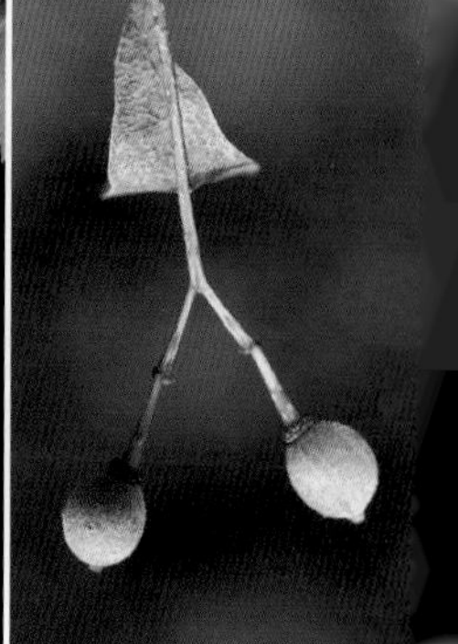
열매 모양

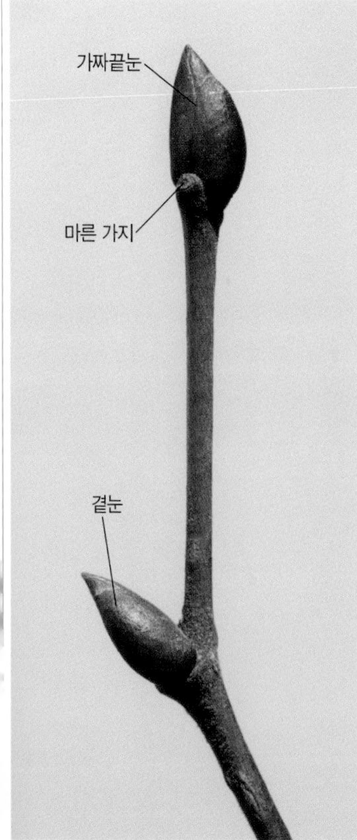

잔가지와 겨울눈

## 구주피나무(아욱과 | 피나무과)
*Tilia kiusiana*

큰키나무(높이 8~10m)
일본 원산. 관상수

햇가지는 다갈색이고 엉성한 털이 있다. 겨울눈은 달걀형으로 끝이 뾰족하며 4~6㎜ 길이이고 털이 없으며 광택이 있는 2개의 눈비늘조각에 싸여 있다. 잎자국은 반원형~삼각형이다. 나무껍질은 회갈색이며 노목은 세로로 불규칙하게 갈라져서 조각으로 벗겨진다.
어긋나는 잎은 좁은 달걀형이며 끝이 꼬리처럼 길어지고 가장자리에 불규칙한 톱니가 있다. 잎 뒷면 잎맥겨드랑이에 연한 황갈색 털이 빽빽하다. 열매자루에는 주걱 같은 포가 있고 둥근 열매는 지름 4㎜ 정도로 작으며 짧은털로 덮여 있다. 열매는 가을에 갈색으로 익는다.

곁눈과 잎자국

나무껍질

9월의 열매

## 검양옻나무(옻나무과)
*Toxicodendron succedaneum*

작은키나무(높이 7~10m)
남쪽 섬

잔가지는 굵고 회갈색~암적색이며 털이 없고 작은 껍질눈이 많다. 겨울눈은 거의 털이 없으며 3~5개의 눈비늘조각에 싸여 있다. 넓은 달걀형~원뿔형의 끝눈은 4~8㎜ 길이로 크며 끝이 약간 날카로워지고 동그스름한 곁눈은 작다. 잎자국은 하트형~반원형이고 약간 튀어나오며 관다발자국은 많다. 나무껍질은 회갈색이며 밋밋하고 노목은 세로로 불규칙하게 갈라진다.
어긋나는 잎은 9~17장의 작은잎을 가진 홀수깃꼴겹잎이다. 작은잎은 넓은 피침형~좁고 긴 달걀형으로 끝이 길게 뾰족하며 가장자리가 밋밋하고 양면에 털이 없다. 동글납작한 열매 표면은 매끈하다.

잔가지와 겨울눈

나무껍질

잎 모양

10월의 열매

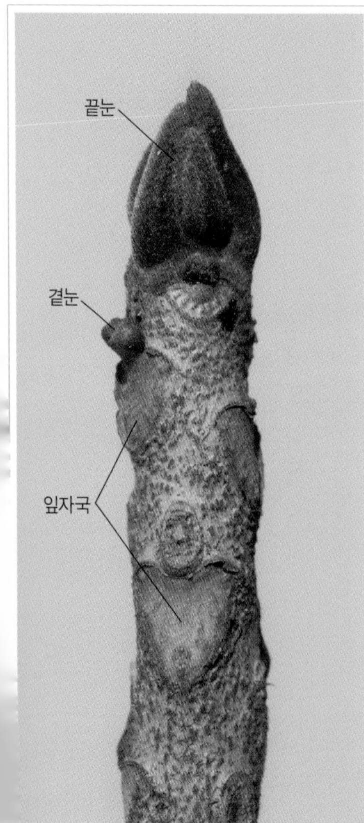

잔가지와 겨울눈

## 개옻나무(옻나무과)
*Toxicodendron trichocarpum*

떨기나무~작은키나무(높이 3~8m)
산

잔가지는 굵고 회갈색이며 짧고 부드러운 황갈색 털이 촘촘히 있다. 껍질눈은 원형~긴 타원형이며 가지에 촘촘히 흩어져 난다. 가지를 자르면 나오는 흰색 즙은 만지지 않는 것이 좋다. 겨울눈은 맨눈이며 갈색 누운털로 덮여 있다. 끝눈은 달걀형이며 3~10㎜ 길이로 크고 둥그스름한 곁눈은 작다. 잎자국은 하트형~삼각형이고 관다발자국은 많으며 V자형으로 배열한다. 나무껍질은 회백색이며 갈색의 세로줄무늬가 있다.
어긋나는 잎은 9~17장의 작은잎을 가진 홀수깃꼴겹잎이며 가장자리가 밋밋하지만 어린잎에는 2~3개의 톱니가 있다. 동글납작한 열매 표면은 가시털로 덮여 있다.

나무껍질

잎 모양

열매 모양

## 산검양옻나무(옻나무과)
*Toxicodendron sylvestre*

작은키나무(높이 3~8m)
남부 지방의 숲 가장자리

햇가지는 짧고 부드러운 털로 덮여 있지만 점차 없어진다. 잔가지는 굵고 자잘한 껍질눈이 많다. 겨울눈은 맨눈이며 적갈색 털로 덮여 있다. 끝눈은 긴 달걀형이며 8~13㎜ 길이로 크고 곁눈은 구형~달걀형이며 작다. 잎자국은 하트형~삼각형이고 가운데가 약간 파이며 관다발 자국은 흩어져 난다. 나무껍질은 갈색~회갈색이며 오래되면 세로로 갈라져 벗겨진다.
어긋나는 잎은 7~15장의 작은잎을 가진 홀수깃꼴겹잎이다. 작은잎은 긴 타원형~긴 달걀형으로 끝이 길게 뾰족하고 가장자리가 밋밋하며 양면에 털이 있다. 동글납작한 열매 표면은 매끈하다.

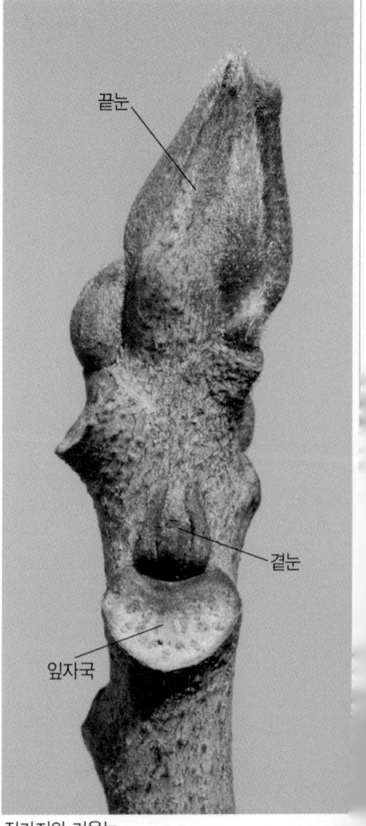

잔가지와 겨울눈

나무껍질

10월 말의 열매

열매 모양

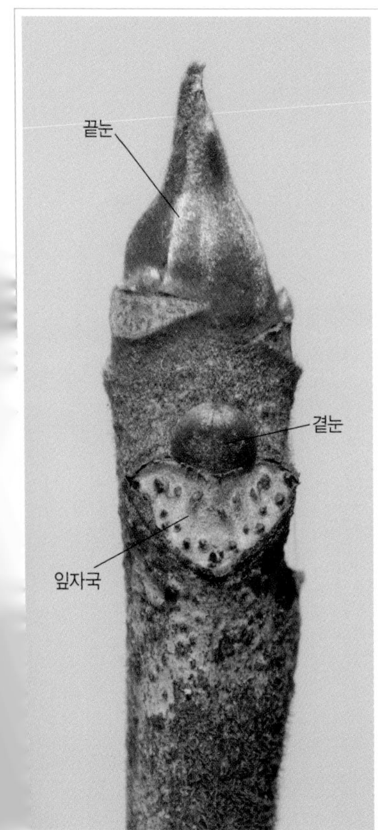

잔가지와 겨울눈

## 옻나무(옻나무과)

*Toxicodendron vernicifluum*

큰키나무(높이 20m 정도)
중국과 인도 원산. 마을 주변

잔가지는 짧고 부드러운 털로 덮여 있지만 점차 없어지고 튀어나온 껍질눈이 많다. 겨울눈은 맨눈이며 연갈색 털로 덮여 있다. 끝눈은 원뿔형이며 6~10㎜ 길이로 크고 둥그스름한 곁눈은 작다. 잎자국은 하트형~원형이고 관다발자국은 많으며 흩어져 난다. 나무껍질은 갈색~회갈색이며 오래되면 세로로 얕게 갈라진다.

어긋나는 잎은 7~17장의 작은잎을 가진 홀수깃꼴겹잎이다. 작은잎은 긴 타원형~긴 달걀형이며 가장자리가 밋밋하고 뒷면 잎맥 위에 털이 있다. 동글납작한 열매 표면은 매끈하다. 옻나무 종류는 만지면 피부 염증이 생길 수 있으므로 조심해야 한다.

나무껍질

6월 말의 어린 열매

열매 모양

## 붉나무(옻나무과)

*Rhus chinensis*

작은키나무(높이 7m 정도)
산과 들

햇가지는 굵고 처음에는 황갈색 털로 덮여 있지만 점차 없어지며 튀어나온 껍질눈이 많다. 겨울눈은 반구형이며 연한 황갈색 털로 덮인 3~4개의 눈비늘조각에 싸여 있다. 잎자국은 U자~V자형이고 튀어나오며 겨울눈을 둘러싸고 관다발자국은 많다. 나무껍질은 회갈색이며 밋밋하고 껍질눈이 많다.
어긋나는 잎은 7~13장의 작은잎을 가진 홀수깃꼴겹잎이며 잎자루에 좁은 잎 모양의 날개가 있다. 작은잎은 긴 타원형~달걀형이며 끝이 뾰족하고 가장자리에 둔한 톱니가 있다. 포도송이 모양의 열매는 겨울까지 남아 있기도 하다. 동그스름한 열매는 짜고 신맛이 나는 물질로 덮여 있다.

잔가지와 겨울눈

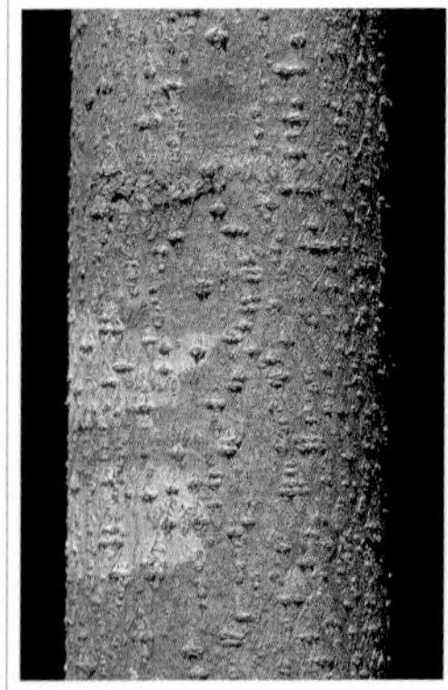
나무껍질

10월의 열매

열매 모양

## 안개나무(옻나무과)
*Cotinus coggygria*

작은키나무(높이 5~8m)
유라시아 원산. 관상수

잔가지는 적갈색~회갈색이며 털이 없고 껍질눈이 많다. 가지 끝에 겨울눈이 모여 달린다. 끝눈은 원뿔형이며 여러 개의 적갈색~흑갈색 눈비늘조각에 싸여 있고 털이 없다. 곁눈은 세모꼴이며 끝눈보다 작다. 잎자국은 반원형~삼각형이고 약간 튀어나오며 둘레가 약간 거무스름해지기도 하고 관다발자국은 보통 3개이다. 나무껍질은 회갈색이고 오래되면 얇은 조각으로 불규칙하게 갈라져 벗겨진다. 어긋나는 잎은 달걀형~거꿀달걀형이며 끝이 둔하고 가장자리가 밋밋하다. 열매는 콩팥 모양이며 열매자루에 기다란 실 같은 털이 촘촘히 달려서 안개가 낀 것처럼 보인다.

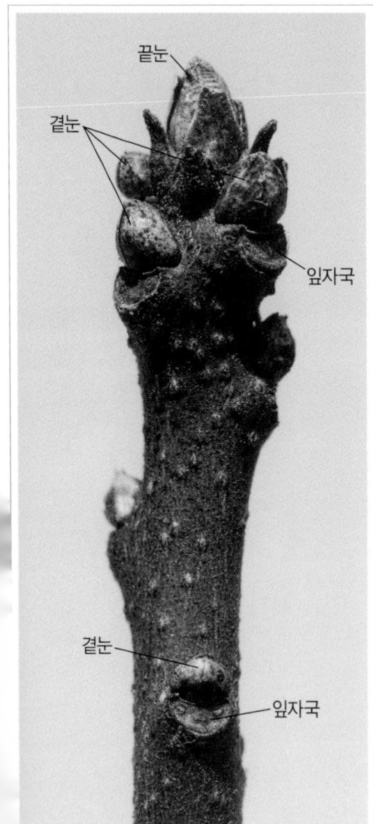

잔가지와 겨울눈

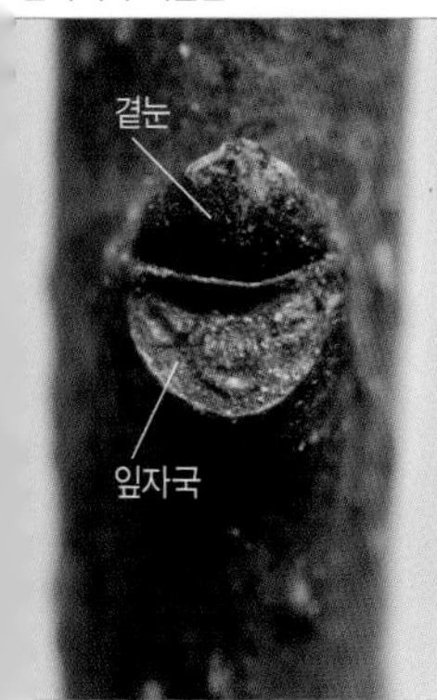

곁눈과 잎자국

나무껍질

7월의 열매

## 참죽나무(멀구슬나무과)
*Toona sinensis*

큰키나무(높이 20~25m)
중국 원산. 마을 주변

잔가지는 굵고 진갈색이며 껍질눈이 있다. 끝눈은 원뿔형으로 끝이 뾰족하며 5~10㎜ 길이로 큼직하고 4~7개의 눈비늘조각에 싸여 있다. 동그스름한 곁눈은 끝눈보다 훨씬 작다. 잎자국은 둥근 하트형이며 가운데가 오목하고 관다발자국은 5개가 보통 V자형으로 배열한다. 나무껍질은 세로로 불규칙하게 갈라져서 속의 붉은색 껍질이 드러난다.

어긋나는 잎은 5~10쌍의 작은잎을 가진 짝수깃꼴겹잎이다. 작은잎은 피침형~긴 타원형이며 끝이 길게 뾰족하고 가장자리는 거의 밋밋하다. 타원형 열매는 가을에 황갈색으로 익으면 5갈래로 갈라져 벌어진 채 매달려 있다.

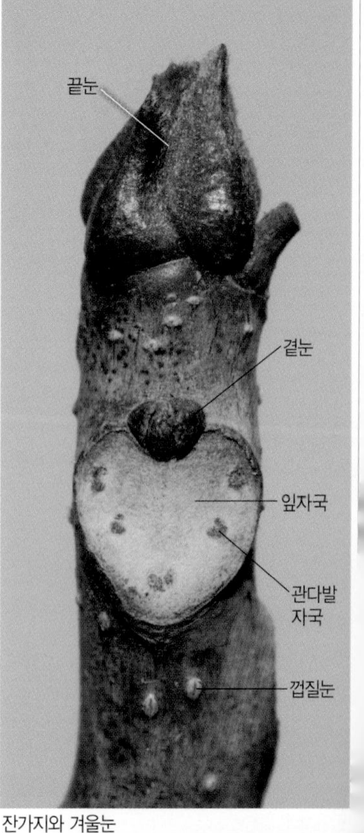

잔가지와 겨울눈

나무껍질

6월 말에 핀 꽃

12월의 열매

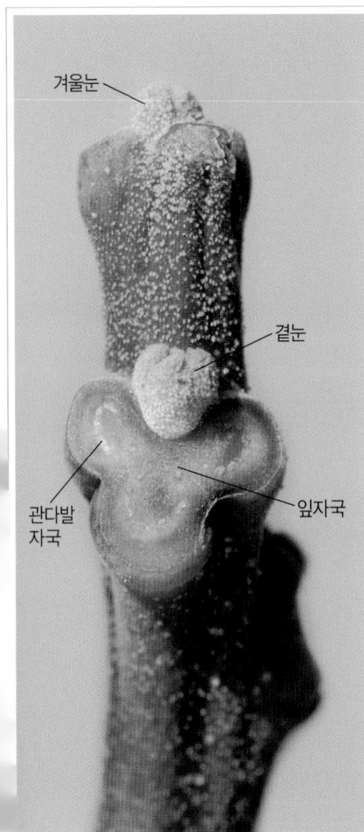

잔가지와 겨울눈

## 멀구슬나무(멀구슬나무과)
*Melia azedarach*

큰키나무(높이 5~15m)
전남과 경남 이남의 마을 주변

잔가지는 굵고 녹색~갈색이며 얕은 골이 지고 회색 별모양털과 껍질눈이 있다. 겨울눈은 둥근 공 모양이고 지름 2~3㎜이며 짧은 별모양털로 빽빽하게 덮여 있다. 잎자국은 크고 T자형이며 튀어나오고 관다발자국은 3개이다. 나무껍질은 회갈색이고 가로로 긴 껍질눈이 많으며 노목은 세로로 얕고 불규칙하게 갈라진다.
어긋나는 잎은 2~3회깃꼴겹잎이며 작은잎은 달걀형~긴 타원형으로 끝이 뾰족하며 가장자리에 톱니가 있고 잎몸이 얕게 갈라지기도 한다. 타원형 열매는 10~12월에 노란색~황갈색으로 익으며 단맛이 난다. 열매송이는 나무에 매달린 채 겨울을 나는 것이 많다.

짧은가지 / 나무껍질 / 10월의 열매

## 무환자나무(무환자나무과)
*Sapindus mukorossi*

큰키나무(높이 15~20m)
남부 지방 관상수

잔가지는 굵고 녹갈색이며 모가 지고 털이 없으며 도드라진 껍질눈이 흩어져 난다. 겨울눈은 반구형이며 지름 1㎜ 정도로 작고 털이 없는 4개의 눈비늘조각에 싸여 있다. 가짜끝눈은 곁눈보다 작으며 곁눈 밑에 덧눈이 생기기도 한다. 잎자국은 삼각형~하트형이며 관다발자국은 3개이다. 잎자국이 원숭이 얼굴을 닮았다. 나무껍질은 회백색~황갈색이며 밋밋하다. 어긋나는 잎은 4~6쌍의 작은잎을 가진 짝수깃꼴겹잎이다. 작은잎은 긴 타원형이며 끝이 길게 뾰족하고 가장자리가 밋밋하다. 둥근 열매는 지름 2~3㎝이고 밑부분이 볼록하며 가을에 황갈색으로 익고 1개의 검은색 씨앗이 들어 있다.

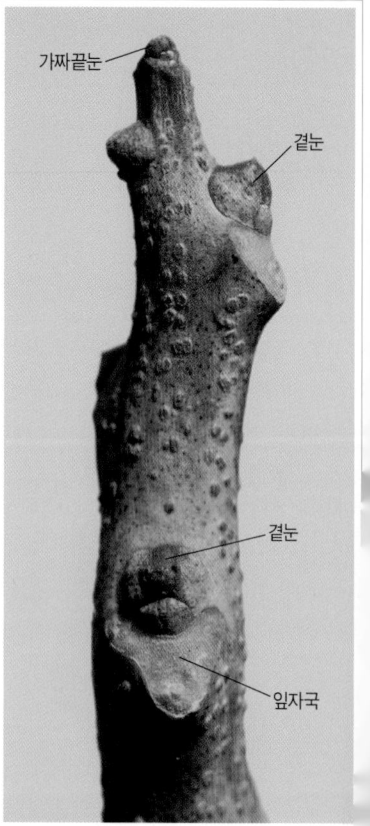

잔가지와 겨울눈

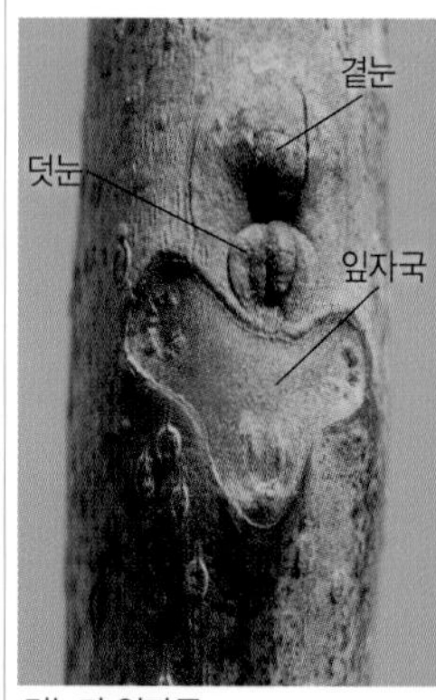

곁눈과 잎자국

9월의 열매

열매 모양

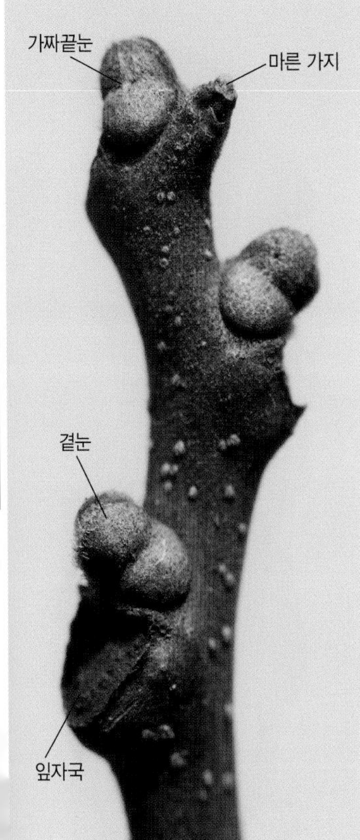

잔가지와 겨울눈

## 모감주나무(무환자나무과)

*Koelreuteria paniculata*

작은키나무(높이 10m 정도)
중부 이남의 바닷가

잔가지는 굵고 황갈색~밤갈색이며 짧은털로 덮여 있지만 점차 없어지고 도드라진 껍질눈이 흩어져 난다. 겨울눈은 원뿔형~삼각형이며 2~6㎜ 길이이고 털이 있는 2개의 눈비늘조각에 싸여 있다. 가짜끝눈은 곁눈과 비슷한 크기이다. 잎자국은 하트형이며 튀어나오고 관다발자국은 많다. 나무껍질은 회갈색이며 세로로 얕게 갈라져 벗겨진다.

어긋나는 잎은 7~15장의 작은잎을 가진 홀수깃꼴겹잎이다. 작은잎은 달걀형~긴 타원형이고 끝이 뾰족하며 가장자리에 불규칙하고 둔한 톱니가 있다. 꽈리 모양의 열매는 익으면 3갈래로 갈라진다.

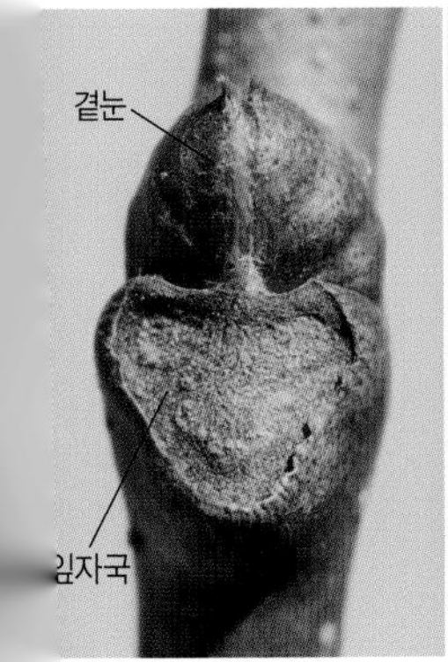

곁눈과 잎자국

나무껍질

8월의 어린 열매

# 가죽나무(소태나무과)

*Ailanthus altissima*

큰키나무(높이 10~20m)
중국 원산. 마을 주변

잔가지는 굵고 황갈색~적갈색이며 털이 없고 껍질눈이 흩어져 난다. 겨울눈은 납작한 반구형이고 지름 3~6㎜이며 2~3개의 눈비늘 조각에 싸여 있다. 잎자국은 하트형으로 매우 크고 약간 튀어나오며 관다발자국은 많고 V자형으로 배열한다. 큰 잎자국을 보고 옛날 사람들은 '호안수(虎眼樹)' 또는 '호목수(虎目樹)'라고 불렀다. 나무껍질은 회색이며 오랫동안 갈라지지 않는다.

어긋나는 잎은 13~25장의 작은잎을 가진 홀수깃꼴겹잎이다. 작은잎은 긴 달걀형이며 끝이 뾰족하고 밑부분에 1~2쌍의 둔한 톱니가 있다. 암그루에는 긴 날개 열매가 겨울까지 남아 있기도 하다.

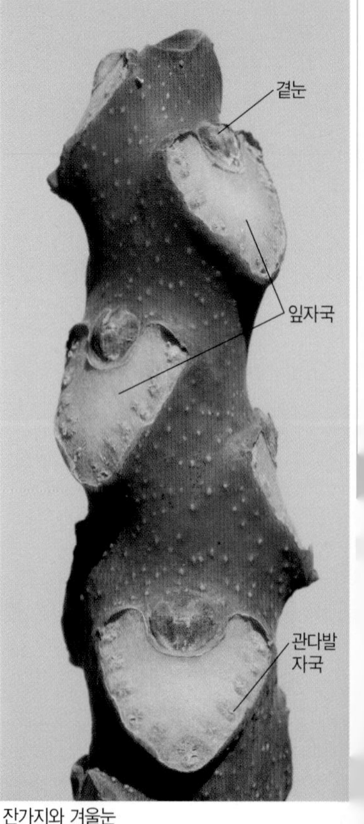

잔가지와 겨울눈

나무껍질

7월의 열매

열매 모양

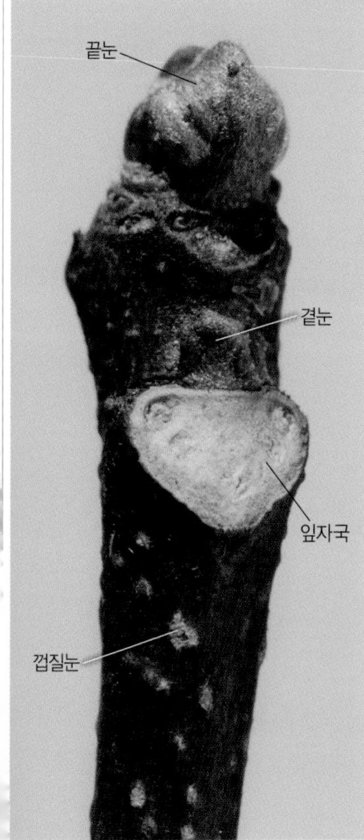

잔가지와 겨울눈

## 소태나무(소태나무과)
*Picrasma quassioides*

큰키나무(높이 9~12m)
산

잔가지는 자갈색이며 갈색 털이 있거나 없고 껍질눈이 흩어져 난다. 겨울눈은 맨눈이며 둥근 달걀형이고 갈색 털로 덮여 있다. 끝눈은 주먹을 쥔 모양이며 곁눈보다 크고 6~8㎜ 길이이다. 잎자국은 반원형~타원형이며 관다발자국은 5~7개이다. 나무껍질은 회갈색~흑회색이며 밋밋하지만 노목은 세로로 불규칙하게 갈라진다.

어긋나는 잎은 9~15장의 작은잎을 가진 홀수깃꼴겹잎이다. 작은잎은 긴 달걀형으로 끝이 뾰족하고 밑부분은 좌우의 모양이 다르며 가장자리에 얕은 톱니가 있다. 동그스름한 열매는 여러 개가 모여 달리며 가을에 흑자색으로 익는다.

나무껍질

6월의 어린 열매

열매 모양

## 위성류(위성류과)
*Tamarix chinensis*

작은키나무(높이 5~8m)
중국 원산. 관상수

오래된 가지는 원통형이고 진한 홍갈색~밤갈색이며 광택이 있고 위를 향한다. 어린 가지는 가늘고 길며 광택이 있고 밑으로 처진다. 늦가을에 끝부분의 연약한 가지는 잎과 함께 떨어져 나간다. 겨울눈은 동글납작하며 여러 개의 눈비늘조각에 싸여 있고 크기가 작다. 곁눈 옆에 덧눈이 달리기도 한다. 잎자국은 삭고 잎의 기부가 턱잎처럼 뾰족하게 남아 있기도 하다. 나무껍질은 진회색이며 거칠고 세로로 불규칙하게 갈라진다.
어긋나는 잎은 회녹색이며 바늘같이 가늘고 가지 전체에 촘촘히 난다. 열매는 가을에 익으면 털이 달린 씨앗이 퍼진다.

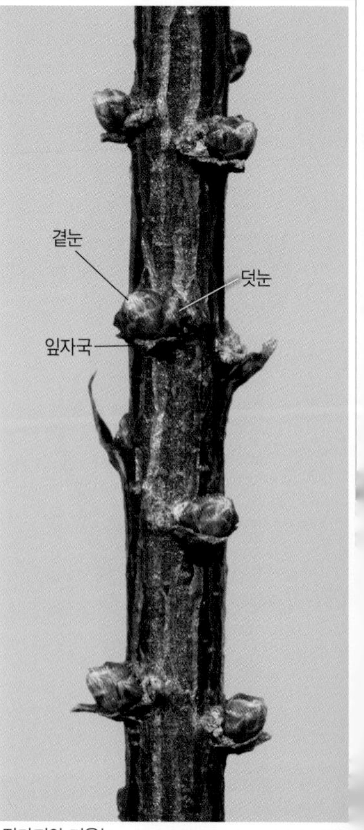

잔가지와 겨울눈

남아 있는 잎의 기부

나무껍질

잎가지

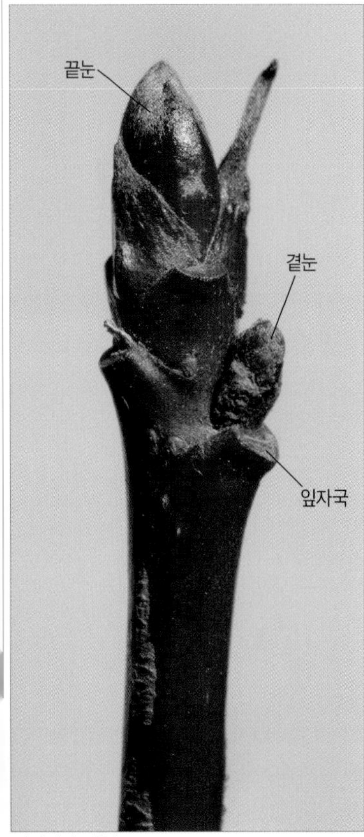

잔가지와 겨울눈

## 층층나무(층층나무과)

*Cornus controversa*

큰키나무(높이 10~20m)
산

가지는 줄기에 층층으로 돌려나서 수평으로 퍼지고 붉은빛이 돈다. 잔가지는 적자색이며 어릴 때는 털이 있지만 점차 없어지고 광택이 있다. 겨울눈은 긴 달걀형~타원형으로 7~10㎜ 길이이고 털이 없으며 5~8개의 눈비늘조각에 싸여 있다. 잎자국은 반원형~V자형이며 튀어나오고 관다발자국은 3개이다. 나무껍질은 회갈색~회흑색이며 세로로 얕은 홈이 있다.

어긋나는 잎은 넓은 달걀형~넓은 타원형이며 끝이 뾰족해지고 가장자리가 밋밋하다. 잎의 측맥은 6~9쌍이다. 둥근 열매는 지름 6~7㎜이며 가을에 검게 익는다. *같은 속의 **말채나무**(p.274)는 잎이 마주나고 측맥은 3~5쌍이어서 구분이 된다.

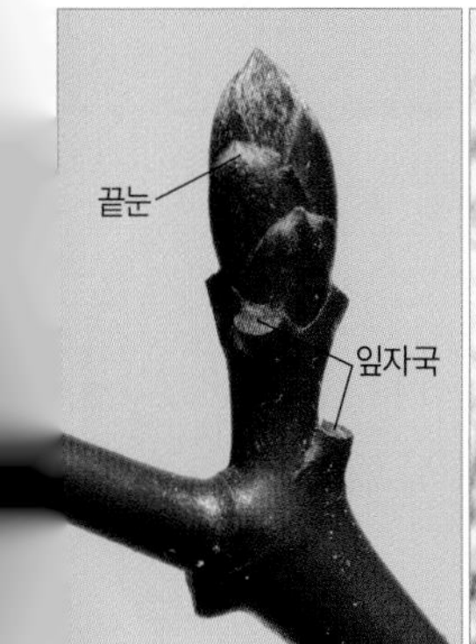

짧은가지

나무껍질

8월의 열매

## 감나무(감나무과)
*Diospyros kaki*

큰키나무(높이 10m 정도)
중국 원산. 중부 이남 재배

잔가지는 회색~갈색이며 잔털이 있거나 없고 껍질눈이 많다. 겨울눈은 세모진 달걀형으로 끝이 뾰족하고 3~6㎜ 길이이며 2~4개의 눈비늘조각에 싸여 있다. 잎자국은 타원형~원형이며 약간 튀어나오고 관다발자국은 1개이며 가지런한 치아 모양으로 배열한다. 나무껍질은 회색~회갈색이며 세로로 불규칙하게 갈라진다.

어긋나는 잎은 넓은 타원형~달걀 모양의 타원형이며 끝이 뾰족하고 가장자리가 밋밋하다. 잎몸은 두꺼운 가죽질이고 앞면은 광택이 있다. 둥근 열매는 지름 3~8㎝이고 가을에 황홍색으로 익으며 과일로 먹는다. 겨울 가지에 열매꼭지가 남아 있기도 하다.

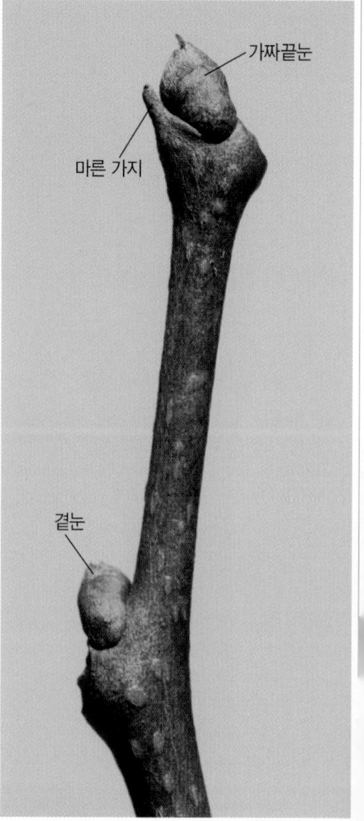

잔가지와 겨울눈

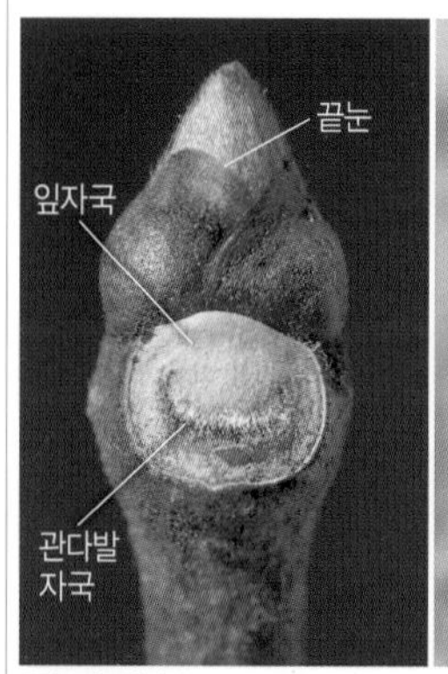

끝눈과 잎자국

나무껍질

9월의 열매

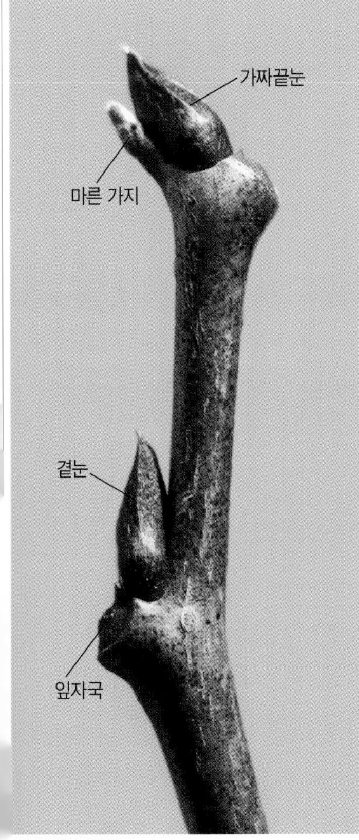

잔가지와 겨울눈

## 고욤나무(감나무과)
*Diospyros lotus*

큰키나무(높이 10m 정도)
낮은 산

잔가지는 연갈색~회갈색이며 광택이 있고 털이 없으며 세로로 긴 껍질눈이 있다. 겨울눈은 달걀형~긴 달걀형으로 약간 납작하고 끝이 뾰족하며 3~6㎜ 길이이다. 겨울눈은 2개의 적갈색~흑갈색 눈비늘조각에 싸여 있다. 잎자국은 반원형~콩팥형이며 튀어나오고 관다발자국은 1개이며 활처럼 굽는다. 나무껍질은 암회색이며 세로로 불규칙하게 갈라진다.
어긋나는 잎은 타원형~긴 타원형이며 끝이 뾰족하고 가장자리가 밋밋하다. 잎몸은 두껍고 뒷면은 회녹색이다. 둥근 열매는 지름 15㎜ 정도로 작고 가을에 흑자색으로 익는다. 겨울 가지에 열매꼭지가 남아 있기도 하다.

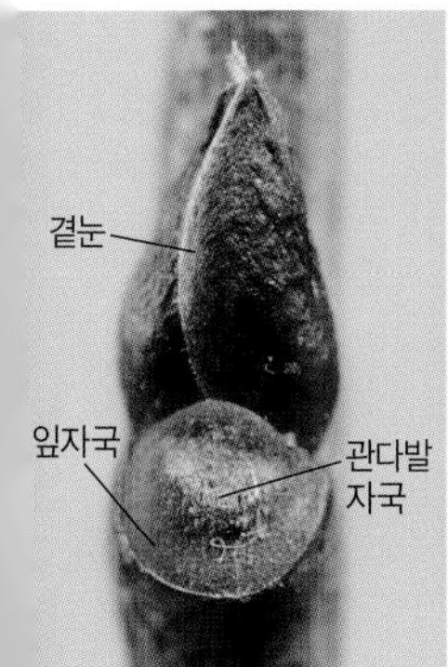

곁눈과 잎자국

나무껍질

10월의 열매

## 때죽나무(때죽나무과)
*Styrax japonicus*

작은키나무(높이 7~8m)
중부 이남의 산

햇가지에는 별모양털이 있지만 점차 없어진다. 겨울눈은 맨눈이며 긴 달걀형이고 1~3㎜ 길이이며 별모양털로 덮여 있고 밑부분에 세로덧눈이 있다. 잎자국은 반원형이고 튀어나온다. 나무껍질은 자갈색이고 밋밋하다.
어긋나는 잎은 달걀형~긴 타원형이며 끝이 뾰족하고 가장자리에 잔톱니가 있거나 밋밋하다. 잎 뒷면은 연녹색이다. 둥근 달걀형 열매는 끝이 뾰족하고 2~5개가 모여 달리며 표면이 회백색 별모양털로 덮여 있고 가을에 익는다. 갈라진 열매껍질이 겨울까지 남아 있기도 하다. ***쪽동백나무**(p.427)와 함께 가지 끝에 열매 모양의 큼직한 벌레집이 달려 있기도 하다.

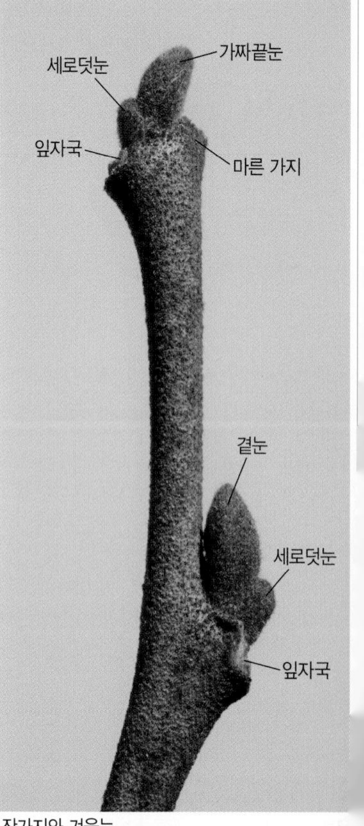

잔가지와 겨울눈

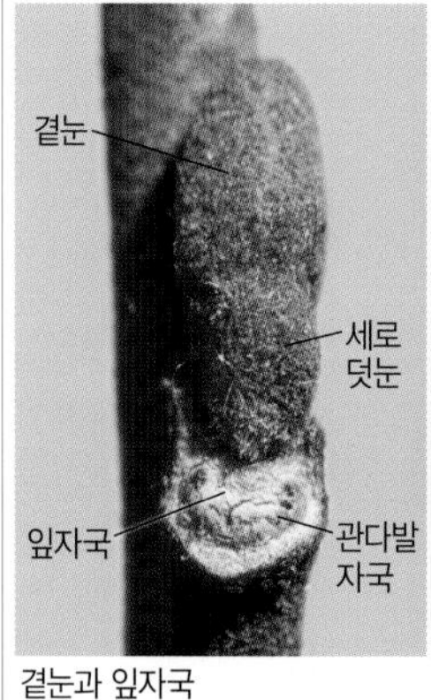

곁눈과 잎자국

7월의 열매

7월의 벌레집

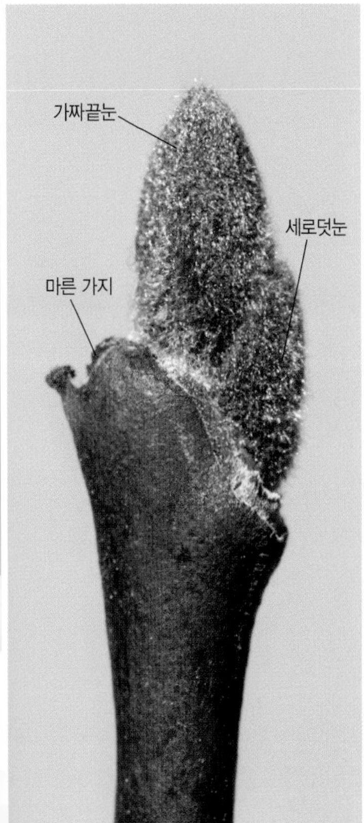

잔가지와 겨울눈

## 쪽동백나무(때죽나무과)
*Styrax obassia*

작은키~큰키나무(높이 6~15m)
산

햇가지에는 별모양털이 있지만 점차 없어지고 2년생 가지는 얇은 껍질이 벗겨진다. 겨울눈은 맨눈이며 긴 달걀형이고 5~8㎜ 길이이며 황갈색 털로 덮여 있고 밑부분에 세로덧눈이 있다. 잎자국은 겨울눈을 둘러싸며 약간 튀어나온다. 나무껍질은 회흑색이고 밋밋하지만 노목은 세로로 얕게 갈라진다. 어긋나는 잎은 거꿀달걀형~넓은 달걀형으로 끝은 짧게 뾰족하고 가장자리 윗부분에 돌기 모양의 톱니가 드문드문 있으며 뒷면은 회백색이다. 둥근 달걀형 열매는 별모양털로 덮여 있고 기다란 이삭처럼 매달린다. 열매껍질이 겨울까지 남아 있기도 하다. 벌레집이 달려 있기도 하다.

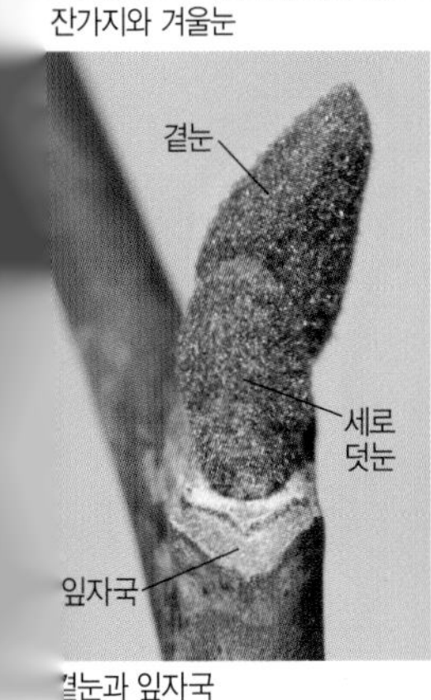

곁눈과 잎자국

나무껍질

7월의 열매

## 매화오리(매화오리과)
*Clethra barbinervis*

작은키나무(높이 8~10m)
제주도 한라산

어린 가지는 회갈색이고 가늘며 가는 별모양털이 있다. 끝눈은 원뿔형으로 3~7㎜ 길이이며 2~3개의 눈비늘조각이 떨어져 나가면서 맨눈이 되고 누운털로 덮여 있다. 곁눈은 발달하지 않는다. 잎자국은 삼각형~하트형이며 관다발자국은 1개이다. 나무껍질은 진갈색이며 불규칙하게 얇은 조각으로 갈라져 벗겨진다.

어긋나는 잎은 가지 끝에서는 모여난다. 잎몸은 달걀형~거꿀달걀 모양의 긴 타원형이며 끝이 뾰족하고 가장자리에 날카로운 잔톱니가 있다. 둥근 열매는 약간 납작하고 털로 덮여 있으며 기다란 이삭처럼 모여서 늘어진다.

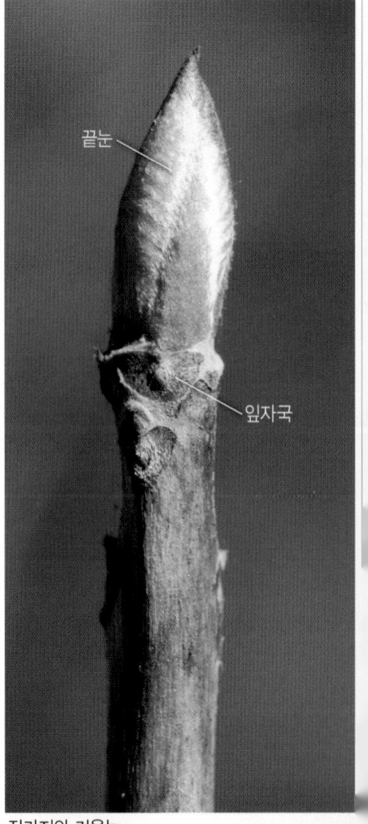

잔가지와 겨울눈

나무껍질

10월의 열매

잎 모양

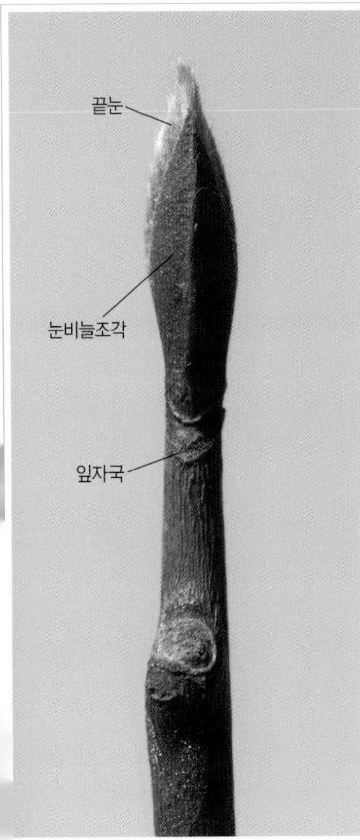

잔가지와 겨울눈

## 노각나무(차나무과)
*Stewartia pseudocamellia*

큰키나무(높이 7~15m)
남부 지방의 산

잔가지는 회갈색이며 마디를 따라 지그재그로 벋는다. 겨울눈은 긴 타원형으로 끝이 뾰족하며 9~13㎜ 길이이고 2~5개의 눈비늘조각에 싸여 있다. 눈비늘조각은 일찍 벗겨져서 맨눈이 되기도 한다. 잎자국은 반원형~삼각형이고 관다발자국은 1개이다. 나무껍질은 회갈색이고 얇은 조각으로 벗겨지면서 적갈색 얼룩무늬가 생긴다.

어긋나는 잎은 타원형~긴 타원형이며 끝이 둥글거나 뾰족하고 가장자리에 치아 모양의 톱니가 있다. 5각뿔 모양의 열매는 비단털로 덮여 있으며 가을에 갈색으로 익으면 5갈래로 갈라지고 불규칙한 타원형 씨앗이 나온다. 열매는 겨우내 매달려 있다.

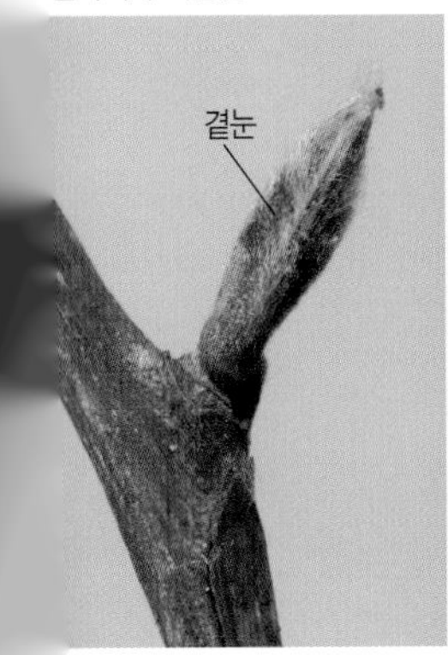

곁눈

나무껍질

10월의 열매

## 송양나무(지치과)
*Ehretia acuminata*

큰키나무(높이 10~15m)
전남의 섬과 제주도

잔가지는 털이 없고 가지 끝은 겨울에 말라 죽는다. 겨울눈은 납작한 원뿔형이며 3~10개의 눈비늘 조각에 싸여 있다. 가짜끝눈은 곁눈과 크기가 비슷하거나 약간 작다. 잎자국은 둥근 하트형~반원형이고 곁눈보다 훨씬 크다. 곁눈과 잎자국 사이에 세로덧눈이 생기기도 한다. 나무껍질은 황갈색~회갈색이며 세로로 얕게 갈라지고 작은 비늘조각으로 벗겨져 떨어진다. 어긋나는 잎은 거꿀달걀형~거꿀달걀 모양의 긴 타원형이며 끝이 뾰족하고 가장자리에 잔톱니가 있다. 잎 뒷면은 연녹색이다. 둥근 열매는 지름 5㎜ 정도이고 8~9월에 연노란색으로 익는다.

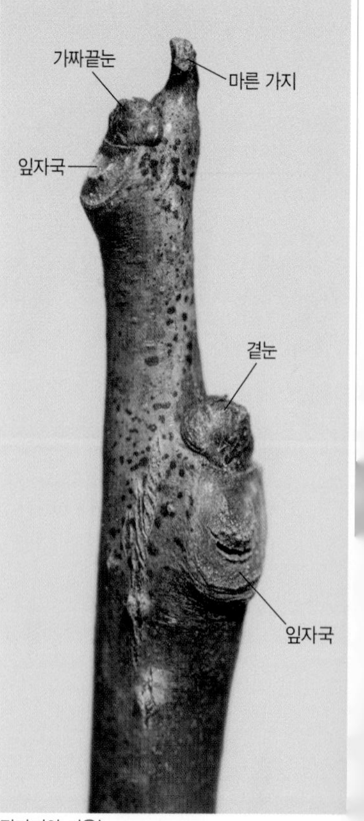

잔가지와 겨울눈

곁눈과 잎자국

나무껍질

7월에 핀 꽃

## 두충(두충과)

*Eucommia ulmoides*

큰키나무(높이 10~20m)
중국 원산. 재배

가지 끝에는 잎자국이 있고 가짜 끝눈은 발달하지 않는다. 황갈색 가지에는 원형~타원형 껍질눈이 많다. 곁눈은 달걀형으로 끝이 뾰족하고 2~6㎜ 길이이며 8~10개의 눈비늘조각에 싸여 있다. 잎자국은 반원형~콩팥형이고 관다발자국은 1개가 둥글게 배열한다. 나무껍질은 회갈색이며 노목은 세로로 불규칙하게 갈라진다.
어긋나는 잎은 달걀형~긴 타원형이며 끝이 갑자기 뾰족해지고 가장자리에 날카로운 톱니가 있다. 긴 타원형 열매는 가장자리가 날개로 되어 있으며 겨울 바람에 하나씩 떨어져 나간다. 잎이나 열매를 찢으면 고무 같은 흰색 실이 늘어난다.

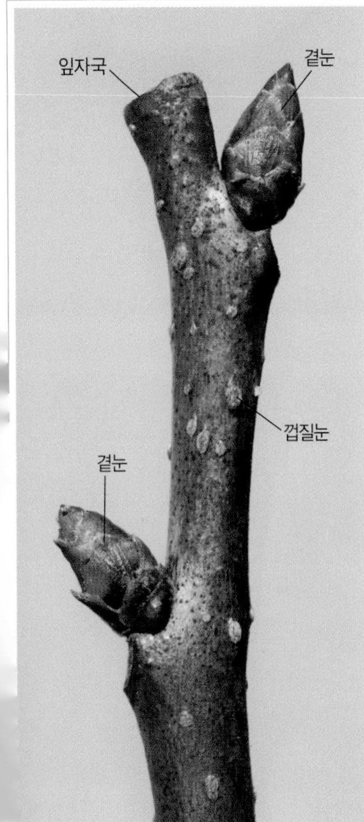

잔가지와 겨울눈

곁눈과 잎자국

나무껍질

10월의 열매

## 대팻집나무(감탕나무과)
*Ilex macropoda*

큰키나무(높이 10~15m)
충청 이남의 산

잔가지는 회갈색~회색이며 털이 없고 짧은가지가 많이 발달한다. 겨울눈은 원뿔형으로 회갈색이고 1~3㎜ 길이이며 6~8개의 눈비늘 조각에 싸여 있다. 곁눈은 대부분 끝눈과 비슷한 모양이다. 잎자국은 반원형~삼각형이고 관다발자국은 1개이며 활 모양으로 굽는다. 나무껍질은 회백색이며 껍질눈이 많다. 나무껍질은 손톱으로도 잘 벗겨지며 녹색 속껍질이 드러난다. 어긋나는 잎은 짧은가지 끝에서는 모여 달리며 넓은 달걀형~타원형이고 끝이 뾰족하며 가장자리에 잔톱니가 있다. 잎 뒷면은 연녹색이다. 콩알만 한 둥근 열매는 가을에 노랗게 변했다가 붉은색으로 익는다.

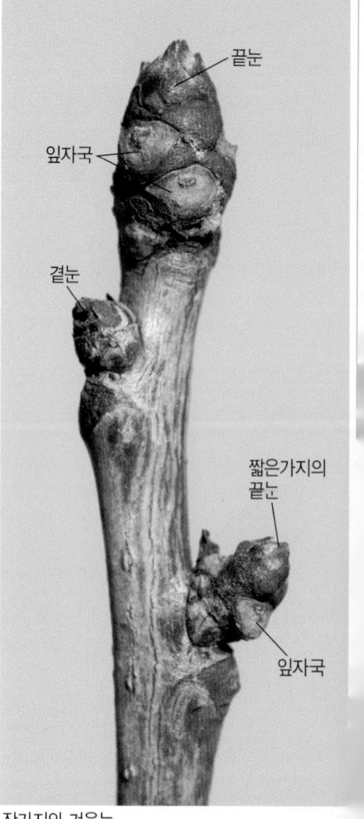

잔가지와 겨울눈

짧은가지

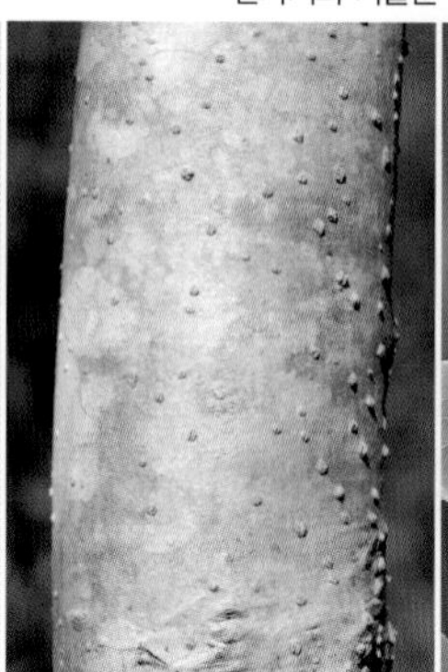
나무껍질

8월 말의 열매

## 겨울눈이 마주나는 늘푸른덩굴나무

1월의 마삭줄 담장

## 겨울눈이 어긋나는 늘푸른덩굴나무

담벼락을 타고 오른 모람

잔가지와 겨울눈

가지의 공기뿌리 11월의 열매

## 마삭줄(협죽도과)

*Trachelospermum asiaticum*

덩굴나무(길이 5~10m)
남부 지방

질긴 가지는 공기뿌리로 다른 물체에 붙는다. 가지는 털이 약간 있거나 없다. 마주나는 잎은 타원형~달걀형이며 밋밋하고 가죽질이다. 기다란 열매는 2개가 매달리며 가을에 익으면 세로로 갈라지고 털이 달린 씨앗이 나온다.

잔가지와 겨울눈

나무껍질 11월의 열매

## 털마삭줄(협죽도과)

*Trachelospermum jasminoides*

덩굴나무(길이 5~10m)
남부 지방

질긴 가지는 공기뿌리로 다른 물체에 붙는다. 가지는 갈색 털이 빽빽하다. 마주나는 잎은 타원형~달걀형이며 가장자리가 밋밋하고 가죽질이다. 잎 앞면은 광택이 있고 뒷면에 털이 약간 있다. 기다란 열매는 2개가 매달린다.

잔가지와 겨울눈

가지의 공기뿌리

12월의 열매

## 줄사철나무(노박덩굴과)

*Euonymus fortunei*

덩굴나무(길이 10m 정도)
남부 지방

어린 가지는 약간 모가 지며 공기뿌리로 다른 물체에 붙는다. 겨울눈은 달걀형이며 끝이 뾰족하고 눈비늘조각은 여러 개이다. 대부분 마주나는 잎은 타원형~달걀형이며 얇고 둔한 톱니가 있다. 열매는 둥글다. *같은 속의 **사철나무**(p.441)는 늘푸른떨기나무이다.

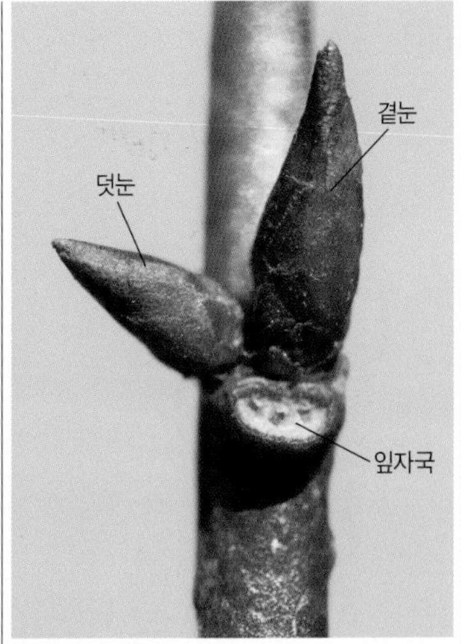


잔가지와 겨울눈

나무껍질

11월의 열매

## 남오미자(오미자과 | 목련과)

*Kadsura japonica*

덩굴나무(길이 3m 정도)
남쪽 섬

햇가지는 적갈색을 띤다. 겨울눈은 긴 달걀형~긴 삼각뿔 모양으로 끝이 뾰족하고 3~7㎜ 길이이며 털이 없다. 나무껍질은 불규칙하게 갈라지고 노목은 코르크층이 발달한다. 어긋나는 잎은 달걀형~타원형이며 끝이 뾰족하고 치아 모양의 톱니가 드문드문 있다.

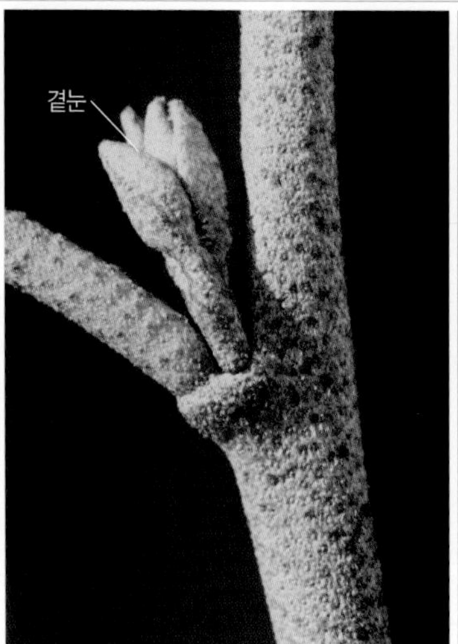
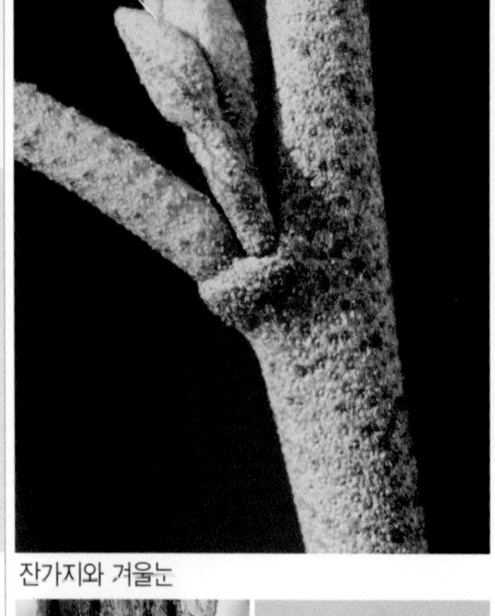

잔가지와 겨울눈

나무껍질

잎 앞면과 뒷면

## 보리밥나무(보리수나무과)
*Elaeagnus macrophylla*

덩굴나무(높이 2~4m)
남부 지방의 바닷가 산

가지와 겨울눈은 갈색~은갈색 비늘털로 덮여 있다. 겨울눈은 맨눈이다. 어긋나는 잎은 넓은 달걀형이며 끝이 뾰족하고 가장자리는 밋밋하지만 구불거린다. 잎 뒷면에 은백색 비늘털이 촘촘하다. *같은 속의 **보리수나무**(p.58)는 갈잎떨기나무이다.

잔가지와 겨울눈

나무껍질

4월의 열매

## 보리장나무(보리수나무과)
*Elaeagnus glabra*

덩굴나무(높이 2~3m)
남쪽 섬

잔가지는 밑을 향하며 다른 나무에 얽힌다. 가지와 겨울눈은 적갈색 비늘털로 덮여 있다. 겨울눈은 맨눈이다. 어긋나는 잎은 긴 타원형으로 끝이 뾰족하고 가장자리는 밋밋하며 뒷면에 적갈색 비늘털이 촘촘하지만 은백색 비늘털이 섞이기도 한다.

잔가지와 겨울눈

나무껍질

11월의 열매

## 멀꿀(으름덩굴과)
*Stauntonia hexaphylla*

덩굴나무(길이 15m 정도)
남쪽 섬

어린 가지는 진녹색~자갈색이며 털이 없다. 겨울눈은 원뿔형이며 눈비늘조각은 10~16개이다. 나무껍질은 회갈색이며 노목은 불규칙하게 갈라진다. 어긋나는 잎은 손꼴겹잎이며 작은잎은 5~7장이다. 둥근 달걀형 열매는 적갈색으로 익는다.

잔가지와 겨울눈

줄기의 공기뿌리

4월의 열매

## 송악(두릅나무과)
*Hedera rhombea*

덩굴나무(길이 10m 정도)
남부 지방과 울릉도의 산

줄기는 공기뿌리로 다른 물체에 붙는다. 잔가지는 점차 털이 없어진다. 끝눈은 둥근 삼각형이고 홍자색이며 곁눈은 작다. 어긋나는 잎은 마름모꼴~마름모 모양의 달걀형이며 밋밋하다. 가을에 가지 끝의 우산꽃차례에 황록색 꽃이 모여 핀다.

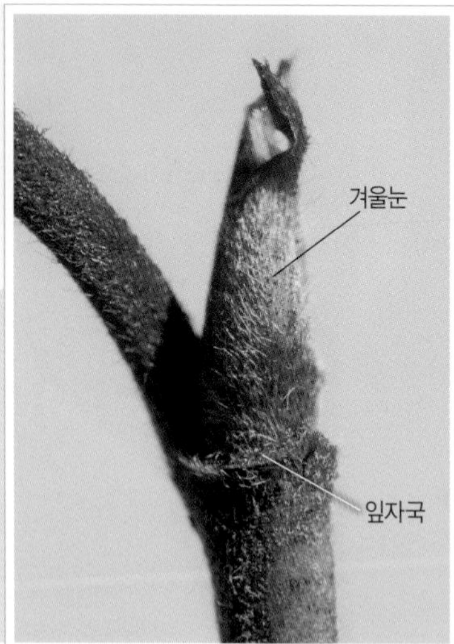

잔가지와 겨울눈

공기뿌리

1월의 열매

## 모람(뽕나무과)
*Ficus sarmentosa* v. *nipponica*

덩굴나무(길이 2~5m)
남해안 이남

줄기는 공기뿌리로 다른 물체에 붙는다. 잔가지와 원뿔형 겨울눈은 누운 털로 덮여 있다. 가지를 자르면 흰색 즙이 나온다. 어긋나는 잎은 피침형~긴 타원형이며 끝이 길게 뾰족하고 가장자리가 밋밋하다. 둥근 열매는 지름 1㎝ 정도이다.

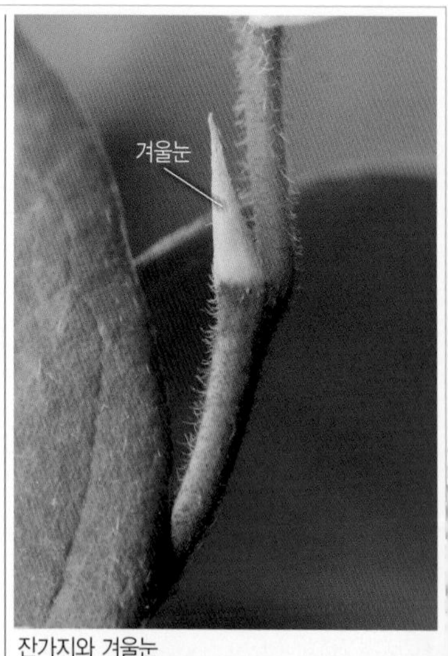

잔가지와 겨울눈

어린 나무의 잎

6월의 열매

## 왕모람(뽕나무과)
*Ficus thunbergii*

덩굴나무(길이 2~5m)
남해안 이남

줄기는 공기뿌리로 다른 물체에 붙는다. 잔가지와 원뿔형 겨울눈은 누운 털로 덮여 있다. 가지를 자르면 흰색 즙이 나온다. 어긋나는 잎은 달걀형~달걀 모양의 타원형이며 끝이 뾰족하고 가장자리가 밋밋하다. 둥근 열매는 지름 20~25㎜이다.

# 겨울눈이 마주나는 늘푸른떨기나무

1월의 회양목 겨울눈

겨울눈

1월의 꽃눈

줄기

3월의 열매

1월의 잎눈

6월의 열매

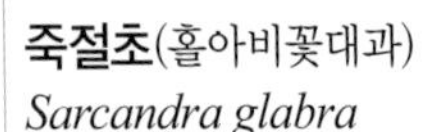

## 죽절초(홀아비꽃대과)
*Sarcandra glabra*

떨기나무(높이 50~100㎝)
제주도의 남쪽 계곡

**겨울눈은 달걀형~긴 달걀형이다.** 원통형 줄기는 마디가 두드러진다. 마주나는 잎은 긴 타원형이고 끝이 뾰족하며 가장자리에 치아 모양의 톱니가 있다. **둥근 열매는 지름 3~5㎜이며 11~12월에 주황색으로 익고 겨우내 매달려 있다.**

## 회양목(회양목과)
*Buxus sinica* v. *koreana*

떨기나무(높이 2~3m)
석회암 지대. 관상수

둥그스름한 꽃눈은 뭉쳐나고 잎눈은 긴 타원형이다. **나무껍질은 회백색~회갈색이다.** 마주나는 잎은 긴 타원형~거꿀달걀형이며 가장자리는 밋밋하고 살짝 뒤로 말린다. **둥근 열매는 끝에 3개의 암술대가 뿔처럼 남아 있고 3갈래로 갈라진다.**

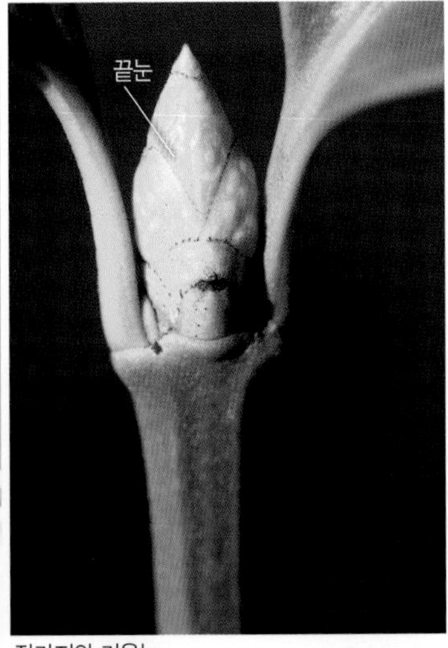

잔가지와 겨울눈

나무껍질

12월의 열매

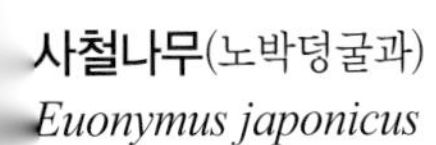

## 사철나무(노박덩굴과)
*Euonymus japonicus*

떨기나무(높이 2~6m)
중부 이남의 바닷가 산기슭

햇가지는 녹색이고 겨울눈은 긴 달걀형이며 6~10개의 눈비늘조각에 싸여 있다. 마주나는 잎은 타원형~달걀형이며 끝이 둥글고 가장자리에 둔한 톱니가 있다. 잎몸은 가죽질이고 광택이 있다. *같은 속의 **줄사철나무**(p.435)는 덩굴나무이다.

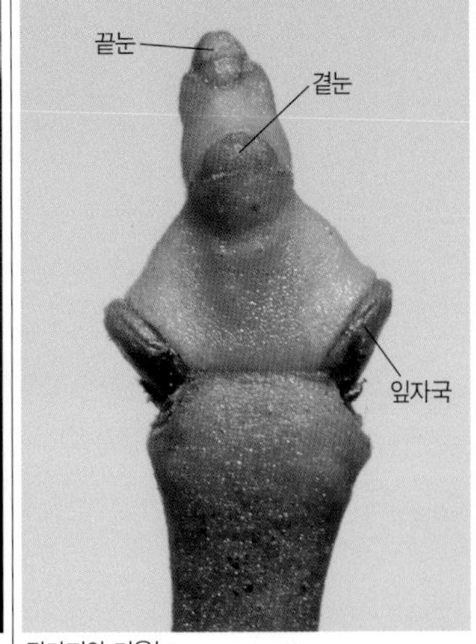

잔가지와 겨울눈

잎가지

12월의 열매

## 겨우살이(단향과 | 겨우살이과)
*Viscum coloratum*

떨기나무(높이 50~80㎝)
산. 다른 나무에 기생

가지는 녹색~황록색이며 계속 둘로 갈라진다. 겨울눈은 작으며 마디 사이에 달린다. 가지 끝마다 2장씩 마주나는 잎은 타원형~타원 모양의 피침형이다. 둥근 열매는 1~3개씩 모여 달리고 겨울에 연노란색으로 익으며 속살은 끈적거린다.

잔가지와 겨울눈

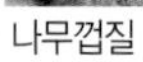

나무껍질　　1월의 열매

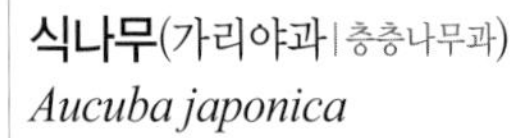

## 식나무(가리야과 | 층층나무과)

*Aucuba japonica*

떨기나무(높이 2~3m)
울릉도와 전남, 제주도의 산

녹색 가지는 털이 없다. 겨울눈은 달걀형이며 끝이 뾰족하고 눈비늘조각은 3쌍이다. 잎자국은 삼각형~반원형이다. 마주나는 잎은 긴 타원형~달걀 모양의 긴 타원형이며 끝이 뾰족하고 가장자리에 날카로운 톱니가 있다. 긴 타원형 열매는 11~12월에 붉게 익는다.

잔가지와 겨울눈

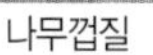

나무껍질　　9월에 핀 꽃

## 협죽도(협죽도과)

*Nerium oleander*

떨기나무(높이 3~4m)
유라시아 원산. 남부 지방 관상수

햇가지는 녹색이고 점차 암갈색이 되며 겨울눈은 원뿔형이다. 가지의 마디마다 3장씩 돌려나는 잎은 선형~좁은 피침형이며 끝이 뾰족하고 가장자리가 밋밋하다. 열매는 선형이고 위를 향하며 가을에 익는다. 전체가 독성이 강하다.

잔가지와 겨울눈

나무껍질 5월의 열매

## 호자나무(꼭두서니과)
*Damnacanthus indicus*

떨기나무(높이 20~60㎝)
제주도

어린 가지는 짧은털이 있고 잎의 길이와 비슷한 날카로운 가시가 있다. 겨울눈은 동그스름하고 작다. 마주나는 잎은 달걀형~넓은 달걀형이다. 둥근 열매는 끝에 꽃받침자국이 남아 있고 초겨울에 붉게 익는다. *같은 속의 **수정목**은 가시가 잎보다 짧다.

잔가지와 겨울눈

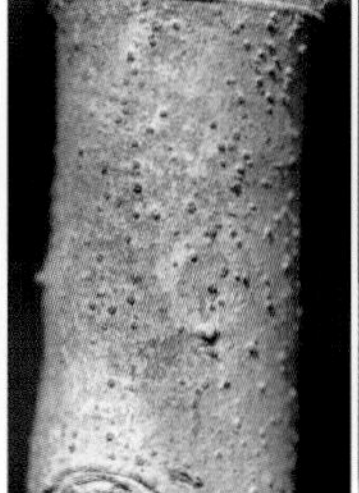
나무껍질

1월의 열매

## 치자나무(꼭두서니과)
*Gardenia jasminoides*

떨기나무(높이 1~2m)
중국과 일본 원산. 남부 지방 관상수

햇가지는 녹색이며 겨울눈은 피침형이고 턱잎에 싸이며 잔털이 있다. 마주나거나 3장씩 돌려나는 잎은 긴 타원형~거꿀달걀형이며 끝이 뾰족하고 밋밋하다. 타원형 열매는 끝에 꽃받침이 길게 남아 있고 초겨울에 황적색으로 익는다.

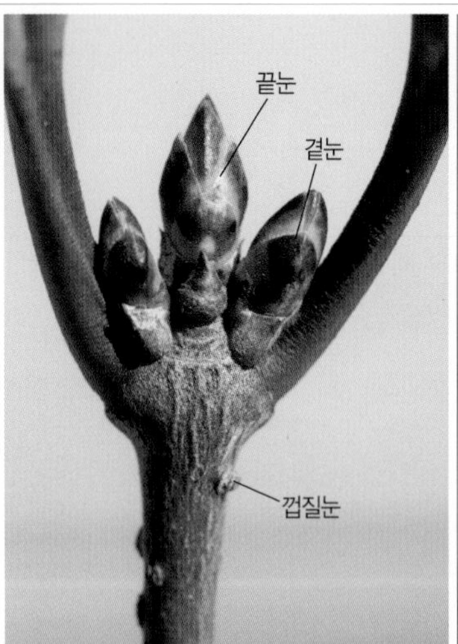

잔가지와 겨울눈

잎맥

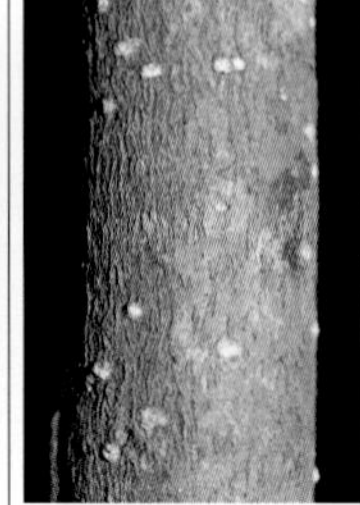
10월의 열매

## 광나무(물푸레나무과)
*Ligustrum japonicum*

떨기나무(높이 3~5m)
남해안 이남

잔가지는 털이 없고 도드라진 껍질눈이 있으며 겨울눈은 달걀 모양의 타원형이다. 마주나는 잎은 타원형~넓은 달걀형이며 끝이 뾰족하고 가장자리가 밋밋하다. 잎몸은 햇빛에 비춰도 잎맥이 뚜렷하지 않다. 타원형 열매는 가을에 흑자색으로 익는다.

잔가지와 겨울눈

나무껍질

12월의 열매

## 푸른가막살(연복초과 | 인동과)
*Viburnum japonicum*

떨기나무(높이 2~4m)
전남 가거도

잔가지는 녹색이며 자줏빛이 돌기도 하고 털이 없다. 겨울눈은 타원 모양의 피침형이며 털이 없다. 마주나는 잎은 넓은 달걀형~마름모꼴의 달걀형이며 끝이 뾰족하고 잔톱니가 있다. 잎은 가죽질이고 앞면은 광택이 있다. 넓은 달걀형 열매는 초겨울에 붉게 익는다.

# 겨울눈이 어긋나는 늘푸른떨기나무

1월에 핀 팔손이 꽃

잔가지와 겨울눈

나무껍질

12월 초의 열매

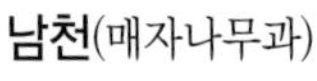

## 남천(매자나무과)
*Nandina domestica*

떨기나무(높이 3m 정도)
중국 원산. 남부 지방 관상수

줄기 윗부분에 말라 죽은 잎의 잎자루가 남아 있다. 어긋나는 잎은 3회깃꼴겹잎이다. 작은잎은 좁은 타원형~피침형이며 두껍고 밋밋하며 가죽질이다. 잎은 겨울에는 붉은색이 된다. 둥근 열매는 포도송이처럼 달리며 가을에 붉게 익는다.

잔가지와 겨울눈

9월의 어린 열매

1월에 익은 열매

## 만년콩(콩과)
*Euchresta japonica*

떨기나무(높이 30~80㎝)
제주도 남쪽 숲속

잔가지는 녹색이며 자잘한 겨울눈과 함께 잔털로 덮여 있다. 어긋나는 잎은 대부분이 세겹잎이며 5장의 깃꼴겹잎도 있다. 작은잎은 타원형으로 양끝이 둥글며 가장자리가 밋밋하고 가죽질이다. 타원형 열매는 가을에 검게 익는다.

잔가지와 겨울눈

나무껍질

10월의 열매

## 다정큼나무(장미과)
*Rhaphiolepis indica* v. *umbellata*

떨기나무(높이 1~4m)
남쪽 바닷가

잔가지는 모여나고 갈색 털은 곧 없어진다. 겨울눈은 달걀형이며 눈비늘 조각은 적자색~적색이다. 어긋나는 잎은 가지 끝에서는 모여난 것처럼 보이고 긴 타원형~거꿀달걀형이며 가죽질이다. 둥근 열매는 가을에 흑자색으로 익는다.

잔가지와 겨울눈

줄기

잎가지

## 펠리온나무(쐐기풀과)
*Pellionia scabra*

떨기나무(높이 20~40㎝)
제주도의 산골짜기

가지는 청록색이며 누운털이 흩어져 난다. 이른 봄에 꽃이 피기 때문에 잎겨드랑이에 꽃눈이 촘촘히 모여 있는 것을 볼 수 있다. 어긋나는 잎은 긴 타원형이며 끝이 뾰족하고 상반부에 몇 쌍의 톱니가 있다. 타원형 열매는 여름에 황갈색으로 익는다.

잔가지와 겨울눈

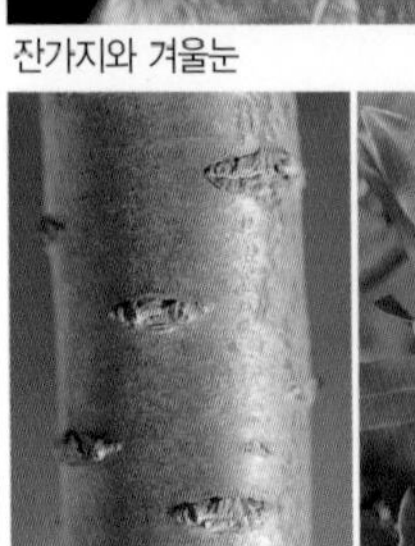
나무껍질

4월 초에 핀 꽃

## 서향/천리향(팥꽃나무과)
*Daphne odora*

떨기나무(높이 1m 정도)
중국 원산. 남부 지방 관상수

잔가지는 적자색~자갈색이며 털이 없다. 가지 끝에 촘촘히 모여 달리는 꽃눈은 홍자색이 돌고 연녹색 총포가 감싸고 있다. 잎자국은 반원형이다. 어긋나는 잎은 긴 타원형~거꿀피침형으로 끝이 뾰족하고 가장자리가 밋밋하며 두껍다.

잔가지와 겨울눈

나무껍질

6월에 익은 열매

## 백서향(팥꽃나무과)
*Daphne kiusiana*

떨기나무(높이 50~100㎝)
남쪽 섬

나무껍질은 어릴 때는 녹색이지만 점차 자갈색으로 변한다. 가지 끝에 촘촘히 모여 달리는 꽃눈은 연노란색이고 연한 황록색 총포가 감싸고 있다. 어긋나는 잎은 긴 타원형~거꿀피침형으로 끝이 뾰족하고 가장자리가 밋밋하며 광택이 있다.

잔가지와 겨울눈

나무껍질

잎가지

**백산차**(진달래과)
*Ledum palustre*

떨기나무(높이 50~70㎝)
양강도와 함경도

어린 가지는 잔털이 빽빽하다. 타원형 겨울눈을 싸고 있는 눈비늘조각도 털이 빽빽하다. 어긋나는 잎은 가는 피침형~긴 타원형으로 2~8㎝ 길이이고 가장자리는 밋밋하며 뒤로 말리고 뒷면은 황갈색 털이 빽빽하다. 열매는 긴 타원형이다.

잔가지와 겨울눈

꽃눈

11월 말의 열매

**만병초**(진달래과)
*Rhododendron fauriei*

떨기나무(높이 1~3m)
지리산 이북의 높은 산

꽃눈은 긴 달걀형이고 약간 작은 잎눈은 긴 타원형이다. 눈비늘조각은 여러 개이며 가장자리에는 가는 털이 있다. 어긋나는 잎은 좁은 타원형이며 가장자리는 밋밋하고 약간 뒤로 말린다. 잎 앞면은 광택이 있고 뒷면은 연갈색 털로 덮여 있다.

겨울눈과 잎

잔가지와 겨울눈

5월 말의 새순

6월에 핀 꽃

나무껍질

1월의 열매

## 노랑만병초(진달래과)

*Rhododendron aureum*

떨기나무(높이 10~100㎝)
설악산 이북의 높은 산

높은 산에서는 줄기의 밑부분이 지면을 따라 눕고 가지는 비스듬히 선다. 겨울눈은 달걀형이며 적갈색 눈비늘조각은 털로 덮여 있다. 어긋나는 잎은 긴 타원형이며 밋밋한 가장자리는 약간 뒤로 말린다. 잎몸은 가죽질이며 양면에 털이 없다.

## 꼬리진달래(진달래과)

*Rhododendron micranthum*

떨기나무(높이 1~2m)
강원도, 충북, 경북의 산

가지는 한 마디에서 2~3개씩 나오며 잔털과 비늘조각이 있다. 끝눈은 달걀형이며 표면에 잔털과 비늘조각이 있다. 어긋나는 잎은 가지 끝에서는 모여 달리며 타원형~거꿀피침형이고 양면에는 비늘조각이 퍼져 있으며 뒷면은 분백색이다.

잔가지와 겨울눈

결눈과 잎자국

잎 모양

## 진퍼리꽃나무(진달래과)

*Chamaedaphne calyculata*

떨기나무(높이 30~100㎝)
함경도 산의 습지

어린 가지에 비늘 모양의 기름점과 잔털이 있다. 겨울눈은 적갈색이며 볼록 튀어나온다. 어긋나는 잎은 긴 타원형이며 가장자리에 불분명한 톱니가 있고 뒷면은 회백색이다. 열매송이는 비스듬히 휘어지며 잎처럼 생긴 포가 있다.

잔가지와 겨울눈

나무껍질

9월의 어린 열매

## 모새나무(진달래과)

*Vaccinium bracteatum*

떨기나무(높이 3m 정도)
서해와 남해의 섬

잔가지는 적갈색이 돌고 털이 없어지며 능선이 있고 겨울눈은 동그스름하다. 어긋나는 잎은 타원형~달걀 모양의 타원형이며 끝이 뾰족하고 가장자리에 얕은 톱니가 있다. 열매송이에 잎 모양의 포가 있고 둥근 열매는 가을에 검게 익으며 새콤달콤하다.

잔가지와 꽃눈

잎눈

나무껍질

## 마취목(진달래과)

*Pieris japonica*

떨기나무~작은키나무(높이 1~8m)
일본 원산. 관상수

어린 가지는 녹색이고 능선이 있으며 털이 없어진다. 가지 끝의 기다란 꽃가지에 꽃눈이 촘촘히 달리고 잎눈은 둥근 달걀형이다. 촘촘히 어긋나는 잎은 거꿀피침형~긴 타원형이며 끝이 뾰족하고 가장자리의 상반부에 톱니가 있다.

잔가지와 겨울눈

나무껍질

9월의 열매

## 시로미(진달래과 | 시로미과)

*Empetrum nigrum* ssp. *asiaticum*

떨기나무(높이 10~20㎝)
한라산의 높은 지대

줄기가 옆으로 기고 잔가지가 많이 갈라져서 비스듬히 선다. 가지 끝의 겨울눈은 동그스름하고 작다. 가지에 촘촘히 모여 달리는 잎은 넓은 선형이며 5~6㎜ 길이이다. 잎몸은 두껍고 광택이 있으며 가장자리가 뒤로 말린다. 잎가지는 겨울에 붉어진다.

잔가지와 겨울눈

나무껍질

9월 초의 어린 열매

## 사스레피나무(펜타필락스과 | 차나무과)
*Eurya japonica*

떨기나무~작은키나무(높이 3~10m)
남쪽 바닷가

잔가지는 털이 없고 능선이 있다. 겨울눈은 맨눈이며 거무스름하다. 잎눈은 낫처럼 굽고 꽃눈은 동그스름하다. 어긋나는 잎은 타원형~거꿀피침형이며 가장자리에 잔톱니가 있고 가죽질이다. 둥근 열매는 가을에 흑자색으로 익는다.

잔가지와 겨울눈

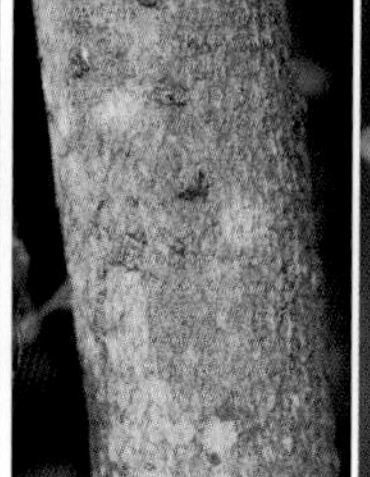
나무껍질

1월의 묵은 열매

## 우묵사스레피(펜타필락스과 | 차나무과)
*Eurya emarginata*

떨기나무~작은키나무(높이 4~6m)
남해안과 섬

햇가지는 보통 짧은털이 빽빽하다. 겨울눈은 맨눈이고 피침형이며 3~5㎜ 길이이고 붉은빛이 돈다. 어긋나는 잎은 거꿀달갈형이며 끝은 둥글거나 오목하고 가장자리는 얕은 톱니가 있으며 뒤로 젖혀진다. 둥근 열매는 가을에 흑자색으로 익는다.

잔가지와 겨울눈

11월의 열매　　잎 뒷면

## 산호수(앵초과 | 자금우과)

*Ardisia pusilla*

떨기나무(높이 10~20㎝)
제주도의 숲속

줄기는 부드러운 털이 빽빽하고 땅을 기면서 뿌리를 내린다. 끝눈은 긴 달걀형이며 붉은빛이 돈다. 어긋나는 잎은 줄기 끝에서는 3~5장이 돌려가며 달린다. 잎몸은 달걀형~긴 타원형이고 가장자리에 큰 톱니가 드문드문 있다.

끝눈
잎자국

잔가지와 겨울눈

1월의 열매

잎 뒷면

## 자금우(앵초과 | 자금우과)

*Ardisia japonica*

떨기나무(높이 10~20㎝)
남쪽 섬과 울릉도의 숲속

가지는 자잘한 알갱이 모양의 털이 빽빽하다. 끝눈은 둥근 달걀형이며 끝이 뾰족하고 잎자국은 동그스름하다. 어긋나거나 돌려나는 잎은 긴 타원형~달걀형으로 양면에 털이 없고 끝이 뾰족하며 가장자리에 뾰족한 잔 톱니가 있다.

잔가지와 겨울눈

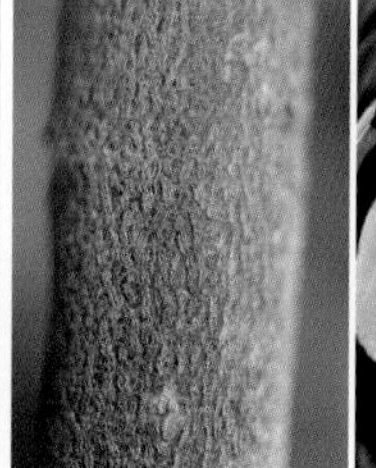

나무껍질

1월의 열매

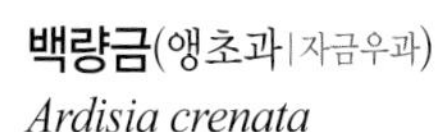

## 백량금(앵초과 | 자금우과)

*Ardisia crenata*

떨기나무(높이 30~100㎝)
남쪽 섬의 숲속

잔가지는 녹색이고 겨울눈은 좁은 원뿔형이며 잎자국은 세모꼴이다. 어긋나는 잎은 긴 타원형이며 끝이 뾰족하고 가장자리에 물결 모양의 톱니가 있다. 잎몸은 가죽질이고 두꺼우며 양면에 털이 없다. 둥근 열매는 가을에 붉게 익는다.

잔가지와 겨울눈

나무껍질

10월의 열매

## 빌레나무(앵초과 | 자금우과)

*Maesa japonica*

떨기나무(높이 50~150㎝)
제주도 서쪽의 곶자왈

잔가지는 녹색이며 털이 없고 껍질눈이 흩어져 난다. 잎겨드랑이의 가지에 꽃눈이 촘촘히 모여 달리고 잎눈은 긴 달걀형이며 적갈색 털에 싸여 있다. 어긋나는 잎은 타원형~긴 타원형이며 끝이 뾰족하다. 둥근 열매는 겨울에 흰색~연노란색으로 익는다.

잔가지와 가시

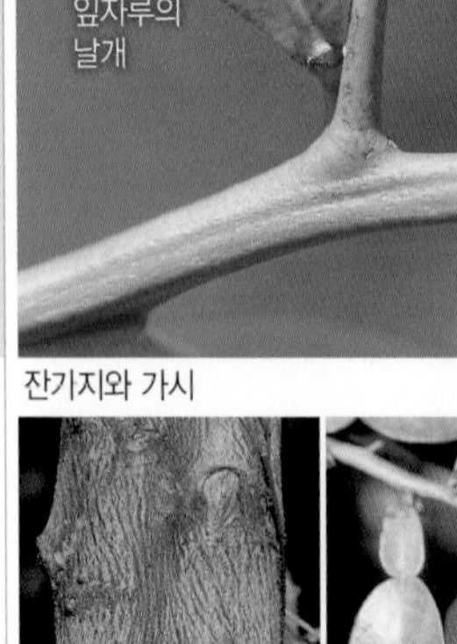

나무껍질 9월의 어린 열매

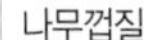

## 유자나무(운향과)

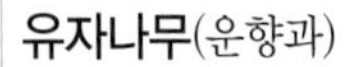

*Citrus junos*

떨기나무(높이 4m 정도)
중국 원산. 남쪽 바닷가

녹색 가지에 길고 뾰족한 가시가 있다. 어긋나는 잎은 좁은 달걀형~긴 타원형이며 끝이 뾰족하고 가장자리는 거의 밋밋하다. 잎자루는 10~25㎜ 길이이고 잎 모양의 넓은 날개가 있다. 동글납작한 열매는 울퉁불퉁하며 가을에 노랗게 익는다.

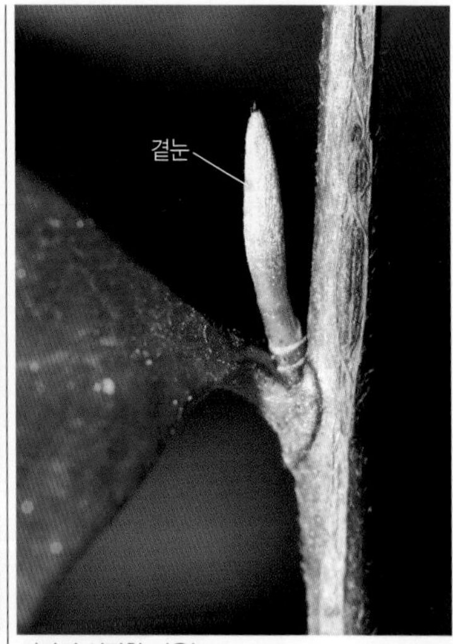


자라기 시작한 겨울눈

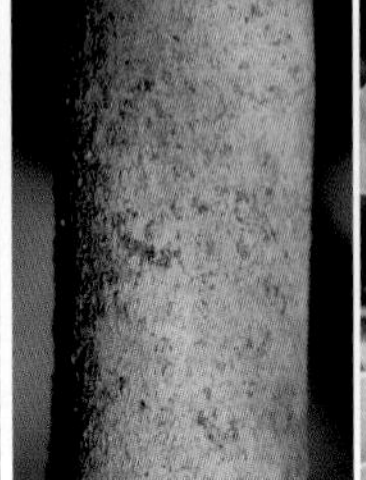

나무껍질 8월의 열매

## 차나무(차나무과)

*Camellia sinensis*

떨기나무(높이 2m 정도)
중국 원산. 남부 지방 재배

햇가지에 짧은털이 있다. 겨울눈은 창끝 모양이며 털로 덮여 있다. 나무껍질은 회백색이다. 어긋나는 잎은 타원형~긴 타원형으로 끝이 둔하고 가장자리에 둔한 톱니가 있으며 뒷면은 연녹색이다. 둥그스름한 열매는 세로로 3개의 얕은 골이 진다.

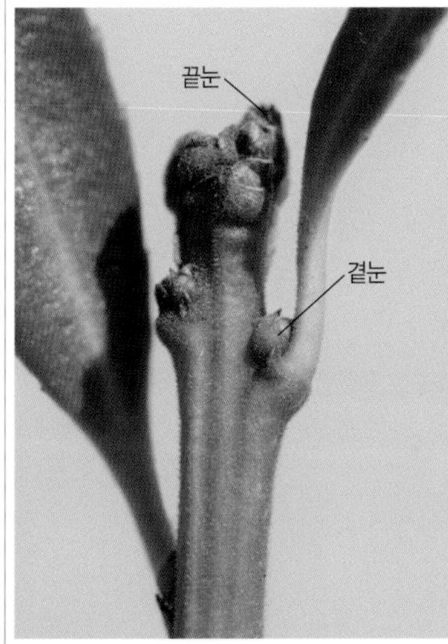

잔가지와 겨울눈

나무껍질

1월의 열매

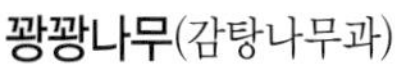

## 꽝꽝나무(감탕나무과)
*Ilex crenata*

떨기나무~작은키나무(높이 2~6m)
남부 지방

햇가지는 녹색이고 능선이 있으며 가는 털이 있다. 겨울눈은 동그스름하고 잎자국은 반원형이다. 어긋나는 잎은 타원형~긴 타원형으로 1~3㎝ 길이이고 끝이 뾰족하며 가장자리에 얕고 둔한 톱니가 있다. 둥근 열매는 가을에 검게 익는다.

잔가지와 수꽃눈

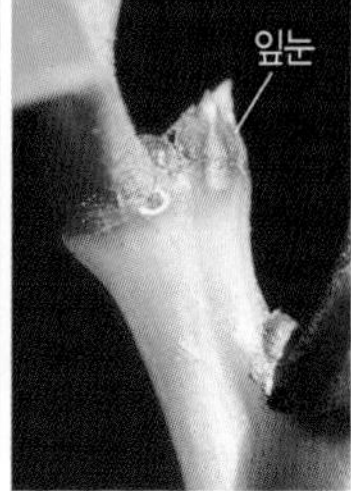

잎눈

10월 말의 열매

## 호랑가시나무(감탕나무과)
*Ilex cornuta*

떨기나무(높이 2~3m)
전북 변산반도 이남의 바닷가

잔가지는 능선이 있으며 털이 없다. 수그루는 수꽃눈이 촘촘히 뭉쳐 있고 잎눈은 끝이 뾰족하다. 어긋나는 잎은 타원 모양의 사각형~타원 모양의 육각형이며 잎 끝과 모서리는 날카로운 가시로 된다. 둥근 열매는 가을에 붉게 익는다.

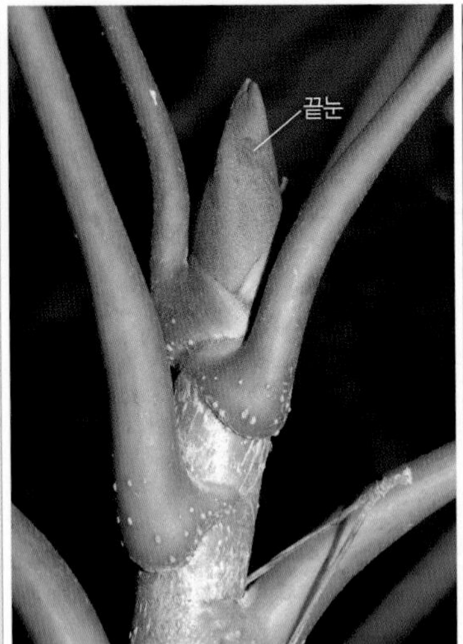

잔가지와 겨울눈

나무껍질

12월 초에 핀 꽃

## 팔손이(두릅나무과)
*Fatsia japonica*

떨기나무(높이 2~3m)
남쪽 섬의 바닷가 숲속

햇가지는 녹색이며 갈색의 긴털이 있다. 끝눈은 달걀형이고 끝이 뾰족하다. 어긋나거나 모여나는 잎은 손바닥처럼 7~9갈래로 깊게 갈라지며 가죽질이고 광택이 있다. 11~12월에 흰색 꽃이 핀 우산꽃차례가 모여 커다란 원뿔꽃차례를 만든다.

잔가지와 겨울눈

나무껍질

11월의 열매

## 돈나무(돈나무과)
*Pittosporum tobira*

떨기나무(높이 2~3m)
남부 지방의 바닷가 산

잔가지는 털이 없다. 겨울눈은 동그스름하며 눈비늘조각은 털로 덮여 있다. 어긋나거나 모여나는 잎은 거꿀달걀형~거꿀달걀 모양의 피침형이며 밋밋한 가장자리가 뒤로 말린다. 둥근 열매는 가을에 익으면 3갈래로 벌어지며 붉은색 점액질에 싸인 씨앗이 드러난다.

# 겨울눈이 마주나는 늘푸른키나무

제주시 한경면 절부암의 박달목서 군락

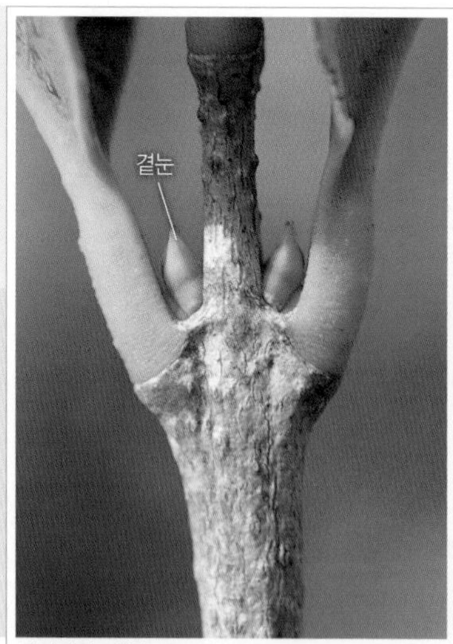

잔가지와 겨울눈

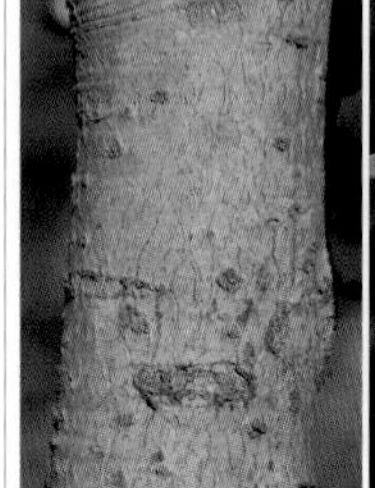
나무껍질

10월에 핀 꽃

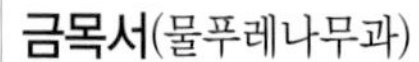

## 금목서(물푸레나무과)

*Osmanthus fragrans* v. *aurantiacus*

떨기나무~작은키나무(높이 3~6m)
중국 원산. 남부 지방 관상수

겨울눈은 달걀형이며 곁눈 밑에 세로 덧눈이 달리기도 한다. 잎자국은 반원형이며 보통 가운데가 오목하다. 마주나는 잎은 긴 타원형~넓은 피침형이며 끝이 뾰족하고 상반부에 잔톱니가 있거나 밋밋하다. 가을에 잎겨드랑이에 주황색 꽃이 핀다.

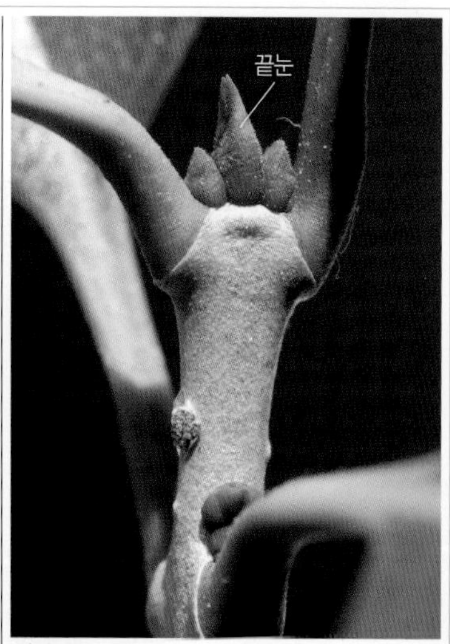

잔가지와 겨울눈

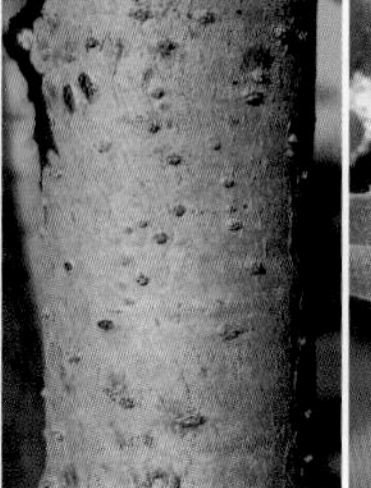
나무껍질

10월에 핀 꽃

## 구골목서(물푸레나무과)

*Osmanthus × fortunei*

떨기나무~작은키나무(높이 4~7m)
남부 지방 관상수

구골나무와 목서의 교잡종이다. 동그스름한 겨울눈은 끝이 뾰족하며 덧눈이 달리기도 한다. 마주나는 잎은 타원형이며 끝이 뾰족하고 가장자리에 바늘 모양의 톱니가 8~10쌍이 있다. 가을에 잎겨드랑이에 흰색 꽃이 모여 핀다.

잔가지와 겨울눈

나무껍질

6월의 열매

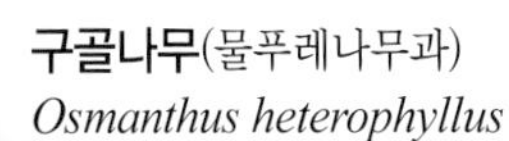

## 구골나무(물푸레나무과)
*Osmanthus heterophyllus*

- 떨기나무~작은키나무(높이 4~8m)
- 일본과 대만 원산. 남부 지방 관상수

햇가지는 미세한 털이 있다. 겨울눈은 달걀형이고 끝이 뾰족하며 눈비늘조각은 짧은털로 덮여 있다. 마주나는 잎은 타원형이며 가장자리가 밋밋한 잎과 2~5개의 모서리가 가시로 된 잎이 함께 난다. 11~12월에 잎겨드랑이에 흰색 꽃이 핀다.

잔가지와 겨울눈

나무껍질

4월의 열매

## 박달목서(물푸레나무과)
*Osmanthus insularis*

- 큰키나무(높이 15m 정도)
- 제주도, 가거도, 거문도

잔가지는 회색~회갈색이며 꽃눈은 동그스름하고 잎눈은 끝이 뾰족하다. 마주나는 잎은 긴 타원형이며 끝이 길게 뾰족하고 가장자리가 밋밋하다. 잎몸은 가죽질이고 앞면은 광택이 있다. 늦가을에 잎겨드랑이에 흰색 꽃이 피고 타원형 열매가 열린다.

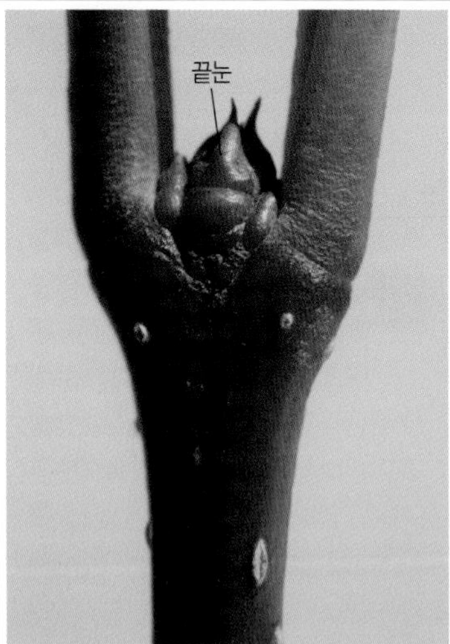


산가지와 겨울눈

나무껍질

1월의 열매

## 제주광나무/당광나무(물푸레나무과)

*Ligustrum lucidum*

큰키나무(높이 10~15m)

제주도. 관상수

가지에 도드라진 껍질눈이 흩어져 난다. 겨울눈을 싸고 있는 눈비늘조각은 적갈색이고 광택이 있다. 마주나는 잎은 달걀형~타원형이며 끝이 뾰족하고 가장자리는 밋밋하다. 잎몸은 가죽질이며 햇빛에 비추면 잎맥이 뚜렷하게 보인다.

잔가지와 겨울눈

나무껍질

8월의 열매

## 아왜나무(연복초과 | 인동과)

*Viburnum odoratissimun* v. *awabuki*

큰키나무(높이 10m 정도)

제주도

잔가지에 껍질눈이 흩어져 난다. 겨울눈은 길쭉하고 8~17㎜ 길이이며 2~3쌍의 눈비늘조각에 싸여 있다. 마주나는 잎은 긴 타원형~거꿀달걀형이며 끝이 뾰족하고 가장자리는 거의 밋밋하다. 타원형 열매는 가을에 붉게 익는다.

# 겨울눈이 어긋나는 늘푸른키나무

1월에 핀 동백나무 꽃

# 대나무, 야자나무

11월의 조릿대 군락

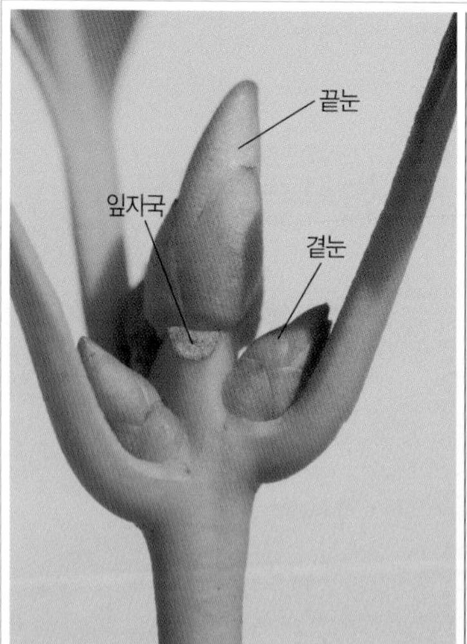

잔가지와 겨울눈

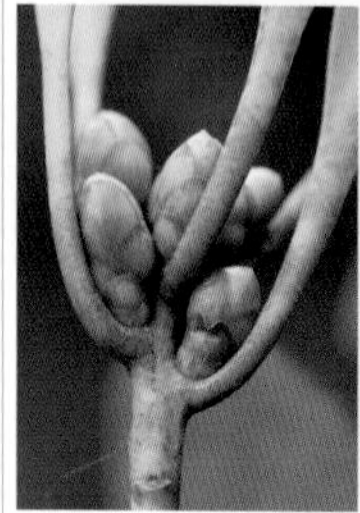
꽃눈

9월의 열매

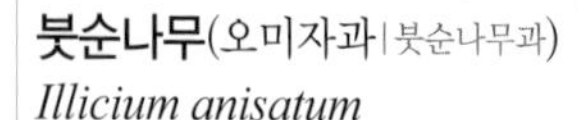

## 붓순나무(오미자과|붓순나무과)
*Illicium anisatum*

작은키나무(높이 2~5m)
남쪽 섬

잎눈은 긴 달걀형이고 꽃눈은 동그스름하며 잎자국은 반원형이다. 어긋나는 잎은 긴 타원형이며 끝이 뾰족하고 가장자리가 밋밋하다. 잎몸은 두껍고 앞면은 광택이 있다. 꽃만두 모양의 열매는 가을에 익으면 칸칸이 세로로 갈라진다.

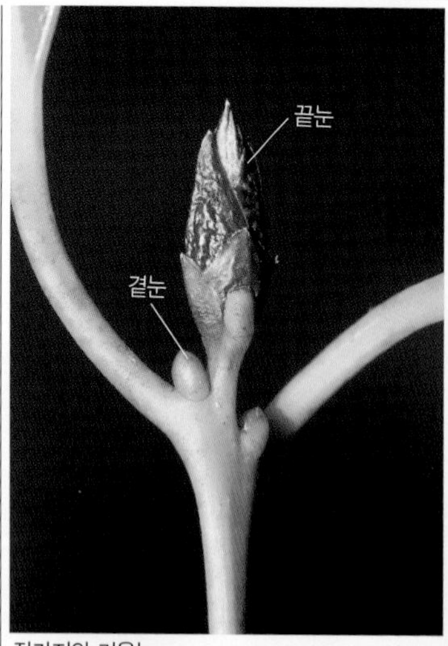

잔가지와 겨울눈

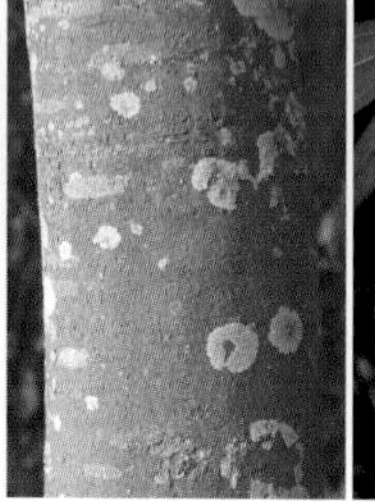
나무껍질

잎가지

## 육계나무(녹나무과)
*Cinnamomum loureiroi*

큰키나무(높이 8~15m)
중국 원산. 남쪽 섬

잔가지는 털이 없고 겨울눈은 달걀형이며 끝이 뾰족하다. 어긋나는 잎은 긴 타원형이며 끝이 길게 뾰족하고 가장자리는 밋밋하다. 잎 앞면은 광택이 있고 뒷면은 분백색이다. 타원형 열매는 11~12월에 흑자색으로 익는다.

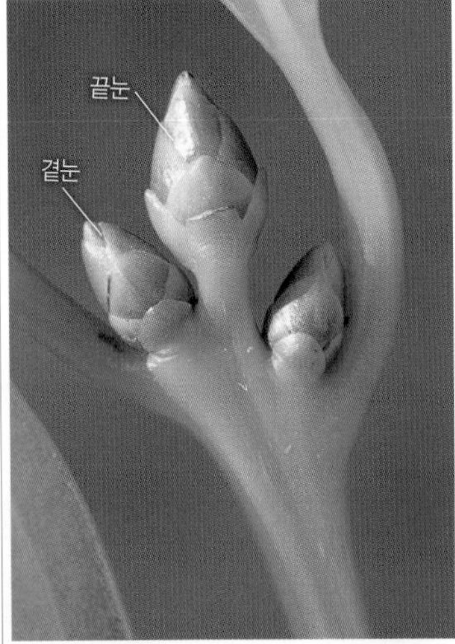

잔가지와 겨울눈

나무껍질

9월의 열매

## 생달나무(녹나무과)

*Cinnamomum yabunikkei*

큰키나무(높이 15~20m)
남쪽 섬

겨울눈은 달걀형이며 끝이 뾰족하고 눈비늘조각에 싸여 있다. 어긋나는 잎은 긴 타원형으로 가장자리는 밋밋하고 물결 모양으로 구불거리며 뒷면은 분백색이다. 열매는 타원형~구형이며 우산살처럼 모여 달리고 가을에 흑자색으로 익는다.

잔가지와 겨울눈

나무껍질

9월의 열매

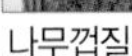

## 녹나무(녹나무과)

*Cinnamomum camphora*

큰키나무(높이 20m 정도)
제주도의 산기슭이나 산골짜기

햇가지는 황록색이고 털이 없다. 겨울눈은 긴 달걀형이며 끝이 뾰족하고 연한 적갈색이다. 어긋나는 잎은 달걀형~타원형으로 끝이 뾰족하고 가장자리는 물결 모양으로 주름이 지며 뒷면은 회백색이다. 열매는 원뿔형으로 모여 달린다.

잔가지와 겨울눈

나무껍질

8월의 어린 열매

## 후박나무(녹나무과)
*Machilus thunbergii*

 큰키나무(높이 15~20m)
울릉도와 남쪽 섬

햇가지는 녹색이고 털이 없다. 겨울눈은 달걀형~긴 달걀형으로 끝이 뾰족하고 눈비늘조각은 붉은색이 돌며 가장자리에 털이 있다. 어긋나는 잎은 거꿀달걀형~긴 타원형으로 끝이 뾰족하고 가장자리가 밋밋하며 뒷면은 회녹색이다.

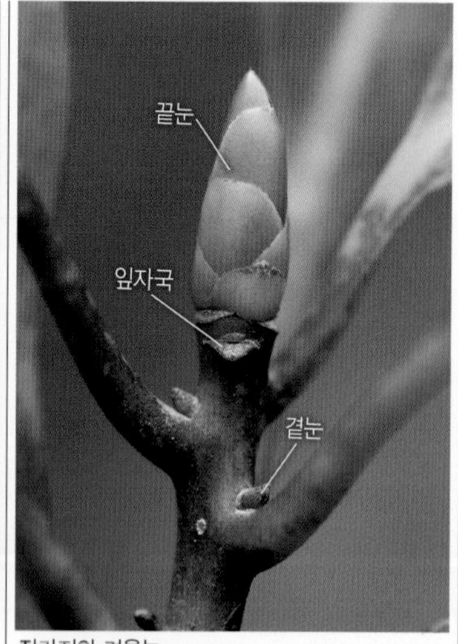

잔가지와 겨울눈

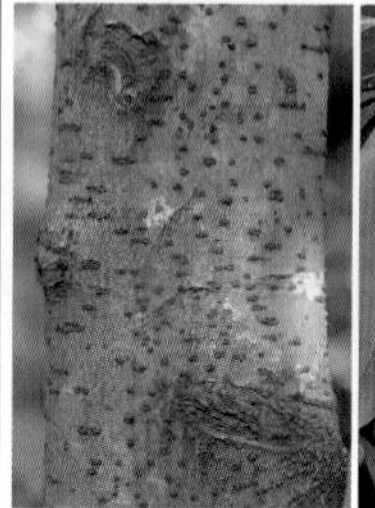
나무껍질

9월의 열매

## 센달나무(녹나무과)
*Machilus japonica*

큰키나무(높이 10~15m)
남쪽 섬

햇가지는 녹색이고 털이 없다. 겨울눈은 달걀형~긴 달걀형이며 끝이 뾰족하고 후박나무보다 작다. 어긋나는 잎은 긴 타원형~피침형으로 끝이 길게 뾰족하고 가장자리는 밋밋하며 약간 주름이 진다. 잎 앞면은 광택이 있고 뒷면은 청백색이다.

잔가지와 겨울눈

나무껍질

1월의 열매

## 참식나무(녹나무과)
*Neolitsea sericea*

큰키나무(높이 10~15m)
울릉도와 남쪽 바닷가

햇가지는 황갈색 털이 빽빽하다. 잎눈은 긴 타원형이며 끝이 뾰족하고 꽃눈은 둥글며 자루가 없다. 어긋나는 잎은 긴 타원형이며 끝이 뾰족하고 가장자리가 밋밋하다. 잎몸은 가죽질이고 뒷면은 분백색이다. 둥근 열매는 가을에 붉게 익는다.

잎눈과 꽃눈

자라기 시작한 잎눈

9월의 어린 열매

## 새덕이/흰새덕이(녹나무과)
*Neolitsea aciculata*

큰키나무(높이 10m 정도)
전남과 제주도의 산

햇가지는 가늘고 녹색이다. 잎눈은 피침형이며 꽃눈은 둥글고 자루가 없다. 어긋나는 잎은 긴 타원형이며 끝이 뾰족하고 가장자리가 밋밋하다. 잎 뒷면은 흰빛이 돌고 3개의 잎맥이 뚜렷하다. 타원형 열매는 가을에 흑자색으로 익는다.

잔가지와 겨울눈

꽃눈

4월의 어린 열매

## 까마귀쪽나무(녹나무과)

*Litsea japonica*

작은키나무(높이 7m 정도)
울릉도와 남쪽 섬

어린 가지는 굵고 황갈색 솜털이 빽빽하다. 잎눈은 긴 타원형이고 눈비늘조각은 털로 덮이며 꽃눈은 둥글다. 어긋나는 잎은 긴 타원형이며 가장자리가 밋밋하고 약간 뒤로 말린다. 잎몸은 두꺼운 가죽질이고 뒷면은 황갈색 솜털이 빽빽하다.

잔가지와 겨울눈

나무껍질

7월 말의 열매

## 육박나무(녹나무과)

*Litsea coreana*

큰키나무(높이 15~20m)
남쪽 섬

나무껍질은 회흑색이고 흰색~회갈색 반점이 있다. 잎눈은 피침형이고 꽃눈은 동그스름하다. 어긋나는 잎은 긴 타원형~거꿀피침형이며 끝이 뾰족하고 가장자리가 밋밋하다. 잎 뒷면은 흰빛이 돌고 측맥은 7~10쌍이다. 둥근 열매는 붉게 익는다.

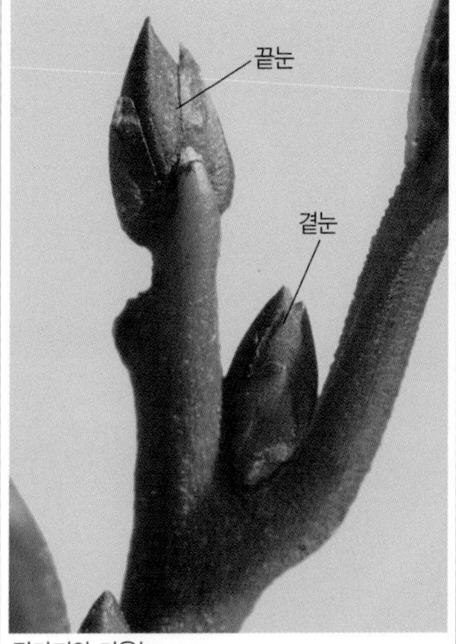


잔가지와 겨울눈

꽃눈

9월의 열매

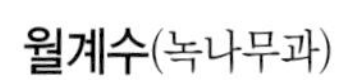

## 월계수(녹나무과)
*Laurus nobilis*

큰키나무(높이 15m 정도)
지중해 연안 원산. 남쪽 섬

잔가지는 자갈색이고 잎눈은 달걀형이며 끝이 약간 뾰족하다. 꽃눈은 동그스름하고 자루가 있다. 어긋나는 잎은 긴 타원형이며 끝이 뾰족하고 가장자리는 물결 모양으로 주름이 진다. 열매는 타원형이고 가을에 흑자색으로 익는다.

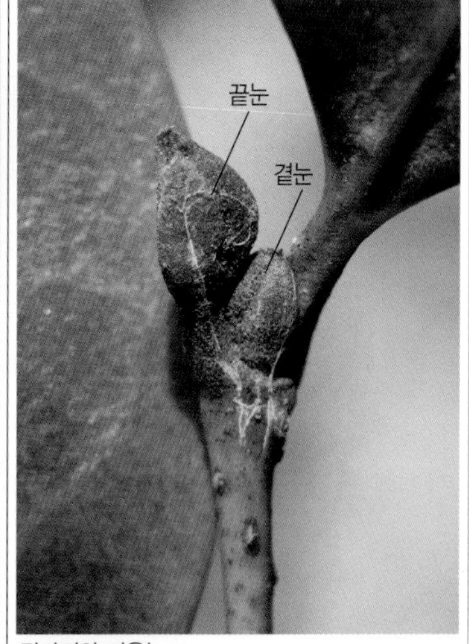


잔가지와 겨울눈

벌레집

1월의 갈라진 열매

## 조록나무(조록나무과)
*Distylium racemosum*

큰키나무(높이 20m 정도)
남쪽 섬

햇가지는 갈색의 별모양털이 있다. 겨울눈도 눈비늘조각이 별모양털로 촘촘히 덮여 있다. 어긋나는 잎은 긴 타원형이며 끝이 뾰족하고 가장자리가 밋밋하다. 잎에는 벌레집이 많이 생긴다. 열매는 달걀형이며 끝이 뾰족하고 털이 빽빽하다.

진가지와 꽃눈

잎눈

10월의 열매

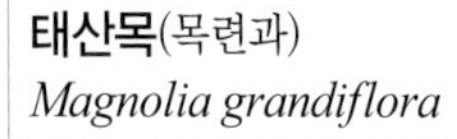

## 태산목(목련과)

*Magnolia grandiflora*

큰키나무(높이 20m 정도)

북미 원산. 남부 지방 관상수

어린 가지와 겨울눈은 짧은 갈색 털로 덮여 있다. 꽃눈은 달걀형이고 잎눈은 긴 원뿔형이다. 어긋나는 잎은 긴 타원형이며 가장자리가 밋밋하다. 잎몸은 가죽질이고 앞면은 광택이 있으며 뒷면은 갈색 털이 빽빽하다. 타원형 열매는 가을에 익는다.

잔가지와 겨울눈

나무껍질

잎가지

## 초령목(목련과)

*Magnolia compressa*

큰키나무(높이 15m 정도)

제주도

가지는 갈색의 누운털이 있지만 없어지며 턱잎자국이 한 바퀴 돈다. 꽃눈과 잎눈은 모두 누운털이 빽빽하다. 어긋나는 잎은 긴 타원형~긴 거꿀달걀형이며 끝이 뾰족하고 가장자리는 밋밋하다. 잎몸은 가죽질이고 뒷면은 회녹색이다.

잔가지와 겨울눈

나무껍질 9월의 어린 열매

## 굴거리(굴거리나무과 | 대극과)

*Daphniphyllum macropodum*

큰키나무(높이 10m 정도)

남부 지방의 산

어린 가지는 붉은색이 돌고 끝눈은 달걀형이며 잎겨드랑이의 꽃눈은 작다. 촘촘히 어긋나는 잎은 좁고 긴 타원형이며 가장자리가 밋밋하고 잎자루가 붉다. 열매송이는 밑으로 처지고 둥근 타원형 열매는 가을에 흑자색으로 익는다.

잔가지와 겨울눈

꽃눈 11월의 열매

## 좀굴거리(굴거리나무과 | 대극과)

*Daphniphyllum teysmannii*

큰키나무(높이 10m 정도)

전남의 섬과 제주도

어린 가지는 녹색이고 끝눈은 좁은 달걀형이며 잎겨드랑이의 꽃눈은 작고 둥글다. 촘촘히 어긋나는 잎은 좁은 타원형이며 끝이 뾰족하고 가장자리가 밋밋하다. 열매송이는 처지지 않고 둥근 타원형 열매는 가을에 흑자색으로 익는다.

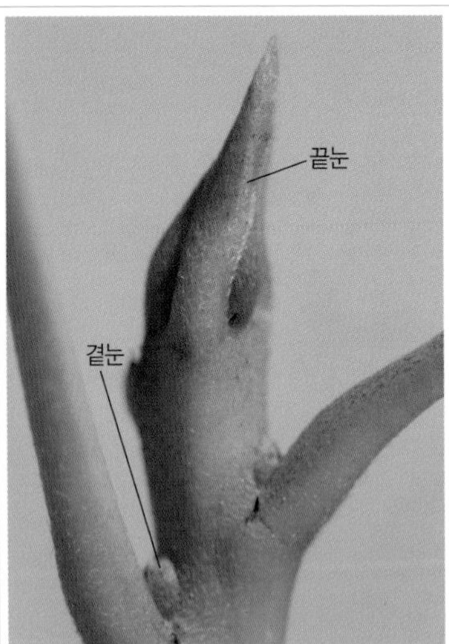


잔가지와 겨울눈

나무껍질

10월의 열매

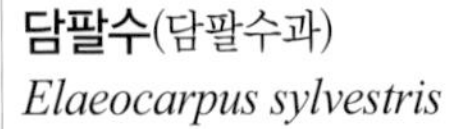

## 담팔수(담팔수과)
*Elaeocarpus sylvestris*

큰키나무(높이 10~20m)
제주도

햇가지는 털이 있지만 점차 없어진다. 겨울눈은 맨눈이며 흰색 잔털이 있다. 촘촘히 어긋나는 잎은 거꿀피침형~긴 타원 모양의 피침형이며 끝이 뾰족하고 가장자리에 둔한 톱니가 있다. 타원형 열매는 11~12월에 검푸른색으로 익는다.

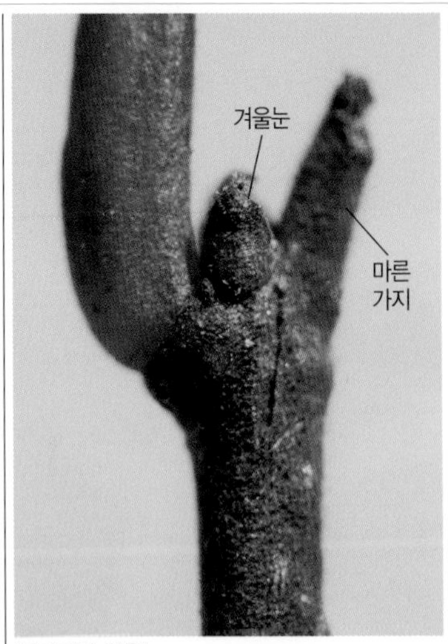


잔가지와 겨울눈

가시

1월의 열매

## 산유자나무(대극과|이나무과)
*Croton congestus*

떨기나무~작은키나무(높이 3~10m)
제주도와 전남의 바닷가 산

줄기와 가지에 날카로운 가시가 많으며 가시는 가지가 갈라진다. 겨울눈은 달걀형이다. 어긋나는 잎은 긴 타원형~넓은 달걀형이며 끝이 뾰족하고 가장자리에 톱니가 있다. 둥근 열매는 지름 4~5㎜이고 10~12월에 흑자색으로 익는다.

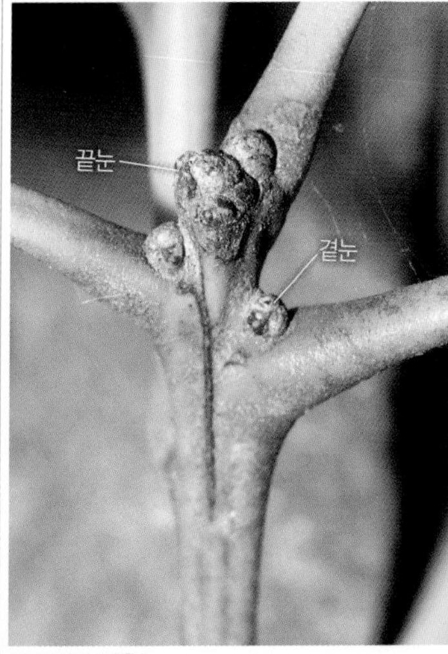

잔가지와 겨울눈

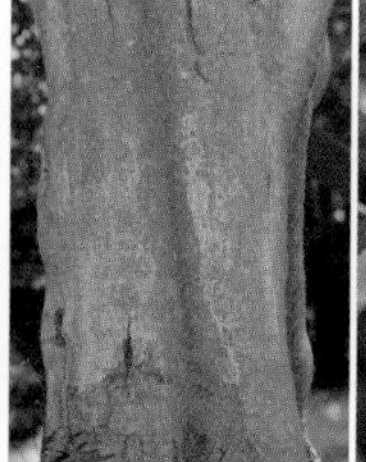
나무껍질

5월의 어린 열매

## 돌참나무(참나무과)
*Lithocarpus edulis*

큰키나무(높이 10~15m)
일본 원산. 남부 지방 관상수

햇가지는 연녹색이며 세로로 얕은 골이 지고 털이 없어진다. 겨울눈은 구형~달걀형이며 황갈색 눈비늘조각에 싸인다. 나사 모양으로 어긋나는 잎은 좁은 거꿀달걀형으로 끝이 뾰족하고 가장자리가 밋밋하며 가죽질이다. 도토리열매는 가을에 익는다.

잔가지와 겨울눈

나무껍질

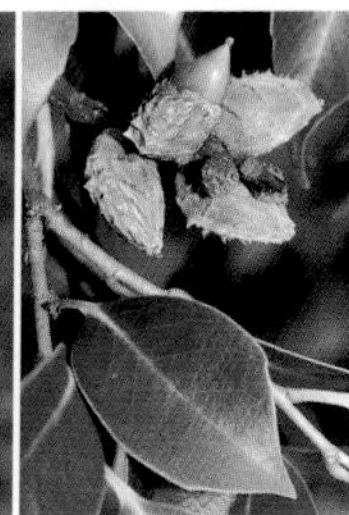
9월의 열매

## 구실잣밤나무(참나무과)
*Castanopsis sieboldii*

큰키나무(높이 15~20m)
서남해 섬

어린 가지는 회녹갈색이며 둥근 껍질눈이 많다. 겨울눈은 긴 타원형이며 약간 납작하다. 어긋나는 잎은 거꿀피침형~긴 타원형으로 가죽질이고 끝이 뾰족하며 상반부에 물결 모양의 톱니가 있다. 달걀형 열매는 깍정이 표면이 우툴두툴하다.

잔가지와 겨울눈

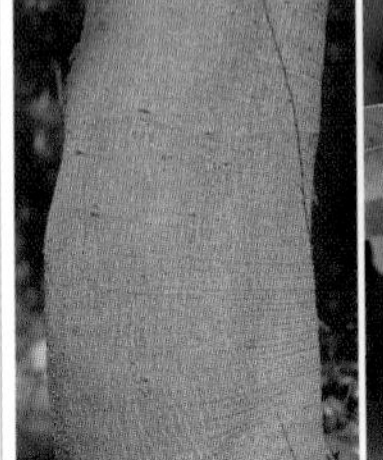
나무껍질

9월의 열매

## 붉가시나무(참나무과)
*Quercus acuta*

큰키나무(높이 20m 정도)
서남해안과 울릉도

햇가지는 부드러운 털이 빽빽하지만 점차 없어진다. 겨울눈은 타원형이고 비단털이 있다. 어긋나는 잎은 긴 타원형이며 끝이 길게 뾰족하고 가장자리가 거의 밋밋하다. 잎몸은 가죽질이며 앞면은 광택이 있고 뒷면은 연녹색이다. 도토리열매가 열린다.

잔가지와 겨울눈

나무껍질

10월의 열매

## 종가시나무(참나무과)
*Quercus glauca*

큰키나무(높이 20m 정도)
제주도와 서남해안

햇가지는 부드러운 털이 빽빽하지만 점차 없어진다. 겨울눈은 달갈형이고 눈비늘조각은 광택이 있다. 어긋나는 잎은 긴 타원형이며 끝이 길게 뾰족하고 가장자리의 상반부에 안으로 굽은 톱니가 있다. 잎 뒷면은 회백색 비단털로 덮여 있다. 도토리열매가 열린다.

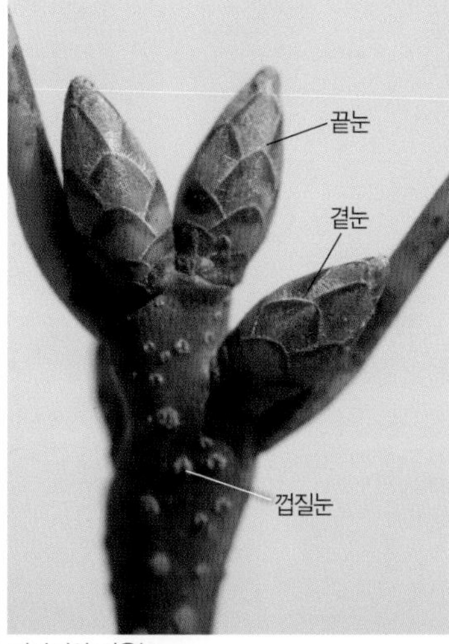

잔가지와 겨울눈

나무껍질

11월의 열매

# 가시나무(참나무과)

*Quercus myrsinifolia*

큰키나무(높이 15~20m)
남쪽 섬

햇가지는 부드러운 털이 빽빽하지만 곧 없어지고 껍질눈이 흩어져 난다. 겨울눈은 달걀형이다. 어긋나는 잎은 좁은 타원형이며 끝이 길게 뾰족하고 가장자리의 2/3 이상에 얕은 톱니가 있다. 잎몸은 가죽질이고 뒷면은 회녹색이며 털이 없어진다.

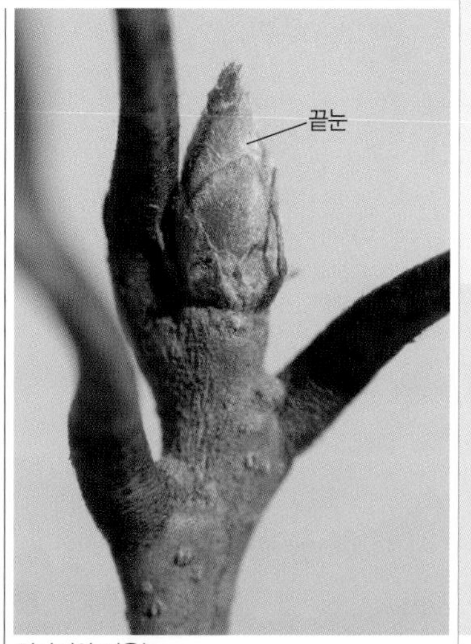

잔가지와 겨울눈

나무껍질

잎 뒷면

# 참가시나무(참나무과)

*Quercus salicina*

큰키나무(높이 20m 정도)
남쪽 섬과 울릉도

햇가지는 부드러운 털이 빽빽하지만 점차 없어진다. 겨울눈은 긴 타원형이고 비단털이 있다. 어긋나는 잎은 좁은 타원형이며 끝이 길게 뾰족하고 가장자리의 2/3 이상에 날카롭고 얕은 톱니가 있다. 잎몸은 가죽질이고 뒷면은 분백색이다.

잔가지와 겨울눈

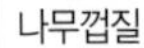
나무껍질 10월의 열매

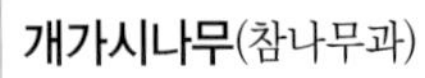

## 개가시나무(참나무과)
*Quercus gilva*

큰키나무(높이 20m 정도)
제주도의 낮은 산

잔가지는 별모양털이 빽빽하고 골이 진다. 겨울눈은 긴 타원형이고 다갈색이다. 어긋나는 잎은 거꿀피침형이며 끝이 길게 뾰족하고 가장자리의 상반부에 날카로운 톱니가 있다. 잎몸은 가죽질이며 뒷면은 황갈색 별모양털로 덮여 있다. 도토리열매가 열린다.

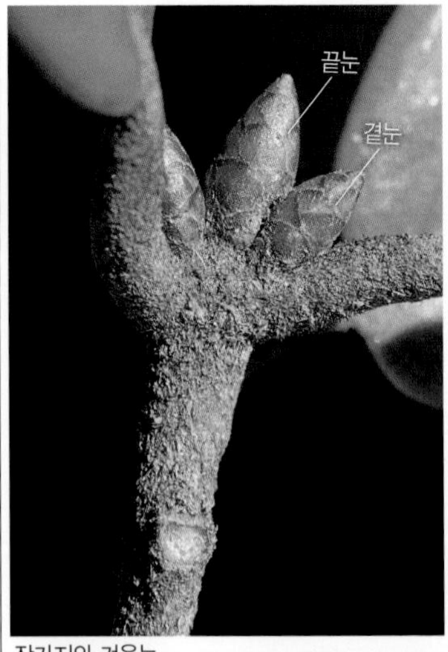


잔가지와 겨울눈

나무껍질 10월의 열매

## 졸가시나무(참나무과)
*Quercus phillyreoides*

작은키나무(높이 3~10m)
일본과 중국 원산. 남부 지방 관상수

햇가지는 별모양털이 빽빽하지만 2년생 가지는 털이 없어진다. 겨울눈은 좁은 달걀형이다. 어긋나는 잎은 타원형이며 끝이 둔하고 가장자리의 상반부에 얕은 톱니가 있다. 잎몸은 가죽질이며 앞면은 광택이 있고 뒷면은 연녹색이다. 도토리열매가 열린다.

잔가지와 수꽃눈

잎눈

4월 초에 핀 수꽃

## 소귀나무(소귀나무과)
*Myrica rubra*

큰키나무(높이 5~15m)
제주도의 산기슭

잔가지는 회백색이며 껍질눈이 많다. 암수딴그루로 잎겨드랑이의 수꽃눈은 원통형이며 가지 끝의 잎눈은 작고 끝이 뾰족하다. 촘촘히 어긋나는 잎은 거꿀피침형으로 끝이 뾰족하고 밑부분은 잎자루로 흐르며 가장자리는 거의 밋밋하다.

잔가지와 겨울눈

나무껍질

12월 초에 핀 꽃

## 비파나무(장미과)
*Eriobotrya japonica*

큰키나무(높이 6~10m)
중국 원산. 남부 지방 관상수

어린 가지와 잎눈은 연갈색 솜털로 덮여 있다. 어긋나는 잎은 넓은 거꿀피침형~좁은 거꿀달걀형이며 끝이 뾰족하고 뒷면은 연갈색 솜털이 빽빽하다. 11월~다음 해 1월에 가지 끝에 달리는 원뿔꽃차례는 갈색 솜털이 빽빽하며 연한 황백색 꽃이 모여 핀다.

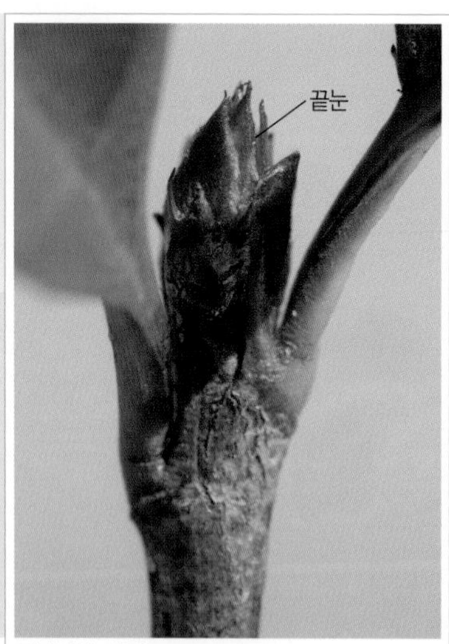


잔가지와 겨울눈

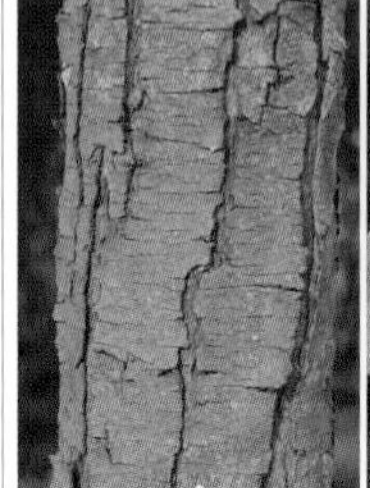

나무껍질

1월의 열매

## 홍가시나무(장미과)
*Photinia glabra*

작은키나무(높이 5~10m)
중국과 일본 원산. 남부 지방 관상수

겨울눈은 달걀형이고 여러 개의 붉은색 눈비늘조각은 끝이 조금씩 벌어진다. 어긋나는 잎은 긴 타원형이며 끝이 뾰족하고 가장자리에 가는 톱니가 있다. 둥근 달걀형 열매는 끝에 꽃받침자국이 남아 있으며 12월에 붉게 익는다.

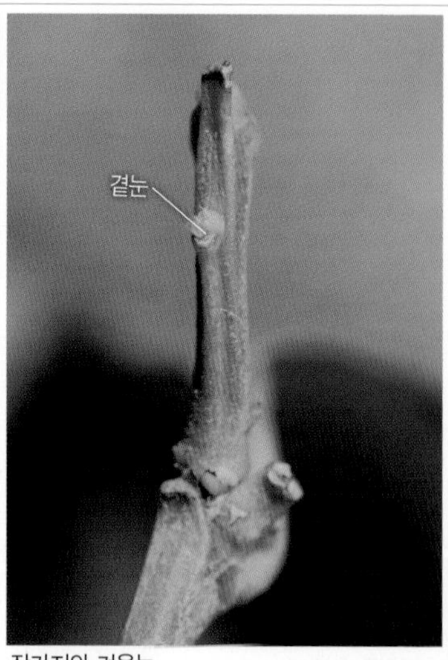


잔가지와 겨울눈

나무껍질

12월의 열매

## 귤(운향과)
*Citrus reticulata*

작은키나무(높이 3~5m)
중국과 일본 원산. 남쪽 섬

햇가지는 녹색이며 가시가 없고 겨울눈은 연녹색이며 매우 작다. 어긋나는 잎은 달걀 모양의 타원형이며 끝이 뾰족하고 가장자리는 거의 밋밋하다. 잎자루는 날개가 거의 없다. 동글납작한 열매는 11~12월에 주황색으로 익는다.

잔가지와 겨울눈

나무껍질

9월의 열매

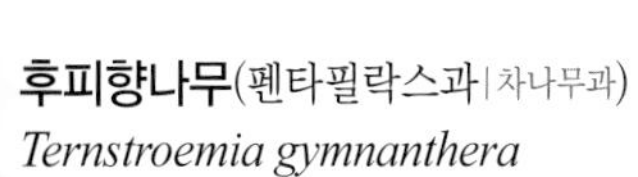

## 후피향나무(펜타필락스과 | 차나무과)
*Ternstroemia gymnanthera*

큰키나무(높이 10~15m)
제주도의 바닷가나 산

겨울눈은 작은 반구형이며 7~9개의 적갈색 눈비늘조각은 털이 없다. 어긋나는 잎은 좁은 거꿀달걀형~타원 모양의 달걀형이며 가죽질이다. 둥근 열매는 가을에 붉게 익으면 껍질이 불규칙하게 갈라지면서 붉은색 씨앗이 드러난다.

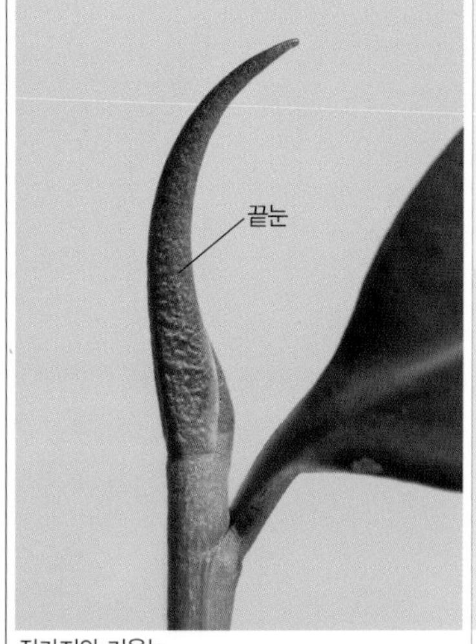


잔가지와 겨울눈

나무껍질

1월의 열매

## 비쭈기나무(펜타필락스과 | 차나무과)
*Cleyera japonica*

작은키나무(높이 10m 정도)
남쪽 섬

햇가지는 녹색이고 털이 없다. 겨울눈은 긴 피침형이며 보통 낫처럼 구부러진다. 어긋나는 잎은 타원형~넓은 피침형이며 끝은 뾰족하거나 둥글고 가장자리가 밋밋하다. 잎 뒷면은 연녹색이다. 둥근 열매는 끝이 뾰족하며 11~12월에 검게 익는다.

잔가지와 겨울눈

4월에 핀 꽃

9월의 열매

## 동백나무(차나무과)

*Camellia japonica*

작은키나무(높이 5~7m)
남부 지방의 산과 들

잎눈은 긴 타원형이며 끝이 뾰족하고 꽃눈은 달걀형~넓은 달걀형이며 잎눈보다 훨씬 크다. 어긋나는 잎은 긴 타원형~달걀 모양의 타원형이며 끝이 뾰족하고 가장자리에 잔톱니가 있다. 11월~다음 해 4월에 가지 끝이나 잎겨드랑이에 붉은색 꽃이 핀다.

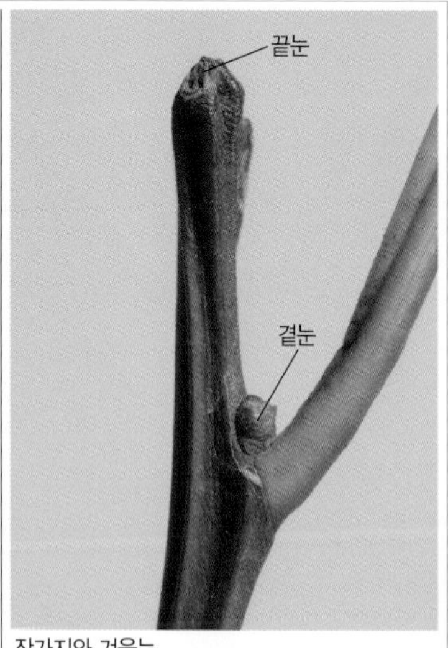


잔가지와 겨울눈

나무껍질

6월 초에 핀 암꽃과 묵은 열매

## 먼나무(감탕나무과)

*Ilex rotunda*

큰키나무(높이 10m 정도)
제주도와 보길도

햇가지는 약간 모가 지며 털이 없고 자줏빛이 돈다. 겨울눈은 1㎜ 정도 크기로 매우 작다. 어긋나는 잎은 타원형~긴 타원형으로 가장자리가 밋밋하고 가죽질이며 앞면은 광택이 있다. 잎자루는 자줏빛이 돈다. 둥근 열매는 초겨울에 붉게 익는다.

잎눈과 수꽃눈

나무껍질

11월의 열매

## 감탕나무(감탕나무과)

*Ilex integra*

작은키나무(높이 6~10m)
울릉도와 남쪽 섬

가지는 털이 없다. 끝눈은 원뿔형이고 둥근 꽃눈은 잎겨드랑이에 모여 붙는다. 어긋나는 잎은 타원형~긴 거꿀달걀형이며 가장자리가 밋밋하지만 어린 나무의 잎은 2~3개의 톱니가 있다. 잎몸은 가죽질이다. 둥근 열매는 11~12월에 붉게 익는다.

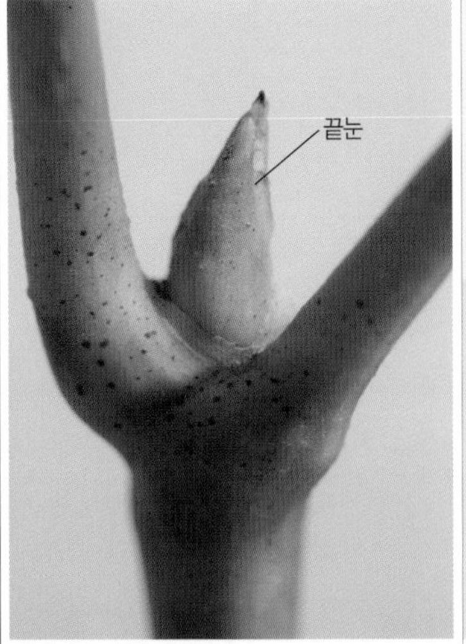

잔가지와 겨울눈

11월의 열매

어린 나무의 잎

## 황칠나무(두릅나무과)

*Dendropanax morbiferus*

작은키나무(높이 3~8m)
남쪽 섬

햇가지는 연녹색이고 겨울눈은 세모진 원뿔 모양이다. 어긋나는 잎은 타원 모양의 달걀형~넓은 달걀형이며 끝이 뾰족하고 가장자리가 밋밋하다. 어린 나무는 잎몸이 2~5갈래로 갈라진다. 타원형 열매는 둥글게 모여 달리고 가을에 흑자색으로 익는다.

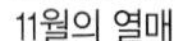

잎집의 비단털

8월의 열매

줄기 마디

## 왕대(벼과)

*Phyllostachys bambusoides*

대나무(높이 20m 정도)
중국 원산. 남부 지방 재배

줄기 마디의 고리는 2개이다. 작은 가지 끝에 3~6장씩 달리는 잎은 피침형이며 10~20㎝ 길이로 죽순대보다 크며 끝이 길게 뾰족하다. 잎집의 비단털은 5~10개가 나사 모양으로 달리며 오랫동안 떨어지지 않는다. 5~6월에 돋는 죽순은 쓴맛이 난다.

잎집

5월에 돋은 죽순

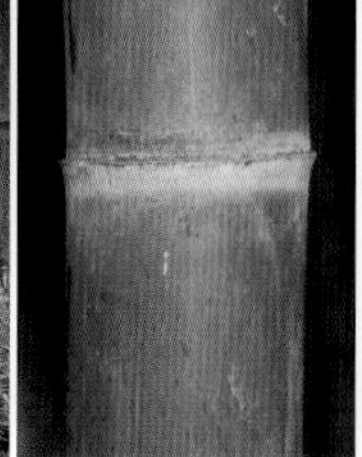
줄기 마디

## 죽순대(벼과)

*Phyllostachys edulis*

대나무(높이 10~20m)
중국 원산. 남부 지방 재배

줄기 마디의 고리는 1개이다. 작은 가지 끝에 3~8장씩 달리는 잎은 피침형이며 7~10㎝ 길이로 왕대보다 약간 작고 끝이 길게 뾰족하다. 잎집에 잔털이 있으며 비단털은 곧고 빨리 떨어진다. 5월에 돋는 죽순은 식용한다. 줄기는 왕대와 더불어 죽세공품을 만든다.

잎집의 비단털

7월의 잎가지

줄기 마디

## 솜대(벼과)

*Phyllostachys nigra* v. *henonis*

대나무(높이 10m 이상)
중국 원산. 충청도 이남 재배

줄기 마디의 고리는 2개이고 모두 같은 높이로 볼록하다. 작은 가지 끝에 2~3장씩 달리는 잎은 피침형이며 끝이 뾰족하고 가장자리에 잔톱니가 있다. 잎집의 비단털은 5개 내외로 점차 떨어진다. 추위에 강해서 서울에서도 자란다.

줄기와 잎가지

6월 초의 죽순

8월의 오죽

## 오죽(벼과)

*Phyllostachys nigra*

대나무(높이 10m 이상)
중국 원산. 중부 이남 재배

학명상으로는 솜대의 모종(母種)이다. 줄기는 검은빛이 돌고 마디의 고리는 2개이며 모두 같은 높이로 볼록하다. 작은 가지 끝에 2~3장씩 달리는 잎은 끝이 뾰족하다. 잎집의 비단털은 5개 내외로 점차 떨어진다. 관상수로 널리 심고 있다.

잎집

5월의 잎줄기

줄기 마디

12월의 이대

5월의 꽃이삭

11월의 눈 덮인 군락

## 이대(벼과)

*Pseudosasa japonica*

대나무(높이 2~5m)
중부 이남의 산과 들

줄기를 둘러싸고 있는 껍질은 마디 사이의 길이와 비슷하며 벗겨지지 않고 오래도록 감싸고 있으며 표면에 거친털이 있다. 좁은 피침형 잎은 10~30㎝ 길이로 끝이 꼬리처럼 길고 양면에 털이 없다. 관상수로도 많이 심는다.

## 조릿대(벼과)

*Sasa borealis*

대나무(높이 1~2m)
산

무리 지어 자란다. 줄기의 마디는 낮다. 줄기를 둘러싸고 있는 껍질은 마디 사이보다 길고 2~3년간 떨어지지 않는다. 가지에 2~3장씩 달리는 피침형 잎은 10~25㎝ 길이이며 끝이 꼬리처럼 길고 잎집에 털이 있으며 비단털은 없다.

4월의 제주조릿대

한라산의 제주조릿대 군락

## 제주조릿대(벼과)

*Sasa quelpaertensis*

대나무(높이 10~80㎝)
제주도의 산과 들

줄기는 가지가 갈라지지 않는다. 줄기의 마디는 둥글고 주위는 약간 자주색이 돈다. 줄기를 둘러싸고 있는 껍질은 털이 없다. 가지 끝에 2~3장씩 달리는 잎은 타원형~긴 타원형이며 겨울철에는 가장자리가 말라서 흰색의 줄무늬처럼 보인다.

잎이 달리는 모양

10월에 핀 꽃

나무껍질

## 유카(아스파라거스과 | 용설란과)

*Yucca gloriosa*

떨기나무(높이 2~3m)
미국 원산. 남부 지방 관상수

원통형 줄기는 하나이거나 몇 개로 갈라진다. 줄기 윗부분에 촘촘히 돌려나는 칼 모양의 잎은 청록색이고 60~90㎝ 길이이며 두꺼운 가죽질이고 끝이 뾰족하며 비스듬히 처지기도 한다. 봄, 가을에 줄기 윗부분에 흰색 꽃이 모여 핀다.

7월의 어린 열매

잎 모양

나무껍질

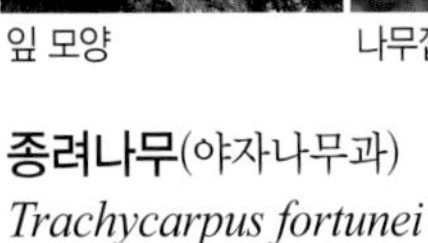

## 종려나무(야자나무과)

*Trachycarpus fortunei*

큰키나무(높이 5~10m)
일본 원산. 남쪽 섬 관상수

줄기는 흑갈색 섬유질로 덮여 있다. 줄기 윗부분에 돌려나는 잎은 둥근 부채 모양이다. 잎몸은 부챗살처럼 갈라지며 갈래조각은 잎맥을 중심으로 접힌다. 커다란 열매송이에 달리는 작고 둥근 열매는 가을에 검은색으로 익는다.

어린 줄기에 달린 잎

잎맥

9월의 워싱턴야자

## 워싱턴야자(야자나무과)

*Washingtonia filifera*

큰키나무(높이 10~20m)
미국 원산. 남쪽 섬 관상수

줄기 윗부분에 촘촘히 돌려나는 둥근 부채 모양의 잎은 지름 1~1.5m이고 갈래조각은 밑으로 처진다. 잎자루 양쪽 가장자리에는 갈고리 모양의 빳빳한 가시가 있다. 커다란 열매송이에 달리는 작고 둥근 열매는 흑적색으로 익는다.

9월의 수꽃이 핀 줄기

10월 말의 열매

6월의 카나리야자

## 카나리야자(야자나무과)
*Phoenix canariensis*

큰키나무(높이 15~20m)
카나리아제도 원산. 관상수

줄기 끝에 모여나는 깃꼴겹잎은 5~6m 길이이고 잎자루에 가시가 있다. 작은잎은 100~200쌍이고 가는 선형이며 50~60㎝ 길이이고 양면에 광택이 있다. 암수딴그루로 잎겨드랑이에서 꽃송이가 나온다. 커다란 열매송이에 모여 달리는 둥근 열매는 황적색으로 익는다.

9월에 핀 꽃

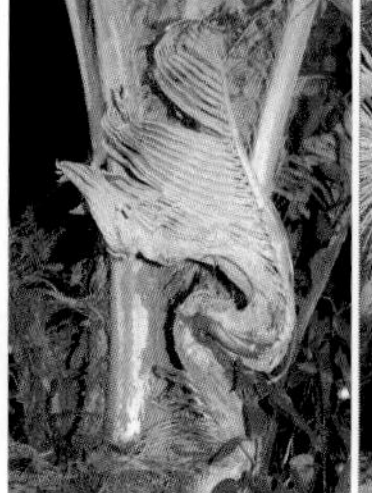
새로 돋은 잎

9월의 야타이야자

## 야타이야자(야자나무과)
*Butia yatay*

작은키나무(높이 3~5m)
남미 원산. 남쪽 섬 관상수

줄기 끝에 촘촘히 돌려 가며 모여 달리는 깃꼴겹잎은 2m 정도 길이이며 뒤로 휘어지고 회청색이며 잎자루에는 가시가 있다. 작은잎은 50~60쌍이고 가는 선형이며 가죽질이다. 동그스름한 열매는 지름 4㎝ 정도이며 주황색 등으로 익는다.

# 짧은 바늘잎나무

3월의 주목

잔가지와 겨울눈

수꽃눈

9월의 솔방울열매

## 전나무/젓나무(소나무과)

*Abies holophylla*

바늘잎나무(높이 30~40m)
높은 산, 관상수

잎눈은 달걀형이며 끝이 뾰족하다. 촘촘히 돌려나는 잎은 선형이며 끝이 뾰족하고 뒷면에 2개의 흰색 숨구멍줄이 있다. 솔방울열매는 원통형이며 위를 향하고 열매 표면으로 돌기가 나오지 않는다. 열매는 가을에 익으면 조각조각 부서진다.

잔가지와 겨울눈

5월 말의 솔방울열매

잎 모양

## 일본전나무(소나무과)

*Abies firma*

바늘잎나무(높이 20~25m)
일본 원산, 관상수

잎눈은 달걀형이며 끝이 뾰족하다. 촘촘히 돌려나는 잎은 선형이며 끝이 2갈래로 갈라지고 뒷면에 2개의 흰색 숨구멍줄이 있다. 솔방울열매는 원통형이며 위를 향하고 열매 표면으로 돌기가 나온다. 열매는 가을에 익으면 조각조각 부서진다.

잔가지와 겨울눈

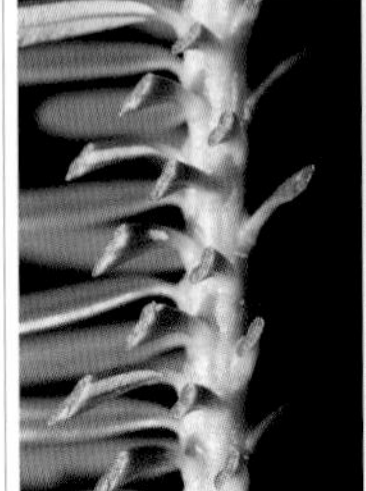

잎 단면 6월의 솔방울열매

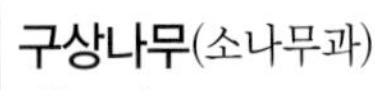

## 구상나무(소나무과)
*Abies koreana*

바늘잎나무(높이 10~15m)
남부 지방의 높은 산

잎눈은 달걀형이다. 잎은 선형이며 끝이 둥글거나 갈라져서 오목하게 들어가고 뒷면에 2개의 흰색 숨구멍줄이 있다. 솔방울열매는 원통형이며 위를 향하고 열매 표면으로 나온 돌기는 뒤로 젖혀진다. 열매는 조각조각 부서진다.

잔가지와 겨울눈

잎 뒷면 8월 초의 솔방울열매

## 분비나무(소나무과)
*Abies nephrolepis*

바늘잎나무(높이 25m 정도)
높은 산

잎눈은 둥근 달걀형이다. 촘촘히 돌려나는 잎은 선형이며 대부분 끝이 갈라지고 뒷면에 2개의 흰색 숨구멍줄이 있다. 솔방울열매는 원통형이며 위를 향하고 열매 표면으로 나온 뾰족한 돌기는 옆을 향한다. 열매는 조각조각 부서진다.

잔가지와 겨울눈

수꽃눈 10월의 솔방울열매

## 솔송나무(소나무과)
*Tsuga sieboldii*

바늘잎나무(높이 20~30m)
울릉도

잎눈은 둥근 달걀형이고 수꽃눈은 동그스름하다. 잎은 선형이며 끝부분은 가운데가 오목하게 파이고 뒷면에 2개의 흰색 숨구멍줄이 있다. 솔방울열매는 타원형~달걀형이며 가을에 갈색으로 익으면 조각조각 벌어진 채 밑을 향한다.

잔가지와 겨울눈

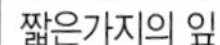

짧은가지의 잎 6월의 어린 솔방울열매

## 개잎갈나무/히말라야시더(소나무과)
*Cedrus deodara*

바늘잎나무(높이 25~30m)
히말라야 원산. 관상수

어린 가지는 털이 빽빽하고 잎눈은 끝이 뾰족하다. 잎은 긴가지에서는 나사 모양으로 달리고 짧은가지에는 모여 난다. 바늘 모양의 잎은 4㎝ 정도 길이이며 가로 단면은 세모꼴이다. 솔방울열매는 달걀형이고 익으면 조각조각 부서진다.

겨울눈과 잎 뒷면

잎 단면

5월의 묵은 솔방울열매

## 가문비나무(소나무과)

*Picea jezoensis*

바늘잎나무(높이 25~40m)
지리산 이북의 높은 산

가지는 수평으로 퍼지다가 점차 밑으로 처지고 잎눈은 원뿔형이다. 잎은 선형이며 1~2㎝ 길이이고 끝이 뾰족하다. 잎의 가로 단면은 렌즈형이다. 솔방울열매는 둥근 달걀형이며 밑을 향해 매달리고 가을에 갈색으로 익으면 조각조각 벌어진다.

잔가지와 겨울눈

잎 단면

4월의 묵은 솔방울열매

## 종비나무(소나무과)

*Picea koraiensis*

바늘잎나무(높이 20~30m)
압록강 일대. 관상수

잎눈은 둥근 달걀형이며 적갈색이고 나뭇진이 배어 나온다. 잎은 선형이며 12~22㎜ 길이이고 끝이 뾰족하다. 잎의 가로 단면은 네모꼴이다. 솔방울열매는 달걀 모양의 원통형이며 밑을 향해 매달리고 가을에 갈색으로 익는다.

잔가지와 겨울눈

잎 단면

4월의 묵은 솔방울열매

## 독일가문비(소나무과)

*Picea abies*

바늘잎나무(높이 40~50m)
유럽 원산. 관상수

노목이 될수록 어린 가지는 더욱 밑으로 처진다. 잎눈은 달걀형~원뿔형이며 끝이 뾰족하다. 잎은 선형이며 2㎝ 정도 길이이고 약간 굽으며 끝이 뾰족하다. 잎의 가로 단면은 찌그러진 마름모꼴이다. 솔방울열매는 10~18㎝ 길이이며 밑을 향해 매달린다.

잔가지와 암꽃눈

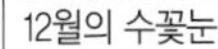
12월의 수꽃눈

12월의 솔방울열매

## 삼나무(측백나무과|낙우송과)

*Cryptomeria japonica*

바늘잎나무(높이 40m 정도)
일본 원산. 남부 지방에 조림

어린 가지는 점차 밑으로 처진다. 가지 끝에 타원형 수꽃눈이 모여 달리고 암꽃눈은 1개씩 달린다. 나사처럼 돌려나는 짧은 바늘잎은 단단하고 끝이 뾰족하다. 동그스름한 솔방울열매는 뾰족한 돌기가 많으며 가을에 갈색으로 익는다.

진가지와 겨울눈

12월의 노간주나무

7월의 어린 열매

## 노간주나무(측백나무과)
*Juniperus rigida*

바늘잎나무(높이 5~8m)
건조한 산

줄기는 원뿔 모양이나 촛대 모양으로 자란다. 모가 지는 가지에 3개씩 돌려나는 짧은 바늘잎은 끝이 뾰족하고 단단하다. 잎의 가로 단면은 V자 모양이고 흰색 숨구멍줄이 있다. 둥근 열매는 흰색 가루로 덮여 있고 가을에 검게 익는다.

잎눈과 수꽃눈

나무껍질

8월 말의 열매

## 주목(주목과)
*Taxus cuspidata*

바늘잎나무(높이 10~20m)
높은 산, 관상수

나무껍질은 적갈색이다. 가지 끝에 붙는 잎눈은 달걀형이고 잎겨드랑이의 꽃눈은 둥글다. 나사 모양으로 돌려나는 잎은 선형이며 끝이 뾰족하지만 찌르지는 않는다. 열매는 컵처럼 가운데가 열려 있으며 가을에 붉게 익고 단맛이 난다.

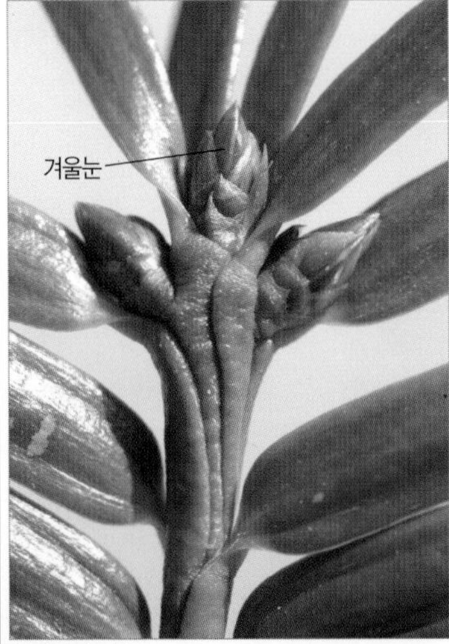

잔가지와 겨울눈

나무껍질

7월의 열매

## 비자나무(주목과)

*Torreya nucifera*

바늘잎나무(높이 20~25m)
남부 지방의 산. 관상수

어린 가지는 녹색이며 털이 없다. 끝눈 옆에 2개의 곁눈이 거의 직각으로 붙는다. 깃털처럼 마주 달리는 잎은 선형이며 단단하고 끝이 뾰족하다. 잎 뒷면에는 연노란색의 숨구멍줄이 2개가 있다. 타원형 열매는 가을에 익어도 녹색이다.

잔가지와 수꽃눈

잎눈

9월의 열매

## 개비자나무(주목과 | 개비자나무과)

*Cephalotaxus harringtonii*

바늘잎나무(높이 2~5m)
중부 이남의 산

잎겨드랑이에 둥그스름한 수꽃눈이 달리고 잎눈은 달걀형이다. 깃털처럼 마주 달리는 잎은 선형이며 끝이 뾰족하지만 부드러워서 찌르지는 않는다. 잎 뒷면에는 흰색의 숨구멍줄이 2개가 있다. 타원형 열매는 가을에 적갈색으로 익는다.

# 긴 바늘잎나무

2월의 소철

줄기 끝의 겨울눈

잔가지와 겨울눈

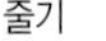
줄기

3월의 열매

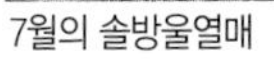
7월의 솔방울열매

잎가지

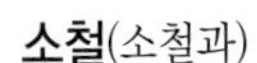

## 소철(소철과)
*Cycas revoluta*

바늘잎나무(높이 2~4m)
중국과 일본 원산. 남부 지방 관상수

둥근 줄기는 잎이 떨어져 나간 흔적이 비늘처럼 된다. 줄기 중심부의 잎눈은 끝이 뾰족하다. 줄기 윗부분에 돌려가며 달리는 잎은 깃꼴겹잎이며 50~200㎝ 길이이다. 작은잎은 기다란 바늘 모양이며 단단하고 뒷면은 갈색 털이 떨어져 나간다.

## 잣나무(소나무과)
*Pinus koraiensis*

바늘잎나무(높이 20~30m)
지리산 이북의 높은 산

햇가지는 적갈색 털이 많고 잎눈은 나뭇진이 배어 나온다. 기다란 바늘잎은 5개가 한 묶음이며 끝이 뾰족하지만 빳빳하지는 않다. 솔방울열매는 달걀형이며 솔방울조각이 벌어지고 나뭇진이 배어 나온다. 씨앗은 세모진 달걀형이며 날개가 없다.

잔가지와 겨울눈

1월의 솔방울열매 잎가지

## 눈잣나무(소나무과)
*Pinus pumila*

바늘잎나무(높이 2~6m)
설악산 이북의 높은 산

줄기는 기면서 자란다. 어린 가지는 적갈색 털이 있고 잎눈은 붉은빛이 돈다. 기다란 바늘잎은 5개가 한 묶음이며 끝이 뾰족하다. 잎 뒷면에는 2개의 흰색 숨구멍줄이 있다. 솔방울열매는 달걀형이며 씨앗도 달걀형이고 적갈색이며 날개가 없다.

잔가지와 겨울눈

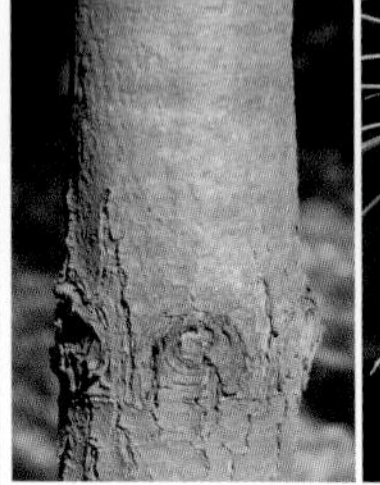

나무껍질

8월의 솔방울열매

## 스트로브잣나무(소나무과)
*Pinus strobus*

바늘잎나무(높이 30m 정도)
북미 원산, 관상수

나무껍질은 회갈색으로 어릴 때는 매끈하지만 점차 갈라진다. 잎눈은 긴 타원형이고 붉은빛이 돈다. 기다란 바늘잎은 5개가 한 묶음이며 녹색~회녹색이고 촉감이 부드럽다. 솔방울열매는 긴 원통형이며 밑으로 늘어지고 약간 굽기도 한다.

잔가지와 겨울눈

잎가지　　5월의 솔방울열매

## 섬잣나무(소나무과)
*Pinus parviflora*

바늘잎나무(높이 20~30m)
울릉도

어린 가지는 털이 있지만 점차 없어지고 잎눈은 길쭉하다. 기다란 바늘잎은 5개가 한 묶음이며 끝이 뾰족하다. 잎의 단면은 세모꼴이고 뒷면은 흰색 숨구멍줄이 있다. 솔방울열매는 달걀형이다. 달걀 모양의 씨앗은 윗부분에 짧은 날개가 있다.

잔가지와 겨울눈

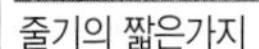
줄기의 짧은가지　　9월의 솔방울열매

## 리기다소나무(소나무과)
*Pinus rigida*

바늘잎나무(높이 25m 정도)
북미 원산. 조림

줄기에 막눈이 자란 짧은가지가 많다. 잔가지는 연갈색이고 겨울눈은 긴 달걀형이며 회백색이다. 기다란 바늘잎은 3개가 한 묶음이며 약간 뒤틀리고 거칠다. 솔방울열매는 달걀형이며 솔방울조각 끝에는 날카로운 가시 모양의 돌기가 있다.

진가지와 겨울눈

나무껍질

9월의 솔방울열매

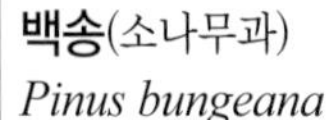

## **백송**(소나무과)
*Pinus bungeana*

바늘잎나무(높이 15m 정도)
중국 원산. 관상수

나무껍질은 얇은 조각으로 벗겨지면서 회백색 얼룩이 많아져서 '백송(白松)'이라고 한다. 기다란 바늘잎은 3개가 한 묶음이며 뻣뻣하고 끝이 뾰족하다. 솔방울열매는 달걀형이다. 씨앗은 일그러진 구형이고 작은 날개가 있다.

잔가지와 겨울눈

나무껍질

12월의 솔방울열매

## **곰솔/해송**(소나무과)
*Pinus thunbergii*

바늘잎나무(높이 20~25m)
바닷가

나무껍질은 윗부분까지 흑회색~흑갈색이며 밑부분은 깊게 갈라진다. 겨울눈은 은백색이다. 기다란 바늘잎은 2개가 한 묶음이며 거칠고 끝이 뾰족하며 가로 단면은 원형이다. 솔방울열매는 달걀형이다. 씨앗은 한쪽에 기다란 날개가 있다.

겨울눈과 어린 솔방울열매

줄기 윗부분

나무껍질

2월의 솔방울열매

## 소나무(소나무과)

*Pinus densiflora*

바늘잎나무(높이 25~35m)
산

나무껍질은 윗부분이 적갈색이고 밑부분은 진한 회갈색이며 거북등처럼 깊게 갈라진다. 겨울눈은 적갈색이다. 기다란 바늘잎은 2개가 한 묶음이며 가로 단면은 반원형이다. 솔방울열매는 달걀형이다. 씨앗은 한쪽에 기다란 날개가 있다.

잔가지와 겨울눈

4월의 솔방울열매

잎 모양

## 방크스소나무(소나무과)

*Pinus banksiana*

바늘잎나무(높이 20~25m)
북미 원산. 조림

겨울눈은 적갈색이며 나뭇진이 배어 나온다. 바늘잎은 2개가 한 묶음이며 2~4㎝ 길이로 짧은 편이고 단단하며 비틀린다. 솔방울열매는 긴 달걀형이며 잘 휘어지고 오랫동안 벌어지지 않는다. 원산지에서는 산불이 나면 솔방울열매가 벌어지면서 씨앗이 나온다.

11월의 새순

나무껍질 9월의 어린 열매

## 나한송(나한송과)
*Podocarpus macrophyllus*

바늘잎나무(높이 20m 정도)
전남 가거도

나무껍질은 회백색~회갈색이며 얇게 갈라져 벗겨진다. 가지에 촘촘히 어긋나는 잎은 넓은 선형이며 앞면은 광택이 있고 뒷면은 연녹색이다. 긴 자루에 달린 둥근 씨앗은 흰색 가루로 덮여 있고 밑을 받치는 커다란 원통형 열매턱은 적자색으로 익는다.

잔가지와 겨울눈

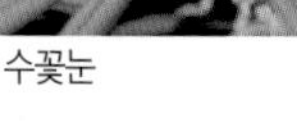
수꽃눈 10월의 솔방울열매

## 금송(금송과|낙우송과)
*Sciadopitys verticillata*

바늘잎나무(높이 15~30m)
일본 원산, 관상수

가지 끝에 달리는 잎눈과 수꽃눈은 둥글다. 짧은가지 끝에 15~40개씩 모여 달리는 바늘잎은 2개가 합쳐져서 두껍다. 잎 양면 가운데에 얕은 골이 있고 끝은 오목하다. 솔방울열매는 타원형~달걀형이고 둥그스름한 씨앗은 좁은 날개가 있다.

# 비늘잎나무

아침고요수목원의 향나무(천년향)

잔가지와 겨울눈

잎 뒷면

7월의 솔방울열매

## 측백나무(측백나무과)

*Platycladus orientalis*

바늘잎나무(높이 5~20m)
충청도와 경상도의 석회암 지대

어린 가지는 녹색이며 점차 적갈색으로 변한다. 잎은 달걀 모양의 타원형으로 1~3㎜ 길이이며 끝이 뾰족하고 비늘 모양으로 겹쳐진다. 잎은 양면이 모두 녹색이다. 솔방울열매는 뿔 같은 돌기가 있으며 분백색이 돌고 가을에 적갈색으로 익는다.

잎 앞면

잎 뒷면

9월의 솔방울열매

## 서양측백(측백나무과)

*Thuja occidentalis*

바늘잎나무(높이 10~20m)
북미 원산, 관상수

짧은가지는 수평으로 발달한다. 잎은 달걀형이고 끝이 갑자기 뾰족해지며 비늘 모양으로 겹쳐진다. 잎 앞면은 녹색이고 뒷면은 황록색이다. 솔방울열매는 타원형이며 가을에 적갈색으로 익으면 조각조각 벌어진다. 긴 타원형 씨앗은 둘레에 날개가 있다.

잎 앞면

잎 뒷면

4월의 솔방울열매

## 눈측백/찝빵나무(측백나무과)

*Thuja koraiensis*

바늘잎나무(높이 4~10m)
태백산 이북의 높은 산

높은 산에서는 줄기가 비스듬히 누워 자란다. 잎은 마름모형~달걀 모양의 타원형이고 끝이 둔하며 비늘 모양으로 겹쳐진다. 잎 앞면은 녹색이며 광택이 있고 뒷면은 황록색이며 2개의 흰색 숨구멍줄이 있다. 솔방울열매는 타원형~달걀형이다.

9월의 솔방울열매

4월의 암솔방울

2월의 나한백

## 나한백(측백나무과)

*Thujopsis dolabrata*

바늘잎나무(높이 10~30m)
일본 원산. 남부 지방 관상수

잎이 달린 가지는 서로 어긋나게 붙는다. 가지에 촘촘히 포개지는 비늘잎은 넓은 달걀형이며 두껍고 끝은 날카롭지 않다. 잎 뒷면은 연녹색이며 흰색 숨구멍줄이 있다. 둥근 솔방울열매는 8~10개의 솔방울조각으로 이루어지며 가을에 익는다.

잎 앞면

잎 뒷면

7월 말의 어린 솔방울열매

## 편백(측백나무과)

*Chamaecyparis obtusa*

바늘잎나무(높이 30m 정도)
일본 원산. 남부 지방에 조림

어린 가지는 녹색이며 점차 적갈색으로 변한다. 잎은 달걀 모양의 마름모형이며 끝이 날카롭지 않고 비늘 모양으로 겹쳐진다. 잎 뒷면은 연녹색이고 흰색 숨구멍줄이 Y자 모양으로 보인다. 둥근 열매는 솔방울조각이 8~10개이다.

잎 앞면

잎 뒷면

10월의 솔방울열매

## 화백(측백나무과)

*Chamaecyparis pisifera*

바늘잎나무(높이 30m 정도)
일본 원산. 남부 지방에 조림

어린 가지는 보통 밑으로 처진다. 잎은 달걀 모양의 타원형이고 끝이 뾰족하며 비늘 모양으로 겹쳐진다. 잎 뒷면은 연녹색이고 흰색 숨구멍줄이 X자 모양으로 보인다. 둥근 열매는 편백보다 약간 작으며 솔방울조각이 10~12개이다.

잔가지와 수꽃눈

바늘잎 가지 4월의 솔방울열매

## 향나무(측백나무과)
*Juniperus chinensis*

바늘잎나무(높이 15~20m)
삼척, 영월, 울릉도의 암석 지대

어린 가지에는 끝이 뾰족한 짧은 바늘잎이 달리고 5년 이상쯤 나이가 먹은 가지에는 비늘잎이 달린다. 바늘잎은 앞면에 3줄의 불규칙한 흰색 선이 있으며 3개씩 엉성하게 돌려난다. 둥근 열매는 분백색 가루로 덮이고 가을에 검게 익는다.

바늘잎 가지

나무껍질

5월의 솔방울열매

## 눈향나무(측백나무과)
*Juniperus chinensis* v. *sargentii*

바늘잎나무(높이 50㎝ 정도)
높은 산. 관상수

줄기와 가지가 땅바닥을 기면서 자란다. 비늘잎은 마름모꼴이며 끝이 둔하고 촘촘히 포개진다. 햇가지에는 드물게 짧은 바늘잎이 달리지만 찌르지는 않는다. 동그스름한 열매는 어릴 때는 흰색 가루로 덮여 있고 가을에 흑자색으로 익는다.

12월의 영양 답곡리 만지송(萬枝松)(천연기념물 제399호)

1월의 노천 온천의 어린 천선과나무

# 부록



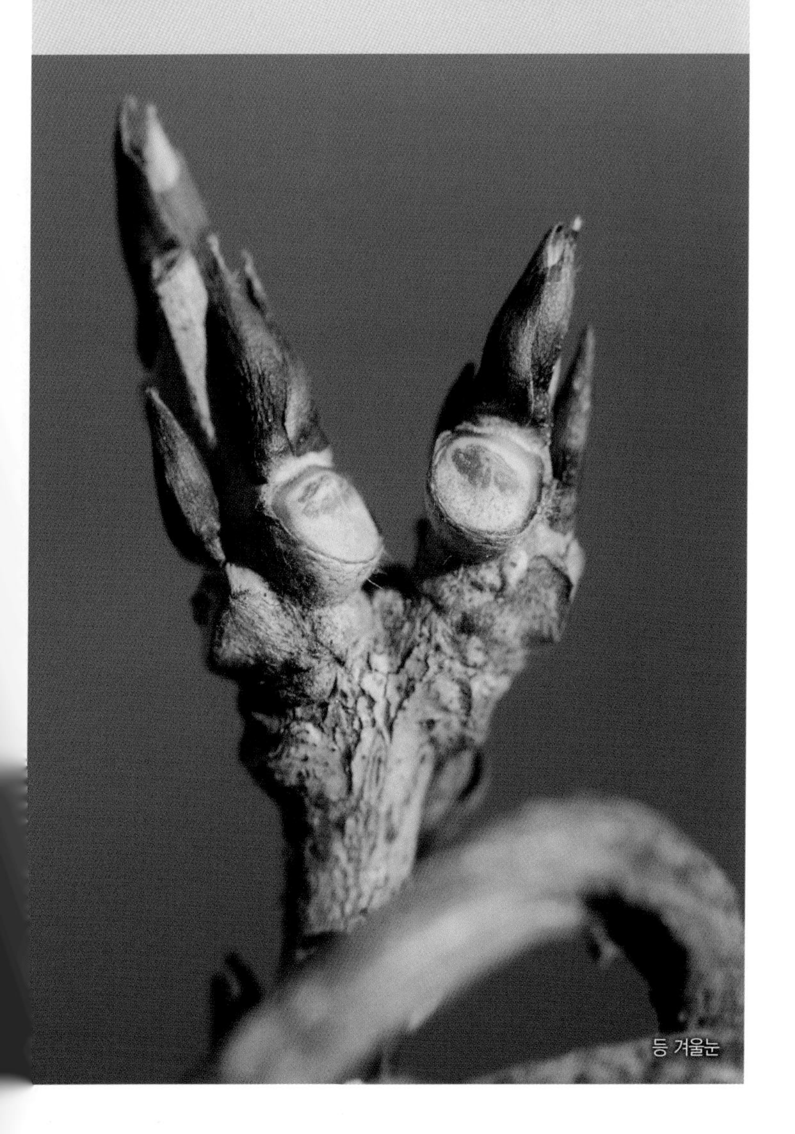

등 겨울눈

# 겨울나무를 구별하는 방법

낙엽이 진 겨울나무를 구별하는 데 가장 도움이 되는 것은 어린 가지와 겨울눈입니다. 그 외에 나무 모양이나 나무껍질, 묵은 열매나 낙엽 등 여러 가지 정보를 종합하면 대부분의 나무를 구별할 수 있습니다.

## 1. 나무 모양

낙엽이 진 겨울나무를 만나면 제일 먼저 나무 모양을 보게 됩니다. 높이 자라는 키나무인지 키가 작은 떨기나무인지, 다른 물체를 감고 오르는 덩굴나무인지, 줄기가 곧게 자라는지 구부러지는지, 가지의 굵기와 색깔, 가지의 벋는 방향 등이 눈에 들어옵니다. 하지만 나무 모양만 보고 나무를 구별하는 것은 매우 어려운 일로 오랜 관찰을 통해 익숙해졌을 때에만 가능합니다.

양버들처럼 원줄기와 곁가지가 분명하게 구별되고 대략 5m 이상 높이로 자라는 나무는 통틀어서 '키나무'라고 합니다. 키나무는 크기에 따라서 다시 '큰키나무'와 '작은키나무'로 구별하는데 큰키나무는 줄기가 곧고 굵으며 10m 이상 높이로 자라는 나무로 '교목(喬木)'이라고도 합니다. 작은키나무는 떨기나무보다 크고 큰키나무보다 작은 나무로 보통 5~10m 높이로 자라는 나무이며 '소교목(小喬木)'이라고도 합니다. 박태기나무처럼 키가 대략 5m 이내로 자라는 작은 나무는 '떨기나무' 또는 '관목(灌木)'이라고, 흔히 뿌리나 줄기 밑부분에서 여러 개의 가지가 갈라져 자라기도 합니다.

'덩굴나무'는 으름덩굴이나 칡처럼 덩굴이 벋는 나무를 말합니다. 줄기에는 덩굴손이나 빨판이 있어서 다른 나무나 담장 등을 잘 감고 오릅니다.

양버들(키나무)

박태기나무(떨기나무)

등(덩굴나무)

## 2. 나무껍질

겨울나무에서 나무 모양 다음으로 눈에 띄는 것이 나무껍질입니다. 흰색 껍질을 가진 자작나무, 매끄러운 껍질을 가진 배롱나무나 모과나무, 껍질이 버짐처럼 벗겨지는 양버즘나무 등은 나무껍질의 특징만 보고도 쉽게 구별할 수 있지만, 구별이 어려운 나무가 더 많습니다.

자작나무

노각나무

양버즘나무

## 3. 열매

나무 중에는 오리나무나 양버즘나무처럼 겨울까지 열매를 매달고 있는 나무도 있어서 구별하는 데 도움을 줍니다. 물론 땅에 떨어져 있는 열매나 열매껍질 등의 흔적을 관찰하는 것도 좋은 방법입니다.

오리나무

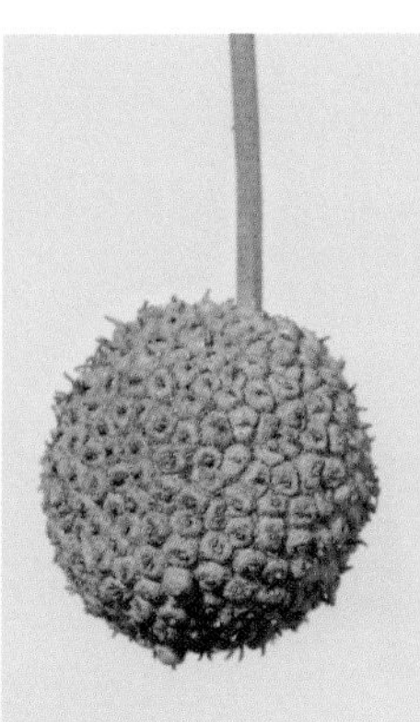
양버즘나무

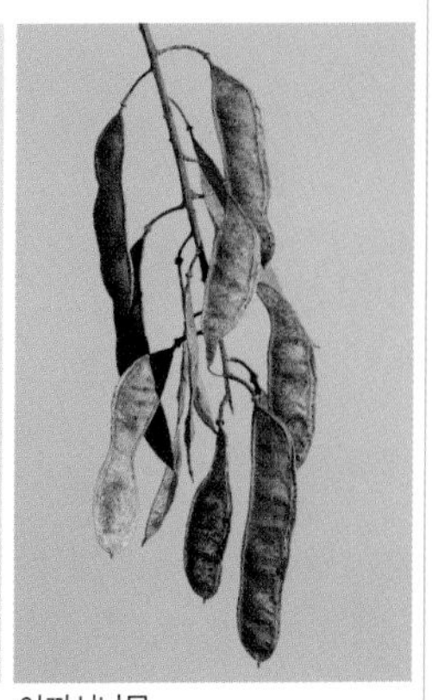
아까시나무

## 4. 낙엽

나무 중에는 겨울에도 낙엽이 떨어지지 않고 그대로 가지에 붙어 있어서 구별할 수 있는 나무도 여럿 있습니다. 낙엽이 진 나무는 주변에 떨어진 낙엽을 관찰하는 것도 좋은 방법입니다.

왕벚나무　　백목련　　낙우송

## 5. 가지와 겨울눈

갈잎나무(낙엽수)를 구별하는 데 가장 도움이 되는 것은 어린 가지와 겨울눈의 모양입니다. 겨울눈이 가지에 달린 모양은 나무마다 조금씩 다르기 때문에 겨울눈을 잘 관찰하면 대부분의 겨울나무를 구별할 수 있습니다.

### ① 가지의 나이 구별

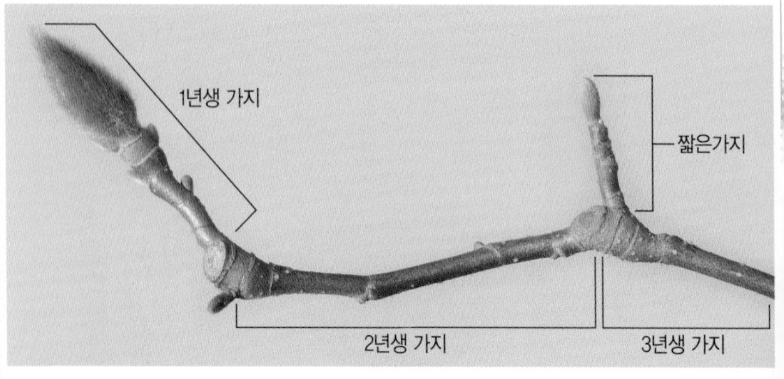


백목련 가지의 나이입니다. 겨울눈이 달린 왼쪽 끝부분의 가지가 올해 자란 1년생 어린 가지이고, 그 다음의 가운데 마디가 작년에 자란 2년생 가지입니다.

오른쪽 시작 부분부터 첫 번째 마디까지는 3년 전에 자란 가지입니다. 그 위로 벋은 가지는 짧은가지입니다.

### ② 긴가지와 짧은가지

**긴가지(長枝 장지)** – 가지가 정상적으로 길게 자란 가지를 말합니다.
**짧은가지(短枝 단지)** – 마디 사이의 간격이 극히 짧아서 촘촘해 보이는 가지를 말합니다. 마디의 수를 세어 보면 그 가지의 나이를 알 수 있습니다.

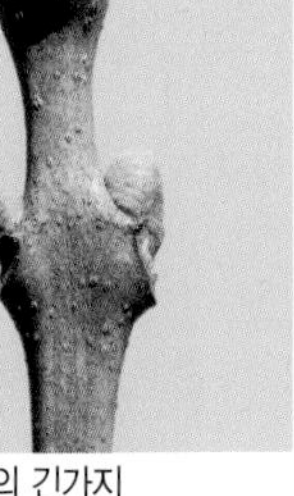

물푸레나무의 긴가지　　물푸레나무의 짧은가지

### ③ 골속(髓 수)

풀이나 나무줄기의 한가운데에 들어 있는 연한 속심입니다. 나무에 따라 골속이 비어 있는 것도 있고 계단상으로 가름막으로 나뉘어져 있는 것, 꽉 차 있는 것 등 여러 가지가 있습니다. 골속의 모양도 나무를 구별하는 데 도움이 됩니다.

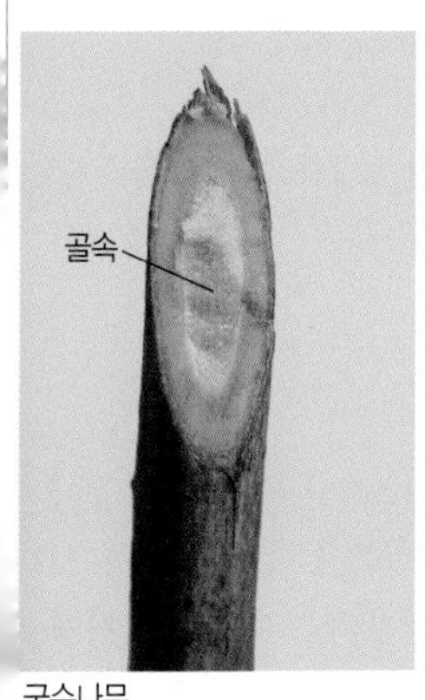


국수나무

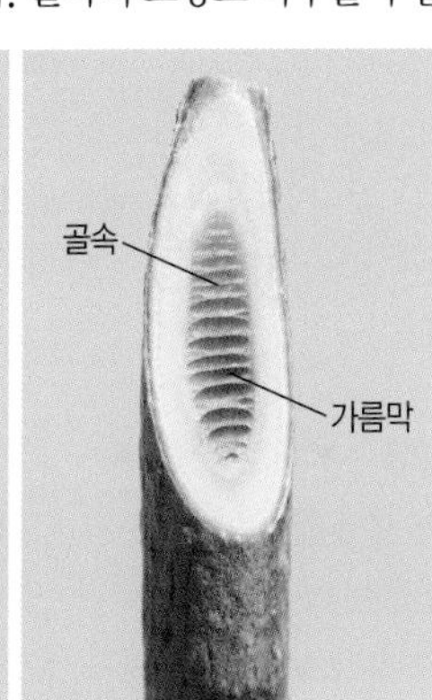


쥐다래

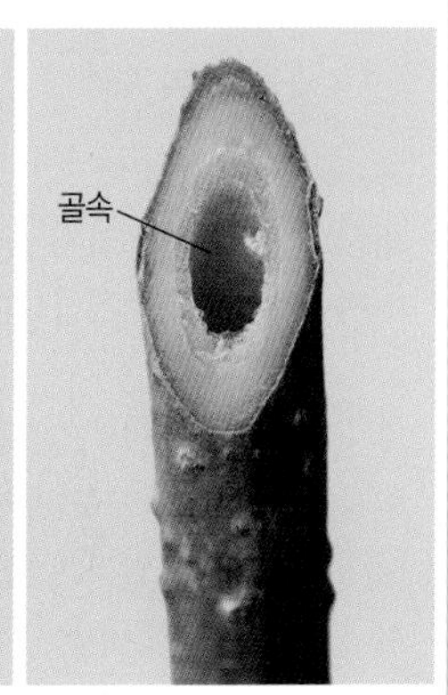


개나리

### ④ 겨울눈

갈잎나무는 가을이 되면 추운 겨울을 나기 위한 준비를 합니다. 기온이 내려가면 녹색 잎은 마지막으로 울긋불긋한 단풍으로 치장을 한 다음 낙엽이 집니다. 잎을 모두 떨군 앙상한 나뭇가지는 마치 죽은 나무 같지만 다음 해 봄을 위해 가지마다 겨울눈을 준비해 놓습니다. 나무는 여름부터 겨울을 지내기 위한 겨울눈을 준비하는데 겨울눈 속에는 잎이나 꽃, 또는 가지가 될 부분이 서로 포개져 들어 있습니다.

**끝눈**(頂芽 정아) – 가지나 줄기의 끝에 달린 눈으로 보통 곁눈보다 큰 것이 특징입니다. 나무 중에는 끝눈이 없는 나무도 있습니다.

**곁눈**(側芽 측아) – 가지의 옆부분에 달리는 눈으로 흔히 끝눈보다 작고 대부분 잎자국 바로 위에 달립니다.

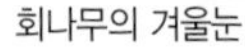
회나무의 겨울눈

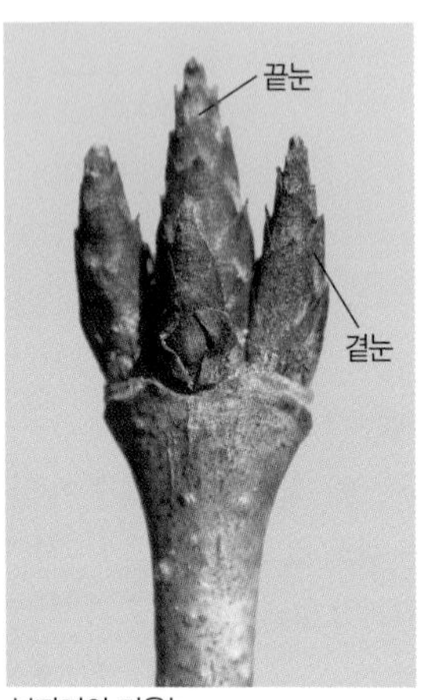


복자기의 겨울눈

회나무는 가지 끝에 기다란 끝눈이 달리고 옆부분에 2개의 곁눈이 마주 달립니다. 복자기는 가지 끝의 가운데에 끝눈이 달리고 끝눈 양옆으로 곁눈이 바짝 붙는 것이 특징입니다.

### ⑤ 가짜끝눈(假頂芽 가정아)

끝눈처럼 보이지만 크기가 곁눈과 비슷하고 옆에 말라 버린 잔가지의 끝이 남아 있는 눈을 말하며 '헛끝눈'이라고도 합니다. 양버즘나무는 가짜끝눈 옆에 말라 죽은 가지(마른 가지)가 남아 있습니다. 말오줌때는 가지 가운데에 말라 죽은 가지의 흔적이 남아 있고 2개의 가짜끝눈이 나란히 달립니다.

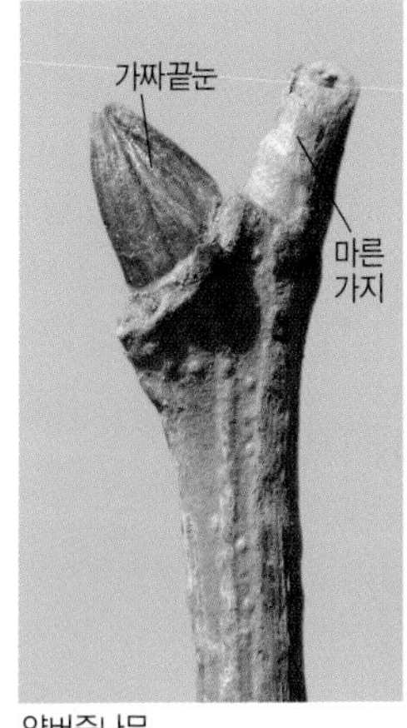

양버즘나무

말오줌때

⑥ **덧눈(副芽 부아)**

정상적인 곁눈의 상하나 좌우에 생기는 눈으로 곁눈에 이상이 생기면 역할을 대신합니다. 덧눈은 생기는 위치에 따라 '가로덧눈'과 '세로덧눈'으로 나눕니다.

**가로덧눈(側生副芽 측생부아)** – 곁눈의 왼쪽이나 오른쪽 또는 양쪽에 달리는 덧눈을 말하며 '병생부아(竝生副芽)'라고도 합니다.

**세로덧눈(重生副芽 중생부아)** – 곁눈의 위나 아래에 달리는 덧눈을 말합니다.

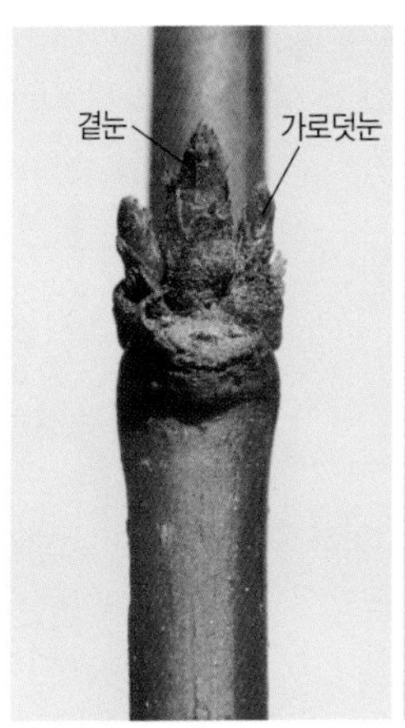

산딸기의 가로덧눈

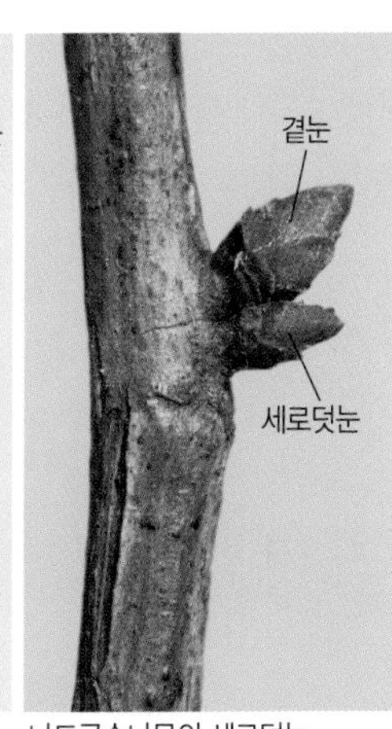

나도국수나무의 세로덧눈

⑦ 꽃눈(花芽 화아)과 잎눈(葉芽 엽아)

겨울눈은 앞으로 자라서 무엇이 되느냐에 따라 '꽃눈'과 '잎눈'으로 나뉩니다. 꽃눈은 자라서 꽃이나 꽃차례가 될 겨울눈으로 보통 잎눈보다 짧고 통통합니다. 잎눈은 자라서 잎이나 가지가 될 겨울눈으로 보통 꽃눈보다 가늘고 깁니다. 암수한그루나 암수딴그루인 경우는 암꽃눈과 수꽃눈의 모양이 서로 다르기도 합니다. 물오리나무는 암꽃눈과 수꽃눈이 맨눈인 채로 만들어져 있다가 이른 봄에 일찍 꽃이 핍니다.

비목나무

생강나무

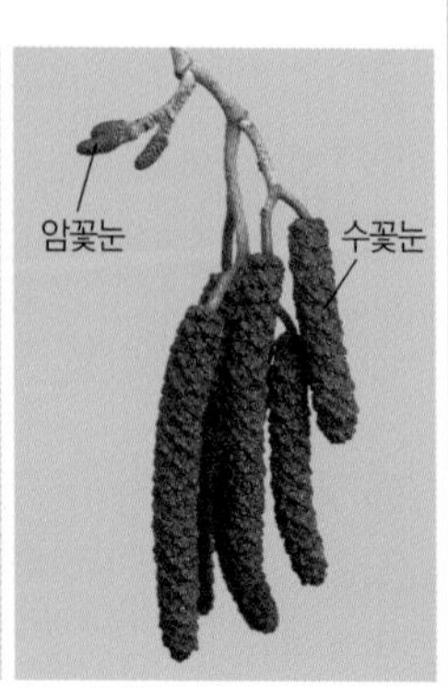

물오리나무

⑧ 섞임눈(混芽 혼아)

꽃눈과 잎눈이 섞여 있는 눈을 말합니다. 겉보기에는 꽃눈처럼 생겼으므로 꽃눈에 포함시키기도 합니다. 섞임눈은 눈의 겉모습만 보고서는 알기가 어렵고 눈을 잘라 보거나 새순을 봐야만 알 수 있는 경우가 대부분입니다.

딱총나무의 섞임눈

딱총나무의 새순

### ⑨ 묻힌눈(隱芽 은아)

껍질 속에 묻혀 있어 겉으로 드러나지 않는 눈을 말합니다. 비슷한 것으로 '잠눈(潛芽 잠아)'이 있는데 '잠복아'라고도 하며 묻힌눈과는 달리 줄기의 껍질 속에 생겨 드러나지 않는 눈입니다. 잠눈은 식물체에 특별한 이상이 생기지 않는 한 계속 쉬고 있다가 가지나 줄기가 잘리면 비로소 자라기 시작하는 눈입니다. 따라서 잠눈은 특별한 경우 이외에는 볼 수가 없습니다.

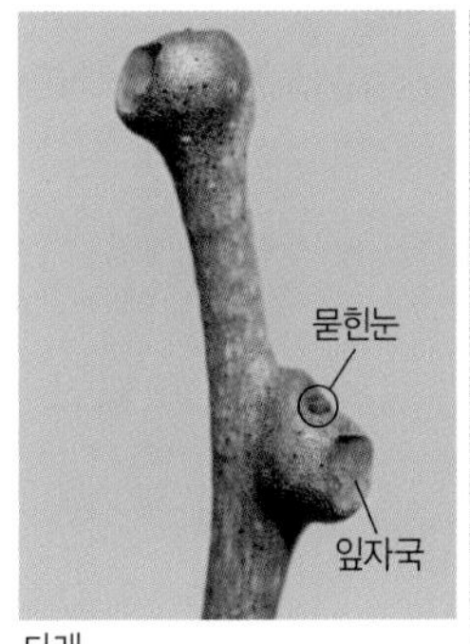

다래

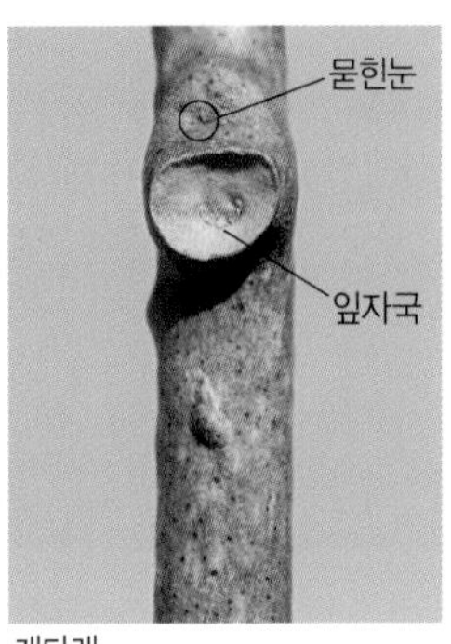

개다래

### ⑩ 눈비늘조각(芽鱗 아린)

겨울눈은 속에 있는 잎이나 꽃이 될 어린 조직을 보호하기 위해 겉을 비늘 같이 생긴 조각으로 둘러싸고 있는데 이 조각을 '눈비늘조각'이라고 합니다. 눈비늘조각은 턱잎이나 잎자루가 변한 것으로 봄이 되면 벌어져서 자국을 남기고 떨어집니다. 겨울눈을 싸고 있는 눈비늘조각의 모양이나 개수는 나무에 따라 다릅니다.

너도밤나무

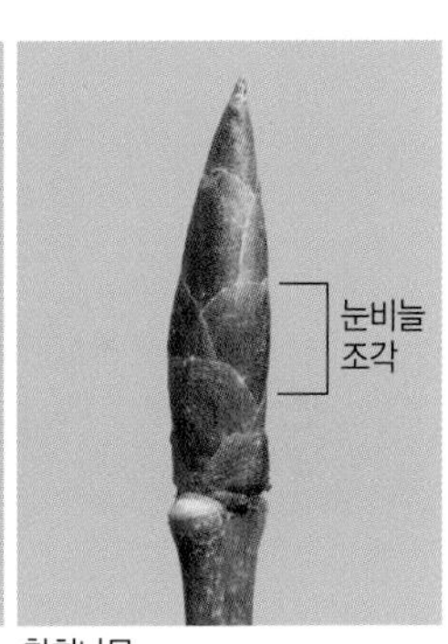

참회나무

### ⑪ 맨눈(裸芽 나아)

대부분의 겨울눈은 눈비늘조각에 싸여 있지만 나무 중에는 눈비늘조각이 없이 어린잎이나 꽃봉오리가 그대로 드러난 겨울눈이 있습니다. 이런 겨울눈을 '맨눈'이라고 하는데 쪽동백나무의 맨눈처럼 표면이 털로 덮여 있어서 추위를 견디는 것이 보통입니다.

쪽동백나무 오리나무

### ⑫ 잎자국(葉痕 엽흔)과 관다발자국

가을에 낙엽이 질 때 잎자루가 떨어져 나간 자국을 '잎자국'이라고 하며, 잎자국의 모양이나 크기는 식물에 따라서 뚜렷한 차이를 보입니다. 잎자국에는 잎자루와 가지가 연결되었던 관다발이 잘려 나간 자리가 작은 돌기의 형태로 남아 있는데 이를 '관다발자국(管束痕 관속흔)'이라고 합니다. 돌기의 수와 배열 방법은 종마다 다릅니다. 관다발은 물과 양분의 이동 통로가 되는 조직입니다.

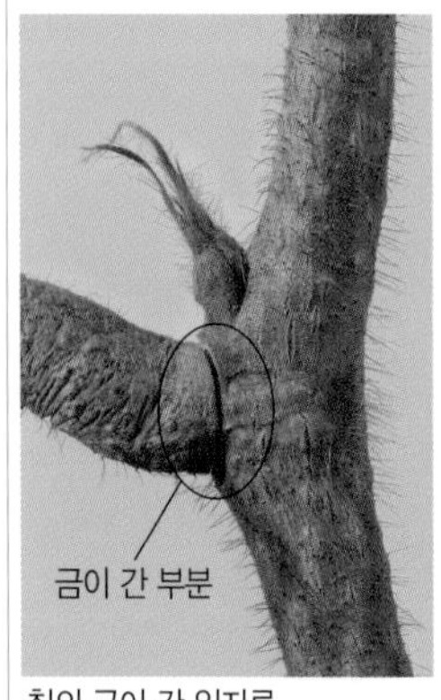


칡의 금이 간 잎자루

잎자루가 떨어져 나간 잎자국

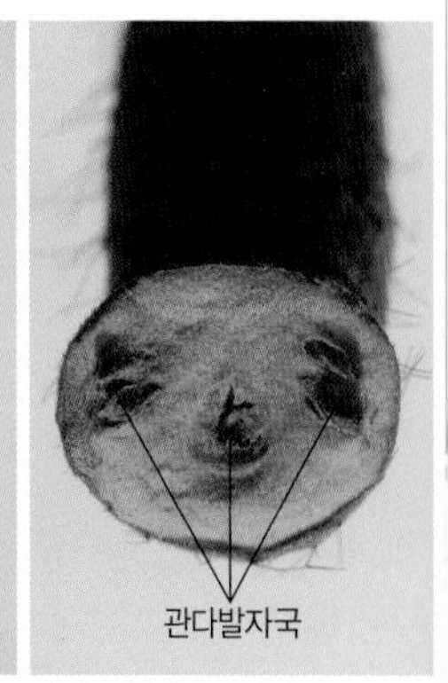


잎자루 단면의 관다발자국

### ⑬ 턱잎자국(托葉痕 탁엽흔)

가지에서 턱잎이 떨어져 나간 자국으로 잎자국 양쪽에 나타나며 흔히 길쭉한 모양입니다. 칡의 잎자국 왼쪽으로 남아 있는 길쭉한 자국이 턱잎자국입니다.

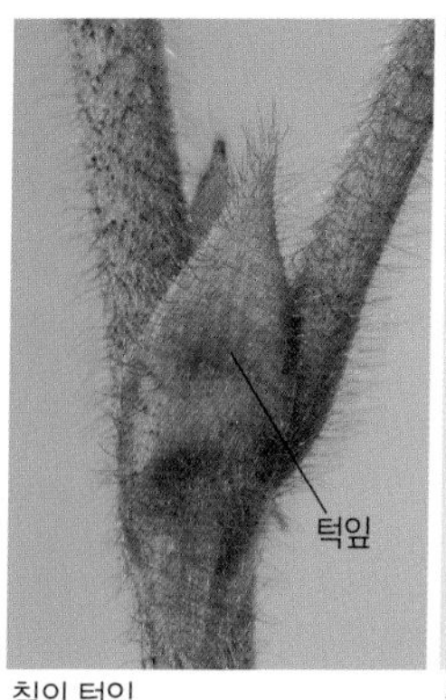

칡의 턱잎

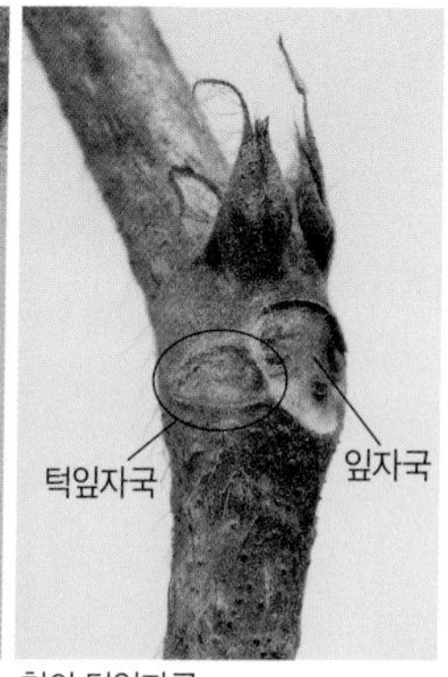

칡의 턱잎자국

### ⑭ 눈자루(芽柄 아병)

겨울눈의 밑부분이 굵어져서 자루처럼 된 부분을 말하는데 물오리나무의 눈처럼 눈자루를 가진 눈이 드물게 있습니다.

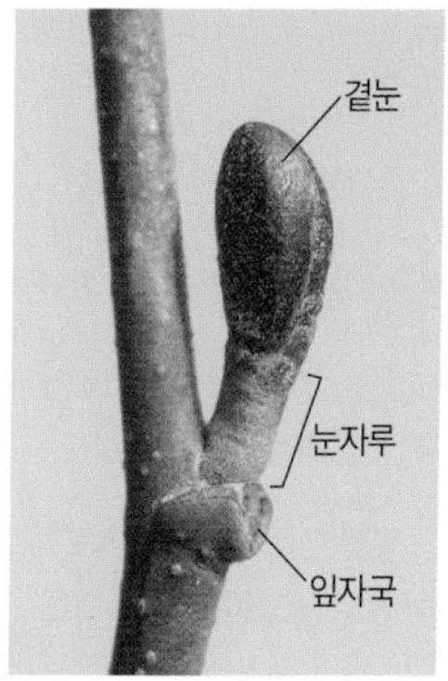

물오리나무의 눈자루

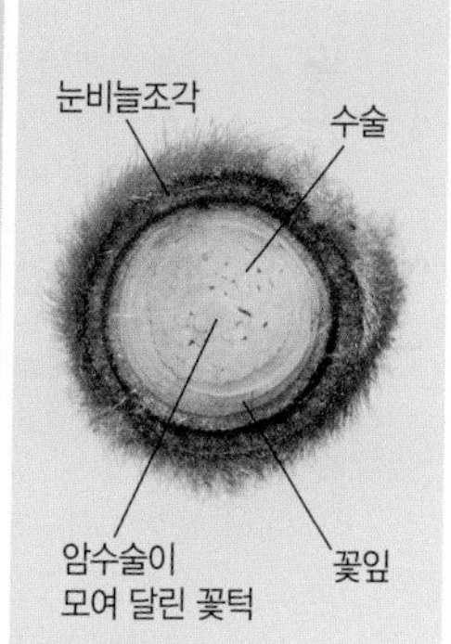

백목련 꽃눈의 아형

### ⑮ 아형(芽型)

겨울눈 안에 어린잎, 어린 꽃, 어린 가지가 서로 엉켜 있는 모양으로 겨울눈의 단면으로 확인할 수 있습니다. '유엽태(幼葉態)'라고도 합니다.

# 용어 해설

| | |
|---|---|
| 가로덧눈 | 곁눈의 왼쪽이나 오른쪽 또는 양쪽에 달리는 덧눈.<br>'측생부아(側生副芽)' 또는 '병생부아(竝生副芽)'라고도 한다. |
| 가름막 | 가지 단면의 골속 사이를 나누는 얇은 벽.<br>'격막(隔膜)' 또는 '격벽(隔壁)'이라고도 한다. |
| 가죽질 | 가죽처럼 단단하고 질긴 성질. '혁질(革質)'이라고도 한다. |
| 가짜끝눈 | 끝눈같이 보이지만 크기가 곁눈과 비슷하고<br>옆에 말라 버린 잔가지의 끝이 남아 있는 눈.<br>'헛끝눈' 또는 '가정아(假頂芽)'라고도 한다. |
| 갈잎나무 | 가을에 날씨가 추워지거나 건조해지면 낙엽이 지고 다음 해<br>봄에 다시 잎이 나오는 나무. '낙엽수(落葉樹)'라고도 한다. |
| 거꿀달걀형 | 뒤집힌 달걀형의 잎 모양. '도란형(倒卵形)'이라고도 한다. |
| 거꿀피침형 | 뒤집힌 피침형의 잎 모양.<br>'도피침형(倒披針形)'이라고도 한다. |
| 겨울눈 | 봄에 잎이나 꽃을 피우기 위해 만들어져 겨울을 나는 눈.<br>'동아(冬芽)'라고도 한다. |
| 결각(缺刻) | 잎의 가장자리가 들쑥날쑥한 모양. |
| 곁눈 | 잎겨드랑이에 생기는 눈. '측아(側芽)'라고도 한다. |
| 겹잎 | 여러 개의 작은잎으로 이루어진 잎. 잎몸이 1개인 '홑잎'에<br>대응되는 말이다. '복엽(複葉)'이라고도 한다. |
| 겹톱니 | 잎몸 가장자리에 생긴 큰 톱니 가장자리에 다시 작은 톱니가<br>생겨 이중으로 된 톱니. '중거치(重鋸齒)' 또는<br>'복거치(複鋸齒)'라고도 한다. |
| 골속 | 풀이나 나무줄기의 한가운데에 들어 있는 연한 심.<br>'수(髓)'라고도 한다. |
| 공기뿌리 | 줄기에서 나와 공기 중에 드러나 있는 뿌리.<br>'기근(氣根)'이라고도 한다. |

| | |
|---|---|
| 관다발자국 | 잎자국에 관다발이 잘려 나간 작은 돌기 모양의 흔적.<br>'관속흔(管束痕)'이라고도 한다. |
| 그물맥 | 잎의 주맥에서 갈라져 나와 그물 모양으로 퍼지는 맥.<br>'망상맥(網狀脈)'이라고도 한다. |
| 기부(基部) | 시작 부분. |
| 기생(寄生) | 다른 식물에 붙어서 물과 양분을 빼앗아 사는 것. |
| 긴가지 | 정상적으로 길게 자란 가지. '장지(長枝)'라고도 한다. |
| 깃꼴겹잎 | 잎자루 양쪽으로 작은잎이 새깃꼴로 마주 붙는 잎.<br>'우상복엽(羽狀複葉)'이라고도 한다. |
| 깍정이 | 참나무 등의 열매를 싸고 있는 술잔 모양의 받침.<br>'각두(殼斗)'라고도 한다. |
| 껍질눈 | 나무의 줄기나 뿌리에 만들어진 코르크 조직으로 공기의 통로가 되는 부분. '피목(皮目)'이라고도 한다. |
| 꼬투리열매 | 콩과식물의 열매 또는 열매를 싸고 있는 껍질로 보통 봉합선을 따라 터진다. '협과(莢果)' 또는 '두과(豆果)'라고도 한다. |
| 꽃눈 | 자라서 꽃이 될 눈. '화아(花芽)'라고도 한다. |
| 꽃받침 | 꽃의 가장 밖에서 꽃잎을 받치고 있는 작은잎.<br>'악(萼)'이라고도 한다. |
| 꽃이삭 | 1개의 꽃대에 무리 지어 이삭 모양으로 꽃이 달린 꽃차례를 이르는 말. '화수(花穗)'라고도 한다. |
| 꽃차례 | 꽃이 줄기나 가지에 배열하는 모양. '화서(花序)'라고도 한다. |
| 꿀샘 | 꽃이나 잎 등에서 꿀을 내는 조직이나 기관.<br>'밀선(蜜腺)'이라고도 한다. |
| 끝눈 | 줄기나 가지 끝에 생기는 눈. '정아(頂芽)'라고도 한다. |
| 나뭇진 | 나무에서 분비하는 점도가 높은 액체.<br>'수지(樹脂)'라고도 한다. |

| | |
|---|---|
| 노목(老木) | 나이가 많은 나무. |
| 눈비늘조각 | 겨울눈을 싸서 보호하고 있는 단단한 비늘조각.<br>'아린(芽鱗)'이라고도 한다. |
| 눈자루 | 겨울눈의 밑부분이 굵어져서 자루처럼 된 부분.<br>'아병(芽柄)'이라고도 한다. |
| 늘푸른나무 | 겨울에도 잎이 녹색인 나무. '상록수(常綠樹)'라고도 한다. |
| 덧눈 | 정상적인 곁눈의 상하나 좌우에 생기는 눈으로 곁눈에<br>이상이 생기면 대신 역할을 한다. '부아(副芽)'라고도 한다. |
| 덩굴나무 | 줄기나 덩굴손으로 물체에 감기거나, 담쟁이덩굴처럼<br>붙음뿌리로 물체에 붙어 기어오르며 자라는 줄기를 가진<br>나무. '만경(蔓莖)'이라고도 한다. |
| 덩굴손 | 줄기나 잎의 끝이 가늘게 변하여 다른 물체를 감아 나갈 수<br>있도록 덩굴로 모양이 바뀐 부분. '권수(卷鬚)'라고도 한다. |
| 돌려나기 | 마디에 3장 이상의 잎이 돌려붙는 것.<br>'윤생(輪生)'이라고도 한다. |
| 두갈래맥 | 계속 둘로 갈라지는 잎맥. 주로 고사리식물이나<br>은행나무 등에서 발견되기 때문에 다른 잎맥보다는<br>원시적인 것으로 여겨진다. '차상맥(叉狀脈)'이라고도 한다. |
| 떨기나무 | 대략 5m 이내로 자라는 키가 작은 나무. 흔히 줄기가<br>모여나는 나무가 많다. '관목(灌木)'이라고도 한다. |
| 마디 | 줄기에 잎이나 싹이 붙어 있는 자리. '절(節)'이라고도 한다. |
| 마주나기 | 한 마디에 2장의 잎이 마주나는 것.<br>'대생(對生)'이라고도 한다. |
| 막눈 | 끝눈이나 곁눈처럼 일정한 자리가 아닌 곳에서 나오는 눈.<br>'부정아(不定芽)'라고도 한다. |
| 맨눈 | 눈비늘조각에 싸여 있지 않고 그대로 드러나는 눈.<br>'벗은눈' 또는 '나아(裸芽)'라고도 한다. |
| 모여나기 | 한 마디나 한 곳에 여러 개의 잎이 무더기로 모여난 것.<br>'총생(叢生)'이라고도 한다. |

| | |
|---|---|
| 묻힌눈 | 껍질 속에 묻혀 있어 겉으로 드러나지 않는 눈.<br>'은아(隱芽)'라고도 한다. |
| 바늘잎나무 | 소나무처럼 바늘잎을 달고 있는 나무를 모두 일컫는 말.<br>측백나무처럼 비늘이 포개진 모양의 비늘잎을 가진<br>나무들도 바늘잎나무에 포함되며 모두 겉씨식물에 속한다.<br>'침엽수(針葉樹)'라고도 한다. |
| 별모양털 | 별 모양으로 갈라지는 털. '성상모(星狀毛)'라고도 한다. |
| 붙음뿌리 | 다른 것에 달라붙기 위해서 줄기의 군데군데에서 뿌리를<br>내는 식물의 뿌리. '부착근(附着根)'이라고도 한다. |
| 비늘잎 | 작은잎이 물고기의 비늘조각처럼 포개지는 잎.<br>'인엽(鱗葉)'이라고도 한다. |
| 비늘털 | 식물의 가지나 잎의 겉면을 덮어서 보호하는<br>비늘 모양의 잔털. '인모(鱗毛)'라고도 한다. |
| 비단털 | 비단실같이 부드러운 털. '견모(絹毛)'라고도 한다. |
| 상록(常綠) | 나뭇잎이 사철 내내 푸른 것. |
| 샘털 | 부푼 끝부분에 분비물이 들어 있는 털. '선모(腺毛)'라고도 한다. |
| 섞임눈 | 꽃눈과 잎눈이 섞여 있는 눈. '혼아(混芽)'라고도 한다. |
| 선형(線形) | 폭이 좁고 길이가 길어 양쪽 가장자리가 거의 평행을<br>이루는 잎이나 꽃잎. |
| 세겹잎 | 작은잎 3장으로 이루어진 겹잎.<br>'삼출엽(三出葉)'이라고도 한다. |
| 세로덧눈 | 곁눈의 위나 아래에 달리는 덧눈.<br>'중생부아(重生副芽)'라고도 한다. |
| 손꼴겹잎 | 작은잎 5장이 손바닥 모양으로 붙은 겹잎.<br>'장상복엽(掌狀復葉)'이라고도 한다. |
| 솔방울열매 | 목질의 비늘조각이 여러 겹으로 포개어진 열매로 조각<br>사이마다 씨앗이 들어 있다. '구과(毬果)'라고도 한다. |

| | |
|---|---|
| 솔방울조각 | 솔방울을 이루고 있는 비늘 모양의 조각.<br>'실편(實片)' 또는 '종린(種鱗)'이라고도 한다. |
| 수지(樹脂) | 송진처럼 나무에서 분비되는 끈적끈적한 액체. |
| 숨은눈 | 줄기의 껍질 속에 숨어서 보통 때는 자라지 않고 있다가<br>가지나 줄기를 자르면 비로소 자라기 시작하는<br>숨어 있는 눈. '잠아(潛芽)'라고도 한다. |
| 심장저(心臟底) | 심장의 윗부분처럼 둥근 중간 부분이 쑥 들어간 엽저. |
| 암수딴그루 | 암꽃이 달리는 암그루와 수꽃이 달리는 수그루가<br>각각 다른 식물. '자웅이주(雌雄異株)'라고도 한다. |
| 암술대 | 암술에서 암술머리와 씨방을 연결하는 가는 대롱으로<br>꽃가루가 씨방으로 들어가는 길이 된다.<br>'화주(花柱)'라고도 한다. |
| 어긋나기 | 줄기의 마디마다 잎이 1장씩 달려서 서로 어긋나게 보이는<br>잎차례. '호생(互生)'이라고도 한다. |
| 열매 | 암술의 씨방이나 부속 기관이 자라서 된 기관으로<br>열매살과 씨앗으로 구성된다. |
| 열매이삭 | 1개의 자루에 열매가 이삭 모양으로 무리 지어 달린 모습을<br>이르는 말. '과수(果穗)'라고도 한다. |
| 육질(肉質) | 식물체가 즙을 많이 함유하여 두껍게 살이 찐 것으로<br>'다육질'이라고도 한다. |
| 잎겨드랑이 | 줄기에서 잎이 나오는 겨드랑이 같은 부분으로 잎자루와<br>줄기 사이를 말한다. '엽액(葉腋)'이라고도 한다. |
| 잎눈 | 자라서 잎이나 줄기가 될 눈. '엽아(葉芽)'라고도 한다. |
| 잎맥 | 잎몸 안에 그물망처럼 분포하는 조직으로 물과 양분의 통로가<br>된다. 크게 나란히맥과 그물맥으로 나뉜다.<br>'엽맥(葉脈)'이라고도 한다. |
| 잎몸 | 잎을 잎자루와 구분하여 부르는 이름으로 잎자루를 제외한<br>나머지 부분. '엽신(葉身)'이라고도 한다. |
| 잎자국 | 줄기에 남아 있는 잎이 떨어진 흔적. '엽흔(葉痕)'이라고도 한다. |

| | |
|---|---|
| 잎자루 | 잎몸을 줄기나 가지에 붙게 하는 꼭지 부분. 종에 따라 또는 잎이 붙는 위치에 따라 모양과 길이가 달라지기도 한다. '엽병(葉柄)'이라고도 한다. |
| 작은잎 | 겹잎을 구성하고 있는 하나하나의 잎. '소엽(小葉)'이라고도 한다. |
| 작은키나무 | 줄기와 곁가지가 분명하게 구별되며 대략 5~10m 높이로 자라는 나무. '소교목(小喬木)'이라고도 한다. |
| 장식꽃 | 암술과 수술이 모두 퇴화하여 없는 꽃으로 열매를 맺지 못하는 장식용 꽃. '무성화(無性花)' 또는 '중성화(中性花)'라고도 한다. |
| 점액질(粘液質) | 미끌거리지만 달라붙지는 않는 물질. |
| 종이질 | 종이 같은 물질. '지질(紙質)'이라고도 한다. |
| 주맥(主脈) | 잎몸에 여러 굵기의 잎맥이 있을 경우 가장 굵은 잎맥을 말한다. 보통은 잎의 가운데 있는 가장 큰 잎맥을 가리킨다. |
| 줄기 | 식물체를 받치고 물과 양분의 통로 역할을 하는 기관. 아래로는 뿌리와 연결되고 위로는 잎과 연결되는 식물의 영양기관이다. '경(莖)'이라고도 한다. |
| 짝수깃꼴겹잎 | 좌우에 몇 쌍의 작은잎이 달리고 그 끝에는 작은잎이 달리지 않는 깃 모양 겹잎. '우수우상복엽(偶數羽狀複葉)'이라고도 한다. |
| 짧은가지 | 마디 사이의 간격이 극히 짧아서 촘촘해 보이는 가지. '단지(短枝)'라고도 한다. |
| 총포(總苞) | 꽃차례 밑에 붙은 포. |
| 측맥(側脈) | 중심이 되는 가운데 주맥에서 좌우로 뻗어 나간 잎맥. |
| 코르크 | 참나무의 껍질 안쪽에 여러 켜로 이루어진 조직으로 탄력이 있어서 가공하여 병마개 등으로 쓴다. |
| 콩팥형 | 콩팥같이 생긴 잎 모양. '신장형(腎臟形)'이라고도 한다. |
| 큰키나무 | 줄기와 곁가지가 분명하게 구별되며 10m 이상 높이로 크게 자라는 나무. '교목(喬木)'이라고도 한다. |

| | |
|---|---|
| 턱잎 | 잎자루 기부에 붙어 있는 비늘 같은 작은 잎조각.<br>'탁엽(托葉)'이라고도 한다. |
| 턱잎자국 | 가지에서 턱잎이 떨어진 자국. '탁엽흔(托葉痕)'이라고도 한다. |
| 포(苞) | 꽃의 밑에 있는 작은 잎. '꽃턱잎'이라고도 한다. |
| 피침형(披針形) | 버드나무잎처럼 끝이 가늘어지면서 길이와 폭의 비가<br>6:1에서 3:1 정도인 기다란 잎. |
| 하트형 | 하트(♡) 또는 심장처럼 생긴 잎 모양.<br>'심장형(心臟形)'이라고도 한다. |
| 홀수깃꼴겹잎 | 좌우에 몇 쌍의 작은잎이 달리고 그 끝에 1장의<br>작은잎으로 끝나는 깃 모양 겹잎.<br>'기수우상복엽(奇數羽狀複葉)'이라고도 한다. |

## ●학명 표기 방법

**학명(學名)** 전 세계가 공통으로 부르는 이름으로 린네가 고안해 낸 이명법(二名法)을 쓴다. 이명법은 속명과 종소명을 쓰고 그 뒤에 이름을 붙인 학자의 이름을 적는데 학자의 이름은 생략하기도 한다(예: 무궁화의 학명 *Hibiscus syriacus* Linne에서 Linne는 생략하기도 함). 학명의 속명과 종소명은 이탤릭체로 표기하는 것이 원칙이고 속명의 첫글자는 대문자로 표기한다. 반면에 각 나라에서 그 나라의 언어로 쓰는 '무궁화'와 같은 이름은 '보통명'이라고 한다. 특히 우리나라에서 쓰는 보통명은 '국명(國名)'이라고 한다. 또 사투리처럼 각 지방에서 다르게 부르는 이름은 '지방명(地方名)'이라고 한다.

**기본종(基本種)** 어떤 종의 기준이 되는 종. 아종, 변종, 품종 등의 기본이 되는 종이다. 소나무(*Pinus densiflora*)처럼 이명법으로 표기하는 종이 기본종이다.

**변종(變種)** 종의 하위 단계로 같은 종 내에서 자연적으로 생긴 돌연변이종을 '변종(variety)'이라고 하며 보통 줄여서 var. 또는 v.로 표시한다. 변종과 아종은 실제적으로 구분이 애매한 경우가 많다. 예: 원숭이솔(*Pinus densiflora* v. *longiramea*)은 소나무의 변종이다.

**품종(品種)** 돌연변이종으로 기본종과 한두 가지 형질이 다른 것을 '품종(form)'이라고 하며 보통 줄여서 for. 또는 f.로 표시한다. 변종보다는 분화의 정도가 적은 하위 단계의 종이다.
예: 처진솔(*Pinus densiflora* f. *pendula*)은 소나무의 품종이다.

**재배종(栽培種)** 사람이 인공적으로 만든 품종 중에서 식용이나 관상용 등으로 재배하는 품종을 '재배종(cultivar)'이라고 하며 보통 줄여서 cv.로 표시하거나 작은따옴표 안에 재배종명을 쓰기도 한다.
예: 뱀솔(*Pinus densiflora* cv. *Oculus Draconis*),
(*Pinus densiflora* 'Oculus Draconis')은 소나무의 재배종이다.

**아종(亞種)** 종의 하위 단계의 단위로 종이 지리적이나 생태적으로 격리되어 생김새가 달라진 경우에 그 종의 '아종(subspecies)'이라고 하며 보통 줄여서 subsp. 또는 ssp.로 표시한다.
예: 수국(*Hydrangea macrophylla*)은 기본종이고
산수국(*Hydrangea macrophylla* ssp. *serrata*)은 수국의 아종이다.

**교잡종(交雜種), 잡종(雜種)**
교잡종의 종소명이 있을 경우에 속명과 종소명 사이에 '×'를 넣어서 쓴다.
속간의 잡종의 표기는 양친 속 사이에 '×'를 넣어서 쓴다.
예: 붉은꽃칠엽수(*Aesculus × carnea*)는 미국칠엽수(*Aesculus pavia*)와
가시칠엽수(*Aesculus hippocastanum*)를 교배해서 만든 교잡종이다.

# 속명 찾아보기

양산 신전리 이팝나무(천연기념물 제234호)

# 나무 이름 찾아보기

ㅊ



ㅋ



ㅌ



ㅍ



ㅎ

# 참고 문헌


이창복, 《원색대한식물도감》, 향문사, 2003.

이창복, 《겨울철 낙엽수의 식별》, 임업연구원, 1996.

이창복, 《수목학》, 향문사, 1986.

고경식, 전의식, 《한국의 야생식물》, 일진사, 2003.

이우철, 《원색한국기준식물도감》, 아카데미서적, 1996.

김태욱, 《한국의 수목》, 교학사, 1994.

조무연, 《한국수목도감》, 아카데미서적, 1989.

윤주복, 《나무 쉽게 찾기》, 진선출판사, 2018.

윤주복, 《우리나라 나무 도감》, 진선출판사, 2015.

윤주복, 《나무 해설 도감》, 진선출판사, 2019.

이상태, 《한국식물검색집》, 아카데미서적, 1997.

이유성, 이상태, 《현대식물분류학》, 우성문화사, 1991.

고경식, 《관속식물분류학》, 세문사, 1991.

임록재, 《조선식물지》, 과학기술출판사, 1996.

김왈홍, 《학생식물사전》, 금성청년출판사, 1991.

馬場多久男, 《冬芽でわかる落葉樹》, 信濃毎日新聞社, 1984.

茂木 透 외, 《樹に咲く花》, 山と溪谷社, 2000.

邑田 仁 외, 《原色樹木大圖鑑》, 北隆館, 2004.

林 弥栄, 《日本の樹木》, 山と溪谷社, 1985.

林 将之, 《樹皮ハンドブック》, 文一總合出版, 2006.

Flora of China Editorial Committee(2004). *Flora of China*.

Flora of Korea Editorial Committee(2007). *The Genera of Vascular Plants of Korea*.

임하댐 건설로 은행나무가
물에 잠기게 되자 4년에 걸쳐
높은 쪽으로 옮겨 심은 것이다.
나무를 옮길 때 사용한 철 구조물도
그대로 보존하고 있다.

안동 용계리 은행나무(천연기념물 제175호)

일본잎갈나무 겨울눈과 새순

**저자 윤주복**

식물생태연구가이며, 자연이 주는 매력에 빠져 전국을 누비며 꽃과 나무가 살아가는 모습을 사진에 담고 있다.
저서로는 《쉬운 식물책》, 《우리나라 나무 도감》, 《나무 쉽게 찾기》, 《열대나무 쉽게 찾기》, 《들꽃 쉽게 찾기》, 《화초 쉽게 찾기》, 《나무 해설 도감》, 《APG 나무 도감》, 《APG 풀 도감》, 《나뭇잎 도감》, 《식물 학습 도감》, 《어린이 식물 비교 도감》, 《봄 · 여름 · 가을 · 겨울 식물도감》, 《봄 · 여름 · 가을 · 겨울 나무도감》 등이 있다.

# 겨울나무 쉽게 찾기

전면 개정판

**초판 발행** – 2007년 11월 12일
**개정판 인쇄** – 2021년 10월 19일
**개정판 발행** – 2021년 10월 26일
**사진 · 글** – 윤주복
**발행인** – 허진
**발행처** – 진선출판사(주)
**편집** – 김경미, 이미선, 권지은, 최윤선, 구연화
**디자인** – 고은정, 김은희
**총무 · 마케팅** – 유재수, 나미영, 김수연, 허인화
**주소** – 서울시 종로구 삼일대로 457 (경운동 88번지) 수운회관 15층
전화 (02)720 – 5990 팩스 (02)739 – 2129
www.jinsun.co.kr
**등록** – 1975년 9월 3일 10 – 92

※ 책값은 커버에 있습니다.



ISBN 979-11-90779-44-9 06480

진선 books는 진선출판사의 자연책 브랜드입니다.
자연이라는 친구가 들려주는 이야기 – '진선북스'가 여러분에게 자연의 향기를 선물합니다.